# 内蒙古农牧业高效节水灌溉技术研究与应用

程满金 郭富强 等 著

中国水利水电出版社
www.waterpub.com.cn
·北京·

## 内 容 提 要

  本书主要围绕内蒙古自治区农牧业节水灌溉中存在的关键技术问题，重点解决大田玉米、马铃薯、大豆、牧草等主要作物在大型喷灌、膜下滴灌和大中型灌区畦灌条件下的高效节水灌溉技术、种植技术、农艺与农机等综合配套技术。主要内容包括：主要作物灌溉制度、大型灌区节水改造工程技术、玉米和牧草地埋式滴灌技术、主要作物水肥一体化技术、农艺与农机配套技术、农田残膜回收技术、主要作物综合节水技术集成模式、不同类型示范区高效节水灌溉工程效益分析、农牧业节水配套政策研与高效节水灌溉技术推广应用情况。

  本书可供从事农田水利、农业与农机管理的相关人员和从事节水灌溉工程设计与灌溉管理等方面的技术人员参考。

### 图书在版编目（ＣＩＰ）数据

  内蒙古农牧业高效节水灌溉技术研究与应用 / 程满金等著. -- 北京：中国水利水电出版社，2017.9
  ISBN 978-7-5170-5922-6

  Ⅰ. ①内… Ⅱ. ①程… Ⅲ. ①农田灌溉－节约用水－研究－内蒙古②畜牧业－节约用水－研究－内蒙古 Ⅳ. ①S275②S81

  中国版本图书馆CIP数据核字(2017)第239573号

| 书　　名 | **内蒙古农牧业高效节水灌溉技术研究与应用**<br>NEIMENGGU NONGMUYE GAOXIAO JIESHUI<br>GUANGAI JISHU YANJIU YU YINGYONG |
| --- | --- |
| 作　　者 | 程满金　郭富强 等 著 |
| 出版发行 | 中国水利水电出版社<br>（北京市海淀区玉渊潭南路1号D座　100038）<br>网址：www. waterpub. com. cn<br>E - mail：sales@waterpub. com. cn<br>电话：(010) 68367658（营销中心） |
| 经　　售 | 北京科水图书销售中心（零售）<br>电话：(010) 88383994、63202643、68545874<br>全国各地新华书店和相关出版物销售网点 |
| 排　　版 | 中国水利水电出版社微机排版中心 |
| 印　　刷 | 北京瑞斯通印务发展有限公司 |
| 规　　格 | 184mm×260mm　16开本　23印张　546千字 |
| 版　　次 | 2007年9月第1版　2017年9月第1次印刷 |
| 印　　数 | 0001—1500册 |
| 定　　价 | **98.00元** |

# 主要编写人员名单

第 一 章　程满金　郭富强

第 二 章　马兰忠　郭富强　程满金　史海滨　王　勇
　　　　　于　健　李和平　白明照　屈忠义

第 三 章　程满金　郭富强　杨宏志　高文慧　徐宏伟
　　　　　李锡环　张智丽　韩文光　白雪英　姜　杰

第 四 章　王　勇　李和平　陈瑞祥　郑和祥　佟长福
　　　　　曹雪松

第 五 章　妥德宝　段　玉　牟晓东　王彦田　樊秀荣

第 六 章　妥德宝　段　玉　李　彬

第 七 章　王全喜　徐　龙　李凤鸣　李永龙　张　平
　　　　　程锦远　郭　炜

第 八 章　程满金　马兰忠　郭富强　妥德宝　王全喜
　　　　　李瑞平　李　兴　郑和祥　宋日权　王　宇
　　　　　李　波　王成刚　程光远　罗迪汉

第 九 章　程满金　马兰忠　郭富强　李瑞平　宋日权
　　　　　王成刚　程光远　罗迪汉　张沛淇　王　宇
　　　　　郑和祥　佟长福　宇　宙　张文丽　史宽志
　　　　　李　勇　白巴特尔　张　珍

第 十 章　李　健　乌　兰　程满金　陈晓庆

第十一章　程满金　郭富强

# ⟶ 前　言

内蒙古自治区地处干旱、半干旱地区，水资源短缺且时空分布不均，资源性缺水与工程性缺水并存，已成为制约自治区经济社会发展的瓶颈。第一次全国水利普查资料显示，全区农业用水量为 160.026 亿 $m^3$，占全区经济社会用水总量的 81.6%，高于全国平均值约 20 个百分点。由于历史和现实的原因，自治区农牧业水利基础整体还比较薄弱，水利设施不足，老化失修严重，基础保障能力不强，主要表现为：一是用水比例大，用水效率低；二是用水结构不合理，工程性与资源性缺水并存；三是灌溉工程老化失修，节水灌溉发展滞后；四是灌溉发展缺乏刚性约束，资源浪费问题突出。因此，大力发展以节水为中心的基础设施建设势在必行。

2010 年，内蒙古自治区政府做出实施新增"四个千万亩"节水灌溉工程的决策，规划到 2020 年，全面完成 1000 万亩大中型灌区、1000 万亩井灌区、1000 万亩旱改水和 1000 万亩牧区高效节水灌溉建设任务，其中喷灌与滴灌等高效节水灌溉面积达到 74%，全区节水灌溉总规模将达到 6000 万亩，农牧业灌溉用水总量控制在 150 亿 $m^3$，粮食生产能力稳定在 250 亿 kg 以上，灌溉饲草地生产能力稳定在 105 亿 kg 以上，全区农田灌溉水利用系数由不足 0.5 提高到 0.7。截至 2015 年年底，全区农牧业有效灌溉面积已达到 5280 万亩，节水灌溉面积达到 3710 万亩，其中高效节水灌溉面积已占到 67.7%，全区农田灌溉用水量占全区经济社会用水量的比例逐年下降，水资源利用率逐年提高，为自治区经济社会发展提供了保障，取得了显著的经济、社会和生态环境效益。

为了保障内蒙古自治区新增"四个千万亩"节水灌溉工程健康可持续发展，自治区水利厅将科技支撑作为重要保障措施，于 2012 年启动实施了"内蒙古新增四个千万亩节水灌溉工程科技支撑"项目，目的是积极配合"四个千万亩"节水灌溉工程发展规划的实施，根据内蒙古区域特点和节水灌溉工程建设中存在的关键技术问题，组织水利、农业、农机、管理、政策研究等多部门多学科联合攻关，组建了由 30 个科研、高校和管理部门百余名技术人员组成的科研团队。项目坚持"需求牵引、应用至上"的原则，采取"现有成果与典型经验总结—田间试验与示范—综合技术集成—技术标准体系建立

—示范推广"的研究方法和技术路线，围绕玉米、大豆、马铃薯、牧草主要作物开展灌溉制度、水肥一体化技术、地埋式滴灌技术、农艺与农机配套技术、农田残膜回收技术、综合节水技术集成模式、工程效益分析、政策研究、技术标准、图集、典型设计、技术培训与宣传等试验研究与示范推广工作。初步建立了节水、农技、农机等综合技术集成推广体系，搭建了自治区高效节水灌溉技术科研推广平台。

经 2012—2015 年在 7 个示范区试验与示范，项目在 11 个方面共取得 76 项单项成果，制订高效节水灌溉系列地方标准 14 项，编制高效节水综合技术集成系列模式图 15 套，提出主要作物节水灌溉制度 9 套、地埋式滴灌关键技术 2 套、主要作物水肥一体化技术 4 套、农艺与农机配套技术 12 套、农田残膜回收技术 1 套，编制《内蒙古河套灌区渠道衬砌和渠系建筑物设计图集》《大型机组式喷灌工程设计与典型实例》《滴灌工程设计与典型实例》3 册，编制高效节水实用技术培训手册 11 册，制作高效节水系列宣传片 11 部，举办高效节水灌溉技术与地方标准培训班 14 次，获得实用新型专利 12 项，发表论文 44 篇。本专著是该项目的主要成果之一。

本书力求全面反映内蒙古自治区农牧业高效节水技术研究状况，特别是主要作物大型喷灌和膜下滴灌最新研究成果与生产实践取得的成功经验，供从事节水农业有关专业技术人员参考，以促进北方地区农牧业节水灌溉研究的进一步发展。

本书由项目科研团队按照承担的研究内容与章节分工撰写而成，由程满金、郭富强负责审定统稿。在项目实施和本书编写过程中，得到了内蒙古自治区水利厅、财政厅、内蒙古自治区水利科学研究院、水利部牧区水利科学研究所、内蒙古农业大学、内蒙古师范大学、内蒙古农牧业科学院、中国农业机械化科学研究院呼和浩特分院、内蒙古自治区人民政府研究室、内蒙古科技宣传中心、河套灌区管理总局、赤峰市水利科学研究院、乌兰察布市水利技术推广站、河套灌区永济灌域管理局永济试验站，以及阿荣旗、松山区、商都县、临河区、达拉特旗、锡林浩特市和鄂托克前旗水务局、农业局和农机局等单位大力支持和积极配合，在此一并表示衷心感谢！

由于水平所限，书中可能存在疏漏和不当之处，敬请读者批评指正。

作　者

2016 年 10 月

# 目 录

# 第1章 综 述

## 1.1 内蒙古自治区农牧业灌溉发展情况

### 1.1.1 内蒙古自治区水资源概况

水是生命之源、生产之要、生态之基，是人类赖以生存和发展的重要物质资源。内蒙古自治区地处干旱、半干旱地区，水资源短缺且分布不均，资源性缺水与工程性缺水并存。内蒙古自治区水资源总量及人均和亩均水资源量见表1-1。全区水资源总量为545.95亿 m³，占全国水资源量的1.9%，呼伦贝尔市、兴安盟水资源量占全区的67%，通辽以西的十个盟市水资源量只占全区的33%。全区人均水资源占有量为2208.4m³，相当于全国人均水平，其中中度缺水的有3个盟市（人均水资源量1000~2000m³），重度缺水的有2个盟市（人均水资源量500~1000m³），极度缺水的4个盟市（人均水资源量低于500m³）。全区耕地亩均占有水资源量508.3m³/亩❶，为全国亩均占有水资源量1400m³/亩的31.5%。长期以来形成的水资源过度开发、粗放利用、水污染严重、水生态恶化等问题，已成为制约自治区经济社会可持续发展的主要瓶颈。

表1-1　　　　内蒙古自治区水资源总量及人均和亩均水资源量分布表

| 类　　型 | 水资源总量/亿 m³ | 人均水资源量/m³ | 耕地亩均水资源量/m³ |
|---|---|---|---|
| 全区 | 545.95 | 2208.4 | 508.3 |
| 呼伦贝尔市 | 316.19 | 12418.1 | 1843.13 |
| 兴安盟 | 49.50 | 3068.2 | 414.09 |
| 通辽市 | 37.47 | 1193.2 | 232.5 |
| 赤峰市 | 38.98 | 898.5 | 257.76 |
| 锡林郭勒盟 | 31.77 | 3088.7 | 887.23 |
| 乌兰察布市 | 12.90 | 602.9 | 96.77 |
| 呼和浩特市 | 11.88 | 413.3 | 139.22 |
| 包头市 | 7.26 | 273.4 | 114.69 |
| 鄂尔多斯市 | 29.23 | 1499.2 | 483.64 |
| 巴彦淖尔市 | 7.18 | 430.2 | 82.32 |
| 乌海市 | 0.27 | 50.9 | 257.77 |
| 阿拉善盟 | 3.33 | 1434.1 | 810.63 |

---

❶　1亩≈0.067hm²。

全区经济社会用水总量为 196.14 亿 m³。其中居民生活用水量、农业用水量、工业用水量、建筑业用水量、第三产业用水量及生态用水量等数据见表 1-2。全区农业用水量占全区经济社会总用水量的 82%，高于全国平均水平约 20 个百分点。

表 1-2 全区经济社会用水总量分配表 单位：亿 m³

| 类型 | 居民生活用水 | 农业用水 | 工业用水 | 建筑业用水 | 第三产业用水 | 生态用水 |
|---|---|---|---|---|---|---|
| 用水量 | 5.0226 | 160.026 | 17.6045 | 0.3922 | 3.3149 | 9.7774 |

内蒙古自治区 2015 年农田灌溉水有效利用系数为 0.511，农业用水浪费严重，大力发展节水农业对优化用水结构、提高用水效率、缓解水资源供需矛盾、挖掘粮食生产潜力、确保内蒙古自治区粮食安全、水安全和生态安全具有十分重要的意义。

## 1.1.2 内蒙古自治区农牧业灌溉现状与存在问题

内蒙古自治区农牧业节水灌溉采取的主要措施有大型喷灌、膜下滴灌、低压管灌、渠道防渗、土地平整与畦田改造等。截至 2015 年，内蒙古自治区有效灌溉面积为 4630.35 万亩，节水灌溉面积为 3712.19 万亩，其中喷灌面积 756.12 万亩，滴灌面积 927.48 万亩，低压管灌面积 829.26 万亩，渠道衬砌 1196.18 万亩，其他灌溉面积 3.15 万亩。2010 年以来，内蒙古自治区加大了农牧业节水灌溉工程建设步伐，以新增"四个千万亩"节水灌溉工程和东北节水增粮行动为重点，"十二五"期间全区完成节水灌溉面积 2118 万亩，其中新增高效节水灌溉面积 1218 万亩，新增年节水能力 12 亿 m³，农田灌溉水有效利用系数由"十一五"期末的 0.50 提高到 0.52，为自治区粮食产量"十二连增"提供了有力支撑。

2010 年内蒙古自治区印发了关于新增"四个千万亩"节水灌溉工程发展规划纲要的通知。计划到 2020 年全区开展 1000 万亩大中型灌区节水改造建设、1000 万亩旱改水节水建设、1000 万亩井灌区配套节水改造建设和 1000 万亩牧区节水灌溉饲草料地配套建设。喷灌面积 1463 万亩，占发展总面积的 38%；滴灌面积 1172 万亩，占发展总面积的 30%；渠道衬砌 1025 万亩，占发展总面积的 26%；低压管灌 240 万亩，占发展总面积的 6%。通过工程的实施，基本实现农牧业节水现代化，灌溉水利用率达到 0.7 以上，粮食总产能力稳定在 250 亿 kg 以上。

由于历史和现实的原因，内蒙古自治区农牧业水利基础整体还比较薄弱，水利设施不足，老化失修严重，基础保障能力不强。主要表现为：①农牧业用水比例大，用水效率低。灌溉用水占总用水量的 80% 左右，高于全国平均值近 16 个百分点，灌溉水利用系数为 0.511，低于全国平均水平，农牧业用水比重大与用水效率低双重叠加直接加剧了资源性、工程性和结构性缺水的矛盾。②用水结构不合理，水资源分布与利用地区不均衡。地表水利用量占地表水资源量的 19%，地下水利用量占地下水可开采量的 75%，地表水开发少，地下水利用多，用水结构不合理；地区用水不平衡，局部地区水资源开发利用过度，西部巴彦淖尔市、鄂尔多斯市等水资源利用量基本达到了水资源的承载能力。③灌溉工程老化失修，节水灌溉发展滞后。机电井配套不完善，灌区骨干工程不配套和渠系建筑物老化失修情况十分严重；农牧业高效节水灌溉面积所占比重小，田间节水措施需要加强。④灌溉发展缺乏刚性约束，资源浪费问题突出。

### 1.1.3 膜下滴灌技术发展情况

近年来内蒙古自治区重视实施膜下滴灌等高效节水灌溉工程的建设，膜下滴灌在内蒙古乌兰察布市、赤峰市和通辽市等地快速发展。截至2015年，滴灌面积已发展927.48万亩。自治区新增"四个千万亩"节水工程发展规划纲要中计划发展滴灌面积1172万亩，占发展节水灌溉总面积的30％。

膜下滴灌水肥一体化实现了水、肥资源同步高效利用，水分生产率大幅度提高，突破水肥资源约束，促进农业由资源消耗型向资源高效型转变。膜下滴灌运行管理的模式主要有农民联户经营模式、种植大户承包模式和农业种植公司经营模式。通过灌溉系统良好的管理，促进了农业集约化管理和新种植技术的引进，更好地实现了节水灌溉工程的效益。

### 1.1.4 大型喷灌技术发展情况

大型喷灌高效节水灌溉工程技术已成为内蒙古自治区发展高效节水灌溉的一项重要举措。截至2015年，全区大型喷灌面积已达756.12万亩。自治区新增"四个千万亩"节水工程发展规划纲要中计划发展喷灌面积1463万亩，占发展节水灌溉总面积的38％；内蒙古"节水增粮行动"安排大型喷灌面积242万亩，占发展节水灌溉总面积的30％。

### 1.1.5 大型灌区节水改造工程技术发展情况

内蒙古自治区共有大型灌区16处，有效灌溉面积1495.61万亩，中型灌区79处，有效灌溉面积600.33万亩。按照《内蒙古自治区农村牧区灌溉发展规划纲要（2010—2020年）》的计划，到2020年完成现有大中型灌区地表水节水改造配套建设面积1220万亩，其中现有11处大型灌区节水改造配套面积900万亩，现有中小型地表水灌区节水改造配套面积320万亩。

## 1.2 内蒙古自治区新增"四个千万亩"节水灌溉工程发展规划纲要情况

2010年内蒙古自治区印发了关于新增"四个千万亩"节水灌溉工程发展规划纲要的通知，建立统筹规划、政府主导、行业主管、部门协作、群众参与、运转高效的工作机制，将节水灌溉作为一项战略工程组织实施。

基本原则主要有：一是坚持以水定发展，高效节水的原则；二是坚持统筹规划、突出重点、协调发展的原则；三是坚持合理布局、分区指导的原则；四是坚持总量控制、定额管理、采补平衡的原则；五是坚持因地制宜、节约优先、开发与保护并重，地表水与地下水结合，最节水的措施与最严格的地下水取水管理制度并举的原则；六是坚持以水定草、以草定畜、水草畜系统平衡的原则；七是坚持建设与管理并重，节水措施与农技措施配套，注重效益的原则；八是坚持政府主导、部门配合、群众参与、整合资金、完善机制的原则。

通过新增"四个千万亩"节水灌溉工程的实施，到2020年，节水灌溉总规模达到6000

万亩左右，农牧业灌溉用水总量控制在 150 亿 m³ 左右，实现以下发展目标：一是农业灌溉用水实现零增长，地下水超采区用水实现负增长，农村牧区水资源高效利用、优化配置体系基本建立；二是基本实现农牧业节水现代化，农田和饲草地灌溉工程体系、服务体系基本完备，灌溉水利用率达到 0.70 以上；三是粮食总产能力稳定在 250 亿 kg 以上，种植业防灾减灾避灾能力和综合生产能力明显增强；四是灌溉饲草地总产稳定在 105 亿 kg 以上，牧区草原生态保护节水灌溉工程保障体系基本形成，实现水草畜均衡发展。

主要建设任务包括五方面：一是全面完成 1000 万亩大中型灌区节水改造任务；二是全面完成 1000 万亩井灌区节水改造任务；三是全面完成 1000 万亩旱改水灌区节水建设任务；四是全面完成 1000 万亩牧区节水灌溉饲草地配套建设任务；五是建立较为完善的水源工程体系、节水灌溉工程体系；建立较完善的灌溉管理和社会化、专业化服务保障体系。

具体保障措施主要有以下方面内容。

（1）落实规划。新增"四个千万亩"节水灌溉工程发展规划纲要是内蒙古自治区今后一个时期农牧业节水灌溉发展的指导性文本。以纲要为指导，内蒙古自治区将编制"四个千万亩"节水灌溉工程实施方案，制订实施计划。各盟市、旗县要根据纲要对应作出规划和实施方案，经相关部门审核后，由当地人民政府批准实施。规划实施过程中，要建立"四个千万亩"节水灌溉工程实施的监测评价指标体系，定期开展评估检查，对工作进展、主要目标控制、实施效果等情况进行跟踪分析，推动建设任务和措施的落实。自治区将组织开展农田节水灌溉和牧区饲草地节水灌溉专题调研评估，为"四个千万亩"节水灌溉工程建设提供指导。

（2）整合资金。"四个千万亩"节水灌溉工程是一项系统工程，资金保障是关键。要整合土地整理、农业综合开发、粮食增产计划、小农水、大中型灌区节水改造、农机补贴和社会资本投入等资金，建立以规划为统筹、项目为依托、部门相协调的政府资金整合新机制，防止重复立项、重复投资、建设标准低、措施不当、资源浪费和过度开发等各种问题的发生。

（3）政策引导。研究出台有关节水灌溉设备材料补贴政策，引进、扶持和鼓励企业建设喷灌、滴灌设备生产基地，降低投入成本，加快节水灌溉发展。

（4）严格制度。规划实施过程中要建立健全流域与区域相协调，城市与农村相统筹，地表水与地下水相结合，节约保护与开发利用相配套，总量控制、定额管理及地下水采补平衡的水资源管理体制和机制，确保水资源安全和可持续利用。牧区要实行严格的灌溉饲草地管理制度，重点对灌溉饲草地和旱作人工草地进行节水改造，严禁开垦草原，严禁改变饲草地用途，坚决杜绝乱垦草原和损害牧民群众利益的问题发生。

（5）推进改革。深入推进水管体制改革，积极推进水价改革，大力推进水利工程产权制度改革，发展农牧民用水合作组织和专业化服务组织，全面加强工程建后管护，确保长期发挥效益。

（6）科技支撑。以规划为统筹，以项目为依托，建立节水、农技、农机等综合技术集成推广体系，搭建高效节水灌溉技术科研推广平台，重点解决现有节水技术与农业种植技术、农机技术的集成与推广，开展大田玉米、马铃薯、大豆、饲草种植技术、节水灌溉技术、农技农机技术等综合技术研究与示范攻关，开展地下水超采区水环境监测评估工作和节水灌溉集成技术标准体系建设。

# 1.3 内蒙古自治区新增"四个千万亩"节水灌溉工程科技支撑项目概况

开展"内蒙古新增'四个千万亩'节水灌溉工程科技支撑项目"研究与示范，目的是积极配合自治区提出的"四个千万亩"节水灌溉工程发展规划的实施，根据内蒙古区域特色及节水灌溉工程建设中存在的关键技术问题组织攻关，项目实施中注重试验研究、技术集成与不同类型示范区相结合，与国家小型农田水利重点县建设相结合，与国家东部"节水增粮行动"相结合，技术集成与政策研究相结合。在自治区6个不同类型示范区开展工程节水、田间节水、农技（农机）节水和管理节水综合配套技术集成研究与示范，建立水利、农艺、农机等综合节水技术集成模式，搭建高效节水灌溉技术科研推广平台。坚持"需求牵引、应用至上"的原则，采取"现有成果与典型经验总结→田间试验与示范→综合技术集成→技术标准体系建立→示范推广"的研究方法和技术路线，围绕玉米、大豆、马铃薯、牧草主要作物开展灌溉制度、水肥一体化、地埋式滴灌技术、农艺、农机配套技术、标准地膜与残膜回收技术与设备、综合节水技术集成模式、效益监测与评价、运行管理模式、政策研究、技术培训与宣传等工作，为自治区高效节水灌溉提供科学依据、示范样板和技术支撑保障作用。

项目经过四年的实施，开展了玉米、大豆、马铃薯、番茄、牧草5种作物灌溉制度与水肥一体化试验与示范，提出了膜下滴灌、喷灌和渠灌条件下主要作物节水灌溉制度新成果9套、膜下滴灌水肥一体化新技术3套、加工番茄起垄覆膜沟灌新技术1套、玉米和紫花苜蓿地埋式滴灌技术2套、农艺配套技术5套、农机配套和农田残膜回收等技术7套，完成内蒙古农牧业水价综合改革政策研究成果2项，形成了系统的高效节水综合技术体系。开发与创制了灌区节水灌溉信息化系统、大型喷灌机远程监测系统、新型网式过滤器、番茄开沟起垄覆膜一体机、大豆条播与穴播机等一批节水产品与装备，为高效节水灌溉实施提供了硬件保障。创建了适宜不同区域、不同水源条件的主要作物综合节水技术集成模式图15套，制定了节水灌溉地方标准14项，初步构建了自治区高效节水灌溉标准化体系，实现了水利、农艺、农机和管理技术的集成创新，填补了国内空白。提出了聚苯乙烯、聚氨酯保温材料、模袋混凝土在渠道衬砌工程中的应用技术，编制完成《内蒙古河套灌区渠道衬砌和渠系建筑物设计图集》，为北方渠灌区节水改造工程建设提供了技术支撑。创新了高效节水示范推广模式，编制了《滴灌工程设计与典型实例》和《大型机组式喷灌工程设计与典型实例》培训教材，制作了《玉米膜下滴灌技术》等11部节水技术宣传片、11册节水技术培训手册，培训基层技术人员和农牧民5000余人次。建立了高效节水灌溉示范区7处，示范区总面积7.3万亩，"十二五"期间全区累计推广节水灌溉面积2118万亩，其中高效节水灌溉面积1631万亩，取得了显著的经济效益、社会效益和环境效益。

# 第 2 章　主要作物优化灌溉制度试验研究

## 2.1　玉米膜下滴灌优化灌溉制度试验研究

### 2.1.1　试验设计

2012 年 6 月布置试验时，试验示范区内已种植玉米，因此在已种植的玉米地内设置了 3 个灌水处理小区，即管灌区（平地）、滴灌区 1（平地）、滴灌区 2（坡地）。每种处理设置 3 个重复，每个重复小区的面积 90m²，各处理之间设 3m 隔离保护区，用水表控制和监测灌水量。

2013 年和 2014 年的灌水试验布置采用相同设计，即采用田间对比试验设计，均设计 4 个灌水处理。播种后 4 个处理的灌水定额均为 12m³/亩，此后灌溉的灌水定额，处理 1（GGDE1）为 12m³/亩，处理 2（GGDE2）为 16m³/亩，处理 3（GGDE3）为 20m³/亩，处理 4（GGDE4）为 24m³/亩，见表 2-1。每个处理的灌水日期根据灌水定额为 16m³/亩试验处理的适宜含水率下限计算确定。灌水次数根据玉米的生长发育阶段、土壤墒情、适时降雨量等情况实际确定，灌水量采用水表计量。

表 2-1　　　　　　　　试验灌水处理的灌水定额　　　　　　　单位：m³/亩

| 生育时期 | 播种后 | 苗期 | 抽穗期 | 灌浆期 | 成熟期 |
|---|---|---|---|---|---|
| GGDE1 | 12 | 12 | 12 | 12 | 12 |
| GGDE2 | 12 | 16 | 16 | 16 | 16 |
| GGDE3 | 12 | 20 | 20 | 20 | 20 |
| GGDE4 | 12 | 24 | 24 | 24 | 24 |

2015 年采用田间示范试验，设计 2 个灌水处理，灌水定额 GGDE1 为 16m³/亩，GGDE2 为 20m³/亩。每个处理的灌水日期根据灌水定额为 16m³/亩试验处理的适宜含水率下限计算确定，见表 2-2。灌水次数根据玉米的生长发育阶段、土壤墒情、适时降雨量等情况实际确定，灌水量采用水表计量。

表 2-2　　　　适宜含水率下限设计值（以 16m³/亩的处理进行控制）

| 生育时期 | 播种后 | 苗期 | 抽穗期 | 灌浆期 | 蜡熟期 |
|---|---|---|---|---|---|
| 适宜含水率下限（占田间持水量）/% | 65 | 60~65 | 65~70 | 70 | 65 |

### 2.1.2　试验区基础资料

1. 土壤情况

试验地土壤理化特性与肥力测定结果见表 2-3。

表 2-3  试验地土壤理化特性与肥力测定结果

| 项 目 | 土 层 深 度 | | | 平 均 |
|---|---|---|---|---|
| | 0~20cm | 20~40cm | 40~60cm | |
| 土壤质地 | 砂壤土 | 砂壤土 | 砂壤土 | — |
| 干容重/(g/cm³) | 1.45 | 1.5 | 1.34 | 1.43 |
| 田间持水量/% | 21.1 | 21.05 | 21.56 | 21.24 |
| pH 值 | 8.22 | 8.42 | 8.26 | 8.3 |
| 有机质/(g/kg) | 8.9 | 8.3 | 5 | 7.4 |
| 速效氮/(mg/kg) | 37.2 | 29.1 | 14.7 | 27 |
| 速效磷/(mg/kg) | 1.2 | 0.9 | 0.3 | 0.8 |
| 速效钾/(mg/kg) | 112.6 | 109.5 | 77.9 | 100 |

**2. 作物耕作及施肥情况**

2012—2014 年玉米膜下滴灌灌溉制度试验作物及耕作与施肥情况见表 2-4。

表 2-4  试验作物及耕作、施肥情况

| 作物情况 | | 2012 年 | 2013 年 | 2014 年 |
|---|---|---|---|---|
| 作物品种 | | 先玉 335 | 先玉 335 | 浚单 29 |
| 耕作形式 | | 覆膜＋机播 | | |
| 株行距密度 | | 株距：21~23cm；宽行：80cm；窄行 40cm；密度：4800~5300 株/亩 | | |
| 作物生育阶段观测 | 播种 | 4 月 27 日 | 5 月 5 日 | 4 月 28 日 |
| | 出苗 | 5 月 20 日 | 5 月 20 日 | 5 月 15 日 |
| | 拔节 | 6 月 11 日 | 6 月 11 日 | 6 月 10 日 |
| | 抽雄 | 7 月 15 日 | 7 月 15 日 | 7 月 16 日 |
| | 乳熟 | 8 月 30 日 | 8 月 30 日 | 9 月 1 日 |
| | 收获 | 9 月 30 日 | 10 月 3 日 | 10 月 7 日 |
| | 全期 | 157 天 | 152 天 | 163 天 |
| 实际施肥情况 | | 亩施农家肥 1000kg，施底肥 N 20kg/亩、P₂O₅ 7.5kg/亩、K₂O 8.5kg/亩，生育期追肥 2 次，第 1 次施用长效复合肥 30kg/亩，第 2 次施用液态肥 6.5kg/亩 | | |

**3. 气象情况**

2012—2014 年试验区主要气象要素见表 2-5。

表 2-5  试验区主要气象要素

| 项 目 | | 5 月 | 6 月 | 7 月 | 8 月 | 9 月 | 合计/平均 |
|---|---|---|---|---|---|---|---|
| 多年平均值 | 降雨量/mm | 36.4 | 62 | 108.6 | 74.8 | 32.9 | 314.7 |
| | 气温/℃ | 17.37 | 21.14 | 24.17 | 22.51 | 15.84 | 20.21 |
| | 蒸发量/mm | 77.43 | 79.86 | 89.93 | 104.72 | 89.43 | 441.36 |
| | 风速/(km/h) | 3.04 | 2.41 | 2.05 | 1.81 | 1.95 | 2.25 |

| 项　目 | | 5月 | 6月 | 7月 | 8月 | 9月 | 合计/平均 |
|---|---|---|---|---|---|---|---|
| 2012年 | 降雨量/mm | 34.5 | 158.3 | 80.5 | 40.5 | 72.1 | 385.9 |
| | 有效降雨量/mm | 34.5 | 126.6 | 64.4 | 40.5 | 57.7 | 323.7 |
| 2013年 | 降雨量/mm | 5 | 198.6 | 92.5 | 80 | 27 | 403.1 |
| | 有效降雨量/mm | 5 | 139 | 74 | 64 | 27 | 309 |
| 2014年 | 降雨量/mm | 72 | 185.4 | 11.8 | 28.8 | 38 | 336 |
| | 有效降雨量/mm | 57.6 | 129.8 | 11.8 | 28.8 | 38 | 266 |

### 2.1.3　试验成果

1. 各年实测的灌水时间、灌水量和产量

2012年3个灌水处理的灌水时期及灌水量见表2-6。各处理在玉米播种前/后、拔节期、抽穗期和灌浆期分别灌水一次，其中管灌区（平地）玉米各生育期的灌水定额分别为50m³/亩、40m³/亩、40m³/亩和40m³/亩，灌溉定额为170m³/亩。滴灌区1（平地）和滴灌区2（坡地）各生育期的灌水定额相同，灌水定额分别为20m³/亩、20m³/亩、25m³/亩和25m³/亩，灌溉定额均为90m³/亩。

表2-6　　　　　　　　2012年试验地玉米各处理灌水量

| 处理方式 | 生育阶段灌水定额/(m³/亩) | | | | 灌溉定额 /(m³/亩) |
|---|---|---|---|---|---|
| | 播种前/后 | 拔节期 | 抽穗期 | 灌浆期 | |
| 管灌区（平地） | 50 | — | 40 | 40 | 40 | 170 |
| 滴灌区1（平地） | — | 20 | 20 | 25 | 25 | 90 |
| 滴灌区2（坡地） | — | 20 | 20 | 25 | 25 | 90 |

2013年的试验地实际灌水情况见表2-7。玉米拔节期—抽穗期试验示范区的降雨量比较丰沛，拔节期—抽穗期只进行了一次灌水；受9月中旬降雨的影响，在玉米乳熟期—收获期也没有实施灌水。

表2-7　　　　　　　　2013年试验地玉米各处理灌水时间及灌水量

| 处理方式 | 生育阶段灌水时间及灌水定额/(m³/亩) | | | | | 灌溉定额 /(m³/亩) |
|---|---|---|---|---|---|---|
| | 播种后 | 苗期 | 抽穗期 | 灌浆期 | 成熟期 | |
| GGDE1 | 12 | 12 | 12 | 12 | 12 | 60 |
| GGDE2 | 12 | 16 | 16 | 16 | 16 | 76 |
| GGDE3 | 12 | 20 | 20 | 20 | 20 | 92 |
| GGDE4 | 12 | 24 | 24 | 24 | 24 | 108 |

2014年实验地实际灌水情况见表2-8。试验前期降雨量较多，后期降雨量较少，因此，在7月以前只对试验田灌溉一次，而7月、8月两个月降雨量只有82mm，这期间试验田共灌水5次，9月试验田降水量比较稀少，为了满足玉米植株的正常生长，灌

水 1 次。

表 2-8 　　　　2014 年试验地玉米各处理灌水时间及灌水量

| 处理方式 | 生育阶段灌水时间及灌水定额/(m³/亩) | | | | | | | 灌溉定额 /(m³/亩) |
|---|---|---|---|---|---|---|---|---|
| | 播种后 | 抽穗期 | 抽穗期 | 灌浆期 | 灌浆期 | 灌浆期 | 成熟期 | |
| | 5月1日 | 7月14日 | 7月24日 | 8月1日 | 8月21日 | 8月30日 | 9月15日 | |
| GGDE1 | 12 | 12 | 12 | 12 | 12 | 12 | 12 | 84 |
| GGDE2 | 12 | 16 | 16 | 16 | 16 | 16 | 16 | 108 |
| GGDE3 | 12 | 20 | 20 | 20 | 20 | 20 | 20 | 132 |
| GGDE4 | 12 | 24 | 24 | 24 | 24 | 24 | 24 | 156 |

2. 作物耗水量、水分生产率

2012—2014 年作物耗水量、水分生产率分析计算见表 2-9～表 2-11。

表 2-9 　　　　2012 年作物耗水量、水分生产率分析计算

| 处理方式 | 灌水量 /mm | 有效降雨量 /mm | 土壤水变化量 /mm | 耗水量 /mm | 平均耗水强度 /(mm/d) | 产量 /(kg/亩) | 作物水分生产率 /(kg/m³) |
|---|---|---|---|---|---|---|---|
| 管灌区 （平地） | 170 | 323.7 | −2.70 | 581.40 | 3.70 | 686.55 | 1.77 |
| 滴灌区 1 （平地） | 90 | 323.7 | −46.08 | 504.78 | 3.22 | 840.04 | 2.50 |
| 滴灌区 2 （坡地） | 90 | 323.7 | −48.10 | 506.80 | 3.23 | 682.99 | 2.02 |

表 2-10 　　　　2013 年作物耗水量、水分生产率分析计算

| 处理方式 | 灌水量 /mm | 有效 降雨量 /mm | 土壤水 变化量 /mm | 耗水量 /mm | 平均耗水 强度 /(mm/d) | 产量 /(kg/亩) | 作物水分 生产率 /(kg/m³) |
|---|---|---|---|---|---|---|---|
| GGDE1 | 90 | 309 | 8.68 | 390.32 | 2.57 | 611.73 | 2.35 |
| GGDE2 | 114 | 309 | 8.59 | 414.41 | 2.73 | 735.61 | 2.66 |
| GGDE3 | 138 | 309 | 6.42 | 440.58 | 2.90 | 811.77 | 2.76 |
| GGDE4 | 162 | 309 | 7.22 | 463.78 | 3.05 | 838.33 | 2.71 |

表 2-11 　　　　2014 年作物耗水量、水分生产率分析计算

| 处理方式 | 灌水量 /mm | 有效 降雨量 /mm | 土壤水 变化量 /mm | 耗水量 /mm | 平均耗水 强度 /(mm/d) | 产量 /(kg/亩) | 作物水分 生产率 /(kg/m³) |
|---|---|---|---|---|---|---|---|
| GGDE1 | 126 | 266 | −11.04 | 403.04 | 2.47 | 784.47 | 2.92 |
| GGDE2 | 162 | 266 | 4.52 | 423.48 | 2.60 | 808.44 | 2.86 |
| GGDE3 | 198 | 266 | 11.33 | 452.67 | 2.78 | 891.75 | 2.95 |
| GGDE4 | 234 | 266 | 13.74 | 486.26 | 2.98 | 899.30 | 2.77 |

3. 覆膜滴灌玉米不同生育期需水规律

覆膜滴灌玉米不同生育期需水量与耗水强度见表 2-12，不同生育期需水量过程线如图 2-1 所示。

表 2-12　　　　　覆膜滴灌玉米不同生育期需水量与耗水强度

| 项　目 | 玉米不同生育期 | | | | | 合计/平均 |
| --- | --- | --- | --- | --- | --- | --- |
| | 苗期 | 拔节期 | 抽雄期 | 灌浆期 | 成熟期 | |
| | 5月5日至6月10日 | 6月11—30日 | 7月1—31日 | 8月1—20日 | 8月21日至10月2日 | |
| 需水量/(m³/亩) | 51.62 | 53.24 | 59.95 | 69.81 | 59.62 | 294.25 |
| 耗水强度/(mm/d) | 2.09 | 3.99 | 2.9 | 5.24 | 2.03 | 2.9 |

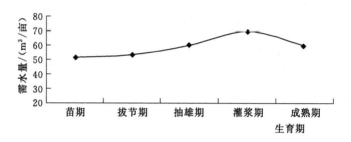

图 2-1　覆膜滴灌玉米不同生育期需水量过程线

4. 玉米不同灌水条件下试验测产成果

2012—2014 年玉米不同灌水条件下试验测产成果见表 2-13～表 2-15。

表 2-13　　　　　2012 年玉米不同灌溉条件下试验测产成果

| 处理方式 | 灌溉定额/(m³/亩) | 穗长/cm | 穗粒重/g | 百粒重/g | 产量/(kg/亩) | 增产量/(kg/亩) | 增产效果/% |
| --- | --- | --- | --- | --- | --- | --- | --- |
| 管灌区（平地） | 170.00 | 17.55 | 172.63 | 35.05 | 686.55 | 0 | 0 |
| 滴灌区1（平地） | 90.00 | 16.90 | 193.07 | 36.10 | 840.04 | 153.49 | 22.36 |
| 滴灌区2（坡地） | 90.00 | 15.57 | 168.01 | 39.85 | 682.99 | −3.56 | −0.52 |
| 平均 | 116.67 | 16.67 | 177.90 | 37.00 | 736.53 | 74.96 | 10.92 |

表 2-14　　　　　2013 年玉米不同灌溉条件下试验测产成果

| 处理方式 | 灌溉定额/(m³/亩) | 穗长/cm | 穗粒重/g | 百粒重/g | 产量/(kg/亩) | 增产量/(kg/亩) | 增产效果/% |
| --- | --- | --- | --- | --- | --- | --- | --- |
| GGDE1 | 60 | 15.89 | 138.83 | 35.10 | 611.73 | 0 | 0 |
| GGDE2 | 76 | 16.46 | 170.21 | 35.03 | 735.61 | 123.88 | 20.25 |
| GGDE3 | 92 | 16.21 | 171.39 | 36.01 | 811.77 | 200.04 | 32.70 |
| GGDE4 | 108 | 16.57 | 178.61 | 37.92 | 838.33 | 226.60 | 37.04 |
| 平均 | 84 | 16.28 | 164.76 | 36.02 | 749.36 | 183.51 | 30.00 |

表 2 - 15　2014 年玉米不同灌溉条件下试验测产成果

| 处理方式 | 灌溉定额 /(m³/亩) | 穗长 /cm | 穗粒重 /g | 百粒重 /g | 产量 /(kg/亩) | 增产量 /(kg/亩) | 增产效果 /% |
|---|---|---|---|---|---|---|---|
| GGDE1 | 84 | 16.15 | 149.09 | 33.88 | 784.47 | 0 | 0 |
| GGDE2 | 108 | 16.26 | 159.96 | 34.13 | 808.44 | 23.97 | 3.06 |
| GGDE3 | 132 | 16.60 | 170.02 | 34.70 | 891.75 | 107.28 | 13.68 |
| GGDE4 | 156 | 17.87 | 192.75 | 35.60 | 899.30 | 114.83 | 14.64 |
| 平均 | 120 | 16.72 | 167.96 | 34.58 | 845.99 | 82.03 | 10.46 |

2012—2014 年玉米膜下滴灌不同处理小区产量与增产量如图 2-2～图 2-4 所示。

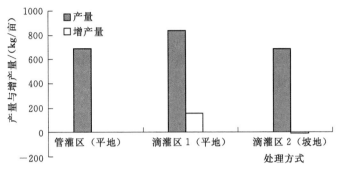

图 2-2　2012 年不同处理玉米产量与增产量

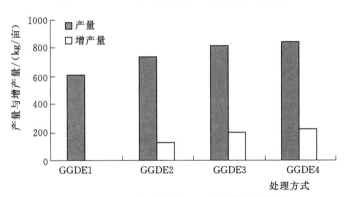

图 2-3　2013 年不同处理玉米产量与增产量

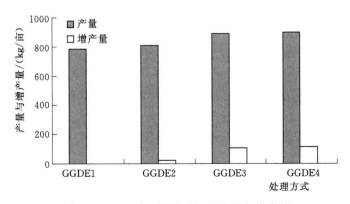

图 2-4　2014 年不同处理玉米产量与增产量

5. 土壤含水率控制下限与适宜灌水定额分析

试验推荐的土壤含水率控制下限、灌水定额见表 2-16。

表 2-16                     试验推荐的土壤含水率控制下限、灌水定额

| 生育阶段 | 播种—出苗 | 出苗—拔节 | 拔节—抽雄 | 抽雄—灌浆 | 灌浆—收获 |
|---|---|---|---|---|---|
| 日　期 | 4 月 28 日至<br>5 月 31 日 | 6 月 1—20 日 | 6 月 21 日至<br>7 月 20 日 | 7 月 21 日至<br>8 月 10 日 | 8 月 11 日至<br>10 月 7 日 |
| 主要根系层深度/cm | 0~30 | 0~30 | 0~40 | 0~40 | 0~40 |
| 含水率下限值/% | 65 | 60 | 65 | 70 | 65 |
| 适宜灌水定额/(m³/亩) | 12 | 16~20 | 20~24 | 20~24 | 16~20 |

注　土壤含水率下限值是指土壤含水率占田间持水率的百分数（%）。

6. 玉米管灌与覆膜滴灌产量、水分生产率对比情况

玉米覆膜与不覆膜处理对比分析见表 2-17。

表 2-17                     玉米覆膜与不覆膜处理对比分析

| 处理方式 | 作物需水量<br>/(m³/亩) | 平均耗水强度<br>/(mm/d) | 平均产量<br>/(kg/亩) | 增产量<br>/(kg/亩) | 水分生产率<br>/(kg/亩) | 水分生产率<br>提高率/% |
|---|---|---|---|---|---|---|
| 管灌区 | 581.4 | 3.70 | 686.55 | 74.97 | 1.77 | 0.49 |
| 覆膜滴灌区 | 505.79 | 3.22 | 761.52 | | 2.26 | |

2012—2014 年计算出来的水分生产率如图 2-5~图 2-7 所示。

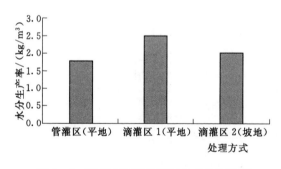

图 2-5  2012 年不同处理玉米水分生产率

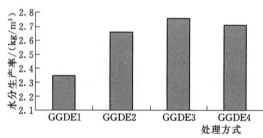

图 2-6  2013 年不同处理玉米水分生产率

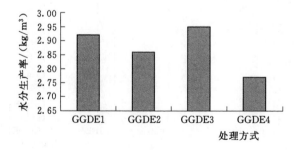

图 2-7  2014 年不同处理玉米水分生产率

7. 推荐的灌溉制度

试验年份推荐的灌溉制度见表 2-18。

表 2-18　　　　　　　　　试验年份推荐的灌溉制度

| 年份 | 水文年型 | 灌水次数 | 灌 水 时 间 | 灌水定额/(m³/亩) | 灌溉定额/(m³/亩) |
|---|---|---|---|---|---|
| 2013 | 平水年 | 5 | 5月上旬、5月中旬、7月下旬、8月上旬、8月下旬 | 20（播种后取12） | 92 |
| 2014 | 枯水年 | 7 | 5月上旬、7月中旬、7月下旬、8月上旬、8月中旬、8月下旬、9月上旬 | 20（播种后取12） | 132 |

8. 不同水文年推荐的灌溉制度

玉米膜下滴灌推荐的不同水文年灌溉制度见表 2-19。

表 2-19　　　　　　　玉米膜下滴灌推荐的不同水文年灌溉制度

| 水文年型 | 灌水次数 | 灌 水 时 间 | 灌水定额/(m³/亩) | 灌溉定额/(m³/亩) |
|---|---|---|---|---|
| 丰水年（频率 P=25%） | 1 | 播种期<br>4月下旬至5月上旬 | 12 | 52~56 |
| | 2 | 抽雄期<br>7月下旬 | 20~24 | |
| | 3 | 灌浆期<br>8月下旬 | 20 | |
| 平水年（频率 P=50%） | 1 | 播种期<br>4月下旬至5月上旬 | 12 | 92~100 |
| | 2 | 苗期<br>5月中旬 | 16~20 | |
| | 3 | 抽雄期<br>7月下旬 | 20~24 | |
| | 4 | 灌浆期<br>8月上旬 | 24 | |
| | 5 | 乳熟期<br>8月下旬 | 20 | |
| 枯水年（频率 P=85%） | 1 | 播种期<br>4月下旬至5月上旬 | 12 | 132~140 |
| | 2 | 拔节后期<br>7月中旬 | 16~20 | |
| | 3 | 抽雄期<br>7月下旬 | 20~24 | |

续表

| 水文年型 | 灌水次数 | 灌 水 时 间 | 灌水定额/(m³/亩) | 灌溉定额/(m³/亩) |
|---|---|---|---|---|
| 枯水年（频率 P=85%） | 4 | 灌浆初期 | 24 | 132～140 |
|  |  | 8月上旬 |  |  |
|  | 5 | 灌浆中期 | 24 |  |
|  |  | 8月下旬 |  |  |
|  | 6 | 灌浆后期 | 20 |  |
|  |  | 8月下旬 |  |  |
|  | 7 | 乳熟期 | 20 |  |
|  |  | 9月上旬 |  |  |

## 2.2　玉米大型喷灌优化灌溉制度试验研究

### 2.2.1　试验设计

　　试验区位于鄂尔多斯市达拉特旗白泥井镇鄂尔多斯市万通现代化农牧业科技示范园区内，试验核心区以鄂尔多斯市现代化农业科技示范园区为依托，选取园区内一台平移式大型喷灌机（控制面积200亩）为项目试验区，进行大田作物大型喷灌试验研究。大型喷灌玉米灌溉制度试验采用田间小区对比法，即各小区农业技术措施相同，固定喷灌灌水定额，采用不同的灌水次数进行对比试验。试验小区面积600m²（南北长25m，东西宽24m），各处理之间隔离区宽6m，各重复之间隔离区宽2m。试验设置灌5次水、灌6次水、灌7次水、灌8次水、灌9次水5种处理，每种处理设3次重复，共设置15个试验小区。每种灌水处理又分覆膜与不覆膜两种种植形式。玉米不同的生育阶段灌水定额按照适宜含水率上下限值来确定。

### 2.2.2　试验区基础资料

　　1. 土壤情况

　　实测示范区土壤质地、容重、田间持水量、pH值以及有效磷、速效氮、速效钾含量见表2-20。

表2-20　　　　　　　试验地土壤理化特性与肥力测定结果

| 项　　目 | 土 层 深 度 | | | 平均 |
|---|---|---|---|---|
|  | 0～20cm | 20～40cm | 40～60cm |  |
| 土壤质地 | 砂壤土 | 砂壤土 | 砂壤土 | — |
| 干容重/(g/cm³) | 1.496 | 1.490 | 1.399 | 1.462 |
| 田间持水量/% | 25.65 | 25.65 | 25.65 | 25.65 |
| pH 值 | 8.81 | 8.91 | 8.13 | 8.61 |

续表

| 项　目 | 土　层　深　度 | | | 平均 |
|---|---|---|---|---|
| | 0～20cm | 20～40cm | 40～60cm | |
| 有机质/(g/kg) | 8.1 | 3.0 | 2.1 | 13.2 |
| 速效氮/(mg/kg) | 39.5 | 31.2 | 15.8 | 28.8 |
| 速效磷/(mg/kg) | 12.1 | 8.8 | 6.2 | 9.1 |
| 速效钾/(mg/kg) | 78.5 | 56.1 | 46.0 | 60.2 |

**2. 作物耕作及施肥情况**

2012—2014 年玉米大型喷灌灌溉制度试验作物及耕作、施肥情况见表 2-21。

表 2-21　　　　　　　　　　　　试验作物及耕作、施肥情况

| 作物情况 | | 2012 年 | 2013 年 | 2014 年 |
|---|---|---|---|---|
| 作物品种 | | 丰田六号 | 丰田六号 | 丰田六号 |
| 耕作形式 | | 覆膜＋机播 | | |
| 株行距密度 | | 株距：22cm；宽行：70cm，窄行 50cm；密度：5000 株/亩 | | |
| 作物生育阶段观测 | 播种 | 4 月 28 日 | 4 月 28 日 | 4 月 29 日 |
| | 出苗 | 5 月 13 日 | 5 月 10 日 | 5 月 15 日 |
| | 拔节 | 6 月 8 日 | 6 月 12 日 | 6 月 17 日 |
| | 抽雄 | 7 月 5 日 | 7 月 15 日 | 7 月 11 日 |
| | 乳熟 | 8 月 25 日 | 8 月 30 日 | 9 月 1 日 |
| | 收获 | 9 月 12 日 | 9 月 15 日 | 9 月 17 日 |
| | 全期 | 137 天 | 140 天 | 139 天 |
| 实际施肥情况 | | 亩施农家肥 1500～2000kg，施底肥硫酸钾 9kg/亩，磷酸二胺 20kg/亩，生育期追肥 2 次，每次尿素 20kg/亩 | | |

**3. 气象情况**

2012—2014 年试验区主要气象要素见表 2-22。

表 2-22　　　　　　　　　　　　试验区主要气象要素

| 项　目 | | 5 月 | 6 月 | 7 月 | 8 月 | 9 月 | 合计/平均 |
|---|---|---|---|---|---|---|---|
| 多年平均值 | 降雨量/mm | 15.87 | 71.93 | 155.47 | 103.33 | 89.67 | 310 |
| | 气温/℃ | 18.48 | 20.70 | 22.95 | 21.29 | 14.81 | 19.65 |
| | 风速/(km/h) | 3.81 | 2.91 | 2.07 | 2.27 | 1.74 | 2.56 |
| 2012 年 | 降雨量/mm | 6.6 | 40 | 175.6 | 173 | 57 | 452.2 |
| | 有效降雨量/mm | 6.6 | 40 | 149.8 | 145 | 45.9 | 387 |
| 2013 年 | 降雨量/mm | 27 | 111 | 197.8 | 79 | 70 | 484.8 |
| | 有效降雨量/mm | 27 | 98 | 182.6 | 79 | 56 | 442.6 |
| 2014 年 | 降雨量/mm | 14 | 64.8 | 93 | 58 | 142 | 371.8 |
| | 有效降雨量/mm | 14 | 15.8 | 93 | 58 | 133.8 | 314.6 |

## 2.2.3 试验成果

### 2.2.3.1 各年实测的灌水时间、灌水量与作物产量

2012 年实测的灌水时间、灌水量与作物产量见表 2-23。

表 2-23　　　　　　　2012 年实测灌水时间、灌水量与作物产量统计

| 处理方式 | | 灌　水　量/(m³/亩) | | | | | | | | | 灌溉定额 /(m³/亩) | 产量 /(kg/亩) |
|---|---|---|---|---|---|---|---|---|---|---|---|---|
| | | 第1次 (5月 8日) | 第2次 (6月 16日) | 第3次 (6月 25日) | 第4次 (7月 6日) | 第5次 (7月 14日) | 第6次 (7月 24日) | 第7次 (8月 2日) | 第8次 (8月 16日) | 第9次 (9月 8日) | | |
| 覆膜 | 灌水5次 | 20 | 20 | | 30 | | 10 | | 25 | | 105 | 716 |
| | 灌水6次 | 20 | 20 | | 30 | | 10 | | 25 | 20 | 125 | 844 |
| | 灌水7次 | 20 | 20 | 20 | 30 | | 10 | | 25 | 20 | 145 | 792 |
| | 灌水8次 | 20 | 20 | 20 | 30 | 10 | 10 | | 25 | 20 | 155 | 1008 |
| | 灌水9次 | 20 | 20 | 20 | 30 | 10 | 10 | 30 | 25 | 20 | 185 | 956 |
| 不覆膜 | 灌水5次 | 20 | 20 | | 30 | | 10 | | 25 | | 105 | 716 |
| | 灌水6次 | 20 | 20 | | 30 | | 10 | | 25 | 20 | 125 | 844 |
| | 灌水7次 | 20 | 20 | 20 | 30 | | 10 | | 25 | 20 | 145 | 792 |
| | 灌水8次 | 20 | 20 | 20 | 30 | 10 | 10 | | 25 | 20 | 155 | 1008 |
| | 灌水9次 | 20 | 20 | 20 | 30 | 10 | 10 | 30 | 25 | 20 | 185 | 956 |

2013 年实测的灌水时间、灌水量与作物产量见表 2-24。

表 2-24　　　　　　　2013 年实测灌水时间、灌水量与作物产量统计

| 处理方式 | | 灌　水　量/(m³/亩) | | | | | | | | | 灌溉定额 /(m³/亩) | 产量 /(kg/亩) |
|---|---|---|---|---|---|---|---|---|---|---|---|---|
| | | 第1次 (5月 2日) | 第2次 (6月 1日) | 第3次 (6月 26日) | 第4次 (7月 9日) | 第5次 (7月 28日) | 第6次 (8月 10日) | 第7次 (8月 17日) | 第8次 (8月 30日) | 第9次 (9月 9日) | | |
| 覆膜 | 灌水5次 | 10 | 20 | | | 18.7 | | 30 | | 20 | 98.7 | 682 |
| | 灌水6次 | 10 | 20 | 20 | | 18.7 | | 30 | | 20 | 118.7 | 730 |
| | 灌水7次 | 10 | 20 | 20 | | 18.7 | | 30 | 13.3 | 20 | 132 | 916 |
| | 灌水8次 | 10 | 20 | 20 | 30 | 18.7 | | 30 | 13.3 | 20 | 162 | 1162 |
| | 灌水9次 | 10 | 20 | 20 | 30 | 18.7 | 30 | 30 | 13.3 | 20 | 192 | 1049 |
| 不覆膜 | 灌水5次 | 10 | 20 | | | 18.7 | | 30 | | 20 | 98.7 | 682 |
| | 灌水6次 | 10 | 20 | 20 | | 18.7 | | 30 | | 20 | 118.7 | 730 |
| | 灌水7次 | 10 | 20 | 20 | | 18.7 | | 30 | 13.3 | 20 | 132 | 916 |
| | 灌水8次 | 10 | 20 | 20 | 30 | 18.7 | | 30 | 13.3 | 20 | 162 | 1162 |
| | 灌水9次 | 10 | 20 | 20 | 30 | 18.7 | 30 | 30 | 13.3 | 20 | 192 | 1049 |

2014 年实测的灌水时间、灌水量与作物产量见表 2-25。

表 2－25 　　　　　　　　　2014 年实测灌水时间、灌水量与作物产量统计

| 处理方式 | | 灌 水 量/(m³/亩) | | | | | | | | 灌溉定额/(m³/亩) | 产量/(kg/亩) |
|---|---|---|---|---|---|---|---|---|---|---|---|
| | | 第1次(4月29日) | 第2次(6月22日) | 第3次(6月29日) | 第4次(7月11日) | 第5次(7月17日) | 第6次(7月26日) | 第7次(8月12日) | 第8次(8月21日) | | |
| 覆膜 | 灌水5次 | 10 | 20 | | 20 | | 20 | | 30 | 100 | 679 |
| | 灌水6次 | 10 | 20 | 15 | 20 | | 20 | | 30 | 115 | 773 |
| | 灌水7次 | 10 | 20 | 15 | 20 | 30 | 20 | | 30 | 145 | 843 |
| | 灌水8次 | 10 | 20 | 15 | 20 | 30 | 20 | 20 | 30 | 165 | 965 |
| 不覆膜 | 灌水5次 | 10 | 20 | | 20 | | 20 | | 30 | 100 | 679 |
| | 灌水6次 | 10 | 20 | 15 | 20 | | 20 | | 30 | 115 | 773 |
| | 灌水7次 | 10 | 20 | 15 | 20 | 30 | 20 | | 30 | 145 | 843 |
| | 灌水8次 | 10 | 20 | 15 | 20 | 30 | 20 | 20 | 30 | 165 | 965 |

#### 2.2.3.2　作物耗水量与水分生产率

2012—2014 年玉米大型喷灌灌溉制度试验玉米耗水量与水分生产率见表 2－26～表 2－28。

表 2－26 　　　　　　　　2012 年作物耗水量与水分生产率分析计算

| 处理方式 | | 灌水量/(m³/亩) | 有效降雨量/mm | 土壤水变化量/(m³/亩) | 耗水量/(m³/亩) | 平均耗水强度/(mm/d) | 产量/(kg/亩) | 作物水分生产率/(kg/m³) |
|---|---|---|---|---|---|---|---|---|
| 覆膜 | 灌水5次 | 105 | 387 | 51.15 | 311.85 | 3.27 | 716 | 2.3 |
| | 灌水6次 | 125 | 387 | 64.28 | 318.72 | 3.34 | 844 | 2.65 |
| | 灌水7次 | 145 | 387 | 61.62 | 341.38 | 3.58 | 792 | 2.32 |
| | 灌水8次 | 155 | 387 | 63.55 | 349.45 | 3.67 | 1008 | 2.88 |
| | 灌水9次 | 185 | 387 | 64.22 | 378.78 | 3.97 | 956 | 2.52 |
| 不覆膜 | 灌水5次 | 105 | 387 | 54.28 | 308.72 | 3.24 | 668 | 2.16 |
| | 灌水6次 | 125 | 387 | 62.28 | 320.72 | 3.36 | 708 | 2.21 |
| | 灌水7次 | 145 | 387 | 64.28 | 338.72 | 3.55 | 784 | 2.31 |
| | 灌水8次 | 155 | 387 | 63.55 | 349.45 | 3.67 | 1024 | 2.93 |
| | 灌水9次 | 185 | 387 | 76.22 | 366.78 | 3.85 | 952 | 2.6 |

表 2－27 　　　　　　　　2013 年作物耗水量与水分生产率分析计算

| 处理方式 | | 灌水量/(m³/亩) | 有效降雨量/mm | 土壤水变化量/(m³/亩) | 耗水量/(m³/亩) | 平均耗水强度/(mm/d) | 产量/(kg/亩) | 作物水分生产率/(kg/m³) |
|---|---|---|---|---|---|---|---|---|
| 覆膜 | 灌水5次 | 98.7 | 442.6 | 90.8 | 303.0 | 3.18 | 682 | 2.25 |
| | 灌水6次 | 118.7 | 442.6 | 97.9 | 315.9 | 3.31 | 730 | 2.31 |
| | 灌水7次 | 132 | 442.6 | 101.0 | 326.1 | 3.42 | 916 | 2.81 |

续表

| 处理方式 | | 灌水量 /(m³/亩) | 有效降雨量 /mm | 土壤水变化量 /(m³/亩) | 耗水量 /(m³/亩) | 平均耗水强度 /(mm/d) | 产量 /(kg/亩) | 作物水分生产率 /(kg/m³) |
|---|---|---|---|---|---|---|---|---|
| 覆膜 | 灌水 8 次 | 162 | 442.6 | 86.0 | 371.1 | 3.89 | 1162 | 3.13 |
| | 灌水 9 次 | 192 | 442.6 | 104.6 | 382.5 | 4.01 | 1049 | 2.74 |
| 不覆膜 | 灌水 5 次 | 98.7 | 442.6 | 89.6 | 304.2 | 3.19 | 658 | 2.16 |
| | 灌水 6 次 | 118.7 | 442.6 | 86.9 | 326.9 | 3.43 | 693 | 2.12 |
| | 灌水 7 次 | 132 | 442.6 | 101.7 | 325.4 | 3.41 | 877 | 2.7 |
| | 灌水 8 次 | 162 | 442.6 | 86.4 | 370.7 | 3.89 | 947 | 2.55 |
| | 灌水 9 次 | 192 | 442.6 | 109.8 | 377.3 | 3.96 | 1120 | 2.97 |

表 2-28　　　　　　　　　　2014 年作物耗水量与水分生产率分析计算

| 处理方式 | | 灌水量 /(m³/亩) | 有效降雨量 /mm | 土壤水变化量 /(m³/亩) | 耗水量 /(m³/亩) | 平均耗水强度 /(mm/d) | 产量 /(kg/亩) | 作物水分生产率 /(kg/m³) |
|---|---|---|---|---|---|---|---|---|
| 覆膜 | 灌水 5 次 | 70 | 314.6 | −19.97 | 299.70 | 3.14 | 679 | 2.26 |
| | 灌水 6 次 | 84.67 | 314.6 | −14.63 | 309.03 | 3.24 | 773 | 2.50 |
| | 灌水 7 次 | 111.33 | 314.6 | −4.64 | 325.70 | 3.42 | 843 | 2.59 |
| | 灌水 8 次 | 138 | 314.6 | −13.27 | 361 | 3.79 | 965 | 2.67 |
| 不覆膜 | 灌水 5 次 | 70 | 314.6 | −3.30 | 283.03 | 2.97 | 685 | 2.42 |
| | 灌水 6 次 | 84.67 | 314.6 | −13.97 | 308.37 | 3.23 | 734 | 2.38 |
| | 灌水 7 次 | 111.33 | 314.6 | −5.31 | 326.37 | 3.42 | 882 | 2.70 |
| | 灌水 8 次 | 138 | 314.6 | −16.97 | 364.7 | 3.83 | 988 | 2.71 |

### 2.2.3.3 玉米不同灌水条件下试验测产成果

2012—2014 年玉米不同灌溉条件下试验测产成果见表 2-29～表 2-31。

表 2-29　　　　　　　　　2012 年玉米不同灌溉条件下试验测产成果

| 处理方式 | | 灌溉定额 /(m³/亩) | 穗长 /cm | 穗粒重 /g | 百粒重 /g | 产量 /(kg/亩) | 增产量 /(kg/亩) | 增产效果 /% |
|---|---|---|---|---|---|---|---|---|
| 不覆膜 | 灌水 5 次 | 105 | 17.9 | 167 | 28.7 | 668 | 0 | 0 |
| | 灌水 6 次 | 125 | 18.5 | 177 | 30.2 | 708 | 40 | 5.99 |
| | 灌水 7 次 | 145 | 18.5 | 196 | 32.4 | 784 | 116 | 17.37 |
| | 灌水 8 次 | 155 | 19.1 | 256 | 35.7 | 1024 | 356 | 53.29 |
| | 灌水 9 次 | 185 | 18.9 | 238 | 34.1 | 952 | 284 | 42.51 |
| | 平均 | 143 | 18.58 | 206.8 | 32.2 | 827.2 | | |
| 覆膜 | 灌水 5 次 | 105 | 17.8 | 179 | 28.1 | 716 | 0 | 0 |
| | 灌水 6 次 | 125 | 18.5 | 211 | 30.1 | 844 | 128 | 17.88 |
| | 灌水 7 次 | 145 | 18.1 | 198 | 32.5 | 792 | 76 | 10.61 |

| 处理方式 | | 灌溉定额/(m³/亩) | 穗长/cm | 穗粒重/g | 百粒重/g | 产量/(kg/亩) | 增产量/(kg/亩) | 增产效果/% |
|---|---|---|---|---|---|---|---|---|
| 覆膜 | 灌水8次 | 155 | 19.6 | 252 | 34.6 | 1008 | 292 | 40.78 |
| | 灌水9次 | 185 | 20.1 | 239 | 34.6 | 956 | 240 | 33.52 |
| | 平均 | 143 | 18.82 | 215.8 | 31.9 | 863.2 | — | — |

表 2-30　　2013 年玉米不同灌溉条件下试验测产成果

| 处理方式 | | 灌溉定额/(m³/亩) | 穗长/cm | 穗粒重/g | 百粒重/g | 产量/(kg/亩) | 增产量/(kg/亩) | 增产效果/% |
|---|---|---|---|---|---|---|---|---|
| 不覆膜 | 灌水5次 | 98.7 | 18.37 | 201 | 24.7 | 658 | 0 | 0 |
| | 灌水6次 | 118.7 | 19.09 | 223 | 27.4 | 693 | 35 | 5.32 |
| | 灌水7次 | 132 | 20.51 | 258 | 29.1 | 877 | 219 | 33.28 |
| | 灌水8次 | 162 | 19.85 | 245 | 30.1 | 947 | 289 | 43.92 |
| | 灌水9次 | 192 | 21.65 | 276 | 33.9 | 1120 | 462 | 70.21 |
| | 平均 | 140.7 | 19.9 | 240.6 | 29.0 | 859.0 | — | — |
| 覆膜 | 灌水5次 | 98.7 | 18.33 | 236 | 29 | 682 | 0 | 0 |
| | 灌水6次 | 118.7 | 18.89 | 210 | 25.7 | 730 | 48 | 7.04 |
| | 灌水7次 | 132 | 20.17 | 237 | 28.6 | 916 | 234 | 34.31 |
| | 灌水8次 | 162 | 22.02 | 258 | 31.7 | 1162 | 480 | 70.38 |
| | 灌水9次 | 192 | 21.19 | 269 | 33.1 | 1049 | 367 | 53.81 |
| | 平均 | 140.7 | 20.1 | 242.0 | 29.6 | 907.8 | — | — |

表 2-31　　2014 年玉米不同灌溉条件下试验测产成果

| 处理方式 | | 灌溉定额/(m³/亩) | 穗长/cm | 百粒重/g | 产量/(kg/亩) | 增产量/(kg/亩) | 增产效果/% |
|---|---|---|---|---|---|---|---|
| 不覆膜 | 灌水5次 | 105 | 17.76 | 25.8 | 685 | 0 | 0 |
| | 灌水6次 | 127 | 18.40 | 27.6 | 734 | 48.85 | 7.13 |
| | 灌水7次 | 167 | 18.63 | 28.0 | 882 | 196.58 | 28.70 |
| | 灌水8次 | 207 | 21.4 | 32.4 | 988 | 303 | 44.23 |
| | 平均 | 151.5 | 19.05 | 28.5 | 822 | — | — |
| 覆膜 | 灌水5次 | 105 | 17.90 | 26.6 | 679 | 0 | 0 |
| | 灌水6次 | 127 | 18.52 | 27.5 | 773 | 94.13 | 13.86 |
| | 灌水7次 | 167 | 18.93 | 28.9 | 843 | 164.37 | 24.21 |
| | 灌水8次 | 207 | 20.09 | 32.9 | 965 | 286 | 42.12 |
| | 平均 | 151.5 | 18.86 | 29.0 | 815 | — | — |

### 2.2.3.4 土壤含水率控制下限与适宜灌水定额分析

试验推荐的土壤含水率控制下限与灌水定额见表 2－32。

表 **2－32** 试验推荐的土壤含水率控制下限与灌水定额

| 生育阶段 | 播种—出苗 | 出苗—拔节 | 拔节—抽雄 | 抽雄—灌浆 | 灌浆—乳熟 | 乳熟—收获 |
| --- | --- | --- | --- | --- | --- | --- |
| 日 期 | 4 月 29 日至 5 月 10 日 | 5 月 10 日至 6 月 10 日 | 6 月 10 日至 7 月 9 日 | 7 月 9 日至 8 月 11 日 | 8 月 11 日至 9 月 1 日 | 9 月 1—15 日 |
| 根系层深度/cm | 20 | 20 | 30 | 40 | 50 | 50 |
| 含水率下限/% | 65～70 | 60～65 | 65～70 | 70～75 | 65～70 | 65～70 |
| 灌水定额/(m³/亩) | 20～25 | 20～25 | 25～30 | 25～30 | 25～30 | 20～25 |

2012—2014 年玉米不同处理方式下产量与增产量如图 2-8～图 2-13 所示。

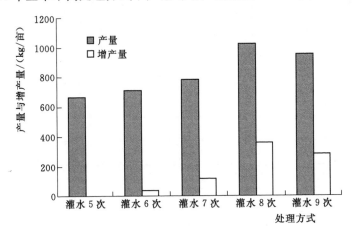

图 2-8 2012 年不覆膜处理下产量与增产量

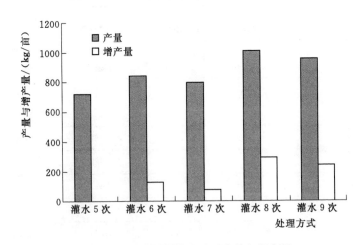

图 2-9 2012 年覆膜处理下产量与增产量

2012—2014 年覆膜与不覆膜条件下玉米产量差异性分析见表 2-33～表 2-38 所示。

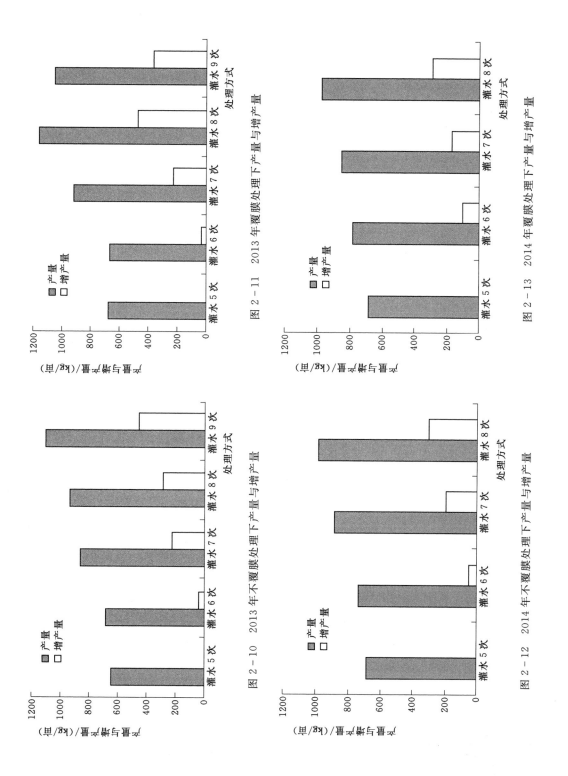

图 2-10 2013 年不覆膜处理下产量与增产量

图 2-11 2013 年覆膜处理下产量与增产量

图 2-12 2014 年不覆膜处理下产量与增产量

图 2-13 2014 年覆膜处理下产量与增产量

表 2-33　　　　　　2012 年不覆膜条件下玉米产量差异性分析

| 处理方式 | 产量均值/(kg/亩) | 5%显著水平 | 1%极显著水平 |
|---|---|---|---|
| 灌水 8 次 | 1020 | a | A |
| 灌水 9 次 | 933 | b | B |
| 灌水 7 次 | 778.6667 | c | C |
| 灌水 6 次 | 708 | d | D |
| 灌水 5 次 | 673 | d | D |

表 2-34　　　　　　2012 年覆膜条件下玉米产量差异性分析

| 处理方式 | 产量均值/(kg/亩) | 5%显著水平 | 1%极显著水平 |
|---|---|---|---|
| 灌水 8 次 | 1041 | a | A |
| 灌水 9 次 | 993.6667 | a | A |
| 灌水 6 次 | 836 | b | B |
| 灌水 7 次 | 788 | bc | B |
| 灌水 5 次 | 707.3333 | c | B |

表 2-35　　　　　　2013 年不覆膜条件下玉米产量差异性分析

| 处理方式 | 产量均值/(kg/亩) | 5%显著水平 | 1%极显著水平 |
|---|---|---|---|
| 灌水 9 次 | 1120 | a | A |
| 灌水 8 次 | 957 | b | B |
| 灌水 7 次 | 877 | c | C |
| 灌水 6 次 | 682.6667 | d | D |
| 灌水 5 次 | 657.3333 | d | D |

表 2-36　　　　　　2013 年覆膜条件下玉米产量差异性分析

| 处理方式 | 产量均值/(kg/亩) | 5%显著水平 | 1%极显著水平 |
|---|---|---|---|
| 灌水 8 次 | 1147 | a | A |
| 灌水 9 次 | 1059 | b | B |
| 灌水 7 次 | 889 | c | C |
| 灌水 6 次 | 737 | d | D |
| 灌水 5 次 | 704.3333 | d | D |

表 2-37　　　　　　2014 年不覆膜条件下玉米产量差异性分析

| 处理方式 | 产量均值/(kg/亩) | 5%显著水平 | 1%极显著水平 |
|---|---|---|---|
| 灌水 8 次 | 1091 | a | A |
| 灌水 7 次 | 769.33 | b | B |
| 灌水 6 次 | 694.67 | bc | B |
| 灌水 5 次 | 581 | c | B |

表 2-38                       **2014 年覆膜条件下玉米产量差异性分析**

| 处理方式 | 产量均值/(kg/亩) | 5%显著水平 | 1%极显著水平 |
|---|---|---|---|
| 灌水 8 次 | 1028 | a | A |
| 灌水 7 次 | 832.67 | b | B |
| 灌水 6 次 | 742.66 | bc | BC |
| 灌水 5 次 | 631.67 | c | C |

由表 2-33~表 2-38 差异性分析可以看出，2012 年不覆膜灌水 8 次处理产量最高，与其他灌水处理在 1%水平上有极显著差异；覆膜灌水 8 次处理与灌水 9 次处理无显著差异，而与灌水 7 次、灌水 6 次、灌水 5 次处理在 1%水平上有极显著差异。2013 年不覆膜灌水 9 次处理产量最高，与其他灌水处理在 1%水平上有极显著差异；覆膜处理灌水 8 次产量最高，与其他灌水处理在 1%水平上有极显著差异。2014 年不覆膜灌水 8 次处理产量最高，与其他灌水处理在 1%水平上有极显著差异，灌水 6 次处理和灌水 7 次处理无显著性差异；覆膜处理灌水 8 次产量最高，与其他灌水处理在 1%水平上有极显著差异，灌水 6 次处理和灌水 7 次处理无显著性差异，灌水 5 次和灌水 6 次无显著差异。

2012—2014 年计算出来的水分生产率如图 2-14~图 2-16 所示。

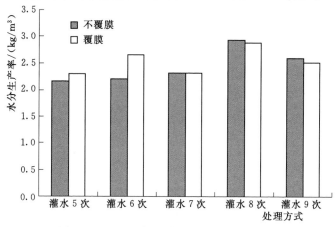

图 2-14  2012 年不同处理玉米水分生产率

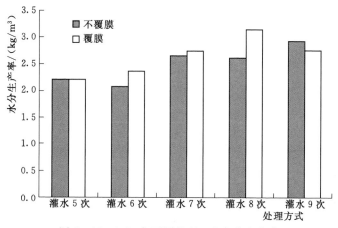

图 2-15  2013 年不同处理玉米水分生产率

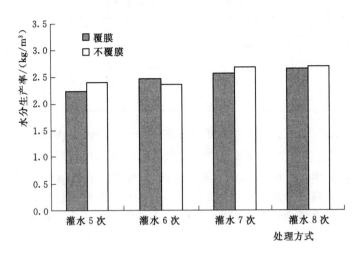

图 2 - 16　2014 年不同处理玉米水分生产率

图 2 - 14～图 2 - 16 给出了 2012—2014 年覆膜与不覆膜条件下各种灌水处理的水分生产率，从各处理表中和对比分析图中可以看出玉米各处理方式的水分生产率均在 2.12～3.13kg/m³ 之间。覆膜条件下玉米水分生产率最高的是 2013 年灌 8 次水的处理，水分生产率为 3.13kg/m³，最低的是 2013 年灌 5 次水的处理，水分生产率为 2.25kg/m³，两者相差 28.12%。不覆膜条件下玉米水分生产率最高的是 2013 年灌 9 次水的处理，水分生产率为 2.97kg/m³，最低的是 2012 年和 2013 年灌 5 次水的处理，水分生产率为 2.12kg/m³，两者相差 28.62%。

### 2.2.3.5　玉米大型喷灌覆膜与不覆膜对比情况

1. 玉米覆膜与不覆膜水分生产率对比分析

作物耗水量系指作物在任意土壤水分、肥力条件下的植株蒸腾、棵间蒸发以及构成植株体的水量之和。作物耗水量中一部分靠灌溉供给及土壤水分和地下水补给。农作物各生育期对水分的需求是不同的。

采用水量平衡法计算玉米耗水量，水量平衡方程可见式（2-1）。

$$ET_c = P_e + I - \Delta W - Q \qquad (2-1)$$

式中：$ET_c$ 为时段内的耗水量，mm；$\Delta W$ 为相应时段内的土壤储水变化量，mm；$P_e$ 为相应时段内的有效降雨量，mm；$I$ 为相应时段内的灌水量，mm；$Q$ 为相应时段内的田间水渗漏量，mm。

图 2 - 17～图 2 - 19 给出了 2012—2014 年全生育期内不同处理作物耗水量。可以看出，在同一年内覆膜处理与不覆膜处理条件下玉米耗水量都随着灌水次数与灌水量的增加而增大。2012—2014 年内各处理的作物耗水量和水分生产率见表 2 - 39～表 2 - 41。

按玉米的生育期，将玉米划分为 4 个生育阶段，即：出苗期—拔节期、拔节期—抽雄期、抽雄期—灌浆期、灌浆期—成熟期。

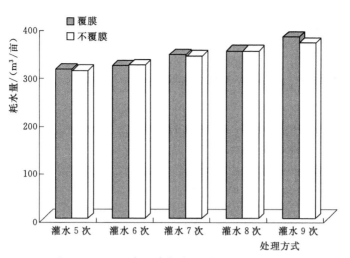

图 2-17 2012 年生育期内不同处理作物耗水量

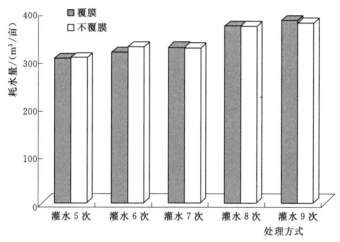

图 2-18 2013 年生育期内不同处理作物耗水量

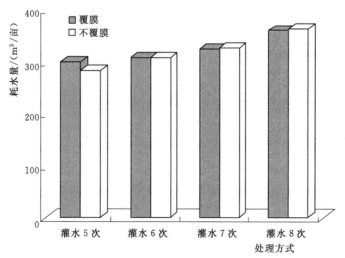

图 2-19 2014 年生育期内不同处理的作物耗水量

**表 2-39　2012 年作物耗水量、水分生产率分析**

| 处理方式 | | 灌水量/(m³/亩) | 有效降雨量/mm | 土壤水变化量/(m³/亩) | 耗水量/(m³/亩) | 平均耗水强度/(mm/d) | 产量/(kg/亩) | 作物水分生产率/(kg/m³) |
|---|---|---|---|---|---|---|---|---|
| 覆膜 | 灌水 5 次 | 105 | 387 | 51.15 | 311.85 | 3.27 | 716 | 2.3 |
| | 灌水 6 次 | 125 | 387 | 64.28 | 318.72 | 3.34 | 844 | 2.65 |
| | 灌水 7 次 | 145 | 387 | 61.62 | 341.38 | 3.58 | 792 | 2.32 |
| | 灌水 8 次 | 155 | 387 | 63.55 | 349.45 | 3.67 | 1008 | 2.88 |
| | 灌水 9 次 | 185 | 387 | 64.22 | 378.78 | 3.97 | 956 | 2.52 |
| 不覆膜 | 灌水 5 次 | 105 | 387 | 54.28 | 308.72 | 3.24 | 668 | 2.16 |
| | 灌水 6 次 | 125 | 387 | 62.28 | 320.72 | 3.36 | 708 | 2.21 |
| | 灌水 7 次 | 145 | 387 | 64.28 | 338.72 | 3.55 | 784 | 2.31 |
| | 灌水 8 次 | 155 | 387 | 63.55 | 349.45 | 3.67 | 1024 | 2.93 |
| | 灌水 9 次 | 185 | 387 | 76.22 | 366.78 | 3.85 | 952 | 2.6 |

**表 2-40　2013 年作物耗水量、水分生产率分析**

| 处理方式 | | 灌水量/(m³/亩) | 有效降雨量/mm | 土壤水变化量/(m³/亩) | 耗水量/(m³/亩) | 平均耗水强度/(mm/d) | 产量/(kg/亩) | 作物水分生产率/(kg/m³) |
|---|---|---|---|---|---|---|---|---|
| 覆膜 | 灌水 5 次 | 98.7 | 442.6 | 90.8 | 303.0 | 3.18 | 682 | 2.25 |
| | 灌水 6 次 | 118.7 | 442.6 | 97.9 | 315.9 | 3.31 | 730 | 2.31 |
| | 灌水 7 次 | 132 | 442.6 | 101.0 | 326.1 | 3.42 | 916 | 2.81 |
| | 灌水 8 次 | 162 | 442.6 | 86.0 | 371.1 | 3.89 | 1162 | 3.13 |
| | 灌水 9 次 | 192 | 442.6 | 104.6 | 382.5 | 4.01 | 1049 | 2.74 |
| 不覆膜 | 灌水 5 次 | 98.7 | 442.6 | 89.6 | 304.2 | 3.19 | 658 | 2.16 |
| | 灌水 6 次 | 118.7 | 442.6 | 86.9 | 326.9 | 3.43 | 693 | 2.12 |
| | 灌水 7 次 | 132 | 442.6 | 101.7 | 325.4 | 3.41 | 877 | 2.7 |
| | 灌水 8 次 | 162 | 442.6 | 86.4 | 370.7 | 3.89 | 947 | 2.55 |
| | 灌水 9 次 | 192 | 442.6 | 109.8 | 377.3 | 3.96 | 1120 | 2.97 |

**表 2-41　2014 年作物耗水量、水分生产率分析**

| 处理方式 | | 灌水量/(m³/亩) | 有效降雨量/mm | 土壤水变化量/(m³/亩) | 耗水量/(m³/亩) | 平均耗水强度/(mm/d) | 产量/(kg/亩) | 作物水分生产率/(kg/m³) |
|---|---|---|---|---|---|---|---|---|
| 覆膜 | 灌水 5 次 | 70 | 314.6 | −19.97 | 299.70 | 3.14 | 679 | 2.26 |
| | 灌水 6 次 | 84.67 | 314.6 | −14.63 | 309.03 | 3.24 | 773 | 2.50 |
| | 灌水 7 次 | 111.33 | 314.6 | −4.64 | 325.70 | 3.42 | 843 | 2.59 |
| | 灌水 8 次 | 138 | 314.6 | −13.27 | 361 | 3.79 | 965 | 2.67 |

续表

| 处理方式 | | 灌水量<br>/(m³/亩) | 有效<br>降雨量<br>/mm | 土壤水<br>变化量<br>/(m³/亩) | 耗水量<br>/(m³/亩) | 平均耗水<br>强度<br>/(mm/d) | 产量<br>/(kg/亩) | 作物水分<br>生产率<br>/(kg/m³) |
|---|---|---|---|---|---|---|---|---|
| 不覆膜 | 灌水 5 次 | 70 | 314.6 | -3.30 | 283.03 | 2.97 | 685 | 2.42 |
| | 灌水 6 次 | 84.67 | 314.6 | -13.97 | 308.37 | 3.23 | 734 | 2.38 |
| | 灌水 7 次 | 111.33 | 314.6 | -5.31 | 326.37 | 3.42 | 882 | 2.70 |
| | 灌水 8 次 | 138 | 314.6 | -16.97 | 364.7 | 3.83 | 988 | 2.71 |

从图 2-20 和图 2-21 可以看出，玉米的出苗期—拔节期的耗水量相对较小，这个阶段气温相对比较低，植株矮小，玉米对土壤水分的需求比较低，水分消耗以地面蒸发为主，土壤水蒸发比较少，所以耗水量比较低。当进入拔节期—抽雄期，气温逐步升高，植株开始快速生长发育，叶面积指数迅速增长，耗水量也在不断增大，比较不同处理在这个生育期阶段，发现耗水量随灌水量的增大而增大，覆膜灌 8 次水处理与不覆膜灌 8 次水处

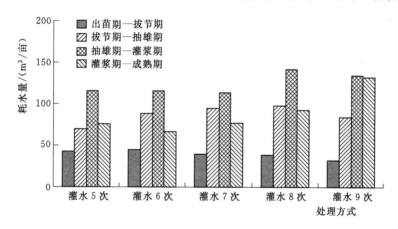

图 2-20 覆膜玉米不同生育期内耗水量

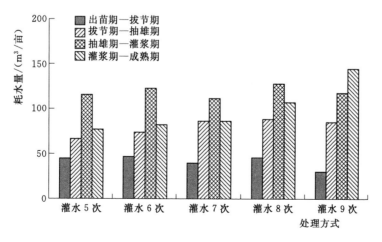

图 2-21 不覆膜玉米生育期内耗水量

理在这个时期的耗水量最大。在抽雄期—灌浆期这个时期是玉米需水最多的时期，此时缺水易导致玉米穗变小而减产。这个时期灌水量比较大，降水也比较多，所以耗水量达到生育期最大，覆膜灌水 8 次处理与不覆膜灌水 8 次处理在这个时期的耗水量最大。在灌浆期—乳熟期是玉米的籽粒形成和决定粒重的重要阶段，这个时期玉米植株蒸腾作用仍较强，同化作用旺盛，茎叶中的可溶性养分源源不断地向果穗运送。从图中可以看出覆膜灌水 8 次、覆膜灌水 9 次处理在这个生育期耗水量比其他处理要大。

2. 玉米覆膜与不覆膜不同生育期需水规律

通过 2012—2014 年试验成果，计算出覆膜和不覆膜条件下玉米不同生育期的需水量和耗水强度，见表 2-42。

表 2-42　　　　　　　　　玉米不同生育期需水量与耗水强度

| 处理方式 | 项　　　目 | 玉米不同生育期 | | | | 合计/平均 |
| --- | --- | --- | --- | --- | --- | --- |
| | | 出苗期—拔节期<br>（5 月 10 日至<br>6 月 10 日） | 拔节期—抽雄期<br>（6 月 10 日至<br>7 月 9 日） | 抽雄期—灌浆期<br>（7 月 9 日至<br>8 月 11 日） | 灌浆期—成熟期<br>（8 月 11 日至<br>9 月 10 日） | |
| 覆膜 | 需水量/(m³/亩) | 44.72 | 76.87 | 124.21 | 90.91 | 336.71 |
| | 耗水强度/(mm/d) | 2.24 | 3.84 | 5.65 | 4.54 | 4.07 |
| 不覆膜 | 需水量/(m³/亩) | 42.24 | 82.19 | 133.23 | 92.65 | 350.31 |
| | 耗水强度/(mm/d) | 2.11 | 4.10 | 6.05 | 4.63 | 4.22 |

将覆膜与不覆膜条件下玉米不同灌水处理不同生育期耗水量取平均值，并计算出各生育阶段的耗水强度，将各生育期耗水量绘制成耗水过程线如图 2-22 所示。由表 2-42 可以看出，覆膜和不覆膜条件下玉米在苗期需水量分别为 44.72m³/亩和 42.24m³/亩，拔节期需水量分别为 76.87m³/亩和 82.19m³/亩，抽雄期分别为 124.21m³/亩和 133.23m³/亩，所以玉米需水量随着时间呈先增后减的抛物线形变化趋势，玉米需水量最大的时期为抽雄期—灌浆期，为需水关键期，在该时期应充分保证灌溉水平，满足作物需水要求。

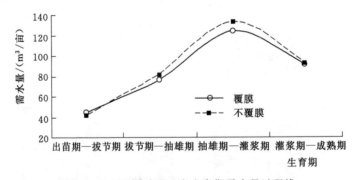

图 2-22　不同处理玉米生育期需水量过程线

3. 覆膜与不覆膜产量、水分生产率对比分析

由试验不同处理计算出覆膜与不覆膜处理下作物需水量平均值、好水强度平均值、产量平均值和水分生产率平均值，见表 2-43，对比分析覆膜与不覆膜情况下的作物耗水情况和产量及水分生产率。

表 2-43　　　　　　　玉米覆膜与不覆膜处理对比分析

| 处理 | 作物需水量/(m³/亩) | 平均耗水强度/(mm/d) | 平均产量/(kg/亩) | 增产量/(kg/亩) | 水分生产率/(kg/m³) | 水分生产率提高率/% |
|---|---|---|---|---|---|---|
| 不覆膜 | 350.31 | 4.22 | 836.07 | 25.93 | 2.498 | 2.56 |
| 覆膜 | 336.71 | 4.07 | 862.00 | | 2.562 | |

由表 2-43 可以看出,覆膜条件下玉米平均需水量为 336.71m³/亩,而不覆膜条件下玉米平均需水量为 350.31m³/亩,比覆膜条件下需水量增加 13.6m³/亩,耗水强度增加 0.15mm/d,产量提高 25.93kg/亩,水分生产率提高 2.56%,说明覆膜可以有效减少土壤水分蒸发,从而降低作物水分消耗,并且提高了作物产量和水分生产率,起到节水增产的效果。

#### 2.2.3.6　推荐的灌溉制度

通过试验得出的试验年份的推荐灌溉制度见表 2-44。

表 2-44　　　　　　　试验年份推荐的灌溉制度

| 年份 | 水文年型 | 处理方式 | 灌水次数 | 灌 水 时 间 | 灌水定额/(m³/亩) | 灌溉定额/(m³/亩) |
|---|---|---|---|---|---|---|
| 2012 | 丰水年 | 覆膜 | 7 | 5 月上旬、6 月中下旬、7 月上中旬、8 月上旬、8 月中旬、8 月下旬、9 月上旬 | 20～30 | 140～180 |
| | | 不覆膜 | 7 | 5 月上旬、6 月中下旬、7 月上中旬、8 月上旬、8 月中旬、8 月下旬、9 月上旬 | 20～30 | 160～200 |
| 2013 | 丰水年 | 覆膜 | 7 | 5 月上旬、6 月中下旬、7 月上中旬、8 月上旬、8 月中旬、8 月下旬、9 月上旬 | 20～30 | 140～180 |
| | | 不覆膜 | 7 | 5 月上旬、6 月中下旬、7 月上中旬、8 月上旬、8 月中旬、8 月下旬、9 月上旬 | 20～30 | 160～200 |
| 2014 | 平水年 | 覆膜 | 8 | 5 月上旬、6 月中下旬、7 月上旬、7 月中旬、8 月上旬、8 月中旬、8 月下旬、9 月上旬 | 20～30 | 180～220 |
| | | 不覆膜 | 8 | 5 月上旬、6 月中下旬、7 月上旬、7 月中旬、8 月上旬、8 月中旬、8 月下旬、9 月上旬 | 20～30 | 200～240 |

#### 2.2.3.7　不同水文年推荐的灌溉制度

通过试验得出的不同水文年型的推荐灌溉制度见表 2-45。

表 2-45　　　　　　　玉米喷灌推荐的不同水文年灌溉制度

| 处理 | 水文年型 | 灌水次数 | 灌 水 时 间 | 灌水定额/(m³/亩) | 灌溉定额/(m³/亩) |
|---|---|---|---|---|---|
| 覆膜 | 丰水年($P=25\%$) | 1 | 播种期(4 月下旬至 5 月上旬) | 20 | 150～170 |
| | | 2 | 拔节期(6 月中旬) | 20 | |
| | | 3 | 拔节期(7 月上旬) | 20 | |
| | | 4 | 拔节后期(7 月中旬) | 20～30 | |
| | | 5 | 抽雄期(8 月上旬) | 20～30 | |
| | | 6 | 灌浆期(8 月中旬) | 30 | |
| | | 7 | 乳熟期(9 月上旬) | 20 | |

续表

| 处理 | 水文年型 | 灌水次数 | 灌 水 时 间 | 灌水定额 /(m³/亩) | 灌溉定额 /(m³/亩) |
|---|---|---|---|---|---|
| 覆膜 | 平水年 (P=50%) | 1 | 播种期（4 月下旬至 5 月上旬） | 20 | 170～220 |
| | | 2 | 拔节初期（6 月中旬） | 20～30 | |
| | | 3 | 拔节期（6 月下旬） | 20～30 | |
| | | 4 | 拔节（7 月上旬） | 20～30 | |
| | | 5 | 拔节后期（7 月中旬） | 20～30 | |
| | | 6 | 抽雄期（8 月上旬） | 20～30 | |
| | | 7 | 灌浆期（8 月中旬） | 30 | |
| | | 8 | 乳熟期（9 月上旬） | 20 | |
| | 枯水年 (P=85%) | 1 | 播种期（4 月下旬至 5 月上旬） | 20 | 200～250 |
| | | 2 | 拔节初期（6 月中旬） | 20～30 | |
| | | 3 | 拔节期（6 月下旬） | 20～30 | |
| | | 4 | 拔节（7 月上旬） | 20～30 | |
| | | 5 | 拔节后期（7 月中旬） | 20～30 | |
| | | 6 | 抽雄期（8 月上旬） | 20～30 | |
| | | 7 | 灌浆期（8 月中旬） | 30 | |
| | | 8 | 灌浆期（8 月下旬） | 30 | |
| | | 9 | 乳熟期（9 月上旬） | 20 | |

## 2.3 大豆半固定式喷灌优化灌溉制度试验研究

### 2.3.1 试验设计

试验区位于呼伦贝尔市阿荣旗亚东镇六家子试验区，试验核心区以阿荣旗小型农水重点县建设项目工程为依托，选取一口供水井所控制管道（控制面积 200 亩）为项目试验区，进行大豆半固定式喷灌试验研究。大豆半固定式喷灌灌溉制度试验采用田间小区对比法，即各小区农业技术措施相同，采用相同灌水定额不同灌溉次数的设计进行对比试验。半固定式喷灌试验小区采用完全随机区组设计，为南北走向，各处理小区面积设计为 $54.0m \times 117.0m$（3 条支管），实验区总面积 $21060m^2$（包括缓冲区）。支管间距 18m，喷头间距 18m，单支管长度 117m，结合当地机井出水情况，同时可支持 14 个喷头同时工作，灌水量由水表控制。大豆半固定式喷灌试验根据大豆的生育期长短和其需水特点，灌水处理采用相同灌水定额、不同灌水次数来设计。灌水定额为 $30m^3/$ 亩，灌水次数为全生育期灌水 2 次、灌水 3 次、灌水 4 次，其中灌水 3 次处理又根据生育期不同分别在出苗期、分枝期和开花期进行补充灌溉，每个处理设 3 个重复，共 15 个小区。基肥使用 $90kg/hm^2$ 氮、钾肥，采用一次沟施结合的施肥方式；追肥氮肥 $75kg/hm^2$、钾肥 $37.5kg/hm^2$，采用开花期统一拉沟施加，与当地相同种植方式不灌水处理作为对照处理。

## 2.3.2 试验区基础资料

1. 土壤情况

试验地土壤理化特性与肥力测定结果见表 2-46。

表 2-46            试验地土壤理化特性与肥力测定结果

| 项 目 | 土 层 深 度 | | | | | 平均值 |
|---|---|---|---|---|---|---|
| | 0～20cm | 20～40cm | 40～60cm | 60～80cm | 80～100cm | |
| 土壤质地 | 砂壤土 | 砂壤土 | 砂壤土 | 砂壤土 | 砂壤土 | — |
| 干容重/(g/cm³) | 1.31 | 1.35 | 1.34 | 1.38 | 1.40 | 1.35 |
| 田间持水量/% | 28.56 | 30.11 | 29.16 | 30.21 | 29.11 | 29.11 |
| 凋萎系数 | 14.38 | 15.36 | 15.25 | 14.30 | 16.3 | 15.12 |
| 孔隙度/% | 51.30 | 49.69 | 50.24 | 48.60 | 47.50 | 49.10 |
| pH 值 | 6.8 | 6.5 | 6.4 | 6.3 | 6.2 | 6.44 |
| 有机质/(g/kg) | 8.99 | 9.67 | 9.67 | 7.63 | 6.34 | 8.46 |
| 全氮/(g/kg) | 1.36 | 0.93 | 0.98 | 0.89 | 0.88 | 1.01 |
| 速效磷/(mg/kg) | 12.03 | 11.96 | 12.08 | 12.36 | 11.25 | 11.94 |
| 速效钾/(mg/kg) | 169.35 | 183.25 | 179.65 | 161.36 | 158.39 | 170.40 |

2. 作物耕作及施肥情况

试验区作物及耕作、施肥情况见表 2-47。

表 2-47            试验作物及耕作、施肥情况表

| 作物情况 | | 2012 年 | 2013 年 | 2014 年 |
|---|---|---|---|---|
| 作物品种 | | 北豆 5 号 | 北豆 5 号 | 登科 1 号 |
| 耕作形式 | | 机 播 | | |
| 株行距密度 | | 株距：5cm；宽行：70cm，窄行 50cm；密度：18000 株/亩 | | |
| 作物生育阶段观测 | 播种 | 5 月 25 日 | 5 月 20 日 | 5 月 18 日 |
| | 出苗 | 6 月 8 日 | 6 月 5 日 | 6 月 1 日 |
| | 分枝 | 6 月 25 日 | 6 月 23 日 | 6 月 18 日 |
| | 花期 | 7 月 13 日 | 7 月 15 日 | 7 月 15 日 |
| | 荚期 | 7 月 25 日 | 7 月 26 日 | 7 月 29 日 |
| | 鼓粒 | 8 月 8 日 | 8 月 11 日 | 8 月 10 日 |
| | 收获 | 9 月 23 日 | 9 月 27 日 | 9 月 20 日 |
| | 全期 | 118 天 | 123 天 | 126 天 |
| 实际施肥情况 | | 亩施农家肥 500～1000kg，施底肥硫酸钾 7kg/亩，磷酸二胺 12kg/亩 | 亩施农家肥 500～1000kg，施底肥硫酸钾 7kg/亩，磷酸二胺 12kg/亩 | 亩施农家肥 500～1000kg，施底肥硫酸钾 7kg/亩，磷酸二胺 10kg/亩，生育期追施 1 次，合计追施尿素 7.5kg/亩 |

### 3. 气象情况

2012—2014 年试验区主要气象要素见表 2-48。

表 2-48 试验区主要气象要素

| 项 目 | | 5 月 | 6 月 | 7 月 | 8 月 | 9 月 | 合计/平均 |
|---|---|---|---|---|---|---|---|
| 多年平均值 | 降雨量/mm | 15.87 | 71.93 | 155.47 | 103.33 | 89.67 | 310 |
| | 气温/℃ | 18.48 | 20.7 | 22.95 | 21.29 | 14.81 | 19.65 |
| | 蒸发量/mm | 277.46 | 258.05 | 215.32 | 205.64 | 166.31 | 1122.78 |
| | 风速/(km/h) | 3.81 | 2.91 | 2.07 | 2.27 | 1.74 | 2.56 |
| 2012 年 | 降雨量/mm | 7.1 | 113.4 | 192.3 | 29.4 | 100.2 | 442.4 |
| | 有效降雨量/mm | 6.7 | 109.8 | 186.9 | 27 | 99 | 429.4 |
| 2013 年 | 降雨量/mm | 7.6 | 148.20 | 194.62 | 87.39 | 5.36 | 443.17 |
| | 有效降雨量/mm | 7.6 | 148.20 | 193.86 | 85.19 | 5.36 | 440.21 |
| 2014 年 | 降雨量/mm | 25.45 | 48.74 | 84.92 | 105.84 | 1.55 | 266.5 |
| | 有效降雨量/mm | 23.93 | 46.43 | 81.88 | 101.25 | 1.55 | 255.04 |

## 2.3.3 试验成果

### 1. 各年实测的灌水时间与灌水量

2014 年试验区实测灌水时间与灌水量见表 2-49。

表 2-49 2014 年实测灌水时间、灌水量统计

| 处 理 方 式 | 灌 水 量/(m³/亩) | | | | | 合计/(m³/亩) |
|---|---|---|---|---|---|---|
| | 第 1 次 (6 月 3 日) | 第 2 次 (6 月 28 日) | 第 3 次 (7 月 17 日) | 第 4 次 (7 月 30 日) | 第 5 次 (8 月 11 日) | |
| 灌水 2 次（结荚、鼓粒） | | | | 30 | 30 | 60 |
| 灌水 3 次（出苗、结荚、鼓粒） | 30 | | | 30 | 30 | 90 |
| 灌水 3 次（分枝、结荚、鼓粒） | | 30 | | 30 | 30 | 90 |
| 灌水 3 次（开花、结荚、鼓粒） | | | 30 | 30 | 30 | 90 |
| 灌水 4 次（分枝、开花、结荚、鼓粒） | 30 | 30 | 30 | 30 | | 90 |

### 2. 作物耗水量与水分生产率

2014 年试验区作物耗水量与水分生产率见表 2-50。2014 年不同处理方式的大豆水分生产率如图 2-23 所示。

表 2-50 2014 年作物耗水量、水分生产率分析计算表

| 处 理 方 式 | 灌水量/(m³/亩) | 有效降雨量/mm | 土壤水变化量/(m³/亩) | 耗水量/(m³/亩) | 平均耗水强度/(mm/d) | 产量/(kg/亩) | 作物水分生产率/(kg/m³) |
|---|---|---|---|---|---|---|---|
| 灌水 2 次（结荚、鼓粒） | 60 | 244 | −28.12 | 388.59 | 2.99 | 224.95 | 0.58 |
| 灌水 3 次（出苗、结荚、鼓粒） | 90 | 244 | −24.01 | 397.63 | 3.06 | 208.63 | 0.52 |

续表

| 处 理 方 式 | 灌水量 /(m³/亩) | 有效降雨量 /mm | 土壤水变化量 /(m³/亩) | 耗水量 /(m³/亩) | 平均耗水强度 /(mm/d) | 产量 /(kg/亩) | 作物水分生产率 /(kg/m³) |
|---|---|---|---|---|---|---|---|
| 灌水 3 次（分枝、结荚、鼓粒） | 90 | 244 | −13.31 | 400.99 | 3.08 | 227.96 | 0.57 |
| 灌水 3 次（开花、结荚、鼓粒） | 90 | 244 | −29.59 | 412.15 | 3.17 | 260.32 | 0.63 |
| 灌水 4 次（分枝、开花、结荚、鼓粒） | 120 | 244 | −27.98 | 421.64 | 3.24 | 261.04 | 0.62 |
| 不灌 | 0 | 244 | −26.21 | 334.86 | 2.58 | 165.06 | 0.49 |

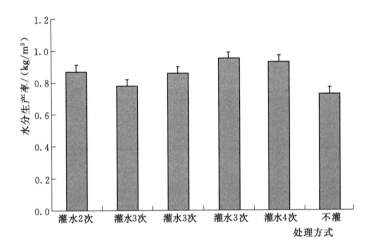

图 2-23 2014 年不同处理大豆水分生产率

3. 大豆不同生育期需水规律

大豆不同生育期需水量与耗水强度见表 2-51，需水量过程线如图 2-24 所示。

表 2-51　　　　　　　　　大豆不同生育期需水量与耗水强度

| 处理方式 | 项 目 | 大豆不同生育期 | | | | | | | 合计/平均 |
|---|---|---|---|---|---|---|---|---|---|
| | | 出苗期 5 月 18 日 至 6 月 1 日 | 苗期 6 月 1—18 日 | 分枝期 6 月 18 日 至 7 月 15 日 | 开花期 7 月 15—29 日 | 结荚期 7 月 29 日 至 8 月 10 日 | 鼓粒期 8 月 10 日 至 9 月 5 日 | 成熟期 9 月 5—20 日 | |
| 灌水 2 次 （结荚、鼓粒） | 需水量 /(m³/亩) | 31.79 | 35.95 | 62.14 | 53.95 | 62.12 | 107.32 | 35.32 | 388.59 |
| | 耗水强度 /(mm/d) | 2.12 | 2.25 | 2.30 | 3.85 | 5.18 | 4.13 | 1.36 | 2.99 |
| 灌水 3 次 （出苗、结荚、鼓粒） | 需水量 /(m³/亩) | 31.12 | 45.12 | 69.42 | 50.99 | 61.32 | 108.12 | 31.54 | 397.63 |
| | 耗水强度 /(mm/d) | 2.07 | 2.82 | 2.57 | 3.64 | 5.11 | 4.16 | 1.21 | 3.06 |

续表

| 处理方式 | 项　目 | 大豆不同生育期 | | | | | | | 合计/平均 |
| --- | --- | --- | --- | --- | --- | --- | --- | --- | --- |
| | | 出苗期 | 苗期 | 分枝期 | 开花期 | 结荚期 | 鼓粒期 | 成熟期 | |
| | | 5月18日至6月1日 | 6月1—18日 | 6月18日至7月15日 | 7月15—29日 | 7月29日至8月10日 | 8月10日至9月5日 | 9月5—20日 | |
| 灌水3次（分枝、结荚、鼓粒） | 需水量/(m³/亩) | 31.11 | 34.62 | 78.12 | 52.36 | 61.46 | 110.14 | 33.18 | 400.99 |
| | 耗水强度/(mm/d) | 2.07 | 2.16 | 2.89 | 3.74 | 5.12 | 4.24 | 1.28 | 3.08 |
| 灌水3次（开花、结荚、鼓粒） | 需水量/(m³/亩) | 30.18 | 35.45 | 69.21 | 60.62 | 66.46 | 112.11 | 38.12 | 412.15 |
| | 耗水强度/(mm/d) | 2.01 | 2.22 | 2.56 | 4.33 | 5.54 | 4.31 | 1.47 | 3.17 |
| 灌水4次（分枝、开花、结荚、鼓粒） | 需水量/(m³/亩) | 31.31 | 35.54 | 76.16 | 60.62 | 66.64 | 114.21 | 37.16 | 421.64 |
| | 耗水强度/(mm/d) | 2.09 | 2.22 | 2.82 | 4.33 | 5.55 | 4.39 | 1.43 | 3.24 |
| 不灌 | 需水量/(m³/亩) | 30.69 | 34.47 | 62.65 | 42.64 | 43.96 | 89.91 | 30.54 | 334.86 |
| | 耗水强度/(mm/d) | 2.05 | 2.15 | 2.32 | 3.05 | 3.66 | 3.46 | 1.17 | 2.58 |

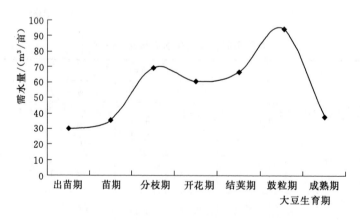

图 2-24　灌水 3 次的大豆不同生育期需水量过程线

4. 大豆不同灌溉条件下试验测产成果

2014 年大豆不同灌溉条件下试验测产成果见表 2-52，半固定喷灌产量与增产量如图 2-25 所示。

表 2-52                    2014 年大豆不同灌溉条件下试验测产成果

| 处 理 方 式 | 灌溉定额 /(m³/亩) | 荚数 /个 | 荚粒数 /个 | 百粒重 /g | 空荚率 /% | 产量 /(kg/亩) | 增产量 /(kg/亩) |
|---|---|---|---|---|---|---|---|
| 灌水 2 次（结荚、鼓粒） | 60 | 27.86 | 2.435 | 18.62 | 7.91 | 225.81 | 60.75 |
| 灌水 3 次（出苗、结荚、鼓粒） | 90 | 26.11 | 2.344 | 17.84 | 8.32 | 219.63 | 56.57 |
| 灌水 3 次（分枝、结荚、鼓粒） | 90 | 28.16 | 2.329 | 18.12 | 5.96 | 227.96 | 62.90 |
| 灌水 3 次（开花、结荚、鼓粒） | 90 | 32.87 | 2.395 | 19.32 | 6.01 | 250.32 | 85.26 |
| 灌水 4 次（分枝、开花、结荚、鼓粒） | 120 | 33.11 | 2.36 | 19.28 | 6.02 | 251.04 | 85.98 |
| 不灌 | 0 | 22.62 | 2.302 | 17.51 | 7.32 | 165.06 | 0 |

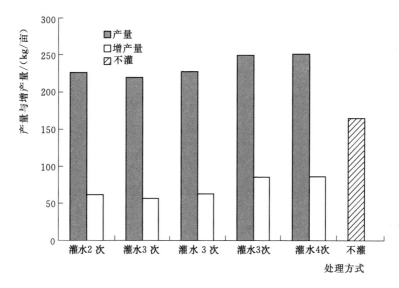

图 2-25  2014 年不同处理产量与增产量

5. 灌水与对照处理产量、水分生产率对比分析

2014 年大豆喷灌与当地传统处理对比分析见表 2-53。

表 2-53                    大豆喷灌与当地传统处理对比分析

| 处理方式 | 作物需水量 /(m³/亩) | 平均耗水强度 /(mm/d) | 平均产量 /(kg/亩) | 增产量 /(kg/亩) | 水分生产率 /(kg/m³) | 水分生产率提高率 /% |
|---|---|---|---|---|---|---|
| 半固定喷灌 | 274.77 | 3.21 | 250.32 | 85.26 | 0.977 | 32.2 |
| 不灌 | 223.24 | 2.555 | 165.06 | | 0.739 | |

6. 土壤含水率控制下限与适宜灌水定额分析

试验推荐的土壤含水率控制下限与灌水定额见表 2-54。

表 2 - 54　　　　　　　试验推荐的土壤含水率控制下限与灌水定额

| 生 育 阶 段 | 播种—出苗 | 出苗—分枝 | 分枝—开花 | 开花—结荚 | 结荚—鼓粒 | 鼓粒—成熟 |
|---|---|---|---|---|---|---|
| 日　　期 | 5 月 18 日至 6 月 1 日 | 6 月 1—18 日 | 6 月 18 日至 7 月 15 日 | 7 月 15—29 日 | 7 月 29 日至 8 月 10 日 | 8 月 10 日至 9 月 20 日 |
| 主要根系层深度/cm | 20 | 20 | 40 | 50 | 50 | 50 |
| 含水率下限值/% | 60~65 | 60~65 | 65~80 | 75~85 | 70~80 | 65~70 |
| 适宜灌水定额/(m³/亩) | 10~15 | 10~15 | 15~20 | 25~35 | 20~25 | 15~25 |

7. 试验年份推荐的灌溉制度

试验年份推荐的灌溉制度见表 2 - 55。

表 2 - 55　　　　　　　　　试验年份推荐的灌溉制度

| 年份 | 水文年型 | 灌水次数 | 灌 水 时 间 | 灌水定额 /(m³/亩) | 灌溉定额 /(m³/亩) |
|---|---|---|---|---|---|
| 2014 | 枯水年 | 5 | 7 月上旬、7 月中旬、7 月下旬、 8 月上旬、8 月中旬 | 22~30 | 110~150 |

8. 不同水文年推荐的灌溉制度

大豆半固定式喷灌推荐的不同水文年灌溉制度见表 2 - 56。

表 2 - 56　　　　　　大豆半固定式喷灌推荐的不同水文年灌溉制度

| 水 文 年 型 | 灌水次数 | 灌 水 时 间 | 灌水定额 /(m³/亩) | 灌溉定额 /(m³/亩) |
|---|---|---|---|---|
| 平水年（频率 P=50%） | 1 | 分枝期（7 月上旬） | 15~20 | 75~100 |
| | 2 | 初花期（7 月中旬） | 20~25 | |
| | 3 | 荚期（8 月上旬） | 20~25 | |
| | 4 | 鼓粒期（8 月中旬） | 20~25 | |
| 枯水年（频率 P=85%） | 1 | 播前（5 月中旬至 5 月下旬） | 10~15 | 115~140 |
| | 2 | 分枝初期（7 月上旬） | 15~20 | |
| | 3 | 初花期（7 月中旬） | 20~25 | |
| | 4 | 盛花期（7 月下旬） | 25~30 | |
| | 5 | 荚期（8 月上旬） | 25~35 | |
| | 6 | 鼓粒期（8 月中旬） | 20~25 | |

# 2.4　大豆膜下滴灌优化灌溉制度试验研究

## 2.4.1　试验设计

试验区位于呼伦贝尔市阿荣旗亚东镇六家子试验区，试验核心区以阿荣旗小型农水重点县建设项目工程为依托，选取一口供水井所控制管道（控制面积 200 亩）为项目试验区，进行大豆膜下滴灌试验研究。大豆膜下滴灌灌溉制度试验采用田间小区对比法，即各小区农业技术措施相同，采用相同灌溉次数不同灌水定额的设计进行对比试验。各处理长度设计为 60m，即为单条滴灌带长度。灌溉制度研究小区单小区宽度为 4.8m，即 4 条覆膜（8 条垄）的宽度。为方便进行试验取样及各小区之间的明确划分，各小区之间设保护行，保护行宽度 1.5m，滴灌带间距 1.2m，小区总面积为 14580m² （含保护行面积）。试验小区用水由 5 个干管出水口分别分出的支管进行控制，各小区灌水量由接在支管上的水表和阀门进行控制，每种处理设 3 个重复小区，总计 15 个小区。试验中磷肥作为基肥一次性使用 90kg/hm²。氮、钾肥采用随水施肥方式，在第 2 次、第 4 次灌水时合计追施氮肥 75kg/hm²，在第 3 次灌水时追施钾肥 37.5kg/hm²。膜下滴灌设 4 个灌水处理即 57mm、87mm、105mm 灌水深度和不灌水对照处理（0mm），不覆膜滴灌设不灌水对照处理（0mm）。大豆不同的生育阶段灌水定额按照适宜含水率上下限值来确定。

## 2.4.2 作物耕作及施肥情况

2012—2015 年作物品种及耕作、施肥情况见表 2-57。

表 2-57　　　　　　　　　试验作物品种及耕作、施肥情况

| 作物情况 | | 2012 年 | 2013 年 | 2014 年 | 2015 年 |
|---|---|---|---|---|---|
| 作物品种 | | 北豆 5 号 | 北豆 5 号 | 登科 1 号 | 华疆 7756 |
| 耕作形式 | | 覆膜＋机播 | | | |
| 株行距密度 | | 株距：5cm；宽行：70cm，窄行 50cm；密度：18000 株/亩 | | | |
| 作物生育阶段观测 | 播种 | 5 月 30 日 | 5 月 25 日 | 5 月 20 日 | 5 月 20 日 |
| | 出苗 | 6 月 15 日 | 6 月 15 日 | 6 月 10 日 | 6 月 9 日 |
| | 分枝 | 6 月 30 日 | 6 月 30 日 | 7 月 1 日 | 6 月 21 日 |
| | 花期 | 7 月 18 日 | 7 月 23 日 | 7 月 20 日 | 7 月 17 日 |
| | 荚期 | 7 月 30 日 | 8 月 1 日 | 8 月 1 日 | 8 月 3 日 |
| | 鼓粒 | 8 月 6 日 | 8 月 10 日 | 8 月 10 日 | 8 月 11 日 |
| | 收获 | 9 月 25 日 | 9 月 30 日 | 9 月 25 日 | 9 月 28 日 |
| | 全期 | 115 天 | 126 天 | 126 天 | 129 天 |
| 实际施肥情况 | | 亩施农家肥 500～1000kg，施底肥硫酸钾 7kg/亩，磷酸二胺 12kg/亩 | | 亩施农家肥 500～1000kg，施底肥硫酸钾 7kg/亩，磷酸二胺 10kg/亩，生育期追肥 2 次，合计追施尿素 7.5kg/亩 | |

## 2.4.3 试验成果

### 2.4.3.1 各年实测的灌水时间与灌水量

2014 年实测灌水时间、灌水量与作物产量见表 2-58。

表 2-58                                        2014 年实测灌水时间、灌水量与作物产量

| 处理方式 | | 灌 水 量/(m³/亩) | | | | | | 合计/(m³/亩) | 产量/(kg/亩) |
|---|---|---|---|---|---|---|---|---|---|
| | | 第1次（6月30日） | 第2次（7月22日） | 第3次（7月30日） | 第4次（8月5日） | 第5次（8月10日） | 第6次（9月5日） | | |
| 覆膜 | 高水 | 8 | 10 | 10 | 16 | 16 | 10 | 70 | 270.35 |
| | 中水 | 6 | 8 | 10 | 14 | 12 | 8 | 58 | 269.28 |
| | 低水 | 5 | 6 | 6 | 8 | 8 | 5 | 38 | 212.93 |
| | 不灌水 | 0 | 0 | 0 | 0 | 0 | 0 | 0 | 189.36 |
| 不覆膜 | 不灌水 | 0 | 0 | 0 | 0 | 0 | 0 | 0 | 164.44 |

2015 年实测灌水时间、灌水量与作物产量见表 2-59。

表 2-59                                        2015 年实测灌水时间、灌水量与作物产量

| 处理方式 | | 灌 水 量/(m³/亩) | | | | | 合计/(m³/亩) | 产量/(kg/亩) |
|---|---|---|---|---|---|---|---|---|
| | | 1 | 2 | 3 | 4 | 5 | | |
| 覆膜 | 高水 | 8 | 12 | 16 | 16 | 10 | 62 | 261.1 |
| | 中水 | 6 | 10 | 14 | 12 | 8 | 50 | 256.33 |
| | 低水 | 5 | 8 | 8 | 8 | 5 | 34 | 210.07 |
| | 不灌水 | 0 | 0 | 0 | 0 | 0 | 0 | 186.64 |
| 不覆膜 | 高水 | 10 | 16 | 20 | 20 | 12 | 78 | 240.3 |
| | 中水 | 8 | 12 | 14 | 16 | 10 | 60 | 231.01 |
| | 低水 | 6 | 10 | 10 | 10 | 6 | 42 | 196.3 |
| | 不灌水 | 0 | 0 | 0 | 0 | 0 | 0 | 168.35 |

### 2.4.3.2  作物耗水量与水分生产率

2014 年和 2015 年作物耗水量与水分生产率见表 2-60 和表 2-61。

表 2-60                                        2014 年作物耗水量与水分生产率分析计算

| 处理方式 | | 灌水量/(m³/亩) | 有效降雨量/mm | 土壤水变化量/(m³/亩) | 耗水量/(m³/亩) | 平均耗水强度/(mm/d) | 产量/(kg/亩) | 作物水分生产率/(kg/m³) |
|---|---|---|---|---|---|---|---|---|
| 覆膜 | 高水 | 70 | 244 | −18.66 | 243.19 | 2.89 | 270.35 | 1.11 |
| | 中水 | 58 | 244 | −14.01 | 230.54 | 2.74 | 269.28 | 1.17 |
| | 低水 | 38 | 244 | −8.31 | 208.84 | 2.49 | 212.93 | 1.02 |
| | 不灌水 | 0 | 244 | −39.47 | 202 | 2.29 | 189.36 | 0.94 |
| 不覆膜 | 不灌水 | 0 | 244 | −29.98 | 192.51 | 2.40 | 164.44 | 0.85 |

表 2-61　　　　　　　　2015 年作物耗水量与水分生产率分析

| 处理方式 | | 灌水量/(m³/亩) | 有效降雨量/mm | 土壤水变化量/mm | 耗水量/(m³/亩) | 平均耗水强度/(mm/d) | 产量/(kg/亩) | 作物水分生产率/(kg/m³) |
|---|---|---|---|---|---|---|---|---|
| 覆膜 | 高水 | 62 | 257.3 | -14.5 | 350.74 | 2.72 | 261.1 | 1.117 |
| | 中水 | 50 | 257.3 | -21.78 | 339.28 | 2.63 | 256.33 | 1.133 |
| | 低水 | 34 | 257.3 | -34.35 | 325.21 | 2.52 | 221.07 | 1.020 |
| | 不灌水 | 0 | 257.3 | -0.44 | 279.7 | 1.45 | 186.64 | 1.001 |
| 不覆膜 | 高水 | 78 | 257.3 | -6.976 | 388.8 | 3.01 | 240.3 | 0.927 |
| | 中水 | 60 | 257.3 | -16.91 | 369.08 | 2.86 | 231.01 | 0.939 |
| | 低水 | 42 | 257.3 | -49.38 | 354.65 | 2.75 | 196.93 | 0.833 |
| | 不灌水 | 0 | 257.3 | -22.4 | 306.68 | 1.31 | 168.35 | 0.823 |

### 2.4.3.3　大豆不同生育期需水规律

2012—2015 年大豆不同生育期需水规律见表 2-62 和图 2-26。

表 2-62　　　　　　2012—2015 年覆膜与不覆膜条件下大豆的耗水指标比较

| 年份 | 处理方式 | 耗水指标 | 生育期 | | | | | | |
|---|---|---|---|---|---|---|---|---|---|
| | | | 出苗期 | 苗期 | 分枝期 | 开花期 | 结荚期 | 鼓粒期 | 成熟期 |
| 2012 | 不覆膜 | 耗水量/mm | 48.54 | 41.24 | 113.04 | 50.77 | 54.85 | 74.32 | 31.48 |
| | | 耗水强度/(mm/d) | 3.03 | 3.44 | 4.52 | 4.23 | 4.22 | 2.65 | 2.25 |
| | 覆膜 | 耗水量/mm | 36.81 | 27.64 | 92.93 | 73.60 | 63.67 | 81.43 | 27.64 |
| | | 耗水强度/(mm/d) | 2.30 | 2.30 | 3.72 | 5.13 | 4.90 | 2.91 | 1.97 |
| 2013 | 不覆膜 | 耗水量/mm | 46.60 | 39.60 | 108.53 | 48.75 | 52.67 | 71.36 | 30.23 |
| | | 耗水强度/(mm/d) | 2.59 | 3.30 | 4.02 | 4.06 | 5.27 | 2.55 | 2.16 |
| | 覆膜 | 耗水量/mm | 44.00 | 41.04 | 101.16 | 59.04 | 51.77 | 66.73 | 28.71 |
| | | 耗水强度/(mm/d) | 2.44 | 3.42 | 3.75 | 4.92 | 5.18 | 2.38 | 2.05 |
| 2014 | 不覆膜 | 耗水量/mm | 39.86 | 12.37 | 36.12 | 42.16 | 46.35 | 76.35 | 25.34 |
| | | 耗水强度/(mm/d) | 2.657 | 1.237 | 2.40 | 3.513 | 3.565 | 2.545 | 1.267 |
| | 覆膜 | 耗水量/mm | 26.89 | 16.35 | 35.64 | 38.64 | 50.14 | 68.52 | 27.34 |
| | | 耗水强度/(mm/d) | 1.793 | 1.635 | 2.376 | 3.226 | 3.857 | 2.284 | 1.367 |
| 2015 | 不覆膜 | 耗水量/mm | 32.65 | 21.38 | 72.49 | 42.31 | 36.25 | 76.15 | 25.45 |
| | | 耗水强度/(mm/d) | 1.63 | 2.14 | 2.42 | 4.23 | 3.63 | 2.54 | 1.27 |
| | 覆膜 | 耗水量/mm | 28.16 | 19.76 | 63.21 | 37.63 | 34.26 | 71.23 | 25.45 |
| | | 耗水强度/(mm/d) | 1.41 | 1.98 | 2.11 | 3.76 | 3.43 | 2.37 | 1.27 |

### 2.4.3.4　大豆不同灌水条件下试验测产成果

2014 年和 2015 年大豆不同灌溉条件下试验测产成果见表 2-63 和表 2-64。

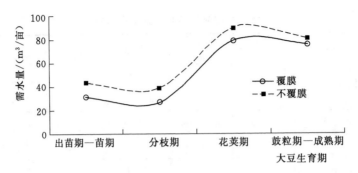

图 2-26　不同处理大豆生育期平均需水量过程线

表 2-63　　　　　　　　　　2014 年大豆不同灌溉条件下试验测产成果

| 处 理 方 式 | | 灌溉定额/(m³/亩) | 荚数/个 | 百粒重/g | 产量/(kg/亩) | 增产量/(kg/亩) | 增产效果/% |
|---|---|---|---|---|---|---|---|
| 不覆膜 | 不灌水 | 0 | 23.69 | 19.06 | 164.44 | 0 | 0 |
| 覆膜 | 不灌水 | 0 | 26.75 | 18.63 | 189.36 | 24.92 | 0.15 |
| | 低水 | 38 | 27.36 | 19.65 | 212.93 | 48.49 | 0.29 |
| | 中水 | 58 | 32.25 | 20.37 | 269.28 | 104.84 | 0.64 |
| | 高水 | 70 | 35.33 | 19.1 | 270.35 | 105.91 | 0.64 |

表 2-64　　　　　　　　　　2015 年大豆不同灌溉条件下试验测产成果

| 处 理 方 式 | | 灌溉定额/(m³/亩) | 荚数/个 | 百粒重/g | 产量/(kg/亩) | 增产量/(kg/亩) | 增产效果/% |
|---|---|---|---|---|---|---|---|
| 不覆膜 | 高水 | 78 | 32.25 | 19.41 | 240.3b | 71.95 | 0.427 |
| | 中水 | 60 | 30.37 | 19.75 | 231.01b | 62.66 | 0.372 |
| | 低水 | 42 | 27.32 | 19.21 | 196.93c | 28.58 | 0.170 |
| | 不灌水 | 0 | 25.35 | 18.64 | 168.35d | 0 | 0 |
| 覆膜 | 高水 | 62 | 34.41 | 19.02 | 261.1a | 92.75 | 0.551 |
| | 中水 | 50 | 31.24 | 19.64 | 256.33a | 87.98 | 0.523 |
| | 低水 | 34 | 28.86 | 18.84 | 221.07bc | 52.72 | 0.313 |
| | 不灌水 | 0 | 26.75 | 18.67 | 186.64c | 18.29 | 0.109 |

### 2.4.3.5　土壤含水率控制下限与适宜灌水定额分析

试验推荐的土壤含水率控制下限与适宜灌水定额见表 2-65。

表 2-65　　　　　　　　　试验推荐的土壤含水率控制下限与灌水定额

| 生育阶段 | 播种—出苗 | 出苗—分枝 | 分枝—开花 | 开花—结荚 | 结荚—鼓粒 | 鼓粒—成熟 |
|---|---|---|---|---|---|---|
| 日　期 | 5 月 20 日至 6 月 10 日 | 6 月 10—20 日 | 6 月 20 日至 7 月 19 日 | 7 月 19 日至 8 月 1 日 | 8 月 1—11 日 | 8 月 11 日至 9 月 25 日 |
| 主要根系层深度/cm | 20 | 20 | 40 | 50 | 50 | 50 |
| 含水率下限值/% | 65~70 | 60~65 | 65~80 | 70~85 | 65~70 | 65~70 |
| 适宜灌水定额/(m³/亩) | 5~8 | 8~10 | 12~15 | 12~15 | 8~10 | 8~10 |

2013 年和 2014 年不同处理方式的大豆产量与增产量如图 2-27 和图 2-28 所示。
2014 年和 2015 年大豆膜下滴灌不同处理方式水分生产率如图 2-29 和图 2-30 所示。

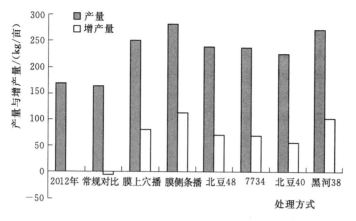

图 2-27　2013 年各处理大豆相对 2012 年产量与增产量

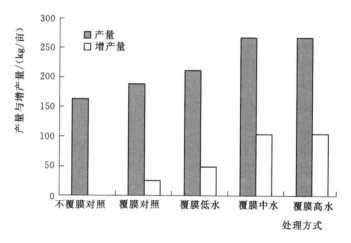

图 2-28　2014 年各处理大豆产量与增产量

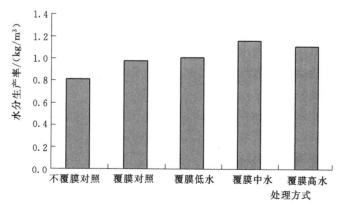

图 2-29　2014 年大豆各处理水分生产率

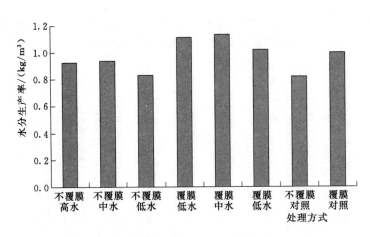

图 2-30 2015 年大豆各处理水分生产率

### 2.4.3.6 大豆滴灌覆膜与不覆膜对比情况

1. 大豆滴灌覆膜与不覆膜水分生产率的对比情况

2012—2015 年的不同试验处理条件下大豆水分生产率见表 2-66～表 2-70。2012—2014 年不同种植处理方式的大豆水分生产率比较如图 2-31 所示。

表 2-66　　　　　　　　2012 年不同处理方式的大豆水分生产率

| 处理方式 | 有效降雨量/mm | 灌水量/mm | 土壤贮水变化量/mm | 耗水量/mm | 产量/(kg/亩) | 水分生产率/(kg/m³) |
|---|---|---|---|---|---|---|
| 膜侧条播 | 433.746 | 0 | 26 | 407.75 | 258.32 | 0.95 |
| 膜上穴播 | 433.746 | 0 | 30 | 403.75 | 243.6 | 0.91 |
| 传统种植 | 433.746 | 0 | 19.5 | 414.25 | 173.58 | 0.63 |

表 2-67　　　　　　　　2013 年不同处理方式的大豆水分生产率

| 处理方式 | 有效降雨量/mm | 灌水量/mm | 土壤贮水变化量/mm | 耗水量/mm | 产量/(kg/亩) | 水分生产率/(kg/m³) |
|---|---|---|---|---|---|---|
| 膜侧条播 | 404.244 | 0 | 2.6 | 401.64 | 261.95 | 0.98 |
| 膜上穴播 | 404.244 | 0 | 11.8 | 392.44 | 240.22 | 0.92 |
| 传统种植 | 404.244 | 0 | 6.5 | 397.74 | 168.32 | 0.63 |

表 2-68　　　　　　　　2014 年不同处理方式的大豆水分生产率

| 处理方式 | 有效降雨量/mm | 灌水量/mm | 土壤贮水变化量/mm | 耗水量/mm | 产量/(kg/亩) | 水分生产率/(kg/m³) |
|---|---|---|---|---|---|---|
| 覆膜高水（FH） | 217.34 | 105 | −16.43 | 339.33 | 270.35 | 1.195 |
| 覆膜中水（FM） | 217.34 | 87 | −15.02 | 320.36 | 269.28 | 1.261 |
| 覆膜低水（FL） | 217.34 | 57 | −12.47 | 287.81 | 212.93 | 1.110 |
| 覆膜对照（FCK） | 217.34 | 0 | −45.18 | 263.52 | 189.36 | 1.078 |
| 不覆膜对照（NCK） | 217.34 | 0 | −59.21 | 278.55 | 164.44 | 0.886 |

表 2-69            2015 年不同处理方式的大豆水分生产率

| 处理方式 | 有效降雨量 /mm | 灌水量 /mm | 土壤贮水变化量 /mm | 耗水量 /mm | 产量 /(kg/亩) | 水分生产率 /(kg/m³) |
|---|---|---|---|---|---|---|
| 不覆膜高水（NH） | 257.3 | 141 | −14.5 | 388.8 | 240.3 | 0.927 |
| 不覆膜中水（NM） | 257.3 | 108 | −21.78 | 369.08 | 231.01 | 0.939 |
| 不覆膜低水（NL） | 257.3 | 78 | −34.35 | 354.65 | 196.93 | 0.833 |
| 覆膜高水（FH） | 257.3 | 111 | −0.44 | 350.74 | 261.1 | 1.117 |
| 覆膜中水（FM） | 257.3 | 90 | −6.976 | 339.28 | 256.33 | 1.133 |
| 覆膜低水（FL） | 257.3 | 63 | −16.91 | 325.21 | 221.07 | 1.020 |
| 不覆膜对照（NCK） | 257.3 | 0 | −49.38 | 306.68 | 168.35 | 0.823 |
| 覆膜对照（FCK） | 257.3 | 0 | −22.4 | 279.7 | 186.64 | 1.001 |

表 2-70            2014 年大豆覆膜与不覆膜处理对比分析

| 处理方式 | 作物需水量 /(m³/亩) | 平均耗水强度 /(mm/d) | 平均产量 /(kg/亩) | 增产量 /(kg/亩) | 水分生产率 /(kg/m³) | 水分生产率 提高率/% |
|---|---|---|---|---|---|---|
| 不覆膜 | 278.55 | 2.45 | 164.44 | 15.2 | 0.886 | 21.7 |
| 覆膜 | 263.52 | 2.36 | 189.36 | | 1.078 | |

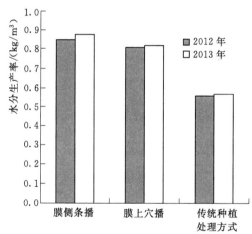

(a) 2012 年和 2013 年

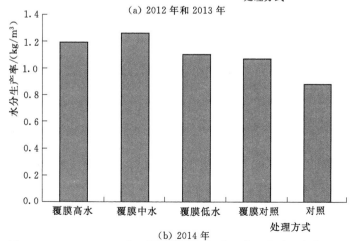

(b) 2014 年

图 2-31   2012—2014 年不同种植处理方式的大豆水分生产率比较

由 2012—2014 年覆膜与不覆膜、条播与穴播条件下各种灌水处理大豆的水分生产率各处理表和对比分析图可以看出：

（1）丰水年（2012 年、2013 年）虽然降雨充足，但由于棵间蒸发和植株蒸腾作用强烈，耗水量相对较大，水分生产率降低，均小于 1。干旱年（2014 年）灌水后，由于有效提高了作物产量，降低了耗水量，从而提高了水分生产率，特别是覆膜条件下均大于 1，不覆膜对照处理水分生产率小于 1，主要是由于覆膜一方面降低了水分耗散，另一方面增加了作物产量，水分生产率较高。

（2）由于膜侧条播能够保证出苗率，因此其水分生产率大于穴播水分生产率，均超过传统种植 30％以上。

（3）大豆各灌水处理的水分生产率均在 $1.0 \sim 1.3 \mathrm{kg/m^3}$ 之间。覆膜中水处理大豆水分生产率最高，为 $1.261 \mathrm{kg/m^3}$，最低的是覆膜不灌水处理，水分生产率为 $1.078 \mathrm{kg/m^3}$，两者相差 17.0％。说明虽然耗水量增加，但由于产量增加明显，多耗水分的水分生产率高于不灌水对照处理的水分生产率。

2. 覆膜对降雨有效利用系数的影响

相比较于传统裸地种植，覆膜处理对田间水分的影响主要表现在降低作物棵间蒸发和微降雨的有效利用方面。试验过程中通过对各次降雨前后田间土壤贮水量的变化情况的监测对比，分析了不同降水量条件下覆膜与裸地对降水的有效利用系数变化情况，数据整理过程中对于隔天的连续降雨统计为前一天的降雨量。具体分析对比如图 2-32 所示。

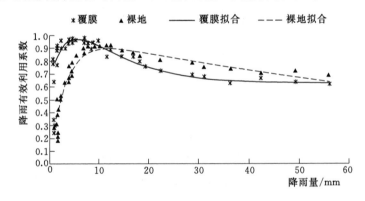

图 2-32　覆膜和裸地对降雨有效利用系数的对比

从图 2-32 中可以看出，当降雨量小于 10mm 时覆膜处理的降雨有效利用率明显高于裸地处理，在降雨量小于 5mm 时裸地处理降雨有效利用率小于 0.5，而覆膜处理降雨有效利用率介于 0.8～0.9 之间，降雨有效利用率较高，一方面裸地处理在降雨量较小时仅地表层湿润，当降雨结束后，气温回升，表层土壤水分快速蒸发，降雨并未得到有效存储与利用；另一方面，覆膜后膜表呈弧线形，雨水会沿地膜入渗植株根系附近，从而实现了对微降雨的有效蓄积与利用。

然而在降雨大于 10mm 时覆膜对降雨的有效利用率反而低于裸地处理，这主要是由于在降雨量增加的同时，随着降雨强度的增加，雨滴对地膜的打击强度增加，地膜表面形成凹陷蓄积了部分降雨，这一部分降雨由于无法入渗，便以自由水面的形式蒸散，降低了覆膜处理对降雨的有效利用率。同时随着降雨量的进一步增加，覆膜处理由于地膜的覆盖降雨入渗速度低于裸地处理，降雨量与强度过大时，将形成地表径流，降低了对降雨的有效集蓄，降雨有效利用率进一步降低。

3. 覆膜对大豆作物系数 $K_c$ 值的影响

以旬为划分单位，作物系数 $K_c$ 的计算式可表示为

$$K_c = ET/ET_0 \tag{2-2}$$

式中：$ET$ 为通过水量平衡法计算大豆日需水量，mm；$ET_0$ 为通过 Penman - Monteith 公式计算得该时段内的参考作物蒸腾蒸发量，mm。

从图 2-33 中可以看出，尽管各年的植株需水量 $ET_c$ 及 $ET_0$ 不同但变化趋势一致，将大豆生育期分为初期、中期和后期可以发现，$K_c$ 值的变化表现为生长初期低（0.39～0.51mm/d）、中期升高（0.82～1.32mm/d）、后期降低（0.49～0.64mm/d）的规律。相比较覆膜与裸地种植可以发现其 $K_c$ 变化规律相同，但膜下滴灌大豆在出苗期和苗期（5月下旬至 6 月中旬）$K_c$ 值较裸地种植较小，这主要是由于这一时期植株蒸腾不存在或较小，田间腾发主要以土壤水分的蒸发为主，覆膜后受地膜的隔绝作用影响田间土壤水蒸腾较裸地处理较小。同时由于播种时对土体扰动较大，土壤中水分散失较快因而从曲线中可以看出播种初期 $K_c$ 值相对较大。随着植株生长的加快覆膜处理大豆生长优势增强，此时随着气温的增加田间腾发以植株蒸腾为主，由于大豆是耗水量较大的作物覆膜处理 $ET$ 较裸地种植大，$K_c$ 值也相对裸地处理增加。大豆生长后期由于试验区气温较低 $K_c$ 值降低覆膜与裸地处理间差异不明显。

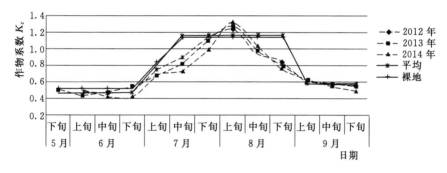

图 2-33  膜下滴灌大豆生育期内 $K_c$ 值变化情况

4. 覆膜的增温增产效应

(1) 一日内不同时刻覆膜的增温效应分析。

1) 一日内地温变化规律拟合。大田试验数据表明大豆覆膜种植后土壤耕作层（0～25cm）的地温相对于不覆膜种植均有不同程度的增温效应。以大豆分枝期（7月 15 日，这一时期地温变化剧烈规律相对明显）地温实测数据为例，对大豆耕层 0cm 和 20cm 的地温进行统计分析，并对覆膜与不覆膜两种种植条件下的地温变化进行对比，如图 2-34 和图 2-35 所示。

地温日变化服从正弦变化规律，可用正弦函数表示为

$$T_{地} = A\sin(\omega t + \varphi) + T_0 \tag{2-3}$$

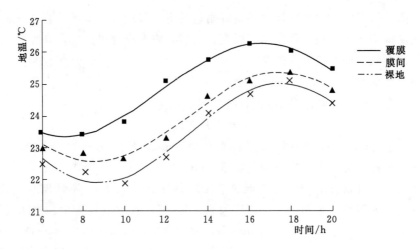

图 2-34　耕层 20cm 处地温变化曲线

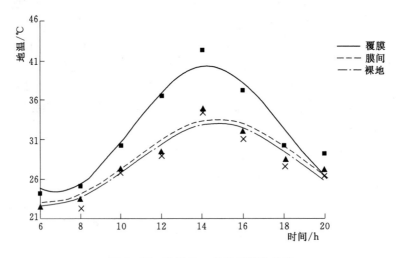

图 2-35　耕层 5cm 处地温变化曲线

式中：$T_{地}$ 为地温，℃；$t$ 为时间，h，$t=6$、8、…、20；$T_0$ 为日平均地温（拟合后 6：00～20：00）；$\omega=2\pi/\tau$，$\tau$ 为周期；$\varphi$ 为一日内地温 $t=6$ 时地温的正弦相位；$A$ 为地温的日变化幅度。

　　7 月 25 日地温拟合参数汇总见表 2-71。

表 2-71　　　　　　　　　　　　　7 月 25 日地温拟合参数

| 条件 | 耕层 5cm 处地温拟合参数 | | | | | 耕层 20cm 处地温拟合参数 | | | | |
|---|---|---|---|---|---|---|---|---|---|---|
| | $A$ | $\tau$ | $\varphi$ | $T_0$ | 相关系数 | $A$ | $\tau$ | $\varphi$ | $T_0$ | 相关系数 |
| 膜下 | 7.94 | 14.89 | 8.12 | 32.32 | 0.931 | 1.46 | 18.83 | 14.90 | 24.82 | 0.990 |
| 膜间 | 5.27 | 17.02 | 2.40 | 28.23 | 0.925 | 1.39 | 17.78 | 20.53 | 23.96 | 0.986 |
| 裸地 | 5.27 | 17.02 | 8.69 | 27.89 | 0.925 | 1.56 | 17.39 | 22.05 | 23.47 | 0.980 |

分析不同处理的拟合参数可知覆膜后土壤表层5cm处日平均温度 $T_0$ 相比较裸地而言升高4.53℃，一日内的地温变化幅度 $A$ 提高了2.67℃。同时地温的变化周期 $\tau$ 也相对减少2.13h，这主要是地表覆膜后随着光照增强，土壤表层能够较快地吸收热量相对减少了增温过程。这表明地膜覆盖可以显著提高土壤表层温度，且在日照充足时增温效果尤为显著。

耕层20cm处的日平均地温 $T_0$ 比裸地地温提高了1.35℃，而日地温变化幅度 $A$ 减少了0.1℃，地温的变化周期 $\tau$ 相对裸地增加了1.44h。由于没有与外界直接进行热量的交换，地膜覆盖后耕层20cm处增温不是特别明显，但随着热量的向下传递，温度相对于不覆膜还是相应的提升，同时地温的变化幅度较小说明地膜覆盖后对耕层具有一定的保温作用，使得耕层深处的地温不至于发生剧烈的变化。

膜间表层地温（0～5cm）与裸地地温及其变化规律相近。下层土壤（20cm）地温相对高于裸地地温，但地温变化没有覆膜处理显著。

2）一日内覆膜增温特征。覆膜后不同耕作层深度的增温幅度和增温时效也表现出不同的情况，具体增温差值见表2-72。

表2-72　　　　　　　7月25日不同时间覆膜相对裸地种植增温差值　　　　　　　单位:℃

| 深度 | 增温差值 | | | | | | | | 日平均 |
|---|---|---|---|---|---|---|---|---|---|
| | 6：00 | 8：00 | 10：00 | 12：00 | 14：00 | 16：00 | 18：00 | 20：00 | |
| 5cm | 1.7 | 2.5 | 3.1 | 7.5 | 7.9 | 6.1 | 2.4 | 3 | 4.275 |
| 10cm | 1 | 1.4 | 2.8 | 4.7 | 6.9 | 6.4 | 2.3 | 1.5 | 3.375 |
| 15cm | 0.7 | 0.7 | 1.8 | 2.1 | 2.2 | 1.6 | 1.7 | 2.4 | 1.65 |
| 20cm | 1 | 1.1 | 1.9 | 2.4 | 1.7 | 1.5 | 0.9 | 1.1 | 1.45 |
| 25cm | 1.2 | 1.4 | 1.7 | 1.9 | 1.8 | 1.8 | 1.8 | 1.8 | 1.675 |

大豆覆膜后在分支期的不同时刻土壤耕作层（0～25cm）地温均可增加0～7.9℃。其中增温幅度最大出现在5cm处的下午14时，地温增温达7.9℃，最小值出现在15cm处的上午6时，地温增温0.7℃，全天内（6—20时）耕层地温平均增温2.458℃。

耕层土壤各层的最大地温差值具有一定的规律性。地表较容易受光照及气温影响变化幅度较大，地温差值（0～10cm）的最大值出现在12—16时，可以看出地温差值的最大值为地温最大值之间的净差值。15～20cm处地温差值的最大值出现相对较早一些，由于覆膜后土壤含水率增大、导热率与导温率增大，表层土壤热量更容易向下层传递因而地温升高较快，而露地区土壤热量传导相对缓慢甚至还处于地温降低阶段，地温的最大值差值出现的主要原因是地温升温的不同步。25cm以下地膜覆盖的增温效果相对减小变化也相对缓慢故而全天的差值变化较小。

（2）大豆不同生育期内覆膜对地温及大豆干物质累计的影响分析。以覆膜大豆的生育期进程为基准，北豆5号覆膜和裸地种植处理耕层0～20cm平均地温变化情况及大豆各生育期干物质累积量见表2-73。

表 2-73　　　　　　　　　　大豆覆膜种植各生育期增温及干物质累积量

| 生　育　期 | 芽期<br>（5月25日<br>至6月<br>13日） | 苗期<br>（6月13—<br>25日） | 分枝期<br>（6月25日<br>至7月<br>15日） | 花期<br>（7月15日<br>至8月<br>1日） | 荚期<br>（8月1—<br>8日） | 鼓粒期<br>（8月8日<br>至9月<br>3日） | 成熟期<br>（9月3—<br>20日） | 合计/<br>平均 |
|---|---|---|---|---|---|---|---|---|
| 天数/d | 18 | 12 | 20 | 15 | 8 | 25 | 17 | 115 |
| 平均地温（裸地）/℃ | 15.57 | 18.42 | 25.33 | 24.31 | 23.07 | 20.13 | 14.21 | 20.15 |
| 平均地温（覆膜）/℃ | 16.80 | 21.33 | 28.64 | 25.91 | 24.32 | 21.03 | 15.84 | 21.98 |
| 地温差值/℃ | 1.23 | 2.91 | 3.31 | 1.60 | 1.25 | 0.90 | 1.63 | 1.83 |
| 地积温增值/(℃·d) | 22.14 | 34.92 | 66.20 | 24.00 | 10.00 | 22.50 | 27.71 | 207.47 |
| 干物质累积量（裸地）/g | 0.03 | 1.09 | 8.63 | 13.23 | 9.82 | 11.23 | 1.33 | 45.36 |
| 干物质累积量（覆膜）/g | 0.10 | 1.60 | 11.32 | 17.62 | 12.11 | 15.31 | 3.20 | 61.26 |

通过表 2-73 可以得出以下结论。

1）覆膜与裸地的地温差值随着大豆生育进程的推移而表现出一定的规律，即先增大然后逐渐减小后期增大。项目区春季气温较低且天气多变，昼夜温差大，覆膜后增温保温效果显著，大豆覆膜芽期及苗气地温平均增温 22.14℃·d 和 34.92℃·d。夏季气温高且日照充足，覆膜增温效果极为显著，分枝期和花期分别增加 66.2℃·d 和 24℃·d，作物生长后期（花期后）由于作物群体及其叶面积指数不断增大，减少了到达地面的太阳辐射能，也影响近地面乱流热交换强度，增温效果不显著，荚期及鼓粒期合计增加 32.5℃·d。大豆鼓粒期后叶开始脱落，增温效果又开始显现，但由于气温降低，增温效果不显著，成熟期增加 27.71℃·d，全生育期积温可增加 207.47℃·d。

2）大豆苗期干物质累积较慢，生长点位于地下，地温的增加能促进大豆的生育进程，对比分枝期后可以发现，随着地温的增加，覆膜处理相对裸地处理干物质累积量明显增加。大豆分枝期后叶面积增加干物质累积速率加快，覆膜处理相对裸地处理在花期及鼓粒成熟期干物质累积增加最大达 4g 左右，覆膜大豆全生育期干物质累积相对不覆膜处理增加了 15.9g。

（3）天气状况对覆膜增温效果的影响。试验观测结果表明，天气状况对覆膜增温的效果有较大的影响。试验采用地温计对阴雨天气的地温变化情况进行监测比对，试验数据为 7 月 26 日（晴天）、7 月 27 日（阴天，15 时开始降雨，降雨量为 37mm）和 7 月 28 日（雨后）的 8 时、14 时、20 时地温，见图 2-36。

通过分析可以看出，阴天时覆膜相对裸地各耕层地温的增幅较小仅为 1.0～2.7℃，相比于晴天时增温效果不明显。

降雨对地温的影响与耕层深度有关，降雨后对表土温度的影响最大并随着深度的增加而减小。同时可以发现相比于裸地地温的剧烈变化降雨对覆膜后的地温的影响不明显。

观测雨后 8 时的地温可以发现降雨使得裸地耕层 0～20cm 相比降雨前晴天地温降温幅度达 0.3～0.9℃，而覆膜处地温降温仅为 -0.1～0.4℃。这主要是由于降雨后雨水温度小于地温雨水直接渗入土壤中和了土壤温度，同时随着雨水的入渗将土壤表层热量带入

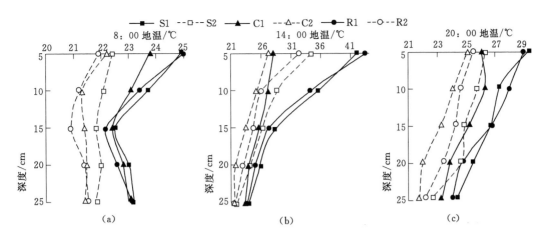

图 2-36 天气情况对覆膜及裸地处理地温影响

（注：S—晴天；C—阴天；R—雨后；1—覆膜；2—裸地）

下层土壤中，然而地膜阻挡了雨水的直接渗入使得这一过程相对缓和，雨水由膜间入渗后水平扩散至膜下使得土壤温度并未出现大的波动。此外降雨量大则地温变化大，地温回升较慢。

5. 覆膜对作物产量的影响

2013 年大豆测产值及不同品种的测产对比分析见表 2-74。

表 2-74　　　　　　　　2013 年不同大豆品种及处理的产量构成因素对比

| 大豆品种 | 生育期/d | 公顷保苗/（株/hm²） | 百粒重/g | 荚数/（个/株） | 株粒数/（个/株） | 产量/（kg/hm²） |
|---|---|---|---|---|---|---|
| 北豆 5 号（无膜） | 115 | 15400b | 18.25b | 26.38c | 58.21b | 2875.95b |
| 北豆 5 号（覆膜） | 115 | 17500a | 19.26a | 34.62a | 74.50a | 3664.69a |
| 华疆 7734（覆膜） | 117 | 17800a | 18.76ab | 31.51b | 74.14a | 3515.95a |
| 北豆 40（覆膜） | 120 | 17200a | 18.45b | 32.66ab | 71.43ab | 3440.28ab |
| 黑河 38（覆膜） | 110 | 17000a | 19.73a | 35.17a | 76.62a | 3707.50a |

可以看出，同一大豆品种覆膜种植相对于常规种植来说增产 800kg/hm²，增产效果明显，不同作物品种中黑河 38 大豆产量最高，其理论生育期最短所需积温最低。分析各产量因素不难发现，相比裸地种植覆膜后大豆保苗率提高了 12.9%，是覆膜相对裸地种植增产的主要因素，主要是因为覆膜的增温保墒效应使得大豆在播种后能够获得较好的发育条件从而提高了发芽与保苗率。除百粒重外各覆膜处理相对裸地均达到显著水平，而各覆膜品种间产量差异的主要影响因素在于百粒重和荚个数，之所以出现这一状况主要和2013 年岭东南地区春季降雨偏多导致气温偏低有关，春季播种相比往年（5 月 10 日）迟15 天左右，导致积温相对较长的品种在生育后期积温不足，籽粒发育不完全。

**2.4.3.7　推荐的灌溉制度**

试验年份推荐的灌溉制度见表 2-75。

表 2 - 75　　　　　　　　　　　　试验年份推荐的灌溉制度

| 年份 | 水文年型 | 处理方式 | 灌水次数 | 灌　水　时　间 | 灌水定额 /(m³/亩) | 灌溉定额 /(m³/亩) |
|---|---|---|---|---|---|---|
| 2014 | 枯水年 | 覆膜 | 6 | 6 月上旬、6 月中下旬、7 月中旬、8 月上旬、8 月中旬、9 月上旬 | 8～15 | 50～80 |
| | | 不覆膜 | 6 | 6 月上旬、6 月中下旬、7 月中旬、8 月上旬、8 月中旬、9 月上旬 | 10～20 | 80～100 |

#### 2.4.3.8　不同水文年推荐的灌溉制度

不同水文年推荐的灌溉制度见表 2 - 76。

表 2 - 76　　　　　　　大豆膜下滴灌不同水文年推荐的灌溉制度

| 处理 | 平水年（频率 $P=50\%$） | | | | 枯水年（频率 $P=85\%$） | | | |
|---|---|---|---|---|---|---|---|---|
| | 灌水次数 | 灌水时间 | 灌水定额 /(m³/亩) | 灌溉定额 /(m³/亩) | 灌水次数 | 灌水时间 | 灌水定额 /(m³/亩) | 灌溉定额 /(m³/亩) |
| 覆膜 | 1 | 出苗期（5 月下旬至 6 月上旬） | 5～8 | 41～52 | 1 | 出苗期（5 月下旬至 6 月上旬） | 6～8 | 54～68 |
| | 2 | 分枝期（6 月下旬） | 8～10 | | 2 | 分枝期（6 月下旬） | 8～10 | |
| | 3 | 开花期（7 月上旬） | 10～12 | | 3 | 初花期（7 月上旬） | 12～15 | |
| | 4 | 结荚期（7 月上旬） | 10～12 | | 4 | 盛花期（7 月下旬） | 12～15 | |
| | 5 | 鼓粒期（8 月中旬） | 8～10 | | 5 | 结荚期（8 月上旬） | 8～10 | |
| | 6 | — | | | 6 | 鼓粒期（8 月中旬） | 8～10 | |
| 不覆膜 | 1 | 出苗期（5 月下旬至 6 月上旬） | 8～12 | 52～78 | 1 | 出苗期（5 月下旬至 6 月上旬） | 8～12 | 72～103 |
| | 2 | 初花期（7 月中旬） | 12～18 | | 2 | 分枝初期（7 月上旬） | 12～18 | |
| | 3 | 盛花期（7 月下旬） | 12～18 | | 3 | 初花期（7 月上旬） | 15～20 | |
| | 4 | 结荚期（8 月上旬） | 12～18 | | 4 | 盛花期（7 月下旬） | 15～20 | |
| | 5 | 鼓粒期（8 月中旬） | 8～12 | | 5 | 结荚期（8 月上旬） | 12～18 | |
| | 6 | — | | | 6 | 鼓粒期（8 月中旬） | 10～15 | |

## 2.5　马铃薯膜下滴灌优化灌溉制度试验研究

### 2.5.1　试验设计

2012 年马铃薯膜下滴灌试验是以马铃薯灌水量为影响因素，共设计了 5 个灌水量水平，其中正常灌水量为表 2 - 77 的 T 处理。灌溉设计的湿润深度和土壤水分下限要求假设见表 2 - 78，如果假设处理 T 为产量最高灌溉处理，则灌溉水平 T 为最优灌水定额。其余均为高水和低水处理，试验设计了 3 次重复。通过不同灌水量研究，揭示马铃薯不同生育期耗水强度、灌溉水利用率和水分生产率，旨在为膜下滴灌马铃薯提供科学的灌水依据。

| 表 2-77 | 马铃薯膜下滴灌高效节水技术试验设计 | | | | |
|---|---|---|---|---|---|
| 试 验 因 素 | 处 理 水 平 数 | | | | |
| | 1 | 2 | 3 | 4 | 5 |
| 需水规律和灌溉制度 | 0.6T | 0.8T | T | 1.2T | 1.4T |

注 T 为设计正常耗水量。

| 表 2-78 | 商都示范区马铃薯生育阶段划分和灌水要求 | | | | | |
|---|---|---|---|---|---|---|
| 生 育 阶 段 | 播种 | 出苗 | 现蕾 | 初花 | 盛花 | 成熟 |
| 时 间 | 5月20日 | 6月10日 | 6月30日 | 7月15日 | 8月15日 | 9月10日 |
| 计划湿润深度/cm | 40 | 40 | 60 | 60 | 60 | 40 |
| 土壤水分下限指标/% | 60 | 60 | 70 | 70 | 70 | 65 |

膜下滴灌马铃薯灌溉定额的估算方法采用以下公式，即

$$M = 0.1 \gamma z p (\theta_{\max} - \theta_{\min}) / \eta \qquad (2-4)$$

$$p = N_p S_e W / S_p S_r \times 100\% \qquad (2-5)$$

式中：$M$ 为设计毛灌水定额，mm；$\gamma$ 为计划土壤湿润层内的土壤干容重，g/cm³；$z$ 为计划土壤湿润层深度，cm；$p$ 为设计土壤湿润比；$\theta_{\max}$、$\theta_{\min}$ 分别为适宜土壤含水率上、下限（占干土重的百分比）；$\eta$ 为灌溉水有效利用系数，滴灌为 0.90；$N_p$ 为每株作物的滴头数；$S_e$ 为滴头沿毛管上的间距；$W$ 为湿润宽度；$S_p$ 为作物株距；$S_r$ 为作物行距。

通过计算和实测滴灌设计土壤湿润比为 53.15%。

2013 年度试验小区设计是基于 2012 年度完成马铃薯膜下滴灌耗水规律的基础上设计的，主要考虑了同一灌水频率下不同的灌水定额、同一灌溉定额下不同的灌溉频率以及相应的非充分灌溉处理，旨在为商都示范区制定合理的灌溉制度。2013 年灌溉制度设计表见表 2-79。

| 表 2-79 | 2013 年马铃薯膜下滴灌高效节水技术试验设计 | | | | | | | |
|---|---|---|---|---|---|---|---|---|
| 试 验 因 素 | 处 理 水 平 数 | | | | | | | |
| | 1 | 2 | 3 | 4 | 5 | 6 | 7 | 8 |
| 需水规律和灌溉制度 | $T_1$ | $T_2$ | $T_3$ | $T_4$ | $T_5$ | $T_6$ | $T_7$ | $T_8$ |

$T_1$ 处理为：灌水定额 15mm/次，生育期灌水 8 次，8 天 1 次（块茎形成期至淀粉积累期），播种至苗期 2 次，每次 15mm，灌溉定额 150mm

$T_2$ 处理为：灌水定额 24mm/次，生育期灌水 8 次，8 天 1 次（块茎形成期至淀粉积累期），播种至苗期 2 次，每次 15mm，灌溉定额 222mm

$T_3$ 处理为：灌水定额 33mm/次，生育期灌水 8 次，8 天 1 次（块茎形成期至淀粉积累期），播种至苗期 2 次，每次 15mm，灌溉定额 294mm

$T_4$ 处理为：灌水定额 19.2mm/次，生育期灌水 10 次，6 天 1 次（块茎形成期至淀粉积累期），播种至苗期 2 次，每次 15mm，灌溉定额 222mm

$T_5$ 处理为：灌水定额 32mm/次，生育期灌水 6 次，10 天 1 次（块茎形成期至淀粉积累期），播种至苗期 2 次，每次 15mm，灌溉定额 222mm

$T_6$ 处理（非充分灌溉）为：苗期 1 次，10mm，块茎形成期 2 次，每次 15mm，灌溉定额为 40mm

$T_7$ 处理（非充分灌溉）为：苗期 1 次，10mm，块茎形成期 3 次，每次 15mm，块茎增长期 2 次，每次 15mm，灌溉定额为 70mm

$T_8$ 处理为：无灌水处理

2014 年灌溉制度的试验设计是基于前两年试验的基础上，采用两种灌溉制度设计方法：①固定灌水时间和次数，采用不同的灌水定额；②采用相同的灌溉定额，不同的灌水次数和灌水时间，试验小区排列采用随机区组布置的方式，试验设两个区组，分别是起垄覆膜滴灌和不覆膜滴灌。试验处理共计 16 个大区处理，其中 8 个大区为起垄覆膜滴灌，另外 8 个大区为不覆膜滴灌，覆膜与不覆膜处理灌水处理相同，小区之间隔离带为 3m。2014 年灌溉制度设计表见表 2-80。

表 2-80　　　　　　　　　　　　　2014 年灌溉制度试验设计

| 处理方式 | 灌　溉　制　度 |
|---|---|
| $T_1$ | 灌水定额 10mm/次，生育期灌水 8 次，8 天 1 次（块茎形成期至淀粉积累期），播种至苗期 2 次，每次 15mm，灌溉定额 110mm |
| $T_2$ | 灌水定额 15mm/次，生育期灌水 8 次，8 天 1 次（块茎形成期至淀粉积累期），播种至苗期 2 次，每次 15mm，灌溉定额 150mm |
| $T_3$ | 灌水定额 20mm/次，生育期灌水 8 次，8 天 1 次（块茎形成期至淀粉积累期），播种至苗期 2 次，每次 15mm，灌溉定额 190mm |
| $T_4$ | 灌水定额 11mm/次，生育期灌水 11 次，6 天 1 次（块茎形成期至淀粉积累期），播种至苗期 2 次，每次 15mm，灌溉定额 150mm |
| $T_5$ | 灌水定额 20mm/次，生育期灌水 6 次，10 天 1 次（块茎形成期至淀粉积累期），播种至苗期 2 次，每次 15mm，灌溉定额 150mm |
| $T_6$ | 灌水定额 7.3mm/次，生育期灌水 11 次，6 天 1 次（块茎形成期至淀粉积累期），播种至苗期 2 次，每次 15mm，灌溉定额 110mm |
| $T_7$ | 灌水定额 14.5mm/次，生育期灌水 11 次，6 天 1 次（块茎形成期至淀粉积累期），播种至苗期 2 次，每次 15mm，灌溉定额 190mm |
| $T_8$ | 无灌水处理 |

2015 年灌溉制度的试验设计是基于制定马铃薯膜下滴灌灌溉制度的基础上，采用固定灌水时间的条件下，采用相同的灌水时间、不同的灌水定额进行试验，试验小区排列采用随机区组布置的方式，试验设两个区组，分别是起垄覆膜滴灌和不覆膜滴灌。试验处理共计 10 个大区处理，其中 5 个大区为起垄覆膜滴灌，另外 5 个大区为不覆膜滴灌，覆膜与不覆膜处理灌水处理相同，小区之间隔离带为 3m。2015 年灌溉制度设计见表 2-81。

表 2-81　　　　　　　　　　　　　2015 年灌溉制度试验设计

| 处理方式 | 灌　溉　制　度 |
|---|---|
| $T_1$ | 苗期、成熟期灌水定额 5m³/亩，现蕾至落花期灌水定额为 7.5m³/亩 |
| $T_2$ | 苗期、成熟期灌水定额 7.5m³/亩，现蕾至落花期灌水定额为 11.25m³/亩 |
| $T_3$ | 苗期、成熟期灌水定额 10m³/亩，现蕾至落花期灌水定额为 15m³/亩 |
| $T_4$ | 苗期、成熟期灌水定额 12.5m³/亩，现蕾至落花期灌水定额为 18.75m³/亩 |
| $T_5$ | 苗期、成熟期灌水定额 15m³/亩，现蕾至落花期灌水定额为 22.5m³/亩 |
| $T_6$ | 无灌水处理 |

## 2.5.2 试验区基础资料

### 1. 土壤情况

试验区土壤理化特性与肥力测定结果见表2-82和表2-83。

表2-82　　试验地土壤理化特性与肥力测定结果（罗平店，2012年，2013年，2015年）

| 项　　目 | 土　层　深　度/cm | | | 平均 |
|---|---|---|---|---|
| | 0～20 | 20～40 | 40～60 | |
| 土壤质地 | 砂壤土 | 砂壤土 | 壤土 | — |
| 干容重/(g/cm³) | 1.37 | 1.42 | 1.45 | 1.41 |
| 田间持水量/% | 18.31 | 18.10 | 19.18 | 18.53 |
| pH值 | 8.21 | — | — | 8.21 |
| 有机质/(g/kg) | 24.20 | — | — | 24.20 |
| 速效氮/(mg/kg) | 39.50 | — | — | 39.50 |
| 速效磷/(mg/kg) | 15.93 | — | — | 15.93 |
| 速效钾/(mg/kg) | 82.50 | — | — | 82.50 |

表2-83　　　　试验地土壤理化特性与肥力测定结果表（三大顷，2014年）

| 项　　目 | 土　层　深　度/cm | | | 平均 |
|---|---|---|---|---|
| | 0～20 | 20～40 | 40～60 | |
| 土壤质地 | 砂壤土 | 砂壤土 | 壤土 | — |
| 干容重/(g/cm³) | 1.46 | 1.53 | 1.59 | 1.52 |
| 田间持水量/% | 15.07 | 15.34 | 16.21 | 15.54 |
| pH值 | 8.84 | — | — | 8.84 |
| 有机质/(g/kg) | 15.90 | — | — | 15.90 |
| 速效氮/(mg/kg) | 26.04 | — | — | 26.04 |
| 速效磷/(mg/kg) | 18.97 | — | — | 18.97 |
| 速效钾/(mg/kg) | 73.66 | — | — | 73.66 |

### 2. 作物耕作及施肥情况

试验作物及耕作、施肥情况见表2-84。

表2-84　　　　　　　　　　试验作物及耕作、施肥情况

| 作物情况 | | 2012年 | 2013年 | 2014年 | 2015年 |
|---|---|---|---|---|---|
| 作物品种 | | 夏波蒂 | 夏波蒂 | 夏波蒂 | 夏波蒂 |
| 耕作形式 | | 覆膜＋机播 | | | |
| 株行距密度 | | (110＋30)cm×24cm | (110＋30)cm×24cm | 90cm×20cm | (110＋30)cm×24cm |
| 作物生育阶段观测 | 播种 | 5月22日 | 5月15日 | 5月12日 | 5月4日 |
| | 出苗 | 6月10日 | 6月15日 | 6月10日 | 6月8日 |

续表

| 作物情况 | | 2012 年 | 2013 年 | 2014 年 | 2015 年 |
|---|---|---|---|---|---|
| 作物生育<br>阶段观测 | 现蕾 | 6 月 30 日 | 6 月 30 日 | 6 月 30 日 | 6 月 28 日 |
| | 初花 | 7 月 5 日 | 7 月 3 日 | 7 月 5 日 | 7 月 5 日 |
| | 盛花 | 8 月 15 日 | 8 月 15 日 | 8 月 15 日 | 8 月 12 日 |
| | 收获 | 9 月 10 日 | 9 月 15 日 | 9 月 10 日 | 9 月 18 日 |
| | 全期 | 110 天 | 125 天 | 128 天 | 128 天 |
| 实际施肥情况 | | N 18kg/亩，$P_2O_5$ 8kg/亩，$K_2O$ 12kg/亩，折合：尿素 32.24kg/亩，二铵 17.39kg/亩，硫酸钾肥 24kg/亩 | | | |

**3. 气象情况**

试验区主要气象要素见表 2-85 和表 2-86。

表 2-85　　　　　　　　　　　　试验区主要气象要素

| 状况 | 1 月 | 2 月 | 3 月 | 4 月 | 5 月 | 6 月 | 7 月 | 8 月 | 9 月 | 10 月 | 11 月 | 12 月 | 累计 |
|---|---|---|---|---|---|---|---|---|---|---|---|---|---|
| 2012 年 | 0 | 0 | 10.4 | 8.2 | 46.1 | 96.8 | 133.1 | 43.2 | 57.5 | 8.9 | 11.2 | 4.4 | 419.8 |
| 2013 年 | 0.6 | 0.7 | 3.1 | 0.8 | 41.7 | 79.5 | 135.5 | 78.7 | 27.5 | 7.9 | 12.3 | 3.7 | 390.0 |
| 2014 年 | 0 | 2.4 | 4.1 | 15.4 | 36.5 | 41.6 | 22.0 | 16.9 | 32.1 | 15.6 | 3.5 | 1.3 | 191.4 |
| 2015 年 | 0.8 | 3.1 | 5.6 | 11.3 | 26.8 | 36.9 | 37.3 | 41.6 | 52.6 | 8.9 | 0 | 0 | 224.9 |
| 商都 50%<br>降雨量 | 1.2 | 2.1 | 5.9 | 10.9 | 19.5 | 19.6 | 155.8 | 69.8 | 23.2 | 18.1 | 2.0 | 1.3 | 329.4 |
| 商都 75%<br>降雨量 | 0.3 | 0 | 7.9 | 8.0 | 25.8 | 23.5 | 90.7 | 47.4 | 22.8 | 0 | 0 | 0 | 266.4 |
| 多年平均<br>降雨量 | 2.6 | 3.6 | 8.6 | 14.7 | 25.2 | 52.4 | 92 | 82.5 | 35.7 | 15.3 | 4.8 | 2.1 | 339.5 |

表 2-86　　　示范区 2012—2015 年生育期有效降雨量和蒸发量资料　　　单位：mm

| 2012 年 | 生育日期 | 播种到出苗<br>（5 月 22 日至<br>6 月 10 日） | 出苗到现蕾<br>（6 月 10—30 日） | 现蕾到盛花<br>（6 月 30 日至<br>8 月 15 日） | 盛花到成熟<br>（8 月 15 日至<br>9 月 10 日） |
|---|---|---|---|---|---|
| | 降雨量 | 25.20 | 67.10 | 160.00 | 43.70 |
| | 累计 | 296.00 | | | |
| 2013 年 | 生育日期 | 播种到出苗<br>（5 月 15 日至<br>6 月 15 日） | 出苗到现蕾<br>（6 月 15—30 日） | 现蕾到盛花<br>（6 月 30 日至<br>8 月 15 日） | 盛花到成熟<br>（8 月 15 日至<br>9 月 15 日） |
| | 降雨量 | 48.48 | 31.8 | 157.37 | 26.00 |
| | 累计 | 263.65 | | | |
| 2014 年 | 生育日期 | 播种到出苗<br>（5 月 12 日至<br>6 月 10 日） | 出苗到现蕾<br>（6 月 10—30 日） | 现蕾到盛花<br>（6 月 30 日至<br>8 月 15 日） | 盛花到成熟<br>（8 月 15 日至<br>9 月 10 日） |
| | 降雨量 | 56.58 | 16.80 | 22.12 | 27.50 |
| | 累计 | 123.00 | | | |

续表

| 2015 年 | 生育日期 | 播种到出苗<br>（5 月 4 日至<br>6 月 8 日） | 出苗到现蕾<br>（6 月 8—28 日） | 现蕾到盛花<br>（6 月 28 日至<br>8 月 12 日） | 盛花到成熟<br>（8 月 12 日至<br>9 月 18 日） |
|---|---|---|---|---|---|
| | 降雨量 | 26.2 | 35.1 | 66.5 | 33.6 |
| | 累计 | 161.40 | | | |

## 2.5.3　试验成果

### 2.5.3.1　各年实测的灌水时间、灌水量与作物产量

2012—2015 年实测的灌水时间、灌水量与作物产量见表 2-87～表 2-90。

表 2-87　　　　　　　2012 年实测的灌水时间、灌水量与作物产量

| 试 验 因 素 | 处 理 水 平 数 | | | | |
|---|---|---|---|---|---|
| | 1 | 2 | 3 | 4 | 5 |
| 需水规律和灌溉制度 | 0.6T | 0.8T | T | 1.2T | 1.4T |
| 第 1 次灌溉（6 月 3 日） | 15.45 | 13.24 | 11.04 | 8.83 | 6.62 |
| 第 2 次灌溉（7 月 13 日） | 21.01 | 18.01 | 15.00 | 12.00 | 9.00 |
| 第 3 次灌溉（8 月 5 日） | 46.48 | 39.84 | 33.20 | 26.56 | 19.92 |
| 第 4 次灌溉（8 月 12 日） | 29.97 | 25.69 | 21.41 | 17.12 | 12.84 |
| 第 5 次灌溉（8 月 26 日） | 22.00 | 18.86 | 15.71 | 12.57 | 9.43 |
| 合计灌水量/mm | 134.91 | 115.64 | 96.36 | 77.08 | 57.81 |
| 灌水量/（m³/亩） | 89.94 | 77.09 | 64.24 | 51.39 | 38.54 |
| 产量/（kg/亩） | 2385.18 | 2382.32 | 2372.15 | 1979.28 | 1513.68 |

注　表中 T 表示设计正常耗水量。

表 2-88　　　　　　　2013 年实测的灌水时间、灌水量与作物产量

| 灌水<br>处理 | 灌 水 量/mm | | | | | | | | | | | | | | 次数 | 产量<br>/（kg<br>/亩） |
|---|---|---|---|---|---|---|---|---|---|---|---|---|---|---|---|---|
| | 5 月<br>20 日 | 6 月<br>29 日 | 7 月<br>11 日 | 7 月<br>18 日 | 7 月<br>21 日 | 7 月<br>24 日 | 7 月<br>26 日 | 7 月<br>29 日 | 8 月<br>3 日 | 8 月<br>7 日 | 8 月<br>10 日 | 8 月<br>14 日 | 8 月<br>18 日 | 8 月<br>24 日 | 合计 | | |
| 1 | 9 | 15 | 15 | 0 | 15 | 0 | 0 | 15 | 0 | 7.5 | 0 | 7.5 | 0 | 7.5 | 91.5 | 8 | 2114.5 |
| 2 | 9 | 15 | 21 | 0 | 21 | 0 | 0 | 21 | 0 | 12 | 0 | 12 | 0 | 12 | 123 | 8 | 2300.5 |
| 3 | 9 | 15 | 33 | 0 | 30 | 0 | 0 | 30 | 0 | 18 | 0 | 18 | 0 | 18 | 171 | 8 | 2296.2 |
| 4 | 9 | 15 | 18 | 18 | 0 | 0 | 18 | 0 | 12 | 0 | 12 | 0 | 10.5 | 10.5 | 123 | 9 | 2411.6 |
| 5 | 9 | 15 | 27 | 0 | 0 | 27 | 0 | 0 | 27 | 0 | 0 | 18 | 0 | 0 | 123 | 6 | 2072.8 |
| 6 | 9 | 15 | 0 | 15 | 0 | 0 | 0 | 0 | 0 | 15 | 0 | 0 | 0 | 0 | 54 | 4 | 1437 |
| 7 | 9 | 15 | 0 | 15 | 0 | 0 | 15 | 0 | 0 | 15 | 0 | 0 | 0 | 0 | 69 | 5 | 1611.4 |
| CK | 0 | 0 | 0 | 0 | 0 | 0 | 0 | 0 | 0 | 0 | 0 | 0 | 0 | 0 | 0 | | 1079.9 |

注　表中没有灌溉数据的注"0"。

表 2－89　　　　　　　　2014 年实测的灌水时间、灌水量与作物产量

| 处理 | 灌溉定额/m³ | 灌溉定额/mm | 灌 水 定 额/mm |||||||||||||||||||||| 产量/(kg/亩) ||
|---|---|---|---|---|---|---|---|---|---|---|---|---|---|---|---|---|---|---|---|---|---|---|---|---|---|
| | | | 6月23日 | 7月7日 | 7月14日 | 7月19日 | 7月22日 | 7月24日 | 7月26日 | 7月29日 | 8月3日 | 8月4日 | 8月7日 | 8月11日 | 8月12日 | 8月13日 | 8月16日 | 8月19日 | 8月21日 | 8月22日 | 8月26日 | 8月27日 | 8月31日 | 9月5日 | 覆膜 | 不覆膜 |
| 1 | 90.00 | 135 | 10 | 10 | 10 | | 15 | | | 15 | 15 | | | 15 | | | 15 | | | | 15 | | | 15 | 1474 | 1334 |
| 2 | 138.00 | 207 | 15 | 15 | 15 | | 25 | | | 25 | 25 | | | 24 | | | 24 | | | | 24 | | | 15 | 2042 | 1931 |
| 3 | 178.00 | 267 | 20 | 20 | 20 | | 32 | | | 32 | 32 | | | 32 | | | 32 | | | | 32 | | | 15 | 2283 | 2211 |
| 4 | 138.00 | 207 | | 12 | 12 | 12 | 12 | | 18 | | 18 | 18 | | 18 | | | 18 | | 18 | | 18 | | | 15 | 2336 | 2287 |
| 6 | 90.00 | 135 | | 8 | 8 | 8 | 8 | | 11 | | 11 | 11 | | 11 | | | 11 | | 11 | | 11 | | | 15 | 1689 | 1537 |
| 7 | 178.00 | 267 | | 15 | 15 | 15 | 15 | | 24 | | 24 | 24 | | 24 | | | 24 | | 24 | | 24 | | | 15 | 2361 | 2356 |
| 5 | 176.67 | 265 | 25 | 25 | | 25 | | | 35 | | 35 | | | 35 | | | 35 | | | 35 | | | | 15 | 2221 | 2129 |
| 8 | 无 灌 水 |||||||||||||||||||||||| 598.5 | 511.3 |

表 2－90　　　　　　　　2015 年实测的灌水时间、灌水量与作物产量

| 灌水处理 | 灌 水 量/mm |||||||||| 合计 | 次数 | 产量/(kg/亩) ||
|---|---|---|---|---|---|---|---|---|---|---|---|---|---|---|
| | 5月26日 | 6月20日 | 7月5日 | 7月13日 | 7月20日 | 7月30日 | 8月10日 | 8月20日 | 9月1日 | 9月12日 | | | 覆膜 | 不覆膜 |
| 1 | 5.0 | 7.5 | 7.5 | 7.5 | 7.5 | 7.5 | 7.5 | 7.5 | 7.5 | 5.0 | 70.0 | 10 | 1597.6 | 1499.6 |
| 2 | 7.5 | 11.3 | 11.3 | 11.3 | 11.3 | 11.3 | 11.3 | 11.3 | 11.3 | 7.5 | 105.0 | 10 | 2239.8 | 2208.7 |
| 3 | 10.0 | 15.0 | 15.0 | 15.0 | 15.0 | 15.0 | 15.0 | 15.0 | 15.0 | 10.0 | 140.0 | 10 | 3003.5 | 3012.8 |
| 4 | 12.5 | 18.8 | 18.8 | 18.8 | 18.8 | 18.8 | 18.8 | 18.8 | 18.8 | 12.5 | 175.0 | 10 | 2989.6 | 3100.0 |
| 5 | 15.0 | 22.5 | 22.5 | 22.5 | 22.5 | 22.5 | 22.5 | 22.5 | 22.5 | 15.0 | 210.0 | 10 | 2957.7 | 3014.2 |
| CK | 0 | 0 | 0 | 0 | 0 | 0 | 0 | 0 | 0 | 0 | 0 | 0 | 821.3 | 796.8 |

注　表中没有灌溉数据的注"0"。

### 2.5.3.2　作物耗水量与水分生产率

2012—2015 年作物耗水量与水分生产率见表 2－91～表 2－94。

表 2－91　　　　　　　　2012 年作物耗水量与水分生产率分析

| 处理方式 || 灌水量/(m³/亩) | 有效降雨量/mm | 土壤水变化量/(m³/亩) | 耗水量/(m³/亩) | 平均耗水强度/(mm/d) | 产量/(kg/亩) | 作物水分生产率/(kg/m³) |
|---|---|---|---|---|---|---|---|---|
| 覆膜 | 1.4T | 134.91 | 296 | −42.12a | 388.79a | 2.45a | 2385.18a | 6.13b |
| | 1.2T | 115.63 | 296 | −39.11ab | 372.52b | 2.31ab | 2382.32a | 6.40ab |
| | T | 96.36 | 296 | −36.99b | 355.37c | 2.24b | 2372.15a | 6.68a |
| | 0.8T | 77.1 | 296 | −30.69c | 342.41d | 2.15b | 1979.28b | 5.78c |
| | 0.6T | 57.81 | 296 | −24.27d | 329.55e | 2.05c | 1513.68c | 4.59d |

表 2-92　　　　　　　　　　2013 年作物耗水量与水分生产率分析

| 处理方式 | | 灌水量 /(m³/亩) | 有效 降雨量 /mm | 土壤水 变化量 /(m³/亩) | 耗水量 /(m³/亩) | 平均耗水 强度 /(mm/d) | 产量 /(kg/亩) | 作物水分 生产率 /(kg/m³) |
|---|---|---|---|---|---|---|---|---|
| 覆膜 | $T_1$ | 22.5 | 26 | 20.19b | 68.69cd | 2.29c | 2114.46b | 6.16b |
| | $T_2$ | 36 | 26 | 20.80b | 82.80b | 2.76b | 2300.51ab | 6.20b |
| | $T_3$ | 54 | 26 | 13.10c | 93.10a | 3.10a | 2296.22ab | 5.55cd |
| | $T_4$ | 45 | 26 | 11.94cd | 82.94b | 2.76b | 2411.59a | 6.46a |
| | $T_5$ | 45 | 26 | 4.88d | 75.88c | 2.53b | 2072.84b | 5.81c |
| | $T_6$ | 15 | 26 | 13.21c | 54.21e | 1.81d | 1436.98d | 4.53e |
| | $T_7$ | 30 | 26 | 20.35b | 76.35c | 2.54b | 1611.40c | 4.83e |
| | $T_8$ | 0 | 26 | 27.18a | 53.18e | 1.77d | 1079.87e | 4.12ef |

表 2-93　　　　　　　　　　2014 年作物耗水量与水分生产率分析

| 处理方式 | | 灌水量 /(m³/亩) | 有效 降雨量 /mm | 土壤水 变化量 /(m³/亩) | 耗水量 /(m³/亩) | 平均耗水 强度 /(mm/d) | 产量 /(kg/亩) | 作物水分 生产率 /(kg/m³) |
|---|---|---|---|---|---|---|---|---|
| 覆膜 | $T_1$ | 135 | 123 | 13.18cd | 271.18e | 2.26e | 1474.61c | 5.44c |
| | $T_2$ | 207 | 123 | 9.38e | 339.38d | 2.83dc | 2042.55b | 6.02b |
| | $T_3$ | 267 | 123 | −3.7f | 386.3a | 3.22b | 2283.98ab | 5.91b |
| | $T_4$ | 207 | 123 | 14.16c | 344.16c | 2.87cd | 2336.31ab | 6.79a |
| | $T_5$ | 265 | 123 | −18h | 370.00b | 3.08c | 2221.25ab | 6.00b |
| | $T_6$ | 135 | 123 | 19.54b | 277.54e | 2.31d | 1689.73c | 6.09b |
| | $T_7$ | 267 | 123 | −2.42g | 387.58a | 3.23a | 2361.40a | 6.09b |
| | $T_8$ | 0 | 123 | 25.84a | 148.84f | 1.24f | 598.53d | 4.02d |
| 不覆膜 | $T_1$ | 135 | 123 | 24.00cd | 282.00e | 2.35e | 1334.77e | 4.73cd |
| | $T_2$ | 207 | 123 | 15.90e | 345.90d | 2.88cd | 1931.47cd | 5.58b |
| | $T_3$ | 267 | 123 | 7.00f | 397.00a | 3.31b | 2211.46bc | 5.57b |
| | $T_4$ | 207 | 123 | 25.56c | 355.56c | 2.96cd | 2287.96b | 6.43a |
| | $T_5$ | 265 | 123 | −4.15h | 383.85b | 3.20c | 2129.45bc | 5.55b |
| | $T_6$ | 135 | 123 | 30.82b | 288.82e | 2.41d | 1537.34d | 5.32bc |
| | $T_7$ | 267 | 123 | 7.57g | 397.57a | 3.31a | 2356.81a | 5.93b |
| | $T_8$ | 0 | 123 | 45.58a | 168.58f | 1.40f | 511.33f | 3.03d |

表 2-94　　　　　　　　　　2015 年作物耗水量与水分生产率分析

| 处理方式 | | 灌水量 /(m³/亩) | 有效 降雨量 /mm | 土壤水 变化量 /mm | 耗水量 /mm | 平均耗水 强度 /(mm/d) | 产量 /(kg/亩) | 作物水分 生产率 /(kg/m³) |
|---|---|---|---|---|---|---|---|---|
| 覆膜 | $T_1$ | 70 | 161 | 5.37b | 271.37e | 2.09e | 1597.60c | 8.83c |
| | $T_2$ | 105 | 161 | −17.03cd | 301.47d | 2.32d | 2239.80b | 11.14b |
| | $T_3$ | 140 | 161 | −22.68cd | 348.32c | 2.68c | 3003.50a | 12.93a |
| | $T_4$ | 175 | 161 | −34.68c | 388.82b | 2.99b | 2989.60a | 11.53b |
| | $T_5$ | 210 | 161 | −29.44c | 446.56a | 3.44a | 2957.70a | 9.93c |
| | CK | 0 | 161 | 26.08a | 187.08f | 1.44f | 823.10c | 6.60 |

续表

| 处理方式 | | 灌水量/(m³/亩) | 有效降雨量/mm | 土壤水变化量/mm | 耗水量/mm | 平均耗水强度/(mm/d) | 产量/(kg/亩) | 作物水分生产率/(kg/m³) |
|---|---|---|---|---|---|---|---|---|
| 不覆膜 | T₁ | 70 | 161 | 6.21b | 272.21e | 2.09d | 1499.60c | 8.26d |
| | T₂ | 105 | 161 | −12.97d | 305.53d | 2.35cd | 2208.70b | 10.84c |
| | T₃ | 140 | 161 | −19.68d | 351.32c | 2.70c | 3012.80ab | 12.86a |
| | T₄ | 175 | 161 | −22.68cd | 400.82b | 3.08b | 3100.00a | 11.60b |
| | T₅ | 210 | 161 | −32.02c | 443.98a | 3.42a | 3014.20ab | 10.18c |
| | CK | 0 | 161 | 33.66a | 194.66f | 1.50e | 796.80d | 6.14e |

### 2.5.3.3 马铃薯滴灌覆膜与不覆膜对比情况

1. 马铃薯滴灌覆膜与不覆膜耗水量变化分析

通过试验测得马铃薯覆膜与不覆膜滴灌不同生育期需水量与耗水强度如表2-95和图2-37所示。

表2-95　　　　　　　　　马铃薯不同生育期需水量与耗水强度

| 处理方式 | 需水量与耗水强度 | 马铃薯不同生育期 | | | | 合计/平均 |
|---|---|---|---|---|---|---|
| | | 播种至出苗（5月12日至6月10日） | 出苗至现蕾（6月10—30日） | 现蕾至盛花（6月30日至8月15日） | 盛花至成熟（8月15日至9月10日） | |
| 覆膜 | 需水量/(m³/亩) | 34.25 | 22.80 | 106.77 | 65.65 | 229.44 |
| | 耗水强度/(mm/d) | 2.06 | 2.28 | 3.56 | 3.28 | 2.87 |
| 不覆膜 | 需水量/(m³/亩) | 37.08 | 28.33 | 128.05 | 71.59 | 265.05 |
| | 耗水强度/(mm/d) | 2.22 | 2.83 | 4.27 | 3.51 | 3.31 |

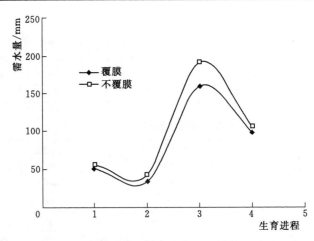

图2-37　不同处理方式的马铃薯生育期需水量过程线

2. 马铃薯覆膜与不覆膜产量对比情况

马铃薯覆膜与不覆膜产量对比情况见表2-96～表2-99。

表 2-96    2012 年马铃薯不同灌溉条件下试验测产成果

| 处理方式 | | 灌溉定额 /(m³/亩) | 单株马铃薯 商品薯重 /kg | 单株马铃薯 非商品薯重 /kg | 单株马铃 薯重 /kg | 产量 /(kg/亩) | 增产量 /(kg/亩) | 增产效果 /% |
|---|---|---|---|---|---|---|---|---|
| 覆膜 | 1.4T | 89.94 | 0.66 | 0.091 | 0.751 | 2385.18 | 871.5 | 57.57% |
| | 1.2T | 77.09 | 0.6674 | 0.0827 | 0.7501 | 2382.32 | 868.64 | 57.39% |
| | T | 64.24 | 0.6849 | 0.0621 | 0.7469 | 2372.15 | 858.47 | 56.71% |
| | 0.8T | 51.40 | 0.5682 | 0.055 | 0.6232 | 1979.28 | 465.6 | 30.76% |
| | 0.6T | 38.54 | 0.4164 | 0.0602 | 0.4766 | 1513.68 | 0 | 0 |
| | 平均 | 64.24 | 0.60 | 0.07 | 0.67 | 2126.52 | — | — |

表 2-97    2013 年马铃薯不同灌溉条件下试验测产成果

| 处理方式 | | 灌溉定额 /(m³/亩) | 单株马铃薯 商品薯重 /kg | 单株马铃薯 非商品薯重 /kg | 单株马铃 薯重 /kg | 产量 /(kg/亩) | 增产量 /(kg/亩) | 增产效果 /% |
|---|---|---|---|---|---|---|---|---|
| 覆膜 | $T_1$ | 61.00 | 0.60 | 0.09 | 0.69 | 2114.46 | 1034.59 | 95.81 |
| | $T_2$ | 82.00 | 0.62 | 0.13 | 0.75 | 2300.51 | 1220.64 | 113.04 |
| | $T_3$ | 112.00 | 0.60 | 0.15 | 0.75 | 2296.22 | 1216.35 | 112.64 |
| | $T_4$ | 82.00 | 0.68 | 0.11 | 0.79 | 2411.59 | 1331.72 | 123.32 |
| | $T_5$ | 82.00 | 0.60 | 0.08 | 0.68 | 2072.84 | 992.97 | 91.95 |
| | $T_6$ | 36.00 | 0.42 | 0.05 | 0.47 | 1436.98 | 357.11 | 33.07 |
| | $T_7$ | 46.00 | 0.47 | 0.06 | 0.53 | 1611.40 | 531.53 | 49.22 |
| | $T_8$ | 0 | 0.30 | 0.05 | 0.35 | 1079.87 | 0 | 0 |
| | 平均 | 62.63 | 0.54 | 0.09 | 0.63 | 1915.48 | — | — |

表 2-98    2014 年马铃薯不同灌溉条件下试验测产成果

| 处理方式 | | 灌溉定额 /(m³/亩) | 单株马铃薯 商品薯重 /kg | 单株马铃薯 非商品薯重 /kg | 单株马铃 薯重 /kg | 产量 /(kg/亩) | 增产量 /(kg/亩) |
|---|---|---|---|---|---|---|---|
| 不覆膜 | $T_1$ | 90 | 0.36 | 0.13 | 0.48 | 1474.61 | 876.07 |
| | $T_2$ | 138 | 0.52 | 0.14 | 0.67 | 2042.55 | 1444.01 |
| | $T_3$ | 178 | 0.59 | 0.16 | 0.75 | 2283.98 | 1685.44 |
| | $T_4$ | 138 | 0.61 | 0.15 | 0.76 | 2336.31 | 1737.77 |
| | $T_5$ | 177 | 0.56 | 0.16 | 0.73 | 2221.25 | 1622.71 |
| | $T_6$ | 90 | 0.43 | 0.12 | 0.55 | 1689.73 | 1091.19 |
| | $T_7$ | 178 | 0.61 | 0.16 | 0.77 | 2361.40 | 1762.86 |
| | $T_8$ | 0 | 0.15 | 0.05 | 0.20 | 598.54 | 0 |
| | 平均 | 124 | 0.48 | 0.13 | 0.61 | 1876.05 | |

续表

| 处理方式 | | 灌溉定额 /(m³/亩) | 单株马铃薯 商品薯重 /kg | 单株马铃薯 非商品薯重 /kg | 单株马铃 薯重 /kg | 产量 /(kg/亩) | 增产量 /(kg/亩) |
|---|---|---|---|---|---|---|---|
| 覆膜 | T₁ | 90 | 0.30 | 0.14 | 0.44 | 1334.77 | 823.442 |
| | T₂ | 138 | 0.50 | 0.13 | 0.63 | 1931.47 | 1420.142 |
| | T₃ | 178 | 0.57 | 0.15 | 0.72 | 2211.46 | 1700.132 |
| | T₄ | 138 | 0.61 | 0.14 | 0.75 | 2287.96 | 1776.632 |
| | T₅ | 177 | 0.52 | 0.18 | 0.70 | 2129.45 | 1618.124 |
| | T₆ | 90 | 0.35 | 0.15 | 0.50 | 1537.34 | 1026.014 |
| | T₇ | 178 | 0.61 | 0.16 | 0.77 | 2356.81 | 1845.482 |
| | T₈ | 0 | 0.12 | 0.05 | 0.17 | 511.33 | −0.004 |
| | 平均 | 124 | 0.45 | 0.14 | 0.58 | 1787.58 | |

表 2 - 99　　　　　　　　**2015 年马铃薯不同灌溉条件下试验测产成果**

| 处理方式 | | 灌溉定额 /(m³/亩) | 单株马铃薯 商品薯重 /kg | 单株马铃薯 非商品薯重 /kg | 单株马铃 薯重 /kg | 产量 /(kg/亩) | 增产量 /(kg/亩) |
|---|---|---|---|---|---|---|---|
| 不覆膜 | T₁ | 70 | 0.32 | 0.11 | 0.43 | 1499.60 | 702.8 |
| | T₂ | 105 | 0.49 | 0.14 | 0.63 | 2208.70 | 1411.9 |
| | T₃ | 140 | 0.75 | 0.11 | 0.86 | 3012.80 | 2216.0 |
| | T₄ | 175 | 0.74 | 0.15 | 0.89 | 3100.00 | 2303.2 |
| | T₅ | 210 | 0.73 | 0.13 | 0.86 | 3014.20 | 2217.4 |
| | CK | 0 | 0.13 | 0.10 | 0.23 | 796.80 | 0 |
| | 平均 | 116.67 | 0.53 | 0.12 | 0.65 | 2272.02 | |
| 覆膜 | T₁ | 70 | 0.33 | 0.13 | 0.46 | 1597.60 | 774.5 |
| | T₂ | 105 | 0.48 | 0.16 | 0.64 | 2239.80 | 1416.7 |
| | T₃ | 140 | 0.7 | 0.16 | 0.86 | 3003.50 | 2180.4 |
| | T₄ | 175 | 0.73 | 0.16 | 0.89 | 2989.60 | 2166.5 |
| | T₅ | 210 | 0.74 | 0.11 | 0.85 | 2957.70 | 2134.6 |
| | CK | 0 | 0.14 | 0.10 | 0.24 | 823.10 | 0 |
| | 平均 | 116.67 | 0.52 | 0.13 | 0.65 | 2268.55 | |

2012—2015 年马铃薯膜下滴灌产量与增产量如图 2－38～图 2－41 所示。

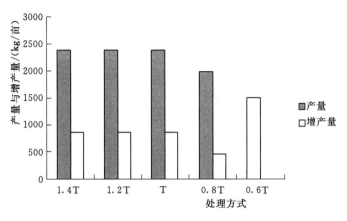

图 2－38 2012 年覆膜处理下马铃薯的产量与增产量

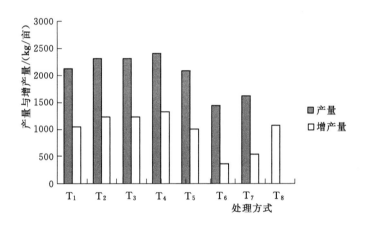

图 2－39 2013 年覆膜处理下马铃薯的产量与增产量

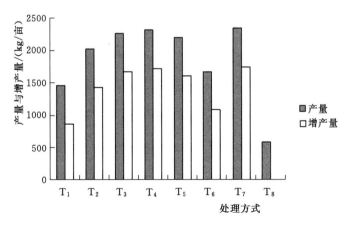

图 2－40 2014 年覆膜处理下马铃薯的产量与增产量

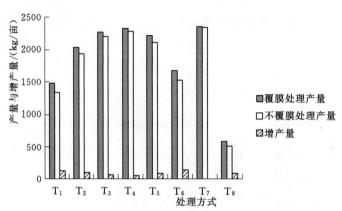

图 2-41　2014 年覆膜与不覆膜处理下马铃薯的产量与增产量

2012—2015 年马铃薯膜下滴灌水分生产率如图 2-42～图 2-47 所示。

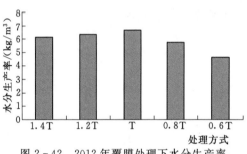

图 2-42　2012 年覆膜处理下水分生产率

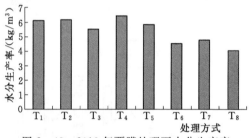

图 2-43　2013 年覆膜处理下水分生产率

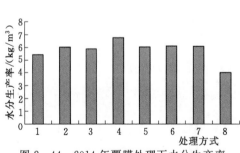

图 2-44　2014 年覆膜处理下水分生产率

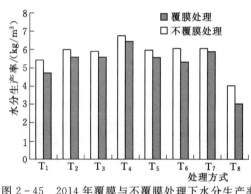

图 2-45　2014 年覆膜与不覆膜处理下水分生产率

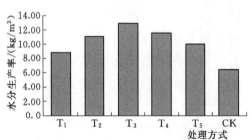

图 2-46　2015 年覆膜处理下水分生产率

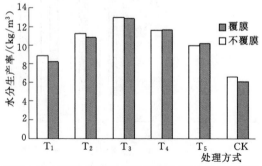

图 2-47　2015 年覆膜与不覆膜处理下水分生产率

3. 覆膜与不覆膜产量、水分生产率对比分析

马铃薯覆膜与不覆膜产量、水分生产率对比分析见表2-100。

表2-100 马铃薯覆膜与不覆膜处理对比分析

| 处理 | 作物需水量 /(m³/亩) | 平均耗水强度 /(mm/d) | 平均产量 /(kg/亩) | 增产量 /(kg/亩) | 水分生产率 /(kg/m³) | 水分生产率提高 /% |
|---|---|---|---|---|---|---|
| 不覆膜 | 237.04 | 2.96 | 2287.96 | 48.35 | 6.43 | 5.60 |
| 覆膜 | 229.44 | 2.87 | 2336.31 | | 6.79 | |

### 2.5.3.4 土壤含水率控制下限与适宜灌水定额分析

试验推荐的土壤含水率控制下限与灌水定额见表2-101。

表2-101 试验推荐的土壤含水率控制下限与灌水定额

| 生育时期 | 播种—出苗 | 出苗—现蕾 | 现蕾—初花 | 初花—盛花 | 盛花—成熟 | 收获前期 |
|---|---|---|---|---|---|---|
| 灌水定额/(m³/亩) | 8~12 | 8~12 | 12~18 | | | 8~12 |
| 适宜土壤含水率下限（占田间持水量）/% | 60 | 60 | 70 | | | 65 |

### 2.5.3.5 推荐的灌溉制度

试验年份推荐的灌溉制度见表2-102。

表2-102 试验年份推荐的灌溉制度

| 年份 | 水文年型 | 降雨频率 /% | 灌水次数 | 灌水时间 | 灌水定额/(m³/亩) | 灌溉定额 /(m³/亩) |
|---|---|---|---|---|---|---|
| 2012 | 丰水年 | 18.3 | 6 | 6月上旬、7月上旬、7月下旬、8月上旬、8月中旬、8月下旬 | 苗期灌水定额8~10m³/亩，现蕾至盛花期间灌水定额10~12m³/亩 | 58~70 |
| 2013 | 平水年 | 39.6 | 8 | 5月下旬、6月中旬、7月初、7月中旬、7月下旬、8月上旬、8月中旬、8月下旬 | 苗期和成熟期灌水定额8~10m³/亩，现蕾至盛花期间灌水定额12~15m³/亩 | 90~110 |
| 2014 | 枯水年 | 92.5 | 10 | 5月下旬、6月中旬、7月上旬、7月中旬、7月下旬、8月初、8月上旬、8月中旬、8月下旬、9月初 | 苗期和成熟期灌水定额10~12m³/亩，现蕾至盛花期间灌水定额15~18m³/亩 | 140~164 |

### 2.5.3.6 不同水文年推荐的灌溉制度

不同水文年推荐的灌溉制度见表2-103。

表 2-103 马铃薯膜下滴灌推荐的不同水文年灌溉制度

丰水年（灌溉保证率 $P=25\%$）

| 灌水次数 | 灌水时间 | 灌水定额/(m³/亩) | 灌溉定额/(m³/亩) |
|---|---|---|---|
| 1 | 现蕾—花期（6月初） | 8～10 | 80～100 |
| 2 | 现蕾—花期（7月上旬） | 12～15 | |
| 3 | 盛花—终花期（7月中旬） | 12～15 | |
| 4 | 盛花—终花期（7月下旬） | 12～15 | |
| 5 | 盛花—终花期（8月上旬） | 12～15 | |
| 6 | 盛花期—终花期（8月中旬） | 12～15 | |
| 7 | 盛花期—终花期（8月下旬） | 12～15 | |

平水年（灌溉保证率 $P=50\%$）

| 灌水次数 | 灌水时间 | 灌水定额/(m³/亩) | 灌溉定额/(m³/亩) |
|---|---|---|---|
| 1 | 播种—出苗（5月下旬） | 8～10 | 110～134 |
| 2 | 出苗—现蕾（6月中旬） | 10～12 | |
| 3 | 现蕾—花期（7月初） | 12～15 | |
| 4 | 现蕾—花期（7月上旬） | 12～15 | |
| 5 | 盛花—终花期（7月中旬） | 15～18 | |
| 6 | 盛花—终花期（7月下旬） | 15～18 | |
| 7 | 盛花期—终花期（8月上旬） | 15～18 | |
| 8 | 盛花—终花期（8月中旬） | 15～18 | |
| 9 | 终花—收获期（8月下旬） | 8～10 | |

枯水年（灌溉保证率 $P=85\%$）

| 灌水次数 | 灌水时间 | 灌水定额/(m³/亩) | 灌溉定额/(m³/亩) |
|---|---|---|---|
| 1 | 播种—出苗（5月下旬） | 10～12 | 142～162 |
| 2 | 出苗—现蕾（6月中旬） | 10～12 | |
| 3 | 现蕾—花期（7月初） | 13～15 | |
| 4 | 现蕾—花期（7月上旬） | 13～15 | |
| 5 | 盛花期—终花期（7月中旬） | 18～20 | |
| 6 | 盛花期—终花期（7月下旬） | 18～20 | |
| 7 | 盛花期—终花期（8月初） | 18～20 | |
| 8 | 盛花期—终花期（8月上旬） | 18～20 | |
| 9 | 盛花期—终花期（8月中旬） | 14～16 | |
| 10 | 终花期—收获期（8月下旬） | 10～12 | |

## 2.6 加工番茄覆膜沟灌优化灌溉制度试验研究

### 2.6.1 试验设计

试验区位于巴彦淖尔市临河区双河镇久庄农业示范园区，试验品种采用临河区种植范围较广的品种，即屯河 3 号。生育期为 100 天左右，成活率高，生育期短，产量高，生长势强，抗病性好。种植方式为开沟起垄覆膜和不覆膜种植，沟底坡降为 2‰，入沟流量为 0.85L/s，起垄覆膜一体化，垄背种植，一膜两行，种植密度一致；垄沟断面为梯形断面，垄面宽 60cm，沟上口宽 40cm，灌水沟间距为 100cm，沟深设置为 20cm，试验小区采用完全随机区组设计，为南北走向，小区面积为 $220m^2$ ［50m（长）×4.4m（宽）］，小区四周设置保护区，每个小区之间用 1m 的地埂隔开，防止小区间水分的侧渗。灌溉定额分别为 $130m^3$/亩、$155m^3$/亩和 $160m^3$/亩，每个处理设 3 个重复，共 9 个小区。对照处理 CK 为不覆膜处理，灌溉定额为 $200m^3$/亩，覆膜沟灌和不覆膜沟灌共计 19 个试验小区。

2012 年共设 7 个处理，根据番茄的需水特点和生育期的长短，番茄在移栽之后灌 1 次水，灌水设同一种灌水水平，灌水定额为 $60m^3/$ 亩。番茄种植分为两种形式，覆膜沟灌设置 3 个处理，其灌溉定额分别为 $130m^3/$ 亩、$155m^3/$ 亩和 $160m^3/$ 亩，每个处理设 3 个重复，共 9 个小区；不覆膜沟灌设置 3 个处理小区，其灌溉定额分别为 $130m^3/$ 亩、$155m^3/$ 亩和 $160m^3/$ 亩，每个处理小区设 3 个重复，共 9 个小区。对照处理 CK 为不覆膜处理，灌溉定额为 $200m^3/$ 亩，覆膜沟灌和不覆膜沟灌共计 19 个试验小区。由于 2012 年 7 月和 8 月降雨量较多，所以番茄实际灌水次数和灌水量没有达到最初设计要求。具体设计见表 2 - 104。

表 2 - 104　　　　　　　　　　　　　2012 年试验处理设计

| 处理方式 | 种植形式 | 灌溉定额 /(m³/亩) | 灌水次数 | 生育期灌水定额/(m³/亩) | | | | |
|---|---|---|---|---|---|---|---|---|
| | | | | 移栽 | 苗期 | 开花坐果期 | 结果盛期 | 结果后期 |
| Ⅰ | 覆膜 | 95 | 2 | 60 | 35 | — | | |
| Ⅱ | 覆膜 | 115 | 3 | 60 | 35 | 20 | | |
| Ⅲ | 覆膜 | 120 | 3 | 60 | 30 | 30 | | |
| Ⅳ | 不覆膜 | 95 | 2 | 60 | 35 | — | | |
| Ⅴ | 不覆膜 | 115 | 3 | 60 | 35 | 20 | | |
| Ⅵ | 不覆膜 | 120 | 3 | 60 | 30 | 30 | | |
| CK | 不覆膜 | 130 | 2 | 60 | 70 | | | |

2013 年番茄移栽之后灌水定额调整为 $50m^3/$ 亩，灌水设同一种灌水水平，其设置依据是根据 $ET_0$ 以及当地年平均降雨量、最大降雨量和上年试验数据。覆膜种植设置 3 个处理小区，灌溉定额分别为 $120m^3/$ 亩、$140m^3/$ 亩和 $160m^3/$ 亩，每个处理小区设 3 个重复，共 9 个小区；不覆膜种植设 3 个处理小区，其灌溉定额分别为 $120m^3/$ 亩、$140m^3/$ 亩和 $160m^3/$ 亩，每个处理小区设 3 个重复，共 9 个小区。对照处理 CK 为不覆膜处理，灌溉定额调整为 $180m^3/$ 亩，覆膜沟灌和不覆膜沟灌共计 19 个试验小区。2013 年加工番茄在结果盛期灌水时，番茄有一部分已经开始向红熟期转变，在此之后番茄不应再灌水，这是因为水分有一定的亏缺有利于降低坏果率，提高果实品质，故结果盛期灌水较多。具体设计见表 2 - 105。

表 2 - 105　　　　　　　　　　　　　2013 年试验处理设计

| 处理方式 | 种植形式 | 灌溉定额 /(m³/亩) | 灌水次数 | 生育期灌水定额/(m³/亩) | | | |
|---|---|---|---|---|---|---|---|
| | | | | 移栽 | 苗期 | 开花坐果期 | 结果盛期 |
| Ⅰ | 覆膜 | 120 | 3 | 50 | 35 | 35 | — |
| Ⅱ | 覆膜 | 140 | 4 | 50 | 35 | 30 | 25 |
| Ⅲ | 覆膜 | 160 | 4 | 50 | 30 | 35 | 45 |
| Ⅳ | 不覆膜 | 120 | 3 | 50 | 35 | 35 | — |
| Ⅴ | 不覆膜 | 140 | 4 | 50 | 35 | 30 | 25 |
| Ⅵ | 不覆膜 | 160 | 4 | 50 | 30 | 35 | 45 |
| CK | 不覆膜 | 180 | 4 | 50 | 35 | 40 | 55 |

经过 2012 年和 2013 年的大田试验，总结出适合当地加工番茄覆膜沟灌的灌溉制度及相关技术集成经验并在示范区进行验证推广，番茄移栽之后灌水定额为 50m³/亩，灌溉定额为 135m³/亩，灌水次数为 4 次，具体设计见表 2-106。

表 2-106　　　　　　　　　　　2014 年试验处理设计

| 种植形式 | 灌溉定额 /(m³/亩) | 灌水次数 | 灌水定额/(m³/亩) | | | |
|---|---|---|---|---|---|---|
| | | | 移栽 | 苗期 | 开花坐果期 | 结果盛期 |
| 覆膜 | 135 | 4 | 50 | 25 | 30 | 30 |

2012 年和 2013 年试验小区采用完全随机区组设计，为南北走向，小区面积为 220m²[50m（长）×4.4m（宽）]，小区四周设置保护区，每个小区之间用 1m 的地埂隔开，防止小区间水分的侧渗。

## 2.6.2　试验区基础资料

1. 土壤情况

试验地土壤理化特性与肥力测定结果见表 2-107。

表 2-107　　　　　　　　　试验地土壤理化特性与肥力测定结果

| 项　　目 | 土　层　深　度 | | | 平均 |
|---|---|---|---|---|
| | 0～20cm | 20～40cm | 40～60cm | |
| 土壤质地 | 壤土 | 壤土 | 粉砂壤土 | — |
| 干容重/(g/cm³) | 1.47 | 1.37 | 1.28 | 1.34 |
| 田间持水量/% | 35.15 | 42.05 | 40.65 | 39.35 |
| pH 值 | 7.61 | 7.91 | 7.73 | 7.79 |
| 有机质/(g/kg) | 16.1 | 13.7 | 8.7 | 12.9 |
| 速效氮/(mg/kg) | 11.9 | 13.2 | 11.8 | 28.8 |
| 速效磷/(mg/kg) | 3.2 | 5.3 | 2.5 | 3.1 |
| 速效钾/(mg/kg) | 175.1 | 86.7 | 43.2 | 101.2 |

2. 作物耕作及施肥情况

试验区作物及耕作、施肥情况见表 2-108。

表 2-108　　　　　　　　　试验区作物及耕作、施肥情况

| 作物情况 | | 2012 年 | 2013 年 | 2014 年 |
|---|---|---|---|---|
| 作物品种 | | 屯河 3 号 | 屯河 3 号 | 屯河 3 号 |
| 耕作形式 | | 起垄覆膜＋移栽 | | |
| 株行距密度 | | 株距：40～50cm；行距：40cm；密度：2200～2400 株/亩 | | |
| 作物生育阶段观测 | 移栽 | 5 月 17 日 | 5 月 19 日 | 5 月 15 日 |
| | 苗期 | 5 月 13 日 | 5 月 10 日 | 5 月 15 日 |
| | 开花坐果 | 6 月 8 日 | 6 月 12 日 | 6 月 17 日 |

| 作物情况 | | 2012 年 | 2013 年 | 2014 年 |
|---|---|---|---|---|
| 作物生育<br>阶段观测 | 结果盛期 | 7 月 5 日 | 7 月 15 日 | 7 月 11 日 |
| | 结果后期 | 8 月 4 日 | 8 月 5 日 | 8 月 3 日 |
| | 收获 | 8 月 25 日 | 8 月 23 日 | 8 月 20 日 |
| | 全期 | 100 天 | 96 天 | 97 天 |
| 实际施肥情况 | | 移栽期基肥：氮肥 5kg/亩，重过磷酸钙 20kg/亩，硫酸钾 40kg/亩，生育期追肥 3<br>次，每次尿素 5～7.5kg/亩 | | |

**3. 气象情况**

试验区气象情况见表 2-109。

表 2-109 试验区主要气象要素

| 项 | 目 | 5 月 | 6 月 | 7 月 | 8 月 | 9 月 | 合计/平均 |
|---|---|---|---|---|---|---|---|
| 2012 年 | 降雨量/mm | 26.6 | 75.6 | 25.1 | 11.5 | 13.3 | 152.1 |
| | 有效降雨量/mm | 24.9 | 69.7 | 24.9 | 10 | 11.5 | 141 |
| 2013 年 | 降雨量/mm | 14.6 | 33.4 | 12.4 | 22.9 | 23.6 | 106.9 |
| | 有效降雨量/mm | 4.6 | 30 | 0 | 14.8 | 10.8 | 60.2 |
| 2014 年 | 降雨量/mm | 7.2 | 16.5 | 8.6 | 22.9 | 12.2 | 67.4 |
| | 有效降雨量/mm | 7.2 | 14 | 0 | 18 | 4 | 43.2 |

## 2.6.3 试验成果

**1. 各年实测的灌水时间、灌水量与作物产量**

各年实测的灌水时间、灌水量与作物产量见表 2-110～表 2-112。

表 2-110 2012 年实测灌水时间、灌水量与作物产量统计

| 处理方式 | | 灌水量/(m³/亩) | | | 合计<br>/(m³/亩) | 产量<br>/(kg/亩) |
|---|---|---|---|---|---|---|
| | | 第 1 次<br>（5 月 17 日） | 第 2 次<br>（6 月 10 日） | 第 3 次<br>（6 月 30 日） | | |
| 覆膜 | Ⅰ | 60 | 35 | | 95 | 8006 |
| | Ⅱ | 60 | 35 | 20 | 115 | 8291 |
| | Ⅲ | 60 | 30 | 30 | 120 | 8160 |
| 不覆膜 | Ⅳ | 60 | 35 | | 95 | 5369 |
| | Ⅴ | 60 | 35 | 20 | 115 | 5522 |
| | Ⅵ | 60 | 30 | 30 | 120 | 6312 |
| | Ⅶ | 60 | 70 | | 130 | 8097 |

表 2-111　　　　　　　2013 年实测灌水时间、灌水量与作物产量统计

| 处理方式 | | 灌水量/(m³/亩) | | | | 合计/(m³/亩) | 产量/(kg/亩) |
| --- | --- | --- | --- | --- | --- | --- | --- |
| | | 第 1 次（5 月 19 日） | 第 2 次（6 月 12 日） | 第 3 次（7 月 4 日） | 第 4 次（7 月 20 日） | | |
| 覆膜 | Ⅰ | 50 | 35 | 35 | | 120 | 6712 |
| | Ⅱ | 50 | 35 | 30 | 25 | 140 | 7282 |
| | Ⅲ | 50 | 30 | 35 | 45 | 160 | 7615 |
| 不覆膜 | Ⅳ | 60 | 35 | | | 120 | 4740 |
| | Ⅴ | 60 | 35 | 30 | 25 | 140 | 5441 |
| | Ⅵ | 60 | 30 | 35 | 45 | 160 | 5702 |
| | Ⅶ | 60 | 35 | 40 | 55 | 180 | 6819 |

表 2-112　　　　　　　2014 年实测灌水时间、灌水量与作物产量统计

| 处理方式 | 灌水量/(m³/亩) | | | | 合计/(m³/亩) | 产量/(kg/亩) |
| --- | --- | --- | --- | --- | --- | --- |
| | 第 1 次（5 月 15 日） | 第 2 次（6 月 8 日） | 第 3 次（7 月 6 日） | 第 4 次（7 月 25 日） | | |
| 覆膜 | 50 | 25 | 30 | 30 | 135 | 7230 |

**2. 作物耗水量与水分生产率**

2012—2014 年作物耗水量与水分生产率分析计算见表 2-113～表 2-115。

表 2-113　　　　　　　2012 年作物耗水量与水分生产率分析计算

| 处理方式 | | 灌水量/(m³/亩) | 有效降雨量/mm | 耗水量/(m³/亩) | 平均耗水强度/(mm/d) | 产量/(kg/亩) | 作物水分生产率/(kg/m³) |
| --- | --- | --- | --- | --- | --- | --- | --- |
| 覆膜 | Ⅰ | 95 | 141 | 581.11 | 6.12 | 8006 | 20.66 |
| | Ⅱ | 115 | 141 | 599.85 | 6.31 | 8291 | 20.73 |
| | Ⅲ | 120 | 141 | 605.68 | 6.38 | 8160 | 20.21 |
| 不覆膜 | Ⅳ | 95 | 141 | 613.43 | 6.46 | 5369 | 13.13 |
| | Ⅴ | 115 | 141 | 626.80 | 6.60 | 5522 | 13.22 |
| | Ⅵ | 120 | 141 | 646.53 | 6.81 | 6312 | 14.64 |
| | Ⅶ | 130 | 141 | 714.84 | 7.52 | 8097 | 16.99 |

表 2-114　　　　　　　2013 年作物耗水量与水分生产率分析计算

| 处理方式 | | 灌水量/(m³/亩) | 有效降雨量/mm | 耗水量/(m³/亩) | 平均耗水强度/(mm/d) | 产量/(kg/亩) | 作物水分生产率/(kg/m³) |
| --- | --- | --- | --- | --- | --- | --- | --- |
| 覆膜 | Ⅰ | 120 | 60.2 | 426.44 | 4.21 | 6712 | 23.61 |
| | Ⅱ | 140 | 60.2 | 437.82 | 4.45 | 7282 | 24.59 |
| | Ⅲ | 160 | 60.2 | 447.42 | 4.69 | 7615 | 25.53 |

续表

| 处理方式 | | 灌水量/(m³/亩) | 有效降雨量/mm | 耗水量/(m³/亩) | 平均耗水强度/(mm/d) | 产量/(kg/亩) | 作物水分生产率/(kg/m³) |
|---|---|---|---|---|---|---|---|
| 不覆膜 | Ⅳ | 120 | 60.2 | 480.85 | 4.90 | 4740 | 14.79 |
| | Ⅴ | 140 | 60.2 | 501.32 | 5.13 | 5441 | 16.28 |
| | Ⅵ | 160 | 60.2 | 528.04 | 5.42 | 5702 | 16.2 |
| | Ⅶ | 180 | 60.2 | 550.78 | 5.68 | 6819 | 18.57 |

表 2-115　　　　　　　　　　2014 年作物耗水量与水分生产率分析计算

| 处理方式 | 灌水量/(m³/亩) | 有效降雨量/mm | 耗水量/(m³/亩) | 平均耗水强度/(mm/d) | 产量/(kg/亩) | 作物水分生产率/(kg/m³) |
|---|---|---|---|---|---|---|
| 覆膜 | 135 | 43.2 | 433.8 | 5.02 | 7230 | 25 |

3. 加工番茄不同生育期需水规律

加工番茄覆膜与不覆膜沟灌需水量过程线如图 2-48 所示。

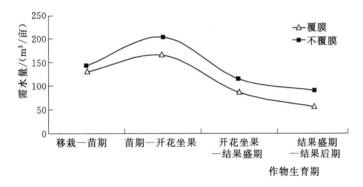

图 2-48　加工番茄覆膜与不覆膜沟灌需水量过程线

加工番茄不同生育期需水量与耗水强度见表 2-116。

表 2-116　　　　　　　　加工番茄不同生育期需水量与耗水强度

| 处理方式 | 需水量与耗水强度 | 加工番茄不同生育期 | | | | 合计/平均 |
|---|---|---|---|---|---|---|
| | | 移栽—苗期（5月19日至6月20日） | 苗期—开花坐果期（6月21日至7月14日） | 开花坐果期—结果盛期（7月15日至8月4日） | 结果盛期—结果后期（8月5—25日） | |
| 覆膜 | 需水量/(m³/亩) | 129.32 | 165.48 | 86.45 | 55.98 | 437.23 |
| | 耗水强度/(mm/d) | 4.17 | 7.19 | 3.76 | 2.67 | 4.45 |
| 不覆膜 | 需水量/(m³/亩) | 142.90 | 203.28 | 114.70 | 89.90 | 550.78 |
| | 耗水强度/(mm/d) | 4.58 | 8.60 | 4.65 | 3.80 | 5.41 |

4. 加工番茄不同灌溉制度试验测产成果

加工番茄不同灌溉制度试验测产成果见表 2 - 117～表 2 - 119。

表 2 - 117　　　　　　　　2012 年加工番茄不同灌溉制度下试验测产成果

| 处理方式 | | 灌溉定额 /(m³/亩) | 果数 /(个/m²) | 果重 /(千克/m²) | 坏果数 /(个/m²) | 单果重 /g | 产量 /(kg/亩) | 增产量 /(kg/亩) | 增产效果 /% |
|---|---|---|---|---|---|---|---|---|---|
| 覆膜 | Ⅰ | 95 | 23.2 | 15.21 | 19.2 | 64.12 | 8006 | −90.32 | −1.12 |
| | Ⅱ | 115 | 26.2 | 14.07 | 20.1 | 61.91 | 8291 | 194.44 | 2.4 |
| | Ⅲ | 120 | 22.9 | 12.94 | 17.9 | 61.88 | 8160 | 63.33 | 0.78 |
| 不覆膜 | Ⅳ | 95 | 16.7 | 10.19 | 13.4 | 60.79 | 5368 | −2728 | −33.69 |
| | Ⅴ | 115 | 19.1 | 14.03 | 16.6 | 56.34 | 5522 | −2574.45 | −31.8 |
| | Ⅵ | 120 | 17.9 | 13 | 15.5 | 58.79 | 6311 | −1784.82 | −22.04 |
| | CK | 130 | 22.4 | 13.66 | 18 | 54.3 | 8096 | 0 | 0 |

表 2 - 118　　　　　　　　2013 年加工番茄不同灌溉制度下试验测产成果

| 处理方式 | | 灌溉定额 | 果重 /(kg/株) | 100g 以上 单果重百分 比/% | 80～100g 单果重百分 比/% | 50～80g 单果重百分 比/% | 产量 /(kg/亩) | 增产量 /(kg/亩) | 增产效果 /% |
|---|---|---|---|---|---|---|---|---|---|
| 覆膜 | Ⅰ | 120 | 2.83 | 6.8 | 7.8 | 44.7 | 6712 | −107 | −1.57 |
| | Ⅱ | 140 | 3.07 | 5.5 | 20.9 | 41.8 | 7282 | 463 | 6.79 |
| | Ⅲ | 160 | 3.21 | 7.5 | 16.7 | 45 | 7615 | 796 | 11.67 |
| 不覆膜 | Ⅳ | 120 | 2 | 0.8 | 11 | 35.6 | 4740 | −2079 | −30.49 |
| | Ⅴ | 140 | 2.29 | 1.1 | 6.6 | 35.2 | 5441 | −1378 | −20.21 |
| | Ⅵ | 160 | 2.4 | 3.1 | 6.3 | 37.5 | 5702 | −1117 | −16.38 |
| | CK | 180 | 2.87 | 4 | 17 | 42 | 6819 | 0 | 0 |

表 2 - 119　　　　　　　　2014 年加工番茄不同灌溉制度下试验测产成果

| 种植形式 | 灌溉定额 /(m³/亩) | 果重 /(kg/株) | 100g 以上 单果重百分 比/% | 80～100g 单果重百分 比/% | 50～80g 单果重百分 比/% | 产量 /(kg/亩) |
|---|---|---|---|---|---|---|
| 覆膜 | 135 | 2.93 | 3 | 17.89 | 57.8 | 7230 |

5. 覆膜与不覆膜产量与水分生产率对比分析

加工番茄覆膜与不覆膜处理对比分析见表 2 - 120。

表 2 - 120　　　　　　　　加工番茄覆膜与不覆膜处理对比分析

| 处理方式 | 作物需水量 /(m³/亩) | 平均耗水强度 /(mm/d) | 平均产量 /(kg/亩) | 增产量 /(kg/亩) | 水分生产率 /(kg/m³) | 水分生产率提高 /(kg/m³) |
|---|---|---|---|---|---|---|
| 覆膜 | 437.23 | 4.45 | 7203 | 1527 | 24.58 | 8.12 |
| 不覆膜 | 515.25 | 5.28 | 5676 | | 16.46 | |

2012 年和 2013 年加工番茄覆膜沟灌不同处理的产量与增产量如图 2 - 49 和图 2 - 50 所示。

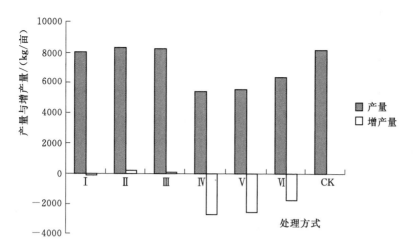

图 2-49 2012 年加工番茄的产量与增产量

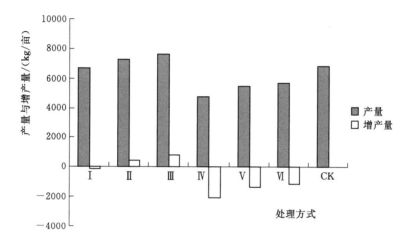

图 2-50 2013 年加工番茄的产量与增产量

2012 年和 2013 年加工番茄覆膜沟灌不同处理方式的水分生产率如图 2-51 和图 2-52 所示。

6. 土壤含水率控制下限与适宜灌水定额分析

试验推荐的土壤含水率控制下限与灌水定额见表 2-121。

表 2-121　　　　　　　试验推荐的土壤含水率控制下限与灌水定额

| 生育阶段 | 移栽—苗期 | 苗期—开花坐果期 | 开花坐果期—结果盛期 | 结果盛期—结果后期 |
| --- | --- | --- | --- | --- |
| 日 期 | 5月19日至6月20日 | 6月21日至7月14日 | 7月15日至8月4日 | 8月5—25日 |
| 主要根系层深度/cm | 10 | 30 | 40 | 40 |
| 含水率下限值/% | 65～70 | 65～70 | 65～70 | 60～65 |
| 适宜灌水定额/(m³/亩) | 30～35 | 30～35 | 25～30 | 20～25 |

注　土壤含水率下限值是指土壤含水量占田间持水量的百分数,%。

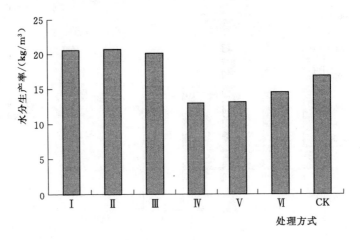

图 2-51　2012 年加工番茄各处理方式的水分生产率

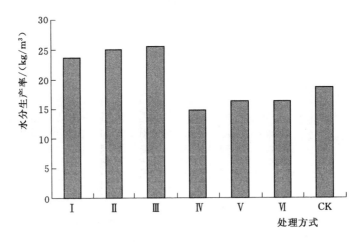

图 2-52　2013 年加工番茄各处理方式的水分生产率

**7. 推荐的灌溉制度**

试验年份推荐的灌溉制度见表 2-122。

表 2-122　　　　　　　　　　　试验年份推荐的灌溉制度

| 年份 | 水文年型 | 处理方式 | 灌水次数 | 灌　水　时　间 | 灌水定额 /(m³/亩) | 灌溉定额 /(m³/亩) |
|---|---|---|---|---|---|---|
| 2012 | 丰水年 | 覆膜 | 3 | 5 月中旬、6 月上中旬、7 月上中旬 | 20~30 | 75~95 |
| 2013 | 平水年 | 覆膜 | 4 | 5 月中旬、6 月上中旬、7 月上中旬、8 月上旬 | 30~35 | 125~145 |
| 2014 | 枯水年 | 覆膜 | 5 | 5 月中旬、6 月上中旬、7 月上中旬、8 月上旬、8 月中旬 | 30~35 | 160~180 |

**8. 不同水文年推荐的灌溉制度**

不同水文年推荐的灌溉制度见表 2-123。

表 2 - 123　　　　　　　　　　番茄覆膜沟灌推荐的不同水文年灌溉制度

| 处理方式 | 丰水年（频率 $P=25\%$） | | | |
|---|---|---|---|---|
| | 灌水次数 | 灌水时间 | 灌水定额/（m³/亩） | 灌溉定额/（m³/亩） |
| | 1 | 移栽（5 月中旬） | 50 | |
| | 2 | 苗期（6 月上中旬） | 25 | 75～95 |
| | 3 | 开花坐果期（7 月上中旬） | 0～20 | |
| | 平水年（频率 $P=50\%$） | | | |
| | 灌水次数 | 灌水时间 | 灌水定额/（m³/亩） | 灌溉定额/（m³/亩） |
| | 1 | 移栽（5 月中旬） | 50 | |
| | 2 | 苗期（6 月上中旬） | 25 | |
| | 3 | 开花坐果期（7 月上中旬） | 30～35 | 125～145 |
| | 4 | 结果盛期（8 月上旬） | 20～30 | |
| 覆膜 | 枯水年（频率 $P=85\%$） | | | |
| | 灌水次数 | 灌水时间 | 灌水定额/（m³/亩） | 灌溉定额/（m³/亩） |
| | 1 | 移栽（5 月中旬） | 50 | |
| | 2 | 苗期（6 月上中旬） | 35 | |
| | 3 | 开花坐果期（7 月上中旬） | 45 | 160～180 |
| | 4 | 结果盛期（8 月上旬） | 30 | |
| | 5 | 结果后期（8 月中旬） | 0～20 | |

# 2.7　青贮玉米中心支轴式喷灌优化灌溉制度试验研究

## 2.7.1　试验设计

本试验点位于锡林郭勒盟锡林浩特市市区东北部。建设示范区和监测区共 3 处，其中试验示范区 1 处，青贮玉米大型喷灌监测区 1 处，单户牧民优质饲草料种植监测区 1 处。3 处分别为锡林浩特市沃原奶牛场、白音锡勒牧场联户高产饲草料地、宝力根苏木罕尼乌拉嘎查高产饲草料地。

本试验点位于锡林浩特市沃原奶牛场 18000 亩人工饲草料生产基地范围内，其中主试验示范区规模为 248 亩。试验区内布置有 Monitor 全自动气象自记系统、MDS 水位自动测量仪、AZ - DT 土壤水分仪、雨量筒及其他常规观测设备等。

2012—2015 年锡林浩特市示范推广重点包括：将青贮玉米中心支轴式喷灌耗水规律和灌溉制度优化成果在示范区推广 15000 亩，其中在沃原奶牛场示范区推广 10000 亩，在宝力根苏木示范区推广 1000 亩，白音锡勒牧场示范区推广 4000 亩，并对示范区的灌水、施肥、产量和效益等进行观测。

试验区位置在沃原奶牛场示范区内。选择青贮玉米为主要研究对象，其生育阶段划分为苗期、拔节期、抽雄期、吐丝期、成熟期。

采用田间对比试验法设计，青贮玉米灌溉试验设 4 个处理，即 4 个灌水水平；根据研究区作物、土壤等特性，结合喷灌机的性能参数，设计 4 个处理的灌水定额分别为 $10m^3/$ 亩、$20m^3/$ 亩、$30m^3/$ 亩和 $40m^3/$ 亩，每个处理的灌水日期和灌水次数相同；灌水日期根据灌水定额为 $30m^3/$ 亩试验处理的适宜含水率下限计算确定；每个处理 3 次重复，共计 12 个试验小区。

试验小区布置：将 1 个 248 亩的中心支轴式喷灌左半圈平均划分为 4 个大区，即 4 个灌水处理，在每个大区中设计 3 次重复的试验观测小区。小区长度设计为 25.0m，宽度为 20.0m，面积为 $500m^2$。中心支轴式喷灌机参数为：控制面积 248 亩，4 跨加悬臂，整机长度 225m，入口压力 30m，系统设计流量 $80m^3/h$。

试验观测内容包括气象资料、作物生长状况、土壤指标、灌水情况和田间管理等。

## 2.7.2　试验区基础资料

1. 土壤情况

试验区内土壤类型为沙壤栗钙土，成土母质为风沙、沙砾和壤土，保水性能差，土壤耕作层为 40cm，部分地区耕作层以下是白沙土或白干土，此类型土壤占锡林浩特市可利用草场的 74.72%，是锡林浩特市的主体土壤，具有代表性。各项指标见表 2-124。

表 2-124　　　　　　　项目区耕作层土壤各项指标（0～60cm）

| 测定项目 | 全氮/% | 碱解氮/ppm | 速效磷/ppm | 有机质/(g/kg) | pH 值 |
|---|---|---|---|---|---|
| 测定值 | 0.143 | 8.5 | 1.4 | 1～4 | 7.5～8.5 |

2. 气象情况

锡林浩特市属于温带半干旱大陆性气候，春秋大风天数为 70 天左右，冬季严寒，干燥少雨，全年降水量在 300～360mm；蒸发强烈，蒸发量在 1750～2100mm；全年平均气温 0～1℃，全年不小于 5℃ 的积温为 2100℃，不小于 10℃ 的积温为 1750℃；无霜期 90～115 天，日照时数 2750h。

## 2.7.3　试验成果

1. 各年实测的灌水时间、灌水量与作物产量

通过试验观测，2013 年、2014 年和 2015 年统计的各处理实际灌水量和作物产量见表 2-125。

表 2-125　　　2013 年、2014 年和 2015 年不同试验处理青贮玉米实际灌溉制度和作物产量

| 年份 | 生育期 | 起止时间 | 灌水定额/(m³/亩)，次数 | | | |
|---|---|---|---|---|---|---|
| | | | 处理 1 | 处理 2 | 处理 3 | 处理 4 |
| 2013 | 苗期 | 5 月 23 日至 6 月 15 日 | 10 | 20 | 30 | 40 |
| | 拔节期 | 6 月 16 日至 7 月 20 日 | 10 | 20 | 30 | 40 |
| | 抽雄、吐丝期 | 7 月 21 日至 8 月 17 日 | 10，2 | 20，2 | 30，2 | 40，2 |
| | 成熟期 | 8 月 18—31 日 | 0 | 0 | 0 | 0 |
| | 合　　计 | | 40 | 80 | 120 | 160 |

续表

| 年份 | 生育期 | 起止时间 | 灌水定额/(m³/亩)，次数 | | | |
|---|---|---|---|---|---|---|
| | | | 处理1 | 处理2 | 处理3 | 处理4 |
| 2013 | 灌水次数 | | 4 | 4 | 4 | 4 |
| | 产量/(kg/亩) | | 1548 | 3079 | 3781 | 3690 |
| 2014 | 苗期 | 5月23日至6月15日 | 10 | 20 | 30 | 40 |
| | 拔节期 | 6月16日至7月20日 | 10，2 | 20，2 | 30，2 | 40，2 |
| | 抽雄、吐丝期 | 7月21日至8月17日 | 10，2 | 20，2 | 30，2 | 40，2 |
| | 成熟期 | 8月18—31日 | 0 | 0 | 0 | 0 |
| | 合　计 | | 50 | 100 | 150 | 200 |
| | 灌水次数 | | 5 | 5 | 5 | 5 |
| | 产量/(kg/亩) | | 1982 | 3525.6 | 3718.4 | 3709.7 |
| 2015 | 苗期 | 5月23日至6月15日 | 10 | 20 | 30 | 40 |
| | 拔节期 | 6月16日至7月20日 | 10，2 | 20，2 | 30，2 | 40，2 |
| | 抽雄、吐丝期 | 7月21日至8月17日 | 10，2 | 20，2 | 30，2 | 40，2 |
| | 成熟期 | 8月18—31日 | 0 | 0 | 0 | 0 |
| | 合　计 | | 50 | 100 | 150 | 200 |
| | 灌水次数 | | 5 | 5 | 5 | 5 |
| | 产量/(kg/亩) | | 2125 | 3594.8 | 3752.5 | 3710 |

**2. 青贮玉米耗水量与水分生产率**

2013—2015 年青贮玉米耗水量与水分生产率见表 2-126～表 2-128。

表 2-126　　　　　　　　2013 年作物耗水量与水分生产率分析

| 处理方式 | 有效降水量/mm | 灌水量/mm | 土壤贮水变化量/mm | 耗水量/mm | 产量/(kg/亩) | 水分生产率/(kg/m³) |
|---|---|---|---|---|---|---|
| 处理1 | 175.18 | 60.0 | −57.66 | 292.8 | 1548 | 7.93 |
| 处理2 | 175.18 | 120.0 | −79.26 | 374.4 | 3079 | 12.33 |
| 处理3 | 175.18 | 180.0 | −81.18 | 436.4 | 3781 | 13.00 |
| 处理4 | 175.18 | 240.0 | −77.46 | 492.6 | 3690 | 11.24 |

表 2-127　　　　　　　　2014 年作物耗水量与水分生产率分析

| 处理方式 | 有效降水量/mm | 灌水量/mm | 土壤贮水变化量/mm | 耗水量/mm | 产量/(kg/亩) | 水分生产率/(kg/m³) |
|---|---|---|---|---|---|---|
| 处理1 | 128.81 | 75.0 | −40.26 | 244.1 | 1982 | 12.18 |
| 处理2 | 128.81 | 150.0 | −64.74 | 343.6 | 3525.6 | 15.39 |
| 处理3 | 128.81 | 225.0 | −29.28 | 383.1 | 3718.4 | 14.56 |
| 处理4 | 128.81 | 300.0 | −49.74 | 478.6 | 3709.7 | 11.63 |

表 2-128                    2015 年作物耗水量与水分生产率分析

| 处理方式 | 有效降水量 /mm | 灌水量 /mm | 土壤贮水变化量 /mm | 耗水量 /mm | 产量 /(kg/亩) | 水分生产率 /(kg/m³) |
|---|---|---|---|---|---|---|
| 处理 1 | 129.81 | 75 | −133.93 | 338.7 | 2125 | 9.41 |
| 处理 2 | 129.81 | 150 | −119.09 | 398.9 | 3594.8 | 13.52 |
| 处理 3 | 129.81 | 225 | −81.42 | 436.2 | 3752.5 | 12.90 |
| 处理 4 | 129.81 | 300 | −82.4 | 512.2 | 3710 | 10.86 |

2013—2015 年计算出来的水分生产率如图 2-53～图 2-56 所示。

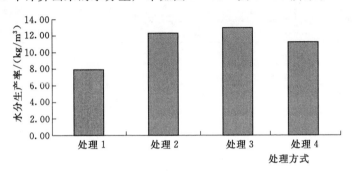

图 2-53    2013 年不同处理方式的水分生产率

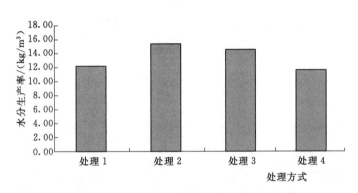

图 2-54    2014 年不同处理方式的水分生产率

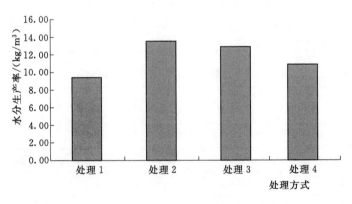

图 2-55    2015 年不同处理方式的水分生产率

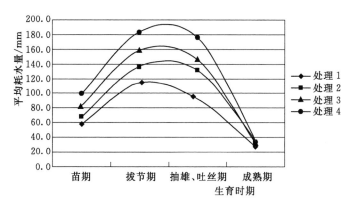

图 2-56　不同处理青贮玉米生育期耗水量过程线

3. 青贮玉米不同生育期需水规律

青贮玉米不同生育期耗水强度见表 2-129～表 2-132。

表 2-129　　　　　　　2013 年青贮玉米不同生育期耗水强度　　　　　单位：mm/d

| 生育期 | 起止时间 | 耗　水　强　度 | | | |
|---|---|---|---|---|---|
| | | 处理 1 | 处理 2 | 处理 3 | 处理 4 |
| 苗期 | 5 月 23 日至 6 月 15 日 | 2.99 | 3.24 | 4.46 | 5.07 |
| 拔节期 | 6 月 16 日至 7 月 20 日 | 2.94 | 3.50 | 4.14 | 4.41 |
| 抽雄、吐丝期 | 7 月 21 日至 8 月 17 日 | 3.99 | 5.68 | 6.44 | 7.65 |
| 成熟期 | 8 月 18—31 日 | 0.48 | 1.09 | 0.28 | 0.18 |
| 平均 | | 2.60 | 3.38 | 3.83 | 4.33 |

表 2-130　　　　　　　2014 年青贮玉米不同生育期耗水强度　　　　　单位：mm/d

| 生育期 | 起止时间 | 耗　水　强　度 | | | |
|---|---|---|---|---|---|
| | | 处理 1 | 处理 2 | 处理 3 | 处理 4 |
| 苗期 | 5 月 23 日至 6 月 15 日 | 1.72 | 2.26 | 2.69 | 3.41 |
| 拔节期 | 6 月 16 日至 7 月 20 日 | 4.08 | 5.06 | 5.70 | 6.82 |
| 抽雄、吐丝期 | 7 月 21 日至 8 月 17 日 | 1.80 | 3.51 | 3.92 | 5.20 |
| 成熟期 | 8 月 18—31 日 | 0.69 | 0.99 | 0.66 | 0.88 |
| 平均 | | 2.07 | 2.96 | 3.24 | 4.08 |

表 2-131　　　　　　　2015 年青贮玉米不同生育期耗水强度　　　　　单位：mm/d

| 生育期 | 起止时间 | 耗　水　强　度 | | | |
|---|---|---|---|---|---|
| | | 处理 1 | 处理 2 | 处理 3 | 处理 4 |
| 苗期 | 5 月 23 日至 6 月 15 日 | 2.47 | 2.9 | 3.15 | 3.79 |
| 拔节期 | 6 月 16 日至 7 月 20 日 | 2.82 | 3.14 | 3.74 | 4.51 |
| 抽雄、吐丝期 | 7 月 21 日至 8 月 17 日 | 4.13 | 4.95 | 5.29 | 6.02 |
| 成熟期 | 8 月 18—31 日 | 4.65 | 5.76 | 5.83 | 6.78 |
| 平均 | | 3.52 | 4.19 | 4.5 | 5.28 |

表 2 - 132　　　　　　　　2013—2015 年青贮玉米不同生育期平均耗水强度　　　　　　单位：mm/d

| 生育期 | 起止时间 | 耗 水 强 度 | | | |
|---|---|---|---|---|---|
| | | 处理 1 | 处理 2 | 处理 3 | 处理 4 |
| 苗期 | 5 月 23 日至 6 月 15 日 | 2.39 | 2.80 | 3.43 | 4.09 |
| 拔节期 | 6 月 16 日至 7 月 20 日 | 3.28 | 3.90 | 4.53 | 5.25 |
| 抽雄、吐丝期 | 7 月 21 日至 8 月 17 日 | 3.31 | 4.71 | 5.22 | 6.29 |
| 成熟期 | 8 月 18—31 日 | 1.94 | 2.61 | 2.26 | 2.62 |
| 平均 | | 2.73 | 3.51 | 3.86 | 4.56 |

4. 不同灌水条件下青贮玉米试验测产成果

不同灌水条件下青贮玉米试验测产成果见表 2 - 133。

表 2 - 133　　　　　　　　青贮玉米不同灌溉条件下试验测产成果

| 试验处理 | 各处理灌水量 /(m³/亩) | 生育期灌水量 /(m³/亩) | 平均产量 /(kg/亩) | 增产量 /(kg/亩) |
|---|---|---|---|---|
| 处理 1（对照） | 10 | 40 | 1991.8 | — |
| 处理 2 | 20 | 120 | 3578.2 | 1586.4 |
| 处理 3 | 30 | 180 | 4164.1 | 2172.2 |
| 处理 4 | 40 | 240 | 3870.5 | 1878.6 |

2012—2015 年青贮玉米不同处理方式的产量与增产量如图 2-57～图 2-60 所示。

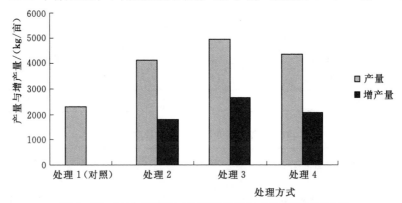

图 2-57　2012 年青贮玉米不同处理方式的产量与增产量

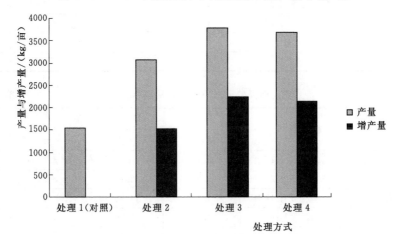

图 2-58　2013 年青贮玉米不同处理方式的产量与增产量

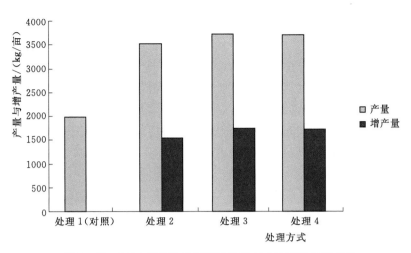

图 2-59 2014 年青贮玉米不同处理方式的产量与增产量

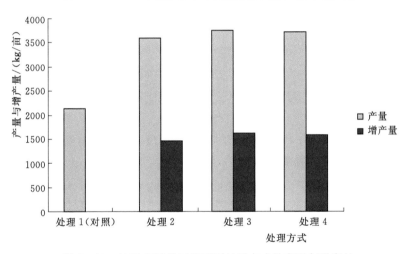

图 2-60 2015 年青贮玉米不同处理方式的产量与增产量

5. 青贮玉米适宜的灌水定额

根据锡林浩特市试验区的土壤类型和青贮玉米的生长特性，刚播种后至苗期灌水定额选 20m³/亩，其他时期灌水定额选 30m³/亩。青贮玉米适宜的灌水定额见表 2-134。

表 2-134                青贮玉米适宜灌水定额

| 生育阶段 | 苗期 | 拔节期 | 抽雄、吐丝期 | 成熟期 |
|---|---|---|---|---|
| 日期 | 5月23日至6月15日 | 6月16日至7月20日 | 7月21日至8月17日 | 8月18—31日 |
| 主要根系层深度/cm | 20 | 40 | 60 | 60 |
| 含水率下限值/% | 60 | 65 | 65 | 65 |
| 适宜灌水定额/(m³/亩) | 20 | 30 | 30 | 30 |

6. 青贮玉米土壤含水量下限控制指标

根据试验区的土壤类型和气候条件，玉米种植宜在 5 月下旬播种。宜采用"适宜土壤含水量法"判定玉米是否需要灌水。当耕层土壤含水率低于适宜土壤含水率时，应及时滴灌。玉米不同生育阶段耕层适宜湿润深度和适宜土壤含水率下限值不同，根据玉米播种期—出苗期、出苗期—拔节期、拔节期—抽穗期、抽穗期—灌浆期及收获期五个生育阶段的生理需水的敏感性，以玉米根系统活动层土壤含水率下限控制灌水。由于第一阶段需水量较小，第五阶段对水分不敏感，因此试验设计时，前后两个阶段的土壤含水率控制下限较低，其余阶段较高。

试验过程中，灌水次数以 30m³/亩处理的适宜耕层湿润深度内土壤含水率下限进行控制，播种—出苗的耕层适宜湿润深度和适宜土壤含水率下限值控制为 0～20cm 和田间持水率的 65% 左右；拔节期之后，控制为 0～40cm 和田间持水率的 65%～70% 时，灌水量达到灌水定额时停止灌水。青贮玉米土壤含水量上限控制指标见表 2 - 135。

表 2 - 135　　青贮玉米不同生育阶段耕层适宜湿润深度和土壤含水率设计下限值

| 生育阶段 | 适宜土壤湿润深度 /cm | 适宜土壤含水率下限 （占田间持水率的质量百分值计）/% |
|---|---|---|
| 苗期 | 0～20 | 60 |
| 拔节期 | 0～40 | 65 |
| 抽雄、吐丝期 | 0～60 | 65 |
| 成熟期 | 0～60 | 65 |

7. 不同水文年推荐的灌溉制度

根据两年的试验资料和锡林郭勒盟的历史灌溉资料，并结合当地的自然条件，最终给出了最优化的青贮玉米灌溉制度，见表 2 - 136。

表 2 - 136　　　　　　　　　　青贮玉米推荐的灌溉制度

| 一般年份（平水年） | | | | 湿润年份（丰水年） | | | | 干旱年份（枯水年） | | | |
|---|---|---|---|---|---|---|---|---|---|---|---|
| 灌水次数 | 灌水时间 | 灌水定额 /(m³/亩) | 灌溉定额 /(m³/亩) | 灌水次数 | 灌水时间 | 灌水定额 /(m³/亩) | 灌溉定额 /(m³/亩) | 灌水次数 | 灌水时间 | 灌水定额 /(m³/亩) | 灌溉定额 /(m³/亩) |
| 1 | 播种期 （5月下旬至 6月初） | 20 | 100～120 | 1 | 播种期 5月下旬至 6月初 | 13 | 73～83 | 1 | 播种期 5月下旬至 6月初 | 20 | 120～140 |
| 1 | 拔节期前 （6月中旬至 7月初） | 20 | | 1 | 拔节期前 6月中旬至 7月初 | 20 | | 2 | 拔节期前 6月中旬至 7月初 | 20 | |
| 2 | 拔节后期、 吐丝期、 抽穗前后 （7月中旬至 8月初） | 20～30 | | 1 | 拔节后期、 吐丝期、 抽穗前后 7月下旬至 8月初 | 20～30 | | 2 | 拔节后期、 吐丝期、 抽穗前后 7月下旬至 8月初 | 20～30 | |
| 1 | 抽雄扬花期 （8月上旬至 8月下旬） | 20 | | 1 | 抽雄扬花期 8月上旬至 8月下旬 | 20 | | 1 | 抽雄扬花期 8月上旬至 8月下旬 | 20 | |

# 2.8 紫花苜蓿中心支轴式喷灌优化灌溉制度试验研究

## 2.8.1 试验设计

试验区位于昂素镇哈日根图嘎查示范区内。根据当地人工牧草种植情况，选择紫花苜蓿为主要研究对象，其生育阶段划分为苗（返青）期、分枝期、现蕾期、开花期。初花期刈割，紫花苜蓿在刈割后进入下一生长周期。

采用田间对比试验法设计，紫花苜蓿灌溉试验设4个处理，即4个灌水水平；根据研究区作物、土壤等特性，结合喷灌机的性能参数，设计4个处理的灌水定额分别为10m³/亩、20m³/亩、30m³/亩和40m³/亩，每个处理的灌水日期和灌水次数相同；灌水日期根据灌水定额为30m³/亩试验处理的适宜含水率下限计算确定；每次的灌水量采用水表计量，每个处理3次重复，共计12个试验小区。

试验小区布置：将1个142亩的大型喷灌左半圈平均划分为4个大区，即4个灌水处理，在每个大区中设计3次重复的试验观测小区。小区长度设计为25.0m，宽度为20.0m，面积为500m²。时针式喷灌机参数包括：控制面积142亩，2跨加悬臂，整机长度146m，入口压力20m，系统设计流量32m³/h。

试验观测内容包括气象资料、作物生长状况、土壤指标、灌水情况和田间管理等。

## 2.8.2 试验区基础资料

1. 土壤情况

通过进行土壤颗粒分析试验，确定了试验区土壤类型。对试验区的1.0m深土壤分别进行了颗粒分析试验，试验区的土壤类型基本相同，0~100cm土层为砂土，土壤状况见表2-137。利用环刀在试验区取原状土，进行了田间持水量室内测定，并与田间的测定结果进行了对比，确定试验区0~100cm土层的田间持水量为22.86%。

表2-137　　　　　　　　试验区土壤状况

| 层深度 /cm | 容重 /(g/L) | 比重 | 土壤颗粒分布/% | | | 土壤类型 |
| --- | --- | --- | --- | --- | --- | --- |
| | | | 0.05~2mm | 0.002~0.05mm | 0.002mm以下 | |
| 0~100 | 1.62 | 2.71 | 76.85 | 21.69 | 1.46 | 砂土 |

2. 地下水

采用HOBO地下水位自动测定仪（美国）测定试验区地下水水位变化，紫花苜蓿试验区地下水埋深为2.5~3.0m。

3. 气象情况

鄂托克前旗属于中温带温暖型干旱、半干旱大陆性气候，冬寒漫长，夏热短促，干旱少雨，风大沙多，蒸发强烈，日光充足。多年平均气温7.9℃，1月气温最低，为-9.6℃；7月气温最高，为22.7℃。日最高气温30.8℃，日最低气温-24.1℃。多年平均年降水量为 258.4mm，降水量年内分配很不均匀，年际变化较大。7—8 月降水量一般占年降水量的 30%～70%，6—9 月降水量一般占年降水量的 60%～90%。最大年降水量为 417.2mm，最小年降水量为 118.8mm，极值比 3.5。多年平均年蒸发量为 2497.9mm，最大年蒸发量为 2910.5mm，最小年蒸发量为 2162.3mm。4—9 月蒸发量一般占年蒸发量的 70%～80%，5—7 月蒸发量一般占年蒸发量的 40%～50%。常年盛行风向为南风，其次是西风和东风，多年平均风速 2.6m/s。平均沙暴日数 16.9 天，相对湿度平均49.8%；年平均日照时数 2500～3200h，平均为 2958h；无霜期平均 171 天，最大冻土层深度 1.54m。

## 2.8.3　试验成果

1. 各年实测的灌水时间、灌水量与作物产量

各年实测的灌水时间、灌水量与作物产量见表 2-138～表 2-140。2012—2014 年紫花苜蓿三茬不同试验处理对产量的影响及增产量如图 2-61～图 2-66 所示。

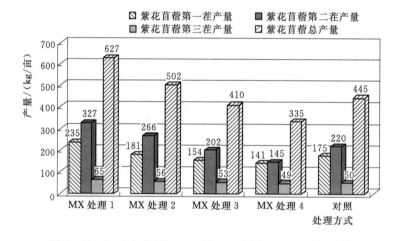

图 2-61　2012 年紫花苜蓿三茬不同试验处理对产量的影响

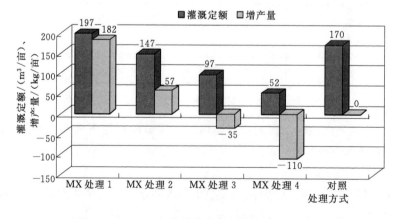

图 2-62　2012 年紫花苜蓿不同试验处理增产量

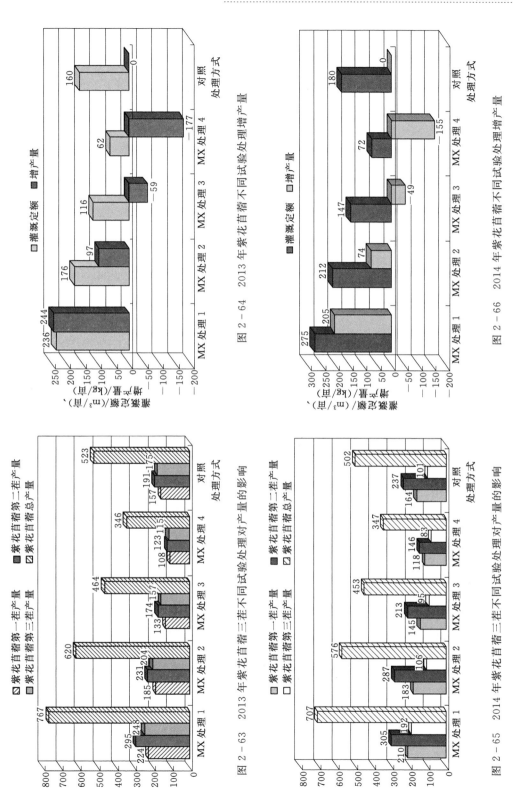

图 2－63　2013 年紫花苜蓿三茬不同试验处理对产量的影响

图 2－64　2013 年紫花苜蓿不同试验处理增产量

图 2－65　2014 年紫花苜蓿三茬不同试验处理对产量的影响

图 2－66　2014 年紫花苜蓿不同试验处理增产量

**表 2－138  2012 年不同试验处理紫花苜蓿实际灌溉制度和产量**

| 处理方式 | 第1次灌水 灌水日期 | 第1次灌水 灌水定额 /(m³/亩) | 第2次灌水 灌水日期 | 第2次灌水 灌水定额 /(m³/亩) | 第3次灌水 灌水日期 | 第3次灌水 灌水定额 /(m³/亩) | 第4次灌水 灌水日期 | 第4次灌水 灌水定额 /(m³/亩) | 第5次灌水 灌水日期 | 第5次灌水 灌水定额 /(m³/亩) | 总灌水次数 | 灌溉定额 /(m³/亩) | 产量 /(kg/亩) |
|---|---|---|---|---|---|---|---|---|---|---|---|---|---|
| MX 处理 1 | 2012－5－9 | 40.00 | 2012－7－6 | 39.29 | 2012－7－22 | 39.29 | 2012－8－15 | 39.29 | 2012－9－18 | 39.29 | 5 | 197.14 | 627 |
| MX 处理 2 | 2012－5－9 | 30.00 | 2012－7－6 | 29.23 | 2012－7－22 | 29.23 | 2012－8－15 | 29.23 | 2012－9－18 | 29.23 | 5 | 146.90 | 502 |
| MX 处理 3 | 2012－5－9 | 20.00 | 2012－7－6 | 19.17 | 2012－7－22 | 19.17 | 2012－8－15 | 19.17 | 2012－9－18 | 19.17 | 5 | 96.66 | 410 |
| MX 处理 4 | 2012－5－9 | 10.00 | 2012－7－6 | 10.42 | 2012－7－22 | 10.42 | 2012－8－15 | 10.42 | 2012－9－18 | 10.42 | 5 | 51.66 | 335 |
| 对照 | 2012－5－1 | 45.00 | 2012－7－14 | 45.00 | 2012－8－1 | 40.00 | 2012－9－20 | 40.00 | | | 4 | 170.00 | 445 |

**表 2－139  2013 年不同试验处理紫花苜蓿实际灌溉制度和产量**

| 处理方式 | 第1次灌水 灌水日期 | 第1次灌水 灌水定额 /(m³/亩) | 第2次灌水 灌水日期 | 第2次灌水 灌水定额 /(m³/亩) | 第3次灌水 灌水日期 | 第3次灌水 灌水定额 /(m³/亩) | 第4次灌水 灌水日期 | 第4次灌水 灌水定额 /(m³/亩) |
|---|---|---|---|---|---|---|---|---|
| MX 处理 1 | 2013－4－25 | 40.00 | 2013－5－10 | 39.29 | 2013－5－28 | 39.29 | 2013－6－22 | 39.29 |
| MX 处理 2 | 2013－4－25 | 30.00 | 2013－5－10 | 29.23 | 2013－5－28 | 29.23 | 2013－6－22 | 29.23 |
| MX 处理 3 | 2013－4－25 | 20.00 | 2013－5－10 | 19.17 | 2013－5－28 | 19.17 | 2013－6－22 | 19.17 |
| MX 处理 4 | 2013－4－25 | 10.00 | 2013－5－10 | 10.42 | 2013－5－28 | 10.42 | 2013－6－22 | 10.42 |
| 对照 | 2013－5－3 | 40.00 | 2013－6－12 | 40.00 | 2013－7－20 | 40.00 | 2013－8－11 | 40.00 |

续表

| 处理方式 | 第5次灌水 灌水日期 | 第5次灌水 灌水定额/(m³/亩) | 第6次灌水 灌水日期 | 第6次灌水 灌水定额/(m³/亩) | 总灌水次数 | 灌溉定额/(m³/亩) | 产量/(kg/亩) |
| --- | --- | --- | --- | --- | --- | --- | --- |
| MX处理1 | 2013-7-23 | 39.29 | 2013-8-15 | 39.29 | 6 | 236.43 | 767 |
| MX处理2 | 2013-7-23 | 29.23 | 2013-8-15 | 29.23 | 6 | 176.13 | 620 |
| MX处理3 | 2013-7-23 | 19.17 | 2013-8-15 | 19.17 | 6 | 115.83 | 464 |
| MX处理4 | 2013-7-23 | 10.42 | 2013-8-15 | 10.42 | 6 | 62.08 | 346 |
| 对照 | | 20.00 | | 40.00 | 4 | 160.00 | 523 |

**表 2-140 2014 年不同试验处理紫花苜蓿实际灌溉制度和产量**

| 处理方式 | 第1次灌水 灌水日期 | 第1次灌水 灌水定额/(m³/亩) | 第2次灌水 灌水日期 | 第2次灌水 灌水定额/(m³/亩) | 第3次灌水 灌水日期 | 第3次灌水 灌水定额/(m³/亩) | 第4次灌水 灌水日期 | 总灌水次数 | 灌溉定额/(m³/亩) | 产量/(kg/亩) |
| --- | --- | --- | --- | --- | --- | --- | --- | --- | --- | --- |
| MX处理1 | 2014-5-2 | 39.29 | 2014-5-18 | 39.29 | 2014-6-5 | 39.29 | 2014-6-24 | 7 | 275.00 | 707 |
| MX处理2 | 2014-5-2 | 29.23 | 2014-5-18 | 29.23 | 2014-6-5 | 29.23 | 2014-6-24 | 7 | 204.58 | 576 |
| MX处理3 | 2014-5-2 | 19.17 | 2014-5-18 | 19.17 | 2014-6-5 | 19.17 | 2014-6-24 | 7 | 134.16 | 453 |
| MX处理4 | 2014-5-2 | 10.42 | 2014-5-18 | 10.42 | 2014-6-5 | 10.42 | 2014-6-24 | 7 | 72.91 | 347 |
| 对照 | 2013-5-15 | 40.00 | 2013-6-16 | 40.00 | 2013-7-5 | 40.00 | 2013-7-18 | 5 | 180.00 | 502 |

| 处理方式 | 第5次灌水 灌水日期 | 第5次灌水 灌水定额/(m³/亩) | 第6次灌水 灌水日期 | 第6次灌水 灌水定额/(m³/亩) | 第7次灌水 灌水日期 | 第7次灌水 灌水定额/(m³/亩) |
| --- | --- | --- | --- | --- | --- | --- |
| MX处理1 | 2014-7-11 | 39.29 | 2014-8-14 | 39.29 | 2014-9-20 | 39.29 |
| MX处理2 | 2014-7-11 | 29.23 | 2014-8-14 | 29.23 | 2014-9-20 | 29.23 |
| MX处理3 | 2014-7-11 | 19.17 | 2014-8-14 | 19.17 | 2014-9-20 | 19.17 |
| MX处理4 | 2014-7-11 | 10.42 | 2014-8-14 | 10.42 | 2014-9-20 | 10.42 |
| 对照 | 2013-8-5 | 40.00 | | | | |

2. 紫花苜蓿耗水量与水分生产率

2012—2014 年紫花苜蓿耗水量、水分生产率如图 2-67～图 2-69 和表 2-141～表 2-143 所示。

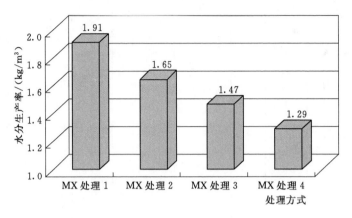

图 2-67 2012 年不同水分处理对苜蓿三茬总的
水分生产率的影响

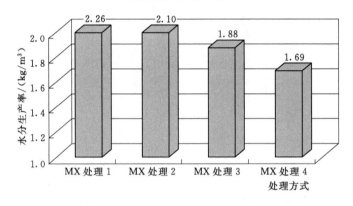

图 2-68 2013 年不同水分处理对苜蓿三茬总的
水分生产率的影响

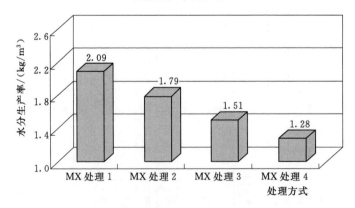

图 2-69 2014 年不同水分处理对苜蓿三茬总的
水分生产率的影响

表 2-141　　　　　　　　　　2012 年作物耗水量与水分生产率分析

| 处理方式 | 有效降水量<br>/mm | 灌水量<br>/mm | 土壤贮水<br>变化量<br>/mm | 下边界<br>水分通量<br>/mm | 耗水量<br>/mm | 产量<br>/(kg/亩) | 水分生产率<br>/(kg/m³) |
|---|---|---|---|---|---|---|---|
| MX 处理 1 | 320.62 | 295.71 | 26.86 | 97.58 | 491.90 | 627.35 | 1.91 |
| MX 处理 2 | 320.62 | 220.36 | 28.71 | 55.53 | 456.73 | 502.44 | 1.65 |
| MX 处理 3 | 320.62 | 145.00 | 54.89 | −6.63 | 417.36 | 409.62 | 1.47 |
| MX 处理 4 | 320.62 | 77.49 | 45.74 | −36.49 | 388.86 | 334.83 | 1.29 |

表 2-142　　　　　　　　　　2013 年作物耗水量与水分生产率分析

| 处理方式 | 有效降水量<br>/mm | 灌水量<br>/mm | 土壤贮水<br>变化量<br>/mm | 下边界<br>水分通量<br>/mm | 耗水量<br>/mm | 产量<br>/(kg/亩) | 水分生产率<br>/(kg/m³) |
|---|---|---|---|---|---|---|---|
| MX 处理 1 | 237.22 | 420.00 | 40.10 | 108.12 | 509.00 | 767 | 2.26 |
| MX 处理 2 | 237.22 | 315.00 | 43.08 | 65.38 | 443.76 | 620 | 2.10 |
| MX 处理 3 | 237.22 | 210.00 | 75.87 | 0.68 | 370.67 | 464 | 1.88 |
| MX 处理 4 | 237.22 | 105.00 | 41.86 | −6.95 | 307.31 | 346 | 1.69 |

表 2-143　　　　　　　　　　2014 年作物耗水量与水分生产率分析

| 处理方式 | 有效降水量<br>/mm | 灌水量<br>/mm | 土壤贮水<br>变化量<br>/mm | 下边界<br>水分通量<br>/mm | 耗水量<br>/mm | 产量<br>/(kg/亩) | 水分生产率<br>/(kg/m³) |
|---|---|---|---|---|---|---|---|
| MX 处理 1 | 172.78 | 412.50 | 35.74 | 49.63 | 499.91 | 707.00 | 2.12 |
| MX 处理 2 | 172.78 | 306.87 | 0.29 | 30.28 | 449.08 | 576.00 | 1.92 |
| MX 处理 3 | 172.78 | 201.25 | 4.29 | −48.32 | 418.05 | 453.00 | 1.63 |
| MX 处理 4 | 172.78 | 109.36 | −10.20 | −87.32 | 379.66 | 347.00 | 1.37 |

3. 紫花苜蓿不同生育期需水规律

紫花苜蓿不同生育期耗水强度见表 2-144～表 2-146。

表 2-144　　　　　　　紫花苜蓿第一茬不同生育期耗水强度　　　　　　　单位：mm/d

| 生育期 | 起止日期 | 耗　水　强　度 | | | |
|---|---|---|---|---|---|
| | | MX 处理 1 | MX 处理 2 | MX 处理 3 | MX 处理 4 |
| 返青期 | 4 月 14—29 日 | 1.77 | 1.47 | 1.28 | 1.07 |
| 拔节期 | 4 月 30 日至 5 月 12 日 | 2.22 | 2.05 | 1.87 | 1.19 |
| 分枝期 | 5 月 13 日至 6 月 2 日 | 2.76 | 2.41 | 2.20 | 1.66 |
| 开花期 | 6 月 3—18 日 | 2.43 | 2.15 | 1.15 | 1.09 |
| 平　　均 | | 2.30 | 2.02 | 1.63 | 1.25 |

表 2 – 145 紫花苜蓿第二茬不同生育期耗水强度 单位：mm/d

| 生育期 | 起止日期 | 耗 水 强 度 | | | |
|---|---|---|---|---|---|
| | | MX 处理 1 | MX 处理 2 | MX 处理 3 | MX 处理 4 |
| 返青期 | 6 月 19—28 日 | 2.99 | 2.67 | 2.07 | 1.48 |
| 拔节期 | 6 月 29 日至 7 月 7 日 | 3.69 | 2.56 | 2.20 | 2.18 |
| 分枝期 | 7 月 8—20 日 | 4.37 | 3.97 | 3.76 | 3.17 |
| 开花期 | 7 月 21—29 日 | 5.32 | 4.71 | 4.14 | 3.21 |
| 平 均 | | 4.09 | 3.48 | 3.04 | 2.51 |

表 2 – 146 紫花苜蓿第三茬不同生育期耗水强度 单位：mm/d

| 生育期 | 起止日期 | 耗 水 强 度 | | | |
|---|---|---|---|---|---|
| | | MX 处理 1 | MX 处理 2 | MX 处理 3 | MX 处理 4 |
| 返青期 | 7 月 30 日至 8 月 7 日 | 3.21 | 2.77 | 2.10 | 1.78 |
| 拔节期 | 8 月 8—17 日 | 3.65 | 3.25 | 2.72 | 1.97 |
| 分枝期 | 8 月 18 日至 9 月 12 日 | 3.51 | 3.10 | 2.50 | 2.35 |
| 开花期 | 9 月 13—30 日 | 2.09 | 1.82 | 1.59 | 1.42 |
| 平 均 | | 3.12 | 2.74 | 2.23 | 1.88 |

4. 不同灌水条件下紫花苜蓿试验测产成果

紫花苜蓿不同灌水条件下紫花苜蓿试验测产成果见表 2 – 147 ～表 2 – 149。

表 2 – 147 2012 年紫花苜蓿不同灌溉条件下试验测产成果

| 处理方式 | 第一茬产量 /(kg/亩) | 第二茬产量 /(kg/亩) | 第三茬产量 /(kg/亩) | 总产量 /(kg/亩) | 增产量 /(kg/亩) |
|---|---|---|---|---|---|
| MX 处理 1 | 235 | 327 | 65 | 627 | 182 |
| MX 处理 2 | 181 | 266 | 56 | 502 | 57 |
| MX 处理 3 | 154 | 202 | 53 | 410 | −35 |
| MX 处理 4 | 141 | 145 | 49 | 335 | −110 |
| 对照 | 175 | 220 | 50 | 445 | — |

表 2 – 148 2013 年紫花苜蓿不同灌溉条件下试验测产成果

| 处理方式 | 第一茬产量 /(kg/亩) | 第二茬产量 /(kg/亩) | 第三茬产量 /(kg/亩) | 总产量 /(kg/亩) | 增产量 /(kg/亩) |
|---|---|---|---|---|---|
| MX 处理 1 | 224 | 295 | 248 | 767 | 244 |
| MX 处理 2 | 185 | 231 | 204 | 620 | 97 |

续表

| 处理方式 | 第一茬产量 /(kg/亩) | 第二茬产量 /(kg/亩) | 第三茬产量 /(kg/亩) | 总产量 /(kg/亩) | 增产量 /(kg/亩) |
|---|---|---|---|---|---|
| MX 处理 3 | 133 | 174 | 157 | 464 | −59 |
| MX 处理 4 | 108 | 123 | 115 | 346 | −177 |
| 对照 | 157 | 191 | 175 | 523 | — |

表 2 - 149　　　　　　　2014 年紫花苜蓿不同灌溉条件下试验测产成果

| 处理方式 | 第一茬产量 /(kg/亩) | 第二茬产量 /(kg/亩) | 第三茬产量 /(kg/亩) | 总产量 /(kg/亩) | 增产量 /(kg/亩) |
|---|---|---|---|---|---|
| MX 处理 1 | 210 | 305 | 192 | 707 | 205 |
| MX 处理 2 | 183 | 287 | 106 | 576 | 74 |
| MX 处理 3 | 145 | 213 | 95 | 453 | −49 |
| MX 处理 4 | 118 | 146 | 83 | 347 | −155 |
| 对照 | 164 | 237 | 101 | 502 | — |

5. 紫花苜蓿适宜的灌水定额

根据鄂托克前旗试验区的土壤类型和紫花苜蓿的生长特性，每年 4 月中旬苜蓿开始返青。由于该时期的气温偏低，根据地温和土壤含水率成反比关系的研究结果，为了保持相对较高的地温，紫花苜蓿第一茬返青期灌水定额不宜过大，推荐灌水定额为 $15 \sim 20 \text{m}^3/$ 亩，其他生育期适宜灌水定额为 $30 \text{m}^3/$ 亩；紫花苜蓿第二、第三茬返青期及其他生育期的推荐灌水定额均为 $30 \text{m}^3/$ 亩。紫花苜蓿适宜的灌水定额见表 2 - 150。

表 2 - 150　　　　　　　　　　　紫花苜蓿适宜灌水定额

| 生育期 | 第一茬 | | | | 第二、第三茬 | | | |
|---|---|---|---|---|---|---|---|---|
| | （苗期）返青期 | 拔节期 | 分枝期 | 开花期 | 返青期 | 拔节期 | 分枝期 | 开花期 |
| 适宜灌水定额 /(m³/亩) | 15~20 | 30 | 30 | 30 | 30 | 30 | 30 | 30 |

6. 紫花苜蓿土壤含水量下限控制指标

根据鄂托克前旗试验区的土壤类型和气候条件，紫花苜蓿第一年种植宜在 6 月中旬播种，苜蓿苗期抗旱能力较弱，含水率下限宜控制在 60%，到了拔节期以后为了促进紫花苜蓿根系的生长，可使其适当受旱，在拔节期、分枝期和开花期的含水率下限宜控制在 55%。紫花苜蓿土壤含水量下限控制指标见表 2 - 151 和表 2 - 152。

紫花苜蓿种植第二年以后，每年第一茬返青期含水率下限宜控制在 55%，随着气温的升高，到了拔节期和分枝期含水率下限宜控制在 60%，为了保证紫花苜蓿的品质，在开花期含水率下限宜控制在 65%；第二、第三茬紫花苜蓿返青期、拔节期和分枝期的含水率下限宜控制在 60%，在开花期含水率下限宜控制在 65%。

表 2-151　　　　　　紫花苜蓿第一年种植土壤含水量下限控制指标

| 生　育　期 | 紫花苜蓿第一年种植 | | | |
|---|---|---|---|---|
| | 苗期 | 拔节期 | 分枝期 | 开花期 |
| 含水率下限/% | 60 | 55 | 55 | 55 |

表 2-152　　　　　紫花苜蓿种植第二年以后土壤含水量下限控制指标

| 生　育　期 | 第一茬 | | | | 第二、第三茬 | | | |
|---|---|---|---|---|---|---|---|---|
| | 返青期 | 拔节期 | 分枝期 | 开花期 | 返青期 | 拔节期 | 分枝期 | 开花期 |
| 含水率下限/% | 55 | 60 | 60 | 65 | 60 | 60 | 60 | 65 |

7. 不同水文年推荐的灌溉制度

干旱年灌溉定额推荐值为 $240 \sim 270 m^3$/亩，全生育期灌水 8～9 次；一般年灌溉定额推荐值为 $180 \sim 210 m^3$/亩，全生育期灌水 6～7 次；丰水年灌溉定额推荐值为 $120 \sim 150 m^3$/亩，全生育期灌水 4～5 次；由于每年各月降水均匀性的不可预测性，具体的灌水日期应根据土壤墒情进行确定。紫花苜蓿推荐灌溉制度见表 2-153。

表 2-153　　　　　　　　　　紫花苜蓿推荐的灌溉制度

| 年份 | 灌水定额/(m³/亩) | 灌水次数 | 灌溉定额/(m³/亩) |
|---|---|---|---|
| 干旱年 | 30（返青期可取 20） | 8～9 | 240～270 |
| 一般年 | 30（返青期可取 20） | 6～7 | 180～210 |
| 丰水年 | 30（返青期可取 20） | 4～5 | 120～150 |

# 2.9　饲料玉米卷盘式喷灌优化灌溉制度试验研究

## 2.9.1　试验设计

试验区位于鄂托克前旗昂素镇哈日根图嘎查示范区的巴图巴雅尔牧户。根据当地人工牧草种植情况，选择饲料玉米为主要研究对象，其生育阶段划分为苗期、拔节期、喇叭口期、灌浆期、成熟期。

试验区采用田间对比试验法设计，玉米灌溉试验设 4 个处理，即 4 个灌水水平；根据研究区作物、土壤等特性，结合喷灌机的性能参数，设计 4 个处理的灌水定额分别为 $10 m^3$/亩、$20 m^3$/亩、$30 m^3$/亩和 $40 m^3$/亩，每个处理的灌水日期和灌水次数相同；灌水日期根据灌水定额为 $30 m^3$/亩试验处理的适宜含水率下限计算确定；每次的灌水量采用水表计量；每个处理 3 次重复，共计 12 个试验小区。

小区布置：将卷盘式喷灌划分为 4 个大区，即 4 个灌水处理。在每个大区中设计 3 次重复的试验观测小区。卷盘喷灌机参数为：喷灌机类型为喷枪式，喷嘴压力 0.5MPa，连接压力 0.6MPa，流量 27.1m³/h，PE 管回卷速度 25m/h，PE 管直径 20mm，PE 管长度

255m，控制带宽 50m。

试验观测内容包括气象资料、作物生长状况、土壤指标、灌水情况和田间管理等。

## 2.9.2 试验区基础资料

1. 土壤情况

通过进行土壤颗粒分析试验，确定了试验区土壤类型，对试验区的 1.0m 深土壤分别进行了颗粒分析试验，试验区的土壤类型基本相同，0～100cm 土层为砂土，土壤状况见表 2-154。利用环刀在试验区取原状土，进行了田间持水量室内测定，并与田间的测定结果进行了对比，确定试验区 0～100cm 土层的田间持水量为 22.86%。

表 2-154　　　　　　　　　　试 验 区 土 壤 状 况

| 层深度 /cm | 容重 /(g/L) | 比重 | 土壤颗粒分布/% | | | 土壤类型 |
| --- | --- | --- | --- | --- | --- | --- |
| | | | 0.05～2mm | 0.002～0.05mm | 0.002mm 以下 | |
| 0～100 | 1.62 | 2.71 | 76.85 | 21.69 | 1.46 | 砂土 |

2. 地下水

采用 HOBO 地下水位自动测定仪（美国）测定试验区地下水水位变化，紫花苜蓿试验区地下水埋深为 1.5～2.0m。

3. 气象情况

鄂托克前旗属于中温带温暖型干旱、半干旱大陆性气候，冬寒漫长，夏热短促，干旱少雨，风大沙多，蒸发强烈，日光充足。多年平均气温 7.9℃，1 月气温最低，为 -9.6℃；7 月气温最高，为 22.7℃。日最高气温 30.8℃，日最低气温 -24.1℃。多年平均年降水量为 258.4mm，降水量年内分配很不均匀，年际变化较大。7—8 月降水量一般占年降水量的 30%～70%，6—9 月降水量一般占年降水量的 60%～90%。最大年降水量为 417.2mm，最小年降水量为 118.8mm，极值比 3.5。多年平均年蒸发量为 2497.9mm，最大年蒸发量为 2910.5mm，最小年蒸发量为 2162.3mm。4—9 月蒸发量一般占年蒸发量的 70%～80%，5—7 月蒸发量一般占年蒸发量的 40%～50%。常年盛行风向为南风，其次是西风和东风，多年平均风速 2.6m/s。平均沙暴日数 16.9 天，相对湿度平均49.8%；年平均日照时数 2500～3200h，平均为 2958h；无霜期平均 171 天，最大冻土层深度 1.54m。

## 2.9.3 试验成果

1. 各年实测的灌水时间、灌水量与作物产量

2012—2014 年实测的灌水时间、灌水量与作物产量见表 2-155～表 2-157。2012—2014 年饲料玉米不同试验处理的总产量与增产量如图 2-70～图 2-75 所示。

2. 饲料玉米耗水量与水分生产率

饲料玉米耗水量与水分生产率如图 2-76～图 2-78 和表 2-158～表 2-160 所示。

3. 饲料玉米不同生育期需水规律

饲料玉米不同生育期耗水强度见表 2-161。

**表 2－155**　2012 年不同试验处理饲料玉米实际灌溉制度和产量

| 处理方式 | 第 1 次灌水 | | 第 2 次灌水 | | 第 3 次灌水 | | 第 4 次灌水 | | 第 5 次灌水 | | 总灌水次数 | 灌溉定额/(m³/亩) | 产量/(kg/亩) |
| --- | --- | --- | --- | --- | --- | --- | --- | --- | --- | --- | --- | --- | --- |
| | 灌水日期 | 灌水定额/(m³/亩) | 灌水日期 | 灌水定额/(m³/亩) | 灌水日期 | 灌水定额/(m³/亩) | 灌水日期 | 灌水定额/(m³/亩) | 灌水日期 | 灌水定额/(m³/亩) | | | |
| YM 处理 1 | 2012-5-7 | 20.00 | 2012-6-15 | 40.93 | 2012-7-11 | 40.93 | 2012-8-17 | 40.93 | 2012-9-10 | 40.93 | 5 | 183.70 | 194.2 |
| YM 处理 2 | 2012-5-7 | 20.00 | 2012-6-15 | 31.59 | 2012-7-11 | 31.59 | 2012-8-17 | 31.59 | 2012-9-10 | 31.59 | 5 | 146.37 | 90.5 |
| YM 处理 3 | 2012-5-7 | 20.00 | 2012-6-15 | 20.91 | 2012-7-11 | 20.91 | 2012-8-17 | 20.91 | 2012-9-10 | 20.91 | 5 | 103.64 | −31.6 |
| YM 处理 4 | 2012-5-7 | 20.00 | 2012-6-15 | 10.20 | 2012-7-11 | 10.20 | 2012-8-17 | 10.20 | 2012-9-10 | 10.20 | 5 | 60.80 | −259.5 |
| 对照 | 2012-5-20 | 30.00 | 2012-6-22 | 45.00 | 2012-7-11 | 40.00 | 2012-9-10 | 40.00 | | | 4 | 155.00 | |

**表 2－156**　2013 年不同试验处理饲料玉米实际灌溉制度和产量

| 处理方式 | 第 1 次灌水 | | 第 2 次灌水 | | 第 3 次灌水 | | 第 4 次灌水 | |
| --- | --- | --- | --- | --- | --- | --- | --- | --- |
| | 灌水日期 | 灌水定额/(m³/亩) | 灌水日期 | 灌水定额/(m³/亩) | 灌水日期 | 灌水定额/(m³/亩) | 灌水日期 | 灌水定额/(m³/亩) |
| YM 处理 1 | 2013-5-21 | 40.93 | 2013-6-5 | 40.93 | 2013-6-20 | 40.93 | 2013-7-21 | 40.93 |
| YM 处理 2 | 2013-5-21 | 31.59 | 2013-6-5 | 31.59 | 2013-6-20 | 31.59 | 2013-7-21 | 31.59 |
| YM 处理 3 | 2013-5-21 | 20.91 | 2013-6-5 | 20.91 | 2013-6-20 | 20.91 | 2013-7-21 | 20.91 |
| YM 处理 4 | 2013-5-21 | 10.20 | 2013-6-5 | 10.20 | 2013-6-20 | 10.20 | 2013-7-21 | 10.20 |
| 对照 | 2013-5-25 | 40.00 | 2013-6-24 | 40.00 | 2013-7-15 | 40.00 | 2013-8-16 | 40.00 |

续表

| 处理方式 | 第5次灌水 灌水日期 | 第5次灌水 灌水定额/(m³/亩) | 第6次灌水 灌水日期 | 第6次灌水 灌水定额/(m³/亩) | 总灌水次数 | 灌溉定额/(m³/亩) | 产量/(kg/亩) |
|---|---|---|---|---|---|---|---|
| YM处理1 | 2013-8-15 | 40.93 | 2013-9-10 | 40.93 | 6 | 245.56 | 229.4 |
| YM处理2 | 2013-8-15 | 31.59 | 2013-9-10 | 31.59 | 6 | 189.56 | 82.8 |
| YM处理3 | 2013-8-15 | 20.91 | 2013-9-10 | 20.91 | 6 | 125.47 | -82.6 |
| YM处理4 | 2013-8-15 | 10.20 | 2013-9-10 | 10.20 | 6 | 61.20 | -195.2 |
| 对照 | — | 20.00 | — | — | 4 | 160.00 | — |

表2-157 2014年不同试验处理饲料玉米实际灌溉制度和产量

| 处理方式 | 第1次灌水 灌水日期 | 第1次灌水 灌水定额/(m³/亩) | 第2次灌水 灌水日期 | 第2次灌水 灌水定额/(m³/亩) | 第3次灌水 灌水日期 | 第3次灌水 灌水定额/(m³/亩) | 第4次灌水 灌水日期 | 第4次灌水 灌水定额/(m³/亩) |
|---|---|---|---|---|---|---|---|---|
| YM处理1 | 2014-5-8 | 40.93 | 2014-5-21 | 40.93 | 2014-6-4 | 40.93 | 2014-6-20 | 40.93 |
| YM处理2 | 2014-5-8 | 31.59 | 2014-5-21 | 31.59 | 2014-6-4 | 31.59 | 2014-6-20 | 31.59 |
| YM处理3 | 2014-5-8 | 20.91 | 2014-5-21 | 20.91 | 2014-6-4 | 20.91 | 2014-6-20 | 20.91 |
| YM处理4 | 2014-5-8 | 10.20 | 2014-5-21 | 10.20 | 2014-6-4 | 10.20 | 2014-6-20 | 10.20 |
| 对照 | 2014-5-6 | 20.00 | 2014-5-29 | 40.00 | 2014-6-17 | 40.00 | 2014-7-10 | 40.00 |

| 处理方式 | 第5次灌水 灌水日期 | 第5次灌水 灌水定额/(m³/亩) | 第6次灌水 灌水日期 | 第6次灌水 灌水定额/(m³/亩) | 第7次灌水 灌水日期 | 第7次灌水 灌水定额/(m³/亩) | 总灌水次数 | 灌溉定额/(m³/亩) | 产量/(kg/亩) |
|---|---|---|---|---|---|---|---|---|---|
| YM处理1 | 2014-7-9 | 40.93 | 2014-7-26 | 40.93 | 2014-8-18 | 40.93 | 7 | 286.48 | 111.4 |
| YM处理2 | 2014-7-9 | 31.59 | 2014-7-26 | 31.59 | 2014-8-18 | 31.59 | 7 | 221.15 | 52.8 |
| YM处理3 | 2014-7-9 | 20.91 | 2014-7-26 | 20.91 | 2014-8-18 | 20.91 | 7 | 146.38 | -37.8 |
| YM处理4 | 2014-7-9 | 10.20 | 2014-7-26 | 10.20 | 2014-8-18 | 10.20 | 7 | 71.40 | -156.8 |
| 对照 | 2013-8-4 | 40.00 | — | — | — | — | 5 | 180.00 | — |

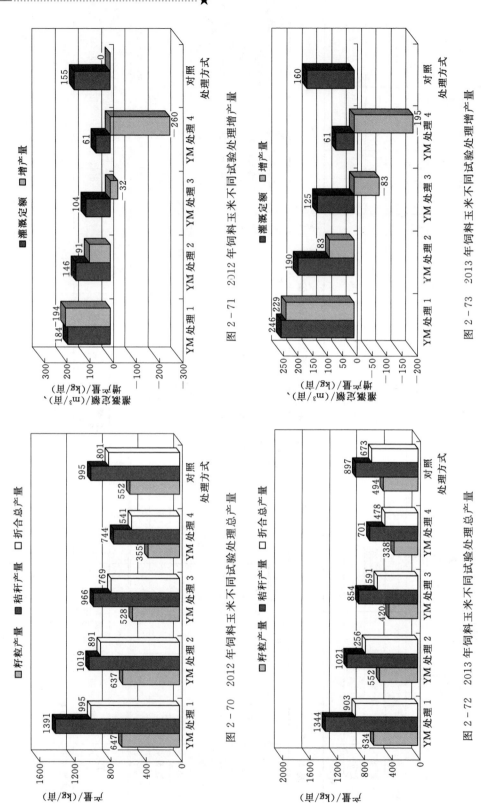

图 2-71　2012 年饲料玉米不同试验处理增产量

图 2-73　2013 年饲料玉米不同试验处理增产量

图 2-70　2012 年饲料玉米不同试验处理总产量

图 2-72　2013 年饲料玉米不同试验处理总产量

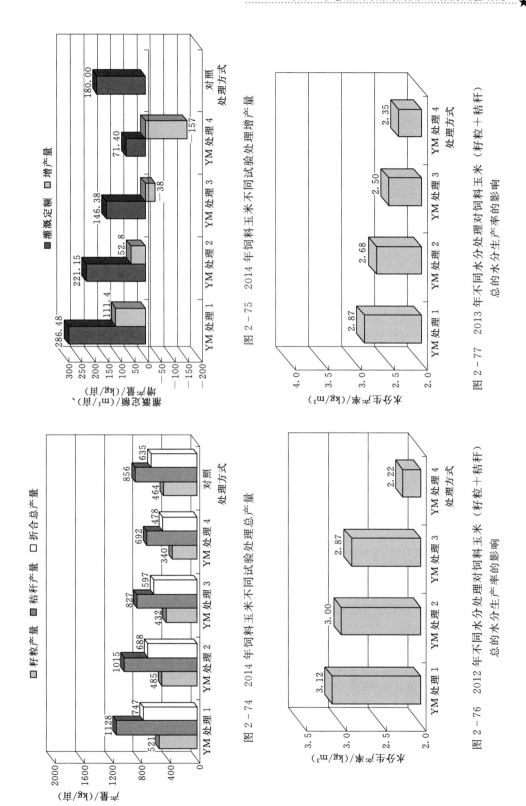

图 2 - 74  2014 年饲料玉米不同试验处理总产量

图 2 - 75  2014 年饲料玉米不同试验处理增产量

图 2 - 76  2012 年不同水分处理对饲料玉米（籽粒＋秸秆）总的水分生产率的影响

图 2 - 77  2013 年不同水分处理对饲料玉米（籽粒＋秸秆）总的水分生产率的影响

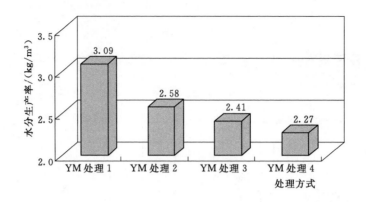

图 2-78　2014 年不同水分处理对饲料玉米（籽粒＋秸秆）
总的水分生产率的影响

表 2-158　　　　　　　　　2012 年作物耗水量与水分生产率分析

| 处理方式 | 有效降水量 /mm | 灌水量 /mm | 土壤贮水 变化量 /mm | 下边界 水分通量 /mm | 耗水量 /mm | 折合总产量 （籽粒＋秸秆） /(kg/亩) | 作物水分 生产率 /(kg/m³) |
|---|---|---|---|---|---|---|---|
| YM 处理 1 | 289.22 | 275.56 | 50.46 | 35.63 | 478.68 | 994.97 | 3.12 |
| YM 处理 2 | 289.22 | 219.56 | 53.56 | 9.15 | 446.07 | 891.25 | 3.00 |
| YM 处理 3 | 289.22 | 155.47 | 79.62 | −36.97 | 402.04 | 769.16 | 2.87 |
| YM 处理 4 | 289.22 | 91.20 | 42.14 | −27.21 | 365.49 | 541.21 | 2.22 |

表 2-159　　　　　　　　　2013 年作物耗水量与水分生产率分析

| 处理方式 | 有效降水量 /mm | 灌水量 /mm | 土壤贮水 变化量 /mm | 下边界 水分通量 /mm | 耗水量 /mm | 折合总产量 （籽粒＋秸秆） /(kg/亩) | 作物水分 生产率 /(kg/m³) |
|---|---|---|---|---|---|---|---|
| YM 处理 1 | 231.02 | 368.33 | 69.40 | 57.61 | 472.34 | 902.8 | 2.87 |
| YM 处理 2 | 231.02 | 284.33 | 58.16 | 34.33 | 422.86 | 756.2 | 2.68 |
| YM 处理 3 | 231.02 | 188.20 | 44.79 | 20.34 | 354.09 | 590.8 | 2.50 |
| YM 处理 4 | 231.02 | 91.80 | 30.90 | −13.00 | 304.92 | 478.2 | 2.35 |

表 2-160　　　　　　　　　2014 年作物耗水量与水分生产率分析

| 处理方式 | 有效降水量 /mm | 灌水量 /mm | 土壤贮水 变化量 /mm | 下边界 水分通量 /mm | 耗水量 /mm | 折合总产量 （籽粒＋秸秆） /(kg/亩) | 作物水分 生产率 /(kg/m³) |
|---|---|---|---|---|---|---|---|
| YM 处理 1 | 138.20 | 429.72 | 37.30 | 35.40 | 495.22 | 747 | 3.09 |
| YM 处理 2 | 138.20 | 331.72 | 25.57 | 6.80 | 437.55 | 688 | 2.58 |
| YM 处理 3 | 138.20 | 219.57 | −10.63 | −12.58 | 380.98 | 597 | 2.41 |
| YM 处理 4 | 138.20 | 107.10 | −46.32 | −45.71 | 337.33 | 478 | 2.27 |

表 2 - 161                     **饲料玉米不同生育期耗水强度**            单位：mm/d

| 生育期 | 起止日期 | 耗 水 强 度 | | | |
|---|---|---|---|---|---|
| | | MX 处理 1 | MX 处理 2 | MX 处理 3 | MX 处理 4 |
| 苗期 | 5 月 7—23 日 | 2.03 | 1.79 | 1.59 | 1.48 |
| 拔节期 | 5 月 24 日至 6 月 23 日 | 3.31 | 3.16 | 2.68 | 1.99 |
| 分枝期 | 6 月 24 日至 7 月 29 日 | 4.35 | 3.81 | 2.99 | 2.64 |
| 开花期 | 7 月 30 日至 8 月 29 日 | 3.83 | 3.55 | 3.05 | 2.81 |
| 成熟期 | 8 月 30 日至 9 月 26 日 | 2.27 | 1.81 | 1.59 | 1.36 |
| 平 均 | | 3.16 | 2.82 | 2.38 | 2.06 |

**4. 不同灌水条件下饲料玉米试验测产成果**

不同灌水条件下饲料玉米试验测产成果见表 2-162～表 2-164。

表 2 - 162              **2012 年饲料玉米不同灌溉条件下试验测产成果**

| 处理方式 | 籽粒产量 /(kg/亩) | 秸秆产量 /(kg/亩) | 折合总产量 /(kg/亩) | 增产量 /(kg/亩) |
|---|---|---|---|---|
| YM 处理 1 | 647 | 1391 | 995 | 194.2 |
| YM 处理 2 | 637 | 1019 | 891 | 90.5 |
| YM 处理 3 | 528 | 966 | 769 | −31.6 |
| YM 处理 4 | 355 | 744 | 541 | −259.5 |
| 对照 | 552 | 995 | 801 | — |

表 2 - 163              **2013 年饲料玉米不同灌溉条件下试验测产成果**

| 处理方式 | 籽粒产量 /(kg/亩) | 秸秆产量 /(kg/亩) | 折合总产量 /(kg/亩) | 增产量 /(kg/亩) |
|---|---|---|---|---|
| YM 处理 1 | 634 | 1344 | 903 | 229.4 |
| YM 处理 2 | 552 | 1021 | 756 | 82.8 |
| YM 处理 3 | 420 | 854 | 591 | −82.6 |
| YM 处理 4 | 338 | 701 | 478 | −195.2 |
| 对照 | 494 | 897 | 673 | — |

表 2 - 164              **2014 年饲料玉米不同灌溉条件下试验测产成果**

| 处理方式 | 籽粒产量 /(kg/亩) | 秸秆产量 /(kg/亩) | 折合总产量 /(kg/亩) | 增产量 /(kg/亩) |
|---|---|---|---|---|
| YM 处理 1 | 521 | 1128 | 747 | 111.4 |
| YM 处理 2 | 485 | 1015 | 688 | 52.8 |
| YM 处理 3 | 432 | 827 | 597 | −37.8 |
| YM 处理 4 | 340 | 692 | 478 | −156.8 |
| 对照 | 464 | 856 | 635 | — |

### 5. 饲料玉米适宜的灌水定额

根据鄂托克前旗试验区的土壤类型和饲料玉米的生长特性，每年 5 月上旬开始种植饲料玉米。由于该时期的气温偏低，根据地温和土壤含水率成反比关系的研究结果，为了保持相对较高的地温，饲料玉米苗期灌水定额不宜过大，推荐灌水定额为 20m³/亩，其他生育期适宜灌水定额为 30m³/亩。饲料玉米适宜的灌水定额见表 2-165。

表 2-165　　　　　　　　　　　饲料玉米适宜灌水定额

| 生育期 | 苗期 | 拔节期 | 分枝期 | 开花期 | 成熟期 |
|---|---|---|---|---|---|
| 适宜灌水定额/(m³/亩) | 20 | 30 | 30 | 30 | 30 |

### 6. 饲料玉米土壤含水量下限控制指标

每年饲料玉米苗期含水率下限宜控制在 55%，随着气温的升高，到了拔节期含水率下限宜控制在 60%，在分枝期和开花期含水率下限宜控制在 65%，到成熟期的含水率下限宜控制在 60%。饲料玉米土壤含水量下限控制指标见表 2-166。

表 2-166　　　　　　　　　　饲料玉米土壤含水量下限控制指标

| 生育期 | 苗期 | 拔节期 | 喇叭口期 | 灌浆期 | 成熟期 |
|---|---|---|---|---|---|
| 含水率下限/% | 55 | 60 | 65 | 65 | 60 |

### 7. 不同水文年推荐的灌溉制度

干旱年灌溉定额推荐值为 230~250m³/亩，全生育期灌水 8~9 次；一般年灌溉定额推荐值为 180~200m³/亩，全生育期灌水 6~7 次；丰水年灌溉定额推荐值为 120~140m³/亩，全生育期灌水 4~5 次；由于每年各月份降水均匀性的不可预测性，具体的灌水日期应根据土壤墒情进行确定。饲料玉米推荐灌溉制度见表 2-167。

表 2-167　　　　　　　　　　　饲料玉米推荐灌溉制度

| 年份 | 灌水定额/(m³/亩) | 灌水次数 | 灌溉定额/(m³/亩) |
|---|---|---|---|
| 干旱年 | 30（苗期可取 20） | 8~9 | 230~250 |
| 一般年 | 30（苗期可取 20） | 6~7 | 180~200 |
| 丰水年 | 30（苗期可取 20） | 4~5 | 120~140 |

## 2.10　本章小结

通过 4 年时间在 8 个示范区开展灌溉制度试验，获得了高效节水灌溉条件下 9 套主要作物灌溉制度系列新成果，水分生产率提高了 15%~40%，各作物不同水文年型推荐灌溉制度见表 2-168。

表 2 - 168　　　　　　　　　　　主要作物不同水文年型灌溉制度成果

| 地点 | 作物 | 丰 水 年 | | | 平 水 年 | | | 枯 水 年 | | |
|---|---|---|---|---|---|---|---|---|---|---|
| | | 灌水次数 | 灌水定额/(m³/亩) | 灌溉定额/(m³/亩) | 灌水次数 | 灌水定额/(m³/亩) | 灌溉定额/(m³/亩) | 灌水次数 | 灌水定额/(m³/亩) | 灌溉定额/(m³/亩) |
| 松山区 | 玉米 | 3 | 12～24 | 52～56 | 5 | 12～24 | 92～100 | 7 | 12～24 | 132～140 |
| 阿荣旗 | 大豆 | — | — | — | 5 | 8～12 | 43～67 | 6 | 8～12 | 53～79 |
| 商都县 | 马铃薯 | 7 | 8～15 | 80～100 | 9 | 8～18 | 110～134 | 10 | 10～20 | 142～162 |
| 达拉特旗 | 玉米 | 7 | 20～30 | 150～170 | 8 | 20～30 | 170～220 | 9 | 20～30 | 200～250 |
| 锡林浩特 | 青贮玉米 | 4 | 13～30 | 73～83 | 5 | 20～30 | 100～120 | 6 | 20～30 | 120～140 |
| 鄂托克前旗 | 紫花苜蓿 | 4～5 | 20～30 | 120～150 | 6～7 | 20～30 | 180～210 | 8～9 | 20～30 | 240～270 |
| | 饲料玉米 | 4～5 | 20～30 | 120～140 | 6～7 | 20～30 | 180～200 | 8～9 | 20～30 | 230～250 |

　　覆膜后大豆保苗率提高了 12.9%，水分生产率提高 18%～31%，地膜覆盖可以显著提高土壤表层温度，覆膜后土壤表层 5cm 处日平均温度比裸地提高 4.53℃，耕层 20cm 处的日平均地温比裸地地温提高 1.35℃，覆膜后大豆全生育期干物质累积增加了 15.9g，较传统种植增产 13%～30%。覆膜后滴灌马铃薯耗水量减少了 25.61m³/亩，产量增加了 48.35kg/亩，水分生产率提高了 5.6%。覆膜后大型喷灌玉米耗水量减少了 13.6m³/亩，产量增加了 25.93kg/亩，水分生产率提高了 2.56%。

# 第 3 章  大型灌区节水改造工程技术试验研究

## 3.1  骨干渠道衬砌保温防冻胀试验研究

### 3.1.1  骨干渠道试验场基本情况

**1. 地理位置**

项目区位于河套灌区中部巴彦淖尔市临河区双河镇，河套灌区南部，北与总干渠相接，南临黄河，东与八一办事处相邻，西与杭锦后旗相连。距临河区 12km，交通便利。

**2. 气象条件**

临河区双河镇示范区的气候特点与河套地区相似，属于温带大陆性干旱、半干旱气候带。其主要特征是冬长夏短，干燥风多，温差较大，年平均气温 6.9℃，平均相对湿度 40％～50％，降雨量稀少，多年平均年降水量为 144.2mm，蒸发强烈，温差较大，光照充足，光能资源丰富，年总辐射为 153.13Kcal/cm²，年日照时数为 3100～3300h，无霜期较短，平均为 133～150 天，土壤一般在 11 月中旬封冻，在翌年 4 月下旬至 5 月上旬融通，形成一个冻融周期，冻结历时 180 天左右。冻结指数（1978—1988 年）为 536～955℃·d，冻深为 70～120cm。

**3. 地貌特征**

项目区属于黄河河套湖相沉积平原区。示范区内地势南高北低，地面高程为1037.4～1034.4m，地面坡降 1/3000～1/4000，土地较平整。

**4. 土壤条件**

项目区表层为黏性土层，由砂壤土、壤土和黏土组成，厚度一般为 3～5m，分布不连续。含水层岩性上部以黄、灰黄色细砂、中细砂、细中砂为主，结构松散，分选均匀，厚 23～42m，其间偶夹 1～2 层薄层黏土或砂壤土，厚度一般小于 2m；下部以黄灰、灰色细砂、粉细砂、细粉砂或粉砂为主，厚 18～36m，其间夹 2～3 层薄层黏性土透镜体，厚度一般小于 3m。根据已有资料，示范区地下水位埋深一般在 1.5～2.0m，单井涌水量 1000m³/d 左右，渗透系数 10m/d 左右。

**5. 水文地质条件**

项目区近年年引水量为 2000 万 m³ 左右，现灌面积 2800hm²，亩均用水量为 479m³/亩。示范区处于河套灌区中上游地带，地表水主要是引黄灌溉，黄河水矿化度为 0.51g/L，农田用地下水灌溉，潜水矿化度小于 1g/L，地下水资源主要为降雨、灌溉入渗补给和黄河侧渗补给，经估算，示范区地下水资源量为 65384 万 m³。地下水位周年的变幅，随着灌溉水量的多少而升降，一般冬春季水位埋深最大，在 1.5～2.5m 之间，灌溉期水位最浅为 0.5～1.0m。示范区内地下水观测井资料表明，灌溉期（5 月中旬至 9 月前）平均埋深 1.0m，土壤封冻期（11 月中下旬至翌年 3 月初）平均埋深 2.0m，秋浇期（10 月中旬至 11 月上旬）平均埋深 1.3m，灌溉入渗水是潜水变化的主要原因。

6.试验渠道基本情况

试验段选定在河套灌区永济干渠南边分干渠 8＋610～8＋682 处，长度 72m，二闸下游测流桥以东，渠道走向为东西走向，为挖方渠道，共设置了 7 种不同衬砌结构型式进行试验。项目区渠道土质力学性能指标见表 3-1。

表 3-1　　　　　　　　　　　项目区渠道土质力学性能指标

| 名　称 | 天然含水率/% | 塑性指数 | 液性指数 | 状态 |
|---|---|---|---|---|
| 重粉质壤土 | 21 | 8.64 | 0.17 | 硬塑 |

试验段渠道基土属由轻—重粉质壤土组成，由于地质不一，含水量较大，承载力较低，地质条件差。主要水力要素为：设计流量 12.0m³/s，渠底宽 5.2m，设计水深 1.98m，内外边坡 1∶1.75，设计纵坡 1/7050，糙率 0.02，超高 0.72m，堤顶宽 3～5m。

## 3.1.2　渠道衬砌结构型式

1.南边分干渠试验段设计

内蒙古河套灌区骨干渠道新材料防冻胀试验，南边分干渠试验段共进行 7 个设计处理，试验设计处理见表 3-2。

表 3-2　　　　　　　　　　　南边分干渠试验设计处理

| 试验段名称 | 试验一对比段 | 试验二保温段 | 试验三保温段 | 试验四保温段 | 试验五保温段 | 试验六对比段 | 试验七设计对比段 |
|---|---|---|---|---|---|---|---|
| 设计处理 | 混凝土板＋膜 | 聚苯乙烯保温板 | 聚苯乙烯保温板 | 聚氨酯保温板 | 聚氨酯保温板 | 10cm 厚模袋混凝土 | 15cm 厚模袋混凝土 |
| 试验处理 | 6cm 混凝土板＋3mm 聚乙烯膜 | 保温板：20kg/m³；阴坡：上 6cm，下 8cm，阳坡：上 4cm，下 6cm，底 8cm | 保温板：20kg/m³；阴坡：上 4cm，下 6cm，阳坡：上 3cm，下 5cm，底 6cm | 保温板：46kg/m³；阴坡：上 4cm，下 6cm，阳坡：上 3cm，下 5cm，底 6cm | 保温板：46kg/m³；阴坡：上 3cm，下 4cm，阳坡：上 2cm，下 3cm，底 4cm | 阴坡、阳坡厚 10cm 模袋混凝土，渠底素土夯实 | 阴坡、阳坡厚 15cm 模袋混凝土，渠底素土夯实 |

2.南边分干渠平面试验场设计

平面冻胀试验场位于内蒙古河套灌区永济灌域南边分干渠二闸管理段附近建立一处，试验场面积为 32m×27m。试验共设置 20 个处理，1～6 处理为不同厚度聚苯乙烯保温板的监测（2cm、4cm、6cm、8cm、10cm、12cm）；7 试验方案为 30kg/m³ 密度、6cm 厚的聚苯乙烯保温板的监测；8～13 处理为不同厚度聚氨酯保温板的监测方案（2cm、3cm、

4cm、5cm、6cm、8cm）；14～16 处理为 10cm 模袋混凝土不同厚度聚苯乙烯保温板的监测（4cm、6cm、8cm），17～19 处理为不同厚度无保温处理的模袋混凝土（10cm、12cm 和 15cm），20 处理为无保温处理的对比段。对比段及保温段板上砌筑 6cm 厚预制混凝土砌块，混凝土板下铺设 3cm 厚 M10 砂浆垫层。试验方案的试块面积均为 4m×4m，每种试验方案间隔 1m。

在试验场布设 1 组分层冻胀量观测装置，分层冻胀量的埋置深度分别为 0cm、20cm、40cm、60cm、80cm、100cm、120cm，共 7 层，安装丹尼林冻土器 1 套，自动气象站 1 套。平面试验场试验设计处理见表 3-3。

表 3-3　　　　　　　　　　　　平面试验场试验设计处理

| 方案 | 1 | 2 | 3 | 4 | 5 | 6 | 7 | 8 | 9 | 10 |
|------|---|---|---|---|---|---|---|---|---|----|
| 试验处理 | 聚苯乙烯保温板 2cm，20kg/m³ | 聚苯乙烯保温板 4cm，20kg/m³ | 聚苯乙烯保温板 6cm，20kg/m³ | 聚苯乙烯保温板 8cm，20kg/m³ | 聚苯乙烯保温板 10cm，20kg/m³ | 聚苯乙烯保温板 12cm，20kg/m³ | 聚苯乙烯保温板 6cm，30kg/m³ | 聚氨酯保温板 2cm，45kg/m³ | 聚氨酯保温板 3cm，45kg/m³ | 聚氨酯保温板 4cm，45kg/m³ |

| 方案 | 11 | 12 | 13 | 14 | 15 | 16 | 17 | 18 | 19 | 20 |
|------|----|----|----|----|----|----|----|----|----|----|
| 试验处理 | 聚氨酯保温板 5cm，45kg/m³ | 聚氨酯保温板 6cm，45kg/m³ | 聚氨酯保温板 8cm，45kg/m³ | 10cm 模袋混凝土；聚苯乙烯 4cm，20kg/m³ | 10cm 模袋混凝土；聚苯乙烯 6cm，20kg/m³ | 10cm 模袋混凝土；聚苯乙烯 8cm，20kg/m³ | 10cm 模袋混凝土，无保温 | 12cm 模袋混凝土，无保温 | 15cm 模袋混凝土，无保温 | 无保温处理对比段 |

## 3.1.3　渠道衬砌保温材料技术要求

1. 材料保温机理及性能

本试验段采用了聚苯乙烯与聚氨酯两种保温材料，其保温机理如下：

衬砌渠道采用保温措施，就是利用保温材料导热系数低的性能改变和控制渠道衬砌基土周围热量的输入、输出及转化过程，人为地影响冻土结构，使冻土内部的水热耦合作用在时间上、空间上向不利于冻胀的方向发展、变化。具体表现在：①提高冻结区的地温；②推延冻结的进程，减缓冻结速率削减冻深；③减少水分迁移量，降低冻土中的冰含量；④削减冻胀量。

聚氨酯硬质泡沫板是一种优质的隔热保温材料，具有自重轻、导热系数低、吸水性小、耐老化、运输施工方便等特点。试验采用聚氨酯保温板的密度为 46kg/m³，聚氨酯保温板的力学性能见表 3-4。

聚苯乙烯（EPS）是由聚苯乙烯聚合物为原料加入发泡添加剂聚合而成，属超轻型土工合成材料，具有重量轻、导热系数低、吸水率小、化学稳定性强、抗老化能力高、耐久性好、自立性好、施工中易于搬动等优点，缺点是耐热性低。试验采用的聚苯乙烯保温板的力学性能见表 3-4。

表 3－4　　　　　　　　　　　　　　　　保 温 板 力 学 性 能

| 项　　目 | 密度 /(kg/m³) | 吸水率 （浸水 96h 的 体积百分数） /% | 压缩强度 （压缩 50%） /kPa | 弯曲强度 /kPa | 尺寸稳定性 （−40℃～ +70℃） /% | 导热系数 /[W/(m·K)] |
|---|---|---|---|---|---|---|
| 规范指标 | ≥15 | ≤6 | ≥60 | ≥180 | ≤4 | ≤0.041 |
| 聚苯乙烯板测试值 | 21.36 | 1.7 | 240 | 250 | ±0.4 | 0.036 |
| 聚氨酯板测试值 | 45.48 | 1.98 | 323 | 196 | ±1.5 | 0.029 |

2. 保温材料厚度确定

由于冻土力学很复杂，土的冻胀是一个多场同时耦合的结果，在软件模拟计算中很多影响因素都不考虑，计算结果很难反映出实际情况。各地区气候、土质、地下水位等情况的不同，目前渠道混凝土衬砌防冻胀温板厚度的确定还没有形成成熟的理论系统，很多地区只是根据各地区大量的冻胀试验及经验来确定保温板的厚度，其厚度的选定直接关系到工程效果和经济效益，需慎重对待。试验段铺设保温板厚度见表 3－5。

表 3－5　　　　　　　　　　　　　试验段铺设保温板厚度　　　　　　　　　　　单位：cm

| 断面 | 方案 | 阴坡保温板厚度 上部 | 阴坡保温板厚度 下部 | 阳坡保温板厚度 上部 | 阳坡保温板厚度 下部 |
|---|---|---|---|---|---|
| 聚苯乙烯保温板 | 保温 1 | 6 | 8 | 4 | 6 |
| | 保温 2 | 4 | 6 | 3 | 5 |
| 聚氨酯保温板 | 保温 3 | 4 | 6 | 3 | 5 |
| | 保温 4 | 3 | 4 | 2 | 3 |

## 3.1.4　观测点的布置

1. 试验渠道观测点的布置

南边分干渠每个试验处理段断面长为 8m，保温板按照不同厚度分别铺设在阴阳坡的上下部及渠底。在每个试验处理段的阴、阳坡按上、下部分别布设了含水量观测点、边坡冻胀变形观测装置两组，在每个试验段的阴阳坡上、下部位布置了不同深度的地温孔见表3－6，在试验场旁布设 1 眼地下水位观测井。

表 3－6　　　　　　　　　　　　　　　地 温 观 测 点 的 布 置

| 试验场 | 处理段 （上~下） | 渠坡 | 上部地温观测点 （由坡面向下）/cm | 下部地温观测点 （由坡面向下）/cm | 备注 |
|---|---|---|---|---|---|
| 南边分干渠 | 对比段 | 阴坡 | 6、16、30、50、75、100 | 6、16、30、50、75、100 | |
| | | 阳坡 | 6、16、30、50、75、100 | 6、16、30、50、75、100 | |
| | 6~8 4~6 | 阴坡 | 保温板上 6，保温板下 16、30、50 | 保温板上 6，保温板下 16、30、50 | 聚苯乙烯板 |
| | | 阳坡 | 保温板上 6，保温板下 16、30、50 | 保温板上 6，保温板下 16、30、50 | |
| | 4~6 3~5 | 阴坡 | 保温板上 6，保温板下 16、30、50 | 保温板上 6，保温板下 16、30、50 | 聚苯乙烯板 |
| | | 阳坡 | 保温板上 6，保温板下 16、30、50 | 保温板上 6，保温板下 16、30、50 | |

续表

| 试验场 | 处理段<br>（上~下） | 渠坡 | 上部地温观测点<br>（由坡面向下）/cm | 下部地温观测点<br>（由坡面向下）/cm | 备注 |
|---|---|---|---|---|---|
| 南边分<br>干渠 | 4~6 | 阴坡 | 保温板上 6，保温板下 16、30、50 | 保温板上 6，保温板下 16、30、50 | 聚氨酯<br>泡沫塑料板 |
| | 3~5 | 阳坡 | 保温板上 6，保温板下 16、30、50 | 保温板上 6，保温板下 16、30、50 | |
| | 3~4 | 阴坡 | 保温板上 6，保温板下 16、30、50 | 保温板上 6，保温板下 16、30、50 | 聚氨酯<br>泡沫塑料板 |
| | 2~3 | 阳坡 | 保温板上 6，保温板下 16、30、50 | 保温板上 6，保温板下 16、30、50 | |

2. 平面试验场观测点的布置

南边分干渠平面试验场每个试验处理为 4m×4m 正方形布设，间距 1m。保温处理分 5 层，为表层、保温板上（9cm 处）、保温板下（19cm 处）、30cm 和 50cm 处；对比段分 7 层，为表层、板下（9cm 处）、19cm、30cm、50cm、75cm 和 100cm 处；相同厚度 10cm 现浇模袋混凝土保温处理为模袋混凝土下、19cm、30cm、50cm 处；现浇模袋混凝土无保温处理为模袋混凝土下、30cm、50cm、75cm 和 100cm 处。

## 3.1.5　保温材料的铺设及施工

示范区渠道边坡保温材料的铺设，保温材料铺设根据渠道各坡别，上下不同部位，不同材料铺设厚度，在人工边坡修整完成后，以及各种监测仪器全部埋设完成后再进行铺设。保温材料铺设时注意块与块之间的衔接，不得留有间隙，应紧密。防止因铺设时人为造成的缝隙导致冷空气的进入。

## 3.1.6　主要观测内容

试验段主要观测内容包括：渠道冻前土壤含水量、最大冻深时土壤含水量、土壤融通后的土壤含水量监测；冻结期地下水位变化监测；渠道土壤地温（冻结深度）监测；渠道土壤冻融变形量（衬砌变化观测）监测；平面冻土试验场增加了一组分层冻胀量监测。南边分干渠试验观测内容见表 3-7。

表 3-7　　　　　　　　　南边分干渠试验观测内容

| 项目 | 试验一<br>对比段 | 试验二<br>保温段 | 试验三<br>保温段 | 试验四<br>保温段 | 试验五<br>保温段 | 试验六<br>对比段 | 试验七<br>设计对比段 |
|---|---|---|---|---|---|---|---|
| 设计处理 | 混凝土<br>板+膜 | 聚苯乙烯<br>保温板 | 聚苯乙烯<br>保温板 | 聚氨酯<br>保温板 | 聚氨酯<br>保温板 | 10cm 厚<br>模袋混凝土 | 15cm 厚<br>模袋混凝土 |
| 观测内容 | 冻胀量、<br>地温、<br>含水率 | 冻胀量、<br>地温、<br>含水率 | 冻胀量、<br>地温、<br>含水率 | 冻胀量、<br>地温、<br>含水率 | 冻胀量、<br>地温、<br>含水率 | 冻胀量、<br>含水率 | 冻胀量、<br>含水率 |
| 试验处理 | 6cm 混凝土<br>板+3mm<br>聚乙烯膜 | 保温板<br>20kg/m³；<br>阴坡：<br>上 6cm，<br>下 8cm<br>阳坡：<br>上 4cm，<br>下 6cm<br>底 8cm | 保温板<br>20kg/m³；<br>阴坡：<br>上 4cm，<br>下 6cm<br>阳坡：<br>上 3cm，<br>下 5cm<br>底 6cm | 保温板<br>46kg/m³；<br>阴坡：<br>上 4cm，<br>下 6cm<br>阳坡：<br>上 3cm，<br>下 5cm<br>底 6cm | 保温板<br>46kg/m³；<br>阴坡：<br>上 3cm，<br>下 4cm<br>阳坡：<br>上 2cm，<br>下 3cm<br>底 4cm | 阴、阳坡<br>10cm 厚<br>模袋混凝土，<br>渠底素土夯实 | 阴、阳坡<br>15cm 厚<br>模袋混凝土，<br>渠底素土夯实 |

1. 主要观测指标

观测指标包括：地温（每 30min 检测 1 次）、土壤含水量（至少 3 次：封冻前、最大冻深时、冻土融通后）、地下水位（5 天观测 1 次）、总冻胀量和变形观测（5 天观测 1 次）。

2. 观测时间

试验观测时间为 2012 年 10 月 15 日至 2015 年 4 月 15 日。

具体时间为 2012 年 10 月 15 日至 2013 年 4 月 15 日、2013 年 10 月 15 日至 2014 年 4 月 15 日、2014 年 10 月 15 日至 2015 年 4 月 15 日，共计 3 个冻结周期。平面冻土试验场自 2014 年 10 月 15 日至 2017 年 4 月 15 日，共计 3 个冻结周期。

3. 观测位置

各处理段地温、冻胀量观测点位置见图 3-1。

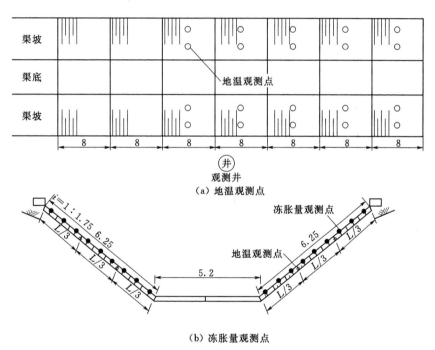

图 3-1　各处理段地温、冻胀量观测点位置图（单位：m）

## 3.1.7　观测仪器及方法

1. 土壤含水率监测

渠道土壤含水量采用人工钻孔分层分部位取样，采用称重烘干法测得土壤含水量，分析计算。每年封冻前、最大冻深时、冻土融通后共取土 3 次。

2. 地下水位的监测

在试验段左岸观测保护房内打地下水位监测井 1 眼，井管材料可选用 PVC 管材，口径 110mm，井管底部密封，井深 6m，每 5 天观测 1 次地下水位变化。

3. 土壤地温（冻结深度）监测

采用温度传感器监测地温，观测精度±0.5℃。测温孔布设：渠道边坡布设2孔，测温孔垂直坡面。试验1～5段阴、阳坡及渠底布设地温传感器，6～7段不予实施，冻结深度采用零温线进行推算；平面冻土试验场19个处理小区全部进行监测。

4. 土壤冻融变形量监测

冻胀量采用人工观测，1～7试验段均设置冻胀量观测，在渠道边坡设冻胀基准桩，基准桩上架设角钢配合水平尺量测土壤冻融变形量；平面冻土试验场采用水准仪进行冻融变形量监测。

### 3.1.8　试验方案施工注意事项

试验方案在实施过程中要规范施工，每一道施工程序都严格把关，切实遵照"安全、标准、认真"的原则。本试验段从渠道坡面基土整平、夯实、埋设地温传感器、铺设防水聚苯乙烯薄膜、铺设保温板到最后砂浆、混凝土衬砌板整个过程中，任何一个环节都要标准化施工。只有在施工过程严格控制，后期进入冻胀期后才可以较准确地采集数据，精确地分析结果。

### 3.1.9　不同保温材料抗冻胀试验成果分析

#### 3.1.9.1　基土温度变化

图3-2为临河地区2014—2015年冻融期内日最低气温的一个变化过程线。从图中可以看出11月中旬到次年1月中旬气温持续下降，1月下旬到3月中旬气温基本保持负温，波动幅度较小，这段时间为冻结期。从3月下旬开始，气温开始回升，4月气温上升到零度以上，这段时间为消融期。

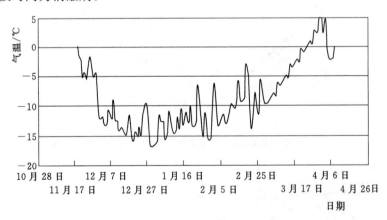

图3-2　临河地区2014—2015年冻融期日最低气温变化趋势图

#### 3.1.9.2　冻胀规律

1. 防冻胀处理段与不同保温材料处理冻胀效果分析

图3-3和图3-4分别为对比段与不同保温材料、对比段与模袋混凝土阳坡下部冻胀量过程线。由图可知：对比段的冻胀量明显大于有保温措施和模袋混凝土的试验段冻胀

量；保温 3 的冻胀量最小，说明其保温效果最好；其次为保温 1、保温 4、保温 2、模袋 10cm、模袋 15cm。

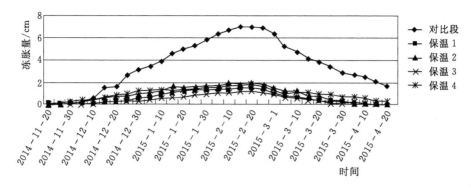

图 3-3 对比段与保温措施阳坡下部冻胀量过程线

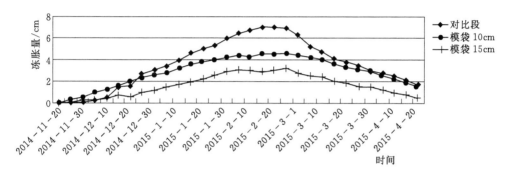

图 3-4 对比段与不同厚度模袋混凝土阳坡下部冻胀量过程线

2. 相同厚度聚氨酯与聚苯乙烯保温板冻胀量对比分析

图 3-5 为相同厚度聚苯乙烯与聚氨酯保温板阳坡下部冻胀量过程线。由图分析可知：阳坡下部聚苯乙烯保温板的冻胀量大于相同厚度的聚氨酯的冻胀量。保温 2 的最大冻胀量为 1.9cm，保温 3 的最大冻胀量为 1.2cm，相同厚度聚氨酯较聚苯乙烯保温板冻胀量减少 37%。

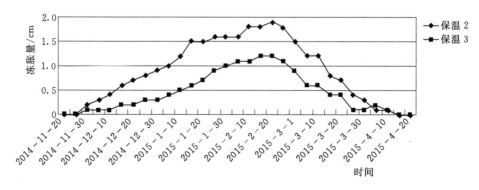

图 3-5 相同厚度聚苯乙烯与聚氨酯阳坡下部冻胀量过程线

表 3-8 为阳坡下部冻胀量特征值及其削减率。由表分析可知：各保温措施的冻胀量

明显小于对比段的冻胀量，保温板起到了防冻的作用。削减率最大达到 82.86%，最小达到 34.29%。

表 3-8　　　　　　　　　　　　阳坡下部冻胀量特征值及削减量

| 项　目 | 对比段 | 保温 1 | 保温 2 | 保温 3 | 保温 4 | 模袋 10cm | 模袋 15cm |
|---|---|---|---|---|---|---|---|
| 冻胀量最大值/cm | 7 | 1.5 | 1.9 | 1.2 | 1.8 | 4.6 | 3.2 |
| 削减量/cm | 0 | 5.5 | 5.1 | 5.8 | 5.2 | 2.4 | 3.8 |
| 冻胀量削减率/% | 0 | 78.57 | 72.86 | 82.86 | 74.29 | 34.29 | 54.29 |

## 3.1.10　保温防冻胀机理试验研究

### 3.1.10.1　无防冻胀处理段与不同保温材料处理冻胀效果分析

1. 对比段与不同厚度聚苯乙烯保温板冻胀效果

图 3-6 为对比段与不同厚度聚苯乙烯保温板冻胀量过程线。由图分析知：有保温措施的试验段的冻胀量明显小于对比段的冻胀量，且保温板越厚冻胀量越小，没有残余变形。密度为 20kg/m³ 的保温板厚度达到 8cm 时没有冻胀发生，达到 6cm 时有冻胀发生，仅仅为 10mm。

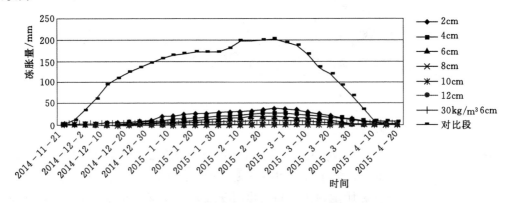

图 3-6　不同厚度聚苯乙烯保温板与对比段冻胀量过程线

2. 对比段与不同厚度聚氨酯保温板冻胀效果

图 3-7 为对比段与不同厚度聚氨酯保温板冻胀量过程线。由图分析知：有保温措施的试验段的冻胀量明显小于对比段的冻胀量，且保温板越厚冻胀量越小，没有残余变形。

3. 对比段与不同厚度聚苯乙烯 10cm 模袋冻胀效果

图 3-8 为不同厚度聚苯乙烯保温板 10cm 模袋与对比段冻胀量过程线。由图分析知：有保温措施的试验段的冻胀量明显小于对比段的冻胀量，且保温板越厚冻胀量越小，没有残余变形。

4. 对比段与不同厚度模袋混凝土冻胀效果

图 3-9 为对比段与不同厚度模袋混凝土冻胀量过程线。由图可知：不同厚度模袋混凝土冻胀量明显小于对比段的冻胀量，模袋混凝土的抗冻效果明显，且模袋混凝土的厚度越大其抗冻效果越好。

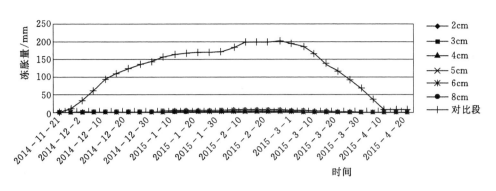

图 3-7　不同厚度聚氨酯保温板与对比段冻胀量过程线

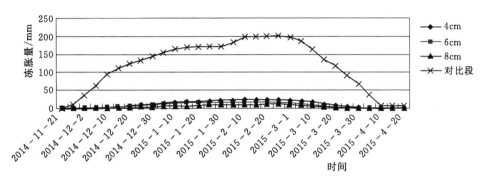

图 3-8　不同厚度聚苯乙烯保温板 10cm 模袋与对比段冻胀量过程线

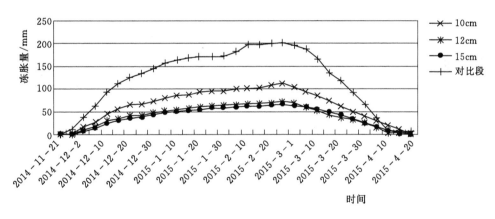

图 3-9　不同厚度模袋混凝土与对比段冻胀量过程线

### 3.1.10.2　相同厚度不同保温材料冻胀量对比分析

图 3-10 为相同厚度聚苯乙烯与聚氨酯保温板冻胀量过程线。由图可知：相同厚度的聚苯乙烯保温板的冻胀量明显大于聚氨酯保温板的冻胀量，2cm 聚氨酯保温板的保温效果好于 20kg/m³ 8cm 聚苯乙烯保温板。

### 3.1.10.3　相同厚度相同保温材料不同衬砌材料冻胀效果

图 3-11 为相同厚度聚苯乙烯保温板混凝土预制板与 10cm 模袋混凝土冻胀量过程线。由图可知：相同厚度保温板混凝土预制板与 10cm 模袋混凝土冻胀量没有区别，两者在冻融期内没有残余变形。

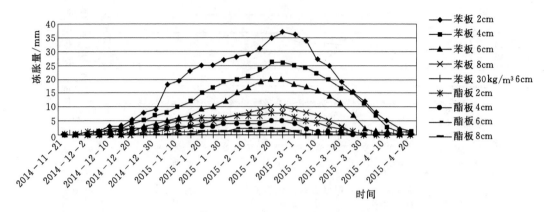

图 3-10　相同厚度聚苯乙烯与聚氨酯保温板冻胀量过程线

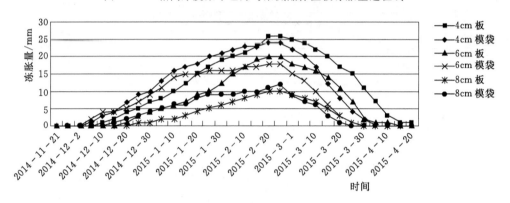

图 3-11　相同保温措施下混凝土预制板与 10cm 模袋冻胀量过程线

### 3.1.10.4　不同保温措施冻胀量特征值

表 3-9～表 3-11 为对比段与不同保温措施的冻胀量特征值及其削减率。由表可知：冻胀量削减率最大达到 100%，最小达到 44%（无保温 10cm 模袋）。

表 3-9　　　　　　　　对比段与聚苯乙烯保温板的冻胀量特征值及其削减率

| 项　　目 | 对比段 | 2cm | 4cm | 6cm | 8cm | 10cm | 12cm | 30kg 6cm |
|---|---|---|---|---|---|---|---|---|
| 冻胀量/mm | 201 | 37 | 26 | 20 | 10 | 0 | 0 | 0 |
| 冻胀量削减率/% | 0 | 81.59 | 87.06 | 90.05 | 95.02 | 100.00 | 100.00 | 100.00 |

表 3-10　　　　　　　对比段与聚氨酯保温板的冻胀量特征值及其削减率

| 项　　目 | 对比段 | 2cm | 3cm | 4cm | 5cm | 6cm | 8cm |
|---|---|---|---|---|---|---|---|
| 冻胀量/mm | 201 | 8 | 6 | 5 | 3 | 2 | 1 |
| 冻胀量削减率/% | 0 | 96.02 | 97.01 | 97.51 | 98.51 | 99.00 | 99.50 |

表 3-11　　　　　　　对比段与模袋混凝土的冻胀量特征值及其削减率

| 项　　目 | 对比段 | 10cm 模袋 | | | 无保温模袋 | | |
|---|---|---|---|---|---|---|---|
| | | 4cm | 6cm | 8cm | 10cm | 12cm | 15cm |
| 冻胀量/mm | 201 | 24 | 18 | 12 | 112 | 70 | 66 |
| 冻胀量削减率/% | 0 | 88.06 | 91.04 | 94.03 | 44.28 | 65.17 | 67.16 |

#### 3.1.10.5 试验场不同保温材料铺设厚度与冻胀量的关系

**1. 聚苯乙烯保温板厚度与冻胀量关系**

图 3-12 为不同厚度聚苯乙烯保温板下冻胀量关系曲线图。由图可以得出：在衬砌下加入保温板后，衬砌冻胀量急剧减小；而且随着保温板厚度的增加，冻胀量越来越小。当聚苯乙烯保温板的厚度达到 10cm 时，冻胀量为 0cm，此时衬砌无冻胀变形。对比段与聚苯乙烯保温板的冻胀量特征值及其削减率见表 3-12。

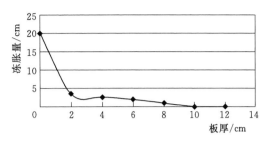

图 3-12 聚苯乙烯保温板板厚与冻胀量关系曲线图

表 3-12 对比段与聚苯乙烯保温板的冻胀量特征值及其削减率

| 项 目 | 对比段 | 2cm | 4cm | 6cm | 8cm | 10cm | 12cm |
|---|---|---|---|---|---|---|---|
| 冻胀量/mm | 201 | 37 | 26 | 20 | 10 | 0 | 0 |
| 冻胀量削减率/% | 0 | 81.59 | 87.06 | 90.05 | 95.02 | 100.00 | 100.00 |

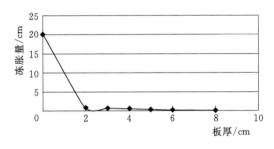

图 3-13 聚氨酯保温板板厚与冻胀量关系曲线图

**2. 聚氨酯保温板厚度与冻胀量关系**

图 3-13 为不同厚度聚氨酯保温板下冻胀量关系曲线图。由图可以得出：在衬砌下加入保温板后，衬砌冻胀量急剧减小；而且随着保温板厚度的增加，冻胀量减小的趋势越来越明显。当聚氨酯保温板的厚度达到 5cm 时，冻胀量削减率达到 98.51%，冻胀量为 0.3cm。对比段与聚氨酯保温板的冻胀量特征值及其削减率见表 3-13。

表 3-13 对比段与聚氨酯保温板的冻胀量特征值及其削减率

| 项 目 | 对比段 | 2cm | 3cm | 4cm | 5cm | 6cm | 8cm |
|---|---|---|---|---|---|---|---|
| 冻胀量/mm | 201 | 8 | 6 | 5 | 3 | 2 | 1 |
| 冻胀量削减率/% | 0 | 96.02 | 97.01 | 97.51 | 98.51 | 99.00 | 99.50 |

**3. 10cm 厚模袋+聚苯乙烯板保温措施下板厚与冻胀量关系**

图 3-14 为 10cm 厚模袋+不同厚度聚苯乙烯保温板下冻胀量关系曲线图。由图可以得出：在模袋衬砌下加入保温板后，衬砌冻胀量急剧减小；而且随着保温板厚度的增加，冻胀量减小的趋势越来越明显。当模袋下聚苯乙烯保温板的厚度达到 8cm

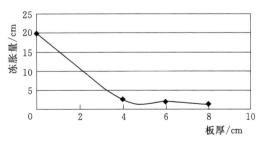

图 3-14 10cm 模袋+保温板措施下冻胀量与板厚关系曲线图

时，冻胀量削减率达到 94.03％，冻胀量为 1.2cm。对比段与 10cm 模袋混凝土＋聚苯乙烯的冻胀量特征值及其削减率见表 3－14。

表 3－14　　　　对比段与 10cm 模袋混凝土＋聚苯乙烯的冻胀量特征值及其削减率

| 项　　目 | 对比段 | 聚苯乙烯保温板厚度 | | |
|---|---|---|---|---|
| | | 4cm | 6cm | 8cm |
| 冻胀量/mm | 201 | 24 | 18 | 12 |
| 冻胀量削减率/％ | 0 | 88.06 | 91.04 | 94.03 |

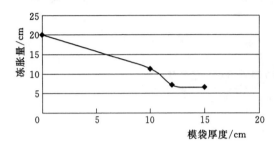

图 3－15　不同厚度模袋下冻胀量与
板厚关系曲线图

**4. 模袋保温措施下模袋厚度与冻胀量关系**

图 3－15 为不同厚度模袋混凝土下冻胀量关系曲线图。由图可以得出：随着模袋混凝土厚度的增加，冻胀量越来越小。当模袋混凝土的厚度达到 15cm 时，冻胀量削减率达到 67.16％，冻胀量为 6.6cm。对比段与模袋混凝土的冻胀量特征值及其削减率见表 3－15。

表 3－15　　　　　　对比段与模袋混凝土的冻胀量特征值及其削减率

| 项　　目 | 对比段 | 模　袋　厚　度 | | |
|---|---|---|---|---|
| | | 10cm | 12cm | 15cm |
| 冻胀量/mm | 201 | 112 | 70 | 66 |
| 冻胀量削减率/％ | 0 | 44.28 | 65.17 | 67.16 |

### 3.1.10.6　分层冻胀量

为研究地基土各层次冻胀量的大小，采用了单体基准法对各土层的冻胀量进行了监测，每层土层厚度为 20cm。随着冻结深度的发展，由上而下各层基土依次开始发生冻胀，达到最大冻胀量后，从 3 月初依次开始融沉，至 4 月中旬全部复位，80cm 以下未产生冻胀。各土层分层冻胀量过程线见图 3－16。

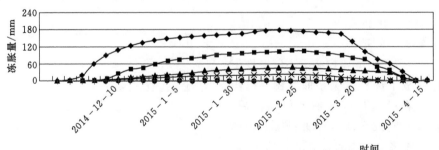

图 3－16　南边渠平面试验场分层冻胀量过程线

#### 3.1.10.7 保温机理研究

通过对平面冻土试验场监测数据曲线拟合，可得出保温板板厚与地温、冻胀量的函数关系式。

1. 聚苯乙烯保温板下地温与板厚的关系

函数关系式为

$$y = 0.757x - 5.507$$

式中：$y$ 为基土温度，℃；$x$ 为聚苯乙烯保温板厚度，cm。

由关系式可以得出：每增加 1cm 聚苯乙烯保温板厚度时，地温提高值为

$$\Delta y = (0.757 \times 1 - 5.507) - (0.757 \times 0 - 5.507) = 0.757(℃)$$

2. 聚苯乙烯保温板下冻胀量与板厚的关系

函数关系式为

$$y = -1.237x + 11.62$$

式中：$y$ 为冻胀量，cm；$x$ 为聚苯乙烯保温板厚度，cm。

由关系式可以得出：每增加 1cm 聚苯乙烯保温板厚度时，冻胀量削减值为

$$\Delta y = (-1.237 \times 0 + 11.62) - (-1.237 \times 1 + 11.62) = 1.237(cm)$$

3. 聚氨酯保温板下地温与板厚的关系

函数关系式为

$$y = 1.266x - 5.866$$

式中：$y$ 为基土温度，℃；$x$ 为聚氨酯保温板厚度，cm。

由关系式可以得出：每增加 1cm 聚氨酯保温板厚度时，地温提高值为

$$\Delta y = (1.266 \times 1 - 5.866) - (1.266 \times 0 - 5.866) = 1.266(℃)$$

4. 聚氨酯保温板下冻胀量与板厚的关系

函数关系式为

$$y = -1.940x + 10.99$$

式中：$y$ 为冻胀量，cm；$x$ 为聚氨酯保温板厚度，cm。

由关系式可以得出：每增加 1cm 聚氨酯保温板厚度时，冻胀量削减值为

$$\Delta y = (-1.940 \times 0 + 10.99) - (-1.940 \times 1 + 10.99) = 1.940(cm)$$

由拟合曲线函数关系式得出以下结论：

(1) 每增加 1cm 聚苯乙烯保温板厚度时，地温提高值为 0.757℃，冻胀量削减值为 1.237cm，这与实际监测得到的数据结果相差不大，因此公式对于本地区渠道冻胀保温板板厚选择具有一定的参考意义。

(2) 每增加 1cm 聚氨酯保温板厚度时，地温提高值为 1.266℃，冻胀量削减值为 1.940cm，这与实际监测得到的数据结果相差不大，因此公式对于本地区渠道冻胀保温板板厚选择具有一定的参考意义。

(3) 平均 1cm 厚聚氨酯保温材料比聚苯乙烯保温材料多提高地温 0.509℃，冻胀量多削减 0.703cm，因此聚氨酯保温板比聚苯乙烯保温板的保温效果好。但是实践证明，相对较薄的聚氨酯（3cm 以下）保温效果较差，在实际渠道保温施工中应选择 3cm 以上的保

温板。同时聚氨酯的价格相对昂贵，要根据各地区实际情况选择既有效又合理经济的保温方式。1cm 厚保温材料提高地温值与削减冻胀量值见表 3-16。

表 3-16　　　　　　　　1cm 厚保温材料提高地温值与削减冻胀量值

| 材　料 | 地温/℃ | 削减冻胀量值/cm |
|---|---|---|
| 聚苯乙烯 | 0.757 | 1.237 |
| 聚氨酯 | 1.266 | 1.940 |

## 3.2　田间节水灌溉技术试验研究

### 3.2.1　平地缩块改造畦田技术试验研究

内蒙古河套灌区田间灌水方式主要为地面灌溉的畦灌，畦田田块的大小多以责任田块为单位，一般为 2~3 亩，局部有 1 亩以下的。田块大小不一，乱灌、串灌现象严重，浪费水量、影响灌水效果。为保证田块平整的顺利进行与可操作性，必须将现有的大块田块进行压缩，改成 1 亩 2 畦或 1 亩 3 畦，形成典型示范。主要针对不同畦块大小灌水定额与节水效果对比进行了试验研究。根据灌区实际情况及 2007 年、2008 年的试验成果，在 2009 年重点观测 1 亩田块。

采用田间灌溉对比试验的研究方法，将试验田按现状分为 4 种处理进行了方案设计，有 1.5 亩、1 亩、0.5 亩、0.33 亩 4 种，按田块大小不同进行 4 种处理的对比试验，对比分析不同畦块作物生长指标的差异及节水效果。每种试验设 3 次重复，共 12 个小区，试验田面积共计 10 亩。试验区播种单种小麦，试验材料均采用目前河套灌区农民使用的常规品种：小麦永良 4 号，生育期 110~120 天，抗倒伏性强。

播种前测定了试验田的土壤水分、盐分、pH 值、养分等基础数据。试验田于 4 月 6 日播种，4 月 20 日出苗。田间试验从出苗开始日常的观测工作，记录了播种时间、出苗时间、出苗情况，确定出苗率和各生育阶段的进入时间。试验田统一雇佣当地农户播种，为使试验结果具有一定的可比性，所有处理中作物品种、籽种数量、底肥的数量、灌水次数以及作物生育期施肥情况、作物株距行距等都相同。

#### 3.2.1.1　小麦畦田作物生育指标及产量测定

1. 不同畦块大小对小麦株高影响

对单种小麦的株高进行定期观测，不同畦块处理均定株测定，采用其平均值绘制小麦株高随时间的变化过程见图 3-17。从图中可以看出，不同畦块大小对小麦株高影响总体趋势都是一致的，小麦生长速率是由快到慢的过程。在小麦生育前期各处理分别株高差异不大，表明小麦生育前期畦块大小对株高影响不大；在小麦生育后期各处理株高差距明显增大，这表明畦块大小对株高影响较大。

2. 不同畦块大小对小麦叶片数影响

对单种小麦的叶片数进行定期观测，不同畦块处理均定株测定，采用其平均值绘制小麦叶片数随时间的变化过程见图 3-18。从图中可以看出，不同畦块大小对小麦叶片数影

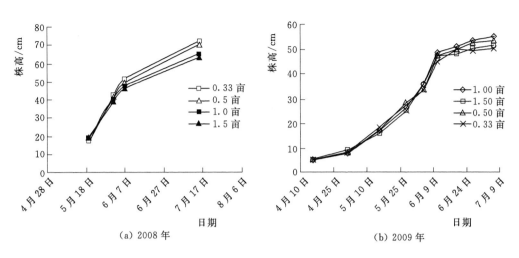

图 3-17　2008 年和 2009 年不同畦块大小条件下小麦株高变化

响总体趋势都是一致的，小麦叶片数的变化是由少到多又变少的过程。在小麦生育前期各处理叶片数都呈增加趋势，到小麦生长中后期叶片数又开始减少。

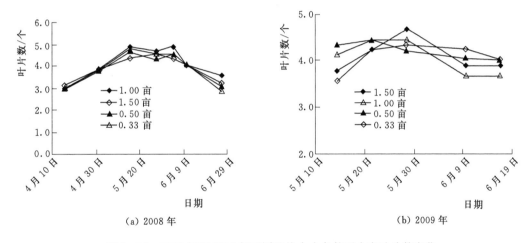

图 3-18　2008 年和 2009 年不同畦块大小条件下小麦叶片数变化

3. 不同畦块大小对小麦叶面积影响

作物群体的物质生产，来源于作物个体的生长量。叶子是作物进行光合作用、蒸腾作用等生理过程的主要器官。叶面积的消长是衡量作物个体和群体生长发育好坏的重要标志。叶面积大小直接影响到作物光合面积的大小，最终影响到作物的产量。所以叶面积是用来表征作物生长量的重要指标之一。小麦叶面积随小麦生育时间变化过程如图 3-19 所示。

从图 3-19 可以看出，各处理随着生育进程的推进，叶面积逐渐增大，在小麦生育中期（5 月中旬至 6 月中旬），小麦叶面积增加最快，从一定程度上说明此阶段是小麦耗水量最大的阶段，保证此阶段的水分供应对小麦的生长发育极其重要；到小麦生育后期，下层叶片逐渐脱落，营养生长逐渐转向生殖生长，叶面积相应逐渐减小。

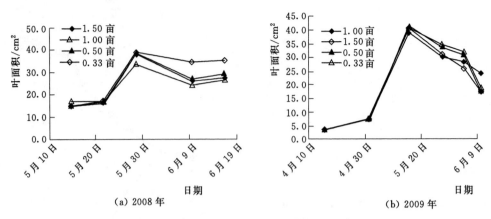

图 3-19 2008 年和 2009 年不同畦块大小条件下小麦叶面积变化

4. 不同畦块大小对小麦产量的影响

水分亏缺对作物生态性状和生理活动的影响最终反映在产量影响上，作物生长发育的不同时期进行不同的畦田大小和水分处理，会直接影响到作物的生育、生理指标，最终影响作物产量。

图 3-20 为单种小麦在 2007 年、2008 年和 2009 年小麦产量随畦田大小的变化过程。从图中可以看出：2007 年、2008 年和 2009 年的数据有较好的一致性，即随着畦田面积的增加，小麦产量呈递减趋势；2007 年为试验进行的第一年，各方面土地管理措施不太理想，产量较低，1.5 亩、1.0 亩、0.5 亩、0.33 亩的产量分别为 392kg/亩、381kg/亩、375kg/亩、369kg/亩，最低产量与最高产量相差 23kg/亩，1.5 亩、1.0 亩、0.5 亩的产量分别为 0.33 亩的 94.00%、95.66%、97.19%。在 2007 年各种试验措施及土地条件改善的基础上，2008 年小麦产量普遍提高，与 2007 年相比，1.5 亩、1.0 亩、0.5 亩、0.33 亩产量分别提高 1.81kg/亩、5.77kg/亩、22.69kg/亩、20.74kg/亩；1.5 亩、1.0 亩、0.5 亩的产量分别为 0.33 亩的 89.84%、92.25%、97.81%。在前两年试验条件及管理措施完善的基础上，2009 年小麦产量普遍提高，1.5 亩、1.0 亩、0.5 亩的产量分别为 0.33 亩的 88.45%、93.64%、98.13%。从以上分析可以看出，在 2007 年、2008 年和 2009 年，1.0 亩田块产量分别为 0.33 亩田块产量的 95.66%、92.25%、98.13%，在畦田面积比较大的情况下，产量下降幅度并不明显。

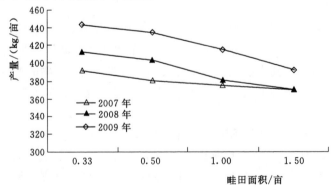

图 3-20 不同畦块大小条件下小麦产量变化

### 3.2.1.2 小麦畦田改造技术成果

第 1 轮水灌溉时，相对于 1 亩田块而言，0.5 亩和 0.33 亩田块的节水效率分别为 7.49% 和 13.58%；第 2 轮水和第 4 轮水灌溉时，相对于 1.5 亩田块而言，1 亩、0.5 亩和 0.33 亩田块的节水效率分别为 16.45%～28.66%、26.04%～26.24% 和 35.39%～44.97%，平均节水效率为 22.56%、26.14%、40.18%。从以上分析结果可知，随着田块面积的缩小，节水效果呈递增趋势。2007 年节水效果对比见图 3-21。不同规格畦块节水效果见图 3-22。2007—2009 年小麦实际灌水定额与节水效果见表 3-17。

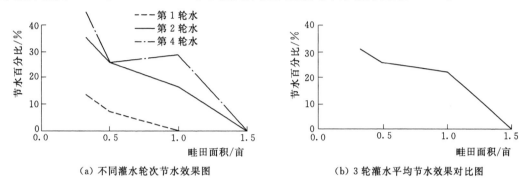

（a）不同灌水轮次节水效果图  （b）3 轮灌水平均节水效果对比图

图 3-21  2007 年节水效果对比图

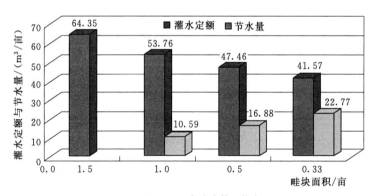

（a）2007 年小麦第 2 轮水

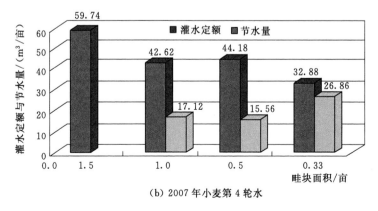

（b）2007 年小麦第 4 轮水

图 3-22  不同畦块规格节水效果

表 3－17　　　　　　　　　　　　2007—2009 年小麦实际灌水定额与节水效果

| 灌水次数 | 田块面积/亩 | 2007 年 | | | 2008 年 | | | 2009 年 | | |
| | | 平均灌水定额/(m³/亩) | 节水量/(m³/亩) | 节水效果/% | 平均灌水定额/(m³/亩) | 节水量/(m³/亩) | 节水效果/% | 平均灌水定额/(m³/亩) | 节水量/(m³/亩) | 节水效果/% |
| --- | --- | --- | --- | --- | --- | --- | --- | --- | --- | --- |
| 1 | 1.5 | | | | 58.64 | | | 82.51 | | |
| | 1 | 79.13 | | | 45.05 | 13.59 | 23.18 | 77.04 | 5.47 | 6.63 |
| | 0.5 | 73.20 | 5.93 | 7.49 | 41.66 | 16.98 | 28.96 | 74.09 | 8.42 | 10.20 |
| | 0.3 | 68.38 | 10.74 | 13.58 | 34.43 | 24.21 | 41.29 | 68.34 | 14.17 | 17.17 |
| 2 | 1.5 | 64.35 | | | 56.57 | | | 56.79 | | |
| | 1 | 53.76 | 10.59 | 16.45 | 42.18 | 14.39 | 25.44 | 43.09 | 13.69 | 24.12 |
| | 0.5 | 47.46 | 16.88 | 26.24 | 40.26 | 16.31 | 28.83 | 41.34 | 15.44 | 27.20 |
| | 0.3 | 41.57 | 22.77 | 35.39 | 33.25 | 23.32 | 41.22 | 35.33 | 21.45 | 37.78 |
| 3 | 1.5 | 59.74 | | | 46.54 | | | 77.00 | | |
| | 1 | 42.62 | 17.12 | 28.66 | 35.64 | 10.90 | 23.42 | 73.57 | 3.43 | 4.45 |
| | 0.5 | 44.18 | 15.56 | 26.04 | 34.45 | 12.09 | 25.98 | 72.64 | 4.36 | 5.66 |
| | 0.3 | 32.88 | 26.86 | 44.97 | 30.23 | 16.31 | 35.05 | 69.50 | 7.50 | 9.74 |

## 3.2.2　田间渠道衬砌新技术试验研究

2013 年在巴彦淖尔市临河区双河示范区毛渠进行玻璃钢新材料、竹塑、整体预制 U 形槽结构型式渠道衬砌，开展了田间工程措施的集成与示范、节水效果评估、防冻胀效果监测和渠道运行状况的监测。项目区主要开展 3 条毛渠的衬砌，长度 300m，其中整体 U 形 D50 混凝土断面 1 条长度为 100m；竹塑 D50 渠道 1 条，长度为 100m；玻璃钢 φ500 断面 1 条，长度为 100m。

### 3.2.2.1　玻璃钢新材料渠道衬砌示范

1. 玻璃钢新材料渠道性能

玻璃钢新材料渠道衬砌如图 3－23 所示。外观尺寸长度偏差：长度偏差为总长度的 ±0.5%；厚度偏差：平均厚度不小于公称厚度的 90%；巴氏硬度水渠外表面的巴氏硬度不小于 35，比重 1.65～2.0，盛水变形量不大于 5%，使用年限为 20 年以上，糙率系数为 0.0084，耐温性能为 −50～80℃，渠壁树脂中的不可溶成分含量不小于 90%。

2. 施工时间与工程投资

(1) 施工时间：2013 年 6 月。

(2) 工程投资：玻璃钢渠道为 248 元/m，共投资 24800 元。

### 3.2.2.2　竹塑新材料渠道衬砌示范

1. 竹塑材料渠道产品优点

竹塑材料渠道衬砌如图 3－24 所示。其具有防渗效果好、输水速度快、占地面积小、施工效率高、抗冻融效果好、预制化程度高、整体外观美、耐久性能好等优点。

图 3-23 玻璃钢新材料渠道衬砌

2. 施工时间与工程投资

（1）施工时间：2013 年 7 月。

（2）工程投资：竹塑渠道为 330 元/m，共投资 33000 元。

图 3-24 竹塑新材料渠道衬砌

### 3.2.2.3 混凝土 U 形槽渠道衬砌示范

混凝土 U 形槽渠道衬砌如图 3-25 所示。

1. 混凝土 U 形槽优点

（1）防渗效果好。混凝土板是人工浇筑的，存在厚薄不均匀的情况，而 U 形槽是机制混凝土，薄厚均匀，渠道水利用系数可达到 0.97~0.98，由于 U 形渠道湿周短、流速快、接缝少，因而输水损失小，防渗效果好。

（2）U 形槽渠道的渠口窄，而且能够独立承受水的外力，渠道占地面积小，U 形槽衬砌的倾角为 14°，而 C15 混凝土现浇渠道倾角为 27°，U 形槽衬砌渠道与 C15 混凝土渠道衬砌相比，可节约土地 5%。

（3）U 形槽衬砌由于断面小，土方开挖量小，减少了劳动力。

（4）施工方便，施工周期短，施工受外部环境的影响小。

（5）地形变化适应能力强，水的利用率高。

图 3-25　混凝土 U 形槽渠道衬砌

2. 施工时间与工程投资

（1）施工时间：2013 年 8 月。

（2）工程投资：混凝土 U 形槽厚度为 60mm，渠道每米 130 元，共投资 13000 元。

#### 3.2.2.4　新材料毛渠衬砌工程效益

通过对示范区玻璃钢新材料、竹塑、混凝土 U 形槽渠道衬砌后与土渠对比分析具有以下效益。

（1）节水效益。土渠渗透量大，渠道水利用率低，浪费水严重，而通过新材料衬砌后渠道水利用系数由以前的 0.46 提高到 0.9 以上，减少灌溉水的浪费，达到了节水的目的。

（2）节地效益。示范区衬砌毛渠长分别为 100m，衬砌后渠道每侧分别可节约 1.5m，每条毛渠分别节约土地 300m²，可以增加作物种植面积 300m²，节约土地 5% 左右。

（3）经济效益。通过对毛渠两侧节约的土地，增加了作物种植面积，使得土地利用率提高，作物产量增加，经济效益得到提高。

### 3.2.3　激光平地技术试验研究

#### 3.2.3.1　激光平地技术简介

激光平地技术是目前世界上最先进的土地精细平整技术。它利用激光束平面取代常规机械平地中人眼目视作为控制基准，通过伺服液压系统操纵平地铲运机具工作，完成土地平整作业。激光平地系统设备主要由激光发射器、激光接收器、控制箱、液压控制阀、平地机 5 部分组成。平地作业时，激光发射器在农田上方发射出极细的能旋转的光束线，在作业地块的定位高度上形成一光平面，此光平面就是平地机组作业时平整土地的基准平面，光面可以呈水平，也可以与水平呈一倾角（用于坡地平整作业）。激光接收器安装在靠近刮土铲铲刃的伸缩杆上，当接收器检测到激光信号后，不停地向控制箱发送电信号，控制箱收到标高变化的电信号后，进行自行修正，修正后的电信号控制液压控制阀，以改正液压油输向油缸的流向与流量，自动控制刮土铲的高度。

#### 3.2.3.2　激光平地设备的设置和操作

（1）建立激光。首先根据被刮平的场地大小确定激光器的位置，直径超过 300m 的地块，激光器放在场地中间位置；直径小于 300m 的地块，放在场地的周边。激光器位置确定后，支撑三脚架安装激光器并调平，激光的标高应处在拖拉机平地机组最高点上方 0.5～1m 的地方，以避免机组和操作人员遮挡住激光束。

（2）测量场地。利用接收器对地块进行普通测量，绘制出地块的地形地势图，并计算出平均标高。以这个平均标高的位置作为平地机械作业的基准点，也是平地机刮土铲铲刃初始作业位置。

（3）作业。以铲刃初始作业位置为基准，调整激光接收器伸缩杆的高度，使发射器发出的光束与接收器相吻合，然后，将控制开关置于自动位置，即可开始平整作业。

### 3.2.3.3 激光平地评价指标

目前，常用两种方法来评价土地的平整精度：一种是农田表面相对高程的标准偏差值 $S_d$，标准偏差值反映了农田表面平整度的总体状况；另一种是为了真实反映农田表面平整度的分布状况，通过计算田块内所有测点的相对高程与期望高程的绝对差值 $|h_i - \bar{h}|$，根据小于某一绝对差值的测点的累计百分比数 $\alpha$，评价农田表面形状的差异及其分布特性。其中标准偏差值 $S_d$ 计算公式为

$$S_d = \sqrt{\sum_{i=1}^{n} (h_i - \bar{h})^2 / (n-1)} \qquad (3-1)$$

式中：$h_i$ 为第 $i$ 个采样点的相对高程；$\bar{h}$ 为该田块相对期望高程，即平地设计高程；$n$ 为田块内采样点的总数。

经过激光平地后，相对高程标准差 $S_d$ 控制在 3cm 之内，并且可以改善以下内容：①节水 30%～50%；②作物产量提高 20% 以上；③肥料的利用率可提高到 50%～70%；④提高机械化作业率；⑤控制杂草生长，减少病虫害；⑥提高灌溉效率和灌水均匀度 25% 以上；⑦适度扩大畦田规格，减少田（渠）埂占地面积 1.5%～3%。激光平地技术使得农田具有显著的节水、增产、省工、提高土地利用率等效果，提高农田灌溉水利用率，可以实现精量播种、精量施肥、精细地面灌溉等。如在秋浇前配合进行激光平地，可大幅度提高秋浇灌溉效率和减少秋浇灌溉用水量。

### 3.2.3.4 双河示范区激光平地现状与分析

内蒙古九庄农业综合园区是由巴彦淖尔市鸿德农业专业合作社与巴彦淖尔久丰农机合作社共同打造的现代化农业示范园区。园区位于临河区双河镇进步村，距市区 3km，属于典型的城郊经济区。园区通过土地流转方式整合土地资源近 6000 亩。土地流转费用比过去农民自己对外承包高出一倍，农民土地收益实现直接翻番，农民的土地收益得以体现。园区确立了以设施农业为主，打造临河瓜果蔬菜基地的发展方向，并通过环境改造，逐步建成临河临黄河的集观光休闲于一体的综合农业园区。

园区核心区内种植主要作物为小麦、向日葵、玉米、番茄，种植模式采用套种与单种。小麦套种玉米面积为 1000 亩，小麦套种向日葵面积为 300 亩，单种玉米面积为 800 亩，单种向日葵面积为 40 亩，番茄面积为 260 亩。

园区从 2010 年开始引进激光平地系统到 2012 年，经过 3 年间段地平地（一般是在春播前和秋收后），园区核心区面积 2400 亩基本完成了激光平地作业。经过平地后，梯田平整，作物受水均匀，小区由以前的一亩三畦扩大为两亩一畦，节水 30% 左右，作物产量提高 30% 左右，具有省人工、好作业等优势。

在园区核心区内选取 2011 年与 2012 年激光平地处理后与原地貌的地块面积分别为 50m×50m 与 50m×60m，使用水准仪分别对各地块进行激光平地前后的地形测量，格栅点间距设为 10m。将测量后的相对高程值数据运用 sufer8.0 软件绘制出地形图，如图 3-26 和图 3-27 所示。

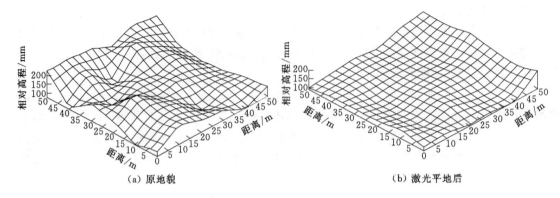

图 3-26　2011 年地块一激光平地处理前后地形对比

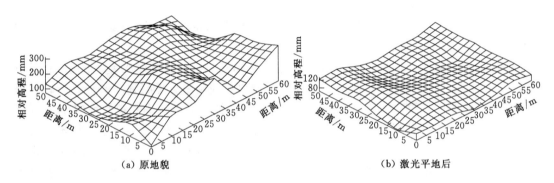

图 3-27　2012 年地块二激光平地处理前后地形对比

由图 3-26 和图 3-27 可以直观地看出，2011 年与 2012 年通过激光平地后的田块平整情况均有很大改善，未平地的田块高低起伏程度较大，平整度较差，而经过激光平地后的田块高低起伏程度较小，平整度较好，并且在长度和宽度方向的坡度都较小。

根据各个测点的相对高程，求出每个地块的标准偏差值 $S_d$。对园区内激光平地后的地块与未平地的地块进行对比分析，对其平地效果进行评价，具体结果见表 3-18。

表 3-18　　　　　　　　　　激光平地效果评价

| 地块 | 平地时间 | 作业面积<br>/hm² | 平地前 $S_d$<br>/cm | 平地后 $S_d$<br>/cm | 绝对改善度<br>$\delta$/cm | 相对改善度<br>/% |
|------|----------|------------------|---------------------|---------------------|--------------------------|------------------|
| 地块一 | 2011 年 | 0.25 | 5.9 | 2.8 | 3.1 | 52.5 |
| 地块二 | 2012 年 | 0.30 | 6.3 | 2.4 | 3.9 | 61.9 |

由表 3-18 可以看出，2011 年平地后地块标准偏差值为 2.8cm，绝对改善度为 3.1cm，相对改善度为 52.5%，而 2012 年平地后地块标准偏差值为 2.4cm，绝对改善度为 3.9cm，相对改善度为 61.9%。现阶段我国农田激光平地精度的评价指标建议定为：

标准偏差值 $S_d$ 达到 $2\sim3$cm，绝对差值小于 2cm 的测点累计百分比接近 80%。由实测结果表明，该地区 2011 年与 2012 年平地效果基本满足要求，并且 2012 年的平地效果好于 2011 年的平地效果。

表 3-19 给出 2011 年与 2012 年激光平地前后地块内所有测点相对高程绝对差值小于某一绝对差值的累计百分数。2011 年与 2012 年激光平地前田块内绝对差值 $ED$ 小于 1cm、2cm、3cm 的测点占全部测点的百分数平均值分别为 11.7%、20.4% 和 29.4%，激光平地后，田块内绝对差值小于 1cm、2cm、3cm 的测点占全部测点的百分数平均值分别为 24.2%、48.6% 和 73.0%。平地以后，相对高程绝对差值所占比例平均值分别增加了 106.8%、138.2% 和 148.3%，说明平地效果具有大幅度提高，激光平地技术极大地改善了田块地面高低起伏状况。

表 3-19 平地前后田块内小于某一绝对差值的测点累积百分数　　　　　%

| 地块 | 平地时间 | 平地前田块内相对高程绝对差 | | | 平地后田块内相对高程绝对差 | | |
|---|---|---|---|---|---|---|---|
| | | $ED<1cm$ | $ED<2cm$ | $ED<3cm$ | $ED<1cm$ | $ED<2cm$ | $ED<3cm$ |
| 地块一 | 2011 年 | 9.5 | 21.4 | 31.0 | 26.2 | 50.0 | 73.8 |
| 地块二 | 2012 年 | 13.8 | 19.4 | 27.7 | 22.2 | 47.2 | 72.2 |
| 平均值 | | 11.7 | 20.4 | 29.4 | 24.2 | 48.6 | 73.0 |

#### 3.2.3.5　节水效果评价

2014 年在双河示范区开展了激光平地和未激光平地灌水量监测工作，对激光平地后的节水效果进行了分析与评价。在九庄综合示范园区 2000 亩核心区内选择 2 块激光平地后的田块，在核心区外选择了 2 块未激光平地的田块，种植作物都为玉米，在玉米生育期灌水时对每次灌水量进行量测。各田块每次灌水时，在各田块田口安装 T 形量水堰或者采用流速仪对玉米田块每轮灌水量进行测定。

通过在激光平地处理和未激光平地处理的玉米田块每轮灌水量的测定，对比分析激光平地后的节水量和节水效果。在玉米生育期内共监测灌水 3 次，灌水监测数据与分析结果见表 3-20。

表 3-20 灌 水 量 对 比 监 测

| 处理 | 田块名称 | 田块面积 /m² | 灌水量/(m³/亩) | | | | 节水量 /(m³/亩) | 节水率 /% |
|---|---|---|---|---|---|---|---|---|
| | | | 第 1 次灌水 | 第 2 次灌水 | 第 3 次灌水 | 平均灌水 | | |
| 激光平地 | 田块一 | 824 | 82.2 | 62.3 | 65.7 | 61.3 | 16.08 | 21 |
| | 田块二 | 738 | 56.4 | 53.4 | 47.8 | | | |
| 未激光平地 | 田块三 | 1143 | 94.1 | 76.8 | 71.6 | 77.38 | | |
| | 田块四 | 712 | 78.9 | 77.6 | 65.3 | | | |

通过对示范区激光平地与未激光平地的地块儿灌水量的监测，激光平地地块平均灌水量为 61.3m³/亩，未激光平地地块的平均灌水量为 77.38m³/亩，平均每亩节水 16.08m³，示范区激光平地后节水 21%，节水效果较为明显。

## 3.2.4　示范区田间工程节水改造技术研究

### 3.2.4.1　试验区布设、设计处理与试验方法

试验区设在隆胜节水示范区永刚分干灌域西济支渠左五直农渠范围内，占地 35 亩，土壤质地剖面以通体轻砂壤土为主，间有壤黏相同类型，耕作层土壤密度在 $1.4g/m^3$ 左右，比重为 $2.67\sim2.7$，孔隙度为 $47\%\sim50\%$，土壤田间持水量为 $23\%$，为肥力中等的非盐碱化土壤；由西济支渠供水，左五直农渠灌水，灌溉用水比较便利。

按项目可行性分析报告和计划任务书的要求，结合灌区田块工程现状和近期的田块工程规划目标，研究的内容有两个：第一是不同畦块大小灌水定额与节水效果对比；第二是不同土地平整条件下灌水定额与节水效果对比。

不同畦块大小灌水定额与节水效果的研究，共设 4 个处理，即：A（对照田）、B、C、D 分别为 1.65 亩、1.0 亩、0.5 亩、0.33 亩，每个处理 3 次重复。在试验田布置上，因利用现有农户土地，所以采取随机性布设，相同畦长 48m，不同畦宽分别为 23.0m、13.9m、6.95m、4.63m，面积分别为 1.65 亩、1.0 亩、0.5 亩、0.33 亩。试验从 2000 年开始，种植作物为小麦套种葵花，试验设计处理见表 3-21。

表 3-21　　　　　　　　　隆胜田间工程节水改造试验设计处理

| 序号 | 面积/亩 | 试验处理 畦块 | 试验处理 高差 | 备注 | 序号 | 面积/亩 | 试验处理 畦块 | 试验处理 高差 | 备注 |
|---|---|---|---|---|---|---|---|---|---|
| 1 | 1.66 | $A_1$ | $E_1$ | | 16 | 0.5 | | | 保护区 |
| 2 | 1.0 | | | 保护区 | 17 | 0.33 | $D_3$ | $G_3$ | |
| 3 | 0.5 | | | 保护区 | 18 | 0.44 | $C_3$ | | |
| 4 | 1.2 | $A_2$ | $E_2$ | | 19 | 0.42 | | | 保护区 |
| 5 | 0.33 | | | 保护区 | 20 | 1.0 | | | 保护区 |
| 6 | 0.33 | $D_1$ | $G_1$ | | 21 | 1.0 | $B_1$ | | |
| 7 | 0.4 | | | 保护区 | 22 | 1.0 | | | 保护区 |
| 8 | 1.0 | | | 保护区 | 23 | 1.0 | $B_2$ | | |
| 9 | 0.47 | | $F_1$ | | 24 | 1.04 | | | 保护区 |
| 10 | 0.5 | | | 保护区 | 25 | 1.0 | | | |
| 11 | 0.5 | $C_1$ | $F_2$ | | 26 | 1.0 | $B_3$ | | 保护区 |
| 12 | 0.5 | | | 保护区 | 27 | 0.5 | | | 保护区 |
| 13 | 0.33 | $D_2$ | $G_2$ | | 28 | 0.5 | | | 保护区 |
| 14 | 0.5 | | $F_3$ | | 29 | 1.2 | $A_3$ | $E_3$ | |
| 15 | 0.5 | $C_2$ | | | 30 | 1.63 | | | 保护区 |

不同土地平整条件下灌水定额与节水效果研究共 3 个处理，即 E、F、G 处理。E 处理为地面相对高差小于 5cm，F 处理为地面相对高差在 $5\sim10cm$ 之间，G 处理为地面相对高差大于 10cm，每个处理 3 次重复，种植作物小麦套种葵花。

试验方法：结合生产采用田测验对比的方法，即在土壤肥力、气象、农业生产水平与

农艺栽培措施基本一致的条件下，选择临河地区现阶段主要种植模式之一的小麦套种葵花进行试验研究。

### 3.2.4.2 不同畦块大小灌水定额与节水效果

1. 灌溉用水量节水效果分析

按照试验处理设计，根据 2000 年和 2001 年的试验资料，种植作物与栽培措施相同的条件下，不同畦块大小的灌水定额结果见表 3-22。

表 3-22　2000 年和 2001 年不同畦块大小灌水定额与节水效果

| 年份 | 轮次 | 畦块面积/亩 | 灌水定额/(m³/亩) | 节水量/(m³/亩) | 节水效果/% | 年份 | 轮次 | 畦块面积/亩 | 灌水定额/(m³/亩) | 节水量/(m³/亩) | 节水效果/% |
|---|---|---|---|---|---|---|---|---|---|---|---|
| 2000 | 1<br>(4月30日) | 1.65 | 80.68 | | | 2001 | 1<br>(4月25日) | 1.65 | 60.40 | | |
| | | 1.00 | 72.53 | 8.15 | 10.1 | | | 1.00 | 53.63 | 6.77 | 11.2 |
| | | 0.50 | 60.12 | 20.56 | 25.5 | | | 0.50 | 45.41 | 14.99 | 24.8 |
| | | 0.33 | 50.91 | 29.77 | 36.9 | | | 0.33 | 38.76 | 21.62 | 35.8 |
| | 2<br>(5月18日) | 1.65 | 57.70 | | | | 2<br>(5月19日) | 1.65 | 66.70 | | |
| | | 1.00 | 48.56 | 90.14 | 15.8 | | | 1.00 | 58.58 | 8.02 | 12.0 |
| | | 0.50 | 41.06 | 16.64 | 28.8 | | | 0.50 | 45.83 | 20.87 | 31.3 |
| | | 0.33 | 34.54 | 23.16 | 40.1 | | | 0.33 | 41.25 | 25.45 | 38.2 |
| | 3<br>(6月11日) | 1.65 | 82.42 | | | | 3<br>(6月12日) | 1.65 | 85.60 | | |
| | | 1.00 | 63.05 | 19.37 | 23.5 | | | 1.00 | 66.36 | 19.24 | 22.5 |
| | | 0.50 | 57.74 | 24.68 | 29.9 | | | 0.50 | 59.27 | 26.33 | 30.8 |
| | | 0.33 | 55.63 | 26.79 | 32.5 | | | 0.33 | 57.70 | 27.90 | 32.6 |
| | 秋浇 | 1.65 | 96.47 | | | | 4<br>(7月15日) | 1.65 | 85.30 | | |
| | | 1.00 | 90.34 | 6.13 | 6.4 | | | 1.00 | 63.73 | 21.57 | 25.3 |
| | | 0.50 | 78.38 | 18.09 | 18.8 | | | 0.50 | 52.01 | 33.29 | 39.0 |
| | | 0.33 | 72.86 | 23.61 | 24.5 | | | 0.33 | 43.80 | 41.50 | 48.7 |
| | | | | | | | 秋浇 | 1.65 | 104.46 | | |
| | | | | | | | | 1.00 | 98.84 | 5.56 | 5.4 |
| | | | | | | | | 0.50 | 91.71 | 12.72 | 12.2 |
| | | | | | | | | 0.33 | 88.97 | 15.49 | 14.8 |

从 2000 年的灌溉观测资料分析，小麦套种葵花生育期灌水 3 次，从作物生育期灌溉定额为 1.0 亩畦块比对照田块每亩减少 36.7m³，平均节水效果为 16.6%；0.5 亩畦块比对照田块每亩减少 61.9m³，平均节水效果为 28.0%；0.33 亩畦块比对照田块每亩减少 79.72m³，平均节水效果为 36.1%。

2001 年小麦套葵花生育期灌水 4 次，从作物生育期灌溉定额看，1.0 亩畦块比对照田块每亩减少 55.6m³，节水效果为 18.7%；0.5 亩畦块比对照田块每亩减少 95.5m³，节水效果为 32%；0.33 亩畦块比对照田块每亩减少 116.47m³，节水效果为 39.1%。由两年的试验结果看出，缩小畦块节水效果非常明显。

通过两年的秋浇灌水结果分析，对于秋浇节水情况，不同畦块大小试验结果表明，1.0 亩畦块与对照田块相比，节水效果为 5.9%；0.5 亩畦块与对照田块相比节水效果为 12.7%；0.33 亩畦块与对照田块相比节水效果为 17.05%。

2000 年和 2001 年不同畦块大小灌溉定额与节水效果见表 3-23。从不同畦块大小灌水定额与节水效果统计结果看，2000 年和 2001 年全年灌水次数分别为 4 次和 5 次；对照田（1.65 亩）灌溉定额分别为 317.27m³/亩和 402.46m³/亩；面积为 1.0 亩畦块灌溉定额分别为 274.48m³/亩和 341.24m³/亩，与对照田相比，每亩平均节水 52m³，节水效果为 14.4%；面积为 0.5 亩的畦块，灌溉定额分别为 237.3m³/亩和 294.26m³/亩，与对照田相比，每亩平均节水 94.1m³，节水效果为 26.1%；面积为 0.33 亩的畦块灌溉定额分别为 213.94m³/亩和 270.5m³/亩，与对照田相比，每亩平均节水 117.7m³，节水效果为 32.7%。

表 3-23　　　　　　　　2000 年和 2001 年不同畦块大小灌溉定额与节水效果

| 项　　目 | 1.65 亩（对照田） | | 1.0 亩 | | 0.5 亩 | | 0.33 亩 | |
|---|---|---|---|---|---|---|---|---|
| | 2000 年 | 2001 年 | 2000 年 | 2001 年 | 2000 年 | 2001 年 | 2000 年 | 2001 年 |
| 灌溉定额/(m³/亩) | 317.27 | 402.46 | 274.48 | 341.24 | 237.3 | 294.26 | 213.94 | 270.5 |
| 节水量/(m³/亩) | — | — | 42.79 | 61.22 | 79.97 | 108.2 | 103.33 | 131.96 |
| 节水效果/% | — | — | 13.5 | 15.2 | 25.2 | 26.9 | 32.6 | 32.8 |
| 平均节水效果/% | — | | 14.4 | | 26.1 | | 32.7 | |

由以上分析可看出：随着畦块面积缩小，节水效果呈递增趋势，但节水效果的增幅随畦块的缩小呈递减趋势，畦块面积 1.0 亩较对照田（1.65 亩）灌溉节水效果提高 14.4%，畦块面积 0.5 亩较 1.0 亩灌溉节水效果提高 11.7%，畦块面积 0.33 亩较 0.5 亩灌溉节水效果提高 6.6%。从河套灌区现阶段生产力发展水平和农民的经济收入情况考虑，现阶段田间节水改造工程，可采用 1 亩畦或 0.5 亩畦，均可取得较好的节水效果。

2. 灌水均匀度分析

地面灌溉的灌水均匀度是评价灌溉质量的主要指标，是以灌水入渗是否满足灌水定额要求，并沿畦块方向各点入渗水流是否均匀为衡量标准，达到畦块内浇水均匀，又不产生深层渗漏为目的。

两年各处理每次灌后突然计划湿润层的土壤灌水均匀度成果见表 3-24。从表可以看出：畦块大于 1.5 亩、1.0 亩、0.5 亩和 0.33 亩时，灌水均匀度分别为 74.8%～80.9%、82.6%～87.2%、90%～95.4%、94%～98.8%，说明畦块较小灌水质量较高，畦块较大灌水质量较差，畦块的大小与灌水质量成反比关系。

3. 各处理水分生产率分析

平地缩块田间灌溉节水试验不仅要寻求节水途径，而且要达到增产增收的目的。水分生产率是衡量节水灌溉管理技术水平高低的一项重要指标，它是指单位面积产量与作物生育阶段所耗的水量之比，单位为 kg/m³。

表 3-24 各处理灌水均匀度成果 %

| 轮次 | 1.65 亩（对照田） | | 1.0 亩 | | 0.5 亩 | | 0.33 亩 | |
|---|---|---|---|---|---|---|---|---|
| | 2000 年 | 2001 年 | 2000 年 | 2001 年 | 2000 年 | 2001 年 | 2000 年 | 2001 年 |
| 1 | 77.4 | 74.8 | 84.3 | 87.0 | 93.4 | 95.4 | 95.8 | 96.4 |
| 2 | 80.9 | 78.2 | 87.2 | 86.6 | 91.5 | 90.6 | 96.6 | 98.8 |
| 3 | 79.3 | 80.0 | 83.0 | 82.6 | 90.1 | 92.3 | 94.0 | 95.0 |
| 4 | | 75.4 | | 85.4 | | 93.8 | | 96.9 |
| 秋浇 | 76.2 | 78.1 | 84.4 | 86.3 | 92.2 | 94.1 | 95.6 | 97.3 |

根据试验资料分析，小麦套葵花的水分生产率试验结果见表 3-25。

表 3-25 各处理水分生产率结果

| 年份 | 畦块面积/亩 | 耗水量/(m³/亩) | 产量/(kg/亩) | 水分生产率/(kg/m³) |
|---|---|---|---|---|
| 2000 | 对照 | 357.3 | 304.9 | 0.85 |
| | 1.0 | 350.6 | 324.3 | 0.93 |
| | 0.5 | 321.29 | 379.6 | 1.18 |
| | 0.33 | 300.55 | 391.6 | 1.3 |
| 2001 | 对照 | 409.2 | 366.1 | 0.9 |
| | 1.0 | 385.2 | 392.9 | 1.02 |
| | 0.5 | 344.9 | 409.8 | 1.19 |
| | 0.33 | 320.4 | 426.9 | 1.33 |

两年不同畦块水分生产率成果表显示：畦块面积由对照田（1.65 亩）缩小到 1.0 亩，水分生产率由 $0.85 \sim 0.9 kg/m^3$ 提高到 $0.93 \sim 1.02 kg/m^3$，增长 $9.4\% \sim 13.3\%$；畦块面积由对照田（1.65 亩）缩小到 0.5 亩，水分生产率由 $0.85 \sim 0.9 kg/m^3$ 提高到 $1.18 \sim 1.19 kg/m^3$，增长 $38.8\% \sim 32.2\%$；畦块面积由对照田（1.65 亩）缩小到 0.33 亩，水分生产率由 $0.85 \sim 0.9 kg/m^3$ 提高到 $1.3 \sim 1.33 kg/m^3$，增长 $52.9\% \sim 47.8\%$。

4. 小麦套葵花生育期灌溉制度

根据不同畦田灌溉定额与产量之间的关系，确定小麦套种葵花的灌溉制度见表3-26。

表 3-26 小麦套种葵花的灌溉制度

| 畦块面积/亩 | 灌水次数 | 生育阶段 | 灌水时间 | 灌水定额/(m³/亩) | 灌溉定额/(m³/亩) |
|---|---|---|---|---|---|
| 1.0 | 1 | 分蘖期 | 4 月 30 日 | 72.53 | 184.1 |
| | 2 | 拔节期 | 5 月 18 日 | 48.56 | |
| | 3 | 孕穗期 | 6 月 11 日 | 63.05 | |
| 0.5 | 1 | 分蘖期 | 4 月 30 日 | 60.12 | 158.92 |
| | 2 | 拔节期 | 5 月 18 日 | 41.06 | |
| | 3 | 孕穗期 | 6 月 11 日 | 57.74 | |

续表

| 畦块面积<br>/亩 | 灌水次数 | 生育阶段 | 灌水时间 | 灌水定额<br>/(m³/亩) | 灌溉定额<br>/(m³/亩) |
|---|---|---|---|---|---|
| 0.33 | 1 | 分蘖期 | 4 月 30 日 | 50.91 | 141.08 |
|  | 2 | 拔节期 | 5 月 18 日 | 34.54 |  |
|  | 3 | 孕穗期 | 6 月 11 日 | 55.63 |  |
| 1.0 | 1 | 分蘖期 | 4 月 25 日 | 53.63 | 242.4 |
|  | 2 | 拔节期 | 5 月 19 日 | 58.68 |  |
|  | 3 | 孕穗期 | 6 月 12 日 | 66.36 |  |
|  | 4 | 灌浆期 | 7 月 15 日 | 63.73 |  |
| 0.5 | 1 | 分蘖期 | 4 月 25 日 | 45.41 | 202.52 |
|  | 2 | 拔节期 | 5 月 19 日 | 45.83 |  |
|  | 3 | 孕穗期 | 6 月 12 日 | 59.27 |  |
|  | 4 | 灌浆期 | 7 月 15 日 | 52.01 |  |
| 0.33 | 1 | 分蘖期 | 4 月 25 日 | 37.78 | 181.53 |
|  | 2 | 拔节期 | 5 月 19 日 | 41.25 |  |
|  | 3 | 孕穗期 | 6 月 12 日 | 57.7 |  |
|  | 4 | 灌浆期 | 7 月 15 日 | 43.8 |  |

5. 经济效益分析

经济效益分析中，投入与产出均按当地实际发生价格进行计算。计算单价每亩用量如下。

(1) 磷—氨：1.62 元/kg，小麦底肥 22.5kg/亩，追肥 20kg/亩。

(2) 尿素：0.55 元/kg，葵花底肥 2.5kg/亩，追肥 15kg/亩。

(3) 籽种：小麦 20kg/亩，葵花 1kg/亩。

(4) 水费：20 元/亩。

(5) 栽培措施：26 元/亩。

(6) 小麦售价：2.4 元/kg，葵花售价：5.2 元/kg。

按不变价格计算出不同畦块节水灌溉工程两年的经济效益见表 3 - 27。从表 3 - 27 可以看出，1.0 亩比对照田每亩增收 20.9～62 元，增长 6.6%～16.7%；0.5 亩比对照田每亩增收 46.9～60 元，增长 14.9%～16.1%；0.33 亩比对照田每亩增收 62.3～80.9 元，增长 19.8%～21.7%。随着畦块面积缩小，作物产量和增产效益明显提高。

表 3 - 27　　　　　　　　　　不同畦块面积经济效益

| 年份 | 畦块面积<br>/亩 | 小麦亩产<br>/kg | 葵花亩产<br>/kg | 亩产值<br>/元 | 投入成本<br>/(元/亩) | 净效益<br>/(元/亩) | 增收<br>/元 | 增收率<br>/% |
|---|---|---|---|---|---|---|---|---|
| 2000 | 1.65（对照） | 226.8 | 93.5 | 515.3 | 200.3 | 315 |  |  |
|  | 1.0 | 241.0 | 95.0 | 536.2 | 200.3 | 335.9 | 20.9 | 6.6 |
|  | 0.5 | 254.0 | 99.0 | 562.2 | 200.3 | 361.9 | 46.9 | 14.9 |
|  | 0.33 | 256.0 | 104.0 | 577.6 | 200.3 | 377.3 | 62.3 | 19.8 |

续表

| 年份 | 畦块面积<br>/亩 | 小麦亩产<br>/kg | 葵花亩产<br>/kg | 亩产值<br>/元 | 投入成本<br>/(元/亩) | 净效益<br>/(元/亩) | 增收<br>/元 | 增收率<br>/% |
|---|---|---|---|---|---|---|---|---|
| 2001 | 1.65（对照） | 262.4 | 99.0 | 572.3 | 200.3 | 372.0 | | |
| | 1.0 | 281.6 | 114.0 | 634.3 | 200.3 | 434.0 | 62 | 16.7 |
| | 0.5 | 292.9 | 108.0 | 632.3 | 200.3 | 432.0 | 60 | 16.1 |
| | 0.33 | 294.7 | 115.2 | 653.2 | 200.3 | 452.9 | 80.9 | 21.7 |

### 3.2.4.3　不同土地平整条件下灌水定额与节水效果

土地平整程度直接关系到畦块灌水质量。畦块相对高差大，是造成引水量大的主要原因之一。试验研究不同畦块高差是寻求田间节水的又一项重要举措。

1. 灌溉用水量与节水效果

根据试验区实际情况，试验设计为畦块相对高差小于 5cm、5～10cm 和大于 10cm 3 种处理，3 次重复的节水效果对比试验。试验田栽培技术、田间管理、农业措施均同大田一致，种植作物为小麦套葵花。不同畦块相对高差灌溉用水量试验结果见表 3-28。

表 3-28　　　　　　　　不同土地平整条件下灌水定额试验结果

| 作　物 | 相对高差<br>/cm | 灌水定额/(m³/亩) | | | | | 生育期合计<br>/d |
|---|---|---|---|---|---|---|---|
| | | 第 1 次灌水<br>（4 月 25 日） | 第 2 次灌水<br>（5 月 19 日） | 第 3 次灌水<br>（6 月 12 日） | 第 4 次灌水<br>（7 月 15 日） | 秋浇<br>（9 月 24 日） | |
| 小麦套葵花 | ≤5 | 48.2 | 56.9 | 58.8 | 29.1 | 76.76 | 192.9 |
| | 5～10 | 52.6 | 61.6 | 64.4 | 30.8 | 87.34 | 209.4 |
| | >10 | 54.0 | 68.1 | 68.6 | 42.4 | 91.74 | 232.9 |

从表 3-28 可以看出，平整畦块比不平整畦块有明显的节水效果。小麦套种葵花不同畦块高差生育期灌溉定额与节水效果是：畦块高差大于 10cm 以上灌溉定额为 232.9m³/亩；畦块高差在 5～10cm 之间，灌水定额为 209.4m³/亩，比畦块相对高差大于 10cm 的畦块节水 23.5m³/亩，节水率为 10.1%；畦块相对高差小于 5cm 灌溉定额为 192.9m³/亩，比畦块相对高差大于 10cm 畦块节水 40.0m³/亩，节水率为 17.2%。总体分析，畦块相对高差较大，灌溉定额较大，畦块相对高差与灌溉定额呈正比关系。从节约用水的目的出发，现阶段随着农田基本建设标准的提高，畦块建设相对高差以 5～10cm 为宜，需逐步实施并达到 ±5cm 高标准畦田建设标准。

2. 灌水均匀度

根据试验资料，不同土地平整条件下灌水均匀度分析结果见表 3-29。

表 3-29　　　　　　　不同土地平整条件下灌水均匀度成果（2001 年）

| 轮　次 | 畦块相对高差<br>/cm | 灌水定额<br>/(m³/亩) | 灌后土壤含水量/% | | 灌水均匀度<br>/% |
|---|---|---|---|---|---|
| | | | 畦首 | 畦尾 | |
| 第 1 次灌水 | ≤5 | 48.15 | 21.62 | 20.91 | 96.7 |
| | 5～10 | 52.59 | 19.63 | 17.42 | 88.7 |
| | >10 | 53.59 | 19.25 | 15.09 | 76.3 |

续表

| 轮　次 | 畦块相对高差<br>/cm | 灌水定额<br>/(m³/亩) | 灌后土壤含水量/% | | 灌水均匀度<br>/% |
|---|---|---|---|---|---|
| | | | 畦首 | 畦尾 | |
| 第 2 次灌水 | ≤5 | 56.93 | 18.65 | 18.27 | 98.0 |
| | 5～10 | 61.6 | 18.17 | 16.92 | 93.1 |
| | >10 | 68.06 | 19.99 | 19.77 | 84.6 |
| 第 3 次灌水 | ≤5 | 58.79 | 17.47 | 16.64 | 95.3 |
| | 5～10 | 64.37 | 21.41 | 17.17 | 80.2 |
| | >10 | 68.56 | 18.18 | 13.9 | 76.0 |
| 第 4 次灌水 | ≤5 | 29.1 | 20.92 | 19.1 | 91.3 |
| | 5～10 | 30.8 | 18.85 | 15.97 | 84.7 |
| | >10 | 42.42 | 20.79 | 12.36 | 61.0 |
| 秋浇 | ≤5 | 76.76 | 22.82 | 21.47 | 94.1 |
| | 5～10 | 87.34 | 23.56 | 21.76 | 92.4 |
| | >10 | 91.74 | 23.45 | 20.87 | 89.0 |

　　从表 3 - 29 可见，田面相对高差小于 5cm、5～10cm 和大于 10cm 畦块灌水，均匀度为 91.3%～98%、80.2%～93.1% 和 61.0%～84.6%，说明平整畦块的灌水均匀度大于不平整畦块，畦块相对高差越大，灌水均匀度越小。

### 3.2.4.4　小结

　　(1) 较大地块的地面灌溉，长期以来一直是临河地区乃至巴盟引黄灌区广种薄收、粗放经营条件下的主要传统灌溉方式，并形成一整套耕作栽培制度、灌溉制度和土壤、地下水、水盐动态规律与土水环境，在地区的农业发展、生产建设中发挥了历史性作用。

　　随着资源、环境、人口发展这个全球性矛盾的日益突出，巴盟引黄灌区水资源日趋紧缺，农田灌溉节水势在必行。在总结多年临河地区乃至巴盟引黄灌区的灌水技术实践和经验，特别是农田基本建设成果的基础上，试验研究取得了适合河套灌区现阶段种植结构、种植作物、经济与管理水平条件下的不同畦块大小的灌溉节水技术成果，填补了临河地区小麦套种葵花田间灌溉节水技术的空白。

　　(2) 春小麦套种葵花不同畦块大小地面灌溉节水成果表明：与对照田块灌溉比较，田块缩小到 1.0 亩比对照区灌溉节水 14.4%，灌水均匀度平均提高 7.1%；田块缩小到 0.5 亩，比对照田块灌溉节水 26.1%，灌水均匀度平均提高 14.9%；田块缩小到 0.33 亩，比对照田块灌溉节水 32.7%，灌水均匀度平均提高 18.6%，充分说明缩小畦块后节水效果和灌水质量都有明显提高。

　　(3) 平整土地是灌溉农田基本建设的核心硬件，在相同种植作物、种植结构与水土环境条件下，田块平整与否及其平整程度对农业灌溉节水影响较大。灌溉定额试验结果表明：田块相对高差 5～10cm 地块，比田块相对高差大于 10cm 的地块 4 水灌溉节水10.1%，灌水均匀度平均提高 13.9%；田块相对高差小于 5cm 地块，比田块相对高差大于 10cm 的地块 4 水灌溉节水 17.2%，灌水均匀度平均提高 21.9%。

（4）在现阶段水管理技术与经济条件下，平整土地、缩小地块的地面灌溉节水技术是实施灌溉农业节水的一项行之有效且易于推广的节水技术措施，有一定的推广前景，并将会产生比较明显的经济效益和社会效益。以临河地区 14.13 万 hm² 灌溉面积计算，小麦套种葵花占 26％的现状评价，如果田块均缩小到 1 亩，1 年可比现状田块节约用水 2866 万 m³，节约水费 115 万元；如果田块缩小到 0.5 亩，1 年可比现状田块节约用水 5181 万 m³，节约水费 207 万元；如果田块缩小到 0.33 亩，1 年可比现状田块节约用水 6485 万 m³，节约水费 259 万元，表明节水潜力巨大。

（5）在现阶段耕作栽培、农业技术、水管理水平、劳力与经济条件下，近期田块工程建设标准以 1.0 亩大畦田面积为宜，其田面相对高差不大于 10cm。并逐步创造条件，向建设 0.5 亩的畦田面积和畦田相对高差±5cm 的高标准畦田建设目标迈进。

# 3.3　灌区高效输配水技术集成与示范

## 3.3.1　田间输配水渠道设计

### 3.3.1.1　设计原则及方案

1. 设计原则

（1）输配水渠道布设密切结合当地渠、路现状，尽可能利用现有渠路，以节约投资。

（2）利用不同的渠道横断面形式，采用最优断面，以适应相应的流量。

（3）斗渠、农渠全部实施防渗衬砌措施，以达到高效输水和节约用水的目的。

（4）对斗渠、农渠相应断面形式和衬砌材料进行水利用率测试和防冻胀监测，以了解节水防渗和防冻胀效果。

2. 设计方案

高效输配水试验与示范集成方案设计主要结合示范区内现状渠沟路布设，分斗渠、农渠、毛渠三级固定渠道应与主干、生产、田间三级道路相结合。

示范区斗渠、农渠全部实施防渗衬砌。衬砌斗渠 2 条，长度 2683m；农渠 8 条，长度 5113m。其中公安斗渠从永刚分干渠引水，全长 2930m，本次规划渠道在 1＋580～2＋930 区间（二闸下），示范区内长度 1350m，沿线布置节制闸 2 座、桥 3 座。南中斗渠从永刚分干渠引水，全长 2983m，本次规划渠道在 2＋050～2＋983 区间，示范区内长度 933m，沿线布置节制 2 座，生产桥 3 座。衬砌农渠 8 条中有 6 条从公安斗渠引水，分别为四农渠和右四农渠、左五农渠和右五农渠、左六农渠和右六农渠。2 条南中斗渠引水，分别为右四农渠和右五农渠。

### 3.3.1.2　田间渠道断面设计

1. 设计流量

示范区渠系设计依据《节水灌溉技术规划报告》和《黄河内蒙古河套灌区续建配套与节水改造规划报告》，斗渠、农渠均采用轮灌和续灌相结合的灌溉方式，并且考虑渠道现状灌溉流量，根据调整后的灌水率图，以秋浇灌水率值 $q=1.93\text{m}^3/(\text{s}\cdot\text{万亩})$ 作为设计灌水率值，由每条渠灌溉面积计算得斗渠流量为 $0.20\sim0.10\text{m}^3/\text{s}$，农渠流量约 $0.1\text{m}^3/\text{s}$。

2. 渠道横断面

渠道纵坡根据实测渠道纵断面图、沿线地面比降及目前渠道运行情况，并且满足不冲不淤流速的要求综合分析选定。斗渠纵坡为 1/4000，农渠纵坡为 1/2000。

水位根据灌区地面控制高程，自下而上逐级推算各级灌溉渠道的进口水位，并考虑沿程损失和各类建筑物的局部水头损失选定水位，计算公式为

$$H_x = A_0 + \sum L_i + \sum \psi \qquad (3-2)$$

式中：$H_x$ 为某渠道对上级渠道要求水位，m；$A_0$ 为渠道灌溉范围内的地面参考高程，m；$L$ 为各级渠道长度，m；$i$ 为各级渠道比降；$\psi$ 为水流通过渠系建筑物的水头损失，m；$\psi = 0.05 \sim 1.0$m，毛口和灌水口损失及田间灌水深度取 0.2m。

梯形断面渠道水力计算公式为

$$Q = \omega C \sqrt{Ri} \qquad (3-3)$$

其中

$$C = \frac{1}{n} R^{\frac{1}{6}}$$

式中：$Q$ 为设计流量，m³/s；$\omega$ 为过水断面面积，m²；$C$ 为谢才系数；$i$ 为纵坡；$R$ 为水力半径，m；$n$ 为渠道糙率。

3. 设计参数选定

（1）边坡系数：根据渠道所处地形、沿线土壤质地及现有渠道边坡情况，按照《灌溉与排水工程设计规范》（GB 50288—99）及《渠道防渗工程技术规范》（GB/T 50600—2010），选定梯形断面渠道内边坡比、土堤外边坡比均为 1:1，梯形倾角弧形所对圆心角为 90°，并选定 U 形槽渠道下半圆直径、直立倾角 α 和梯形的倾角。

（2）糙率：根据《渠道防渗工程技术规范》（GB/T 50600—2010）选取了聚苯乙烯膜防渗、混凝土板全断面护砌渠道、U 形混凝土槽防渗渠道及固化剂板衬砌渠道的糙率。

（3）超高及堤顶宽：根据《灌溉与排水工程设计规范》（GB 50288—99），考虑工程级别及运行特点，梯形断面超高选取 0.2m，U 形槽超高选取 0.15m。

（4）不冲不淤流速：根据设计原则及设计参数，试验示范区内斗渠、农渠水力要素见表 3-30。

### 3.3.1.3 渠道衬砌结构设计

1. 渠道防渗措施

示范区斗、农渠防渗措施：①梯形断面用 0.3mm 厚聚乙烯膜防渗；②梯形断面弧形渠底用膨润土防水毯防渗；③U 形断面用现浇混凝土或预制混凝土 U 形槽防渗。

2. 渠道防冻胀措施

根据河套灌区隆胜节水示范区渠道防冻胀设计和运行的经验，平整渠道用预制混凝土板或预制固化板护砌渠道，渠道的冻胀位移位在理想位移之内，预制板用 5cm 厚即可，不需要再采取其他防冻措施。预制板作为渠道保护层，又是防渗膜的保护层。

3. 渠道防渗防冻胀衬砌断面结构型式

（1）公安斗渠。项目区内共设计两个断面，均采用梯形断面，即 1+580～2+520（二闸至生产桥）和 2+520～2+930（生产桥下）两个渠段。其中 1+580～2+520 渠段

表3-30　示范区斗渠、农渠水力要素

| 渠道名称 | 桩号 | 渠底高程/m | 设计水位/m | 流量/(m³/s) | 底宽/m | 水深/m | 边坡 | 纵坡 | 糙率 | 直径/m | 倾角/(°) | 开口宽/m | 堤顶宽/m |
|---|---|---|---|---|---|---|---|---|---|---|---|---|---|
| 公安斗渠 | 1+380~2+580 | | | | 1.0 | 0.86 | 1:1 | | 0.017 | | | 3.12 | 1.0 |
| 公安斗渠 | 1+580~2+520 | 1037.65~1037.37 | 1038.24~1037.85 | 0.4 | 1.0 | 0.65 | 1:1 | 1/4000 | | | | 2.72 | |
| 公安斗渠 | 2+520~2+930 | 1037.35~1037.25 | 1037.83~1037.73 | 0.25 | 0.6 | 0.51 | 1:1 | 1/4000 | | | | 2.02 | |
| 公安斗渠　左四农渠 | 0+000~0+700 | 1037.65~1037.35 | 1038.15~1037.85 | 0.10 | | 0.64 | | 1/2000 | 0.016 | 0.8 | 10 | 0.95 | 0.8 |
| 公安斗渠　右四农渠 | 0+000~0+500 | 1037.49~1037.24 | 1037.99~1037.74 | | | 0.54 | | | 0.02 | 0.6 | 45 | 1.624 | 1.0 |
| 公安斗渠　右四农渠 | 0+500~0+680 | 1037.22~1037.19 | 1037.72~1037.69 | | | 0.54 | | | 0.02 | 0.6 | 45 | 1.624 | 1.0 |
| 公安斗渠　左五农渠 | 0+000~0+610 | 1037.26~1036.96 | 1037.76~1037.46 | | | 0.64 | | | 0.016 | 0.8 | 10 | 0.95 | 0.8 |
| 公安斗渠　右五农渠 | 0+000~0+500 | 1037.26~1037.01 | 1037.76~1037.51 | | | 0.64 | | | 0.016 | 0.8 | 10 | 0.95 | 0.8 |
| 公安斗渠　右五农渠 | 0+500~0+673 | 1036.99~1036.95 | 1037.49~1037.45 | | | 0.64 | | | 0.016 | 0.8 | 10 | 0.95 | 0.8 |
| 公安斗渠　左六农渠 | 0+000~0+1020 | 1037.20~1036.80 | 1037.70~1037.30 | | | 0.5 | | | 0.016 | 0.6 | 45 | 1.626 | 1.0 |
| 公安斗渠　右六农渠 | 0+000~0+330 | 1037.20~1037.05 | 1037.70~1037.55 | | | 0.5 | | | 0.016 | 0.8 | 10 | 0.95 | 0.8 |
| 南中斗渠 | 1+185~2+050 | 1037.79~1037.67 | 1038.29~1038.17 | | 1.0 | 0.86 | 1:1 | | 0.017 | | | 3.12 | 1.0 |
| 南中斗渠 | 2+050~2+650 | 1037.65~1037.57 | 1038.15~1038.07 | 0.35 | | 0.7 | | 1/4000 | | 1.0 | 10 | 1.138 | |
| 南中斗渠 | 2+650~2+983 | 1037.62~1037.40 | 1038.12~1037.90 | 0.20 | | 0.7 | | 1/4000 | | 1.0 | 10 | 1.138 | |
| 南中斗渠　右四农渠 | 0+000~0+450 | 1037.38~1037.22 | 1037.88~1037.72 | 0.1 | | 0.64 | | 1/2000 | 0.016 | 0.8 | 10 | 0.95 | 0.8 |
| 南中斗渠　右四农渠 | 0+450~0+820 | 1037.47~1037.35 | 1037.97~1037.85 | | | 0.64 | | | 0.016 | 0.8 | 10 | 0.95 | 0.8 |
| 南中斗渠　右五农渠 | 0+000~0+280 | | | | | 0.64 | | | 0.016 | 0.8 | 10 | 0.95 | 0.8 |

采用 0.3mm 厚聚乙烯膜防渗，5cm 厚预制混凝土做保护层，板下设 3cm 厚的 M5 水泥砂浆过渡层。2+520～2+930 渠段采用 0.3mm 厚聚乙烯膜防渗，5cm 厚预制固化板做保护层，板下设 3cm 厚固化泥过渡层。

（2）南中斗渠。项目区内南中斗渠共设计一个断面，即 2+050～2+983（三闸以下）段落，采用梯形断面弧形坡脚结构型式，0.3mm 厚聚乙烯膜防渗，膜上采用预制做保护层，板下铺设 3cm 厚的 M5 水泥砂浆，预制板厚为 5cm，强度标号 C20。

（3）农渠。项目区内共布设 8 条农渠，其中公安斗渠左五农渠、右五农渠及右六农渠 3 条农渠设计采用预制混凝土 1/2D U 形断面，U 形混凝土槽壁厚 5cm，强度标号为 C20；公安斗渠左六农渠采用混凝土弧形底梯形断面形式，弧形混凝土预制件厚 5cm，强度标号为 C20；公安斗渠左四农渠设计采用现浇混凝土 D80 整体 U 形断面形式，U 形混凝土槽壁厚 8cm，强度标号为 C20；公安斗渠右四农渠设计采用膨润土防水毯弧形底梯形断面形式，防渗毯厚 5mm，其上 10mm 厚砂浆保护。南中斗渠右四农渠设计采用现浇混凝土 D80 U 形断面，U 形混凝土槽壁厚 8cm；南中斗渠右五农渠设计采用预制混凝土 1/2 D80U 形断面，U 形混凝土槽壁厚 5cm，强度标号为 C20。渠道衬砌断面结构型式如图 3-28 所示。

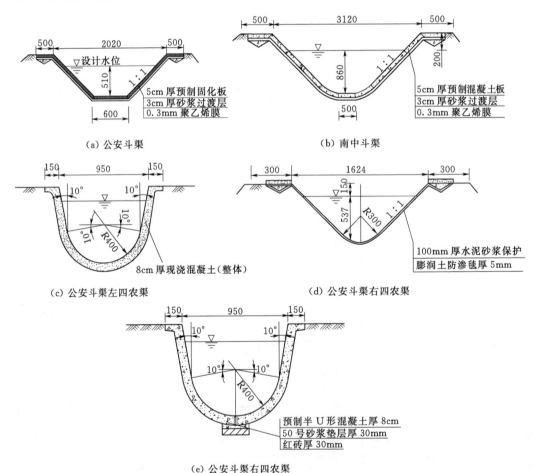

图 3-28　公安斗渠左五等同条农渠衬砌断面形式（单位：mm）

4. 渠道衬砌细部设计

（1）结构缝、伸缩缝及填缝材料。根据《渠道防渗工程技术规范》（GB/T 50600—2010）要求，结构缝宽 2.5cm，填充材料为 M15 水泥砂浆。混凝土梯形断面和 U 形渠道均每隔 6m 设一横向伸缩缝，伸缩缝采用矩形缝，缝宽 2.5cm，填缝材料下部为聚氯乙烯胶泥，上部为沥青砂浆，其厚度各为板厚的一半。混凝土梯形断面坡脚处设纵向伸缩缝，缝宽及填筑材料与横向伸缩缝相同；固化板半砌渠道错缝砌筑。

（2）封顶板。参照《渠道防渗工程技术规范》（GB/T 50600—2010），根据流量大小，斗渠封顶板宽为 0.3m。

斗渠、农渠测试项目见表 3-31。

表 3-31    斗渠、农渠测试项目

| 渠系 | 渠名 | 测试项目 | 土渠 | 衬砌 | 断面形式 | 衬砌材料 | 长度/m |
|---|---|---|---|---|---|---|---|
| 斗渠 | 公安斗渠 | 渗漏试验 | ▲ | ▲ | 梯形 | 预制固化板 | 30 |
| | | 渠系利用率 | | ▲ | | | 1350 |
| | | 防冻胀试验 | | ▲ | | | 30 |
| | 南中斗渠 | 渠系利用率 | | ▲ | 梯形断面弧形底 | 预制混凝土板 | 933 |
| | | 防冻胀试验 | | ▲ | | | 30 |
| 农渠 | 公安左四农渠 | 渗漏试验 | ▲ | ▲ | 整体 U 形 | 现浇混凝土 | 30 |
| | | 渠系利用率 | | ▲ | | | 700 |
| | | 防冻胀试验 | | ▲ | | | 30 |
| | 公安右四农渠 | 渗漏试验 | | ▲ | 梯形断面弧形底 | 膨润土防水毯 | 30 |
| | | 渠系利用率 | | ▲ | | | 680 |
| | | 防冻胀试验 | | ▲ | | | 30 |
| | 公安左五农渠 | 渗漏试验 | ▲ | ▲ | 1/2D 半 U 形 | 预制混凝土 | 30 |
| | | 渠系利用率 | | ▲ | | | 610 |
| | | 防冻胀试验 | | ▲ | | | 30 |
| | 公安右五农渠 | 渠系利用率 | | ▲ | 1/2D U 形 | 预制混凝土 | 673 |
| | | 防冻胀试验 | | ▲ | | | 30 |
| | 公安左六农渠 | 渠系利用率 | | ▲ | 1/2D U 形 | 预制混凝土 | 1020 |
| | 公安右六农渠 | 渠系利用率 | | ▲ | 1/2D U 形 | 预制混凝土 | 330 |
| | | 防冻效果监测 | | ▲ | | | 30 |
| | 南中右四农渠 | 渠系利用率 | | ▲ | 整体 U 形 | 现浇混凝土 | 820 |
| | 南中右五农渠 | 渠系利用率 | | ▲ | 1/2D U 形 | 预制混凝土 | 280 |

注　▲为渠道衬砌前后对相应试验方案所做的试验测试项目。

## 3.3.2　田间渠道衬砌新材料应用研究

示范区渠道衬砌采用的新材料有土壤固化剂和膨润土防水毯两种新材料。

#### 3.3.2.1　固化剂材料

土壤固化剂，也称土壤强化剂，是一种由多个强离子组合而成的化合物，它加入到土壤中，使土壤由亲水性变成憎水性，从根本上将土壤内部的吸附水全部去掉。由适量土壤固化剂与土按比例配合，在最佳含水量下拌和均匀而成的混合料称为固化土混合料。固化土混合料经过碾压或挤压后固化剂与土壤中的水分发生水化作用，实现固化机能。其预制块可用模具成形，经机械碾压可达到所需的强度，用于渠道衬砌的护面材料。示范区渠道衬砌采用了强泰牌土壤固化剂，强泰牌土壤固化剂属于水化类固化剂。用固化土衬砌渠道是渠道防渗工程中的一项新技术，将固化土加工成预制板衬砌渠道可就地取材，节省了大量砂石料，大幅度降低衬砌面板的制作成本。

1. 土壤固化剂的分类及固化原理

土壤固化剂是在常温下能直接胶接土体中土壤颗粒表面或能够与黏土矿物反映生成胶凝物质的硬化剂。

（1）电离子类固化剂。电离子类土壤固化剂是一种高浓度的溶液。主要由石油裂解产品加以磺化物配制而成，属于液体状。溶解于水后形成离子交换中介物。当它施入土壤后于土壤颗粒通过电离子交换，改变水分子和土壤颗粒的电离子特性，破坏土壤孔隙毛细管结构，在外力作用下，土壤孔隙游离子的水分被逐出后土壤由亲水性变为斥水性。土颗粒被外力作用挤压填充密实后，由于密度增强土壤结构增强了相互内聚力，提高了土壤整体的聚结性及黏聚力。试验中引用的 SSS 特砂固、路特固属于这一类固化剂。

（2）生物酶类固化剂。受动物如蜜蜂、蚂蚁等分泌出一种物质可固结泥土构筑巢穴的启发，人类研制出生物酶固化剂。此类固化剂是由有机物质发酵而成的属蛋白质多酶基产品，为液体状。按一定比例与水溶制成水液洒入土中，通过生物酶素的催化作用，经外力挤压密实后，使土壤粒子中间黏合性增强，形成牢固的不渗透性结构。试验使用的帕尔玛固化酶属这一类。

（3）水化类固化剂。水化类固化剂主要由石灰石、黏土、石膏、矿物质等加入不同化学激素，经过一定工艺加工而成为固体粉状物质。土壤固化剂按一定渗入量施于土壤中，通过与土壤中的水分作用而发生凝胶化。当外界施以一定压力时，将土壤中气体水分逐出，使土壤黏结固化形成有相当抗压强度和抗渗能力的砌块。固化土技术指标见表 3-32。

表 3-32　　　　　　　固 化 土 技 术 指 标

| 序号 | 检测项目及单位 | 技术指标 | 检 测 标 准 |
|---|---|---|---|
| 1 | 渗透系数/(cm/s) | $<6×10^{-8}$ | |
| 2 | 干密度/(g/m³) | 11.75~1.86 | |
| 3 | 抗压强度/MPa | 7.15~12.17 | 标准块在室内自然条件下养护 28 天 |
| 4 | 初凝时间/h | 6 | |
| 5 | 终凝时间/h | 16 | |

2. 固化土的性能

（1）抗压强度。固化土标准试块在室内自然条件下 28 天抗压强度。用 HY 固化剂和混合土或黏土拌和在不同固化剂掺入量测试抗压强度指标为 7.12～12.17MPa。

（2）渗透系数。现场用同心环法测试，在室内用南 55 型渗透仪测试。用 HY 固化剂渗入制作的预制固化板测试 28 天龄期达到渗透系数。

（3）抗冻性能。冻融循环试验是固化土标准试块在非饱和状态下在室内自然条件养护后，经 16 次非饱和状态冻融循环后区分不同土料配合比的抗压强度为 9.0～11.3MPa。28 天龄期在±20℃环境下，经 14 次冻融循环强度损失率 20%。

（4）干湿循环。干湿循环试验是固化土标准试块在室内自然条件下养护 28 天，并经 16 次干湿循环后的抗压强度及其变化，区分不同土料配合比的抗压强度为 3.50～11.90MPa。28 天龄期经 50 次干湿循环，强度损失率 2.74%～4.6%。通过对固化土试件试验结果相当于 C10 混凝土。

3. 固化土施工方法及技术要求

（1）土料、土壤固化剂的选取及拌和。

1）就近选用土料，分析确定其性质。对土料进行晾晒，使其含水率低于 10%。用粉碎机将土料粉碎并过筛，筛网孔径 30mm 以下。

2）根据土料的性质，设计选取固化剂的型号和配合比。

3）固化剂与土料拌和：将粉碎好的土料和固化剂按设计的配合比用搅拌机进行拌和，观察拌和的颜色，如果拌和料颜色一致，说明拌和均匀，否则，需要继续拌和。

4）固化土料与水拌和（湿拌）：土料和固化剂干拌均匀后即可加水进行湿拌，要根据土料的类型和含水情况严格控制水的加入量，预制前拌和料的含水率一般为 13%～15%。其中黏土拌和料的含水率一般控制在 17%～20%，土壤拌和料的含水率一般控制在 14%～18%，砂土拌和料的含水率一般控制在 13%～15%。在预制厂用混凝土成型机压实，拌和料的含水率要取低值。在压制前要测试拌和料的含水率。

（2）固化土铺料与压实。

1）预制板的铺料与压实。将搅拌均匀的固化土拌和料均匀地铺撒到预制板模具内，放在预制砌块成型柜上压制。压实是固化土预制板强度能否达到设计强度要求的关键环节，压实后固化土预制板的密实度必须达到 95% 以上，干密度大于 1.75g/cm³。用成型机压制图固化土预制板，拌和料送往模具后，须压制两遍，机械压力不小于 150t。压制两遍后即可脱模，脱模后，预制板要立放，间距 1～2cm，搬运放置时应轻拿轻放。

2）保护层的铺料与压实。将湿拌均匀的固化土拌和料均匀地铺撒到已清好的地基表面，铺撒厚度 8～10cm。用人工或平地机将表面摊平整，用石碾或小型压实机将铺好的拌和料均匀压实，碾压须 3 遍以上，压实干密度不得小于 1.6g/cm³。成型后的固化土预制构件及现浇砌体要及时进行养护。养护预制构件强度达到设计强度的 70% 时方可拉运，砌筑时板下可用 3cm 后的固化泥做过渡层。其他工序与混凝土预制块方法相同。

4. 工程投资分析

公安斗渠 2+520～2+930 试验段，计算长度为 410m，测算相同条件下预制固化板和预制混凝土板两种材料衬砌渠道的造价见表 3-33。

| 序号 | 项　　目 | 数量 | 预制固化板 | | 预制混凝土板（C20） | |
|---|---|---|---|---|---|---|
| | | | 单价/元 | 合价/元 | 单价/元 | 合价/元 |
| 1 | 聚乙烯膜铺设 | 1381m² | 5.94 | 8203 | 5.94 | 8203 |
| 2 | 预制及衬砌 | 69.06m³ | 240 | 16574 | 487.07 | 33637 |
| 3 | 固化泥过渡层 | 39.55m³ | 200 | 7910 | | |
| 4 | M5 水泥砌筑砂浆 | 39.5m³ | | | 181.52 | 7170 |
| 5 | M15 勾缝砂浆 | 4.03m³ | | | 304.36 | 1227 |
| | 合计造价 | | | 32687 | | 50237 |
| | 每延米衬砌造价 | | | 79.7 | | 122.5 |

通过试验固化剂制品与混凝土相比较，预制固化板是预制混凝土板造价的 65.1％左右，即可节约 34.9％。可见用固化剂衬砌渠道是渠道防渗工程中一项新技术，将固化剂加工成预制板衬砌渠道可就地取材，节省了大量砂石料，大幅度降低衬砌面板的制作成本。

5. 固化剂衬砌材料推广应用情况

固化剂通过对不同地区、渠道级别、渠道性质和水文地质条件下结构型式、防冻胀措施的应用，达到"防渗、抗冻、经济、可行"的目的。10 多年来分别在内蒙古河套灌区隆胜节水示范区、一干渠东一支渠、治丰村"十一五"国家科技支撑重点项目示范基地等进行试验研究，在包头市民族团结灌区、万家沟灌区东一分干渠、三湾子灌区、莫力庙灌区等多个灌区建立了试验示范渠段。为不同类型灌区节水改造工程规划设计、施工运行管理提供科学依据和示范样板。

### 3.3.2.2　膨润土防水毯材料

1. 膨润土防水毯原理及技术指标

膨润土防水毯是将级配后的膨润土颗粒均匀混合后，经特殊的针刺工艺及设备，把高膨胀性的膨润土颗粒均匀牢固地固定在两层土工布之间，而制成柔性膨润土防水毯材料，既具有土工材料的固有特性，又具有优异的防水防渗性能。膨润土防水毯靠膨润土层防渗，膨润土是土中黏粒成分主要由亲水性矿物组成，同时具有显著的吸水膨胀和失水收缩两种变形特征的黏土。膨润土的矿物成分主要是次生黏土矿物蒙特土和伊利土，蒙特土矿物晶格极不稳定，亲水性强，浸湿后强烈膨胀，伊利土亲水性也较强。膨润土是黏土颗粒含量高、吸水膨胀失水收缩的一种特殊土。膨润土的防渗性能与土的矿物成分和含量、土的颗粒大小和含量、水离子成分和含量、土层密度等有关。膨润土上下土工织物层作为防护材料，防水毯能在拉伸、局部下陷、干湿循环和冻融循环等情况下，保持极低的透水性，同时还具有施工简易、成本低、节省工期等优点。膨润土防水毯技术指标见表3－34。

2. 膨润土防水毯性能

膨润土属蒙脱石矿物质，粒径微小，是一种遇水膨胀失水收缩的物质，自由膨胀率为80％～360％。遇水膨胀后渗透系数很小，可作为一种廉价的防渗材料用于渠道的防渗。

表3-34 膨润土防水毯技术指标

| 序号 | 检 测 指 标 | 指 标 值 | 检 测 标 准 |
|---|---|---|---|
| 1 | 膨胀系数/(mL/2g) | $\geqslant24$ | ASTM-D5890 |
| 2 | 含水量/% | $\leqslant12$ | ASTM-D4643 |
| 3 | 流体损耗/mL | $\leqslant18$ | ASTM-D5891 |
| 4 | 抗拉强度/N | $\geqslant400$ | ASTM-D4632 |
| 5 | 剥离强度/N | $\geqslant75$ | ASTM-D4632 |
| 6 | 单位面积膨润土质量/(g/m²) | $>500$ | — |
| 7 | 渗透性/(cm/s) | $<5\times10^{-9}$ | ASTM-D50874 |
| 8 | 指示流量/[m³/(m²·s)] | $<5\times10^{-8}$ | ASTM-D5887 |

膨润土防水毯（GCL）是一种新型的土工合成材料。它是将级配后的膨润土颗粒均匀混合后，经特殊的针刺工艺及设备，把高膨胀性的膨润土颗粒均匀牢固地固定在两层土工布之间，而制成柔性膨润土防水材料，既具有土工材料的全部特性，又具有优异的防水防渗性能，它能在拉伸、局部下陷、干湿循环和冻融循环等情况下，保持极低的透水性，同时还具有施工简易、成本低、节省工期等优点。

3. 施工工艺

膨润土防水毯施工工艺包括渠道整形、裁毯、铺毯、搭接处理、压毯及护面处理等。具体施工步骤及要求如下：

（1）渠道整形。将渠道按设计断面整形，夯实渠道边坡及渠底基土，使其干密度达到1.5g/cm³。人工修整至渠道边坡及渠底光滑平直。

（2）裁毯。将膨润土防水毯卷材展开，按渠道设计断面所要求的宽度确定裁剪方向，以损耗量小为目的，裁剪前要沿裁剪线洒水，使裁剪线附近的膨润土充分膨胀，避免裁剪后膨润土脱落。

（3）铺毯。较高级别渠道（如分干渠以上）宜垂直水流方向逆向铺设，较低级别渠道宜顺水流方向逆向铺设。防水毯要与渠床基土贴实，避免褶皱和空隙。

（4）搭接处理。防水毯之间采用叠层搭接的方式，搭接宽度不小于25cm，叠层间撒铺10cm宽的搭接粉（散装膨润土）止水，搭接粉的用量以均匀覆盖下层防水毯为宜。若施工时风力较大，可将搭接粉与水拌和成糊状，抹在下层防水毯上，以避免搭接粉被风刮走。

（5）压毯。全断面铺设膨润土防水毯的衬砌渠道，在两侧堤顶要开挖三角沟槽，深度要大于40cm，顶角要大于90°，将防水毯铺在三角沟槽内，回填土并夯实。

（6）护面处理。防水毯的表面为无纺布，在光照的作用下会迅速老化，因此，在防水毯表面必须进行防护处理，据试验成果，在防水毯表面抹1cm厚的固化泥防护效果较好。若素土保护层埋深度不小于10cm，渠底不小于50cm，也可用混凝土板封顶保护。

4. 膨润土防水毯衬砌渠道防渗及防冻胀效果

（1）膨润土防水毯防渗效果好，采用膨润土防水毯衬砌渠道与未衬砌渠道相比较，可减少渗漏损失47.3%。

（2）防冻胀抗变形能力强，铺设膨润土防水毯衬砌渠道与未衬砌渠道相比较，最大冻胀量没有减少，但是冻土融通后渠坡没有明显的残余变形量，复位很好，说明膨润土防水毯适应由于冻胀引起的复位能力很强。

（3）为使膨润土防水毯更好地适应冻胀变形，衬砌渠道断面宜采用梯形断面弧形坡脚的形式。

（4）膨润土防水毯需设保护层，不允许暴露在表面。刷水泥砂浆保护层与防水毯黏结较好，且柔性较好，可适应变形，是一种较好的护面形式；刷固化泥浆保护层柔性较好，可适应变形，但与防水毯黏结较差，其耐久性不及水泥砂浆护面；覆土保护方案的上覆素土稳定性较差，行水期边坡覆土塌滑严重，渠道断面变形，且该方案施工难度较大，施工质量难以保证。

5. 经济评价

右四农渠试验段计算长度为680m，测算相同条件下采用膨润土防水毯和预制混凝土板两种材料衬砌渠道的造价见表3-35。

表3-35　　　　　膨润土防水毯衬砌与预制混凝土板衬砌渠道造价比较

| 项　目 | 数量 | 膨润土防水毯 | | 预制混凝土板（C20） | |
|---|---|---|---|---|---|
| | | 单价/元 | 合价/元 | 单价/元 | 合价/元 |
| 混凝土预制及衬砌（封顶） | 21.42m³ | 487.07 | 10433 | 487.07 | 10433 |
| 固化泥保护层 | 37.62m³ | 200 | 7524 | — | — |
| 膨润土防水毯 | 2145m² | 25 | 53625 | — | — |
| 聚苯乙烯膜铺设 | 1564m² | — | — | 5.94 | 9290 |
| 混凝土预制及衬砌 | 107.25m³ | — | — | 487.07 | 52238 |
| M15勾缝砂浆 | 2.26m³ | — | — | 304.36 | 688 |
| 沥青砂浆 | 23.79m² | — | — | 60.88 | 1448 |
| 聚氯乙烯胶泥伸缩缝 | 952m | — | — | 5.77 | 5493 |
| M5砌筑砂浆 | 7.08m³ | — | — | 181.52 | 1285 |
| 砖 | 5.98千块 | — | — | 270 | 1615 |
| 5cm厚聚苯乙烯保温板 | 61.2m³ | — | — | 300 | 18360 |
| 合计造价 | — | — | 71582 | — | 100850 |
| 每延米衬砌造价 | — | — | 105.3 | — | 148.3 |

根据以上比较结果：按右四农渠衬砌680m长度计算，采用膨润土防水毯衬砌造价为71582元，每延米长度衬砌价格为105.3元；采用预制混凝土板衬砌造价为100850元，每延米长度衬砌价格为148.3元。两者进行比较，膨润土防水毯衬砌是预制混凝土板衬砌造价的71%左右。这说明采用膨润土防水毯与预制混凝土板保温防冻衬砌相比较，减少了防渗膜、保温板与过渡层等材料及工序，可节约成本29%；膨润土防水毯用于渠道防渗施工简单，表现在地基要求低、施工速度快，与采用混凝土板衬砌相比工期短，可大大减少施工时间，工期缩短30%～50%。

### 3.3.3 田间衬砌渠道防渗效果监测与评价

#### 3.3.3.1 概述

（1）衬砌前现状渠道利用系数的测定。对未衬砌的斗渠、农渠、毛渠3级进行利用系数的测定，测试方法采用静水试验的方法，斗渠、农渠、毛渠分别测多个渠段、多水位的静水试验，彻底搞清田间渠道的输水效率。

（2）衬砌后渠道利用率的测定。其测试位置与数量与衬砌前相对应，方法相同，分析衬砌前后的节水效果。

#### 3.3.3.2 灌水方式及设计流量

依据《节水灌溉技术规范》（SL 207—98）和《黄河内蒙古河套灌区续建配套与节水改造规划报告》，斗渠、农渠采用轮灌和续灌相结合的灌溉制度，并且考虑渠道现状灌溉流量，根据调整后的灌水率图，以秋浇灌水率值 $q = 1.93\text{m}^3/(\text{s} \cdot \text{万亩})$ 为设计灌水率，由每条渠道的灌溉面积计算得：斗渠流量为 $0.2 \sim 0.4\text{m}^3/\text{s}$，农渠流量为 $0.1\text{m}^3/\text{s}$ 左右。

#### 3.3.3.3 渠道渗漏损失试验监测原理及方法

为了准确地测定示范区内渠道衬砌前后各级渠道的渗漏损失量，选择典型渠道采用静水试验的方法分两次对示范区内斗渠、农渠及毛渠（只测试未衬砌）3级渠道进行衬砌前后渠道渗漏强度的测试。静水渗漏试验按照《渠道防渗工程技术规范》（GB/T 50600—2010）进行。按照规范要求，各级渠道试验段长度为30m，平衡区5m，测验采用恒水法，测验时间以渠道渗漏到达稳渗为止。由单位时间在单位面积上的渗漏量来推算每公理或全程的渗漏量，从而可推算该渠道的利用系数。静水试验布置如图 3-29 所示。

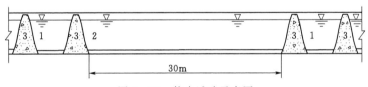

图 3-29 静水试验示意图
1—平衡区；2—测试区；3—隔水土坝

2007 年 6 月 16—18 日，历时 50h，进行未衬砌渠道渗漏试验。2008 年 7 月 26—28 日，历时 70h，进行衬砌渠道渗漏试验。

根据《渠道防渗工程技术规范》（GB/T 50600—2010）的要求，试验段选择在渠道顺直、断面规则的渠段。农渠试验段选择在公安斗渠的右一农渠引水口下 30m 处。未衬砌渠道砌渠道渗漏试验从 2007 年 6 月 16 日开始试验至 6 月 18 日结束，历时 50h。衬砌渠道斗渠试验段与未衬砌渠段相同，渠道衬砌形式为全断面聚乙烯膜料防渗，农渠试验段选择在公安斗渠的右四农渠及左五农渠的引水口下 10m 处，衬砌型式分别为膨润土防水毯衬砌及现浇整体 U 形混凝土衬砌。衬砌渠道渗漏试验从 2008 年 7 月 26 日开始至 7 月 28 日结束，历时 70h。

#### 3.3.3.4 田间渠道渗漏损失量与防渗效果

1. 未衬砌渠道渗漏强度测试成果

由未衬砌的土渠段静水渗漏试验可见，斗渠、农渠、毛渠3级渠道恒水位时达到稳渗的时间和渗漏强度相差均比较大。斗渠、农渠、毛渠 3 级渠道渗漏强度过程线如图 3-30 所示。

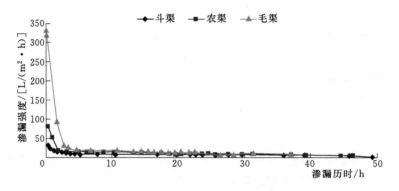

图 3-30　斗渠、农渠、毛渠 3 级未衬砌渠道渗漏强度变化过程线

斗渠、农渠、毛渠 3 级渠道渗漏达到稳定的时间分别为 5.15h、3.08h、4.6h。斗渠从初渗到稳渗的时间为 5.15h，初渗强度为 31.0L/($m^2$·h)，达到稳渗时渗漏强度为 10.0L/($m^2$·h)，从初渗到稳渗平均渗漏强度为 15.5L/($m^2$·h)。农渠从初渗到稳渗的时间为 3.08h，初渗强度为 78.9L/($m^2$·h)，达到稳渗时渗漏强度为 14.6L/($m^2$·h)，从初渗到稳渗平均渗漏强度为 40.4L/($m^2$·h)。毛渠从初渗到稳渗的时间为 2.73h，初渗强度为 333.0L/($m^2$·h)，达到稳渗时渗漏强度为 30.7L/($m^2$·h)，从初渗到稳渗平均渗漏强度为 138.48L/($m^2$·h)。

根据动水位测得稳渗强度测试结果表明，稳渗强度较初渗时小得多，其 3 级渠道的稳渗强度平均分别为 6.9L/($m^2$·h)、9.9L/($m^2$·h)、13.6L/($m^2$·h)。

未衬砌渠道恒水位和动水位初渗时间及初渗漏强度和稳渗强度见表 3-36。由此可见，斗渠、农渠、毛渠 3 级渠道级别越低，渠道渗漏强度越大，而且初渗强度比稳渗强度的差异性更大。

表 3-36　　　　　　　未衬砌渠道恒水位和动水位时初渗时间及渗漏强度

| 渠名 | 恒　水　位 | | | | 动水位 |
|---|---|---|---|---|---|
| | 初渗时间 /h | 初渗强度 /[L/($m^2$·h)] | 达到稳渗时最大强度/[L/($m^2$·h)] | 初渗平均强度 /[L/($m^2$·h)] | 稳渗平均强度 /[L/($m^2$·h)] |
| 斗渠 | 5.15 | 31.0 | 10.0 | 15.5 | 6.9 |
| 农渠 | 3.08 | 78.9 | 14.6 | 40.4 | 9.9 |
| 毛渠 | 4.60 | 333.0 | 30.7 | 138.48 | 13.6 |

未衬砌的斗渠、农渠、毛渠 3 级土渠段渗漏强度按拟合曲线如图 3-31 所示，由图分析可知：斗渠、农渠、毛渠 3 级渠道渗漏强度拟合曲线均呈幂函数形式，其中斗渠渗漏强度在 31.00~2.73L/($m^2$·h) 之间，农渠渗漏强度在 78.90~3.70L/($m^2$·h) 之间，毛渠渗漏强度在 333.00~8.61L/($m^2$·h) 之间，由此可见，斗渠、农渠、毛渠 3 级渠道相比较，随着渠道级别的降低，其渗漏强度渗漏强度逐渐增大。

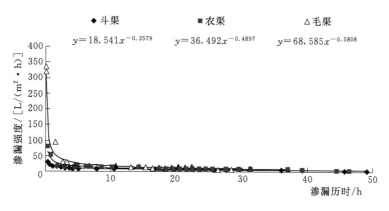

图 3-31 未衬砌土渠 3 级渠道渗漏强度拟合曲线

2. 衬砌渠道渗漏强度测试成果

由衬砌渠道静水渗漏试验结果分析可知：斗渠、农渠 2 级衬砌渠道达到稳渗的时间分别为 11h、6～9h。斗渠从初渗到稳渗的时间为 11.28h，初渗强度为 17.18L/(m²·h)，达到稳渗时渗漏强度为 5.56L/(m²·h)，从初渗到稳渗平均渗漏强度为 11.46L/(m²·h)。农渠由于衬砌材料不同其初渗到稳渗时间及强度均不同，初渗到稳渗时间为 6.47～9.92h。左四农渠（现浇）从初渗到稳渗的时间为 9.92h，初渗强度为 14.48L/(m²·h)，达到稳渗时渗漏强度为 5.01L/(m²·h)，从初渗到稳渗平均渗漏强度为 8.36L/(m²·h)。右四农渠（膨润土防水毯）从初渗到稳渗的时间为 6.47h，初渗强度为 30.55L/(m²·h)，达到稳渗时渗漏强度为 12.12L/(m²·h)，从初渗到稳渗平均渗漏强度为 18.58L/(m²·h)。斗渠、农渠 2 级渠道 3 种衬砌型式的渗漏强度变化如图 3-32 所示。

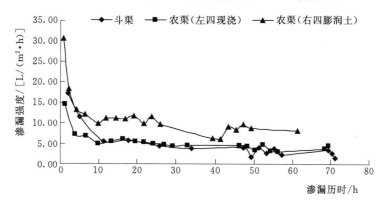

图 3-32 2 级渠道 3 种衬砌型式渠道渗漏强度变化

由图 3-32 可知现浇整体 U 形渠道与膨润土防水毯衬砌渠道相比较，从初渗到稳渗的时间较长，而渗漏强度较膨润土防水毯衬砌渠道渗漏强度小。衬砌渠道恒水位时初渗时间及初渗漏强度和动水位稳渗平均强度见表 3-37。

不同衬砌材料渠道渗漏强度按拟合曲线如图 3-33 所示。由图分析可知：两种材料衬砌渠道渗漏强度拟合曲线呈幂函数形式，其中现浇 U 形渠道渗漏强度为 14.48～4.58L/(m²·h)，膨润土防水毯材料渠道渗漏强度为 30.56～8.09L/(m²·h)。由此可见两种材

表 3 - 37　　　　　　　　　　斗渠、农渠、毛渠衬砌渠道渗漏强度测试成果

| 渠　道 | 初渗时间 $T$ /h | 设计水深 $H$ /m | 不同水深时的稳渗强度/[L/(m² · h)] | | | | |
|---|---|---|---|---|---|---|---|
| | | | $1H$ | $0.9H$ | $0.8H$ | $0.6H$ | $0.5H$ |
| 斗渠 | 11.28 | 0.85 | 4.0 | 3.775 | 2.396 | 0.79 | 0.391 |
| 左四农渠 | 9.92 | 0.65 | 5.92 | 5.373 | 4.055 | 2.039 | 1.319 |
| 右四农渠 | 10 | 0.45 | 11.45 | 10.256 | 9.765 | 8.663 | 8.030 |

料相比较，现浇形式渠道渗漏强度较膨润土防水毯渠道渗漏强度小，其渗漏强度平均小 47.27%。

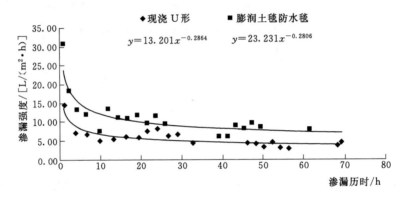

图 3 - 33　不同衬砌材料农渠渗漏强度拟合曲线

3. 田间渠道衬砌前后渗漏强度比较

公安斗渠土渠道和衬砌后渠道到达稳定的时间分别为 5.15h 和 11.28h。左四农渠（现浇）土渠道与衬砌后渠道到达稳定的时间分别为 3.08h 和 9.92h。由此可见渠道衬砌后稳渗的时间也相对延长，达到稳渗后渗漏强度较衬砌前减小，在恒水位时，斗渠衬砌前平均渗漏强度为 8.2L/(m² · h)，衬砌后平均渗漏强度为 4.0L/(m² · h)。农渠衬砌前平均渗漏强度为 12.9L/(m² · h)，衬砌后平均渗漏强度为 5.92L/(m² · h)。

从公安斗渠和左四农渠衬砌前后的静水试验分析可知：渠道衬砌前后达到稳渗的时间和渗漏强度均有所不同，其衬砌前后渠道渗漏强度变化过程如图 3 - 34 和图 3 - 35 所示。

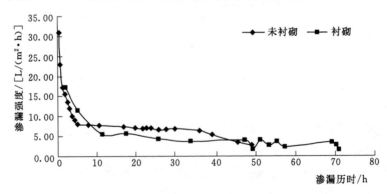

图 3 - 34　斗渠衬砌前后渗漏强度过程线

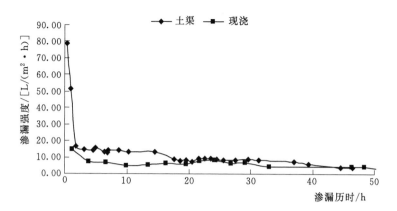

图 3-35　农渠衬砌前后渗漏强度过程线

# 3.4　渠灌区信息化技术

## 3.4.1　渠灌区信息化技术研发

信息化技术研发目标是通过研究和试验，采用最优的产品组合，自行开发关键采集设备和核心控制软件，实现流量、地温、土壤墒情、地下水位、气象资料的自动采集和传输，并由 WEB 发布相关应用信息，为灌溉运行管理、农业结构调整、组织防旱抗旱行动、开展节水社会化服务提供科学依据。

信息化系统实质是利用计算机技术、电子技术、自动化信息采集技术等多种学科作为工具，服务于农田水利的信息化建设需要。在整个系统建设的过程中，从底层的信息采集、采集仪表的研发、通信网络的组成到数据库的开发和决策查询系统的开发，始终以计算机技术为技术支撑，电子技术和自动化信息采集技术作为开发手段，顺利地完成了各系统的建设。

整个系统由以下三部分搭建而成。

（1）层数据采集传输部分。包括传感器部分、采集仪表和人机交互界面（Wince 嵌入式操作系统）。底层分为水情信息采集、土壤墒情信息采集和渠道防渗衬砌地温信息采集、农田气象信息采集、地下水位信息采集，在采集模式和通信传输上因地理分布和采集数量不同，各系统结构和采集、通信方式都有自身的特点。

（2）数据服务中心。包括 GPRS 服务器，上位机数据采集、通信控制核心软件，数据库服务器等。

（3）WEB 查询发布系统。包括 WEB 服务器和各系统信息查询系统。

### 3.4.1.1　技术路线

在系统中，数据的采集、显示、传输、处理存储和发布是整个系统的关键问题，一切工程建设和技术研究开发都是为实现数据的这 5 个动作开展，以数据流向作为整个系统建设的主线。

### 3. 4. 1. 2  各部分的实现过程

采集设备基本都安装在渠道田间这类高湿度的野外环境中，所以我们在选择底层传感器的时候，要考虑到设备的工作温度、防水防爆等级、供电电压要求、设备功耗等一系列因素，对于设备工作参数的要求是极其苛刻的。

**1. 农渠流量监测系统**

在水情信息采集中，现场 RTU 采集仪表利用 AT89S52 作为核心处理芯片，设计了多路开关量输入与输出、多路模拟量输入、在线编程接口、RS485 通信接口，通过采集底层超声波水位传感器和激光闸位计输出的模拟信号，实现闸前闸后的水位采集和闸门开高采集，激光闸位计的激光头不能长时间开启，为了避免烧坏设备，采集仪表中设计了传感器电源控制电路，大大地增加了设备的使用寿命。

该实验渠道符合堰闸测流标准，根据闸前、闸后水位和闸门开高即可求出过闸流量，该计算过程由上位机完成。

测流公式为

$$Q = \mu b h_g \sqrt{2g(H - h_1)} \tag{3-4}$$

式中：$Q$ 为过闸流量，$\mathrm{m^3/s}$；$H$ 为上游水深或闸前水深，m；$\mu$ 为流量系数；$b$ 为闸、涵孔宽，m；$h_g$ 为启闸高度，m；$h_1$ 为闸后水深，m；$g$ 为重力加速度，$g = 9.81$。其中 $H$、$h_g$、$h_1$ 为 RTU 测量数据，$b$、$g$ 为常数，通过人工测量流量 $Q$ 反推出流量系数 $\mu$ 的值。

**2. 渠道地温监测系统**

渠道地温监测系统用于渠道衬砌工程渠道冻深线监测。北方地区进入冬季后，渠道堤岸会出现不同深度的冻土，以河套灌区为例，进入冬季后冻土达 $1\sim1.2\mathrm{m}$。由于渠道堤岸含水量较大，冻土根据含水率的不同而出现不同的冻胀量，产生不同方向的应力破坏，对水工建筑物与渠道衬砌工程产生严重破坏。针对这种情况，输水渠道衬砌工程会采取保温措施，即铺设大量的泡沫保温材料。但是渠的走向、阳坡和阴坡、堤岸的宽度等因素都决定冻土的深度，必须制定科学合理且经济的保温措施才能满足工程设计需求。为了得到不同衬砌方式和不同厚度的保温层下冻深线的变化情况，温度传感器要垂直埋于堤岸 $10\sim100\mathrm{cm}$ 不同深度，均匀分布。渠道堤岸土壤含水率较大，甚至会出现流沙等极端条件，所以在传感器的选型中对传感器的防水防爆等级和线缆都有要求。

（1）DS1820 数字温度计使用。DS1820 数字温度计是 DALLAS 公司生产的单总线器件，体积小，线路简单，DS1820 产品具有以下特点。

1）只要求一个端口即可实现通信。

2）每个 DS1820 的器件上都有单独的序列号。

3）实际应用中不需要外部任何元器件即可实现测温。

4）测量温度范围在 $-55\,\mathrm{℃}\sim+125\,\mathrm{℃}$ 之间。

5）数字温度计的分辨率用户可以从 $9\sim12$ 位选择。

6）内部有温度上下限告警设置。

（2）DS1820 的使用方法。由于 DS1820 采用的是 1 - Wire 总线协议方式，即在一根数据线实现数据的双向传输，而对 AT89S51 单片机来说，硬件上并不支持单总线协议，因此，必须采用软件的方法来模拟单总线的协议时序来完成对 DS18B20 芯片的访问。

由于 DS1820 是在一根 I/O 线上读写数据，因此，对读写的数据位有着严格的时序要求。DS1820 有严格的通信协议来保证各位数据传输的正确性和完整性。该协议定义了几种信号的时序：初始化时序、读时序、写时序。所有时序都是将主机作为主设备，单总线器件作为从设备。而每一次命令和数据的传输都是从主机主动启动写时序开始，如果要求单总线器件回送数据，在进行写命令后，主机需启动读时序完成数据接收，数据和命令的传输都是低位在先。

对于 DS18B20 的读时序分为读 0 时序和读 1 时序两个过程。对于 DS18B20 的读时隙是从主机把单总线拉低之后，在 15s 之内就得释放单总线，以让 DS18B20 把数据传输到单总线上。

针对渠道地温监测系统监测点集中量多的特点，结合 DS1820 传感器的优点，研发了可以采集 16 路数字量的 TH－16R11 信号巡检仪，该仪表支持 16 路数字信号和一路模拟量信号（用于采集地下水位）输入，面板有液晶屏现场实施显示仪表工作状态和各物理量的数值。

3. 土壤墒情自动监测系统

土壤墒情监测是一项实时监测与长期分析结合的工作，必须通过实时数据采集和历史数据积累，才能将简单的信息转化为重要的决策信息，从而为大型灌区的工农业生产服务。

土壤水分采集设备选用时域反射仪（TDR），该仪器是利用土壤中的水和其他介质介电常数之间的差异及时域反射测试技术进行测量。TDR 探测器采用美国 AUTOMATA 公司的水分采集探测器，外观呈圆柱体形状（杆式），截面直径 3cm，高度为 70cm。杆体 48cm 段内为感应部分，若将探测器整体垂直埋入土壤中，可以测得该垂线的平均体积含水率，若水平埋入，则测得该水平层的平均体积含水率。这种探测器较探针式等其他探测设备的采集空间范围大、精度高。

采集主机 IA－12GC 是该系统的主要设备，它负责将各种模拟信号、数字信号进行采集，并将这些信号变成数字量在仪表面板进行显示。收到数据中心发来的巡检指令后，立即将实时采集值打包发送至通信模块，由通信模块负责将数据送达数据中心进行处理。该装置由单片机、AD 转换芯片、实时时钟、液晶显示屏等组成。该装置完全自主开发，包括整机物理结构设计、印刷线路板设计、源程序开发、数据格式定义、通信协议定义等。印刷线路板采用 PROTEL 软件开发，源程序采用 C 语言开发。

针对墒情采集点多位于无人值守和无供电条件的情况，整套系统采用太阳能供电，采集主机具有电源控制系统，有效的降低设备功耗，延长系统工作时间。

4. 地下水位监测系统

地下水位有多种应用，例如农田地下水位采集和渠道侧渗地下水位采集。在该系统中，考虑到地下水的水质与地下井的构造，使用投入式水深传感器作为底层传感器，采集主机仪表使用单片机作为处理器单独开发，支持 8 路模拟信号输入，支持传感器电源控制和远程唤醒等功能，实现了系统的低功耗运行，小功率太阳能供电完全满足系统能耗需要。

5．农田气象监测系统

该系统采集气象要素有大气压力、光照强度、温度、湿度、风速、风向和雨量 7 种，使用太阳能供电，数据由 GPRS 信号上传至总局数据服务器发布存储。

## 3.4.2　渠灌区信息技术应用情况

### 3.4.2.1　斗渠流量监测

在该技术应用过程中，2012 年夏季对已建设信息采集的斗渠进行率定，共 3 轮行水期内，每天 8 时、12 时、18 时人工测得流量共计 45 组流量数据，通过率定公式得到该闸门的流量系数 $\mu=0.63$。带入该流量系数，上位机通过闸门开高和上下游水位计算得出流量与人工测量流量见表 3-38。

表 3-38　　　　　　　　　自动测量流量与人工测量流量结果比较表

| 时间<br>（年-月-日 时：分） | 人工测量流量<br>$q/(\text{m}^3/\text{s})$ | 闸前水深<br>$H/\text{m}$ | 闸后水深<br>$h_1/\text{m}$ | 闸门开高<br>$H_g/\text{m}$ | 自动测量流量<br>$q_1/(\text{m}^3/\text{s})$ | 相对误差 |
|---|---|---|---|---|---|---|
| 2012-8-27 9：00 | 0.09 | 1.244 | 1.04 | 0.125 | 0.088 | -0.022 |
| 2012-10-21 17：20 | 0.193 | 1.218 | 1.096 | 0.36 | 0.1961 | 0.0160 |
| 2012-10-22 9：35 | 0.225 | 1.192 | 1.052 | 0.364 | 0.2124 | -0.056 |
| 2012-10-22 14：25 | 0.218 | 1.206 | 1.065 | 0.361 | 0.2114 | -0.03 |
| 2012-10-23 10：00 | 0.212 | 1.193 | 1.04 | 0.364 | 0.222 | 0.0471 |
| 2012-10-23 15：15 | 0.227 | 1.189 | 1.042 | 0.364 | 0.2176 | -0.041 |

### 3.4.2.2　渠道地温监测

渠道地温监测技术在南边渠应用已有多年时间，积累了大量的历史数据。地温查询系统界面如图 3-36 所示，利用 Excel 2003 生成的地温变化曲线图如图 3-36～图 3-41 所示。通过曲线图比较就可以直观地看出 4 种设计方案中哪种方案是最优方案了。

图 3-36　地温查询系统主界面

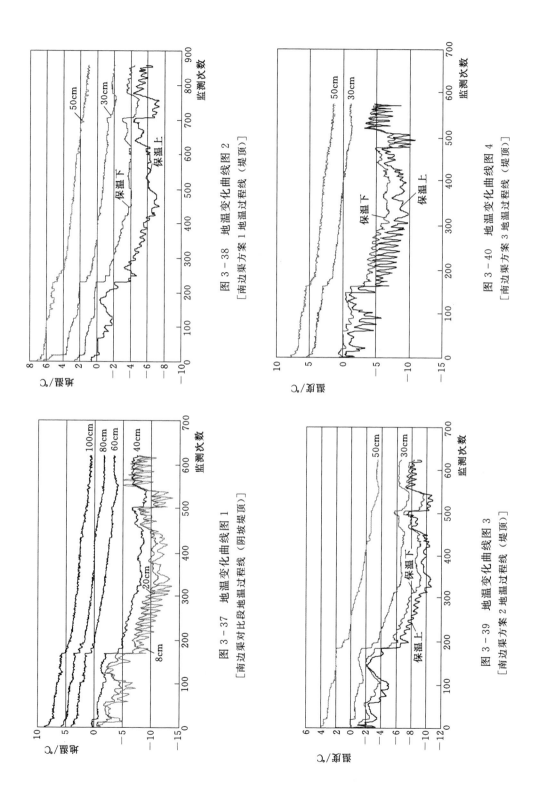

图 3-37 地温变化曲线图 1
[南边渠对比段地温过程线（阴坡堤顶）]

图 3-38 地温变化曲线图 2
[南边渠方案 1 地温过程线（堤顶）]

图 3-39 地温变化曲线图 3
[南边渠方案 2 地温过程线（堤顶）]

图 3-40 地温变化曲线图 4
[南边渠方案 3 地温过程线（堤顶）]

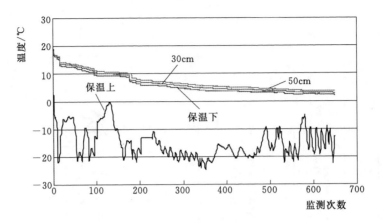

图 3-41　地温变化曲线图 5
[南边渠方案 4 地温过程线（堤顶）]

### 3.4.2.3　土壤墒情自动监测

至今为止整个河套灌区共建设墒情监测站 12 处，均匀分布在灌区整个灌域（包括九庄示范区）。在信息查询系统中，为了显示更加直观界面，利用了百度免费提供的百度地图 API 应用接口。百度地图 API 是为开发者免费提供的一套基于百度地图服务的应用接口，包括 JavaScript API、Web 服务 API、Android SDK、iOS SDK、定位 SDK、车联网 API、LBS 云等多种开发工具与服务，提供基本地图展现、搜索、定位、逆/地理编码、路线规划、LBS 云存储与检索等功能，适用于 PC 端、移动端、服务器等多种设备，多操作系统下的地图应用开发。

查询界面可以直观地看到各采集点的分布位置，可以选择地点、传感器深度、日期、曲线和数据来查看采集点土壤含水率的变化。

### 3.4.2.4　地下水位监测系统

地下水位监测系统现已建成多处监测点，例如九庄基地农田地下水位监测 1 处、南边渠渠道侧渗地下水位监测 3 处、水文地下水位监测 5 处，以南边渠渠道侧渗地下水位采集系统为例，图 3-42 为南边渠侧渗地下水位监测系统 8m 处 2013 年 9 月 1—30 日共计 1600 余次地下水位监测数据经处理后的变化曲线图，可以很直观地看到水位的升降走势。

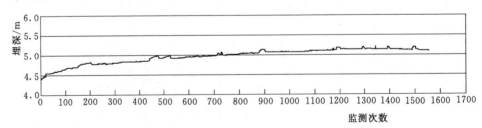

图 3-42　南边渠地下水埋深曲线图

### 3.4.2.5　农田气象监测系统

农田气监测系统为农业生产中提供重要参考指标。至今为止，该技术已广泛用于河套灌区农田气象监测，现有 5 处农田气象监测站均匀分布在灌区，3 处黄河气象站已逐步形成气象监测网，为灌区的气象观测和气候预测提供了重要的数据。

## 3.5 本章小结

经过 3 个冻融周期的观测，南边分干渠在阳坡上平均每厘米聚苯乙烯保温板可提高地温 0.547℃（厚度不小于 4cm），在阴坡上平均每厘米聚苯乙烯保温板可提高地温 0.791℃（厚度不小于 4cm）。南边分干渠在阳坡上每厘米聚氨酯保温板可提高地温 0.78℃（厚度不小于 3cm），每厘米聚氨酯保温板可提高地温 1.1℃（厚度不小于 3cm）。尽管聚氨酯保温板的导热系数远小于聚苯乙烯保温板的导热系数，但是当聚氨酯保温板的厚度变薄（其厚度小于 4cm）时，其保温效果显著降低，实测其保温效果基本和同厚度聚苯乙烯板保温效果一样。在采取聚苯乙烯保温措施后，保温下各层基土地温都有显著提高；同一层基土地温随着保温板厚度的增加而不断提高。

在衬砌下加入保温板后，衬砌冻胀量急剧减小；而且随着保温板厚度的增加，冻胀量越来越小。当聚苯乙烯保温板的厚度达到 10cm 时，冻胀量为 0cm，此时衬砌无冻胀变形，当聚氨酯保温板的厚度达到 5cm 时，冻胀量削减率达到 98.51%，冻胀量为 0.3cm。当模袋下聚苯乙烯保温板的厚度达到 8cm 时，冻胀量削减率达到 94.03%，冻胀量为 1.2cm。随着模袋混凝土厚度的增加，冻胀量越来越小。当模袋混凝土的厚度达到 15cm 时，冻胀量削减率达到 67.16%，冻胀量为 6.6cm。

通过新材料衬砌后渠道水利用系数提高到 0.9 以上，每条毛渠分别节约土地 300m²，节约土地 5% 左右。经过激光平地后，平地效果标准偏差值达到 2.4～2.8cm，每亩地节水 16m³，节水效果达到 20% 以上。田间渠道衬砌防渗效果评估：斗渠实测防渗效果达 73.2%、农渠现浇整体 U 形渠道防渗率达 87.4%，农渠膨润土防水毯衬砌渠道防渗率达 73.4%。

对于田间渠道渠系水利用系数，公安斗渠衬砌后渠道水利用率提高 5.2%，农渠衬砌后渠道水利用率提高了 3.2%，示范区斗渠、农渠、毛渠 3 级渠系水利用率提高了 7.7%。采用固化剂衬砌渠道防渗、抗冻性能较好，而且造价较低，与预制混凝土板衬砌相比较，工程造价可节约 34.9% 左右。采用铺设膨润土防水毯衬砌渠道，与未衬砌渠道相比较，最大冻胀量减少相对较小，冻土融通后渠坡没有明显的残余变形量，复位很好，说明膨润土防水毯适应由于冻胀引起的复位能力很强。防渗效果较好，农渠采用膨润土防水毯衬砌渠道防渗率为 73.4%。膨润土防水毯和预制混凝土板两种衬砌渠道相比较，可节约成本 29.1%，施工较简单，工期缩短 30%～50%。

# 第4章 地埋式滴灌技术试验研究

## 4.1 玉米地埋式滴灌关键技术试验研究

### 4.1.1 研究方法

玉米地埋式滴灌关键技术试验研究为内蒙古新增"四个千万亩"节水灌溉工程科技支撑项目重要研究内容之一，通过工程实际调查和田间小区试验，开展地埋式滴灌毛管布设间距、埋深及滴头流量等技术参数优选研究，地埋式滴灌对玉米生长发育、产量及水分利用效率研究。在此基础上通过理论计算和分析，研究地埋式滴灌的适宜灌溉制度，为赤峰市乃至具有相似气候、水文、地貌条件的地区发展玉米地埋式滴灌技术提供技术支撑，为内蒙古西辽河流域玉米地下滴灌技术的应用和发展提供参考。

#### 4.1.1.1 试验处理

2014年和2015年地下滴灌实验在翁牛特旗桥头镇太平庄村。

2014年试验为地埋式滴灌试验，即滴头流量、滴灌带间距、滴灌带埋深和滴灌带长度。滴头流量为1.38L/h、2L/h和3L/h；滴灌带间距为80cm、100cm和120cm；滴灌带埋深为30cm、35cm和40cm；滴灌带长度为68m和100m。采用正交试验布置，共5个试验处理，每个试验处理设置3个重复，共15个试验小区，每个小区的面积为544m²。试验处理见表4-1。

表4-1　　　　　2014年和2015年地埋式滴灌小区试验田间设计

| 序号 | 滴头流量 /(L/h) | 滴灌带间距 /m | 滴灌带埋深 /m | 滴灌带长度 /m | 重复次数 | 小区面积 /m² | 拟定灌水定额 /(m²/亩) |
|---|---|---|---|---|---|---|---|
| I | 3.0 | 1.0 | 0.35 | 68 | 1 | 68×8=544 | 25 |
| | | | | | 2 | 68×8=544 | |
| | | | | | 3 | 68×8=544 | |
| II | 2.0 | 1.0 | 0.35 | 68 | 1 | 68×8=544 | 25 |
| | | | | | 2 | 68×8=544 | |
| | | | | | 3 | 68×8=544 | |
| III | 1.38 | 1.0 | 0.35 | 68 | 1 | 68×8=544 | 25 |
| | | | | | 2 | 68×8=544 | |
| | | | | | 3 | 68×8=544 | |

| 序号 | 滴头流量<br>/(L/h) | 滴灌带间距<br>/m | 滴灌带埋深<br>/m | 滴灌带长度<br>/m | 重复次数 | 小区面积<br>/m² | 拟定灌水定额<br>/(m³/亩) |
|---|---|---|---|---|---|---|---|
| Ⅳ | 1.38 | 0.8 | 0.35 | 100 | 1 | 100×8=800 | 30 |
| | | 1.0 | 0.35 | 100 | 2 | 100×8=800 | 25 |
| | | 1.2 | 0.35 | 100 | 3 | 100×8=800 | 20 |
| Ⅴ | 1.38 | 1.0 | 0.35 | 68 | 1 | 68×8=544 | 25 |
| | | | 0.40 | 68 | 2 | 68×8=544 | |
| | | | 0.30 | 68 | 3 | 68×8=544 | |

灌溉制度小区试验将玉米的生育期划分为播种期—定苗期、定苗期—拔节期、拔节期—抽穗期、抽穗期—乳熟期、乳熟期—收获期 5 个生育阶段，设 4 个灌水处理，灌水定额分别为 25m³/亩、30m³/亩、35m³/亩和 40m³/亩。各处理的灌水日期和灌水次数相同，灌水日期根据灌水定额为 30m³/亩试验处理的适宜含水率下限计算确定，其取值标准见表 4-2。每次的灌水量采用水表计量，每个试验处理设置 3 个重复，共计 12 个试验小区，每个试验小区长度为 24.0m，宽度为 5.7m，面积为 136.8m²。灌溉制度试验处理见表 4-3。

表 4-2　　**适宜含水率下限设计值（以 30m³/亩的处理进行控制）**

| 生育时期 | 播种后 | 苗期 | 抽穗期 | 灌浆期 | 成熟期 |
|---|---|---|---|---|---|
| 适宜含水率下限/% | 65 | 60~65 | 65~70 | 70 | 65 |

表 4-3　　　　　　　　**2015 年灌溉制度试验处理**　　　　　　　　单位：m³/亩

| 生育时期 | 播种后 | 苗期 | 抽穗期 | 灌浆期 | 成熟期 |
|---|---|---|---|---|---|
| GSDE1 | 25 | 25 | 25 | 25 | 25 |
| GSDE2 | 30 | 30 | 30 | 30 | 30 |
| GSDE3 | 35 | 35 | 35 | 35 | 35 |
| GSDE4 | 40 | 40 | 40 | 40 | 40 |

#### 4.1.1.2　小区布置

试验地所用水源为水源井供水，水源井出水量 50m³/h，井深 100m，静水位 50m，动水位为 60m。2014 年试验小区在Ⅳ区和Ⅲ区分别埋设了 2 套土壤水分测定系统。2015年，地埋式滴灌试验小区的整体布置与 2014 年相同，埋设 TDR 测定管 15 套，土壤水分测定系统 2 套。2015 年新增的地埋式滴灌灌溉制度小区布设了 2 套土壤水分测定系统和12 套 TDR 测定管。

### 4.1.2　试验结果与分析

#### 4.1.2.1　试验区基础资料

1. 土壤情况

试验地土壤理化特性与肥力测定结果见表 4-4。

表 4 - 4 试验地土壤理化特性与肥力测定结果

| 项　　目 | 土　层　深　度 | | | 平均 |
| --- | --- | --- | --- | --- |
| | 0～20cm | 20～40cm | 40～60cm | |
| 土壤质地 | 砂壤土 | 砂壤土 | 砂壤土 | — |
| 干容重/(g/cm³) | 1.52 | 1.41 | 1.34 | 1.42 |
| 田间持水量/% | 22.42 | 21.45 | 20.45 | 21.44 |
| pH 值 | 8.21 | | | 8.21 |
| 有机质/(g/kg) | 7.69 | | | 7.69 |
| 全氮/(g/kg) | 0.38 | | | 0.38 |
| 速效氮/(mg/kg) | 29.4 | | | 29.4 |
| 全磷/(g/kg) | 0.55 | | | 0.55 |
| 速效磷/(mg/kg) | 34.48 | | | 34.48 |
| 全钾/(g/kg) | 50.47 | | | 50.47 |
| 速效钾/(mg/kg) | 124.81 | | | 124.81 |

2. 作物耕作及施肥情况

2014 年和 2015 年，玉米地埋式滴灌试验地的耕作、施肥情况见表 4 - 5。

表 4 - 5 试验作物及耕作、施肥情况

| 作　物　情　况 | | 2014 年 | 2015 年 |
| --- | --- | --- | --- |
| 作物品种 | | 通科 1 号 | 通科 1 号 |
| 耕作形式 | | 覆膜＋机播 | |
| 株行距密度 | | 株距：21～23cm；宽行：80cm，窄行：40cm；密度：4800～5300 株/亩 | |
| 作物生育阶段观测 | 播种 | 5 月 19 日 | 5 月 2 日 |
| | 出苗 | 6 月 4 日 | 5 月 20 日 |
| | 拔节 | 7 月 1 日 | 6 月 22 日 |
| | 抽雄 | 8 月 4 日 | 7 月 28 日 |
| | 乳熟 | 9 月 8 日 | 9 月 4 日 |
| | 收获 | 10 月 7 日 | 10 月 4 日 |
| | 全期 | 148 天 | 164 天 |
| 实际施肥情况 | | 施底肥华北大化（尿素）24kg/亩，磷酸二铵 40kg/亩，硫酸钾镁肥 10kg/亩 | 亩施农家肥 1000kg，施底肥华北大化（尿素）24kg/亩，磷酸二铵 40kg/亩，硫酸钾镁肥 10kg/亩 |

3. 气象情况

示范区 2014 年和 2015 年地埋式滴灌地多年平均降雨量、气温、蒸发量和风速见表 4 - 6。

表 4-6　　　　　　　　　　　　试验区主要气象要素表

| 项　目 | | 5 月 | 6 月 | 7 月 | 8 月 | 9 月 | 合计/平均 |
|---|---|---|---|---|---|---|---|
| 多年平均值 | 降雨量/mm | 36.4 | 62 | 108.6 | 74.8 | 32.9 | 314.7 |
| | 气温/℃ | 17.37 | 21.14 | 24.17 | 22.51 | 15.84 | 20.21 |
| | 蒸发量/mm | 77.43 | 79.86 | 89.93 | 104.72 | 89.43 | 441.36 |
| | 风速/(km/h) | 3.04 | 2.41 | 2.05 | 1.81 | 1.95 | 2.25 |
| | 有效降雨量/mm | 5 | 139 | 74 | 64 | 27 | 309 |
| 2014 年 | 降雨量/mm | 66.8 | 104.2 | 13 | 29.3 | 55.4 | 268.7 |
| | 有效降雨量/mm | 63.1 | 103.1 | 6.5 | 21.5 | 49.4 | 244.1 |
| 2015 年 | 降雨量/mm | 20.2 | 85.8 | 44.2 | 38.4 | 26 | 214.6 |
| | 有效降雨量/mm | 14 | 75.8 | 32.2 | 29.4 | 23.0 | 174.4 |

#### 4.1.2.2　土壤含水量

1. 2014 年土壤含水量变化

2014 年地埋式滴灌试验小区Ⅲ区 7 月 23 日至 8 月 3 日一个灌水周期内（玉米抽穗期）土壤含水量变化见图 4-1。从图中可以看出，深度 40cm 的土壤含水率最大，除此之外，其他土层的土壤含水率有随土壤深度的增加而增大的趋势。20～60cm 土层的土壤含水率随时间的变化较大，说明灌溉水多集中在 40cm 处土层，20～60cm 为玉米根系的主要吸水层。深度 80cm 处的土壤含水率与深度 5cm 处相近且较小的原因是深度 80cm 处为砂土。

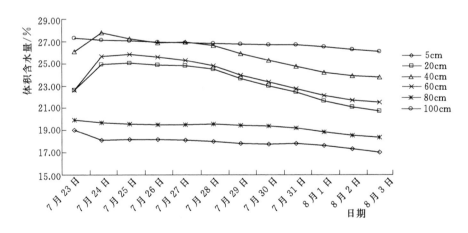

图 4-1　2014 年地埋式滴灌试验小区Ⅲ区土壤含水量

2. 灌水前后土壤含水量变化

2015 年，灌溉制度 4 个灌水处理的试验小区灌水时间及灌水前后土壤含水量变化情况见图 4-2～图 4-5。从图中可以看出，灌水定额为 25m³/亩试验小区灌水后 10cm 土层、80～100cm 处土层基本不受影响，40～60cm 处土层受影响最大，其中 60cm 处的土壤含水率较大且比较稳定。灌水定额为 30m³/亩试验小区灌水后 10cm 土层、80～100cm

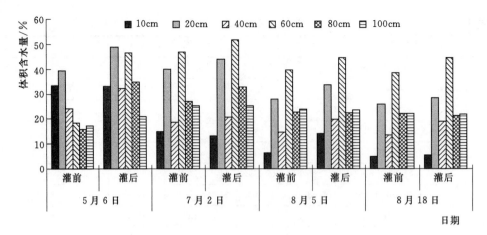

图 4-2　25m³/亩试验小区灌水前后土壤含水量变化

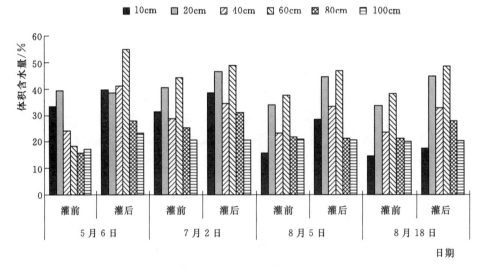

图 4-3　30m³/亩试验小区灌水前后土壤含水量变化

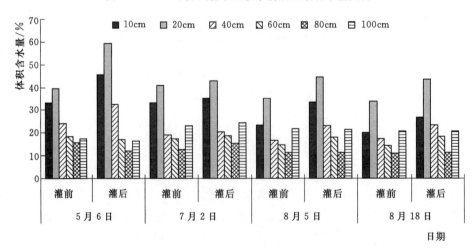

图 4-4　35m³/亩试验小区灌水前后土壤含水量变化

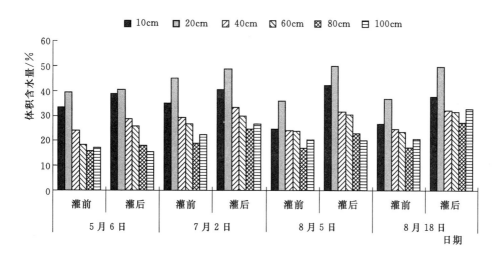

图 4-5 40m³/亩试验小区灌水前后土壤含水量变化

处土层基本不受影响，20～60cm 处土层受影响最大，其中 60cm 处的土壤含水率较大且比较稳定。灌水定额为 35m³/亩试验小区灌水后 80～100cm 处土层基本不受影响，10～40cm 处土层受影响最大，其中 20cm 处的土壤含水率较大且比较稳定。灌水定额为 40m³/亩试验小区灌水后 10～100cm 处土层都有影响，10～80cm 处土层受影响最大，其中 20cm 处的土壤含水率较大且比较稳定。综上所述，灌水定额为 25m³/亩试验小区和灌水定额为 30m³/亩试验小区灌水后水分湿润峰半径达不到土壤表面；灌水定额为 35m³/亩试验小区灌水后，湿润体基本可以达到地表，且不会产生深层渗漏。

### 4.1.2.3 玉米灌水时间、灌水次数与灌水定额

1. 2014 年灌水情况

2014 年各试验处理在玉米播种后、拔节期、抽穗期和灌浆期分别灌水，灌水日期为 7 月 8 日、7 月 23 日、8 月 3 日、8 月 20 日，整个玉米生育期内共灌水 5 次。播种后各处理的灌水定额为 30m³/亩。其他时期，除 Ⅳ 区的灌水定额分别为 20m³/亩、25m³/亩和 30m³/亩外，其他处理均为 25m³/亩。Ⅳ 区的灌溉定额为 110m³/亩、130m³/亩和 150m³/亩，其他的均为 130m³/亩。2014 年地埋式滴灌试验小区灌水情况见表 4-7。

表 4-7　　　　　　　　　2014 年地埋式滴灌试验小区灌水情况

| 序号 | 滴头流量 /(L/h) | 滴灌带间距 /m | 滴灌带埋深 /m | 首次灌水定额 /(m²/亩) | 灌水次数 | 除首次灌水定额 /(m²/亩) | 灌溉定额 /(m²/亩) |
|---|---|---|---|---|---|---|---|
| Ⅰ | 3.0 | 1.0 | 0.35 | 30 | 5 | 25 | 130 |
| | | | | | 5 | 25 | 130 |
| | | | | | 5 | 25 | 130 |
| Ⅱ | 2.0 | 1.0 | 0.35 | 30 | 5 | 25 | 130 |
| | | | | | 5 | 25 | 130 |
| | | | | | 5 | 25 | 130 |

续表

| 序号 | 滴头流量 /(L/h) | 滴灌带间距 /m | 滴灌带埋深 /m | 首次灌水定额 /(m²/亩) | 灌水次数 | 除首次灌水定额 /(m²/亩) | 灌溉定额 /(m²/亩) |
|---|---|---|---|---|---|---|---|
| Ⅲ | 1.38 | 1.0 | 0.35 | 30 | 5 | 25 | 130 |
| | | | | | 5 | 25 | 130 |
| | | | | | 5 | 25 | 130 |
| Ⅳ | 1.38 | 0.8 | 0.35 | 30 | 5 | 30 | 150 |
| | | 1.0 | 0.35 | 30 | 5 | 25 | 130 |
| | | 1.2 | 0.35 | 30 | 5 | 20 | 110 |
| Ⅴ | 1.38 | 1.0 | 0.35 | 30 | 5 | 25 | 130 |
| | | | 0.40 | 30 | 5 | 25 | 130 |
| | | | 0.30 | 30 | 5 | 25 | 130 |

2. 2015 年灌水情况

2015 年地埋式滴灌试验灌水情况见表 4-8，灌溉制度试验灌水情况见表 4-9。

表 4-8　　　　　　2015 年地埋式滴灌试验小区灌水时间及灌水量

| 处理方式 | | 灌水时间及灌水定额/(m³/亩) | | | | | | 灌溉定额 /(m³/亩) |
|---|---|---|---|---|---|---|---|---|
| | | 5 月 6 日 | 6 月 18 日 | 7 月 2 日 | 7 月 20 日 | 8 月 5 日 | 8 月 18 日 | |
| Ⅰ | | 30 | 25 | 25 | 25 | 25 | 30 | 160 |
| Ⅱ | | 30 | 25 | 25 | 25 | 25 | 30 | 160 |
| Ⅲ | | 30 | 25 | 25 | 25 | 25 | 30 | 160 |
| Ⅳ | 间距 0.8m | 30 | 30 | 30 | 30 | 30 | 30 | 180 |
| | 间距 1.0m | 30 | 25 | 25 | 25 | 25 | 30 | 160 |
| | 间距 1.2m | 30 | 20 | 20 | 20 | 20 | 30 | 140 |
| Ⅴ | 埋深 0.3m | 30 | 25 | 25 | 25 | 25 | 30 | 160 |
| | 埋深 0.35m | 30 | 25 | 25 | 25 | 25 | 30 | 160 |
| | 埋深 0.4m | 30 | 25 | 25 | 25 | 25 | 30 | 160 |

表 4-9　　　　　　2015 年地埋式滴灌灌溉制度试验灌水时间及灌水量

| 处理方式 | 灌水时间及灌水定额/(m³/亩) | | | | | | 灌溉定额 /(m³/亩) |
|---|---|---|---|---|---|---|---|
| | 5 月 6 日 | 6 月 18 日 | 7 月 2 日 | 7 月 20 日 | 8 月 5 日 | 8 月 18 日 | |
| GSDE1 | 25 | 25 | 25 | 25 | 25 | 25 | 150 |
| GSDE2 | 30 | 30 | 30 | 30 | 30 | 30 | 180 |
| GSDE3 | 35 | 35 | 35 | 35 | 35 | 35 | 210 |
| GSDE4 | 40 | 40 | 40 | 40 | 40 | 40 | 240 |

2015 年地埋式滴灌试验的灌水次数为 6 次，播种后各处理首次灌水定额均为 30m³/亩，

其他 5 次的灌水定额分别为 20m³/亩、25m³/亩、30m³/亩。2015 年灌溉制度试验灌水次数为 6 次，灌水定额分别为 25m³/亩、30m³/亩、35m³/亩、40m³/亩。

#### 4.1.2.4　玉米需水量

**1. 2014 年玉米需水量**

2014 年地埋式滴灌试验小区Ⅲ区玉米整个生育期内需水情况见图 4-6。

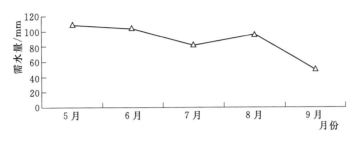

图 4-6　Ⅲ区处理玉米生育期需水量过程线

**2. 2015 年玉米需水量**

2015 年灌溉制度试验 4 个灌水处理的玉米整个生育期内需水情况见图 4-7。

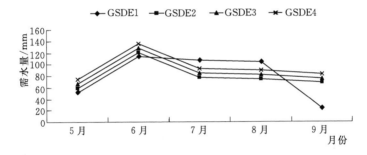

图 4-7　灌溉制度试验 4 个灌水处理的玉米生育期需水过程线

#### 4.1.2.5　玉米穗部性状及产量指标的变化

**1. 玉米穗部性状指标**

2014 年 9 个处理的玉米穗部性状指标见表 4-10～表 4-18。从表中可以看出，滴灌带间距为 0.8m 的试验小区玉米穗部性状指标高于其他试验小区，其中穗重、穗长、穗周长、穗粒数均高于其他小区，秃尖长低于其他小区。

表 4-10　　　　　　　　　　　　滴灌Ⅰ区玉米穗部性状统计

| 穗部性状 | 最大值 | 最小值 | 平均值 | 标准差 | 变异系数 |
|---|---|---|---|---|---|
| 穗重 | 299.32g | 56.08g | 194.94g | 52.59g | 0.27 |
| 穗长 | 21.7cm | 10.5cm | 18.48cm | 2.15cm | 0.12 |
| 穗周长 | 16.8cm | 12.7cm | 14.82cm | 1.04cm | 0.07 |
| 秃尖长 | 4cm | 0cm | 1.73cm | 1.08cm | 0.62 |
| 穗行数 | 20 | 12 | 15.84 | 1.42 | 0.09 |
| 行粒数 | 44 | 18 | 37.08 | 6.27 | 0.17 |

表 4 - 11 **滴灌Ⅱ区玉米穗部性状统计**

| 穗部性状 | 最大值 | 最小值 | 平均值 | 标准差 | 变异系数 |
|---|---|---|---|---|---|
| 穗重 | 251.26g | 42g | 180.77g | 50.3g | 0.28 |
| 穗长 | 21cm | 8cm | 16.79cm | 2.64cm | 0.16 |
| 穗周长 | 16.2cm | 11cm | 14.46cm | 0.91cm | 0.06 |
| 秃尖长 | 5.6cm | 0cm | 2.38cm | 1.31cm | 0.55 |
| 穗行数 | 18 | 12 | 16.03 | 1.54 | 0.1 |
| 行粒数 | 42 | 16 | 36.54 | 6.49 | 0.18 |

表 4 - 12 **滴灌Ⅲ区玉米穗部性状统计**

| 穗部性状 | 最大值 | 最小值 | 平均值 | 标准差 | 变异系数 |
|---|---|---|---|---|---|
| 穗重 | 313.27g | 64.4g | 182.22g | 62.07g | 0.34 |
| 穗长 | 21.8cm | 12.3cm | 18.02cm | 2.23cm | 0.12 |
| 穗周长 | 16.9cm | 12.6cm | 14.85cm | 1.05cm | 0.07 |
| 秃尖长 | 6.3cm | 0cm | 2.14cm | 1.38cm | 0.64 |
| 穗行数 | 18 | 10 | 15.79 | 1.65 | 0.1 |
| 行粒数 | 50 | 19 | 37.62 | 6.42 | 0.17 |

表 4 - 13 **滴灌Ⅳ区（间距 0.8m）玉米穗部性状统计**

| 穗部性状 | 最大值 | 最小值 | 平均值 | 标准差 | 变异系数 |
|---|---|---|---|---|---|
| 穗重 | 285.63g | 160.85g | 228.21g | 33.24g | 0.15 |
| 穗长 | 20.8cm | 16.3cm | 18.81cm | 1.30cm | 0.07 |
| 穗周长 | 16.6cm | 14.1cm | 15.39cm | 0.57cm | 0.04 |
| 秃尖长 | 4cm | 0.9cm | 1.69cm | 0.76cm | 0.45 |
| 穗行数 | 18 | 14 | 16.5 | 1.24 | 0.08 |
| 行粒数 | 45 | 33 | 39 | 3.54 | 0.09 |

表 4 - 14 **滴灌Ⅳ区（间距 1m）玉米穗部性状统计**

| 穗部性状 | 最大值 | 最小值 | 平均值 | 标准差 | 变异系数 |
|---|---|---|---|---|---|
| 穗重 | 271.02g | 169.21g | 215.21g | 24.00g | 0.11 |
| 穗长 | 21cm | 17.2cm | 19.16cm | 1.01cm | 0.05 |
| 穗周长 | 16.4cm | 14.5cm | 15.3cm | 0.55cm | 0.04 |
| 秃尖长 | 4.3cm | 1.2cm | 2.31cm | 0.70cm | 0.3 |
| 穗行数 | 18 | 14 | 16.22 | 0.92 | 0.06 |
| 行粒数 | 48 | 39 | 41.83 | 2.22 | 0.05 |

表 4 - 15 **滴灌Ⅳ区（间距 1.2m）玉米穗部性状统计**

| 穗部性状 | 最大值 | 最小值 | 平均值 | 标准差 | 变异系数 |
|---|---|---|---|---|---|
| 穗重 | 234.8g | 118.28g | 183.27g | 38.13g | 0.21 |
| 穗长 | 21cm | 17.1cm | 19.26cm | 1.24cm | 0.06 |
| 穗周长 | 15.8cm | 13.5cm | 14.98cm | 0.76cm | 0.05 |
| 秃尖长 | 4.2cm | 0cm | 2.56cm | 1.03cm | 0.40 |
| 穗行数 | 20 | 12 | 15.86 | 1.92 | 0.12 |
| 行粒数 | 44 | 28 | 37.57 | 4.94 | 0.13 |

表 4-16 滴灌 V 区（埋深 30cm）玉米穗部性状统计

| 穗部性状 | 最大值 | 最小值 | 平均值 | 标准差 | 变异系数 |
|---|---|---|---|---|---|
| 穗重 | 217.6g | 73.68g | 152.45g | 41.80g | 0.27 |
| 穗长 | 20.5cm | 12.6cm | 17.27cm | 2.10cm | 0.12 |
| 穗周长 | 16.3cm | 13.1cm | 14.49cm | 0.73cm | 0.05 |
| 秃尖长 | 6cm | 1.2cm | 3.32cm | 1.27cm | 0.38 |
| 穗行数 | 20 | 12 | 16 | 1.87 | 0.12 |
| 行粒数 | 46 | 20 | 34.48 | 6.16 | 0.18 |

表 4-17 滴灌 V 区（埋深 35cm）玉米穗部性状统计

| 穗部性状 | 最大值 | 最小值 | 平均值 | 标准差 | 变异系数 |
|---|---|---|---|---|---|
| 穗重 | 233.85g | 86.15g | 171.87g | 42.64g | 0.25 |
| 穗长 | 20.5cm | 13.8cm | 17.76cm | 2.06cm | 0.12 |
| 穗周长 | 15.2cm | 12.6cm | 14.16cm | 0.70cm | 0.05 |
| 秃尖长 | 4.7cm | 0.3cm | 2.02cm | 1.11cm | 0.55 |
| 穗行数 | 20 | 12 | 16.56 | 2.19 | 0.13 |
| 行粒数 | 44 | 22 | 34.11 | 5.92 | 0.17 |

表 4-18 滴灌 V 区（埋深 40cm）玉米穗部性状统计

| 穗部性状 | 最大值 | 最小值 | 平均值 | 标准差 | 变异系数 |
|---|---|---|---|---|---|
| 穗重 | 265.69g | 106.09g | 186.42g | 33.31g | 0.18 |
| 穗长 | 20.3cm | 13cm | 18.22cm | 1.58cm | 0.09 |
| 穗周长 | 16.1cm | 14cm | 14.75cm | 0.58cm | 0.04 |
| 秃尖长 | 4cm | 0 | 2.28cm | 1.10cm | 0.49 |
| 穗行数 | 18 | 14 | 16.3 | 1.58 | 0.1 |
| 行粒数 | 42 | 24 | 35.2 | 4.61 | 0.13 |

**2. 玉米产量**

2014 年不同小区处理的产量见表 4-19。从表中可以看出，滴头流量的大小对玉米产

表 4-19 不同处理玉米灌水及产量统计表

| 处理 | 滴头流量 /(L/h) | 滴灌带间距 /m | 滴灌带埋深 /m | 滴灌带长度/m | 灌水定额 /(m³/亩) | 灌溉定额 /(m³/亩) | 产量 /(kg/亩) |
|---|---|---|---|---|---|---|---|
| Ⅰ | 3.0 | 1.0 | 0.35 | 68 | 25 | 130 | 829 |
| Ⅱ | 2.0 | 1.0 | 0.35 | 68 | 25 | 130 | 831 |
| Ⅲ | 1.38 | 1.0 | 0.35 | 68 | 25 | 130 | 848 |
| Ⅳ | 1.38 | 0.8 | 0.35 | 100 | 30 | 150 | 1072 |
| | | 1.0 | 0.35 | 100 | 25 | 130 | 912 |
| | | 1.2 | 0.35 | 100 | 20 | 110 | 584 |
| Ⅴ | 1.38 | 1.0 | 0.35 | 68 | 25 | 130 | 825 |
| | | | 0.40 | 68 | | | 691 |
| | | | 0.30 | 68 | | | 826 |

量大小影响不大。滴头流量为 1.38L/h 与滴头流量为 3.0L/h 的试验小区亩产量相差 19kg，滴灌带间距为 0.8m 的试验小区产量最高为 1072kg/亩，滴灌带埋深为 0.4m 的试验小区与滴灌带间距为 1.2m 的试验小区产量最低，亩产分别为 691kg 和 584kg。滴灌带间距越小，玉米的产量越高，滴灌带埋设深度最好为 35cm。

#### 4.1.2.6　玉米耗水量与水分利用效率

1. 2014 年玉米耗水量与水分利用效率

2014 年地埋式滴灌试验小区Ⅲ区的玉米耗水量计算结果见表 4-20。从表中可以看出，2014 年地埋式滴灌试验小区Ⅲ区的玉米总耗水量为 416.6mm，耗水强度为 3.69mm/d。

表 4-20　　　　　　　2014 年Ⅲ区处理的玉米耗水量和耗水强度

| 处理 | 起止日期 | 天数 | 有效降水量<br>/mm | 灌水量<br>/mm | 土壤贮水变<br>化量/mm | 耗水量<br>/mm | 耗水强度<br>/(mm/d) |
|---|---|---|---|---|---|---|---|
| Ⅲ | 5 月 19 日至<br>9 月 20 日 | 125 | 244.1 | 195.0 | -22.5 | 461.6 | 3.69 |

2014 年，试验小区的土壤含水量只用自动水分测定仪测定了一个点（Ⅲ），因此计算耗水量时，各处理的土壤贮水量变化均取该值，为 -22.5mm。地埋式滴灌试验小区玉米耗水量及水分利用效率计算结果见表 4-21。Ⅰ区、Ⅱ区、Ⅲ区、Ⅴ区和Ⅳ区的间距为 1.0m 处理的玉米生育期总耗水量为 461.6mm，Ⅳ区间距为 0.8m 处理的总耗水量为 491.59mm，水分利用效率为 2.18kg/m³，均大于其他处理。Ⅳ区间距为 1.2m 处理的玉米总耗水量为 411.59mm，水分生产率最小，为 1.42kg/m³。

表 4-21　　　　　　　2014 年不同水分处理玉米水分生产率

| 处理方式 | | 有效降水量<br>/mm | 灌水量<br>/mm | 耗水量<br>/mm | 产量<br>/(kg/亩) | 水分生产率<br>/(kg/m³) |
|---|---|---|---|---|---|---|
| Ⅰ | | 244.1 | 195.0 | 461.6 | 829 | 1.79 |
| Ⅱ | | 244.1 | 195.0 | 461.6 | 831 | 1.80 |
| Ⅲ | | 244.1 | 195.0 | 461.6 | 848 | 1.83 |
| Ⅳ | 间距（0.8m） | 244.1 | 224.99 | 491.59 | 1072 | 2.18 |
| | 间距（1.0m） | 244.1 | 195.0 | 461.6 | 912 | 1.98 |
| | 间距（1.2m） | 244.1 | 164.99 | 411.59 | 584 | 1.42 |
| Ⅴ | 埋深（0.35m） | 244.1 | 195.0 | 461.6 | 825 | 1.79 |
| | 埋深（0.4m） | 244.1 | 195.0 | 461.6 | 691 | 1.50 |
| | 埋深（0.3m） | 244.1 | 195.0 | 461.6 | 826 | 1.79 |

2. 2015 年玉米耗水量

2015 年地埋式滴灌试验小区与灌溉制度试验小区的玉米耗水量计算结果见表 4-22 和表 4-23。从表 4-22 中可以看出，Ⅳ区滴灌带间距为 0.8m 的试验小区玉米整个生育期的总耗水量和耗水强度为 395.52mm 和 2.79mm/d，均高于其他处理。

表 4－22               2015 年地埋式滴灌试验小区的玉米耗水量和耗水强度

| 处理方式 | 起止日期 | 天数 | 有效降水量/mm | 灌水量/mm | 土壤贮水变化量/mm | 耗水量/mm | 耗水强度/(mm/d) |
|---|---|---|---|---|---|---|---|
| Ⅰ | | 142 | 174.4 | 239.99 | 28.46 | 385.93 | 2.72 |
| Ⅱ | | 142 | 174.4 | 239.99 | 30.07 | 384.32 | 2.70 |
| Ⅲ | 5月2日至9月20日 | 142 | 174.4 | 239.99 | 32.75 | 381.64 | 2.69 |
| Ⅳ（间距0.8m） | | 142 | 174.4 | 269.99 | 48.87 | 395.52 | 2.79 |
| Ⅴ（埋深0.3m） | | 142 | 174.4 | 239.99 | 35.20 | 380.19 | 2.68 |

表 4－23               2015 年灌溉制度试验小区的玉米耗水量和耗水强度

| 处理方式 | 起止日期 | 天数 | 有效降水量/mm | 灌水量/mm | 土壤贮水变化量/mm | 耗水量/mm | 耗水强度/(mm/d) |
|---|---|---|---|---|---|---|---|
| GSDE1 | | 142 | 174.4 | 224.99 | 37.45 | 399.39 | 2.81 |
| GSDE2 | 5月2日至9月20日 | 142 | 174.4 | 269.99 | 32.21 | 412.18 | 2.90 |
| GSDE3 | | 142 | 174.4 | 314.98 | 36.98 | 452.40 | 3.19 |
| GSDE4 | | 142 | 174.4 | 359.98 | 39.67 | 494.71 | 3.48 |

从表 4－23 中可以看出，灌水定额为 40m³/亩的试验小区玉米整个生育期的总耗水量为 494.71mm，均高于其他试验小区总耗水量，高于灌水定额为 25m³/亩的试验小区总耗水量 23.87%，高于灌水定额为 30m³/亩的试验小区总耗水量的 20.02%，高于灌水定额为 35m³/亩的试验小区总耗水量的 9.35%；其中灌水定额为 25m³/亩的试验小区整个生育期的总耗水量最低为 399.39mm。

## 4.1.3 推荐灌溉制度

2014 年地埋式滴灌试验的滴头流量分别为 3L/h、2L/h 和 1.38L/h，产量分别为 829kg/亩、831kg/亩和 848kg/亩，差异较小，说明滴头流量对玉米产量影响较小。

滴灌带埋设深度为 0.3m 和 0.35m 的产量相近，为了不妨碍耕作，玉米地埋式滴灌带埋深推荐埋设深度为 0.35m。

2014 年地埋式滴灌试验的滴灌带埋设间距为 0.8m 时，玉米产量最高，比间距为 1.2m 的试验小区提高 83.6%。

地埋式滴灌的滴头附近含水量最高，向周围逐渐降低。对于均质的壤土，含水率在滴头周围对称分布，湿润体近似圆柱。2015 年地埋式滴灌灌溉制度试验表明，单次灌水定额为 35m³/亩的试验小区，灌水后的湿润锋基本可以达到地表。

根据试验结果，再结合当地的调研结果，可推荐的玉米地埋式滴灌灌溉制度为：一般年灌水 3～4 次，灌溉定额 120～157.5mm（80～105m³/亩），干旱年灌水 5～6 次，灌溉定额 195～232.5mm（130～155m³/亩），见表 4－24。

表 4 - 24 玉米地埋式滴灌灌溉制度参照表

| 生育期 | 时间 | 一般年份（50%） | | | | 干旱年份（85%） | | | |
|---|---|---|---|---|---|---|---|---|---|
| | | 灌水次数 | 灌水定额 | | 灌溉定额/(m³/亩) | 灌水次数 | 灌水定额 | | 灌溉定额/(m³/亩) |
| | | | mm | m³/亩 | | | mm | m³/亩 | |
| 播种及出苗期 | 4月末至5月上旬 | 1 | 45 | 30 | 80～105 (120～157.5mm) | 1 | 45 | 30 | 130～155 (195～232.5mm) |
| 出苗至抽穗期 | 6月中旬至8月上旬 | 1～2 | 37.5～75 | 25～50 | | 2～3 | 75～112.5 | 50～75 | |
| 抽穗至灌浆期 | 8月中旬至8月下旬 | 1 | 37.5 | 25 | | 1 | 37.5 | 25 | |
| 灌浆至蜡熟期 | 8月下旬至9月中旬 | — | — | — | | 1 | 37.5 | 25 | |
| 蜡熟至收获期 | 9月下旬至10月上旬 | — | — | — | | — | — | — | |

# 4.2 紫花苜蓿地埋式滴灌关键技术试验研究

## 4.2.1 灌溉制度试验设计

试验区位于鄂尔多斯市鄂托克前旗昂素镇哈日根图嘎查示范区内。根据当地人工牧草种植情况，选择紫花苜蓿为主要研究对象，其生育阶段划分为苗（返青）期、分枝期、现蕾期、开花期。初花期刈割，紫花苜蓿在刈割后进入下一生长周期。

采用田间对比试验法设计，紫花苜蓿地埋滴灌灌溉制度试验采用2因子3水平正交组合设计，设滴灌带埋设深度和灌水水平2个因子；设3种埋设深度，滴灌带埋深分别为10cm、20cm和30cm；设3个灌水水平，灌水定额分别为15.0mm（10m³/亩）、22.5mm（15m³/亩）和30.0mm（20m³/亩）。灌溉制度试验区布置如图4-8所示。试验共计9个试验处理，每个处理3次重复，共计27个试验小区，每个小区的长度均为20m，宽度为5m，每个小区面积为100m²，试验区总面积900m²。采用贴片式滴灌带，滴灌带壁厚为0.4mm，流量为2.0L/h，滴头间距为0.3m；每条滴灌带控制2行紫花苜蓿，滴灌带间距60cm。每个处理的灌水日期和灌水次数相同，灌水日期根据处理5（灌水定额22.5mm，滴灌带埋深20cm）适宜含水率下限计算确定。

## 4.2.2 灌溉材料试验设计

灌溉材料试验处理布置如图4-9所示。紫花苜蓿地埋式滴灌材料试验设3个试验处理，每个试验处理3次重复；3个试验处理分别采用迷宫式滴灌带、贴片式滴灌带和压力补偿式滴灌带（贴片式）。其中迷宫式滴灌带的壁厚为0.2mm，流量为3.0L/h，滴头间距为0.3m；其他两种滴灌带的壁厚均为0.4mm，流量均为2.0L/h，滴头间距均为0.3m；每条滴灌带控制2行紫花苜蓿，滴灌带间距60cm；滴灌带的埋深均为20cm，灌溉定额均为

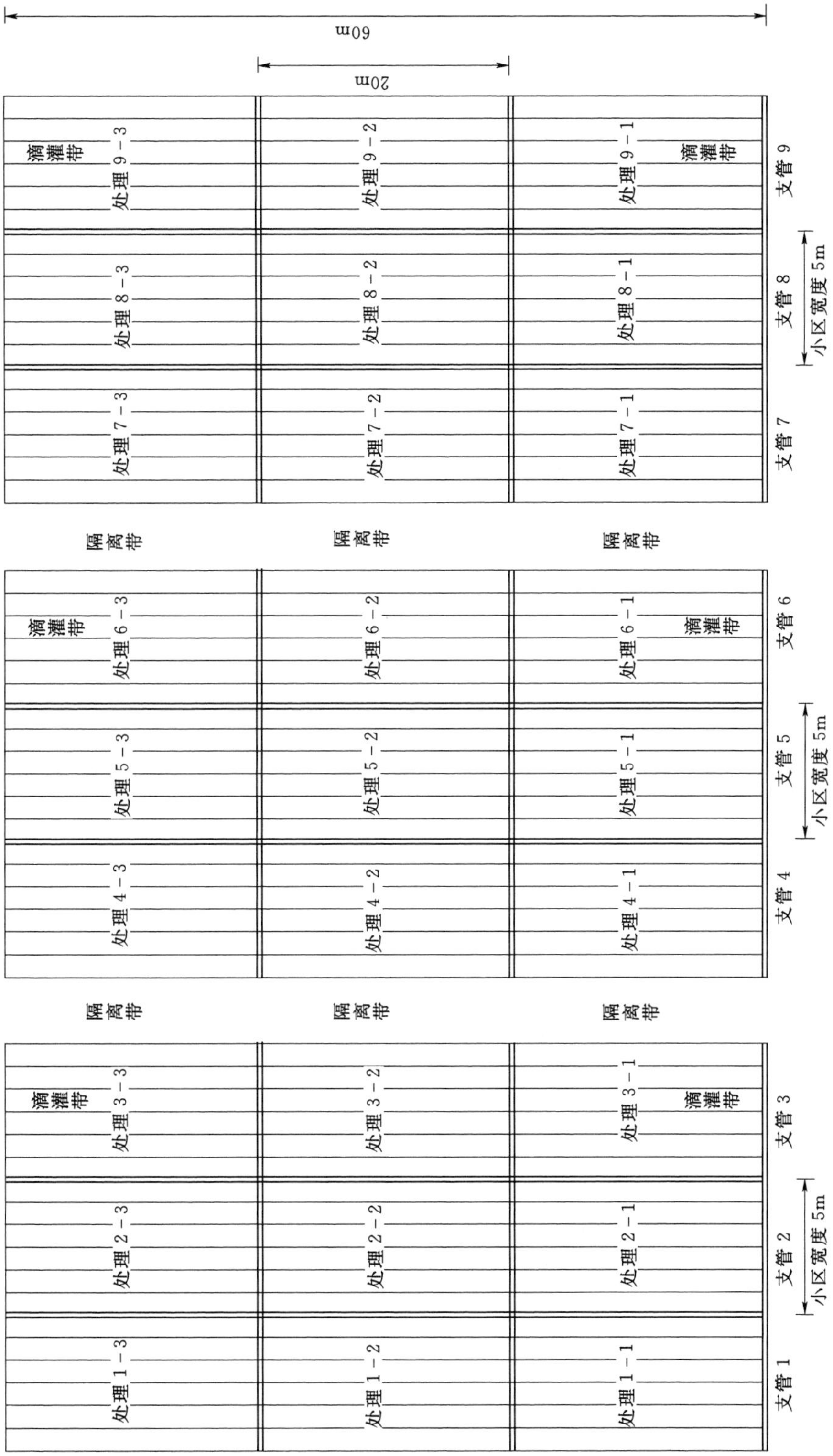

图 4－8 灌溉制度试验区布置图

| 支管 9 | 滴灌带 处理 9－3 | 处理 9－2 | 处理 9－1 滴灌带 |
| 支管 8 | 处理 8－3 | 处理 8－2 | 处理 8－1 |
| 支管 7 | 处理 7－3 | 处理 7－2 | 处理 7－1 |

隔离带

| 支管 6 | 滴灌带 处理 6－3 | 处理 6－2 | 处理 6－1 滴灌带 |
| 支管 5 | 处理 5－3 | 处理 5－2 | 处理 5－1 |
| 支管 4 | 处理 4－3 | 处理 4－2 | 处理 4－1 |

隔离带

| 支管 3 | 滴灌带 处理 3－3 | 处理 3－2 | 处理 3－1 滴灌带 |
| 支管 2 | 处理 2－3 | 处理 2－2 | 处理 2－1 |
| 支管 1 | 处理 1－3 | 处理 1－2 | 处理 1－1 |

60m
20m
小区宽度 5m

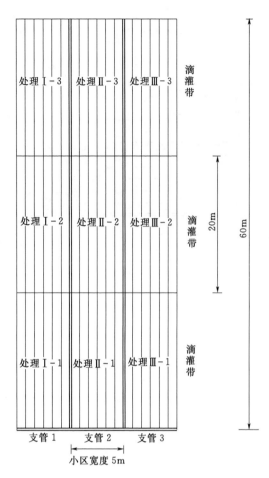

图 4-9　灌溉材料试验处理布置图

22.5mm（15m³/亩）。每个处理的灌水日期和灌水次数相同，灌水日期根据处理Ⅱ（贴片式滴灌带）适宜含水率下限计算确定。

### 4.2.3　试验观测内容

试验观测内容包括气象数据、作物生长生育指标、土壤指标、灌水情况、地下水位和田间管理等。

1. 气象数据

采用 HOBOU30 型农田气象站，监测的气象数据包括温度、降雨量、风速、相对湿度、气压、风向等。

2. 作物生长生育指标

这里主要指生长状况指标，具体内容及采集方法如下：

（1）株高、茎粗：每个生育期一次，分别用卷尺和卡尺测定。

（2）干物质和产量：整个生长期结束测定一次，采用样方测定法测定。

3. 土壤指标

（1）田间持水量：采取田间和室内测定两种方法，并进行对比，播种前按 0~20cm、20~40cm、40~60cm、60~80cm、80~100cm 分层进行测定。

（2）土壤容重：播种前在田间按 0~20cm、20~40cm、40~60cm、60~80cm、80~100cm 分层进行测定。

（3）土壤含水量：采用烘干和仪器测定两种方法，烘干法使用土钻取土，烘箱烘干，仪器测定采用 HH2 型 TDR 土壤水分测定仪。从开始播种至收获结束每 10 天一次，降雨前后加测。

4. 灌水情况和地下水位

（1）灌水情况：记录各试验处理的灌水时间、灌水定额和灌溉定额等。

（2）地下水位：采用 HOBO 地下水位自动测定仪测定地下水位，设置采集时间间隔为 1h，在试验区共设 3 处监测井。

5. 田间管理

试验区为第 3 年紫花苜蓿，采用品种为草原 2 号，播种量为 1.2kg/亩；条播，行距0.5m。为保证紫花苜蓿的营养价值和适口性，在初花期适时刈割收贮。苜蓿收割三茬，每年 4 月上旬开始返青，9 月底收割最后一茬。适时进行中耕除草、打药等，施肥情况主要是每次刈割后的第二次灌水时追肥。

## 4.2.4 试验观测结果

### 4.2.4.1 气象资料、土壤特性、田间持水率和地下水情况

1. 气象资料

鄂托克前旗属于中温带温暖型干旱、半干旱大陆性气候，冬寒漫长，夏热短促，干旱少雨，风大沙多，蒸发强烈，日光充足。多年平均气温 7.9℃，1 月气温最低，为 −9.6℃；7 月气温最高，为 22.7℃。日最高气温 30.8℃，日最低气温 −24.1℃。多年平均年降水量为 258.4mm，降水量年内分配很不均匀，年际变化较大。7—8 月降水量一般占年降水量的 30%～70%，6—9 月降水量一般占年降水量的 60%～90%。最大年降水量为 417.2mm，最小年降水量为 118.8mm，极值比 3.5。多年平均年蒸发量为 2497.9mm，最大年蒸发量为 2910.5mm，最小年蒸发量为 2162.3mm。4—9 月蒸发量一般占年蒸发量的 70%～80%，5—7 月蒸发量一般占年蒸发量的 40%～50%。常年盛行风向为南风，其次是西风和东风，多年平均风速 2.6m/s。平均沙暴日数 16.9 天；相对湿度平均为 49.8%；年平均日照时数 2500～3200h，平均为 2958h；无霜期平均 171 天，最大冻土层深度 1.54m。

对鄂托克前旗 1985—2014 年降雨频率分析得出：项目执行年份 2014 年的降雨频率为 59.6%，基本对应于一般年份的降水量。

根据农田气象站数据，采用有效降雨量公式分析计算得出 2014 年紫花苜蓿生育期的有效降水量为 172.8mm，2015 年紫花苜蓿生育期内有效降雨量为 112.2mm，见表 4-25 和表 4-26。

表 4-25　　　　2014 年紫花苜蓿生育期有效降水量

| 日　期 | 2014-4-14 | 2014-4-25 | 2014-5-9 | 2014-5-23 | 2014-6-3 | 2014-6-28 | 2014-7-12 | 2014-7-20 | 2014-8-5 |
|---|---|---|---|---|---|---|---|---|---|
| 有效降水量/mm | 14.4 | 4.8 | 7.0 | 9.2 | 3.4 | 6.4 | 3.6 | 11.4 | 10.2 |
| 日　期 | 2014-8-16 | 2014-8-21 | 2014-8-30 | 2014-9-11 | 2014-9-14 | 2014-9-22 | 2014-9-30 | 合计 | |
| 有效降水量/mm | 5.4 | 13.6 | 16.0 | 8.6 | 11.2 | 32.2 | 15.4 | 172.8 | |

表 4-26　　　　2015 年紫花苜蓿生育期有效降水量

| 日　期 | 2015-4-18 | 2015-5-1 | 2015-5-10 | 2015-5-21 | 2015-6-3 | 2015-6-24 | 2015-7-7 | 2015-7-16 |
|---|---|---|---|---|---|---|---|---|
| 有效降水量/mm | 9.2 | 5.8 | 6.9 | 6.9 | 5.5 | 6.7 | 8.2 | 3.6 |
| 日　期 | 2015-7-20 | 2015-8-2 | 2015-8-8 | 2015-8-11 | 2015-8-18 | 2015-8-29 | 合计 | |
| 有效降水量/mm | 14.4 | 12.2 | 11.4 | 8.8 | 5.9 | 7.2 | 112.2 | |

2. 土壤基本特性

通过进行土壤颗粒分析室内试验，确定了试验区土壤类型，对试验区的 1.0m 深土壤

分别进行了颗粒分析试验，试验区的土壤类型基本相同，0～100cm 土层为砂土，土壤容重 1.62g/cm³，土壤状况见表 4 - 27。

3. 田间持水率

开展了土壤田间持水量室内实验，利用环刀在试验区取原状土，进行了田间持水率室内测定，并与田间的测定结果进行了对比，确定了试验区 0～100cm 土层的田间持水率为 22.86％。

表 4 - 27　　　　　　　　试 验 区 土 壤 状 况

| 层深度 /cm | 容重 /(g/cm³) | 比重 | 土壤颗粒分布/% | | | 土壤类型 |
| --- | --- | --- | --- | --- | --- | --- |
| | | | 0.05～2mm | 0.002～0.05mm | 0.002mm 以下 | |
| 0～100 | 1.62 | 2.71 | 76.85 | 21.69 | 1.46 | 砂土 |

4. 地下水埋深

采用 HOBO 地下水位自动测定仪（美国）测定试验区地下水水位变化，紫花苜蓿试验区地下水埋深为 2.5～3.0m。

#### 4.2.4.2　紫花苜蓿灌水时间和灌水定额

根据地埋滴灌紫花苜蓿的试验设计，以牧民实际的灌溉制度为对照，开展了 12 种不同的灌水试验处理，表 4 - 28 为 2014 年（P=59.6％）苜蓿 12 种不同灌水试验处理的实际灌溉制度。从表中可以看出，与牧民实际的灌溉制度相比，12 种不同试验处理的灌溉定额都比牧民实际的灌溉定额小，处理 1、处理 2、处理 3，处理 4、处理 5、处理 6，处理 7、处理 8、处理 9 和处理Ⅰ、处理Ⅱ、处理Ⅲ的灌溉定额分别为 51.40m³/亩、75.95m³/亩、97.80m³/亩和 75.95m³/亩，比牧民实际的灌溉定额（150m³/亩）分别减少了 98.60m³/亩、74.05m³/亩、52.20m³/亩和 74.05m³/亩。苜蓿 12 种不同灌水试验处理的灌水次数和牧民实际的灌水次数均为 5 次，但从产量来看，处理 4、处理 5、处理 6、处理 7、处理 8、处理 9 和处理Ⅰ、处理Ⅱ、处理Ⅲ的产量均比牧民实际的产量高，分别高 17.9kg/亩、32.7kg/亩、25.1kg/亩、58.2kg/亩、99.3kg/亩、67.3kg/亩、45.8kg/亩、32.9kg/亩和 30.9kg/亩。由此可以看出，通过调整灌水定额，处理 4、处理 5、处理 6 的灌溉制度比实际的灌溉制度更合理。而处理 1、处理 2、处理 3 的产量均比牧民实际的产量低，分别低 22.8kg/亩、5.9kg/亩和 9.2 kg/亩。因此处理 1、处理 2、处理 3 的灌溉定额虽然最小，但也造成了产量明显降低，不建议采用处理处理 1、处理 2、处理 3。同理分析 2015 年和 2014 年（P=59.6％）有相似结果，见表 4 - 28 和表 4 - 29。

#### 4.2.4.3　滴灌带埋深对紫花苜蓿生育指标的影响

对紫花苜蓿株高进行定期观测，每个处理均进行定株观测，采用其平均值绘制株高随时间的变化过程。图 4 - 10～图 4 - 12 是紫花苜蓿第二茬在灌水定额分别为 15mm（10m³/亩）、22.5mm（15m³/亩）和 30mm（20m³/亩）处理下滴灌带不同埋深对株高的影响。

从图中可以看出，一定灌水定额下滴灌带不同埋深对株高的影响总体趋势是一致的。滴灌带埋深 20cm 时的株高最大，其次是滴灌带埋深 30cm 时的株高，滴灌带埋深 10cm 时的株高最小。在灌水定额 22.5mm（15m³/亩）处理下滴灌带埋深为 20cm 时的株高为

表 4-28　　2014年不同试验处理紫花苜蓿（第二、第三茬）实际灌溉制度

| 处理 | 第 1 次灌水 | | 第 2 次灌水 | | 第 3 次灌水 | | 第 4 次灌水 | | 第 5 次灌水 | | 总灌水次数 | 灌溉定额/(m³/亩) | 节水量/(m³/亩) |
| --- | --- | --- | --- | --- | --- | --- | --- | --- | --- | --- | --- | --- | --- |
| | 灌水日期 | 灌水定额/(m³/亩) | 灌水日期 | 灌水定额/(m³/亩) | 灌水日期 | 灌水定额/(m³/亩) | 灌水日期 | 灌水定额/(m³/亩) | 灌水日期 | 灌水定额/(m³/亩) | | | |
| MX 处理 1 | 2014-7-9 | 10.28 | 2014-7-24 | 10.28 | 2014-8-17 | 10.28 | 2014-8-25 | 10.28 | 2014-9-7 | 10.28 | 5 | 51.4 | 98.6 |
| MX 处理 2 | 2014-7-9 | 10.28 | 2014-7-24 | 10.28 | 2014-8-17 | 10.28 | 2014-8-25 | 10.28 | 2014-9-7 | 10.28 | 5 | 51.4 | 98.6 |
| MX 处理 3 | 2014-7-9 | 10.28 | 2014-7-24 | 10.28 | 2014-8-17 | 10.28 | 2014-8-25 | 10.28 | 2014-9-7 | 10.28 | 5 | 51.4 | 98.6 |
| MX 处理 4 | 2014-7-9 | 15.19 | 2014-7-24 | 15.19 | 2014-8-17 | 15.19 | 2014-8-25 | 15.19 | 2014-9-7 | 15.19 | 5 | 75.95 | 74.05 |
| MX 处理 5 | 2014-7-9 | 15.19 | 2014-7-24 | 15.19 | 2014-8-17 | 15.19 | 2014-8-25 | 15.19 | 2014-9-7 | 15.19 | 5 | 75.95 | 74.05 |
| MX 处理 6 | 2014-7-9 | 15.19 | 2014-7-24 | 15.19 | 2014-8-17 | 15.19 | 2014-8-25 | 15.19 | 2014-9-7 | 15.19 | 5 | 75.95 | 74.05 |
| MX 处理 7 | 2014-7-9 | 19.56 | 2014-7-24 | 19.56 | 2014-8-17 | 19.56 | 2014-8-25 | 19.56 | 2014-9-7 | 19.56 | 5 | 97.8 | 52.2 |
| MX 处理 8 | 2014-7-9 | 19.56 | 2014-7-24 | 19.56 | 2014-8-17 | 19.56 | 2014-8-25 | 19.56 | 2014-9-7 | 19.56 | 5 | 97.8 | 52.2 |
| MX 处理 9 | 2014-7-9 | 19.56 | 2014-7-24 | 19.56 | 2014-8-17 | 19.56 | 2014-8-25 | 19.56 | 2014-9-7 | 19.56 | 5 | 97.8 | 52.2 |
| MX 处理 Ⅰ | 2014-7-9 | 15.19 | 2014-7-24 | 15.19 | 2014-8-17 | 15.19 | 2014-8-25 | 15.19 | 2014-9-7 | 15.19 | 5 | 75.95 | 74.05 |
| MX 处理 Ⅱ | 2014-7-9 | 15.19 | 2014-7-24 | 15.19 | 2014-8-17 | 15.19 | 2014-8-25 | 15.19 | 2014-9-7 | 15.19 | 5 | 75.95 | 74.05 |
| MX 处理 Ⅲ | 2014-7-9 | 15.19 | 2014-7-24 | 15.19 | 2014-8-17 | 15.19 | 2014-8-25 | 15.19 | 2014-9-7 | 15.19 | 5 | 75.95 | 74.05 |
| 对照 | 2014-7-9 | 30 | 2014-7-24 | 30 | 2014-8-17 | 30 | 2014-8-25 | 30 | 2014-9-7 | 30 | 5 | 150 | — |

表 4 - 29　　　　2015 年不同试验处理紫花苜蓿实际灌溉制度

| 处 理 | 第 1 次灌水 | | 第 2 次灌水 | | 第 3 次灌水 | | 第 4 次灌水 | | 第 5 次灌水 | | 第 6 次灌水 | | 第 7 次灌水 | | 总灌水次数 (次) | 灌溉定额 (m³/亩) | 节水量 (m³/亩) |
| | 灌水日期 | 灌水定额 /(m³/亩) | 灌水日期 | 灌水定额 /(m³/亩) | 灌水日期 | 灌水定额 /(m³/亩) | 灌水日期 | 灌水定额 /(m³/亩) | 灌水日期 | 灌水定额 /(m³/亩) | 灌水日期 | 灌水定额 /(m³/亩) | 灌水日期 | 灌水定额 /(m³/亩) | | | |
| --- | --- | --- | --- | --- | --- | --- | --- | --- | --- | --- | --- | --- | --- | --- | --- | --- | --- |
| MX 处理 1 | 2015 - 5 - 5 | 9.78 | 2015 - 5 - 15 | 9.78 | 2015 - 6 - 15 | 9.78 | 2015 - 7 - 3 | 9.78 | 2015 - 7 - 12 | 9.78 | 2015 - 7 - 25 | 9.78 | 2015 - 8 - 13 | 9.78 | 7 | 68.46 | 81.54 |
| MX 处理 2 | 2015 - 5 - 5 | 9.78 | 2015 - 5 - 15 | 9.78 | 2015 - 6 - 15 | 9.78 | 2015 - 7 - 3 | 9.78 | 2015 - 7 - 12 | 9.78 | 2015 - 7 - 25 | 9.78 | 2015 - 8 - 13 | 9.78 | 7 | 68.46 | 81.54 |
| MX 处理 3 | 2015 - 5 - 5 | 9.78 | 2015 - 5 - 15 | 9.78 | 2015 - 6 - 15 | 9.78 | 2015 - 7 - 3 | 9.78 | 2015 - 7 - 12 | 9.78 | 2015 - 7 - 25 | 9.78 | 2015 - 8 - 13 | 9.78 | 7 | 68.46 | 81.54 |
| MX 处理 4 | 2015 - 5 - 5 | 15.16 | 2015 - 5 - 15 | 15.16 | 2015 - 6 - 15 | 15.16 | 2015 - 7 - 3 | 15.16 | 2015 - 7 - 12 | 15.16 | 2015 - 7 - 25 | 15.16 | 2015 - 8 - 13 | 15.16 | 7 | 106.12 | 43.88 |
| MX 处理 5 | 2015 - 5 - 5 | 15.16 | 2015 - 5 - 15 | 15.16 | 2015 - 6 - 15 | 15.16 | 2015 - 7 - 3 | 15.16 | 2015 - 7 - 12 | 15.16 | 2015 - 7 - 25 | 15.16 | 2015 - 8 - 13 | 15.16 | 7 | 106.12 | 43.88 |
| MX 处理 6 | 2015 - 5 - 5 | 15.16 | 2015 - 5 - 15 | 15.16 | 2015 - 6 - 15 | 15.16 | 2015 - 7 - 3 | 15.16 | 2015 - 7 - 12 | 15.16 | 2015 - 7 - 25 | 15.16 | 2015 - 8 - 13 | 15.16 | 7 | 106.12 | 43.88 |
| MX 处理 7 | 2015 - 5 - 5 | 20.08 | 2015 - 5 - 15 | 20.08 | 2015 - 6 - 15 | 20.08 | 2015 - 7 - 3 | 20.08 | 2015 - 7 - 12 | 20.08 | 2015 - 7 - 25 | 20.08 | 2015 - 8 - 13 | 20.08 | 7 | 140.56 | 9.44 |
| MX 处理 8 | 2015 - 5 - 5 | 20.08 | 2015 - 5 - 15 | 20.08 | 2015 - 6 - 15 | 20.08 | 2015 - 7 - 3 | 20.08 | 2015 - 7 - 12 | 20.08 | 2015 - 7 - 25 | 20.08 | 2015 - 8 - 13 | 20.08 | 7 | 140.56 | 9.44 |
| MX 处理 9 | 2015 - 5 - 5 | 20.08 | 2015 - 5 - 15 | 20.08 | 2015 - 6 - 15 | 20.08 | 2015 - 7 - 3 | 20.08 | 2015 - 7 - 12 | 20.08 | 2015 - 7 - 25 | 20.08 | 2015 - 8 - 13 | 20.08 | 7 | 140.56 | 9.44 |
| MX 处理 Ⅰ | 2015 - 5 - 5 | 15.16 | 2015 - 5 - 15 | 15.16 | 2015 - 6 - 15 | 15.16 | 2015 - 7 - 3 | 15.16 | 2015 - 7 - 12 | 15.16 | 2015 - 7 - 25 | 15.16 | 2015 - 8 - 13 | 15.16 | 7 | 106.12 | 43.88 |
| MX 处理 Ⅱ | 2015 - 5 - 5 | 15.16 | 2015 - 5 - 15 | 15.16 | 2015 - 6 - 15 | 15.16 | 2015 - 7 - 3 | 15.16 | 2015 - 7 - 12 | 15.16 | 2015 - 7 - 25 | 15.16 | 2015 - 8 - 13 | 15.16 | 7 | 106.12 | 43.88 |
| MX 处理 Ⅲ | 2015 - 5 - 5 | 15.16 | 2015 - 5 - 15 | 15.16 | 2015 - 6 - 15 | 15.16 | 2015 - 7 - 3 | 15.16 | 2015 - 7 - 12 | 15.16 | 2015 - 7 - 25 | 15.16 | 2015 - 8 - 13 | 15.16 | 7 | 106.12 | 43.88 |
| 对照 | 2015 - 5 - 5 | 25 | 2015 - 5 - 15 | 25 | 2015 - 6 - 15 | 25 | 2015 - 7 - 3 | 25 | 2015 - 7 - 12 | 25 | 2015 - 7 - 25 | 25 | — | — | 6 | 150 | — |

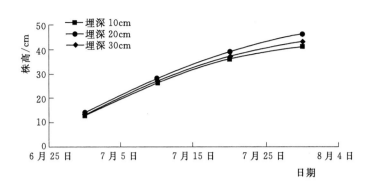

图 4-10　灌水定额 15mm（10m³/亩）处理下滴灌带不同埋深对苜蓿第二茬株高的影响

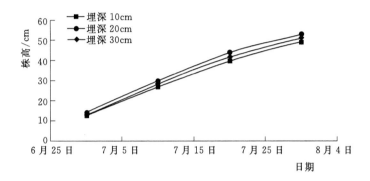

图 4-11　灌水定额 22.5mm（15m³/亩）处理下滴灌带不同埋深对苜蓿第二茬株高的影响

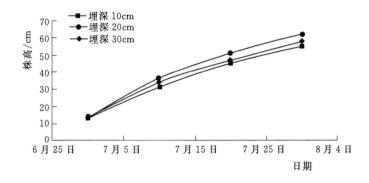

图 4-12　灌水定额 30mm（20m³/亩）处理下滴灌带不同埋深对苜蓿第二茬株高的影响

53cm，滴灌带埋深为 30cm 和 10cm 时的株高分别为 51cm 和 49cm，分别高出 3.9% 和 8.2%。这是由于滴灌带埋深为 10cm 时，距离表层土壤很近，灌水很容易蒸发；滴灌带埋深为 30cm 时，灌水不能充分被根系吸收利用，致使水分生产率低。建议采用的滴灌带埋深为 20cm，此时水分既不易蒸发，也能被根系充分吸收利用。一定灌水定额处理下滴灌带不同埋深对苜蓿第一、第三茬有相似的结果。

### 4.2.4.4　灌水定额对紫花苜蓿生育指标的影响

对紫花苜蓿株高进行定期观测，每个处理均进行定株观测，采用其平均值绘制株高随时间的变化过程。图 4-13～图 4-15 分别为滴灌带埋深 10cm、20cm 和 30cm 处理下不同灌水定额对苜蓿第二茬株高的影响。

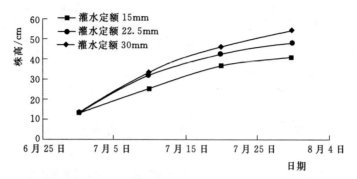

图4-13　滴灌带埋深10cm处理下不同灌水定额对苜蓿第二茬株高的影响

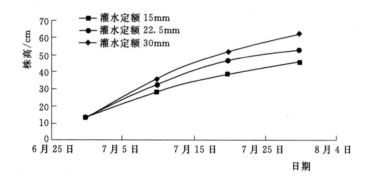

图4-14　滴灌带埋深20cm处理下不同灌水定额对苜蓿第二茬株高的影响

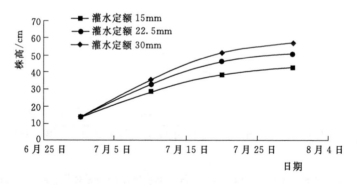

图4-15　滴灌带埋深30cm处理下不同灌水定额对苜蓿第二茬株高的影响

　　从图中可以看出，不同灌水定额下对株高的影响总体趋势是一致的，都是由快到慢的生长趋势，从返青期到现蕾期株高增长较快，从现蕾期到刈割期增长速率开始变缓，紫花苜蓿由营养生长转向生殖生长，此时同化物优先分配给生殖器官，用于株高和叶片的同化物自然减少，使其生长速率下降。各处理在整个生育期平均增长速率变化相对较小，主要因为从返青到刈割期温度较低，不同的灌水定额对其增长速率影响较小，但对株高还是有一定影响，随着灌水定额的增大，株高随之增大。在滴灌带埋深为20cm时，处理2、处理5、处理8的株高分别为46cm、53cm和62cm，灌水定额由15mm增加到22.5mm时，株高增加了 15.2%；灌水定额由 22.5mm 增加到 30mm 时，株高增加了 16.9%，这是灌水定额增加的结果。仅此可见，应该建议采用 30mm 的灌水定额。一定滴灌带埋深处理下不同灌水定额对苜蓿第一、第三茬有相似的结果。

### 4.2.4.5　滴头流量对紫花苜蓿生育指标的影响

以滴灌带埋深 20cm、灌水定额 22.5mm 试验处理为例。对紫花苜蓿株高进行定期观测，每个处理均进行定株观测，采用其平均值绘制株高随时间的变化过程。图 4-16 是滴灌带滴头流量对苜蓿第二茬株高的影响。

从图 4-16 可以看出，滴灌带流量是 3L/h 的株高要大于滴灌带流量是 2L/h 的株高，但高出不多，滴灌带流量 3L/h 和 2L/h 的株高分别是 55cm 和 52cm，高出 5.8%。从节水的角度考虑，建议采用滴头流量为 2L/h 的滴灌带。滴头流量对苜蓿第一、第三茬株高有相似的结果。

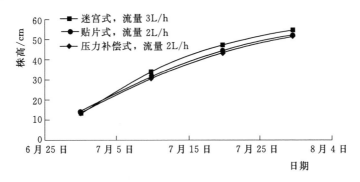

图 4-16　滴灌带滴头流量对苜蓿第二茬株高的影响

### 4.2.4.6　产量、增产量和增产效果

1. 2014 年（$P=59.6\%$）试验结果分析

（1）滴灌带埋深对产量的影响。滴灌带埋深对作物生态性状和生理活动的影响最终反映在产量影响上，作物生长发育的不同时期进行不同滴灌带埋深的水分处理，会直接影响到作物的生育、生理指标，最终影响作物产量，如图 4-17～图 4-19 所示。

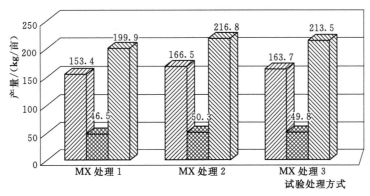

图 4-17　灌水定额 15mm（10m³/亩）处理下滴灌带
不同埋深对苜蓿产量的影响

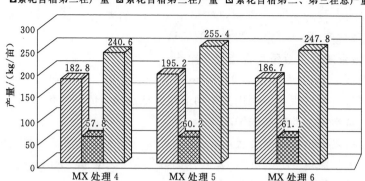

图4-18 灌水定额22.5mm（15m³/亩）处理下滴灌带
不同埋深对苜蓿产量的影响

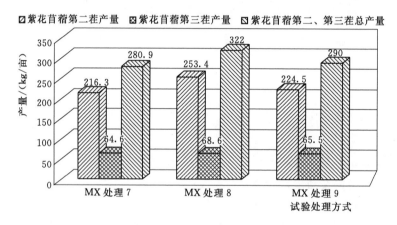

图4-19 灌水定额30mm（20m³/亩）处理下滴灌带
不同埋深对苜蓿产量的影响

由图4-17～图4-19中可以看出，在相同的灌水定额条件下，滴灌带埋深为20cm这一处理的紫花苜蓿的产量最大，滴灌带埋深为10cm处理的紫花苜蓿的产量最小。就灌水定额22.5mm（15m³/亩）处理进行分析，处理5的产量最大为255.4kg/亩，处理4产量最大为240.6kg/亩，较处理5低14.8kg/亩，产量降低5.8%，可见产量降低不大，说明滴灌带埋深对紫花苜蓿的产量影响不大。第二茬紫花苜蓿各处理的产量比第三茬的高，第三茬各处理的产量最低，主要是因为温度较低，生长期短。灌水定额为15mm（10m³/亩）处理和30mm（20m³/亩）处理有相似的结果。

（2）灌水定额对产量的影响。水分亏缺对作物生态性状和生理活动的影响最终反映在产量影响上，作物生长发育的不同时期进行不同的水分处理，会直接影响到作物的生育、生理指标，最终影响作物产量，如图4-20～图4-22所示。

由图4-20～图4-22可以看出，紫花苜蓿的产量与生长期总的灌水量有关，随着灌水定额的增大，产量也逐渐增加。滴灌带埋深20cm处理下灌水定额15mm、22.5mm和

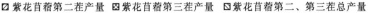

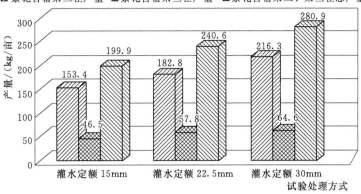

图 4-20 滴灌带埋深 10cm 处理下不同灌水定额对苜蓿产量的影响

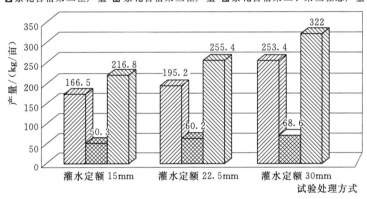

图 4-21 滴灌带埋深 20cm 处理下不同灌水定额对苜蓿产量的影响

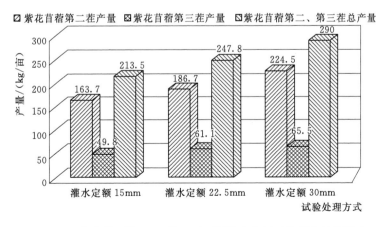

图 4-22 滴灌带埋深 30cm 处理下不同灌水定额对苜蓿产量的影响

30mm 的第二、第三茬总产量分别为 216.8kg/亩、255.4kg/亩和 322kg/亩。随着灌水定额的增加，产量分别增加 17.8％和 26.1％。第三茬紫花苜蓿的各处理的平均产量比第二茬的低，主要是因为温度较低，生长期短。滴灌带埋深 10cm 和 30cm 处理有相似的结果。

（3）滴灌带滴头流量对产量的影响（滴灌带埋深 20cm，灌水定额 22.5mm）。滴灌带滴头流量的不同导致灌水量的不同，灌水量的不同最终反映在产量上的不同。作物生长发育的不同时期进行不同的灌水量处理，会直接影响到作物的生育、生理指标，最终影响作物产量，如图 4-23 所示。

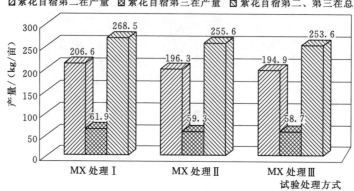

图 4-23　滴灌带滴头流量对苜蓿产量的影响

由图 4-23 中可以看出，紫花苜蓿的产量与滴灌带滴头流量有关，随着滴灌带滴头流量的增大，产量也逐渐增加。处理Ⅰ、处理Ⅱ、处理Ⅲ的第二、第三茬总产量分别为 268.5kg/亩、255.6kg/亩和 253.6kg/亩。处理Ⅰ的产量比处理Ⅱ和处理Ⅲ的产量分别增加 5% 和 5.9%。第三茬紫花苜蓿的各处理的平均产量比第二茬的低，主要是因为温度较低，生长期短。

（4）节水量和增产量（第二、第三茬）。2014 年紫花苜蓿不同试验处理节水量和增产量如图 4-24 和图 4-25 所示。从图中可以看出：节水效果相对于对照而言，处理 1~3、处理 4~6、处理 7~9 和处理Ⅰ~Ⅲ的节水效率分别为 65.7%、49.4%、34.8% 和 49.4%；增产效果相对于对照而言，处理 1、处理 2 和处理 3 的减产量分别为 22.8kg/亩、5.9kg/亩和 9.2kg/亩；处理 4~9 和处理Ⅰ~Ⅲ的增产量分别为 17.9kg/亩、32.7kg/亩、25.1kg/亩、58.2kg/亩、99.3kg/亩、67.3kg/亩、45.8kg/亩、32.9kg/亩和 30.9kg/亩。

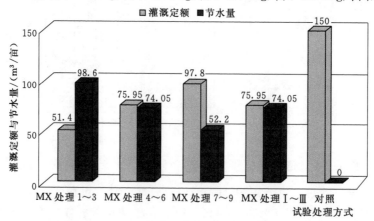

图 4-24　2014 年紫花苜蓿不同试验处理节水量

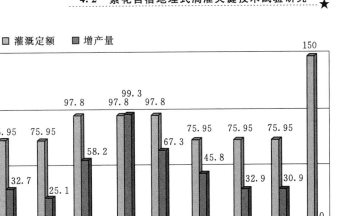

图 4-25 2014 年紫花苜蓿不同试验处理增产量

2. 2015 年试验结果分析

（1）滴灌带埋深对产量的影响。滴灌带埋深对作物生态性状和生理活动的影响最终反映在产量影响上，作物生长发育的不同时期进行不同滴灌带埋深的水分处理，会直接影响到作物的生育、生理指标，最终影响作物产量，如图 4-26～图 4-28 所示。

由图 4-26～图 4-28 可以看出，在相同的灌水定额处理下，滴灌带埋深为 20cm 处理的紫花苜蓿的产量最大，滴灌带埋深为 10cm 处理的紫花苜蓿的产量最小。就灌水定额 22.5mm（15m³/亩）处理进行分析，处理 5 的产量最大为 605.8kg/亩，处理 4 产量最大为 591.3kg/亩，较处理 5 低 14.5kg/亩，产量降低 2.4%，可见产量降低不大，说明滴灌带埋深对紫花苜蓿的产量影响不大。第一茬紫花苜蓿各处理的产量与第二茬的产量相差不大。灌水定额为 15mm（10m³/亩）处理和 30mm（20m³/亩）处理有相似的结果。

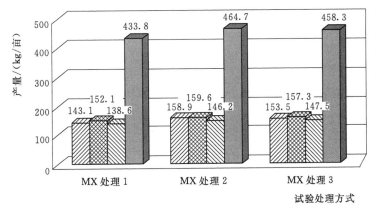

图 4-26 灌水定额 15mm（10m³/亩）处理下滴灌带不同埋深对苜蓿产量的影响

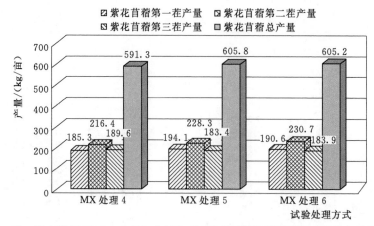

图 4-27　灌水定额 22.5mm（15m³/亩）处理下滴灌带不同埋深对苜蓿产量的影响

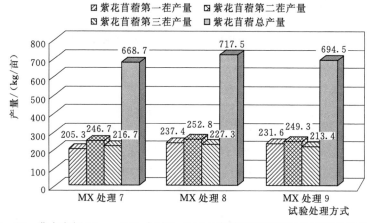

图 4-28　灌水定额 30mm（20m³/亩）处理下滴灌带不同埋深对苜蓿产量的影响

（2）灌水定额对产量的影响。水分亏缺对作物生态性状和生理活动的影响最终反映在产量影响上，作物生长发育的不同时期进行不同的水分处理，会直接影响到作物的生育、生理指标，最终影响作物产量，如图 4-29～图 4-31 所示。

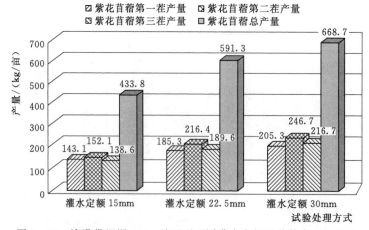

图 4-29　滴灌带埋深 10cm 处理下不同灌水定额对苜蓿产量的影响

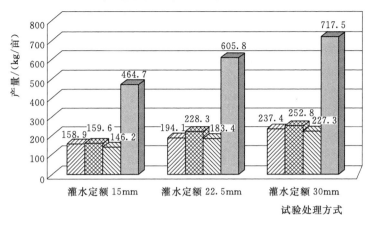

图 4-30　滴灌带埋深 20cm 处理下不同灌水
定额对苜蓿产量的影响

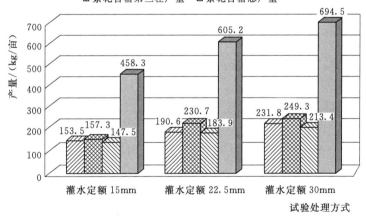

图 4-31　滴灌带埋深 30cm 处理下不同灌水
定额对苜蓿产量的影响

由图 4.29～图 4.31 可以看出，紫花苜蓿的产量与生长期总的灌水量有关，随着灌水定额的增大，产量也逐渐增加。滴灌带埋深 20cm 处理下灌水定额 15mm、22.5mm 和 30mm 的第一、第二、第三茬总产量分别为 464.7 kg/亩、605.8 kg/亩和 717.5 kg/亩。随着灌溉定额的增加，产量分别增加 30.4% 和 18.4%。第一茬紫花苜蓿各处理的产量与第二茬的产量相差不大。滴灌带埋深 10cm 和 30cm 处理有相似的结果。

（3）滴灌带滴头流量对产量的影响（滴灌带埋深 20cm，灌水定额 22.5mm）。滴灌带滴头流量的不同导致灌水量的不同，灌水量的不同最终反映在产量上的不同，作物生长发育的不同时期进行不同的灌水量处理，会直接影响到作物的生育、生理指标，最终影响作物产量，如图 4-32 所示。

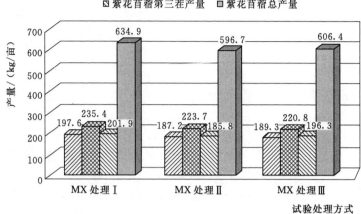

图 4-32　滴灌带滴头流量对苜蓿产量的影响

由图 4-32 中可以看出，紫花苜蓿的产量与滴灌带滴头流量有关，随着滴灌带滴头流量的增大，产量也逐渐增加。处理Ⅰ、处理Ⅱ、处理Ⅲ的第一、第二、第三茬总产量分别为 634.9kg/亩、596.7kg/亩和 606.4kg/亩。处理Ⅰ的产量比处理Ⅱ和处理Ⅲ的产量分别增加 6.4% 和 4.7%。第二茬紫花苜蓿的各处理的平均产量比第一茬的略高，主要是由于第二茬气温升高，积温增加。

（4）节水量和增产量。2015 年紫花苜蓿不同试验处理节水量和增产量如图 4-33 和图 4-34 所示。从图中可以看出：节水效果相对于对照而言，处理 1～3、处理 4～6、处理 7～9 和处理Ⅰ～Ⅲ的节水效率分别为 54.4%、29.3%、6.3% 和 29.3%；增产效果相对于对照而言，处理 1、处理 2 和处理 3 的减产量分别为 86.6kg/亩、55.7kg/亩和 62.1kg/亩；处理 4～9 和处理Ⅰ～Ⅲ的增产量分别为 70.9kg/亩、85.4kg/亩、84.8kg/亩、148.3kg/亩、197.1kg/亩、174.1kg/亩、114.5kg/亩、76.3kg/亩和 86kg/亩。

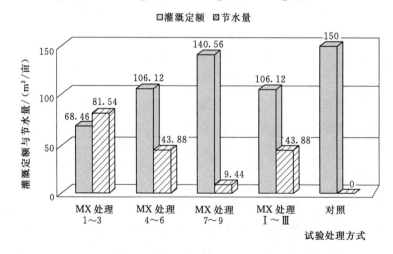

图 4-33　2015 年紫花苜蓿不同试验处理节水量

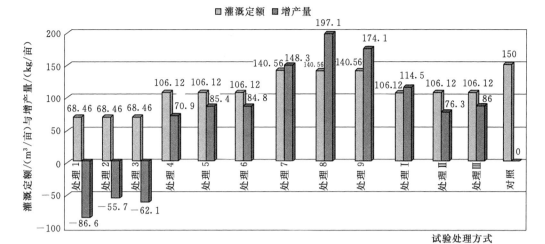

图 4-34 2015 年紫花苜蓿不同试验处理灌溉定额与增产量

#### 4.2.4.7 小结

根据上述试验监测分析数据和实践经验，给出紫花苜蓿地埋滴灌关键技术初步建议：①采用贴片式滴灌带，壁厚不小于 0.4mm；②滴头流量不大于 2.0L/h；③滴灌带埋设深度 10～20cm；④滴头间距 0.3m；⑤滴灌带间距 40～60cm；⑥滴灌带布设长度 60～80m；⑦滴灌工作压力 0.08～0.1MP。

### 4.2.5 试验结果分析

#### 4.2.5.1 作物耗水量与耗水规律分析

1. 2014 年（降雨频率 59.6%）试验结果分析

采用水量平衡法计算苜蓿耗水量，水量平衡方程可表示为

$$ET_c = P_e + I - \Delta W - Q \qquad (4-1)$$

式中：$ET_c$ 为时段内的耗水量，mm；$\Delta W$ 为相应时段内的土壤贮水变化量，mm；$P_e$ 为相应时段内的有效降雨量，mm；$I$ 为相应时段内的灌水量，mm；$Q$ 为相应时段内的下边界水分通量，mm。

（1）有效降水量（$P_e$）。有效降水量的确定如下：

$$P_e = \alpha P \qquad (4-2)$$

式中：$\alpha$ 为有效降水系数；$P$ 为实际降水量。

在砂土条件下，当 $P$ 小于 3mm 时，$\alpha=0$；当 $P$ 在 3mm 与 50mm 之间时，$\alpha=1.0$；当 $P$ 大于 50mm 时，$\alpha=0.8$。2014 年苜蓿（第二、第三茬）生育期有效降水量见表 4-30。

表 4-30　　　　　　　　　2014 年苜蓿（第二、第三茬）生育期有效降水量

| 日　期 | 2014-6-28 | 2014-7-12 | 2014-7-20 | 2014-8-5 | 2014-8-16 | 2014-8-21 |
|---|---|---|---|---|---|---|
| 有效降水量/mm | 6.4 | 3.6 | 11.4 | 10.2 | 5.4 | 13.6 |
| 日　期 | 2014-8-30 | 2014-9-11 | 2014-9-14 | 2014-9-22 | 2014-9-30 | 合计 |
| 有效降水量/mm | 16 | 8.6 | 11.2 | 32.2 | 15.4 | 134 |

（2）苜蓿各生育期的灌水量 $I$。苜蓿各处理每个生育期的灌水量采用实际的净灌水定额，根据苜蓿生育期的划分和灌水记录，可计算汇总得出苜蓿各处理每个生育期的灌水量。

（3）各生育期土壤贮水变化量 $\Delta W$。苜蓿各生育期土壤贮水变化量根据实测各试验处理的土壤含水率值计算，采用公式为

$$\Delta W = \frac{(\theta_{i+1} - \theta_i)}{100} \gamma h \tag{4-3}$$

式中：$\theta_i$ 为相应时段初始土壤含水率，%；$\theta_{i+1}$ 为相应时段末土壤含水率，%；$\gamma$ 为土壤容重，$g/cm^3$；$h$ 为计划湿润层深度，mm。

根据苜蓿各生育阶段的划分，可计算得出第二、第三茬苜蓿各试验处理每个生育期土壤贮水变化量。

（4）下边界水分通量 $Q$。土壤计划湿润层下边界土壤水分的渗漏和补给采用定位通量法计算，测定仪器为负压计。定位通量法计算公式为

$$q(z_{1-2}) = -k(\bar{h})\left(\frac{h_2 - h_1}{\Delta z} + 1\right) \tag{4-4}$$

其中 $$\Delta z = z_2 - z_1, \quad \bar{h} = \frac{h_1 + h_2}{2}$$

式中：$h_1$、$h_2$ 分别为断面 $z_1$、$z_2$ 处的土壤负压值。

由此可以得到 $t_1 \sim t_2$ 时段内单位面积上流过的土壤水流量 $Q(z_{1-2})$，同样由 $Q(z_{1-2})$ 求得任一断面流量 $Q(z)$ 为

$$Q(z) = Q(z_{1-2}) + \int_z^{z_{1-2}} Q(z, t_2) \mathrm{d}z - \int_z^{z_{1-2}} Q(z, t_1) \mathrm{d}z \tag{4-5}$$

苜蓿的下边界水分通量根据试验实测的土壤负压值进行各生育期土壤深层渗漏或补给量的计算。

（5）苜蓿耗水量 $ET_c$。根据上述计算得出的苜蓿各生育期土壤贮水变化量、有效降水量、灌水量和下边界水分通量四大参数，计算得出苜蓿各处理每个生育期的耗水量，再根据各生育期的天数，计算得出苜蓿各生育期的耗水强度。

苜蓿第二茬生育期天数为 53 天，处理 1 苜蓿第二茬生育期的总耗水量为 109.61mm，其中返青期为 25.33mm，拔节期为 27.89mm，分枝期为 32.96mm，开花期为 23.43mm；处理 1 苜蓿第二茬生育期的平均耗水强度为 2.07mm/d，其中返青期为 1.95mm/d，拔节期为 2.32mm/d，分枝期为 2.35mm/d，开花期为 1.67mm/d；开花期的耗水量最小，耗水强度也最小，分枝期的耗水量和耗水强度均最大。处理 2~9 苜蓿第二茬生育期耗水规律与处理 1 相似。现对不同处理的耗水量和耗水强度进行对比分析，处理 1~9 苜蓿第二茬生育期的总耗水量分别为 109.61mm、117.35mm、118.1mm、131.81mm、130.45mm、118.81mm、120.37mm、118.26mm、109.61mm，处理 1~9 苜蓿第二茬生育期的平均耗水强度分别为 2.07mm/d、2.21mm/d、2.23mm/d、2.49mm/d、2.46mm/d、2.24mm/d、2.27mm/d、2.23mm/d、2.07mm/d。总耗水量和平均耗水强度均是处理 4 最大。2014年紫花苜蓿第二茬处理 1~9 耗水量和耗水强度见表 4-31~表 4-39。

苜蓿第三茬为不完全生育期，虽然生育期天数达 54 天，但由于 2014 年该阶段降水较多，而气温整体偏低，苜蓿生长缓慢，耗水量、耗水强度均较小。处理 1 苜蓿第三茬生育期

表 4 - 31 2014 年紫花苜蓿第二茬处理 1 耗水量和耗水强度

| 生育期 | 起止日期 | 天数 | 有效降水量/mm | 灌水量/mm | 土壤贮水变化量/mm | 下边界水分通量/mm | 耗水量/mm | 耗水强度/(mm/d) |
|---|---|---|---|---|---|---|---|---|
| 返青期 | 6 月 16—28 日 | 13 | 6.4 | 0 | −3.54 | −15.39 | 25.33 | 1.95 |
| 拔节期 | 6 月 29 日至 7 月 10 日 | 12 | 0 | 10.28 | 0.76 | −18.37 | 27.89 | 2.32 |
| 分枝期 | 7 月 11—24 日 | 14 | 15.0 | 10.28 | 1.28 | −8.96 | 32.96 | 2.35 |
| 开花期 | 7 月 25 日至 8 月 7 日 | 14 | 10.2 | | −2.61 | −10.62 | 23.43 | 1.67 |
| 合计/平均 | | 53 | 31.6 | 20.56 | −4.11 | −53.34 | 109.61 | 2.07 |

表 4 - 32 2014 年紫花苜蓿第二茬处理 2 耗水量和耗水强度

| 生育期 | 起止日期 | 天数 | 有效降水量/mm | 灌水量/mm | 土壤贮水变化量/mm | 下边界水分通量/mm | 耗水量/mm | 耗水强度/(mm/d) |
|---|---|---|---|---|---|---|---|---|
| 返青期 | 6 月 16—28 日 | 13 | 6.4 | 0 | −5.36 | −15.69 | 27.45 | 2.11 |
| 拔节期 | 6 月 29 日至 7 月 10 日 | 12 | 0 | 10.28 | −2.58 | −13.65 | 26.51 | 2.21 |
| 分枝期 | 7 月 11—24 日 | 14 | 15.0 | 10.28 | 1.37 | −11.24 | 35.15 | 2.51 |
| 开花期 | 7 月 25 日至 8 月 7 日 | 14 | 10.2 | | −2.85 | −15.19 | 28.24 | 2.02 |
| 合计/平均 | | 53 | 31.6 | 20.56 | −9.42 | −55.77 | 117.35 | 2.21 |

表 4 - 33 2014 年紫花苜蓿第二茬处理 3 耗水量和耗水强度

| 生育期 | 起止日期 | 天数 | 有效降水量/mm | 灌水量/mm | 土壤贮水变化量/mm | 下边界水分通量/mm | 耗水量/mm | 耗水强度/(mm/d) |
|---|---|---|---|---|---|---|---|---|
| 返青期 | 6 月 16—28 日 | 13 | 6.4 | 0 | −8.38 | −13.29 | 28.07 | 2.16 |
| 拔节期 | 6 月 29 日至 7 月 10 日 | 12 | 0 | 10.28 | −4.29 | −14.27 | 28.84 | 2.40 |
| 分枝期 | 7 月 11—24 日 | 14 | 15.0 | 10.28 | 0.96 | −9.74 | 34.06 | 2.43 |
| 开花期 | 7 月 25 日至 8 月 7 日 | 14 | 10.2 | 0 | −1.57 | −15.36 | 27.13 | 1.94 |
| 合计/平均 | | 53 | 31.6 | 20.56 | −13.28 | −52.66 | 118.10 | 2.23 |

表 4 - 34 2014 年紫花苜蓿第二茬处理 4 耗水量和耗水强度

| 生育期 | 起止日期 | 天数 | 有效降水量/mm | 灌水量/mm | 土壤贮水变化量/mm | 下边界水分通量/mm | 耗水量/mm | 耗水强度/(mm/d) |
|---|---|---|---|---|---|---|---|---|
| 返青期 | 6 月 16—28 日 | 13 | 6.4 | 0 | −9.38 | −15.29 | 31.07 | 2.39 |
| 拔节期 | 6 月 29 日至 7 月 10 日 | 12 | 0 | 15.19 | −3.57 | −12.37 | 31.13 | 2.59 |
| 分枝期 | 7 月 11—24 日 | 14 | 15.0 | 15.19 | 0.15 | −8.21 | 38.25 | 2.73 |
| 开花期 | 7 月 25 日至 8 月 7 日 | 14 | 10.2 | 0 | −7.87 | −13.29 | 31.36 | 2.24 |
| 合计/平均 | | 53 | 31.6 | 30.38 | −20.67 | −49.16 | 131.81 | 2.49 |

表 4-35            2014 年紫花苜蓿第二茬处理 5 耗水量和耗水强度

| 生育期 | 起止日期 | 天数 | 有效降水量/mm | 灌水量/mm | 土壤贮水变化量/mm | 下边界水分通量/mm | 耗水量/mm | 耗水强度/(mm/d) |
|---|---|---|---|---|---|---|---|---|
| 返青期 | 6月16—28日 | 13 | 6.4 | 0 | −9.72 | −12.58 | 28.7 | 2.21 |
| 拔节期 | 6月29日至7月10日 | 12 | 0 | 15.19 | −2.39 | −13.63 | 31.21 | 2.60 |
| 分枝期 | 7月11—24日 | 14 | 15.0 | 15.19 | −0.69 | −6.37 | 37.25 | 2.66 |
| 开花期 | 7月25日至8月7日 | 14 | 10.2 | 0 | −6.23 | −16.86 | 33.29 | 2.38 |
| 合计/平均 | | 53 | 31.6 | 30.38 | −19.03 | −49.44 | 130.45 | 2.46 |

表 4-36            2014 年紫花苜蓿第二茬处理 6 耗水量和耗水强度

| 生育期 | 起止日期 | 天数 | 有效降水量/mm | 灌水量/mm | 土壤贮水变化量/mm | 下边界水分通量/mm | 耗水量/mm | 耗水强度/(mm/d) |
|---|---|---|---|---|---|---|---|---|
| 返青期 | 6月16—28日 | 13 | 6.4 | 0 | −8.49 | −12.03 | 26.92 | 2.07 |
| 拔节期 | 6月29日至7月10日 | 12 | 0 | 15.19 | −3.16 | −12.45 | 30.8 | 2.57 |
| 分枝期 | 7月11—24日 | 14 | 15.0 | 15.19 | 1.75 | −3.04 | 31.48 | 2.25 |
| 开花期 | 7月25日至8月7日 | 14 | 10.2 | 0 | −4.58 | −14.83 | 29.61 | 2.12 |
| 合计/平均 | | 53 | 31.6 | 30.38 | −14.48 | −42.35 | 118.81 | 2.24 |

表 4-37            2014 年紫花苜蓿第二茬处理 7 耗水量和耗水强度

| 生育期 | 起止日期 | 天数 | 有效降水量/mm | 灌水量/mm | 土壤贮水变化量/mm | 下边界水分通量/mm | 耗水量/mm | 耗水强度/(mm/d) |
|---|---|---|---|---|---|---|---|---|
| 返青期 | 6月16—28日 | 13 | 6.4 | 0 | −9.05 | −11.97 | 27.42 | 2.11 |
| 拔节期 | 6月29日至7月10日 | 12 | 0 | 19.56 | 3.48 | −12.96 | 29.04 | 2.42 |
| 分枝期 | 7月11—24日 | 14 | 15.0 | 19.56 | 4.39 | −4.58 | 34.75 | 2.48 |
| 开花期 | 7月25日至8月7日 | 14 | 10.2 | 0 | −5.27 | −13.69 | 29.16 | 2.08 |
| 合计/平均 | | 53 | 31.6 | 39.12 | −6.45 | −43.20 | 120.37 | 2.27 |

表 4-38            2014 年紫花苜蓿第二茬处理 8 耗水量和耗水强度

| 生育期 | 起止日期 | 天数 | 有效降水量/mm | 灌水量/mm | 土壤贮水变化量/mm | 下边界水分通量/mm | 耗水量/mm | 耗水强度/(mm/d) |
|---|---|---|---|---|---|---|---|---|
| 返青期 | 6月16—28日 | 13 | 6.4 | 0 | −8.83 | −13.05 | 28.28 | 2.18 |
| 拔节期 | 6月29日至7月10日 | 12 | 0 | 19.56 | 3.17 | −13.64 | 30.03 | 2.50 |
| 分枝期 | 7月11—24日 | 14 | 15.0 | 19.56 | 2.86 | −1.03 | 32.73 | 2.34 |
| 开花期 | 7月25日至8月7日 | 14 | 10.2 | 0 | −3.08 | −13.94 | 27.22 | 1.94 |
| 合计/平均 | | 53 | 31.6 | 39.12 | −5.88 | −41.66 | 118.26 | 2.23 |

表 4-39　　　　　　　2014 年紫花苜蓿第二茬处理 9 耗水量和耗水强度

| 生育期 | 起止日期 | 天数 | 有效降水量/mm | 灌水量/mm | 土壤贮水变化量/mm | 下边界水分通量/mm | 耗水量/mm | 耗水强度/(mm/d) |
|---|---|---|---|---|---|---|---|---|
| 返青期 | 6 月 16—28 日 | 13 | 6.4 | 0 | −7.95 | −13.38 | 27.73 | 2.13 |
| 拔节期 | 6 月 29 日至 7 月 10 日 | 12 | 0 | 19.56 | 2.78 | −12.69 | 29.47 | 2.46 |
| 分枝期 | 7 月 11—24 日 | 14 | 15.0 | 19.56 | 0.76 | 2.43 | 31.37 | 2.24 |
| 开花期 | 7 月 25 日至 8 月 7 日 | 14 | 10.2 | 0 | −2.49 | −11.15 | 23.84 | 1.70 |
| 合计/平均 | | 53 | 31.6 | 39.12 | −6.9 | −34.79 | 112.41 | 2.13 |

的总耗水量为 101.36mm，处理 1 苜蓿第三茬返青期耗水量为 41.78mm，拔节期为 59.58mm；处理 1 苜蓿第三茬生育期的平均耗水强度为 1.88mm/d，其中返青期为 1.99mm/d，拔节期为 1.81mm/d。处理 2～9 苜蓿第三茬生育期的耗水规律与处理 1 相似，同时与苜蓿第二茬相比，耗水强度均比相应生育期偏小。2014 年紫花苜蓿第三茬处理 1～9 耗水量和耗水强度见表 4-40～表 4-48。

表 4-40　　　　　　　2014 年紫花苜蓿第三茬处理 1 耗水量和耗水强度

| 生育期 | 起止日期 | 天数 | 有效降水量/mm | 灌水量/mm | 土壤贮水变化量/mm | 下边界水分通量/mm | 耗水量/mm | 耗水强度/(mm/d) |
|---|---|---|---|---|---|---|---|---|
| 返青期 | 8 月 8—28 日 | 21 | 19.0 | 20.56 | 6.05 | −8.27 | 41.78 | 1.99 |
| 拔节期 | 8 月 29 日至 9 月 30 日 | 33 | 83.4 | 10.28 | 17.72 | 16.38 | 59.58 | 1.81 |
| 合计/平均 | | 54 | 102.4 | 30.84 | 23.77 | 8.11 | 101.36 | 1.90 |

表 4-41　　　　　　　2014 年紫花苜蓿第三茬处理 2 耗水量和耗水强度

| 生育期 | 起止日期 | 天数 | 有效降水量/mm | 灌水量/mm | 土壤贮水变化量/mm | 下边界水分通量/mm | 耗水量/mm | 耗水强度/(mm/d) |
|---|---|---|---|---|---|---|---|---|
| 返青期 | 8 月 8—28 日 | 21 | 19.0 | 20.56 | 5.62 | −8.83 | 42.77 | 2.04 |
| 拔节期 | 8 月 29 日至 9 月 30 日 | 33 | 83.4 | 10.28 | 15.73 | 10.17 | 67.78 | 2.05 |
| 合计/平均 | | 54 | 102.4 | 30.84 | 21.35 | 1.34 | 110.55 | 2.05 |

表 4-42　　　　　　　2014 年紫花苜蓿第三茬处理 3 耗水量和耗水强度

| 生育期 | 起止日期 | 天数 | 有效降水量/mm | 灌水量/mm | 土壤贮水变化量/mm | 下边界水分通量/mm | 耗水量/mm | 耗水强度/(mm/d) |
|---|---|---|---|---|---|---|---|---|
| 返青期 | 8 月 8—28 日 | 21 | 19.0 | 20.56 | 4.45 | −7.58 | 42.69 | 2.03 |
| 拔节期 | 8 月 29 日至 9 月 30 日 | 33 | 83.4 | 10.28 | 16.89 | 13.08 | 63.71 | 1.93 |
| 合计/平均 | | 54 | 102.4 | 30.84 | 21.34 | 5.50 | 106.4 | 1.98 |

表 4-43　　　　　　　2014 年紫花苜蓿第三茬处理 4 耗水量和耗水强度

| 生育期 | 起止日期 | 天数 | 有效降水量/mm | 灌水量/mm | 土壤贮水变化量/mm | 下边界水分通量/mm | 耗水量/mm | 耗水强度/(mm/d) |
|---|---|---|---|---|---|---|---|---|
| 返青期 | 8 月 8—28 日 | 21 | 19.0 | 30.38 | 10.05 | 1.65 | 37.68 | 1.79 |
| 拔节期 | 8 月 29 日至 9 月 30 日 | 33 | 83.4 | 15.19 | 21.16 | 15.91 | 61.52 | 1.86 |
| 合计/平均 | | 54 | 102.4 | 45.57 | 31.21 | 17.56 | 99.2 | 1.83 |

表 4 - 44　　　　　　　2014 年紫花苜蓿第三茬处理 5 耗水量和耗水强度

| 生育期 | 起止日期 | 天数 | 有效降水量/mm | 灌水量/mm | 土壤贮水变化量/mm | 下边界水分通量/mm | 耗水量/mm | 耗水强度/(mm/d) |
|---|---|---|---|---|---|---|---|---|
| 返青期 | 8 月 8—28 日 | 21 | 19.0 | 30.38 | 6.57 | 4.73 | 38.08 | 1.81 |
| 拔节期 | 8 月 29 日至 9 月 30 日 | 33 | 83.4 | 15.19 | 22.48 | 12.46 | 63.65 | 1.93 |
| 合计/平均 | | 54 | 102.4 | 45.57 | 29.05 | 17.19 | 101.73 | 1.87 |

表 4 - 45　　　　　　　2014 年紫花苜蓿第三茬处理 6 耗水量和耗水强度

| 生育期 | 起止日期 | 天数 | 有效降水量/mm | 灌水量/mm | 土壤贮水变化量/mm | 下边界水分通量/mm | 耗水量/mm | 耗水强度/(mm/d) |
|---|---|---|---|---|---|---|---|---|
| 返青期 | 8 月 8—28 日 | 21 | 19.0 | 30.38 | 4.05 | 8.64 | 36.69 | 1.75 |
| 拔节期 | 8 月 29 日至 9 月 30 日 | 33 | 83.4 | 15.19 | 20.37 | 22.15 | 56.07 | 1.70 |
| 合计/平均 | | 54 | 102.4 | 45.57 | 24.42 | 30.79 | 92.76 | 1.73 |

表 4 - 46　　　　　　　2014 年紫花苜蓿第三茬处理 7 耗水量和耗水强度

| 生育期 | 起止日期 | 天数 | 有效降水量/mm | 灌水量/mm | 土壤贮水变化量/mm | 下边界水分通量/mm | 耗水量/mm | 耗水强度/(mm/d) |
|---|---|---|---|---|---|---|---|---|
| 返青期 | 8 月 8—28 日 | 21 | 19.0 | 39.12 | 6.35 | 16.94 | 34.83 | 1.66 |
| 拔节期 | 8 月 29 日至 9 月 30 日 | 33 | 83.4 | 19.56 | 18.48 | 23.37 | 61.11 | 1.85 |
| 合计/平均 | | 54 | 102.4 | 58.68 | 24.83 | 40.31 | 95.94 | 1.76 |

表 4 - 47　　　　　　　2014 年紫花苜蓿第三茬处理 8 耗水量和耗水强度

| 生育期 | 起止日期 | 天数 | 有效降水量/mm | 灌水量/mm | 土壤贮水变化量/mm | 下边界水分通量/mm | 耗水量/mm | 耗水强度/(mm/d) |
|---|---|---|---|---|---|---|---|---|
| 返青期 | 8 月 8—28 日 | 21 | 19.0 | 39.12 | 7.21 | 15.73 | 35.18 | 1.68 |
| 拔节期 | 8 月 29 日至 9 月 30 日 | 33 | 83.4 | 19.56 | 16.59 | 22.08 | 64.29 | 1.95 |
| 合计/平均 | | 54 | 102.4 | 58.68 | 23.8 | 37.81 | 99.47 | 1.82 |

表 4 - 48　　　　　　　2014 年紫花苜蓿第三茬处理 9 耗水量和耗水强度

| 生育期 | 起止日期 | 天数 | 有效降水量/mm | 灌水量/mm | 土壤贮水变化量/mm | 下边界水分通量/mm | 耗水量/mm | 耗水强度/(mm/d) |
|---|---|---|---|---|---|---|---|---|
| 返青期 | 8 月 8—28 日 | 21 | 19.0 | 39.12 | 6.83 | 16.94 | 34.35 | 1.64 |
| 拔节期 | 8 月 29 日至 9 月 30 日 | 33 | 83.4 | 19.56 | 18.65 | 24.17 | 60.14 | 1.82 |
| 合计/平均 | | 54 | 102.4 | 58.68 | 25.48 | 41.11 | 94.49 | 1.73 |

2．2015 年试验结果分析

（1）有效降水量 $P_e$。2015 年有效降水量见表 4 - 49。

表 4-49　　　　　　　　　　　2015 年牧草生育期有效降水量

| 日期 | 2015-4-18 | 2015-5-1 | 2015-5-10 | 2015-5-21 | 2015-6-3 | 2015-6-24 | 2015-7-7 | 2015-7-16 |
|---|---|---|---|---|---|---|---|---|
| 有效降水量/mm | 9.2 | 5.8 | 6.4 | 6.9 | 5.5 | 6.7 | 8.2 | 3.6 |
| 日期 | 2015-7-20 | 2015-8-2 | 2015-8-8 | 2015-8-11 | 2015-8-18 | 2015-8-29 | 合计 | |
| 有效降水量/mm | 14.4 | 12.2 | 11.4 | 8.8 | 5.9 | 7.2 | 112.2 | |

（2）苜蓿各生育期的灌水量 $I$。苜蓿各处理每个生育期的灌水量采用实际的净灌水定额，根据苜蓿生育期的划分和灌水记录，计算汇总得出苜蓿各处理每个生育期的灌水量。

（3）各生育期土壤贮水变化量 $\Delta W$。根据苜蓿各生育阶段的划分，计算得出三茬苜蓿各试验处理每个生育期土壤贮水变化量。

（4）下边界水分通量 $Q$。苜蓿的下边界水分通量根据试验实测的土壤负压值进行各生育期土壤深层渗漏或补给量的计算。

（5）苜蓿耗水量 $ET_c$。根据上述计算得出的苜蓿各生育期土壤贮水变化量、有效降水量、灌水量和下边界水分通量四大参数，计算得出苜蓿各处理每个生育期的耗水量，再根据各生育的天数，计算得出苜蓿各生育期的耗水强度。2015 年紫花苜蓿第一茬处理 1~9 及处理 I~III 耗水量和耗水强度见表 4-50~表 4-61。

表 4-50　　　　　　　2015 年紫花苜蓿第一茬处理 1 耗水量和耗水强度

| 生育期 | 起止日期 | 天数 | 有效降水量/mm | 灌水量/mm | 土壤贮水变化量/mm | 下边界水分通量/mm | 耗水量/mm | 耗水强度/(mm/d) |
|---|---|---|---|---|---|---|---|---|
| 返青期 | 4月10—23日 | 14 | 9.2 | 0 | -3.54 | -15.28 | 28.02 | 2.00 |
| 拔节期 | 4月24日至5月6日 | 13 | 5.8 | 9.78 | 1.59 | -14.76 | 28.75 | 2.21 |
| 分枝期 | 5月7—18日 | 12 | 6.4 | 9.78 | -1.35 | -9.19 | 26.72 | 2.23 |
| 开花期 | 5月19—29日 | 11 | 6.9 | 0 | -4.63 | -8.04 | 19.57 | 1.78 |
| 合计/平均 | | 50 | 28.3 | 19.56 | -7.93 | -47.27 | 103.06 | 2.06 |

表 4-51　　　　　　　2015 年紫花苜蓿第一茬处理 2 耗水量和耗水强度

| 生育期 | 起止日期 | 天数 | 有效降水量/mm | 灌水量/mm | 土壤贮水变化量/mm | 下边界水分通量/mm | 耗水量/mm | 耗水强度/(mm/d) |
|---|---|---|---|---|---|---|---|---|
| 返青期 | 4月10—23日 | 14 | 9.2 | 0 | -1.67 | -14.05 | 24.92 | 1.78 |
| 拔节期 | 4月24日至5月6日 | 13 | 5.8 | 9.78 | -2.35 | -9.83 | 27.76 | 2.14 |
| 分枝期 | 5月7—18日 | 12 | 6.4 | 9.78 | 0.97 | -9.95 | 25.16 | 2.10 |
| 开花期 | 5月19—29日 | 11 | 6.9 | 0 | -6.17 | -5.96 | 19.03 | 1.73 |
| 合计/平均 | | 50 | 28.3 | 19.56 | -9.22 | -39.79 | 96.87 | 1.94 |

表4-52　　　　　2015 年紫花苜蓿第一茬处理 3 耗水量和耗水强度

| 生育期 | 起止日期 | 天数 | 有效降水量/mm | 灌水量/mm | 土壤贮水变化量/mm | 下边界水分通量/mm | 耗水量/mm | 耗水强度/(mm/d) |
|---|---|---|---|---|---|---|---|---|
| 返青期 | 4 月 10—23 日 | 14 | 9.2 | 0 | −2.45 | −12.38 | 24.03 | 1.72 |
| 拔节期 | 4 月 24 日至 5 月 6 日 | 13 | 5.8 | 9.78 | 1.07 | −11.46 | 25.97 | 2.00 |
| 分枝期 | 5 月 7—18 日 | 12 | 6.4 | 9.78 | −1.98 | −8.42 | 26.58 | 2.22 |
| 开花期 | 5 月 19—29 日 | 11 | 6.9 | 0 | −2.25 | −9.93 | 19.08 | 1.73 |
| 合计/平均 | | 50 | 28.3 | 19.56 | −5.61 | −42.19 | 95.66 | 1.92 |

表4-53　　　　　2015 年紫花苜蓿第一茬处理 4 耗水量和耗水强度

| 生育期 | 起止日期 | 天数 | 有效降水量/mm | 灌水量/mm | 土壤贮水变化量/mm | 下边界水分通量/mm | 耗水量/mm | 耗水强度/(mm/d) |
|---|---|---|---|---|---|---|---|---|
| 返青期 | 4 月 10—23 日 | 14 | 9.2 | 0 | −5.03 | −14.15 | 28.38 | 2.03 |
| 拔节期 | 4 月 24 日至 5 月 6 日 | 13 | 5.8 | 15.16 | 3.04 | −11.19 | 29.11 | 2.24 |
| 分枝期 | 5 月 7—18 日 | 12 | 6.4 | 15.16 | 3.18 | −12.07 | 30.45 | 2.54 |
| 开花期 | 5 月 19—29 日 | 11 | 6.9 | 0 | −2.98 | −9.29 | 19.17 | 1.74 |
| 合计/平均 | | 50 | 28.3 | 30.32 | −1.79 | −46.70 | 107.11 | 2.14 |

表4-54　　　　　2015 年紫花苜蓿第一茬处理 5 耗水量和耗水强度

| 生育期 | 起止日期 | 天数 | 有效降水量/mm | 灌水量/mm | 土壤贮水变化量/mm | 下边界水分通量/mm | 耗水量/mm | 耗水强度/(mm/d) |
|---|---|---|---|---|---|---|---|---|
| 返青期 | 4 月 10—23 日 | 14 | 9.2 | 0 | −4.57 | −14.99 | 28.76 | 2.05 |
| 拔节期 | 4 月 24 日至 5 月 6 日 | 13 | 5.8 | 15.16 | 2.67 | −15.32 | 33.61 | 2.59 |
| 分枝期 | 5 月 7—18 日 | 12 | 6.4 | 15.16 | 2.25 | −14.06 | 33.37 | 2.78 |
| 开花期 | 5 月 19—29 日 | 11 | 6.9 | 0 | −3.51 | −8.98 | 19.39 | 1.76 |
| 合计/平均 | | 50 | 28.3 | 30.32 | −3.16 | −53.35 | 115.13 | 2.30 |

表4-55　　　　　2015 年紫花苜蓿第一茬处理 6 耗水量和耗水强度

| 生育期 | 起止日期 | 天数 | 有效降水量/mm | 灌水量/mm | 土壤贮水变化量/mm | 下边界水分通量/mm | 耗水量/mm | 耗水强度/(mm/d) |
|---|---|---|---|---|---|---|---|---|
| 返青期 | 4 月 10—23 日 | 14 | 9.2 | 0 | −4.86 | −14.03 | 28.09 | 2.01 |
| 拔节期 | 4 月 24 日至 5 月 6 日 | 13 | 5.8 | 15.16 | −1.63 | −10.54 | 33.13 | 2.55 |
| 分枝期 | 5 月 7—18 日 | 12 | 6.4 | 15.16 | 1.38 | −12.58 | 32.76 | 2.73 |
| 开花期 | 5 月 19—29 日 | 11 | 6.9 | 0 | −3.16 | −8.73 | 18.79 | 1.71 |
| 合计/平均 | | 50 | 28.3 | 30.32 | −8.27 | −45.88 | 112.77 | 2.25 |

表 4-56　　　　　　　2015 年紫花苜蓿第一茬处理 7 耗水量和耗水强度

| 生育期 | 起止日期 | 天数 | 有效降水量/mm | 灌水量/mm | 土壤贮水变化量/mm | 下边界水分通量/mm | 耗水量/mm | 耗水强度/(mm/d) |
|---|---|---|---|---|---|---|---|---|
| 返青期 | 4 月 10—23 日 | 14 | 9.2 | 0 | −3.05 | −13.18 | 25.43 | 1.82 |
| 拔节期 | 4 月 24 日至 5 月 6 日 | 13 | 5.8 | 20.08 | 1.68 | −9.59 | 33.79 | 2.60 |
| 分枝期 | 5 月 7—18 日 | 12 | 6.4 | 20.08 | 2.47 | −7.67 | 31.68 | 2.64 |
| 开花期 | 5 月 19—29 日 | 11 | 6.9 | 0 | −6.37 | −6.26 | 19.53 | 1.78 |
| 合计/平均 | | 50 | 28.3 | 40.16 | −5.27 | −36.70 | 110.43 | 2.21 |

表 4-57　　　　　　　2015 年紫花苜蓿第一茬处理 8 耗水量和耗水强度

| 生育期 | 起止日期 | 天数 | 有效降水量/mm | 灌水量/mm | 土壤贮水变化量/mm | 下边界水分通量/mm | 耗水量/mm | 耗水强度/(mm/d) |
|---|---|---|---|---|---|---|---|---|
| 返青期 | 4 月 10—23 日 | 14 | 9.2 | 0 | −2.09 | −14.17 | 25.46 | 1.82 |
| 拔节期 | 4 月 24 日至 5 月 6 日 | 13 | 5.8 | 20.08 | 1.03 | −9.75 | 34.6 | 2.66 |
| 分枝期 | 5 月 7—18 日 | 12 | 6.4 | 20.08 | 0.98 | −7.73 | 33.23 | 2.77 |
| 开花期 | 5 月 19—29 日 | 11 | 6.9 | | −5.49 | −8.15 | 20.54 | 1.87 |
| 合计/平均 | | 50 | 28.3 | 40.16 | −5.57 | −39.80 | 113.83 | 2.28 |

表 4-58　　　　　　　2015 年紫花苜蓿第一茬处理 9 耗水量和耗水强度

| 生育期 | 起止日期 | 天数 | 有效降水量/mm | 灌水量/mm | 土壤贮水变化量/mm | 下边界水分通量/mm | 耗水量/mm | 耗水强度/(mm/d) |
|---|---|---|---|---|---|---|---|---|
| 返青期 | 4 月 10—23 日 | 14 | 9.2 | 0 | −2.58 | −15.02 | 26.8 | 1.91 |
| 拔节期 | 4 月 24 日至 5 月 6 日 | 13 | 5.8 | 20.08 | −0.98 | −6.39 | 33.25 | 2.56 |
| 分枝期 | 5 月 7—18 日 | 12 | 6.4 | 20.08 | 1.99 | −8.29 | 32.78 | 2.73 |
| 开花期 | 5 月 19—29 日 | 11 | 6.9 | 0 | −4.27 | −9.47 | 20.64 | 1.88 |
| 合计/平均 | | 50 | 28.3 | 40.16 | −5.84 | −39.17 | 113.47 | 2.27 |

表 4-59　　　　　　　2015 年紫花苜蓿第一茬处理 Ⅰ 耗水量和耗水强度

| 生育期 | 起止日期 | 天数 | 有效降水量/mm | 灌水量/mm | 土壤贮水变化量/mm | 下边界水分通量/mm | 耗水量/mm | 耗水强度/(mm/d) |
|---|---|---|---|---|---|---|---|---|
| 返青期 | 4 月 10—23 日 | 14 | 9.2 | 0 | −3.05 | −13.58 | 25.83 | 1.85 |
| 拔节期 | 4 月 24 日至 5 月 6 日 | 13 | 5.8 | 15.16 | 1.68 | −8.59 | 27.87 | 2.14 |
| 分枝期 | 5 月 7—18 日 | 12 | 6.4 | 15.16 | 2.47 | −7.67 | 26.76 | 2.23 |
| 开花期 | 5 月 19—29 日 | 11 | 6.9 | 0 | −6.37 | −6.26 | 19.53 | 1.78 |
| 合计/平均 | | 50 | 28.3 | 30.32 | −5.27 | −36.10 | 99.99 | 2.00 |

表4-60                2015年紫花苜蓿第一茬处理Ⅱ耗水量和耗水强度

| 生育期 | 起止日期 | 天数 | 有效降水量/mm | 灌水量/mm | 土壤贮水变化量/mm | 下边界水分通量/mm | 耗水量/mm | 耗水强度/(mm/d) |
|---|---|---|---|---|---|---|---|---|
| 返青期 | 4月10—23日 | 14 | 9.2 | 0 | −2.09 | −14.17 | 25.46 | 1.82 |
| 拔节期 | 4月24日至5月6日 | 13 | 5.8 | 15.16 | 1.03 | −9.75 | 29.68 | 2.28 |
| 分枝期 | 5月7—18日 | 12 | 6.4 | 15.16 | 0.98 | −7.73 | 28.31 | 2.36 |
| 开花期 | 5月19—29日 | 11 | 6.9 | 0 | −5.49 | −8.15 | 20.54 | 1.87 |
| 合计/平均 | | 50 | 28.3 | 30.32 | −5.57 | −39.80 | 103.99 | 2.08 |

表4-61                2015年紫花苜蓿第一茬处理Ⅲ耗水量和耗水强度

| 生育期 | 起止日期 | 天数 | 有效降水量/mm | 灌水量/mm | 土壤贮水变化量/mm | 下边界水分通量/mm | 耗水量/mm | 耗水强度/(mm/d) |
|---|---|---|---|---|---|---|---|---|
| 返青期 | 4月10—23日 | 14 | 9.2 | 0 | −2.58 | −15.02 | 26.8 | 1.91 |
| 拔节期 | 4月24日至5月6日 | 13 | 5.8 | 15.16 | −0.98 | −6.39 | 28.33 | 2.18 |
| 分枝期 | 5月7—18日 | 12 | 6.4 | 15.16 | 1.99 | −8.29 | 27.86 | 2.32 |
| 开花期 | 5月19—29日 | 11 | 6.9 | 0 | −4.27 | −9.47 | 20.64 | 1.88 |
| 合计/平均 | | 50 | 28.3 | 30.32 | −5.84 | −39.17 | 103.63 | 2.07 |

#### 4.2.5.2 适宜土壤含水量下限控制指标及灌水定额分析

**1. 紫花苜蓿适宜的灌水定额**

根据鄂托克前旗试验区的土壤类型和紫花苜蓿的生长特性，每年4月中旬苜蓿开始返青，由于该时期的气温偏低，根据地温和土壤含水率成反比关系的研究结果，为了保持相对较高的地温，紫花苜蓿第一茬返青期灌水定额不宜过大，推荐灌水定额为10～15m³/亩，其他生育期适宜灌水定额为20m³/亩；紫花苜蓿第二、第三茬返青期及其他生育期的推荐灌水定额均为20m³/亩，见表4-62。

表4-62                紫花苜蓿适宜灌水定额

| 生育期 | 第一茬 | | | | 第二、第三茬 | | | |
|---|---|---|---|---|---|---|---|---|
| | （苗期）返青期 | 拔节期 | 分枝期 | 开花期 | 返青期 | 拔节期 | 分枝期 | 开花期 |
| 适宜灌水定额/(m³/亩) | 10～15 | 20 | 20 | 20 | 20 | 20 | 20 | 20 |

**2. 紫花苜蓿土壤含水量下限控制指标**

根据鄂托克前旗试验区的土壤类型和气候条件，紫花苜蓿第一年种植宜在6月中旬播种，苜蓿苗期抗旱能力较弱，含水率下限宜控制在60%，到了拔节期以后，为了促进紫花苜蓿根系的生长，可使其适当受旱，在拔节期、分枝期和开花期的含水率下限宜控制在55%。紫花苜蓿种植第一年土壤含水量下限控制指标见表4-63。

表4-63                紫花苜蓿种植第一年土壤含水量下限控制指标

| 生育期 | 紫花苜蓿第一年种植 | | | |
|---|---|---|---|---|
| | 苗期 | 拔节期 | 分枝期 | 开花期 |
| 含水率下限/% | 60 | 55 | 55 | 55 |

紫花苜蓿种植第二年以后，每年第一茬返青期含水率下限宜控制在55%，随着气温的升高，到了拔节期和分枝期含水率下限宜控制在60%，为了保证紫花苜蓿的品质，在开花期含水率下限宜控制在65%；第二、第三茬紫花苜蓿返青期、拔节期和分枝期的含水率下限宜控制在60%，在开花期含水率下限宜控制在65%。紫花苜蓿种植第二年以后土壤含水量下限控制指标见表4-64。

表4-64　　　　　　紫花苜蓿种植第二年以后土壤含水量下限控制指标

| 生育期 | 第一茬 | | | | 第二、第三茬 | | | |
|---|---|---|---|---|---|---|---|---|
| | 返青期 | 拔节期 | 分枝期 | 开花期 | 返青期 | 拔节期 | 分枝期 | 开花期 |
| 含水率下限/% | 55 | 60 | 60 | 65 | 60 | 60 | 60 | 65 |

### 4.2.5.3 紫花苜蓿水分生产率分析

1. 2014年（降雨频率59.6%）试验结果分析

水分生产率指单位水资源量在一定的作物品种和耕作栽培条件下所获得的产量或产值，它是衡量农业生产水平和农业用水科学性与合理性的综合指标。作物水分生产率指作物消耗单位水量的产出，其值等于作物产量与作物净耗水量之比值。作物水分生产率计算公式为

$$W_c = Y/(I + P - Q - \Delta W)$$

或

$$W_{Pc} = Y/ET \tag{4-6}$$

式中：$W_c$ 为作物水分生产率，$kg/m^3$；$Y$ 为作物产量，$kg/$亩；$I$ 为净灌溉水量，$m^3/$亩；$P$ 为有效降水量，$m^3/$亩；$\Delta W$ 为相应时段内的土壤贮水变化量，mm；$Q$ 为下边界水分通量，$m^3/$亩；$ET$ 为蒸发蒸腾量，$m^3/$亩。

根据式（4-6）计算得到试验条件下2014年苜蓿第二、第三茬和两茬总的水分生产率不同水分处理对水分生产率的影响，如表4-65及图4-35～图4-37所示。

表4-65　　　　2014年不同水分处理对苜蓿第二、第三茬水分生产率的影响

| 处理方式 | 有效降水量/mm | 灌水量/mm | 土壤贮水变化量/mm | 下边界水分通量/mm | 耗水量/mm | 产量/(kg/亩) | 水分生产率/(kg/m³) |
|---|---|---|---|---|---|---|---|
| MX处理1 | 134 | 51.4 | 19.66 | -45.23 | 210.97 | 199.9 | 1.42 |
| MX处理2 | 134 | 51.4 | 11.93 | -54.43 | 227.9 | 216.8 | 1.43 |
| MX处理3 | 134 | 51.4 | 8.06 | -47.16 | 224.5 | 213.5 | 1.43 |
| MX处理4 | 134 | 75.95 | 10.54 | -31.6 | 231.01 | 240.6 | 1.56 |
| MX处理5 | 134 | 75.95 | 10.02 | -32.25 | 232.18 | 255.4 | 1.65 |
| MX处理6 | 134 | 75.95 | 9.94 | -11.56 | 211.57 | 247.8 | 1.76 |
| MX处理7 | 134 | 97.8 | 18.38 | -2.89 | 216.31 | 280.9 | 1.95 |
| MX处理8 | 134 | 97.8 | 17.92 | -3.85 | 217.73 | 322 | 2.22 |
| MX处理9 | 134 | 97.8 | 18.58 | 6.32 | 206.9 | 290 | 2.10 |
| MX处理Ⅰ | 134 | 51.4 | 10.57 | -27.16 | 201.99 | 268.5 | 1.99 |
| MX处理Ⅱ | 134 | 51.4 | 15.95 | -22.35 | 191.8 | 255.6 | 2.00 |
| MX处理Ⅲ | 134 | 51.4 | 9.93 | -14.28 | 189.75 | 253.6 | 2.00 |

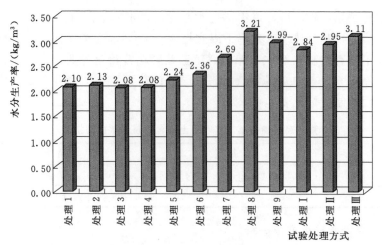

图 4-35　2014 年不同水分处理对苜蓿第二茬水分生产率的影响

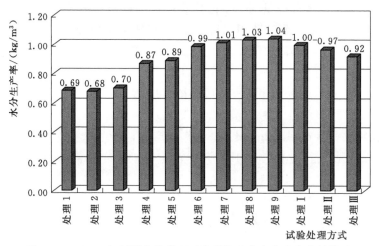

图 4-36　2014 年不同水分处理对苜蓿第三茬水分生产率的影响

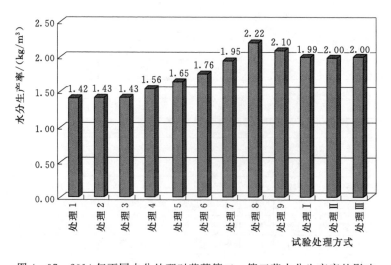

图 4-37　2014 年不同水分处理对苜蓿第二、第三茬水分生产率的影响

从苜蓿各处理表 4-65 中和对比分析图 4-35～图 4-37 中可以看出，苜蓿第二茬各处理的水分生产率均为 2.0～3.3kg/m³，苜蓿处理 8 的水分生产率最高为 3.21kg/m³，苜蓿处理 3 的水分生产率最低为 2.08kg/m³，两者相差 1.13 kg/m³；由于苜蓿第三茬为非完整生育期，各处理的水分生产率均较小；第三茬各处理的水分生产率均为 0.6～1.1kg/m³，苜蓿处理 9 的水分生产率最高为 1.04kg/m³，苜蓿处理 2 的水分生产率最低为 0.68kg/m³，两者相差 0.36kg/m³。苜蓿第二、第三茬两茬总计各处理的水分生产率为 1.4～2.3kg/m³，苜蓿处理 8 的水分生产率最高为 2.22kg/m³，苜蓿处理 1 的水分生产率最低为 1.42kg/m³，两者相差 0.8kg/m³。根据苜蓿的生长特性，其是喜温、喜水性作物，但较多的灌水可降低苜蓿根系层的土壤温度，不利于苜蓿产量的提高，通过对不同处理的产量和水分生产率的综合分析，建议对苜蓿采用 30.0mm（20m³/亩）的灌水定额进行灌溉，既可以获得相对较高的产量，又可以达到较高的用水效率。

2. 2015 年试验结果分析

根据式（4-6）计算得到试验条件下 2015 年苜蓿第一、第二、第三茬水分生产率以及苜蓿三茬总和的水分生产率不同水分处理对水分生产率的影响，如表 4-66 及图 4-38～图 4-41 所示。从苜蓿各处理表 4-66 中和对比分析图 4-38～图 4-41 中可以看出，苜蓿第一茬各处理的水分生产率均为 2.0～3.2kg/m³，苜蓿处理 8 的水分生产率最高为 3.13kg/m³，苜蓿处理 1 的水分生产率最低为 2.08kg/m³，两者相差 1.05kg/m³。与 2014 年的分析结果相似，建议对苜蓿采用 30.0mm（20m³/亩）的灌水定额进行灌溉，既可以获得相对较高的产量，又可以达到较高的用水效率。

表 4-66　　2015 年不同水分处理对苜蓿第一、第二、第三茬水分生产率的影响

| 处理方式 | 有效降水量 /mm | 灌水量 /mm | 土壤贮水变化量 /mm | 下边界水分通量 /mm | 耗水量 /mm | 产量 /(kg/亩) | 水分生产率 /(kg/m³) |
|---|---|---|---|---|---|---|---|
| MX 处理 1 | 112.2 | 68.46 | −26.67 | −116.2 | 323.53 | 433.8 | 2.01 |
| MX 处理 2 | 112.2 | 68.46 | −26.55 | −112.1 | 319.31 | 464.7 | 2.18 |
| MX 处理 3 | 112.2 | 68.46 | −23.48 | −114.32 | 318.46 | 458.3 | 2.16 |
| MX 处理 4 | 112.2 | 106.12 | −15.2 | −114.26 | 347.78 | 591.3 | 2.55 |
| MX 处理 5 | 112.2 | 106.12 | −16.24 | −125.02 | 359.58 | 605.8 | 2.53 |
| MX 处理 6 | 112.2 | 106.12 | −21.97 | −114.24 | 354.53 | 605.2 | 2.56 |
| MX 处理 7 | 112.2 | 140.56 | −7.66 | −89.46 | 349.88 | 668.7 | 2.87 |
| MX 处理 8 | 112.2 | 140.56 | −3.36 | −90.64 | 346.76 | 717.5 | 3.10 |
| MX 处理 9 | 112.2 | 140.56 | −2.41 | −92.52 | 347.69 | 694.5 | 2.99 |
| MX 处理 Ⅰ | 112.2 | 106.12 | −12.08 | −93.25 | 323.65 | 634.9 | 2.94 |
| MX 处理 Ⅱ | 112.2 | 106.12 | −9.51 | −93.9 | 321.73 | 596.7 | 2.78 |
| MX 处理 Ⅲ | 112.2 | 106.12 | −9.41 | −94.49 | 322.22 | 606.4 | 2.82 |

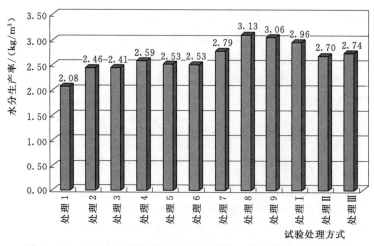

图 4-38　2015 年不同水分处理对苜蓿第一茬水分生产率的影响

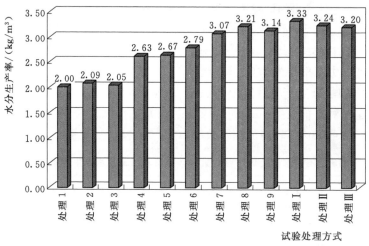

图 4-39　2015 年不同水分处理对苜蓿第二茬水分生产率的影响

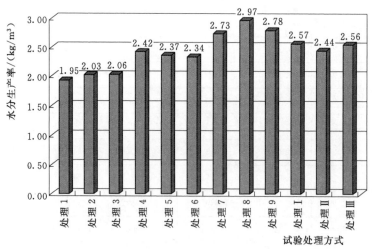

图 4-40　2015 年不同水分处理对苜蓿第三茬水分生产率的影响

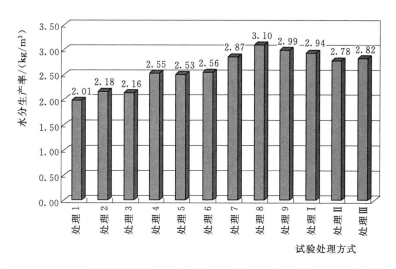

图 4-41 2015 年不同水分处理对苜蓿第一、第二、第三茬水分生产率的影响

### 4.2.6 不同水文年型推荐的节水灌溉制度

根据 2014 年（降雨频率 59.6%）和 2015 年灌溉制度试验成果，结合鄂托克前旗 30 年（1985—2014 年）降水资料频率分析，通过水量平衡反推出降雨频率分别为 75.0%（干旱年）、50%（一般年）和 25%（丰水年）各代表年份紫花苜蓿的灌溉需水量约为 375mm、300mm 和 200mm；考虑鄂托克前旗的土壤特性、地埋滴灌的灌水要求、紫花苜蓿的生长特点以及越冬期所需土壤墒情，紫花苜蓿返青期灌水定额可取 15m³/亩，其他生育期灌水定额均为 20m³/亩。干旱年灌溉定额推荐值为 200～220m³/亩，全生育期灌水 10～11 次；一般年灌溉定额推荐值为 160～180m³/亩，全生育期灌水 8～9 次；丰水年灌溉定额推荐值为 120～140m³/亩，全生育期灌水 6～7 次；由于每年各月份降水均匀性的不可预测性，具体的灌水日期应根据土壤墒情进行确定。紫花苜蓿推荐灌溉制度见表 4-67。

表 4-67 紫花苜蓿推荐的灌溉制度

| 年份 | 灌水定额/(m³/亩) | 灌水次数 | 灌溉定额/(m³/亩) |
| --- | --- | --- | --- |
| 干旱年 | 20（返青期可取 15） | 10～11 | 200～220 |
| 一般年 | 20（返青期可取 15） | 8～9 | 160～180 |
| 丰水年 | 20（返青期可取 15） | 6～7 | 120～140 |

## 4.3 本章小结

玉米地埋式滴灌灌溉制度一般年灌水 3～4 次，灌溉定额 80～105m³/亩，干旱年灌水 5～6 次，灌溉定额 130～155m³/亩。试验得出适宜的玉米地埋式滴灌带埋深 0.35m，间距 0.8m，滴头流量 1.38～3.0L/h，实测产量达到 1072kg/亩，作物水分生产率达到

2.18kg/m³。

　　试验得出适宜的紫花苜蓿地埋式滴灌带埋深 0.1～0.2m，间距 0.4～0.6m，滴头流量 2.0L/h 时，实测干草产量达到 635kg/亩，作物水分生产率由 2.10kg/m³ 提高到 2.64kg/m³。紫花苜蓿地埋滴灌推荐的灌水定额均为 15～20m³/亩，干旱年灌溉定额推荐值为 200～220m³/亩，全生育期灌水 10～11 次；一般年灌溉定额推荐值为 160～180m³/亩，全生育期灌水 8～9 次；丰水年灌溉定额推荐值为 120～140m³/亩，全生育期灌水 6～7 次。

# 第5章 主要作物水肥一体化技术试验研究

## 5.1 大豆膜下滴灌水肥一体化技术试验研究

### 5.1.1 试验设计

试验目的是针对滴灌大豆缺乏水肥一体化关键技术的科技需求，研究明确覆膜滴灌条件下随灌水进行推荐施肥的技术，提出不同地区节水灌溉模式下的水肥一体化实用技术规范，建立起一套集水利、农艺、农机、管理、政策于一体的集成技术体系，使示范区良种和测土施肥技术推广达到100%，水肥利用率均提高5个百分点以上，增产15%以上。为推广应用水肥一体化技术提供技术支撑。

试验地点是根据膜下滴灌大豆需要在大豆主产区和滴灌系统、施肥罐等灌溉施肥设备配套完善的条件，选择在呼伦贝尔盟阿荣旗亚东镇六家子村滴灌大豆示范区（自治区政府确定的水利、农业、农机联合示范基地）。

试验是在采用当地优化的灌溉制度，先进的农业栽培措施与当地测土推荐施肥措施的基础上进行，其中栽培耕作措施采用秋深耕和春深松，深松35cm以上并浅耕15cm以上，采用大小垄及垄上2行窄沟密植方式种植，播深3~5cm，播量4.8~5.0kg，保苗2.0万~2.2万株。播期按中晚熟品种的适宜播期，5月5—10日进行播种。2013年5月20日播种，品种北豆5号，播种密度1.86万株/亩。2014年6月5日，品种北豆5号，播种密度2万株/亩，2015年6月8日，品种北豆5号，播种密度2.1万株/亩。播前用35%多克福种衣剂进行种子包衣。在播后苗前选用50%乙草胺乳油100mL加75%宝收干悬浮剂药剂进行了封闭灭草，早春进行铲除地头、地边的杂草，生育期喷施了50%辛硫磷乳油、5%来福灵乳油、2.5%溴氰菊酯乳油等药剂防治各种病虫害。施肥措施按测土推荐施肥量分次施肥，施肥总量按 N 3.2kg/亩、$P_2O_5$ 3.8kg/亩、$K_2O$ 2.8kg/亩施用，不同处理的施肥次数及施肥量见表5-1、表5-2。主要观察测定了作物产量及产量构成因素，测定分析作物营养吸收量、肥料利用率和农学效率等指标。

表5-1　　　　　　　2013大豆膜下滴灌施肥处理及施肥方式小区试验设计

| 施肥处理方式 | 施肥量/(kg/亩) | | | 施 肥 方 式 |
|---|---|---|---|---|
| | N | $P_2O_5$ | $K_2O$ | |
| $NPK_1$ | 3.2 | 3.8 | 2.8 | 氮磷钾肥1次基肥施用 |
| $NPK_2$ | 3.2 | 3.8 | 2.8 | 磷肥1次基施；氮钾肥60%基施，40%追施 |
| $NPK_3$ | 3.2 | 3.8 | 2.8 | 磷肥1次基施；氮钾肥40%基施，其余分30%、30%2次追施 |

续表

| 施肥处理方式 | 施肥量/(kg/亩) | | | 施 肥 方 式 |
|---|---|---|---|---|
| | N | P₂O₅ | K₂O | |
| NPK₄ | 3.2 | 3.8 | 2.8 | 磷肥 1 次基施；氮钾肥 40%基施，其余分 20%、20%、20% 3 次追施（采用随灌水施用或充分溶解后人工浇灌施入） |
| NPK—N₁₅% | 2.72 | 3.8 | 2.8 | 磷肥 1 次基施；氮钾肥 40%基施，其余分 20%、20%、20% 3 次追施，氮肥用量为测土施肥推荐量 NPK 中 N 的 85% |
| NPK—K₁₅% | 3.2 | 3.8 | 2.4 | 磷肥 1 次基施；氮钾肥 40%基施，其余分 20%、20%、20% 3 次追施，钾肥用量为测土施肥推荐量 NPK 中 K 的 85% |
| PK | 0 | 3.8 | 2.8 | 磷肥 1 次基施；钾肥 40%基施，60%追施 |
| NK | 3.2 | 0 | 2.8 | 氮钾肥 40%基施，60%追施 |
| NP | 3.2 | 3.8 | 0 | 磷肥 1 次基施；氮钾肥 40%基施，60%追施 |

表 5－2　　　　2014 年大豆膜下滴灌施肥处理及施肥方式小区试验设计

| 施肥处理方式 | 施肥量/(kg/亩) | | | 施 肥 方 式 |
|---|---|---|---|---|
| | N | P₂O₅ | K₂O | |
| NPK₁ | 3.2 | 3.8 | 2.8 | 氮磷钾肥 1 次基肥施用 |
| NPK₂ | 3.2 | 3.8 | 2.8 | 氮磷钾肥 40%基施，60% 1 次追施 |
| NPK₃ | 3.2 | 3.8 | 2.8 | 氮磷钾肥 40%基施，其余分 30%、30% 2 次追施 |
| NPK₄ | 3.2 | 3.8 | 2.8 | 氮磷钾肥 40%基施，其余分 20%、20%、20% 3 次追施（采用随灌水施用或充分溶解后人工浇灌施入） |
| NPK—N₁₅% | 2.72 | 3.8 | 2.8 | 氮磷钾肥 40%基施，其余分 30%、30% 2 次追施，氮肥用量为测土施肥推荐量 NPK 中 N 的 85% |
| NPK—N₁₅% P₁₅% | 2.72 | 3.23 | 2.8 | 氮磷钾肥 40%基施，其余分 30%、30% 2 次追施，氮磷肥用量为推荐总量的 85% |
| NPK—N₁₅% P₁₅% K₁₀% | 2.72 | 3.23 | 2.52 | 氮磷钾肥 40%基施，其余分 30%、30% 2 次追施；氮磷肥用量为推荐量的 85%；钾肥用量为推荐总量的 90% |
| PK | 0 | 3.8 | 2.8 | 磷肥 1 次施用；钾肥 40%基施，60% 追施 |
| NK | 3.2 | 0 | 2.8 | 氮钾肥 40%基施，60% 1 次追施 |
| NP | 3.2 | 3.8 | 0 | 磷肥 1 次施用；氮肥 40%基施，60% 追施 |

## 5.1.2　水肥一体化技术示范设计

水肥一体化示范目的是验证不同节水灌溉条件下随灌水进行施肥优化推荐技术措施，补充完善水肥一体化技术指标和操作规范，为不同地区节水灌溉模式提供水肥一体化高效实用技术模式。

示范地点根据膜下滴灌大豆需要在大豆主产区和滴灌系统、施肥罐等灌溉施肥设备配套完善的条件，选择在呼伦贝尔盟阿荣旗亚东镇六家子村滴灌大豆示范区（内蒙古自治区政府确定的水利、农业、农机联合示范基地）。

示范是在采用当地优化的灌溉制度，先进的农业栽培措施与当地测土推荐施肥措施的基础上进行，其中栽培耕作措施采用秋深耕和春深松，深松 35cm 以上并浅耕 15cm 以上，采用大小垄密植方式种植，播深 3～5cm，播量 4～5kg，保苗 2.0 万～2.2 万株。播期按中晚熟品种的适宜播期，5 月 5—10 日进行播种。播前用 35%多克福种衣剂进行种子包衣。在播后苗前选用 50%乙草胺乳油 100mL 加 75%宝收干悬浮剂药剂进行了封闭灭草，早春进行铲除地头、地边的杂草，生育期喷施了 50%辛硫磷乳油、5%来福灵乳油、2.5%溴氰菊酯乳油等药剂防治各种病虫害。施肥措施按测土推荐施肥量分次施肥，施肥总量按施肥总量按 N 3.5kg/亩、$P_2O_5$ 3.3kg/亩、$K_2O$ 1.8kg/亩分 3 次施用，同时设计了传统施肥、测土推荐施肥的对比示范，不同处理的施肥次数及施肥量见表 5-3。主要观察测定了作物产量及产量构成因素，测定分析了肥料农学效率及经济效益等指标。

表 5-3 　　　　　　　大豆膜下滴灌施肥处理及施肥方式三区对比示范设计

| 施肥处理方式 | 施肥量/(kg/亩) | | | 施 肥 方 式 |
|---|---|---|---|---|
| | N | $P_2O_5$ | $K_2O$ | |
| 传统施肥 | 3.2 | 6.0 | 0 | 氮磷肥 1 次基肥施用 |
| 测土施肥 | 2.8 | 3.8 | 2.4 | 磷钾肥 1 次施用；氮肥 60%基施，40% 1 次追施 |
| 水肥一体化 | 2.8 | 3.8 | 2.4 | 磷肥 1 次施用；氮钾肥 40%基施，其余分 30%、30% 2 次追施（采用随灌水施用或充分溶解后人工浇灌施入） |

注 　氮钾肥用量比试验用量减少 15%是为了与当地测土施肥多点示范的用量保持一致。

## 5.1.3 试验结果分析（2013—2014 年）

1. 气象资料观察结果

该地区大豆生育期内（5 月下旬至 9 月下旬）多年平均年降雨量为 338.89mm，2013 年大豆生育期内降雨量为 443.93mm，属于丰水年，2014 年大豆生育期内降雨量为 267.04mm，属于枯水年。

2. 供试地土壤理化性质与肥力指标检测结果

2013 年供试土壤的基础肥力检测结果见表 5-4。由表可看出，供试地土壤基础养分属于高肥力地块，主要是有机质和氮素含量较高，土壤供磷属于低肥力地块，供钾属于中肥力地块。2014 年供试地土壤的基础肥力检测结果见表 5-5。由表可看出，供试地土壤基础养分供应水平比 2013 年高，主要是有机质和氮素含量较高，供磷属于中肥力地块、供钾属于高肥力地块。

表 5-4 　　　　　　　　2013 年大豆试验地土壤基础养分测定结果

| 土壤类型 | 有机质/(g/kg) | 全氮/(g/kg) | 碱解氮/(mg/kg) | 速效磷/(mg/kg) | 速效钾/(mg/kg) | pH 值 |
|---|---|---|---|---|---|---|
| 黑钙土 | 35.5 | 0.95 | 203.5 | 11.8 | 162.5 | 6.5 |

表 5-5 　　　　　　　2014 年大豆试验示范点的土壤基础养分测定结果

| 土壤类型 | 有机质/(g/kg) | 全氮/(g/kg) | 碱解氮/(mg/kg) | 速效磷/(mg/kg) | 速效钾/(mg/kg) | pH 值 |
|---|---|---|---|---|---|---|
| 黑钙土 | 38.1 | 1.02 | 223 | 12.5 | 175 | 5.9 |

3. 水肥一体化 2013 年试验结果分析

2013 年阿荣旗滴灌大豆水肥一体化小区试验结果见表 5 - 6 和表 5 - 7。由表可看出，在采用大豆滴灌优化灌溉制度与测土推荐施肥量的基础上，配套随灌水分次施肥的水肥一体化技术具有显著增产、增效和节能的多重效应，其中增产效果 $NPK_3$（分 3 次施肥）＞ $NPK_4$（分 4 次施肥）＞$NPK_2$（分 3 次施肥）＞ $NPK—N_{15\%}$（分 3 次施肥）＞$NPK—K_{15\%}$（分 3 次施肥）＞$NPK_1$（1 次施肥），综合增产率和不同肥料增产率均表现为随施肥次数增加而增加，在施肥总量相同的条件下，以 $NPK_1$（1 次施肥）为对照，把施肥总量按 40%、20%、20%、20%的比例进行 1 次基肥 3 次随灌水追肥的方式施用，增产效果显著，增产率为 9.6%；把施肥总量按 40%、30%、30%的比例进行 1 次基肥 2 次随灌水追肥的方式施用，增产率为 7.4%，增产效果也达到显著水平并与 $NPK_4$ 无显著差异；把施肥总量按 40%、60%的比例进行 1 次基肥 1 次随灌水追肥的方式施用，增产率为 6.2%，但增产率显著低于 $NPK_4$ 和 $NPK_3$ 的增产水平。由此说明，在相同施肥总量及灌溉定额的条件下，采用 1 次基肥 2～3 次随灌水追肥的水肥一体化技术，具有显著增产效果，增产率为 7.4%和 9.6%，增加大豆 14.3～18.5 kg/亩，按当年市场价格估算，增加产值 85.5～111.0 元/亩。由于采用 1 次基肥 2 次和 3 次随灌水追肥的单产差异不显著，按照省工省事的原则，应优选 1 次基肥 2 次随灌水追肥的方式作为大豆滴灌的水肥一体化技术。大豆氮肥、磷肥、钾肥分次施用的增产效果如图 5 - 1～图 5 - 3 所示，氮肥、磷肥、钾肥分次施用提高的利用率和农学效率如图 5 - 4～图 5 - 6 所示。

表 5 - 6　　　　　　　2013 年不同施肥方式对滴灌大豆产量的影响

| 施肥处理方式 | 养分用量/(kg/亩) | | | 经济产量/(kg/亩) | | | | 增产率/% | 不同肥料增产率/% | | |
|---|---|---|---|---|---|---|---|---|---|---|---|
| | N | $P_2O_5$ | $K_2O$ | Ⅰ | Ⅱ | Ⅲ | 平均 | | N | $P_2O_5$ | $K_2O$ |
| $NPK_1$ | 3.2 | 3.8 | 2.8 | 188.5 | 193.5 | 195.5 | 192.5b | — | 12.3 | 20.4 | 15.3 |
| $NPK_2$ | 3.2 | 3.8 | 2.8 | 198.5 | 201.2 | 213.8 | 204.5b | 6.23 | 19.4 | 27.9 | 22.5 |
| $NPK_3$ | 3.2 | 3.8 | 2.8 | 200.5 | 210.2 | 222.3 | 211.0a | 9.61 | 23.1 | 31.9 | 26.4 |
| $NPK_4$ | 3.2 | 3.8 | 2.8 | 201.5 | 199.5 | 219.4 | 206.8a | 7.43 | 20.7 | 29.3 | 23.9 |
| $NPK—N_{15\%}$ | 2.72 | 3.8 | 2.8 | 186.5 | 190.3 | 187.8 | 188.2b | −2.23 | 9.8 | 17.7 | 12.7 |
| $NPK—K_{15\%}$ | 3.2 | 3.8 | 2.4 | 189.8 | 195.2 | 187.7 | 190.9b | −0.83 | 14.3 | 19.4 | 14.3 |
| PK | 0 | 3.8 | 2.8 | 168.2 | 170.5 | 175.4 | 171.4c | −10.96 | | | |
| NK | 3.2 | 0 | 2.8 | 148.8 | 159.5 | 171.4 | 159.9d | −16.94 | | | |
| NP | 3.2 | 3.8 | 0 | 160.8 | 172.2 | 168 | 167.0cb | −13.25 | | | |

表 5 - 7　　　　2013 年不同施肥方式对滴灌大豆肥料利用率和农学效率的影响

| 施肥处理方式 | 养分用量/(kg/亩) | | | 肥料利用率/% | | | 农学效率/(kg/kg) | | |
|---|---|---|---|---|---|---|---|---|---|
| | N | $P_2O_5$ | $K_2O$ | N | $P_2O_5$ | $K_2O$ | N | $P_2O_5$ | $K_2O$ |
| $NPK_1$ | 3.2 | 3.8 | 2.8 | 26.2 | 15.5 | 48.9 | 6.6 | 8.6 | 9.1 |
| $NPK_2$ | 3.2 | 3.8 | 2.8 | 32.8 | 15.8 | 56.8 | 10.4 | 11.7 | 13.4 |
| $NPK_3$ | 3.2 | 3.8 | 2.8 | 35.0 | 15.6 | 55.5 | 12.4 | 13.4 | 15.7 |

续表

| 施肥处理方式 | 养分用量/(kg/亩) | | | 肥料利用率/% | | | 农学效率/(kg/kg) | | |
|---|---|---|---|---|---|---|---|---|---|
| | N | $P_2O_5$ | $K_2O$ | N | $P_2O_5$ | $K_2O$ | N | $P_2O_5$ | $K_2O$ |
| NPK₄ | 3.2 | 3.8 | 2.8 | 34.2 | 15.8 | 61.0 | 11.1 | 12.3 | 14.2 |
| NPK—N₁₅% | 2.72 | 3.8 | 2.8 | 35.8 | 15.8 | 61.2 | 7.8 | 4.4 | 7.6 |
| NPK—K₁₅% | 3.2 | 3.8 | 2.4 | 36.0 | 15.5 | 60.5 | 6.1 | 8.1 | 9.9 |

注 肥料利用率＝（全肥区生物产量吸肥量－缺肥区生物产量吸肥量）÷施肥量×100%；
肥料农学效率＝（全肥区经济产量－缺肥区经济产量）÷施肥量。

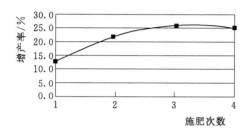

图 5-1 大豆氮肥分次施用的增产效果

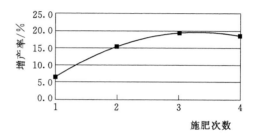

图 5-2 大豆磷肥分次施用的增产效果

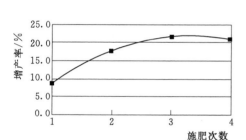

图 5-3 大豆钾肥分次施用的增产效果

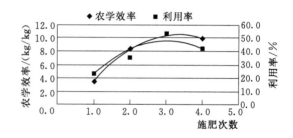

图 5-4 氮肥分次施用提高的利用率和农学效率

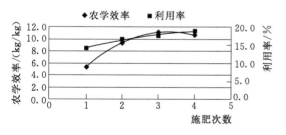

图 5-5 磷肥分次施用提高的利用率和农学效率

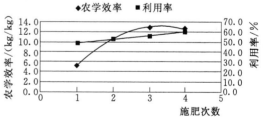

图 5-6 钾肥分次施用提高的利用率和农学效率

采用水肥一体化技术在提高单产的同时也提高了不同肥料的利用率和农学效率，而且随施肥次数的增加肥料利用率和农学效率都呈增长趋势。其中采用1次基肥2次随灌水追肥的水肥一体化技术，与对照NPK₁（1次施肥）比较，氮肥、磷肥和钾肥的利用率分别提高了8.8、0.1和6.6个百分点，并使氮肥、磷肥和钾肥的利用率分别突破了30%、20%和60%的国内先进水平；氮肥、磷肥和钾肥的农学效率分别提高了5.8kg/kg、4.8kg/kg和6.6kg/kg，相当于每千克氮肥新增大豆5.8kg，折合产值34.8元/kg；每千克钾肥新增大豆 6.6kg，折合产值 39.6 元/kg。其中磷肥效果不明显的原因是未采用随灌水进行施肥的方式，各处理的磷肥全部采用一次基施。

采用 1 次基肥 2 次随灌水追肥的水肥一体化技术，不仅有效提高了肥料利用率和农学效率，而且还可以有效减少化肥用量。与对照 $NPK_1$（1 次施肥）比较，采用 1 次基肥 2 次随灌水追肥的水肥一体化技术，减少氮肥施用量 15% 或钾肥施用量 15%，其单产水平与对照没有显著差异，说明采用水肥一体化技术，在不减产的前提下，可以减少氮肥用量 15% 或钾肥用量 15%，同时进一步提高肥料利用率并实现节肥增效，其中氮肥和钾肥利用率比对照分别提高了 7.6 和 11.6 个百分点，有效降低了化肥对环境污染的风险。

4. 水肥一体化 2014 年试验结果分析

2014 年滴灌大豆水肥一体化小区试验结果见表 5-8、表 5-9。由表可看出，在采用大豆滴灌优化灌溉制度与测土推荐施肥量的基础上，配套随灌水分次施肥的水肥一体化技术具有显著增产、增效和节能的多重效应，其中增产效果 $NPK_4$（分 4 次施肥）$>NPK_3$（分 3 次施肥）$>NPK_2$（分 3 次施肥）$>NPK-N_{15\%}$（分 3 次施肥）$>NPK-N_{15\%}P_{15\%}$（分 3 次施肥）$>NPK-N_{15\%}P_{15\%}K_{10\%}$（分 3 次施肥）$>NPK_1$（1 次施肥），综合增产率和不同肥料增产率均表现为随施肥次数增加而增加（图 5-1～图 5-3）。在施肥总量相同的条件下，以 $NPK_1$（1 次施肥）为对照，把施肥总量按 40%、20%、20%、20% 的比例进行 1 次基肥 3 次随灌水追肥的方式施用，增产效果显著，增产率为 15.3%；把施肥总量按 40%、30%、30% 的比例进行 1 次基肥 2 次随灌水追肥的方式施用，增产率为 14.1%，增产效果也达到显著水平并与 $NPK_4$ 无显著差异；把施肥总量按 40%、60% 的比例进行 1 次基肥 1 次随灌水追肥方式施用，增产率为 10.4%，增产效果也达到了显著水平，但增产率显著低于 $NPK_4$ 和 $NPK_3$ 的增产水平；说明在相同施肥总量及灌溉定额的条件下，采用 1 次基肥 2～3 次随灌水追肥的水肥一体化技术，具有显著增产效果，增产率为 14.1%～15.3%，增加大豆 24.8～26.9kg/亩，按当年市场价格估算，增加产值 148.8～161.4 元/亩。由于采用 1 次基肥 2 次和 3 次随灌水追肥的单产差异不显著，按照省工省事的原则，应优选 1 次基肥 2 次随灌水追肥的方式作为大豆滴灌的水肥一体化技术。

表 5-8　　　　　　　2014 年不同施肥方式对滴灌大豆产量的影响

| 施肥处理方式 | 养分用量/(kg/亩) | | | 产量/(kg/亩) | | | | 增产率/% | 不同肥料增产率/% | | |
|---|---|---|---|---|---|---|---|---|---|---|---|
| | N | $P_2O_5$ | $K_2O$ | I | II | III | 平均 | | N | $P_2O_5$ | $K_2O$ |
| $NPK_1$ | 3.2 | 3.8 | 2.8 | 181.5 | 179 | 166.5 | 175.7bc | — | 0.9 | 4.9 | 2.1 |
| $NPK_2$ | 3.2 | 3.8 | 2.8 | 202.5 | 196.6 | 184.6 | 194.6ab | 10.74 | 11.7 | 16.2 | 13.0 |
| $NPK_3$ | 3.2 | 3.8 | 2.8 | 213.1 | 198.3 | 190.0 | 200.5a | 14.10 | 15.1 | 19.7 | 16.5 |
| $NPK_4$ | 3.2 | 3.8 | 2.8 | 225.6 | 190.7 | 191.5 | 202.6a | 15.31 | 16.3 | 21.0 | 17.7 |
| $NPK-N_{15\%}$ | 2.72 | 3.8 | 2.8 | 224.0 | 196.1 | 160.0 | 193.4ab | 10.06 | 11.0 | 15.5 | 12.3 |
| $NPK-N_{15\%}P_{15\%}$ | 2.72 | 3.23 | 2.8 | 198.9 | 198.9 | 177.2 | 191.7ab | 9.09 | 10.1 | 14.5 | 11.3 |
| $NPK-N_{15\%}P_{15\%}K_{10\%}$ | 2.72 | 3.23 | 2.52 | 183.5 | 173.9 | 173.2 | 176.9bc | 0.66 | 1.6 | 5.6 | 2.7 |
| PK | 0 | 3.8 | 2.8 | 179.1 | 172.6 | 170.7 | 174.1bc | -0.89 | — | — | — |
| NK | 3.2 | 0 | 2.8 | 177.6 | 163.8 | 160.9 | 167.4c | -4.70 | — | — | — |
| NP | 3.2 | 3.8 | 0 | 185.7 | 175.6 | 155.1 | 172.1bc | -2.03 | — | — | — |

表5-9　　　　　2014年不同施肥对滴灌大豆肥料利用率和农学效率的影响

| 施肥处理方式 | 养分用量/(kg/亩) | | | 肥料利用率/% | | | 农学效率/(kg/kg) | | |
|---|---|---|---|---|---|---|---|---|---|
| | N | $P_2O_5$ | $K_2O$ | N | $P_2O_5$ | $K_2O$ | N | $P_2O_5$ | $K_2O$ |
| $NPK_1$ | 3.2 | 3.8 | 2.8 | 23.7 | 13.0 | 47.5 | 0.5 | 2.2 | 1.3 |
| $NPK_2$ | 3.2 | 3.8 | 2.8 | 38.8 | 16.8 | 50.2 | 6.4 | 7.1 | 8.0 |
| $NPK_3$ | 3.2 | 3.8 | 2.8 | 73.3 | 20.5 | 54.5 | 8.2 | 8.7 | 10.1 |
| $NPK_4$ | 3.2 | 3.8 | 2.8 | 46.0 | 21.6 | 60.6 | 8.9 | 9.3 | 10.9 |
| $NPK-N_{15\%}$ | 2.72 | 3.8 | 2.8 | 33.5 | 20.2 | 53.2 | 7.1 | 6.8 | 7.6 |
| $NPK-N_{15\%}P_{15\%}$ | 2.72 | 3.23 | 2.8 | 33.9 | 22.5 | 52.8 | 6.4 | 7.5 | 7.0 |
| $NPK-N_{15\%}P_{15\%}K_{10\%}$ | 2.72 | 3.23 | 2.52 | 33.1 | 20.2 | 51.4 | 1.0 | 2.9 | 1.9 |

注　肥料利用率=(全肥区生物产量吸肥量-缺肥区生物产量吸肥量)÷施肥量×100%；
　　肥料农学效率=(全肥区经济产量-缺肥区经济产量)÷施肥量。

关于水肥一体化技术对肥料利用率和农学效率影响的结果表明，采用水肥一体化技术在提高单产的同时还可以有效提高肥料利用率和农学效率，而且随施肥次数的增加肥料利用率和农学效率都呈增长趋势，其中采用1次基肥2次随灌水追肥的水肥一体化技术，与对照$NPK_1$（1次施肥）比较，氮肥、磷肥和钾肥的利用率分别提高了22.3、6.5和9.0个百分点；氮肥、磷肥和钾肥的农学效率分别提高了7.7kg/kg、6.5kg/kg和8.3kg/kg，相当于每千克氮肥新增大豆7.7kg，折合产值46.2元/kg；每千克磷肥新增大豆6.5kg，折合产值39.0元/kg；每千克钾肥新增大豆8.3kg，折合产值49.8元/kg。

采用随灌水追肥的水肥一体化技术，不仅有效提高了肥料利用率和农学效率，而且还可以有效减少化肥用量。与对照$NPK_1$（1次施肥）比较，采用1次基肥2次随灌水追肥的水肥一体化技术，不仅减少氮肥施用量15%有显著增产效果，而且在同时减少氮肥施用量15%与磷肥施用量15%时也有显著增产效果，其中单一减少氮肥施用量15%时的增产率为10.1%；同时减少氮肥和磷肥施用量各15%时，使氮肥利用率从23.6%提高到33.9%，磷肥利用率从15.0%提高到22.5%，说明采用随灌水进行多次施肥的水肥一体化技术，能够使氮肥利用率从30%以下提高到40%以上，磷肥利用率从15%以下提高到20%以上，在保障不减产的情况下，采用水肥一体化技术，可以适当减少氮肥施用量15%和磷肥施用量15%，有效实现了节肥的良好效果。

5. 水肥一体化三区对比示范结果分析

2013年滴灌大豆采用水肥一体化技术对产量及生育指标影响的结果见表5-10。由表可看出，采用把总施肥量按40%基施，30%和30%随灌溉2次追肥的方式，具有显著增产效果，其中籽实产量比传统施肥方式增产7.4%，比测土推荐施肥增产3.9%，茎叶产量比传统施肥方式增产8.6%，比测土推荐施肥增产4.9%，增产原因主要是株高、单株粒数和百粒重都明显增加。

采用水肥一体化技术的大豆株高、单株粒数和百粒重测定结果见表5-11。由表可看出，采用把总施肥量按30%基施，40%和30%随灌溉2次追肥的水肥一体化技术，使大豆单株结荚数、单株粒重和百粒重都明显增加，其中株高增加了4~7cm，单株粒数增加了2~4粒，百粒重增加了0.2~0.3g。

表 5 - 10　　　　　　　　2013 年不同施肥方式对滴灌大豆产量及构成因素的影响

| 施肥处理方式 | 养分用量/(kg/亩) | | | 籽实产量/(kg/亩) | 茎叶产量/(kg/亩) | 株高/cm | 单株粒数/个 | 百粒重/g |
|---|---|---|---|---|---|---|---|---|
| | N | P₂O₅ | K₂O | | | | | |
| | N | $P_2O_5$ | $K_2O$ | | | | | |
| 传统施肥 | 3.2 | 6.0 | 0 | 204.5b | 198b | 80 | 70 | 18.4 |
| 测土施肥 | 2.8 | 3.8 | 2.4 | 211.4ab | 205b | 83 | 72 | 18.5 |
| 水肥一体化 | 2.8 | 3.8 | 2.4 | 219.7a | 215a | 87 | 74 | 18.7 |

表 5 - 11　　　　　　　　2014 年不同施肥方式对滴灌大豆产量及构成因素的影响

| 施肥处理方式 | 养分用量/(kg/亩) | | | 籽实产量/(kg/亩) | 茎叶产量/(kg/亩) | 株高/cm | 单株粒数/个 | 百粒重/g |
|---|---|---|---|---|---|---|---|---|
| | N | $P_2O_5$ | $K_2O$ | | | | | |
| 传统施肥 | 3.2 | 6.4 | 0 | 185.0c | 179.5b | 82 | 67 | 17.5 |
| 测土施肥 | 2.8 | 3.8 | 2.4 | 192.7b | 182.2b | 86 | 69 | 17.8 |
| 水肥一体化 | 2.8 | 3.8 | 2.4 | 207.7a | 195.0a | 89 | 72 | 18.3 |

　　2014 年的示范结果与 2013 年的趋势完全一致，采用把总施肥量按 30% 基施，40% 和 30% 随灌溉 2 次追肥的方式，具有显著增产效果，其中籽实产量比传统施肥方式增产 12.2%，比测土推荐施肥增产 7.8%，茎叶产量比传统施肥方式增产 8.6%，比测土推荐施肥增产 4.9%，增产原因主要是株高、单株粒数和百粒重都明显增加。

　　采用水肥一体化技术的大豆株高、单株粒数和百粒重测定结果表明，采用把总施肥量按 30% 基施，40% 和 30% 随灌溉 2 次追肥的水肥一体化技术，使大豆单株结荚数、单株粒重和百粒重都明显增加，其中株高增加了 3~7cm，单株粒数增加了 3~5 粒，百粒重增加了 0.5~0.8g。

　　三区对比生产示范效果进一步说明，采用随灌水进行多次施肥的水肥一体化技术，是一项提高大豆单产的有效措施。两年结果表明，较对照传统施肥处理增产 8.6%~12.2%，增产大豆 15.2~22.7kg/亩，新增产值 91.2~136.2 元/亩。

　　6. 水肥一体化技术研究结果

　　综合小区试验及三区对比示范结果，明确了滴灌大豆的水肥一体化关键技术及主要技术指标见表 5 - 12。其中灌溉制度一般采用生育期分 4~6 次灌水 38~66m³/亩，灌水定额 6~12m³/亩，播种到出苗期滴灌 1 次，分枝到开花期滴灌 1 次，开花到结荚期滴灌 1~2 次，鼓粒到灌浆期滴灌 1~2 次，随灌水施肥在大豆生育期共施肥 3 次，包括 1 次基肥或种肥加 2 次追肥，施肥量采用测土推荐施肥总量，施肥方式采用分基肥、分枝期追肥和开花期追肥的方式，施肥量见表 5 - 12，施肥总量按高、中、低不同肥力地块施用 N 2.2~3.9kg/亩，$P_2O_5$ 2.8~4.5kg/亩，$K_2O$ 2.3~3.3kg/亩，施肥方式按基肥 40%，分枝期随灌水追肥 30%，开花期随灌水追肥 30%，基肥的肥料品种以粒肥为主，其中氮肥选用尿素或磷酸二胺，磷钾肥选用磷酸二胺或氯化钾或硫酸钾，追肥的肥料品种以速溶性肥和液体肥为主，其中氮肥选用尿素，磷肥选用工业磷酸或聚磷酸铵，钾肥选用硝酸钾或氯化钾。

表 5 - 12　　　　　　　　　　大豆膜下滴灌水肥一体化关键技术及指标

| 物候期 | 推荐灌水量/(m³/亩) | | 分次施肥/% | 推荐施肥量/(kg/亩) | | |
|---|---|---|---|---|---|---|
| | 干旱年 | 平水年 | | N | $P_2O_5$ | $K_2O$ |
| 全生育期 | 50～72 | 40～52 | 100 | 2.2～3.9 | 2.8～4.5 | 2.3～3.3 |
| 播种期 | 6～8 | 5～8 | 40 | 0.7～1.2 | 0.8～1.3 | 0.7～1.0 |
| 初苗期 | 8～10 | 8～10 | — | — | — | — |
| 分枝期 | 10～15 | 10～12 | 30 | 0.8～1.5 | 1.0～1.9 | 0.9～2.3 |
| 开花期 | 10～15 | 10～12 | | | | |
| 鼓粒期 | 8～12 | 8～10 | 30 | 0.7～1.2 | 0.8～1.3 | 0.7～1.0 |
| 灌浆期 | 8～12 | | | | | |

**注**　施肥量应根据地块肥力高低程度在推荐幅度范围内进行调节，在采用高施肥量时，可适当降低氮肥15%或钾肥15%或氮磷肥各15%的施用量。

# 5.2　玉米膜下滴灌水肥一体化技术试验研究

## 5.2.1　玉米水肥一体化田间试验

1. 水肥一体化试验设计

试验目的是针对滴灌玉米缺乏水肥一体化关键技术的科技需求，研究明确滴灌条件下随灌水进行推荐施肥的技术，提出不同地区节水灌溉模式下的水肥一体化实用技术规范，建立起一套集水利、农艺、农机、管理、政策于一体的集成技术体系，使示范区良种和测土施肥技术推广达到100%，水肥利用率均提高5个百分点以上，增产15%以上，为推广应用水肥一体化技术提供技术支撑。2013—2014年玉米膜下滴灌施肥处理及施肥方式小区试验设计见表5-13和表5-14。

表 5 - 13　　　　　　　2013年玉米膜下滴灌施肥处理及施肥方式小区试验设计

| 施肥处理方式 | 施肥量/(kg/亩) | | | 施 肥 方 式 |
|---|---|---|---|---|
| | N | $P_2O_5$ | $K_2O$ | |
| $NPK_1$ | 20 | 7.5 | 8.5 | 氮磷钾肥1次基肥施用 |
| $NPK_2$ | 20 | 7.5 | 8.5 | 磷肥1次施用；氮钾肥40%基施，60%1次追施 |
| $NPK_3$ | 20 | 7.5 | 8.5 | 磷肥1次施用；氮钾肥40%基施，其余分30%、30%2次追施 |
| $NPK_4$ | 20 | 7.5 | 8.5 | 磷肥1次施用；氮钾肥40%基施，其余分20%、20%、20%3次追施（采用随灌水施用或充分溶解后人工浇灌施入） |
| $NPK—N_{15\%}$ | 17 | 7.5 | 8.5 | 磷肥1次施用；氮钾肥40%基施，其余分20%、20%、20%3次追施；氮肥用量为测土施肥推荐量NPK中N的85% |
| PK | 0 | 7.5 | 8.5 | 磷肥1次施用；钾肥60%基施，40%1次追施 |
| NK | 20 | 0 | 8.5 | 氮钾肥40%基施，60%1次追施 |
| NP | 20 | 7.5 | 0 | 磷肥1次施用；氮肥40%基施，60%1次追施 |

**注**　氮磷肥的用量是按照吨粮田的目标产量设计。

表 5－14　　　　　　　2014 年玉米膜下滴灌施肥处理及施肥方式小区试验设计

| 施肥处理方式 | 施肥量/(kg/亩) | | | 施 肥 方 式 |
|---|---|---|---|---|
| | N | $P_2O_5$ | $K_2O$ | |
| $NPK_1$ | 14 | 7.5 | 4.5 | 氮磷钾肥 1 次基肥施用 |
| $NPK_2$ | 14 | 7.5 | 4.5 | 氮磷钾肥 60%基施，40% 1 次追施 |
| $NPK_3$ | 14 | 7.5 | 4.5 | 氮磷钾肥 40%基施，其余分 30%、30% 2 次追施 |
| $NPK_4$ | 14 | 7.5 | 4.5 | 氮磷钾肥 40%基施，其余分 20%、20%、20% 3 次追施（采用随灌水施用或充分溶解后人工浇灌施入） |
| $NPK-N_{15\%}$ | 12 | 7.5 | 4.5 | 氮磷钾肥 40%基施，其余分 30%、30% 2 次追施；氮肥用量为测土施肥推荐量 NPK 中 N 的 85% |
| $NPK-N_{15\%}P_{15\%}$ | 12 | 6.38 | 4.5 | 氮磷钾肥 40%基施，其余分 30%、30% 2 次追施；氮磷肥用量为推荐总量的 85% |
| $NPK-N_{15\%}P_{15\%}K_{10\%}$ | 12 | 6.38 | 4.0 | 氮磷钾肥 40%基施，其余分 30%、30% 2 次追施；氮磷肥用量为推荐总量的 85%，钾肥用量为推荐总量的 90% |
| NP | 14 | 7.5 | 0 | 磷肥 1 次施用；氮肥 40%基施，60% 1 次追施 |
| NK | 14 | 0 | 4.5 | 氮钾肥 40%基施，60% 1 次追施 |
| PK | 0 | 7.5 | 4.5 | 磷肥 1 次施用；钾肥 40%基施，60% 1 次追施 |

　　注　氮磷肥的用量低于 2013 年的原因是按照 850kg/亩的目标产量设计。

　　试验地点选择是根据膜下滴灌玉米需要在玉米主产区和滴灌系统、施肥罐等灌溉施肥设备配套完善的条件，选择在赤峰市区北 10km 处松山区当铺地满族乡南平房村。试验是在采用当地优化的灌溉制度、先进的农业栽培措施与当地测土推荐施肥措施的基础上进行，其中栽培耕作措施采用"一增四改"及水肥一体化和病虫草害预防等农艺措施，选用中晚熟品种，采用玉米覆膜双行气吸式精播机，按 80cm 大垄和 40cm 小垄的大小垄双行种植，播种后在床面均匀喷洒 50%乙草胺乳油 100～125mL 除草剂进行封闭除草，播种期一般选用高于 17%的"福一克"合剂进行种子包衣，生育期选用 20%氰戊菊酯乳油 1500 倍液配合频振杀虫灯、赤眼蜂进行病虫害统防统治。

　　施肥措施按测土推荐施肥量分次施肥，2013 年的施肥量是按照吨粮田的目标产量设计，施肥总量按 N 20.0kg/亩、$P_2O_5$ 7.5kg/亩、$K_2O$ 8.5kg/亩分次施用；2014—2015 年施肥量是按照 850kg/亩的目标产量设计，施肥总量按 N 14.0kg/亩、$P_2O_5$ 5kg/亩、$K_2O$ 4.5kg/亩分次施用。主要观察测定了作物产量及产量构成因素，测定分析了作物营养吸收量、肥料利用率和农学效率等指标。

　　2. 水肥一体化典型示范设计

　　水肥一体化示范目的是验证不同节水灌溉条件下随灌水进行施肥优化推荐技术措施，补充完善水肥一体化技术指标和操作规范，为不同地区节水灌溉模式提供水肥一体化高效实用技术模式。

　　施肥措施按测土推荐平均施肥量分次施肥，施肥总量按 N 17kg/亩、$P_2O_5$ 8kg/亩、$K_2O$ 5kg/亩分 3 次施用，同时设计了传统施肥、测土推荐施肥的对比示范，不同处理的施肥次数及施肥量见表 5-15，主要观察测定了作物产量及产量构成因素等指标。

表 5-15　　　　　玉米膜下滴灌施肥处理及施肥方式三区对比示范设计

| 施肥<br>处理方式 | 施肥量/(kg/亩) | | | 施　肥　方　式 |
|---|---|---|---|---|
| | N | $P_2O_5$ | $K_2O$ | |
| 传统施肥 | 17.0 | 8.0 | 5.0 | 氮磷钾肥 1 次基肥施用 |
| 测土施肥 | 14.0 | 7.5 | 4.5 | 磷钾肥 1 次基施；氮肥 40％基施，60％ 1 次追施 |
| 水肥一体化 | 14.0 | 7.5 | 4.5 | 磷肥 1 次施用；氮钾肥 40％基施，其余分 30％、30％ 2 次追施（采用随灌水施用或充分溶解后人工浇灌施入） |

## 5.2.2　试验观测结果（2013—2014 年）

1. 气象资料观察结果

赤峰市多年平均年降水量在 350mm 左右，降雨主要集中在 6—8 月。试验地 2013 玉米生育期降水量 309mm 为 50％（平水年），2014 年生育期降水量 266mm 为 64％（干旱年）。

2. 供试地土壤理化性质与肥力指标检测结果

2013 年供试地土壤的基础肥力检测结果见表 5-16。由表可看出，供试地土壤基础养分属于中下等肥力地块，供氮属于低肥力地块，供磷属于高肥力地块，供钾属于中肥力地块。2014 年供试地土壤的基础肥力检测结果见表 5-17。由表可看出，土壤基础养分供应水平与 2013 年相近似，供氮、供钾水平属于低肥力地块，供磷属于高肥力地块。

表 5-16　　　　　2013 年玉米试验示范点土壤基础养分测定结果

| 土壤类型 | 有机质<br>/(g/kg) | 全氮<br>/(g/kg) | 碱解氮<br>/(mg/kg) | 速效磷<br>/(mg/kg) | 速效钾<br>/(mg/kg) | pH 值 |
|---|---|---|---|---|---|---|
| 黄绵土 | 9.24 | — | 1.3 | 38 | 120 | 8.2 |

表 5-17　　　　　2014 年玉米试验示范点土壤基础养分测定结果

| 土壤类型 | 有机质<br>/(g/kg) | 全氮<br>/(g/kg) | 碱解氮<br>/(mg/kg) | 速效磷<br>/(mg/kg) | 速效钾<br>/(mg/kg) | pH 值 |
|---|---|---|---|---|---|---|
| 黄绵土 | 9.62 | 0.62 | 8.86 | 40 | 70 | 8.4 |

## 5.2.3　试验结果分析（2013—2014 年）

1. 水肥一体化 2013 年试验结果分析

2013 年赤峰滴灌玉米水肥一体化小区试验结果见表 5-18。由表可看出，在采用玉米滴灌优化灌溉制度与测土推荐施肥量的基础上，配套随灌水分次施肥的水肥一体化技术具有显著增产、增效和节能的多重效应。其中增产效果 $NPK_4$（分 4 次施肥）＞$NPK_3$（分 3 次施肥）＞$N_{85\%}PK$（分 3 次施肥）＞$NPK_2$（分 2 次施肥）＞$NPK_1$（1 次施肥），综合增产率和不同肥料增产率均表现为随施肥次数增加而增加（图 5-5～图 5-8）。在施肥总量相同的条件下，以 $NPK_1$（1 次施肥）为对照，把施肥总量按 30％、40％、20％、10％的比例进行 1 次基肥 3 次随灌水追肥的方式施用，增产效果显著，增产率为 8.22％；把施肥总量按 30％、40％、30％的比例进行 1 次基肥 2 次随灌水追肥的方式施用，增产率为 6.96％，增产效果也达到显著水平并与 NPK₄ 无显著差异；把施肥总量按 40％、60％的比例进行 1 次基肥 1 次随灌水追肥的方式施用，增产率为 3.34％，未达到显著水平；说明在相同施肥总量及灌溉定额的条件下，采用 1 次基肥 2～3 次随灌水追肥的水肥一体化技术，具有显著增产效果，增产率为 6.96％和 8.22％，增加玉米 64.67～76.33kg/亩，按当年市场价格估算，增加产值 129.34～152.66 元/亩。由于采用 1 次基肥 2 次和 3 次随灌水追肥的单产差异不显著，按照省工省事的原则，应优选 1 次基肥 2 次随灌水追肥的方式作为玉米滴灌的水肥一体化技术。

表 5－18　　　　　　2013 年赤峰玉米不同施肥对增产的影响

| 施肥处理方式 | 养分用量/(kg/亩) | | | 经济产量/(kg/亩) | | | | 增产率/％ | 不同肥料增产率/％ | | |
|---|---|---|---|---|---|---|---|---|---|---|---|
| | N | P₂O₅ | K₂O | Ⅰ | Ⅱ | Ⅲ | 平均值 | | N | P₂O₅ | K₂O |
| NPK₁ | 20 | 7.5 | 8.5 | 918 | 936 | 933 | 929.00c | — | 19.48 | 13.09 | 5.26 |
| NPK₂ | 20 | 7.5 | 8.5 | 948 | 954 | 978 | 960.00b | 3.34 | 20.8 | 14.33 | 6.42 |
| NPK₃ | 20 | 7.5 | 8.5 | 979 | 1009 | 993 | 993.67a | 6.96 | 22.03 | 15.49 | 7.5 |
| NPK₄ | 20 | 7.5 | 8.5 | 1011 | 998 | 1007 | 1005.33a | 8.22 | 22.4 | 15.85 | 7.83 |
| NPK—N₁₅％ | 17 | 7.5 | 8.5 | 965 | 979 | 974 | 972.67b | 4.70 | 20.05 | 13.62 | 5.75 |
| NPK—N | 0 | 7.5 | 8.5 | 786 | 779 | 801 | 788.67f | −15.11 | — | — | — |
| NPK—P | 17 | 0 | 8.5 | 834 | 841 | 856 | 843.67e | −9.19 | — | — | — |
| NPK—K | 17 | 7.5 | 0 | 875 | 894 | 890 | 886.33d | −4.59 | — | — | — |

水肥一体化技术对肥料利用率和农学效率影响的结果见表 5－19。由表可看出，采用水肥一体化技术在提高单产的同时还可以有效提高肥料利用率和农学效率，而且随施肥次数的增加肥料利用率和农学效率都呈增长趋势。其中采用 1 次基肥 2 次随灌水追肥的水肥一体化技术，与对照 NPK₁（1 次施肥）比较，氮肥、磷肥和钾肥的利用分别提高了 7.0、0.3 和 7.3 个百分点，并使氮肥、磷肥和钾肥的利用率分别突破了 30％、15％和 40％的区内先进水平；氮肥、磷肥和钾肥的农学效率分别提高了 3.23kg/kg、8.62kg/kg 和 7.61kg/kg，相当于每千克氮肥新增玉米 3.23kg。折合产值 6.46 元/kg；每千克磷肥新增玉米 8.62kg，折合产值 17.24 元/kg；每千克钾肥新增玉米 7.6kg，折合产值 15.2 元/kg。

表 5－19　　　2013 年赤峰玉米不同施肥处理对肥料利用率和农学效率的影响

| 施肥处理方式 | 养分用量/(kg/亩) | | | 肥料利用率/％ | | | 农学效率/(kg/kg) | | |
|---|---|---|---|---|---|---|---|---|---|
| | N | P₂O₅ | K₂O | N | P₂O₅ | K₂O | N | P₂O₅ | K₂O |
| NPK₁ | 20 | 7.5 | 8.5 | 25.0 | 16.5 | 36.5 | 7.02 | 11.38 | 5.02 |
| NPK₂ | 20 | 7.5 | 8.5 | 28.5 | 16.6 | 41.0 | 8.57 | 15.51 | 8.67 |
| NPK₃ | 20 | 7.5 | 8.5 | 32.0 | 16.8 | 43.8 | 10.25 | 20 | 12.63 |
| NPK₄ | 20 | 7.5 | 8.5 | 33.5 | 17.0 | 44.6 | 10.83 | 21.56 | 14 |
| NPK—N₁₅％ | 17 | 7.5 | 8.5 | 34.8 | 17.6 | 46.0 | 9.2 | 17.2 | 10.16 |

注　肥料利用率=（全肥区生物产量吸肥量－缺肥区生物产量吸肥量）÷施肥量×100％；
　　肥料农学效率=（全肥区经济产量－缺肥区经济产量）÷施肥量。

试验还进一步探索了采用随灌水进行 3 次施肥的水肥一体化技术减少施肥量的效果，在测土推荐施肥量基础上，减少氮肥施用量 15％对玉米产量的影响，其单产与对照 NPK$_2$（2 次施肥）单产的差异不显著，说明在保障不减产的情况下，采用水肥一体化技术，可以适当减少氮肥施用量 15％，实现节水节肥的良好效果。

2. 水肥一体化 2014 试验结果分析

2014 年赤峰滴灌玉米水肥一体化小区试验结果见表 5-20。由表可看出，在采用玉米滴灌优化灌溉制度与测土推荐施肥量的基础上，配套随灌水分次施肥的水肥一体化技术具有显著增产、增效和节能的多重效应。其中增产效果 NPK—N$_{15\%}$（分 3 次施肥）＞NPK$_3$（分 3 次施肥）＞NPK$_4$（分 4 次施肥）＞K—N$_{15\%}$P$_{15\%}$（分 3 次施肥）＞NPNPK—N$_{15\%}$P$_{15\%}$K$_{10\%}$（分 3 次施肥）＞NPK$_2$（分 3 次施肥）＞NPK$_1$（1 次施肥），综合增产率和不同肥料增产率均表现为随施肥次数增加而增加。在施肥总量相同的条件下，以 NPK$_1$（1 次施肥）为对照，把施肥总量按 30％、40％、20％、10％的比例进行 1 次基肥 3 次随灌水追肥的方式施用，增产效果显著，增产率为 8.91％；把施肥总量按 30％、40％、30％的比例进行 1 次基肥 2 次随灌水追肥的方式施用，增产率为 9.68％，增产效果也达到显著水平并与 NPK$_4$ 无显著差异；把施肥总量按 40％、60％的比例进行 1 次基肥 1 次随灌水追肥的方式施用，增产率为 1.18％，但增产率显著低于 NPK$_4$ 和 NPK$_3$ 的增产水平；说明在相同施肥总量及灌溉定额的条件下，采用 1 次基肥 2～3 次随灌水追肥的水肥一体化技术，具有显著增产效果，增产率为 8.91％和 9.68％，增加玉米 73.4～79.7kg/亩，按当年市场价格估算，增加产值 146.8～159.4 元/亩。由于采用 1 次基肥 2 次和 3 次随灌水追肥的单产差异不显著，按照省工省事的原则，应优选 1 次基肥 2 次随灌水追肥的方式作为玉米滴灌的水肥一体化技术。

表 5-20 　　　　　　　　　　2014 年赤峰玉米不同施肥对增产的影响

| 施肥处理方式 | 养分用量/(kg/亩) | | | 经济产量/(kg/亩) | | | | 增产率/% | 不同肥料增产率/% | | |
| --- | --- | --- | --- | --- | --- | --- | --- | --- | --- | --- | --- |
| | N | P$_2$O$_5$ | K$_2$O | I | II | III | 平均值 | | N | P | K |
| NPK$_1$ | 14 | 7.5 | 4.5 | 815 | 822 | 833 | 823.3bc | — | 12.5 | 9.5 | 4.5 |
| NPK$_2$ | 14 | 7.5 | 4.5 | 841 | 837 | 821 | 833.0bc | 1.18 | 13.8 | 10.8 | 5.7 |
| NPK$_3$ | 14 | 7.5 | 4.5 | 893 | 930 | 886 | 903.0a | 9.68 | 23.4 | 20.1 | 14.6 |
| NPK$_4$ | 14 | 7.5 | 4.5 | 900 | 867 | 923 | 896.7a | 8.91 | 22.5 | 19.3 | 13.8 |
| NPK—N$_{15\%}$ | 12 | 7.5 | 4.5 | 919 | 870 | 936 | 908.3a | 10.33 | 24.1 | 20.8 | 15.3 |
| NPK—N$_{15\%}$P$_{15\%}$ | 12 | 6.4 | 4.5 | 904 | 893 | 866 | 887.7a | 7.82 | 21.3 | 18.1 | 12.6 |
| NPK—N$_{15\%}$P$_{15\%}$K$_{10\%}$ | 12 | 6.4 | 4.0 | 874 | 837 | 886 | 865.7ab | 5.15 | 18.3 | 15.2 | 9.9 |
| PK | 0 | 7.5 | 4.5 | 707 | 733 | 756 | 732.0e | −11.09 | — | — | — |
| NK | 14 | 0 | 4.5 | 719 | 756 | 780 | 751.7de | −8.7 | — | — | — |
| NP | 14 | 7.5 | 0 | 744 | 807 | 813 | 788.0cd | −4.29 | — | — | — |

水肥一体化技术对农学效率影响的结果见表 5-21。由表可看出，采用水肥一体化技术在提高单产的同时还可以有效提高农学效率，而且随施肥次数的增加农学效率都呈增长趋势。其中采用 1 次基肥 2 次随灌水追肥的水肥一体化技术，与对照 NPK$_1$（1 次施肥）比较，氮肥、磷肥和钾肥的利用率分别提高了 6.7、4.8 和 11.4 个百分点，并使氮肥、磷

肥和钾肥的利用率分别突破了30％、20％和50％的国内先进水平；氮肥、磷肥和钾肥的农学效率分别提高了5.7kg/kg、10.6kg/kg和10.1kg/kg，相当于每千克氮肥新增玉米5.7kg，折合产值11.4元/kg；每千克磷肥新增玉米10.6kg，折合产值21.2元/kg；每千克钾肥新增玉米10.1kg，折合产值20.2元/kg。

**表 5 - 21　　　　　2014 年赤峰玉米不同施肥处理对肥料利用率和农学效率的影响**

| 施肥处理方式 | 养分用量/(kg/亩) | | | 肥料利用率/% | | | 农学效率/(kg/kg) | | |
|---|---|---|---|---|---|---|---|---|---|
| | N | $P_2O_5$ | $K_2O$ | N | $P_2O_5$ | $K_2O$ | N | P | K |
| $NPK_1$ | 14 | 7.5 | 4.5 | 23.5 | 17.2 | 38.8 | 6.6 | 9.6 | 6.0 |
| $NPK_2$ | 14 | 7.5 | 4.5 | 26.0 | 19.5 | 44.5 | 7.3 | 10.8 | 7.6 |
| $NPK_3$ | 14 | 7.5 | 4.5 | 31.2 | 22.0 | 50.2 | 12.3 | 20.2 | 19.3 |
| $NPK_4$ | 14 | 7.5 | 4.5 | 33.0 | 23.1 | 54.5 | 11.7 | 19.3 | 18.3 |
| $NPK-N_{15\%}$ | 12 | 7.5 | 4.5 | 35.8 | 24.0 | 51.6 | 14.9 | 20.9 | 20.3 |
| $NPK-N_{15\%}P_{15\%}$ | 12 | 6.4 | 4.5 | 34.5 | 23.5 | 51.0 | 13.1 | 21.3 | 16.7 |
| $NPK-N_{15\%}P_{15\%}K_{10\%}$ | 12 | 6.4 | 4.0 | 33.5 | 22.8 | 55.5 | 11.3 | 17.9 | 14.6 |

　　试验还进一步探索了采用随灌水进行3次施肥的水肥一体化技术，在测土推荐施肥量基础上，减少氮肥施用量15％或同时减少氮磷肥施用量各15％，其单产与$NPK_1$（1次施肥）单产的差异不显著，说明在保障不减产的情况下，采用水肥一体化技术，可以适当减少氮肥施用量15％或氮磷肥施用量各15％；在测土推荐施肥量基础上，减少氮肥施用量15％、磷肥施用量15％和钾肥施用量10％对玉米产量的影响，其单产与对照$NPK_1$（1次施肥）单产的差异不显著，说明在保障不减产的情况下，采用水肥一体化技术，可以适当减少氮肥施用量15％、磷肥施用量15％和钾肥施用量10％，实现了节水节肥的良好效果。大豆氮肥、磷肥、钾肥分次施用的增产效果如图5-7～图5-9所示，氮肥、磷肥、钾肥分次施用提高的利用率和农学效率如图5-10～图5-12所示。

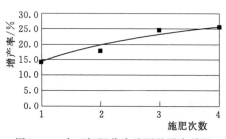

图 5 - 7　大豆氮肥分次施用的增产效果

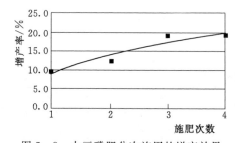

图 5 - 8　大豆磷肥分次施用的增产效果

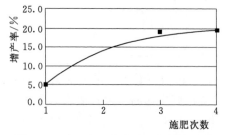

图 5 - 9　大豆钾肥分次施用的增产效果

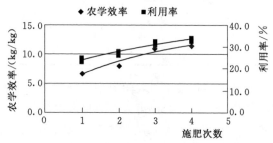

图 5 - 10　氮肥分次施用提高的利用率和农学效率

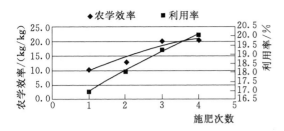

图 5-11 磷肥分次施用提高的利用率和农学效率

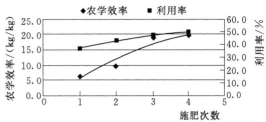

图 5-12 钾肥分次施用提高的利用率和农学效率

3. 水肥一体化三区对比示范结果分析

2013 年滴灌玉米（农华 101）采用水肥一体化技术对产量及生育指标影响的结果表明，采用把总施肥量按 30％基施，40％和 30％随灌溉 2 次追肥的方式，具有显著增产效果。其中籽实产量比传统施肥方式增产 20.7％，比测土推荐施肥增产 14.4％，茎叶产量比传统施肥方式增产 20.5％，比测土推荐施肥增产 14.0％，增产原因主要是株高、单株粒数和百粒重都明显增加。

采用水肥一体化技术的玉米株高、单穗粒数和百粒重测定结果表明，采用把总施肥量按 30％基施，40％和 30％随灌溉 2 次追肥的水肥一体化技术，使玉米株高、单穗粒重和百粒重都明显增加，其中株高增加了 4.0～6.5cm，单穗粒重增加了 11.6～22.2g，百粒重增加了 1.1～1.3g。

2014 年的示范结果与 2013 年的趋势完全一致，采用把总施肥量按 30％基施，40％和 30％随灌溉 2 次追肥的方式，具有显著增产效果。其中籽实产量比传统施肥方式增产 22.4％，比测土推荐施肥增产 6.8％，茎叶产量比传统施肥方式增产 23.9％，比测土推荐施肥增产 7.9％，增产原因主要是株高、单株粒数和百粒重都明显增加。

采用水肥一体化技术的玉米株高、单穗粒重和百粒重测定结果见表 5-22 和表 5-23。由表可看出，采用把总施肥量按 30％基施，40％和 30％随灌溉 2 次追肥的水肥一体化技术，

表 5-22　　　　　2013 年不同施肥方式对滴灌玉米产量及构成因素的影响

| 施肥处理方式 | 养分用量/(kg/亩) | | | 籽实产量 /(kg/亩) | 茎叶产量 /(kg/亩) | 株高 /cm | 单穗粒重 /g | 百粒重 /g |
|---|---|---|---|---|---|---|---|---|
| | N | P_2O_5 | K_2O | | | | | |
| 传统施肥 | 17.5 | 8.8 | 5.0 | 801.0b | 950.0c | 245.5 | 168.6 | 35.7 |
| 测土施肥 | 14.0 | 7.5 | 4.5 | 845.0a | 1004.0ab | 248.0 | 179.2 | 35.9 |
| 水肥一体化 | 14.0 | 7.5 | 4.5 | 967.0a | 1145.0a | 252.0 | 190.8 | 37.0 |

表 5-23　　　　　2014 年不同施肥方式对滴灌玉米产量及构成因素的影响

| 施肥处理方式 | 养分用量/(kg/亩) | | | 籽实产量 /(kg/亩) | 茎叶产量 /(kg/亩) | 株高 /cm | 单穗粒重 /g | 百粒重 /g |
|---|---|---|---|---|---|---|---|---|
| | N | P_2O_5 | K_2O | | | | | |
| 传统施肥 | 17.5 | 8.8 | 5.0 | 724.1 | 795.2 | 247.2 | 171.5 | 30.1 |
| 测土施肥 | 14.0 | 7.5 | 4.5 | 829.7 | 913.6 | 256.4 | 180.2 | 31.8 |
| 水肥一体化 | 14.0 | 7.5 | 4.5 | 886.2 | 985.5 | 258.2 | 186.6 | 32.3 |

使玉米单株粒数、单穗粒重和百粒重都明显增加，其中株高增加了 3.4～11.0cm，单穗粒重增加了 6.4～15.4g，百粒重增加了 0.5～2.2g。

三区对比生产示范效果进一步说明，采用随灌水进行多次施肥的水肥一体化技术，是一项提高玉米单产的有效措施。两年结果表明，较对照传统施肥处理增产 20.7%～22.4%，增产玉米 162～166kg/亩，新增产值 324～326 元/亩。

4. 水肥一体化技术研究结果

综合小区试验及三区对比示范结果，明确了滴灌玉米的水肥一体化关键技术及主要技术指标见表 5-24。其中灌溉制度采用生育期分 7～8 次灌水 92～132m³/亩，灌水定额 12～20m³/亩，播种到出苗期滴灌 1～2 次，大喇叭口期滴灌 2 次，抽雄吐丝期滴灌 2 次，灌浆期滴灌 2 次，随灌水施肥在玉米生育期共施肥 3 次，包括 1 次基肥或种肥加 2 次追肥，施肥量采用测土推荐施肥总量，施肥方式采用分基肥、大喇叭口期追肥和灌浆期期追肥的方式见表 5-24。施肥总量按低、中、高不同肥力地块施用 N 7.5～14.5kg/亩，P₂O₅ 3.5～8.0kg/亩，K₂O 2.5～5.0kg/亩。施肥方式按基肥 40%，大喇叭口期随灌水追肥 30%，灌浆期随灌水追肥 30%。基肥的肥料品种以粒肥为主，其中氮肥选用尿素或磷酸二胺，磷钾肥选用磷酸二胺或氯化钾或硫酸钾；追肥的肥料品种以速溶性肥和液体肥为主，其中氮肥选用尿素，磷肥选用工业磷酸或聚磷酸铵，钾肥选用硝酸钾或氯化钾。

表 5-24　　　　　　　　　玉米膜下滴灌水肥一体化关键技术及指标

| 物候期 | 推荐灌水量/(m³/亩) | | 分次施肥 /% | 推荐施肥量/(kg/亩) | | |
|---|---|---|---|---|---|---|
| | 干旱年 | 一般年 | | N | P₂O₅ | K₂O |
| 全生育期 | 92 | 132 | 100 | 7.5～14.5 | 3.5～8.0 | 2.5～5.0 |
| 播种期 | 12 | 12 | 40 | 3.0～6.0 | 1.5～3.0 | 1.0～2.0 |
| 出苗期 | 20 | — | — | — | — | — |
| 大喇叭口 | — | — | 30 | 2.5～4.5 | 1.0～2.5 | 0.8～1.5 |
| 抽雄期 | 20 | 20（2 次） | — | — | — | — |
| 吐丝期 | 20 | 20（3 次） | 30 | 2.0～4.0 | 1.0～2.5 | 0.7～1.5 |
| 灌浆期 | 20 | 20 | | | | |

注　施肥量应根据地块肥力高低程度在推荐幅度范围内进行调节，在采用高施肥量时，可适当降低氮肥 15% 或钾肥 15% 或氮磷肥各 15% 的施用量。

# 5.3　马铃薯膜下滴灌水肥一体化技术试验研究

## 5.3.1　水肥一体化田间试验

1. 水肥一体化试验设计

试验目的是针对滴灌马铃薯缺乏水肥一体化关键技术的科技需求，研究明确覆膜滴灌条件下随灌水进行推荐施肥的技术，提出不同地区节水灌溉模式下的水肥一体化实用技术规范，建立起一套集水利、农艺、农机、管理、政策于一体的集成技术体系，使示范区良种和测土施肥技术推广达到 100%，水肥利用率均提高 5 个百分点以上，增产 15% 以上，为推广应用水肥一体化技术提供技术支撑。

试验地点选择是根据膜下滴灌马铃薯需要在主产区和滴灌系统、施肥罐等灌溉施肥设备配套完善的条件，选择在商都县三大顷乡广瑞奎村进行。2013 年和 2014 年马铃薯膜下滴灌施肥处理及施肥方式小区试验设计见表 5-25 和表 5-26。

表 5-25　　　　　2013 年马铃薯膜下滴灌施肥处理及施肥方式小区试验设计

| 施肥处理方式 | 施肥量/(kg/亩) | | | 施 肥 方 式 |
|---|---|---|---|---|
| | N | $P_2O_5$ | $K_2O$ | |
| $NPK_1$ | 13.8 | 5.6 | 11.6 | 氮磷钾肥 1 次基肥施用 |
| $NPK_2$ | 13.8 | 5.6 | 11.6 | 磷肥 1 次基施；氮钾肥 60%基施，40%追施 |
| $NPK_3$ | 13.8 | 5.6 | 11.6 | 磷肥 1 次基施；氮钾肥 40%基施，其余分 30%、30% 2 次追施 |
| $NPK_4$ | 13.8 | 5.6 | 11.6 | 磷肥 1 次基施；氮钾肥 40%基施，其余分 20%、20%、20% 3 次追施（采用随灌水施用或充分溶解后人工浇灌施入） |
| $NPK—N_{15\%}$ | 11.7 | 5.6 | 11.6 | 磷肥 1 次基施；氮钾肥 40%基施，其余分 20%、20%、20% 3 次追施；氮肥用量为测土施肥推荐量 NPK 中 N 的 85% |
| $NPK—K_{10\%}$ | 13.8 | 5.6 | 9.9 | 磷肥 1 次基施；氮钾肥 40%基施，其余分 20%、20%、20% 3 次追施；钾肥用量为测土施肥推荐量 NPK 中 K 的 85% |
| PK | 0 | 5.6 | 11.6 | 磷钾肥 1 次基施；钾肥 40%基施，60%追施 |
| NK | 13.8 | 0 | 11.6 | 氮钾肥 40%基施，60%追施 |
| NP | 13.8 | 5.6 | 0 | 磷肥 1 次基施；氮肥 40%基施，60%追施 |

注　氮磷肥施用量是按照 2500kg/亩的目标产量设计。

表 5-26　　　　　2014 年马铃薯膜下滴灌施肥处理及施肥方式小区试验设计

| 施肥处理方式 | 养分用量/(kg/亩) | | | 施 肥 方 式 |
|---|---|---|---|---|
| | N | $P_2O_5$ | $K_2O$ | |
| $NPK_1$ | 18 | 8 | 12 | 氮磷钾肥 1 次基肥施用 |
| $NPK_2$ | 18 | 8 | 12 | 氮磷钾肥 40%基施，60% 1 次追施 |
| $NPK_3$ | 18 | 8 | 12 | 氮磷钾肥 40%基施，其余分 30%、30% 2 次追施 |
| $NPK_4$ | 18 | 8 | 12 | 氮磷钾肥 40%基施，其余分 20%、20%、20% 3 次追施（采用随灌水施用或充分溶解后人工浇灌施入） |
| $NPK—N_{15\%}$ | 15.3 | 8 | 12 | 氮磷钾肥 40%基施，其余分 20%、20%、20% 3 次追施，氮肥用量为测土施肥推荐量 NPK 中 N 的 85% |
| $NPK—N_{15\%}P_{15\%}$ | 15.3 | 6.8 | 12 | 氮磷钾肥 40%基施，其余分 20%、20%、20% 3 次追施；氮磷肥用量为推荐总量的 85% |
| $NPK—N_{15\%}P_{15\%}K_{10\%}$ | 15.3 | 6.8 | 10.2 | 氮磷钾肥 40%基施，其余分 20%、20%、20% 3 次追施；氮磷肥用量为推荐总量的 85%，钾肥用量为推荐总量的 90% |
| NP | 18 | 8 | 0 | 磷肥 1 次基施；氮肥 40%基施，60%追施 |
| NK | 18 | 0 | 12 | 氮钾肥 40%基施，60% 追施 |
| PK | 0 | 8 | 12 | 磷肥 1 次基施；钾肥 40%基施，60%追施 |

注　氮磷肥施用量是按照 3000kg/亩的目标产量设计。

试验是在采用当地优化的灌溉制度，先进的农业栽培措施与当地测土推荐施肥措施的基础上进行，其中栽培耕作措施采用秋深耕和春旋耕，深松 35cm 以上并旋耕 15cm 以上，采用大垄 2 行密植方式种植，起垄宽度 40～50cm，垄高 25～30cm，种植密度在 3500～3800 株/亩，播期按中晚熟品种的适宜播期，2013 年 5 月 5 日播种，2014 年 5 月 20 日播种，2015 年 5 月 8 日播种。品种选育当地主栽品种夏波蒂，密度控制在 3450～3470 株/亩。播前用 70％甲基托布津可湿性粉剂加滑石粉拌种，生育期喷施了 70％ 克露、64％杀毒矾、80％ 大生 m-45 等药剂防治各种病虫害。

施肥措施按测土推荐平均施肥量分次施肥，2013 年施肥量按照 2500kg/亩的目标产量设计，总施肥量按 N 13.8kg/亩、$P_2O_5$ 5.6kg/亩、$K_2O$ 11.6kg/亩分次施用，2014 年施肥量按照 3000kg/亩的目标产量设计，施肥总量按 N 18.0kg/亩、$P_2O_5$ 8.0kg/亩、$K_2O$ 12.0kg/亩分次施用。

2. 水肥一体化典型示范

水肥一体化示范目的是验证不同节水灌溉条件下随灌水进行施肥优化推荐技术措施，补充完善水肥一体化技术指标和操作规范，为不同地区节水灌溉模式提供水肥一体化高效实用技术模式，示范地点根据膜下滴灌马铃薯需要在主产区和滴灌系统、施肥罐等灌溉施肥设备配套完善的条件下，选择在商都县三大顷乡广瑞奎村进行。

示范是在采用当地优化的灌溉制度、先进的农业栽培措施与当地测土推荐施肥措施的基础上进行，其中栽培耕作措施采用秋深耕和春旋耕，深松 35cm 以上并旋耕 15cm 以上，采用一带双行，起垄覆膜种植方式，起垄宽度 40～50cm，起垄高度 25～30cm，种植密度为 3500～3800 株/亩，播期按中晚熟品种的适宜播期，2013 年 5 月 12 日播种，2014 年 5 月 20 日，品种选育当地主栽品种夏波蒂。播前用 70％甲基托布津可湿性粉剂加滑石粉拌种，生育期喷施了 70％ 克露、64％杀毒矾、80％ 大生 m-45 等药剂防治各种病虫害。

施肥措施按测土推荐平均施肥量分次施肥，2013 年施肥总量按 N 13.8kg/亩、$P_2O_5$ 5.6kg/亩、$K_2O$ 11.6kg/亩分次施用，2014 年施肥总量按 N 13.5kg/亩、$P_2O_5$ 8.0kg/亩、$K_2O$ 12.0kg/亩分次施用，不同处理的施肥次数及施肥量见表 5-27、表 5-28，主要观察测定了作物产量及产量构成因素。

表 5-27　　　2013 年马铃薯膜下滴灌施肥处理及施肥方式三区对比示范设计

| 施肥处理方式 | 施肥量/(kg/亩) | | | 施 肥 方 式 |
|---|---|---|---|---|
| | N | $P_2O_5$ | $K_2O$ | |
| 传统施肥 | 15.0 | 10.5 | 5.5 | 氮磷肥 1 次基肥施用 |
| 测土施肥 | 13.8 | 5.6 | 11.6 | 磷肥 1 次施用；氮钾肥 40％基施，60％ 1 次追施 |
| 水肥一体化 | 13.8 | 5.6 | 11.6 | 磷肥 1 次施用；氮钾肥 40％基施，其余分 20％、20％、20％ 3 次追施（采用随灌水施用或充分溶解后人工浇灌施入） |

表 5-28　　　2014—2015 年马铃薯膜下滴灌施肥处理及施肥方式三区对比示范设计

| 施肥处理方式 | 施肥量/(kg/亩) | | | 施 肥 方 式 |
|---|---|---|---|---|
| | N | $P_2O_5$ | $K_2O$ | |
| 传统施肥 | 15.0 | 10.5 | 5.5 | 氮磷肥 1 次基肥施用 |
| 测土施肥 | 18.0 | 8.0 | 12.0 | 磷肥 1 次施用；氮钾肥 40％基施，60％追施 |
| 水肥一体化 | 18.0 | 8.0 | 12.0 | 磷肥 1 次施用；氮钾肥 40％基施，其余分 20％、20％、20％ 3 次追施（采用随灌水施用或充分溶解后人工浇灌施入） |

## 5.3.2　试验观测结果（2013—2014 年）

1. 气象资料观察结果

2013 年的降雨量为 390mm，属平水年，2014 年的降雨量为 191.4mm，属干旱年，降雨频率分别为 39.6%～92.5%，降雨频率差异较大，其中 2014 夏秋季节（马铃薯结薯期）受旱严重。

2. 供试地土壤理化性质与肥力指标检测结果

2013 年供试地土壤的基础肥力检测结果见表 5-29。由表可看出，供试地土壤基础养分属于低肥力地块，除有机质和氮素含量属于中等肥力地块外，土壤供磷、供钾水平属于低肥力地块。2014 年供试地土壤的基础肥力检测结果见表 5-30。由表可看出，供试地土壤基础养分供应水平与 2013 年相近似，其中有机质和氮素含量属于中等肥力，土壤供磷、供钾水平属于低肥力地块。

表 5-29　　　　　　2013 年马铃薯试验示范点土壤基础养分测定结果

| 土壤类型 | 有机质/(g/kg) | 全氮/(g/kg) | 碱解氮/(mg/kg) | 速效磷/(mg/kg) | 速效钾/(mg/kg) | pH 值 |
|---|---|---|---|---|---|---|
| 栗钙土 | 24.2 | 0.73 | 39.0 | 15.9 | 82.5 | 8.0 |

表 5-30　　　　　　2014 年马铃薯试验示范点土壤基础养分测定结果

| 土壤类型 | 有机质/(g/kg) | 全氮/(g/kg) | 碱解氮/(mg/kg) | 速效磷/(mg/kg) | 速效钾/(mg/kg) | pH 值 |
|---|---|---|---|---|---|---|
| 栗钙土 | 15.9 | 0.45 | 26.0 | 17.5 | 80.0 | 8.1 |

## 5.3.3　试验结果分析（2013—2014 年）

1. 水肥一体化 2013 年试验结果分析

2013 年商都滴灌马铃薯水肥一体化小区试验结果见表 5-31。由表可看出，在采用马铃薯优化滴灌制度与测土推荐施肥量的基础上，配套随灌水分次施肥的水肥一体化技术具有显著增产、增效和节能的多重效应。其中增产效果 $NPK_4$（分 4 次施肥）＞$NPK_3$（分 3 次施肥）＞$NPK-K_{15\%}$＞$NPK_2$（分 2 次施肥）＞$NPK-N_{15\%}$（分 3 次施肥）＞$NPK_1$（1 次施肥）（分 3 次施肥），综合增产率和不同肥料增产率均表现为随施肥次数增加而增加（图 5-13～图 5-15）。在施肥总量相同的条件下，以 $NPK_1$（1 次施肥）为对照，把施肥总量按 40%、20%、20%、20% 的比例进行 1 次基肥 3 次随灌水追肥的方式施用，增产效果显著，增产率为 11.23%；把施肥总量按 40%、30%、30% 的比例进行 1 次基肥 2 次随灌水追肥的方式施用，增产率为 7.93%，增产效果也达到显著水平，但低于 $NPK_4$ 的增产水平；把施肥总量按 40%、60% 的比例进行 1 次基肥 1 次随灌水追肥的方式施用，增产率为 4.03%，增产效果也达到显著水平，但显著低于 $NPK_4$ 和 $NPK_3$ 的增产水平；说明在相同施肥总量及灌溉定额的条件下，采用 1 次基肥和 1～3 次随灌水追肥的水肥一体化技术，都具有显著增产效果，以 1 次基肥和 3 次随灌水追肥的增产率最高为 11.23%，增加马铃薯 209.0kg/亩，按当年市场价格估算，增加产值 209 元/亩，应优选 1

次基肥 3 次随灌水追肥的方式作为马铃薯滴灌的水肥一体化技术。

表 5-31　　　　　　　　　2013 年商都马铃薯不同施肥对增产的影响

| 试验处理方式 | 养分用量/(kg/亩) | | | 经济产量/(kg/亩) | | | | 增产率/% | 不同施肥增产率/% | | |
|---|---|---|---|---|---|---|---|---|---|---|---|
| | N | $P_2O_5$ | $K_2O$ | Ⅰ | Ⅱ | Ⅲ | 平均值 | | N | $P_2O_5$ | $K_2O$ |
| $NPK_1$ | 13.8 | 5.6 | 11.6 | 1865 | 1828 | 1890 | 1861.0e | — | 17.04 | 12.79 | 5.98 |
| $NPK_2$ | 13.8 | 5.6 | 11.6 | 1925 | 1937 | 1946 | 1936.0cd | 4.03 | 21.76 | 17.33 | 10.25 |
| $NPK_3$ | 13.8 | 5.6 | 11.6 | 1966 | 2082 | 1978 | 2008.7ab | 7.93 | 26.33 | 21.74 | 14.39 |
| $NPK_4$ | 13.8 | 5.6 | 11.6 | 2085 | 2110 | 2015 | 2070.0a | 11.23 | 30.19 | 25.45 | 17.88 |
| $NPK-N_{15\%}$ | 11.7 | 5.6 | 11.6 | 1925 | 1885 | 1910 | 1906.7de | 2.45 | 19.92 | 15.56 | 8.58 |
| $NPK-K_{15\%}$ | 13.8 | 5.6 | 10.0 | 1945 | 1980 | 1995 | 1973.3bc | 6.04 | 24.11 | 19.6 | 12.38 |
| $NPK-N$ | 0 | 5.6 | 11.6 | 1615 | 1555 | 1600 | 1590.0g | −14.56 | −14.6 | | |
| $NPK-P$ | 13.8 | 0 | 11.6 | 1640 | 1615 | 1695 | 1650.0g | −11.34 | | −11.3 | |
| $NPK-K$ | 13.8 | 5.6 | 0 | 1750 | 1788 | 1730 | 1756.0f | −5.64 | | | −5.6 |

水肥一体化技术对肥料利用率和农学效率影响的结果见表 5-32。由表可看出，采用水肥一体化技术在提高单产的同时还可以有效提高肥料利用率和农学效率，而且随施肥次数的增加肥料利用率和农学效率都呈增长趋势，其中采用 1 次基肥 2 次随灌水追肥的水肥一体化技术，与对照 $NPK_1$（1 次施肥）比较，氮肥、磷肥和钾肥的利用分别提高了 4.5、1.0 和 7.3 个百分点；采用 1 次基肥 3 次随灌水追肥的水肥一体化技术，与对照 $NPK_1$（1 次施肥）比较，氮肥、磷肥和钾肥的利用分别提高了 5.7、0.3 和 8.6 个百分点，并使氮肥和钾肥的利用率分别达到了 35% 和 50% 的先进水平。同时提高了肥料的农学效率，氮肥、磷肥和钾肥的农学效率分别提高了 15.0kg/kg、37.3kg/kg 和 18.0kg/kg，相当于每千克氮肥新增马铃薯 15.0kg，折合产值 15.0 元/kg；每千克磷肥新增马铃薯 37.3kg，折合产值 37.3 元/kg；每千克钾肥新增马铃薯 18.0kg，折合产值 18.0 元/kg。

表 5-32　　　　　　2013 年商都马铃薯不同施肥对肥料利用率和农学效率的影响

| 试验处理方式 | 养分用量/(kg/亩) | | | 肥料利用率/% | | | 农学效率/(kg/kg) | | |
|---|---|---|---|---|---|---|---|---|---|
| | N | $P_2O_5$ | $K_2O$ | N | $P_2O_5$ | $K_2O$ | N | $P_2O_5$ | $K_2O$ |
| $NPK_1$ | 13.8 | 5.6 | 11.6 | 30.5 | 16.5. | 42.2 | 19.64 | 37.68 | 9.05 |
| $NPK_2$ | 13.8 | 5.6 | 11.6 | 33.8 | 17.0 | 45.8 | 25.07 | 51.07 | 15.52 |
| $NPK_3$ | 13.8 | 5.6 | 11.6 | 35.0 | 17.5 | 49.5 | 30.34 | 64.05 | 21.78 |
| $NPK_4$ | 13.8 | 5.6 | 11.6 | 36.2 | 16.8 | 50.8 | 34.78 | 75.0 | 27.07 |
| $NPK-N_{15\%}$ | 11.7 | 5.6 | 11.6 | 35.8 | 16.5 | 48.0 | 22.95 | 45.83 | 12.99 |
| $NPK-K_{15\%}$ | 13.8 | 5.6 | 10.0 | 35.0 | 17.2 | 50.6 | 27.78 | 57.74 | 21.73 |

**注**　肥料利用率＝（全肥区生物产量吸肥量－缺肥区生物产量吸肥量）÷施肥量×100%；
　　　肥料农学效率＝（全肥区经济产量－缺肥区经济产量）÷施肥量。

采用 1 次基肥 2 次随灌水追肥的水肥一体化技术，不仅有效提高了肥料利用率和农学效率，而且还可以有效减少化肥用量。与对照 $NPK_1$（1 次施肥）比较，采用 1 次基肥 3

次随灌水追肥的水肥一体化技术，减少氮肥施用量15％，其单产水平与对照没有显著差异，说明采用水肥一体化技术，在不减产的前提下，可以减少氮肥施用量15％或钾肥施用量15％，同时进一步提高肥料利用率并实现节肥增效，其中氮肥利用率比对照提高了5.3个百分点，钾肥利用率比对照提高了8.4个百分点，有效实现了节肥的良好效果。

2. 水肥一体化2014年试验结果分析

2014年商都滴灌马铃薯水肥一体化小区试验结果见表5-33。由表可看出，在采用玉米滴灌优化灌溉制度与测土推荐施肥量的基础上，配套随灌水分次施肥的水肥一体化技术具有显著增产、增效和节能的多重效应。其中增产效果NPK$_3$（分3次施肥）＞NPK$_4$（分4次施肥）＞NPK$_2$（分3次施肥）＞K—N$_{15\%}$P$_{15\%}$（分3次施肥）＞NPK—N$_{15\%}$（分3次施肥）＞NPK$_1$（1次施肥）＞NPN—N$_{15\%}$P$_{15\%}$K$_{10\%}$（分3次施肥），综合增产率和不同肥料增产率均表现为随施肥次数增加而增加。在施肥总量相同的条件下，以NPK$_1$（1次施肥）为对照，把施肥总量按40％、20％、20％、20％的比例进行1次基肥3次随灌水追肥的方式施用，增产效果显著，增产率为16.79％，把施肥总量按40％、30％、30％的比例进行1次基肥2次随灌水追肥的方式施用，增产率为19.94％，增产效果也达到显著水平并与NPK$_4$无显著差异；把施肥总量按40％、60％的比例进行1次基肥1次随灌水追肥的方式施用，增产率为12.94％，增产效果也达到显著水平，但增产率显著低于NPK$_4$和NPK$_3$的增产水平。由此说明在相同施肥总量及灌溉定额的条件下，采用1次基肥2～3次随灌水追肥的水肥一体化技术，具有显著增产效果，增产率为16.79％和19.94％，增加马铃薯380.0～451.3kg/亩，按当年市场价格估算，增加产值380.0～451.3元/亩。应优选1次基肥2～3次随灌水追肥的方式作为马铃薯滴灌的水肥一体化技术。

表5-33　　　　　　　　　2014年商都马铃薯不同施肥对增产的影响

| 施肥处理方式 | 养分用量/(kg/亩) | | | 经济产量/(kg/亩) | | | | 增产率/％ | 不同肥料增产率/％ | | |
|---|---|---|---|---|---|---|---|---|---|---|---|
| | N | P$_2$O$_5$ | K$_2$O | Ⅰ | Ⅱ | Ⅲ | 平均 | | N | P | K |
| NPK$_1$ | 18 | 8 | 12 | 2048 | 2156 | 2587 | 2263.7cde | — | 15.6 | 8 | 6.2 |
| NPK$_2$ | 18 | 8 | 12 | 2199 | 2618 | 2853 | 2556.7ab | 12.94 | 30.6 | 22 | 19.9 |
| NPK$_3$ | 18 | 8 | 12 | 2438 | 2679 | 3028 | 2715a | 19.94 | 38.6 | 29.6 | 27.3 |
| NPK$_4$ | 18 | 8 | 12 | 2565 | 2618 | 2748 | 2643.7ab | 16.79 | 35 | 26.2 | 24.0 |
| NPK—N$_{15\%}$ | 15.3 | 8 | 12 | 2306 | 2402 | 2546 | 2418abc | 6.82 | 23.5 | 15.4 | 13.4 |
| NPK—N$_{15\%}$P$_{15\%}$ | 15.3 | 6.8 | 12 | 2291 | 2464 | 2735 | 2496.7bcd | 10.29 | 27.5 | 19.2 | 17.1 |
| NPK—N$_{15\%}$P$_{15\%}$K$_{10\%}$ | 15.3 | 6.8 | 10.2 | 2289 | 2094 | 2345 | 2242.7de | −0.93 | 14.5 | 7 | 5.2 |
| NP | 0 | 8 | 12 | 1891 | 2125 | 2380 | 2132ef | −5.82 | | | |
| NK | 18 | 0 | 12 | 1962 | 2217 | 2107 | 2095.3ef | −7.44 | | | |
| PK | 18 | 0 | 0 | 1958 | 1848 | 2069 | 1958.3e | −13.49 | | | |

水肥一体化技术对农学效率影响的结果表明，采用水肥一体化技术在提高单产的同时还可以有效提高农学效率，而且随施肥次数的增加农学效率都呈增长趋势，见表5-34。其中采用1次基肥2～3次随灌水追肥的水肥一体化技术，与对照NPK$_1$（1次施肥）比较，氮肥、磷肥和钾肥的利用率分别提高了5.1～6.5个百分点、6.2～7.0个百分点和7.4～8.5个

百分点,并使氮肥、磷肥和钾肥的利用率分别达到了30%、20%和45%的国内先进水平;同时提高了肥料的农学效率,使氮、磷、钾肥的农学效率分别提高了15.0~9.1kg/kg、56.5~47.5kg/kg 和37.6~31.6kg/kg,相当于每千克氮肥新增马铃薯15.0~9.1kg,折合产值55.0~9.1 元/kg;每千克磷肥新增马铃薯56.5~47.5kg,折合产值56.5~47.5 元/kg;每千克钾肥新增马铃薯37.6~31.6kg,折合产值37.6~31.6 元/kg。

试验还进一步探索了采用随灌水进行3次追肥的水肥一体化技术加少施肥量的效果。在测土推荐施肥量基础上,减少氮肥施用量15%或同时减少氮磷肥施用量各15%,其单产与对照NPK₁(1次施肥)单产的差异不显著,说明在保障不减产的情况下,采用水肥一体化技术,可以适当减少氮肥施用量15%或氮磷肥施用量各15%,有效实现了节肥的效果。马铃薯氮肥、磷肥、钾肥分次施用的增产效果如图5-13~图5-15 所示,氮肥、磷肥、钾肥分次施用提高的利用率和农学效率如图5-16~图5-18 所示。

表 5-34　　　　　2014 年商都马铃薯不同施肥对肥料利用率和农学效率的影响

| 施肥处理方式 | 养分用量/(kg/亩) | | | 肥料利用率/% | | | 农学效率/(kg/kg) | | |
|---|---|---|---|---|---|---|---|---|---|
| | N | $P_2O_5$ | $K_2O$ | N | $P_2O_5$ | $K_2O$ | N | P | K |
| NPK₁ | 18 | 8 | 12 | 26.5 | 15.2 | 38.1 | 17.0 | 21.0 | 11.0 |
| NPK₂ | 18 | 8 | 12 | 28.8 | 17.8 | 42.2 | 33.2 | 57.7 | 35.4 |
| NPK₃ | 18 | 8 | 12 | 31.6 | 21.4 | 45.5 | 42.0 | 77.5 | 48.6 |
| NPK₄ | 18 | 8 | 12 | 33.0 | 22.2 | 47.6 | 38.1 | 68.5 | 42.6 |
| NPK—N₁₅% | 15.3 | 8 | 12 | 33.8 | 23.0 | 46.0 | 30.0 | 40.3 | 23.8 |
| NPK—N₁₅% P₁₅% | 15.3 | 6.8 | 12 | 32.3 | 20.3 | 44.2 | 35.2 | 59.0 | 30.4 |
| NPK—N₁₅% P₁₅% K₁₀% | 15.3 | 6.8 | 10.2 | 31.6 | 18.8 | 45.3 | 18.6 | 21.7 | 10.8 |

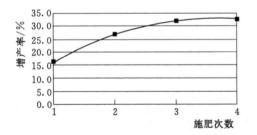

图 5-13　马铃薯氮肥分次施用的增产效果

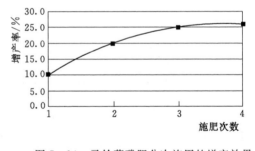

图 5-14　马铃薯磷肥分次施用的增产效果

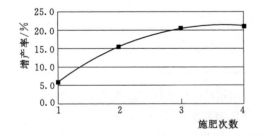

图 5-15　马铃薯钾肥分次施用的增产效果

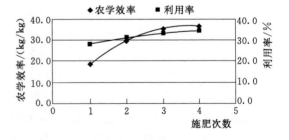

图 5-16　氮肥分次施用提高的利用率和农学效率

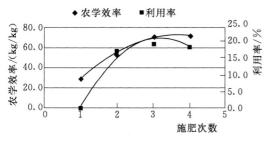

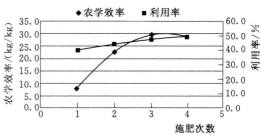

图 5-17 磷肥分次施用提高的利用率和农学效率　图 5-18 钾肥分次施用提高的利用率和农学效率

3. 水肥一体化三区对比示范结果分析

2013 年滴灌马铃薯采用水肥一体化技术对产量及构成因素影响的结果见表 5-35。由表可看出，采用把总施肥量按 40% 基施，20%、20% 和 20% 随灌溉 3 次追肥的方式，具有显著增产效果。其中产量比传统施肥方式增产 17.1%，比测土推荐施肥增产 6.7%，茎叶产量比传统施肥方式增产 18.3%，比测土推荐施肥增产 6.2%，增产原因主要是株高、茎粗和商品率都明显增加。

表 5-35　　　　　2013 年不同施肥方式对滴灌马铃薯产量及构成因素的影响

| 施肥处理方式 | 养分用量/(kg/亩) | | | 块茎产量/(kg/亩) | 茎叶产量/(kg/亩) | 株高/cm | 茎粗/cm | 商品率/% |
| --- | --- | --- | --- | --- | --- | --- | --- | --- |
| | N | $P_2O_5$ | $K_2O$ | | | | | |
| 传统施肥 | 15.0 | 10.5 | 5.5 | 2050c | 805 | 49 | 1.0 | 80 |
| 测土施肥 | 13.8 | 5.6 | 11.6 | 2250b | 896 | 53 | 1.2 | 86 |
| 水肥一体化 | 13.8 | 5.6 | 11.6 | 2400a | 952 | 56 | 1.2 | 91 |

采用水肥一体化技术的马铃薯株高、茎粗和商品率测定结果见表 5-36。由表可看出，采用把总施肥量按 40% 基施，20%、20% 和 20% 随灌溉 3 次追肥的水肥一体化技术，使马铃薯株高、茎粗和商品率都明显增加，其中株高增加了 3~7cm，茎粗增加了 0.2cm，商品率增加了 5~11 个百分点。

表 5-36　　　　　2014 年不同施肥方式对滴灌马铃薯产量及构成因素的影响

| 施肥处理方式 | 养分用量/(kg/亩) | | | 块茎产量/(kg/亩) | 茎叶产量/(kg/亩) | 株高/cm | 茎粗/cm | 商品率/% |
| --- | --- | --- | --- | --- | --- | --- | --- | --- |
| | N | $P_2O_5$ | $K_2O$ | | | | | |
| 传统施肥 | 15.0 | 10.5 | 5.5 | 2265 | 895 | 42 | 1.1 | 82 |
| 测土施肥 | 18.0 | 8.0 | 12.0 | 2533 | 1005 | 52 | 1.4 | 90 |
| 水肥一体化 | 18.0 | 8.0 | 12.0 | 2788 | 1015 | 55 | 1.6 | 95 |

2014 年的示范结果与 2013 年的趋势完全一致，采用把总施肥量按 40% 基施，20%、20% 和 20% 随灌溉 3 次追肥的方式，具有显著增产效果。其中产量比传统施肥方式增产 23.1%，比测土推荐施肥增产 10.1%，茎叶产量比传统施肥方式增产 13.4%，比测土推荐施肥增产 10.0%，增产原因主要是株高、茎粗和商品率都明显增加。

采用水肥一体化技术的马铃薯株高、茎粗和商品率测定结果表明，采用把总施肥量按 40% 基施，20%、20% 和 20% 随灌溉 3 次追肥的水肥一体化技术，使马铃薯株高、茎粗和商品率都明显增加，其中株高增加了 3～13cm，茎粗增加了 0.2～0.5cm，商品率增加了 2～13 个百分点。

三区对比生产示范效果进一步说明，采用随灌水进行多次施肥的水肥一体化技术，是一项提高马铃薯单产的有效措施。两年结果表明，其增产率为 17.1%～23.1%，增产马铃薯 350～523kg/亩，新增产值 350～523 元/亩。

4. 水肥一体化技术研究成果

综合小区试验及三区对比示范结果，明确了滴灌马铃薯的水肥一体化关键技术及主要技术指标，见表 5-37。其中灌溉制度采用生育期分 9～10 次灌水 122～160m³/亩，灌水定额 10～22m³/亩，播种到出苗期滴灌 1 次，现蕾期灌 1 次 10～15m³/亩，开花期滴灌 2 次 20～30m³/亩，块茎膨大期滴灌 4～5 次 70～90m³/亩，收获期滴灌 1 次 7m³/亩。随灌水施肥在马铃薯生育期共施肥 4 次，包括 1 次基肥或种肥加 3 次追肥，施肥量采用测土推荐施肥总量，施肥方式采用分基肥、开花期追肥和块茎膨大期追肥的方式，见表 5-38。施肥总量按高、中、低不同肥力地块施用 N 6.0～18.0kg/亩、$P_2O_5$ 8.5～14.5kg/亩、$K_2O$ 2.3～3.3kg/亩。施肥方式按基肥 40%，开花初期随灌水追肥 20%，开花末期随灌水追肥 20%，膨大期追肥 20%。基肥的肥料品种以粒肥为主，其中氮肥选用尿素或磷酸二胺，磷钾肥选用磷酸二胺或氯化钾或硫酸钾；追肥的肥料品种以速溶性肥和液体肥为主，其中氮肥选用尿素，磷肥选用工业磷酸或聚磷酸铵，钾肥选用硝酸钾或氯化钾。

表 5-37　　　　　　　　　　　马铃薯膜下滴灌水肥一体化关键技术

| 物候期 | 推荐灌水量/(m³/亩) | | 分次施肥 /% | 推荐施肥量/(kg/亩) | | |
|---|---|---|---|---|---|---|
| | 干旱年 | 一般年 | | N | $P_2O_5$ | $K_2O$ |
| 全生育期 | 122 | 160 | 100 | 6.0～18.0 | 8.5～14.5 | 7.5～12.8 |
| 播种期 | 10 | 12 | 40 | 2.5～7.0 | 3.5～6.0 | 3.0～5.0 |
| 出苗期 | — | — | — | | | |
| 现蕾期 | 10 | 15 | 30 | 1.2～4.0 | 1.7～3.0 | 1.5～2.8 |
| 初花期 | 22 | 31 | 20 | 1.2～3.5 | 1.7～3.0 | 1.5～2.5 |
| 盛花—膨大期 | 73 | 89 | 10 | 1.1～3.5 | 1.6～2.5 | 1.5～2.5 |
| 收获期 | 7 | 13 | — | | | |

注　施肥量应根据地块肥力高低程度在推荐幅度范围内进行调节，在采用高施肥量时，可适当降低氮肥 15% 或氮磷肥各 15% 的施用量。

# 5.4　渠灌区玉米水肥一体化技术试验研究

## 5.4.1　水肥一体化田间试验

1. 水肥一体化试验设计

试验目的是针对大型灌区玉米缺乏水肥一体化关键技术的科技需求，研究明确渠灌条件下随灌水进行推荐施肥的技术，提出不同地区节水灌溉模式下的水肥一体化实用技术规范，建立起一套集水利、农艺、农机、管理、政策于一体的集成技术体系，使示范区良种和测土施肥技术推广达到 100%，水肥利用率均提高 5 个百分点以上，增产 15% 以上。为推广应用水肥一体化技术提供技术支撑。

试验地点选择是根据渠灌覆膜玉米需要在主产区和灌溉工程设备配套完善的条件，选择在临河区双河镇进步村的鸿德农业专业合作社规模化生产基地。

试验是在采用当地优化的灌溉制度、先进的农业栽培措施与当地测土推荐施肥措施的基础上进行，其中灌溉制度按灌溉定额 200m³，分 4 次灌溉，栽培耕作措施采用宽覆膜优化模式与"一增四改"栽培技术，主要是改一膜两行为一膜四行种植，地膜宽度为 170cm，选用内单 314、登海 605、KX3564、先玉 335 等耐密品种，种植密度从 3500～4000 株/亩提高到 5000～5500 株/亩。秋季采用秸秆还田生物改土技术，实行机械化粉碎、破茬、深耕和耙压平整土地，在播后苗前选用 50%乙草胺乳油 100mL 加 75%宝收干悬浮剂药剂进行了封闭灭草，在生育期通过投撒颗粒剂，喷施虫螨克和 5.6%阿维哒螨灵乳油防治玉米螟、红蜘蛛等病虫害。

施肥措施按测土推荐平均施肥量分次施肥，施肥总量按 N 23.0kg/亩、$P_2O_5$ 7.3kg/亩、$K_2O$ 3.0kg/亩分 3 次施用。2013—2014 年不同处理的施肥次数及施肥量见表 5-38 和表 5-39。试验中主要观察测定了作物产量及产量构成因素，测定分析了作物营养吸收量、肥料利用率和农学效率等指标。

表 5-38　　　　　　2013 年渠灌覆膜玉米施肥处理及施肥方式小区试验设计

| 施肥处理方式 | 施肥量/(kg/亩) | | | 施 肥 方 式 |
|---|---|---|---|---|
| | N | $P_2O_5$ | $K_2O$ | |
| $NPK_1$ | 23 | 7.3 | 3 | 氮磷钾肥 1 次基肥施用 |
| $NPK_2$ | 23 | 7.3 | 3 | 磷肥 1 次基施；氮钾肥 40%基施，60%追施 |
| $NPK_3$ | 23 | 7.3 | 3 | 磷肥 1 次基施；氮钾肥 40%基施，其余分 30%、30% 2 次追施 |
| $NPK_4$ | 23 | 7.3 | 3 | 磷肥 1 次基施；氮钾肥 40%基施，其余分 20%、20%、20% 3 次追施（采用随灌水施用或充分溶解后人工浇灌施入） |
| $NPK-N_{15\%}$ | 20 | 7.3 | 3 | 磷肥 1 次基施；氮钾肥 40%基施，其余分 20%、20%、20% 3 次追施；氮肥用量为测土施肥推荐量 NPK 中 N 的 85% |
| $NPK-K_{10\%}$ | 23 | 7.3 | 2.5 | 磷肥 1 次基施；氮钾肥 40%基施，其余分 20%、20%、20% 3 次追施；钾肥用量为测土施肥推荐量 NPK 中 K 的 85% |
| PK | 0 | 7.3 | 2.5 | 磷钾肥 1 次基施；钾肥 40%基施，60%追施 |
| NK | 23 | 0 | 2.5 | 氮钾肥 40%基施，60%追施 |
| NP | 23 | 7.3 | 0 | 磷肥 1 次基施；氮钾肥 40%基施，60%追施 |

表 5-39　　　　　　2014 年渠灌覆膜玉米施肥处理及施肥方式小区试验设计

| 施肥处理方式 | 养分用量/(kg/亩) | | | 施 肥 方 式 |
|---|---|---|---|---|
| | N | $P_2O_5$ | $K_2O$ | |
| $NPK_1$ | 23 | 11.5 | 3 | 氮磷钾肥 1 次基肥施用 |
| $NPK_2$ | 23 | 11.5 | 3 | 氮磷钾肥 40%基施，60% 1 次追施 |
| $NPK_3$ | 23 | 11.5 | 3 | 氮磷钾肥 40%基施，其余分 30%、30% 2 次追施 |
| $NPK_4$ | 23 | 11.5 | 3 | 氮磷钾肥 40%基施，其余分 20%、20%、20% 3 次追施（采用随灌水施用或充分溶解后人工浇灌施入） |

续表

| 施肥处理方式 | 养分用量/(kg/亩) | | | 施　肥　方　式 |
|---|---|---|---|---|
| | N | $P_2O_5$ | $K_2O$ | |
| NPK—$N_{15\%}$ | 19.55 | 11.5 | 3 | 氮磷钾肥40％基施，其余分30％、30％2次追施；氮肥用量为测土施肥推荐量NPK中N的85％ |
| NPK—$N_{15\%}P_{15\%}$ | 19.55 | 9.8 | 2.55 | 氮磷钾肥40％基施，其余分30％、30％2次追施；氮磷肥用量为推荐总量的85％ |
| NPK—$N_{15\%}P_{15\%}K_{10\%}$ | 19.55 | 9.8 | 2.55 | 氮磷钾肥40％基施，其余分30％、30％2次追施；氮磷肥用量为推荐总量的85％，钾肥用量为推荐总量的90％ |
| NP | 23 | 11.5 | 0 | 磷肥1次施用；氮肥40％基施，60％1次追施 |
| NK | 23 | 0 | 3 | 氮钾肥40％基施，60％1次追施 |
| PK | 0 | 11.5 | 3 | 磷肥1次施用；钾肥40％基施，60％1次追施 |

注　磷肥施用量比2013年增加的原因是根据供试地土壤有效磷偏低的情况设计的。

2. 水肥一体化典型示范设计

水肥一体化示范目的是验证不同节水灌溉条件下随灌水进行施肥优化推荐技术措施，补充完善水肥一体化技术指标和操作规范，为不同地区节水灌溉模式提供水肥一体化高效实用技术模式。

示范地点选择是根据渠灌覆膜玉米需要在主产区和灌溉工程设备配套完善的条件下，选择在临河区双河镇进步村的鸿德农业专业合作社规模化生产基地。

示范是在采用当地优化的灌溉制度，先进的农业栽培措施与当地测土推荐施肥措施的基础上进行，其中灌溉制度按灌溉定额200m³，分4次灌溉，栽培耕作措施采用宽覆膜优化模式与"一增四改"栽培技术，主要是改一膜两行为一膜四行种植，地膜宽度为170cm，选用内单314耐密品种，种植密度5500株/亩。秋季采用秸秆还田生物改土技术，实行机械化粉碎、破茬、深耕和耙压平整土地，在播后苗前选用50％乙草胺乳油100mL加75％宝收干悬浮剂药剂进行了封闭灭草，在生育期通过投撒颗粒剂、喷施虫螨克和5.6％阿维哒螨灵乳油防治玉米螟、红蜘蛛等病虫害。

施肥措施按测土推荐施肥量分次施肥，施肥总量按N22.6kg/亩、$P_2O_5$ 12.0kg/亩、$K_2O$ 5.5kg/亩分次施用，同时设计了传统施肥、测土推荐施肥的对比示范，不同处理的施肥次数及施肥量见表5-40。试验中主要观察测定了作物产量及产量构成因素，测定分析了肥料农学效率及经济效益等指标。

表5-40　　　　　　　渠灌玉米施肥处理及施肥方式三区对比示范设计

| 施肥处理方式 | 施肥量/(kg/亩) | | | 施　肥　方　式 |
|---|---|---|---|---|
| | N | $P_2O_5$ | $K_2O$ | |
| 传统施肥 | 24.5 | 16.0 | 0 | 氮磷肥1次基肥施用 |
| 测土施肥 | 22.6 | 12.0 | 3.5 | 磷钾肥1次施用；氮肥40％基施，60％追施 |
| 水肥一体化 | 22.6 | 12.0 | 3.5 | 磷肥1次施用；氮钾肥40％基施，其余分30％、30％2次追施（采用随灌水施用或充分溶解后人工浇灌施入） |

注　示范田肥料用量的微量调整是为了与当地测土施肥多点示范的施肥量保持一致。

## 5.4.2 试验观测结果 （2013—2014 年）

1. 气象资料观察结果

示范区多年平均年降水量为 140mm 左右，但是受季风的影响降水量在一年四季中的分配相当不均匀。其中 7—9 月的降水量较多，甚至占到全年总降水量的 70％，2013 年试验示范地区生育期降水 87.6mm，是以往各年平均值的 120％ 左右，属平水年。2014 年试验示范地区降雨量也大于 100mm，属平水年。

2. 供试地土壤理化性质与肥力指标检测结果

2013 年供试地土壤的基础肥力检测结果见表 5-41。由表可看出，供试地土壤基础养分属于中肥力地块，除土壤供钾能力较高外，土壤供氮、供磷水平属于中等肥力地块。2014 年供试地土壤的基础肥力检测结果见表 5-42。由表可看出，供试地土壤基础养分供应水平与 2013 年相近似，除土壤供钾能力较高外，土壤供氮、供磷水平属于中等肥力地块。

表 5-41            **2013 年临河玉米试验示范点土壤基础养分测定结果**

| 土壤类型 | 有机质 /(g/kg) | 全氮 /(g/kg) | 速效磷 /(mg/kg) | 速效钾 /(mg/kg) | pH 值 |
|---|---|---|---|---|---|
| 灌淤土 | 15.0 | 0.85 | 13.5 | 220 | 8.6 |

表 5-42            **2014 年临河玉米试验示范点土壤基础养分测定结果**

| 土壤类型 | 有机质 /(g/kg) | 全氮 /(g/kg) | 速效磷 /(mg/kg) | 速效钾 /(mg/kg) | pH 值 |
|---|---|---|---|---|---|
| 灌淤土 | 14.3 | 0.79 | 10.6 | 240 | 8.3 |

## 5.4.3 试验结果分析 （2013—2014 年）

1. 水肥一体化 2013 年试验结果分析

2013 年临河渠灌玉米水肥一体化小区试验结果见表 5-43。由表可看出，在采用玉米滴灌优化灌溉制度与测土推荐施肥量的基础上，配套随灌水分次施肥的水肥一体化技术具有显著增产、增效和节能的多重效应。其中增产效果 $NPK_4$（分 4 次施肥）＞$NPK_3$（分 3 次施肥）＞$NPK_2$（分 2 次施肥）＞$NPK—N_{15\%}$（分 3 次施肥）＞$NPK—K_{15\%}$（分 3 次施肥）＞$NPK_1$（1 次施肥），综合增产率和不同肥料增产率均表现为随施肥次数增加而增加。在施肥总量相同的条件下，以 $NPK_1$（1 次施肥）为对照，把施肥总量按 30％、40％、20％、10％ 的比例进行 1 次基肥 3 次随灌水追肥的方式施用，增产效果显著，增产率为 2.45％；把施肥总量按 30％、40％、30％ 的比例进行 1 次基肥 2 次随灌水追肥的方式施用，增产率为 2.13％，增产效果也达到显著水平并与 $NPK_4$ 无显著差异；把施肥总量按 40％、60％ 的比例进行 1 次基肥 1 次随灌水追肥的方式施用，增产率为 1.10％，但增产率显著低于 $NPK_4$ 和 $NPK_3$ 的增产水平。由此说明在相同施肥总量及灌溉定额的条件下，采用 1 次基肥 2~3 次随灌水追肥的水肥一体化技术，具有显著增产效果，增产率为 2.13％ 和 2.45％，增产玉米 18.6~21.37kg/亩，按当年市场价格估算，增加产值 40.7~47.0 元/亩。由于采用 1 次基肥 2 次和 3 次随灌水追肥的单产差异不显著，按照省工省事的原则，应优选 1 次基肥 2 次随灌水追肥的方式作为玉米渠灌的水肥一体化技术。

表 5 - 43    2013 年临河玉米不同施肥对增产的影响

| 施肥处理方式 | 养分用量/(kg/亩) | | | 经济产量/(kg/亩) | | | | 增产率/% | 不同肥料增产率/% | | |
|---|---|---|---|---|---|---|---|---|---|---|---|
| | N | $P_2O_5$ | $K_2O$ | I | II | III | 平均 | | N | $P_2O_5$ | $K_2O$ |
| $NPK_1$ | 23 | 7.3 | 3 | 876.2 | 873.8 | 871.8 | 873.93c | — | 19.48 | 13.09 | 5.26 |
| $NPK_2$ | 23 | 7.3 | 3 | 884.9 | 883.1 | 882.7 | 883.57b | 1.10 | 20.80 | 14.33 | 6.42 |
| $NPK_3$ | 23 | 7.3 | 3 | 890 | 895.6 | 892 | 892.53a | 2.13 | 22.03 | 15.49 | 7.50 |
| $NPK_4$ | 23 | 7.3 | 3 | 892.7 | 894.2 | 899 | 895.30a | 2.45 | 22.40 | 15.85 | 7.83 |
| $NPK-N_{15\%}$ | 20 | 7.3 | 3 | 876.1 | 879 | 879 | 878.0bc | 0.47 | 20.05 | 13.62 | 5.75 |
| $NPK-K_{15\%}$ | 23 | 7.3 | 2.5 | 883.2 | 882 | 881.6 | 882.27b | 0.95 | 20.62 | 14.16 | 6.26 |
| $NPK-N$ | 0 | 7.3 | 2.5 | 734 | 730.1 | 730.2 | 731.43f | −16.31 | — | — | — |
| $NPK-P$ | 23 | 0 | 2.5 | 763.1 | 776.3 | 779 | 772.80e | −11.57 | — | — | — |
| $NPK-K$ | 23 | 7.3 | 0 | 831.2 | 829 | 830.7 | 830.30d | −4.99 | — | — | — |

水肥一体化技术对肥料利用率和农学效率影响的结果见表 5 - 44。由表可看出，采用水肥一体化技术在提高单产的同时还可以有效提高肥料利用率和农学效率，而且随施肥次数的增加肥料利用率和农学效率都呈增长趋势。其中采用化肥 1 次基肥 2 次随灌水追肥的水肥一体化技术，与对照 $NPK_1$（1 次施肥）比较，氮肥、磷肥和钾肥的利用分别提高了 6.1、0.6 和 5.8 个百分点；氮肥、磷肥和钾肥的农学效率分别提高了 0.8kg/kg、2.55kg/kg 和 5.2kg/kg，相当于每千克氮肥新增玉米 0.8kg，折合产值 1.6 元/kg；每千克磷肥新增玉米 2.55kg，折合产值 5.1 元/kg；每千克钾肥新增玉米 5.2kg，折合产值 10.4 元/kg。

表 5 - 44    2013 年临河玉米不同施肥处理对肥料利用率和农学效率的影响

| 试验处理方式 | 养分用量/(kg/亩) | | | 肥料利用率/% | | | 农学效率/(kg/kg) | | |
|---|---|---|---|---|---|---|---|---|---|
| | N | $P_2O_5$ | $K_2O$ | N | $P_2O_5$ | $K_2O$ | N | $P_2O_5$ | $K_2O$ |
| $NPK_1$ | 23 | 7.3 | 3 | 25.5 | 17.5 | 38.5 | 6.2 | 13.85 | 14.54 |
| $NPK_2$ | 23 | 7.3 | 3 | 28.8 | 17.5 | 40.5 | 6.61 | 15.17 | 17.76 |
| $NPK_3$ | 23 | 7.3 | 3 | 31.6 | 18.1 | 44.3 | 7.0 | 16.4 | 20.74 |
| $NPK_4$ | 23 | 7.3 | 3 | 32.3 | 18.3 | 45.6 | 7.12 | 16.78 | 21.67 |
| $NPK-N_{15\%}$ | 20 | 7.3 | 3 | 34.2 | 18.6 | 45.0 | 6.38 | 14.42 | 15.92 |
| $NPK-K_{15\%}$ | 23 | 7.3 | 2.5 | 31.8 | 17.9 | 48.0 | 6.56 | 15.0 | 17.32 |

注　肥料利用率＝(全肥区生物产量吸肥量－缺肥区生物产量吸肥量)÷施肥量×100；
　　肥料农学效率＝(全肥区经济产量－缺肥区经济产量)÷施肥量。

采用化肥 1 次基肥 2 次随灌水追肥的水肥一体化技术，不仅有效提高了肥料利用率和农学效率，而且还可以有效减少化肥用量。与对照比较，采用 1 次基肥 2 次随灌水追肥的水肥一体化技术，减少氮肥施用量 15％或减少钾肥施用量 15％，其单产水平与对照 $NPK_1$（1 次施肥）不仅没有减产，而且还有显著增产效果。由此说明采用水肥一体化技术，在不减产的前提下，可以减少氮肥施用量 15％或钾肥施用量 15％，同时进一步提高肥料利用率并实现节肥增效，其中氮肥利用率比对照提高了 8.7 个百分点，有效实现了节肥增产的良好效果。

2. 水肥一体化 2014 年试验结果分析

2014 年临河滴灌玉米水肥一体化小区试验结果见表 5－45。由表可看出，在采用玉米滴灌优化灌溉制度与测土推荐施肥量的基础上，配套随灌水分次施肥的水肥一体化技术具有显著增产、增效和节能的多重效应。其中增产效果 $NPK_4$（分 4 次施肥）＞$NPK_3$（分 3 次施肥）＞$NPK_2$（分 3 次施肥）＞$NPK—N_{15\%}P_{15\%}$（分 3 次施肥）＞$NPK—N_{15\%}$（分 3 次施肥）＞$NPK—N_{15\%}P_{15\%}K_{10\%}$（分 3 次施肥）＞$NPK_1$（1 次施肥），综合增产率和不同肥料增产率均表现为随施肥次数增加而增加。在施肥总量相同的条件下，以 $NPK_1$（1 次施肥）为对照，把施肥总量按 40％、20％、20％、20％的比例进行 1 次基肥 3 次随灌水追肥的方式施用，增产效果显著，增产率为 10.88％；把施肥总量按 40％、30％、30％的比例进行 1 次基肥 2 次随灌水追肥的方式施用，增产率为 9.68％，增产效果也达到显著水平并与 $NPK_4$ 无显著差异；把施肥总量按 40％、60％的比例进行 1 次基肥 1 次随灌水追肥的方式施用，增产率为 2.49％，但增产率显著低于 $NPK_4$ 和 $NPK_3$ 的增产水平。由此说明在相同施肥总量及灌溉定额的条件下，采用 1 次基肥 2～3 次随灌水追肥的水肥一体化技术，具有显著增产效果，增产率为 9.68％和 10.88％，增加玉米 80.8～90.8kg/亩，按当年市场价格估算，增加产值 161.6～181.6 元/亩。由于采用 1 次基肥 2 次和 3 次随灌水追肥的单产差异不显著，按照省工省事的原则，应优选 1 次基肥 2 次随灌水追肥的方式作为玉米滴灌的水肥一体化技术。

表 5－45 　　　　　　　　　　　　2014 年临河玉米不同施肥处理玉米增产效果

| 施肥处理方式 | 养分用量/（kg/亩） | | | 经济产量/（kg/亩） | | | | 增产率/％ | 不同肥料增产率/％ | | |
|---|---|---|---|---|---|---|---|---|---|---|---|
| | N | $P_2O_5$ | $K_2O$ | Ⅰ | Ⅱ | Ⅲ | 平均 | | N | $P_2O_5$ | $K_2O$ |
| $NPK_1$ | 23 | 11.5 | 3 | 975.6 | 817.8 | 711.1 | 834.8bc | — | 15.1 | 8.1 | 7.6 |
| $NPK_2$ | 23 | 11.5 | 3 | 997.8 | 822.3 | 746.7 | 855.6b | 2.49 | 18.0 | 10.7 | 10.3 |
| $NPK_3$ | 23 | 11.5 | 3 | 964.5 | 917.8 | 864.5 | 915.6a | 9.68 | 26.3 | 18.5 | 18.1 |
| $NPK_4$ | 23 | 11.5 | 3 | 957.8 | 931.2 | 887.8 | 925.6a | 10.88 | 27.6 | 19.8 | 19.3 |
| $NPK—N_{15\%}$ | 19.55 | 11.5 | 3 | 891.2 | 774.5 | 762.3 | 809.3bc | −3.05 | 11.6 | 4.7 | 4.3 |
| $NPK—N_{15\%}P_{15\%}$ | 19.55 | 9.775 | 2.55 | 882.3 | 848.9 | 722.3 | 817.8bc | −2.04 | 12.8 | 5.9 | 5.4 |
| $NPK—N_{15\%}P_{15\%}K_{10\%}$ | 19.55 | 9.775 | 2.55 | 888.9 | 791.2 | 717.8 | 799.3bcd | −4.25 | 10.2 | 3.5 | 3.1 |
| PK | 0 | 11.5 | 3 | 820 | 724.5 | 631.1 | 725.2d | −13.13 | | | |
| NK | 23 | 0 | 3 | 857.8 | 786.7 | 673.4 | 772.6cd | −7.45 | | | |
| NP | 23 | 11.5 | 0 | 782.3 | 797.8 | 746.7 | 775.6cd | −7.09 | | | |

水肥一体化技术对农学效率影响的结果见表 5－46。由表可看出，采用水肥一体化技术在提高单产的同时还可以有效提高农学效率，而且随施肥次数的增加农学效率都呈增长趋势。其中采用 1 次基肥 2 次随灌水追肥的水肥一体化技术，与对照 $NPK_1$（1 次施肥）比较，氮肥、磷肥和钾肥的利用率分别提高了 6.5、4.2 和 4.5 个百分点，并使氮肥、磷肥和钾肥的利用率分别突破了 30％、20％和 50％的国内先进水平；氮肥、磷肥和钾肥的农学效率分别提高了 3.5kg/kg、7.0kg/kg 和 27.0kg/kg，相当于每千克氮肥新增玉米 3.5kg，折合产值 7.0 元/kg；每千克磷肥新增玉米 7.0kg，折合产值 14.0 元/kg；每千克钾肥新增玉米 27.0kg，折合产值 54.0 元/kg。

表 5－46　　　　　　2014 年临河玉米不同施肥处理对肥料利用率和农学效率的影响

| 施肥处理方式 | 养分用量/(kg/亩) | | | 肥料利用率/% | | | 农学效率/(kg/kg) | | |
|---|---|---|---|---|---|---|---|---|---|
| | N | $P_2O_5$ | $K_2O$ | N | $P_2O_5$ | $K_2O$ | N | P | K |
| $NPK_1$ | 23 | 11.5 | 3 | 23.6 | 15.9 | 47.8 | 4.8 | 5.4 | 19.7 |
| $NPK_2$ | 23 | 11.5 | 3 | 26.6 | 16.3 | 48.5 | 5.7 | 7.2 | 26.7 |
| $NPK_3$ | 23 | 11.5 | 3 | 30.1 | 20.1 | 52.3 | 8.3 | 12.4 | 46.7 |
| $NPK_4$ | 23 | 11.5 | 3 | 30.8 | 21.4 | 54.0 | 8.7 | 13.3 | 50.0 |
| $NPK—N_{15\%}$ | 19.55 | 11.5 | 3 | 32.7 | 20.0 | 53.2 | 4.3 | 3.2 | 11.2 |
| $NPK—N_{15\%}P_{15\%}$ | 19.55 | 9.775 | 2.55 | 31.0 | 22.8 | 50.5 | 4.7 | 4.6 | 16.6 |
| $NPK—N_{15\%}P_{15\%}K_{10\%}$ | 19.55 | 9.775 | 2.55 | 26.4 | 21.5 | 52.2 | 3.8 | 2.7 | 9.3 |

　　注　肥料利用率＝(全肥区生物产量吸肥量－缺肥区生物产量吸肥量)÷施肥量×100%；

　　　　肥料农学效率＝(全肥区经济产量－缺肥区经济产量)÷施肥量。

　　试验还进一步探索了采用随灌水进行 3 次施肥的水肥一体化技术，在测土推荐施肥量基础上，减少氮肥施用量 15% 或同时减少氮磷肥施用量各 15%，其单产与对照 $NPK_1$（1 次施肥）单产的差异也不显著。由此说明在保障不减产的情况下，采用水肥一体化技术，可以适当减少氮肥施用量 15% 或氮磷肥施用量各 15%，有效实现了节肥增产的良好效果。玉米氮肥、磷肥、钾肥分次施用的增产效果如图 5－19～图5－21 所示，氮肥、磷肥、钾肥分次施用提高的利用率和农学效率如图 5－22～图5－24 所示。

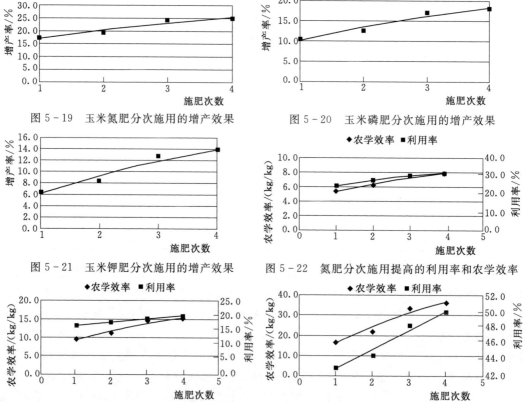

图 5－19　玉米氮肥分次施用的增产效果　　图 5－20　玉米磷肥分次施用的增产效果

图 5－21　玉米钾肥分次施用的增产效果　　图 5－22　氮肥分次施用提高的利用率和农学效率

图 5－23　磷肥分次施用提高的利用率和农学效率　图 5－24　钾肥分次施用提高的利用率和农学效率

3. 水肥一体化三区对比示范结果分析

2013 年渠灌玉米采用水肥一体化技术对产量及构成因素影响的结果见表 5-47。由表可看出，采用把总施肥量按 30％基施，40％和 30％随灌溉 2 次追肥的方式，具有显著增产效果。其中籽实产量比传统施肥方式增产 11.8％，比测土推荐施肥增产 1.6％，茎叶产量比传统施肥方式增产 11.4％，比测土推荐施肥增产 3.0％，增产原因主要是株高、单穗粒重和百粒重都明显增加。

表 5-47　　　　　2013 年不同施肥方式对渠灌玉米产量及构成因素的影响

| 施肥处理方式 | 养分用量/(kg/亩) | | | 籽实产量 /(kg/亩) | 茎叶产量 /(kg/亩) | 株高 /cm | 单穗粒重 /g | 百粒重 /g |
|---|---|---|---|---|---|---|---|---|
| | N | $P_2O_5$ | $K_2O$ | | | | | |
| 传统施肥 | 24.7 | 16.1 | 0 | 833.7 | 998.5 | 235 | 196.1 | 39.5 |
| 测土施肥 | 22.6 | 12 | 3.5 | 917.6 | 1080.5 | 237 | 198.0 | 39.9 |
| 水肥一体化 | 22.6 | 12 | 3.5 | 932.3 | 1112.8 | 240 | 198.8 | 40.5 |

采用水肥一体化技术的玉米株高、单穗粒重和百粒重测定结果表明，采用把总施肥量按 30％基施，40％和 30％随灌溉 2 次追肥的水肥一体化技术，使玉米株高、单穗粒重和百粒重都明显增加，其中株高增加了 3～5cm，单穗粒重增加了 0.8～2.7g，百粒重增加了 0.2～0.3g。

2014 年的示范结果与 2013 年的趋势完全一致，采用把总施肥量按 30％基施，40％和 30％随灌溉 2 次追肥的方式，具有显著增产效果。其中籽实产量比传统施肥方式增产 11.9％，比测土推荐施肥增产 3.3％，茎叶产量比传统施肥方式增产 12.4％，比测土推荐施肥增产 4.4％，增产原因主要是株高、单穗粒重和百粒重都明显增加。

采用水肥一体化技术的玉米株高、单穗粒重和百粒重测定结果见表 5-48。由表可看出，采用把总施肥量按 30％基施，40％和 30％随灌溉 2 次追肥的水肥一体化技术，使玉米株高、单穗粒重和百粒重都明显增加，其中株高增加了 2～8cm，单穗粒重增加了 3.4～7.2g，百粒重增加了 0.5～1.5g。

表 5-48　　　　　2014 年不同施肥方式对渠灌玉米产量及构成因素的影响

| 施肥处理方式 | 养分用量/(kg/亩) | | | 籽实产量 /(kg/亩) | 茎叶产量 /(kg/亩) | 株高 /cm | 单穗粒重 /g | 百粒重 /g |
|---|---|---|---|---|---|---|---|---|
| | N | $P_2O_5$ | $K_2O$ | | | | | |
| 传统施肥 | 24.7 | 16.1 | 0 | 805 | 930 | 222 | 185.0 | 38.2 |
| 测土施肥 | 22.6 | 12 | 3.5 | 872 | 1002 | 228 | 188.8 | 39.0 |
| 水肥一体化 | 22.6 | 12 | 3.5 | 901 | 1046 | 230 | 192.2 | 39.5 |

三区对比生产示范效果进一步说明，采用随灌水进行多次施肥的水肥一体化技术，是一项提高玉米单产的有效措施。两年结果表明，其增产率为 11.4％～11.9％，增产玉米 96.0～98.6 kg/亩，新增产值 192.0～197.2 元/亩。

4. 渠灌玉米水肥一体化技术研究结果

综合小区试验及三区对比示范结果，明确了渠灌玉米的水肥一体化关键技术及主要技术指标。其中灌溉制度采用生育期分 4 次灌水 200～240m³/亩，播种前渠灌 60～70m³/亩，大喇叭口期渠灌 50～60m³/亩，抽雄吐丝期渠灌 50～60m³/亩，灌浆期渠灌 50～60m³/亩，随灌水在玉米生育期共施肥 3 次，包括 1 次基肥或种肥加 2 次追肥，施肥量采用测土推荐施肥总量，施肥方式采用分基肥、大喇叭口期追肥和灌浆期期追肥的方式，见表 5-49。施肥总量按低、中、高不同肥力地块施用 N 10.0～24.5kg/亩、$P_2O_5$ 8.8～15.4 kg/亩、$K_2O$ 2.5～5.0 kg/亩，施肥方式按基肥 40%，大喇叭口期随灌水追肥 30%，灌浆期随灌水追肥 30%。基肥的肥料品种以粒肥为主，其中氮肥选用尿素或磷酸二胺，磷钾肥选用磷酸二胺或氯化钾或硫酸钾；追肥的肥料品种以速溶性肥和液体肥为主，其中氮肥选用尿素，磷肥选用工业磷酸或聚磷酸铵，钾肥选用硝酸钾或氯化钾。

表 5-49 渠灌覆膜玉米水肥一体化关键技术

| 物候期 | 推荐灌水量/(m³/亩) | | 分次施肥/% | 推荐施肥量/(kg/亩) | | |
|---|---|---|---|---|---|---|
| | 干旱年 | 一般年 | | N | $P_2O_5$ | $K_2O$ |
| 全生育期 | 210～230 | 180～220 | 100 | 10.0～24.8 | 8.8～15.4 | 2.8～9.0 |
| 播种期 | 60～70 | 60～70 | 40 | 4.0～10.0 | 8.8～15.4 | 1.0～3.5 |
| 出苗期 | — | — | — | — | — | — |
| 大喇叭口 | 50～60 | 45～50 | 30 | 3.0～7.5 | — | 1.0～3.0. |
| 抽雄期 | — | — | — | — | — | — |
| 吐丝期 | 50～60 | 45～50 | 30 | 3.0～7.3 | — | 0.8～2.5 |
| 灌浆期 | 50～60 | 45～50 | — | — | — | — |

## 5.5 本章小结

本章提出大豆滴灌条件下随水施肥技术，明确了配套大豆优化灌溉制度条件下的施肥方式、施肥次数和相应的施肥量，较对照传统施肥处理增产 8.6%～12.2%，新增产值 91.2～136.2 元/亩。推荐的施肥方式和施肥量见表 5-50。

表 5-50 大豆滴灌水肥一体化推荐施肥技术

| 作物 | 灌溉类型 | 施肥方式 | 推荐施肥量/(kg/亩) | | |
|---|---|---|---|---|---|
| | | | N | $P_2O_5$ | $K_2O$ |
| 大豆 | 滴灌 | 基肥或种肥 | 0.7～1.2 | 0.8～1.3 | 0.7～1.0 |
| | | 第 1 次追肥 | 0.8～1.5 | 1.0～1.9 | 0.9～2.3 |
| | | 第 2 次追肥 | 0.7～1.2 | 0.8～1.3 | 0.7～1.0 |
| | | 总施肥量 | 2.2～3.9 | 2.8～4.5 | 2.3～3.3 |

本章提出玉米滴灌条件下随水施肥技术，明确了配套玉米优化灌溉制度条件下的施肥方式、施肥次数和相应的施肥量，较对照传统施肥处理增产玉米 162～166kg/亩，新增产值 324～326 元/亩。推荐的施肥方式和施肥量见表 5-51。

表 5-51　　　　　　　　　　　玉米滴灌水肥一体化推荐施肥技术

| 作物 | 灌溉类型 | 施肥方式 | 推荐施肥量/(kg/亩) | | |
|---|---|---|---|---|---|
| | | | N | $P_2O_5$ | $K_2O$ |
| 玉米 | 滴灌 | 基肥 | 3.0～6.0 | 1.5～3.0 | 1.0～2.0 |
| | | 第1次追肥 | 2.5～4.5 | 1.0～2.5 | 0.8～1.5 |
| | | 第2次追肥 | 2.0～4.0 | 1.0～2.5 | 0.7～1.5 |
| | | 总施肥量 | 7.5～14.5 | 3.5～8.0 | 2.5～5.0 |

本章提出了马铃薯滴灌条件下随水施肥技术，明确了配套马铃薯优化灌溉制度条件下的施肥方式、施肥次数和相应的施肥量，较传统施肥处理增产率为17.1%～23.1%，增产马铃薯350～523kg/亩，新增产值350～523元/亩。推荐的施肥方式和施肥量见表5-52。

表 5-52　　　　　　　　　　马铃薯滴灌水肥一体化推荐施肥技术

| 作物 | 灌溉类型 | 施肥方式 | 推荐施肥量/(kg/亩) | | |
|---|---|---|---|---|---|
| | | | N | $P_2O_5$ | $K_2O$ |
| 马铃薯 | 滴灌 | 基肥 | 2.5～7.0 | 3.5～6.0 | 3.0～5.0 |
| | | 第1次追肥 | 1.2～4.0 | 1.7～3.0 | 1.5～2.8 |
| | | 第2次追肥 | 1.2～3.5 | 1.7～3.0 | 1.5～2.5 |
| | | 第3次追肥 | 1.1～3.5 | 1.6～2.5 | 1.5～2.5 |
| | | 总施肥量 | 6.0～18.0 | 8.5～14.5 | 7.5～12.8 |

本章提出了玉米渠灌条件下随水施肥技术，明确了配套玉米优化灌溉制度条件下的施肥方式、施肥次数和相应的施肥量，较传统施肥处理增产率为11.4%～11.9%，增产玉米96.0～98.6 kg/亩，新增产值192.0～197.2元/亩。推荐的施肥方式和施肥量见表5-53。

表 5-53　　　　　　　　　　玉米渠灌水肥一体化推荐施肥技术

| 作物 | 灌溉类型 | 施肥方式 | 推荐施肥量/(kg/亩) | | |
|---|---|---|---|---|---|
| | | | N | $P_2O_5$ | $K_2O$ |
| 玉米 | 渠灌 | 基肥 | 4.0～10.0 | 8.8～15.4 | 1.0～3.5 |
| | | 第1次追肥 | 3.0～7.5 | — | 1.0～3.0 |
| | | 第2次追肥 | 3.0～7.3 | — | 0.8～2.5 |
| | | 总施肥量 | 10.0～24.8 | 8.8～15.4 | 2.8～9.0 |

本章研究提出了滴灌和渠灌条件下水肥一体化技术4项，在控肥增效方面取得新突破，不仅在测土配方施肥基础上进一步提高了肥效利用率、肥料农学效率和增产效果，而且在不减产的基础上，实现了节肥30%以上的良好效果，为内蒙古自治区大力发展节水灌溉提供了水肥一体化关键技术模式。

# 第6章 农艺配套技术研究与示范

## 6.1 适宜作物品种筛选

### 6.1.1 滴灌大豆适宜品种对比试验结果

2013年滴灌大豆适宜品种比较试验结果见表6-1，在采用水肥一体化施肥方式基础上，对当地生产上主推的品种进行比较试验。结果表明：以品种华疆7734产量最高，单产201.5kg/亩；其次是北豆48、北豆5号、北豆40、黑河38，单产分别是192.0kg/亩、190.0kg/亩、187.2kg/亩、183kg/亩。因此，配套水肥一体化施肥方式的主栽品种应选用华疆7734，搭配品种选用北豆48等系列品种。2014年的品种对比试验与2013年的效果基本一致，见表6-2，也是以品种华疆7734产量最高，单产198.1kg/亩；其次是北豆5号、北豆40、黑河38，单产分别是186.8kg/亩、183.6kg/亩、173.5kg/亩。进一步表明，配套水肥一体化施肥方式的主栽品种应选用华疆7734，搭配品种选用北豆5号等系列品种。

表6-1    2013年不同品种比较试验的测产结果分析

| 品种名称 | 实测产量<br>/(kg/亩) | 茎叶产量<br>/(kg/亩) | 株高<br>/cm | 单株粒数<br>/个 | 百粒重<br>/g |
|---|---|---|---|---|---|
| 北豆48 | 192.0 | 186.8 | 90 | 60 | 16.8 |
| 北豆40 | 187.2 | 184.5 | 88 | 63 | 17.6 |
| 华疆7734 | 201.5 | 197.3 | 92 | 66 | 18.4 |
| 黑河38 | 183.0 | 178.7 | 95 | 58 | 18.3 |
| 北豆5号 | 190.0 | 188.2 | 85 | 63 | 18.7 |

表6-2    2014年不同品种比较试验的测产结果分析

| 品种名称 | 籽实产量<br>/(kg/亩) | 茎叶产量<br>/(kg/亩) | 株高<br>/cm | 单株粒数<br>/个 | 百粒重<br>/g |
|---|---|---|---|---|---|
| 北豆40 | 183.6 | 175.5 | 92 | 61 | 17.7 |
| 华疆7734 | 198.1 | 195.0 | 95 | 64 | 18.2 |
| 黑河38 | 173.5 | 171.2 | 88 | 57 | 17.9 |
| 北豆5号 | 186.8 | 181.5 | 85 | 60 | 18.3 |

筛选出的品种均属于中早熟，但品种特性不同。其中北豆40的主要特性包括：无限结荚习性，株高90cm左右，紫花长叶，分枝，灰色茸毛，荚弯镰形成熟时呈褐色，子粒圆形，种皮黄色，种脐黄色，有光泽，百粒重18g左右；蛋白质含量41.59%～42.17%，

脂肪含量 19.6％～20.06％；在适应区，出苗至成熟生育日数约 115 天，需不小于 10℃活动积温约 2250℃。

华疆 7734 品种特性包括：生育日数约 117 天，需积温约 2250℃，紫花分枝，株高 90cm 左右，秆强，百粒重 18g 左右，籽粒圆、黄、亮，商品性好，高产稳产。

黑河 38 品种特性包括：出苗至成熟 117 天，需不小于 10℃的积温约 2250℃，株高 75cm，披针形叶，灰毛，紫花，亚有限结荚习性；圆粒，黄色种皮，有光泽，淡脐，百粒重 18.5g，中感灰斑病；粗蛋白质含量 39.70％，粗脂肪含量 20.52％。

北豆 5 号品种特性包括：生育期 115 天，需要活动积温 2230℃；紫花尖叶，灰毛，分枝类型；荚皮深褐色，3～4 粒籽荚多，百粒重 18～20g，籽粒圆黄有光泽；秆强，韧性好，株型收敛，株高 80～100cm，结荚高度 18～22cm，适合机械化收获；蛋白质含量 37.4％，脂肪含量 22.05％；适应性强，中抗灰斑病，抗旱耐涝，早熟，高产稳产。

## 6.1.2 滴灌玉米适宜品种对比试验结果

2013 年滴灌玉米适宜品种比较试验，在采用水肥一体化技术基础上，灌水定额每次 16m³/亩，分别在苗期、大喇叭口期、抽雄吐丝期、灌浆成熟期四个时期灌水 4 次，推荐施肥 N、$P_2O_5$、$K_2O$ 的施用量分别为 14.0kg/亩、7.5kg/亩、4.5kg/亩。对当地生产上主推的品种进行比较试验，结果见表 6-3。由表可看出，品种伟科 702 的产量最高，单产 867kg/亩；其次是先玉 335，单产 859kg/亩；第三为农华 101，单产 837kg/亩。因此，配套水肥一体化施肥方式的主栽品种应选用伟科 702，搭配品种选用先玉 335 和农华 101。2014 年的品种对比试验与 2013 年的效果基本一致，见表 6-4。由表可看出，试验结果也是以品种伟科 702 的产量最高，其次是先玉 335，第三是农华 101，第四是丰田 883。因此，配套水肥一体化施肥方式的主栽品种应选用伟科 702，搭配品种选用先玉 335 和农华 101 或丰田 883。

表 6-3　　　　　　　　　　2013 年不同品种比较试验的测产结果

| 品种名称 | 籽实产量/(kg/亩) | 茎叶产量/(kg/亩) | 单株穗重/g | 百粒重/g |
|---|---|---|---|---|
| 赤单 208 | 813 | 965 | 164.6 | 35.1 |
| 赤单 218 | 798 | 937 | 163.0 | 32.0 |
| 农华 101 | 837 | 998 | 169.2 | 35.0 |
| 伟科 702 | 867 | 1025 | 183.0 | 37.1 |
| 铁研 58 | 819 | 975 | 173.9 | 36.1 |
| 先玉 335 | 859 | 1010 | 184.2 | 34.3 |
| 丰田 883 | 807 | 958 | 172.7 | 35.0 |

表 6-4　　　　　　　　　　2014 年不同品种比较试验的测产结果

| 品种名称 | 籽实产量/(kg/亩) | 茎叶产量/(kg/亩) | 单株穗重/g | 百粒重/g |
|---|---|---|---|---|
| 赤单 208 | 805 | 963 | 160.2 | 34.5 |
| 赤单 218 | 775 | 915 | 161.3 | 31.8 |

续表

| 品种名称 | 籽实产量/(kg/亩) | 茎叶产量/(kg/亩) | 单株穗重/g | 百粒重/g |
|---|---|---|---|---|
| 农华 101 | 815 | 966 | 166.5 | 34.0 |
| 伟科 702 | 835 | 990 | 180.0 | 36.4 |
| 铁研 58 | 756 | 895 | 168.5 | 35.5 |
| 先玉 335 | 823 | 972 | 180.8 | 33.6 |
| 丰田 883 | 801 | 941 | 171.0 | 34.8 |

### 6.1.3　滴灌马铃薯适宜品种筛选结果

由于适宜当地生产应用的马铃薯品种较少，选择余地很小。适宜当地的品种主要包括克星一号、费乌瑞特、夏泼蒂和康尼贝克四大品种。经过 3 年的生产调查，都比较适宜当地应用。因此，在生产上品种选择并不是主要问题，主要问题是品种的脱毒程度，关键是需要选用脱毒种薯的原种和一级种薯，整薯做种薯采用 25～50g/粒，切块做种薯采用大于 70g/粒，而且大小应与播种杯大小匹配，切块遇到病薯，用 0.1％高锰酸钾溶液进行消毒，切块后即刻用 70％甲基托布津可湿性粉剂 200g 加滑石粉 1～2kg 拌种。

在滴灌马铃薯上，一般四个品种都在生产上广泛应用，产量水平都能够达到 2500kg/亩以上，不同品种的特点主要包括生育期、产量水平和抗病性等几个方面。

（1）克星一号：生育期为 95 天左右。一般产量为 1500kg/亩，最高亩产 3000kg/亩，大中薯率 80％左右。田间较抗花叶病毒 PVX，抗 PVY 和卷叶病毒 PLRV，耐 PSTV。田间植株中抗晚疫病、块茎感病，抗环腐病，抗旱耐涝。

（2）紫花白：生育期为 100 天左右。一般产量为 1500～2000kg/亩，最高亩产 4000kg/亩。田间较抗花叶病毒 PVX，中抗 PVY 和卷叶病毒 PLRV，较抗 PSTV。田间植株中抗晚疫病、抗环腐病，抗旱耐涝。

（3）费乌瑞特：生育期为 70～85 天。一般产量为 2000kg/亩，高可达 3000kg/亩。抗马铃薯 Y 病毒，对 A 病毒免疫，植株易感晚疫病，块茎易感晚疫病和环腐病，轻感青枯病，退化快，不抗旱。

（4）夏泼蒂：生育期为 100 天。一般产量为 1500～4000kg/亩，不抗旱，不抗涝，易感 PVX、PVY 病毒，易感晚疫病。

### 6.1.4　渠灌玉米适宜品种对比试验结果

2013 年玉米适宜品种比较试验，在采用水肥一体化技术基础上，灌水定额每次 200m³/亩，分别在苗期、大喇叭口期、抽雄吐丝期、灌浆成熟期四个时期灌水 4 次，推荐施肥 N、$P_2O_5$、$K_2O$ 的施用量分别为 22.0 kg/亩、12kg/亩、3.0kg/亩。对当地生产上主推的品种进行比较试验，结果见表 6-5。由表可看出，在供试的 10 个品种中，以 KX3564 的产量最高，为 1061kg/亩；其次是内单 314，产量为 841kg/亩，应作为当地的主栽品种；搭配品种应选择登海 605 和先玉 335，产量分别是 810kg/亩和 822kg/亩，适宜在河套灌区的玉米生产基地应用推广。

表 6-5　　　　　　　2013 年临河玉米不同品种比较试验的测产结果

| 编号 | 主导品种 | 百粒重/g | 产量/(kg/亩) |
|---|---|---|---|
| 1 | KX3564 | 34.0 | 1061 |
| 2 | 内单 314 | 35.0 | 841 |
| 3 | 登海 605 | 34.4 | 810 |
| 4 | 先玉 335 | 34.3 | 822 |
| 5 | 亨达 988 | 36.7 | 624 |
| 6 | 蒙农 2133 | 33.8 | 791 |
| 7 | 金田 6 号 | 35.4 | 778 |
| 8 | 金创 1 号 | 33.5 | 776 |
| 9 | 科河 8 号 | 39.0 | 621 |
| 10 | 科河 28 | 34.3 | 782 |

2014 年的品种对比试验与 2013 年的效果基本一致，见表 6-6。由表可看出，试验结果也是以 KX3564、内单 314、登海 605 和先玉 335 等品种的产量较高，在含水 14% 时的单产分别达到 868kg/亩、858kg/亩、837kg/亩 和 828kg/亩，应作为比较适宜在河套灌区玉米生产基地应用推广的主栽与搭配品种。

表 6-6　　　　　　　2014 年临河玉米不同品种比较试验的测产结果

| 品种名称 | 亩株数/株 | 百粒重/g | 穗粒重/g | 产量/(kg/亩) |
|---|---|---|---|---|
| 登海 605 | 5134 | 35.0 | 173.2 | 858 |
| 内单 314 | 5066 | 36.1 | 169.1 | 823 |
| 农华 101 | 4978 | 35.0 | 162.6 | 812 |
| KX3564 | 5412 | 34.0 | 159.2 | 868 |
| 西蒙 6 号 | 4965 | 36.2 | 164.5 | 819 |
| 先玉 335 | 4998 | 34.3 | 161.4 | 837 |
| 丰田 9 号 | 5026 | 35.0 | 167.9 | 809 |

# 6.2　测土推荐施肥技术

## 6.2.1　滴灌大豆测土推荐施肥技术

针对大豆施肥方面普遍存在盲目施肥量和氮磷钾肥比例失调的主要问题，农民迫切需要测土配方施肥技术。经开展多年测土施肥技术研究，已经形成了适宜当地大豆高产田的测土推荐施肥技术体系。

滴灌大豆测土推荐施肥技术是以当地 8 年的施肥试验示范结果为依据，在当地土壤基础养分检测与施肥效应多年试验示范基础上，总结出高、中、低产田的养分等级，主要作物养分吸收量和肥料利用率等推荐施肥参数见表 6-7。以当地大豆在高、中、低肥力地块获得高产（当地的高产田目标产量 150kg/亩）的推荐施肥量（表 6-8）为主，结合试验示范地块的土壤肥力检测指标，提出了试验示范与推广的推荐施肥量为 N 2.2～3.9kg/亩、$P_2O_5$ 2.8～4.5 kg/亩、$K_2O$ 2.3～3.3kg/亩。

表 6-7 　　　　　　　　 示范地区大豆测土推荐施肥技术参数指标

| 项　别 | 高产田 | 中产田 | 低产田 |
|---|---|---|---|
| 产量范围/(kg/亩) | 102～271.3 | 76.3～243 | 75.9～201.2 |
| 100kg产量吸肥量/(kg/亩) | N：6.4，$P_2O_5$：0.9，$K_2O$：2.6 | N：6.9，$P_2O_5$：1.1，$K_2O$：3.0 | N：6.7，$P_2O_5$：1.2，$K_2O$：3.7 |
| 肥料利用率/% | N：28.7，$P_2O_5$：20.3，$K_2O$：40.8 | | |

表 6-8 　　　　　　　　 示范区大豆测土推荐施肥技术指标

| 肥力等级 | 极低 | 低 | 中 | 高 | 极高 | 平均 |
|---|---|---|---|---|---|---|
| 全氮含量/% | 1.02 | 1.63 | 2.08 | 3.06 | 4.05 | 2.37 |
| 有效磷含量/(mg/kg) | 9.43 | 13.6 | 21.11 | 26.19 | 41.2 | 22.31 |
| 速效钾含量/(mg/kg) | 90 | 132 | 173 | 227 | 266 | 177.6 |
| N 施用量/(kg/亩) | 5.1 | 3.9 | 3.2 | 2.2 | 1.7 | — |
| $P_2O_5$ 施用量/(kg/亩) | 5.5 | 4.5 | 3.8 | 2.8 | 2.1 | — |
| $K_2O$ 施用量/(kg/亩) | 3.8 | 3.3 | 2.8 | 2.3 | 1.8 | — |

## 6.2.2 滴灌玉米测土推荐施肥技术

针对玉米施肥方面普遍存在盲目施肥和氮磷钾肥比例失调的主要问题，农民迫切需要测土配方施肥技术。经开展多年测土施肥技术研究，已经形成了适宜当地大豆高产田的测土推荐施肥技术体系。

滴灌玉米测土推荐施肥技术是以当地 10 年的施肥试验示范结果为依据，在当地土壤基础养分检测与施肥效应多年试验示范基础上，总结出高、中、低产田的养分等级。玉米吸肥量和肥料利用率等推荐施肥技术参数指标见表 6-9。以当地玉米在高、中、低肥力地块获得高产（当地的高产田目标产量 875kg/亩）的推荐施肥量（表 6-10）为主，结合试验示范地块的土壤肥力检测指标，提出了试验示范与推广的推荐施肥量为 N 7.5～14.5kg/亩、$P_2O_5$ 3.5～8.0kg/亩、$K_2O$ 2.5～5.0kg/亩。

表 6-9 　　　　　　　　 示范地区玉米测土推荐施肥技术参数指标

| 项　别 | 高产田 | 中产田 | 低产田 |
|---|---|---|---|
| 产量范围/(kg/亩) | 750～900 | 600～750 | 400～600 |
| 100kg产量吸肥量/(kg/亩) | N：1.85，$P_2O_5$：0.63，$K_2O$：1.96 | N：1.80，$P_2O_5$：0.61，$K_2O$：1.82 | N：1.47，$P_2O_5$：0.54，$K_2O$：1.54 |
| 肥料利用率平均数/% | N：32.3，$P_2O_5$：19.4，$K_2O$：40.7 | | |

**表 6 - 10**                     示范区玉米测土推荐施肥技术指标

| 分　级 | 极低 | 低 | 中 | 高 | 极高 | 平均 |
|---|---|---|---|---|---|---|
| 全氮含量/% | ≤0.74 | 0.74～0.92 | 0.92～1.29 | 1.29～1.44 | ≥1.44 | 1.10 |
| 有效磷含量/(mg/kg) | ≤4.63 | 4.63～7.40 | 7.40～14.90 | 14.90～18.9 | ≥18.90 | 11.46 |
| 速效钾含量/(mg/kg) | ≤81 | 81～100 | 100～136 | 136～151 | ≥151 | 117 |
| N 施用量/(kg/亩) | ≥14.6 | 14.6～11.8 | 11.8～7.6 | 7.6～6.3 | ≤6.3 | — |
| $P_2O_5$ 施用量/(kg/亩) | ≥8.1 | 8.1～6.4 | 6.4～3.4 | 3.4～2.4 | ≤2.4 | — |
| $K_2O$ 施用量/(kg/亩) | ≥5.2 | 5.2～4.1 | 4.1～2.5 | 2.5～1.9 | ≤1.9 | — |

## 6.2.3 滴灌马铃薯测土推荐施肥技术

针对马铃薯施肥方面普遍存在盲目施肥和氮磷钾肥比例失调的主要问题，农民迫切需要测土配方施肥技术。经开展多年测土施肥技术研究，已经形成了适宜当地大豆高产田的测土推荐施肥技术体系。

滴灌马铃薯测土推荐施肥技术是以当地 9 年的施肥试验示范结果为依据，在当地土壤基础养分检测与施肥效应多年试验示范基础上，总结出高、中、低产田的养分等级。马铃薯吸肥量和肥料利用率等推荐施肥技术参数指标见表 6 - 11。以当地马铃薯在高、中、低肥力地块获得高产（当地的高产田目标产量 3000kg/亩）的推荐施肥量（表 6 - 12）为主，结合试验示范地块的土壤肥力检测指标，提出了试验示范与推广的推荐施肥量为 N 6.0～18.0kg/亩、$P_2O_5$ 8.5～14.5kg/亩、$K_2O$ 7.5～12.8kg/亩，其中氮肥推荐用量按极高—极低肥力地块获得高产的施肥量指标。

**表 6 - 11**              示范地区马铃薯测土推荐施肥技术参数指标

| 项　别 | 高产田 | 中产田 | 低产田 |
|---|---|---|---|
| 产量范围/(kg/亩) | >3000 | 1500～3000 | <1500 |
| 100kg 产量吸肥量/(kg/亩) | N：0.52，<br>$P_2O_5$：0.17，<br>$K_2O$：0.85 | N：0.49，<br>$P_2O_5$：0.12，<br>$K_2O$：0.85 | N：0.88，<br>$P_2O_5$：0.14，<br>$K_2O$：0.98 |
| 肥料利用率/% | N：34.54，$P_2O_5$：13.97，$K_2O$：41.2 | | |

**表 6 - 12**              示范区马铃薯测土推荐施肥技术指标

| 分　级 | 极低 | 低 | 中 | 高 | 极高 |
|---|---|---|---|---|---|
| 全氮含量/% | <1.15 | 1.15～1.4 | 14～1.89 | 1.89～2.09 | >2.09 |
| 有效磷含量/(mg/kg) | <8.6 | 8.6～13.1 | 13.1～24.6 | 24.6～30.4 | >30.4 |
| 速效钾含量/(mg/kg) | <132 | 132～158 | 158～209 | 209～229 | >229 |
| N 施用量/(kg/亩) | 18.0 | 13.6 | 12.6 | 9.5 | 6.0 |
| $P_2O_5$ 施用量/(kg/亩) | 14.45 | 11.9 | 11.05 | 8.5 | 7.65 |
| $K_2O$ 施用量/(kg/亩) | 12.75 | 10.5 | 9.75 | 7.5 | 6.75 |

### 6.2.4 渠灌玉米测土推荐施肥技术

针对玉米施肥方面普遍存在盲目施肥和氮磷钾肥比例失调的主要问题，农民迫切需要测土配方施肥技术。经开展多年测土施肥技术研究，已经形成了适宜当地玉米高产田的测土推荐施肥技术体系。

渠灌玉米测土推荐施肥技术是以当地 10 年的施肥试验示范结果为依据，在当地土壤基础养分检测与施肥效应多年试验示范基础上，总结出高、中、低产田的养分等级。玉米吸肥量和化肥利用率等推荐施肥参数见表 6-13。以当地玉米在高、中、极低肥力地块获得高产（当地的高产田目标产量 3000kg/亩）的推荐施肥量（表 6-14）为主，结合试验示范地块的土壤肥力检测指标，提出了试验示范与推广的推荐施肥量为 N 10.0～24.8kg/亩、$P_2O_5$ 8.8～15.4kg/亩、$K_2O$ 2.8～9.0kg/亩，其中钾肥推荐用量按高—低肥力地块获得高产的施肥量指标。

表 6-13　　　　　　　　示范地区玉米测土推荐施肥技术参数指标

| 项别 | 产量范围 /(kg/亩) | 100kg 产量吸肥量/(kg/亩) | | | 缺肥区产量/(kg/亩) | | | 肥料利用率平均数/% | | |
|---|---|---|---|---|---|---|---|---|---|---|
| | | N | $P_2O_5$ | $K_2O$ | 缺 N | 缺 P | 缺 K | N | $P_2O_5$ | $K_2O$ |
| 高产田 | 800 以上 | 1.84 | 0.72 | 1.92 | 701.4 | 790.5 | 759.8 | | | |
| 中产田 | 600～800 | 1.84 | 0.72 | 1.92 | 576.0 | 614.8 | 652.9 | | | |
| 低产田 | 600 以下 | 1.84 | 0.72 | 1.92 | 434.6 | 503.7 | 517.9 | 29.3 | 9.2 | 60.9 |
| 平均 | — | 1.84 | 0.72 | 1.92 | 570.7 | 636.3 | 643.5 | | | |

表 6-14　　　　　　　　示范区玉米测土推荐施肥技术指标

| 分级 | 极低 | 低 | 中 | 高 | 极高 | 平均 |
|---|---|---|---|---|---|---|
| 全氮含量/% | ≤0.42 | 0.42～0.68 | 0.68～1.37 | 1.37～1.73 | >1.73 | 0.87 |
| 有效磷含量/(mg/kg) | ≤4.2 | 4.2～8.4 | 8.4～23.6 | 23.6～33.4 | >33.4 | 12.9 |
| 速效钾含量/(mg/kg) | ≤66 | 66～104 | 104～204 | 2.4～255 | >255 | 181.5 |
| N 施用量/(kg/亩) | 24.8 | 19.3 | 15.7 | 10.2 | 8.4 | — |
| $P_2O_5$ 施用量/(kg/亩) | 15.4 | 13.0 | 11.3 | 8.8 | 8.0 | — |
| $K_2O$ 施用量/(kg/亩) | 12.7 | 9.0 | 6.5 | 2.8 | 1.5 | — |

## 6.3　栽培耕作技术

### 6.3.1　滴灌大豆栽培耕作技术

2012 年以来，阿荣旗全旗发展高效节水灌溉 65 万亩，对有效改善全旗总产不稳、单产不高的状况奠定了良好基础，但由于配套耕作栽培等农艺技术的不完善，严重制约了产量和效益的提升。除了缺乏配套灌溉、施肥制度外，耕作栽培技术不完善也是造成节水灌溉增产增效潜力没有发挥出来的制约因素。阿荣旗膜下滴灌大豆示范区虽然已经初步配套节水灌溉的作物耕作栽培等技术措施，但由于栽培、耕作关键技术指标、种植方式不完善和技术措施不配套，制约了膜下滴灌大豆的高产高效与稳定发展。

经过三年调查研究，在已有栽培耕作技术措施的基础上，通过完善深耕深松蓄水平地、旋耕碎土破茬等土壤水库扩蓄增容技术指标，明确了适宜膜下滴灌大豆的深耕深松技术指标为 25～35cm，旋耕为 12～15cm，解决了耕层浅、质量差和蓄水保水能力低的问题，达到了打破犁底层、提高蓄水贮水能力并建立平整疏松的耕作层的效果。

通过完善大小行种植方式，明确了大小行覆膜种植的技术指标，大行距 70cm，小行距 40cm，不仅优化了覆膜滴灌技术的配套种植方式，同时实现了大豆种植密度从 1.6 万～1.8 万株/亩增加到 2.0 万～2.2 万株/亩，为滴灌增产奠定了基础。

通过完善播期和生育期适宜机械化作业的农艺配套技术集成，形成了大豆覆膜播种期进行种床整形、开沟、施肥、铺膜、压膜、膜边覆土、种行震压等一次作业的技术组织集成，完善了生育期中耕、除草、施肥、防虫等一次作业的技术组织集成，建立了大豆、玉米和谷子与大豆、玉米、马铃薯等三年轮作制，解决了示范区大豆重迎茬的严重问题，实现了大豆膜下滴灌配套农艺技术的规范化与各项农艺措施的组装集成，有效保障了膜下滴灌大豆高产高效。

## 6.3.2 滴灌玉米栽培耕作技术

2010 年以来，赤峰市松山区被国家确定为高效节水灌溉工程重点项目区，并成为内蒙古地区膜下滴灌玉米的重点示范基地，但由于配套耕作栽培等农艺技术量化指标和配套技术多还以传统经验为主，严重制约了产量和效益的提升。除了缺乏配套灌溉、施肥制度外，耕作栽培技术不完善也是造成节水灌溉增产增效潜力没有发挥出来的制约因素。松山区膜下滴灌玉米示范区虽然已经初步配套节水灌溉的作物耕作栽培等技术措施，但由于缺乏栽培、耕作关键技术量化指标，以及种植方式不完善和技术措施不配套，制约了膜下滴灌玉米的高产高效与稳定发展。

经过三年调查研究，在已有"一增四改"栽培耕作和施肥技术（即合理增加密度，改松散型为直立型、耐密型品种，改均垄种植为大小垄种植，改粗放施肥为测土配方施肥，改人工种植为全程机械化作业）的基础上，通过完善深耕深松蓄水平地、旋耕碎土破茬等土壤水库扩蓄增容技术指标，明确了适宜膜下滴灌玉米的深耕深松技术指标为 25cm 以上，旋耕为 12～15cm，解决了耕层浅、质量差和蓄水保水能力低的问题，达到了打破犁底层、提高蓄水贮水能力并建立平整疏松的耕作层的效果。

通过完善大小行种植方式，明确了大小行覆膜种植的技术指标，大行距 80cm，小行距 40cm，播期比露地栽培提前 7～10 天，不仅优化了覆膜滴灌技术的配套种植方式，同时实现了玉米种植密度从 4500 株/亩增加到 5500 株/亩，为滴灌增产奠定了良好基础。

通过完善播期和生育期适宜机械化作业的农艺配套技术集成，形成了玉米覆膜播种期进行播种、施肥、铺膜、压膜、膜边覆土、种行震压等一次作业的技术组织集成，完善了生育期中耕、除草、施肥、防虫等一次作业的技术组织集成，解决了示范区玉米栽培耕作技术指标不规范、各项农艺技术措施不配套的主要问题，实现了玉米膜下滴灌配套农艺技术的规范化与各项农艺措施的组装集成，有效保障了膜下滴灌玉米的高产高效。

### 6.3.3　滴灌马铃薯栽培耕作技术

马铃薯膜下滴灌是乌兰察布市马铃薯节水灌溉发展的重点。通过前期调研，探究总结出限制马铃薯膜下滴灌高产和水肥高效利用的因素有以下几个方面。

（1）灌溉制度缺失，表现为灌溉次数少，灌水量不合理，未能按照马铃薯需水规律进行灌溉。

（2）施肥不合理，施肥技术不完善，肥料运筹不合理，目前形成的以基肥为主或配套1次追施的习惯，造成肥料利用率及农学效率很低，特别是小农户种植中追肥装置基本不用，膜下滴灌的水肥一体化技术应用普及率很低。

（3）栽培耕作措施粗放，机械化程度低，耕作深度浅，不能保障及时播种并保全苗。现有新型节水技术与成果利用率和转化度较低，各种高新技术集成度低。例如节水新品种、扩蓄、保墒技术及土壤墒情检测等技术等。

（4）膜下滴灌农机不配套，表现为犁地深度不够，种植、培土与收获不配套，导致了马铃薯出苗率低和后期马铃薯块茎膨大受到限制。因此，研究和开发适应当地马铃薯种植至收获的农机至关重要。

（5）农户对马铃薯膜下滴灌栽培技术不认识，对农田节水灌溉意识低。

商都县是马铃薯膜下滴灌的重点示范基地，除了上述五个方面的原因外，在配套耕作栽培等农艺技术量化指标和技术集成方面多还以传统经验为主，严重制约了产量和效益的提升，膜下滴灌马铃薯示范区虽然已经初步配套节水灌溉的作物耕作栽培等技术措施，但栽培、耕作关键技术量化指标不规范、种植方式不完善和技术措施不配套等问题，已经成为膜下滴灌马铃薯高产高效与稳定发展的技术瓶颈。

经过三年调查研究，在已有栽培耕作和施肥技术基础上，重点进行了起垄耕作聚水聚肥和适宜机械化作业的农艺技术规范的调研。通过改平作为垄作，完善起垄耕作聚水聚肥、覆膜保水保肥等技术指标，规范了适宜膜下滴灌马铃薯的深耕 35cm 并浅旋 15cm 后起垄播种；规范中耕覆土技术，明确了出苗率达到 10%～20% 时进行第一次中耕，苗高 15～20cm 时进行第二次中耕，顶部培土厚度 4～6cm，使播种、耕作技术措施更加规范并适宜机械化作业。

通过完善大小行种植方式，明确了大小行覆膜种植的技术指标，大行距 90～110cm，垄上双行播种，行距 25cm，不仅优化了覆膜滴灌技术的配套种植方式，同时实现了马铃薯种植密度从 2500 株/亩增加到 3500 株/亩，为大幅度提升滴灌马铃薯单产提供了有效技术支撑。

通过完善播期和生育期适宜机械化作业的农艺配套技术集成，形成了马铃薯覆膜播种期进行播种、施肥、铺膜、铺带等一次作业的技术组织集成，完善了生育期中耕、除草、施肥、防虫等一次作业的技术组织集成，解决了示范区马铃薯栽培耕作技术指标不规范、各项农艺技术措施不配套的主要问题，实现了马铃薯膜下滴灌配套农艺技术的规范化与各项农艺措施的组装集成，有效保障了膜下滴灌马铃薯增产增效。

### 6.3.4 渠灌玉米栽培耕作技术

巴彦淖尔临河示范区属于典型的引黄灌区，经过多年的建设，现已基本形成了具有防洪、灌溉除涝、治碱等多功能成型配套的灌排体系。由于灌区在农艺技术措施的规范化程度和各项措施配套组装不完善，制约了大型灌区节水灌溉的效益，主要问题包括：①灌溉制度缺失，表现为灌溉次数少，灌水量不合理，未能按照马铃薯需水规律进行灌溉。②施肥不合理，施肥技术不完善，肥料运筹不合理，目前形成的以基肥为主或配套 1 次追施的习惯，造成肥料利用率及农学效率很低，特别是小农户种植中追肥装置基本不用，膜下滴灌的水肥一体化技术应用普及率很低。③栽培耕作措施粗放，机械化程度低，耕作深度浅，不能保障及时播种并保全苗；现有新型节水技术与成果利用率和转化度较低，各种高新技术集成度低。

在配套耕作栽培等农艺技术量化指标和技术集成方面多还以传统技术为主，严重制约了产量和效益的提升。渠灌玉米示范区虽然已经初步配套节水灌溉的作物耕作栽培等技术措施，但栽培、耕作关键技术量化指标不规范、种植方式不完善和技术措施不配套等问题，已经成为制约渠灌马铃薯高产高效的技术瓶颈。

经过三年调查研究，在已有栽培耕作和施肥技术基础上，重点在玉米宽覆膜模式与"一增四改"栽培技术基础上，在关键技术指标及规范化操作方面进行了优化与改进。通过改窄膜覆盖为宽膜覆盖，改一膜两行为一膜四行种植，每一个带内为两宽行中间隔一窄行；明确了玉米种植带地膜宽度为 170cm，带内采用宽窄行种植，每膜种植 4 行的技术指标；通过改等行距种植为大小行种植，使玉米种植密度从传统 3500～4000 株/亩提高到 5000～6000 株/亩。与常规覆膜方式相比，能够减少土壤水分的无效蒸发，提高保水效果，提高土壤增温保温效果，提高杀灭杂草的作用，免除中耕除草作业，降低劳动强度，加速玉米生长，提高生长量积累速度，提高产量。

通过完善播期和生育期适宜机械化作业的农艺配套技术集成，形成了玉米宽覆膜播种期进行播种、施肥、铺膜、喷药等一次作业的技术组织集成，完善了生育期中耕、除草、施肥、防虫等一次作业的技术组织集成，解决了示范区玉米栽培耕作技术指标不规范、各项农艺技术措施不配套的主要问题，实现了配套农艺技术的规范化与各项农艺措施的组装集成，有效保障了渠灌玉米的增产增效。

## 6.4 病虫草害防治技术

病虫草害防控技术主要分为三类。第一类是以预防为主的类型，主要包括苗期病虫草害和生育期常见病害，属于每年都必须实施的防控措施，如种子包衣及适时喷施预防常见病的化学药剂等。第二类是根据田间病虫害发生及危害程度进行控制的类型，主要是通过监测或调查结果进行的病虫害药剂防治，基本原则是根据被害率、病情指数、虫害指数进行控制，当这些指标达到需要进行药物控制、生物控制或农业控制的程度时，分别及时进行防控，也是配套膜下滴灌的主要病虫害防控措施，一般比传统农田的用量和次数要适度减少或降低。第三类是地方性、区域性重大病虫疫情的综合防控，主要根据监测部门的要求进行的药物、生物或农业控制。

### 6.4.1　滴灌大豆病虫草害防控技术

阿荣旗是自治区发展高效节水灌溉的典型示范区，近年来的发展规模不断增加，对改善大豆总产不稳、单产不高的状况奠定了良好基础，但由于受配套农艺技术措施不完善的影响，严重制约了产量和效益的提升。除了缺乏配套灌溉、施肥制度及耕作栽培技术外，病虫草害防控技术不配套也是造成节水灌溉增产增效潜力没有发挥出来的制约因素。阿荣旗膜下滴灌大豆示范区虽然已经初步配套节水灌溉的作物病虫草害防控等技术措施，但由于技术量化指标与综合防控措施不完善，制约了膜下滴灌大豆的高产高效与稳定发展。

经过三年调查研究，在已有病虫草害防控技术措施的基础上，通过完善主要病虫草害防控技术指标调研，提出了病虫害的综合防治技术及规范化措施，主要是"两病三虫"。对于大豆根腐病，一是轮作倒茬，防治地下害虫为害，减少根部伤害，不给病菌创造侵染机会；二是药剂防治，采用种子包衣，一般 35％多克福大豆种衣剂，也可采用其他杀菌剂拌种，如 50％多菌灵 500 倍液或 75％甲基托布津 800 倍液拌种，阴干后即可播种。

对于大豆疫病防治，一是改善栽培条件，加强中耕管理，避免连作；二是化学防治，应用杀毒矾—M，用种子量 0.4％闷种，也可用 25％瑞毒霉按种子量 0.3％拌种。对于大豆菌核病，主要用 50％菌核净喷洒防治。

对于大豆胞囊线虫病防治，一是农业防治，包括与禾本科作物轮作至少三年以上，配合秋翻地，秋翻地能破坏越冬病原物及害虫的生存环境，消灭部分越冬病原物；二是化学防治，应用 35％大豆种衣剂拌种，药种比为 1∶75。

对于大豆食心虫防治，一是选用抗病品种，即选择无毛、荚皮组织坚硬的品种；二是农业防治，主要采用合理翻耕、中耕、大豆收割后进行秋翻；三是药剂防治，主要采用敌敌畏熏蒸防治成虫；四是喷雾防治，可用 25％快杀灵乳油或其他菊酯类药剂；五是生物防治，主要采用白僵菌粉或赤眼蜂灭卵，每亩放蜂量为 2 万～3 万只。

对于草地螟防治，一是农业防治，包括秋季耙地破坏越冬场所以增加越冬期死亡数量，可挖一条宽 33cm、深 50cm 防虫沟，沟内施药使其越沟死亡；二是药剂防治，包括：幼虫发生盛期用 80％敌敌畏乳油 800 倍液；50％辛硫磷乳油 800～1000 倍液；用 5％来福灵乳油 20mL/亩兑水 30～40kg 喷雾。防治适期为 2～3 龄幼虫占 60％～70％，实现了大豆膜下滴灌主要病虫草害防控关键技术的规范化与综合防控技术的组装集成，有效保障了膜下滴灌大豆高产高效。

对于其他病虫草害防控可参照表 6－15 的指标进行综合预防。

表 6－15　　　　　　　　大豆病虫草害防控技术及指标

| 时　期 | 防 治 对 象 | 药 剂 种 类 |
| --- | --- | --- |
| 播前 | 土传病害、地下害虫、恶性杂草 | 不重茬，不迎茬，无敏感性农药残留，土表细碎，地块平整 |
| 播种—幼苗期 | 地下害虫、病害 | 杀虫剂、杀菌剂、微肥、成膜剂，有的还包含抗旱剂及根瘤菌、壮根剂等包衣 |

续表

| 时 期 | 防治对象 | 药 剂 种 类 |
|---|---|---|
| 播后苗前 | 杂草 | 乙草胺＋普乐宝（施乐补）、普施特＋广灭灵，乙草胺＋豆磺隆＋24D、封杀一号、封安、乙草安＋阔草清、乙草安＋速收等多种处理组合，克芜踪和草甘膦作灭生处理 |
| 幼苗期— 分枝期 | 禾本科杂草 | 拿捕净、高效盖草能、收乐通、精禾草克、精稳杀得、精骠等 |
| | 阔叶杂草 | 普施特、排草丹、虎威、杂草焚、克阔乐、普施特＋广灭灵 |
| | 立枯病、根腐病 | 甲基托布津或多菌灵、苯菌灵加普力克或甲霜灵、大生等喷雾或灌根，在使用杀菌剂的同时使用适量的生根剂和速效氮肥 |
| | 虫害 | 毒饵、灌根、全面喷雾、夜晚挂杀虫灯灭成虫、保护利用天敌生物等 |
| 花期 | 病毒病 | 喷植病灵、病毒 A、强力病毒灵和小叶敌、植物龙、植物动力等叶面肥 |
| | 菌核病、褐斑病、灰斑、紫斑病 | 喷速克灵、甲基托布津、百菌清、农抗 120 等 |
| | 细菌性病害 | 杀得、绿乳铜、农用链霉素 |
| | 虫害 | 溴氰菊酯、功夫、来福灵、高效氯氰，灭杀毙，阿维菌素、苦参碱、氧化乐果、辛硫磷、敌百虫、生长干扰素、性诱剂、Bt、白僵菌、颗粒病毒制剂等喷雾，一净291、氧化乐果、抗蚜威、艾福丁、灭杀毙等药剂 |
| 鼓粒— 成熟期 | 大豆食心虫 | 成虫用敌敌畏等熏杀；幼虫采用孵化盛期喷施杀虫药剂 |

## 6.4.2　滴灌玉米病虫草害防控技术

赤峰市松山区被国家确定为高效节水灌溉工程重点项目区，并成为内蒙古地区膜下滴灌玉米的重点示范基地，但由于受配套农艺技术措施不完善的影响，制约了节水灌溉产量和效益的提升，其中病虫草害防控技术不配套也是造成节水灌溉增产增效潜力没有发挥出来的制约因素。阿荣旗膜下滴灌大豆示范区虽然已经初步配套节水灌溉的作物病虫草害防控等技术措施，但由于技术量化指标与综合防控措施不完善，制约了膜下滴灌玉米的高产高效与稳定发展。

经过三年调查研究，在已有病虫草害防控技术措施的基础上，通过完善主要病虫草害防控技术指标调研，提出了病虫害的综合防治技术及规范化措施，主要是杂草防除与一病一虫。对于杂草防除，一般在播种后至盖膜前在床面均匀喷洒除草剂，有效控制田间杂草。根据气候、土壤和轮作条件选用合适的除草剂和施用剂量。一般采用50％乙草胺乳油 100～125mL 或 42％甲乙莠水悬浮剂 150～200mL 或 40％异丙草莠水悬浮剂 150～200mL 进行封闭除草，注意对后茬作物产生影响。

对于病虫害预防，主要是黑穗病、大小斑病与玉米螟，其中丝黑穗病，在播种期用高于17％的"福·克"合剂进行种子包衣，可以预防并同时防治地老虎、蝼蛄、蛴螬、金针虫等地下害虫；大小斑病在发病期采用50％多菌灵 WS、75％百菌清 WS、80％代森锰锌 WS 等药剂稀释 500～700 倍进行喷洒。

玉米螟危害较重区域，可采用频振杀虫灯、赤眼蜂进行统防统治，当双斑莹叶甲发生较重时可选用 20％氰戊菊酯乳油喷施。

其他病虫草害防控可参照表 6－16 的技术指标进行预防。

表 6－16　　　　　　　　玉米病虫草害防治技术及指标

| 防治时期 | 防治对象 | 药　剂 | 用量及用法 | 用　法 |
|---|---|---|---|---|
| 播种期 | 地下害虫 | 20％福·克、15％克·戊、23％福·唑、毒死蜱等悬浮剂种衣剂 | 按种子量的 2％～3％ | 包衣 |
| | | 3％辛硫磷 G 或用 20％辛硫磷 EC | 随种撒施 5kg/667m$^2$，用乳油喷施在厩肥上 250mL/667m$^2$ | 撒施、喷施 |
| | 玉米丝黑穗病 | 15％克·戊、23％福·唑、毒死蜱等含戊唑醇的种衣剂 | 按种子量的 2％～3％ | 包衣 |
| | 茎基腐病 | 20％福·克、20％多克福种衣剂 | 按种子量的 2％ | 包衣 |
| | 一年生禾本科和阔叶杂草 | 40％乙草胺·莠悬浮乳剂 | 300～350mL/667m$^2$ | 土壤播种沟喷药 |
| | | 40％异丙草·莠悬乳剂 | 300～400mL/667m$^2$ | 土壤播种沟喷药 |
| | | 42％丁·莠悬乳剂 | 350～400mL/667m$^2$ | 土壤播种沟喷药 |
| | | 42％甲草胺·异丙草·莠去津悬乳剂 | 200～300mL/m$^2$ | 土壤播种沟喷药 |
| | | 60％滴丁·嗪·乙 EC | 200～250mL/m$^2$ | 土壤播种沟喷药 |
| | | 90％乙草胺水乳剂 | 100～140mL/m$^2$ | 土壤播种沟喷药 |
| 苗期 | 地下害虫 | 2.5％敌杀死 EC、20％氰戊菊酯 EC2.5％高效氯氟氰菊酯 EC | 稀释 1500～2000 倍 | 喷施 |
| | | 48％毒死蜱 EC | 用毒土 4～5kg/667m$^2$；1：50 的毒土 | 撒施 |
| | | 50％辛硫磷 EC | 50g 与炒香的 5kg 麦麸拌匀 | 撒施在玉米行间 |
| | 一年生禾本科杂草和阔叶杂草 | 4％玉农乐悬浮剂 | 100～120mL/667m$^2$ | 喷施 |
| | | 48％百草敌水剂 | 33～40mL/667m$^2$ | 喷施 |
| | | 22.5％溴苯腈 EC | 80～130mL/667m$^2$ | 喷施 |
| | | 55％耕杰 SC | 100～150mL/667m$^2$ | 喷施 |
| | | 20％玉田草克星 | 100～120mL/667m$^2$ | 喷施 |
| 喇叭口期 | 玉米螟 | 毒死蜱·氯菊 G | 350～500g/667m$^2$ | 喷施 |
| | | BT 颗粒剂 | 150mL/667m$^2$BT 乳剂；兑适量水，与 1.5～2kg 细河砂混拌均匀 | 撒入心叶内 |
| | | 毒死蜱 EC | 0.5kg 药液兑 25kg 细砂拌匀，1kg/667m$^2$ | 灌心叶 |
| | | 白僵菌粉（含孢子量 300 亿/g） | 7g 兑滑石粉 0.25kg 均匀混合 | 撒施 |
| | 黏虫 | 50％辛硫磷 EC、4.5％高效氯氰菊酯 EC | 稀释 800～1000 倍 | 喷施 |
| | | 2.5％功夫 EC、3％定虫脒 EC | 稀释 1500～2000 倍 | 喷施 |
| | 玉米蚜 | 50％抗蚜威 WS | 稀释 2000 倍 | 喷施 |
| | | 10％吡虫啉 WS、3％定虫脒 WS | 稀释 1500 倍 | 喷施 |
| | | 80％晶体敌百虫 | 稀释 1000 倍 | 喷施 |

续表

| 防治时期 | 防治对象 | 药 剂 | 用量及用法 | 用 法 |
|---|---|---|---|---|
| 穗期 | 玉米红蜘蛛 | 2%混灭威粉剂或20%灭扫利 | 稀释3000倍 | 喷施 |
| | | 40%三氯杀螨醇 | 稀释1000倍 | 喷施 |
| | | 1.8%集琦虫螨克 | 稀释2500倍 | 喷施 |
| | | 15%哒螨灵EC | 稀释2000～3000倍 | 喷施 |
| | | 20%绿保素乳油 | 稀释3000～4000倍 | 喷施 |
| | | 240g/L螨危悬浮剂 | 稀释1000，药液50～75L/667m² | 7～10天喷药一次 |
| | 玉米大、小斑病 | 50%多菌灵WS、75%百菌清WS、80%代森锰锌WS | 稀释500～700倍 | 喷施 |
| | 双斑莹叶甲 | 10%吡虫啉WS、4.5%高效氯氰菊酯EC | 稀释1000～1500倍 | 喷施 |

## 6.4.3 滴灌马铃薯病虫草害防控技术

商都县是乌兰察布市马铃薯膜下滴灌等节水灌溉农业发展的重点。通过前期调研，探究总结出限制马铃薯膜下滴灌高产高效的主要制约因素除了灌溉、施肥制度外，主要的病虫草害十分严重，主要是多种病害已经成为马铃薯稳定持续发展的主要技术瓶颈。

关于病害方面的预防，一是病毒病采用脱毒种薯预防；二是早晚疫病和地下害虫以预防为主，采用分期适时药剂防控，其他病害采用发生期药物防治措施。病虫害防控一般出苗后3～4周内植株封垄前完成第一次预防，以后根据植株发病情况每隔7～9天进行一次，前期以保护性药剂与内吸性药剂交替使用。后期两者混合使用，喷药总次数一般8～10次。

综合防控措施主要采用播前用70%甲基托布津可湿性粉剂加滑石粉拌种，生育期喷施了70%克露、64%杀毒矾、80%大生m－45等药剂防治各种病虫害。

其他病虫草害防控可参照表6－17的技术指标进行预防。

表6－17　　　　　　　　马铃薯病虫害综合防控技术及指标

| 时期 | 防治对象 | 药剂种类 | 剂 型 | 用 法 | 用量 /[g或mL/(亩/次)] |
|---|---|---|---|---|---|
| 切种 | 种薯处理 | 甲基硫菌灵 | 70%可湿性粉剂 | 拌种 | 110 |
| | | 滑石粉 | | 拌种 | 1750 |
| 播种前 | 地下害虫 | 高巧 | 600g/L悬浮种衣剂 | 土壤播种沟喷药 | 50 |
| | 黑痣 | 阿米西达 | 25%悬浮剂 | 土壤播种沟喷药 | 40 |
| 苗前 | 杂草 | 田普 | 45%微胶囊剂 | 土壤苗前 | 180 |
| 苗后 | 杂草 | 高效盖草能 | 108g/L乳油 | 叶喷 | 50 |

| 时期 | 防治对象 | 药剂种类 | 剂 型 | 用 法 | 用 量<br>/[g 或 mL/(亩/次)] |
|---|---|---|---|---|---|
| 生长期病虫害 | 早、晚疫病 | 科博 | 40％波尔多液＋30％代森锰锌 | 叶喷 | 100 |
| | | 好力克（博邦） | 430g/L悬浮剂 | 叶喷 | 15 |
| | | 大生（喷克） | 80％可湿性粉剂 | 叶喷 | 120 |
| | | 好力克（博邦） | 430g/L悬浮剂 | 叶喷 | 15（40） |
| | | 福帅得（科佳） | 500g/L悬浮剂 | 叶喷 | 40（60） |
| | | 银法利 | 70％可湿性粉剂 | 叶喷 | 120 |
| | | 安克 | 悬浮剂 | 叶喷 | 40 |
| | | 可杀得2000 | 可湿性粉剂 | 叶喷 | 100 |
| | 蚜虫、斑蝥、草地螟 | 矿物油绿影 | 可湿性粉剂 | 叶喷 | 200 |
| | | 艾美乐 | 70％水分散粒剂 | 叶喷 | 5 |
| | | 功夫 | 70％可湿性粉剂 | 叶喷 | 25 |
| | | 高效氯氰菊酯 | 4.5％水乳剂 | 叶喷 | 50 |
| | | 吡虫啉 | 70％可湿性粉剂 | 叶喷 | 20 |
| | | 阿克泰 | 25％水分散粒剂 | 叶喷 | 6 |

# 6.5 农艺配套技术集成模式

## 6.5.1 滴灌大豆水肥一体化的集成技术

综合小区试验及三区对比示范结果，明确了滴灌大豆的水肥一体化关键技术及主要技术指标，见表6-18，包括灌溉制度、测土推荐施肥，以及随灌水施肥次数及其占施肥总量的比例等。其中灌溉制度一般采用生育期分4～6次灌水38～66m³/亩，灌水定额6～12m³/亩，播种到出苗期滴灌1次，分枝到开花期滴灌1次，开花到结荚期滴灌1～2次，鼓粒到灌浆期滴灌1～2次。随灌水施肥在大豆生育期共施肥3次，包括1次基肥或种肥加2次追肥。施肥量采用测土推荐施肥总量，施肥方式采用分基肥、分枝期追肥和开花期追肥的方式。施肥总量按高、中、低不同肥力地块施用N 2.2～3.9kg/亩、$P_2O_5$ 2.8～4.5kg/亩、$K_2O$ 2.3～3.3kg/亩，施肥方式按基肥40％，分枝期随灌水追肥30％，开花期随灌水追肥30％。基肥的肥料品种以粒肥为主，其中氮肥选用尿素或磷酸二铵，磷钾肥选用磷酸二铵或氯化钾或硫酸钾；追肥的肥料品种以速溶性肥和液体肥为主，其中氮肥选用尿素，磷肥选用工业磷酸或聚磷酸铵，钾肥选用硝酸钾或氯化钾。

配套农艺措施包括适宜品种、栽培方式、中耕除草、病虫害防控等，其中品种以华疆7734为主栽品种，以北豆48等系列品种为搭配品种。配套栽培技术以覆膜双行大小垄种植为主，大垄宽80cm，小垄宽40cm，生育期间进行膜下封闭除草，中耕除草，结合不同病虫草害发生情况喷施50％多菌灵、75％甲基托布津、50％菌核净、50％辛硫磷乳油和5％来福灵乳油等农药，防治大豆根腐病、疫病、菌核病、胞囊线虫、食心虫和草地螟。

表 6-18　　　　　　　　　大豆膜下滴灌水肥一体化关键技术及指标

| 物候期 | 推荐灌水量/(m³/亩) | | 分次施肥/% | 推荐施肥量/(kg/亩) | | |
| --- | --- | --- | --- | --- | --- | --- |
| | 干旱年 | 平水年 | | N | $P_2O_5$ | $K_2O$ |
| 全生育期 | 50～72 | 40～52 | 100 | 2.2～3.9 | 2.8～4.5 | 2.3～3.3 |
| 播种期 | 6～8 | 5～8 | 40 | 0.7～1.2 | 0.8～1.3 | 0.7～1.0 |
| 初苗期 | 8～10 | 8～10 | — | — | — | — |
| 分枝期 | 10～15 | 10～12 | 30 | 0.8～1.5 | 1.0～1.9 | 0.9～2.3 |
| 开花期 | 10～15 | 10～12 | — | — | — | — |
| 鼓粒期 | 8～12 | 8～10 | 30 | 0.7～1.2 | 0.8～1.3 | 0.7～1.0 |
| 灌浆期 | 8～12 | | | | | |

注　施肥量应根据地块肥力高低程度在推荐幅度范围内进行调节，在采用高施肥量时，可适当降低氮肥、钾肥、氮磷肥各15%的施用量。

## 6.5.2　滴灌玉米水肥一体化集成技术

综合小区试验及三区对比示范结果，明确了滴灌玉米的水肥一体化关键技术及主要技术指标，见表 6-19，包括灌溉制度、测土推荐施肥，随灌水施肥次数及其占施肥总量的比例等。其中灌溉制度采用生育期分 7～8 次灌水 92～132m³/亩，灌水定额 12～20m³/亩，播种到出苗期滴灌 1～2 次，大喇叭口期滴灌 2 次，抽雄吐丝期滴灌 2 次，灌浆期滴灌 2 次。随灌水施肥在玉米生育期共施肥 3 次，包括 1 次基肥或种肥加 2 次追肥。施肥量采用测土推荐施肥总量，施肥方式采用分基肥、大喇叭口期追肥和灌浆期期追肥的方式。施肥总量按低、中、高不同肥力地块施用 N 7.5～14.5kg/亩、$P_2O_5$ 3.5～8.0kg/亩、$K_2O$ 2.5～5.0kg/亩，施肥方式按基肥 40%，大喇叭口期随灌水追肥 30%，灌浆期随灌水追肥 30%。基肥的肥料品种以粒肥为主，其中氮肥选用尿素或磷酸二胺，磷钾肥选用磷酸二胺或氯化钾或硫酸钾；追肥的肥料品种以速溶性肥和液体肥为主，其中氮肥选用尿素，磷肥选用工业磷酸或聚磷酸铵，钾肥选用硝酸钾或氯化钾。

表 6-19　　　　　　　　　玉米膜下滴灌水肥一体化关键技术及指标

| 物候期 | 推荐灌水量/(m³/亩) | | 分次施肥/% | 推荐施肥量/(kg/亩) | | |
| --- | --- | --- | --- | --- | --- | --- |
| | 干旱年 | 一般年 | | N | $P_2O_5$ | $K_2O$ |
| 全生育期 | 92 | 132 | 100 | 7.5～14.5 | 3.5～8.0 | 2.5～5.0 |
| 播种期 | 12 | 12 | 40 | 3.0～6.0 | 1.5～3.0 | 1.0～2.0 |
| 出苗期 | 20 | | | | | |
| 大喇叭口 | — | — | 30 | 2.5～4.5 | 1.0～2.5 | 0.8～1.5 |
| 抽雄期 | 20 | 20（2次） | | | | |
| 吐丝期 | 20 | 20（3次） | 30 | 2.0～4.0 | 1.0～2.5 | 0.7～1.5 |
| 灌浆期 | 20 | 20 | | | | |

注　施肥量应根据地块肥力高低程度在推荐幅度范围内进行调节，在采用高施肥量时，可适当降低氮肥、钾肥、氮磷肥各15%的施用量。

配套农艺措施包括适宜品种、栽培方式、中耕除草、病虫害防控等，其中品种以伟科 702 为主栽品种，搭配先玉 335 和农华 101 或丰田 883 等品种。配套栽培技术以覆膜双行大小垄种植为主，大垄宽 80cm，小垄宽 40cm，种植密度 5500 株/亩，生育期间进行膜下封闭除草，膜间中耕除草，结合不同病虫草害发生情况施用 1%辛硫磷颗粒剂、20%氰戊菊酯乳油等农药，防治玉米螟、双斑莹叶甲等病虫害。

### 6.5.3　滴灌马铃薯水肥一体化集成技术

综合小区试验及三区对比示范结果，明确了滴灌马铃薯的水肥一体化关键技术及主要技术指标，见表 6 - 20，包括灌溉制度、测土推荐施肥，随灌水施肥次数及其占施肥总量的比例等。其中灌溉制度采用生育期分 9～10 次灌水 122～160m³/亩，灌水定额 10～22m³/亩，播种到出苗期滴灌 1 次，现蕾期灌 1 次 10～15m³/亩，开花期滴灌 2 次 20～30m³/亩，块茎膨大期滴灌 4～5 次 70～90m³/亩，收获期滴灌 1 次 7m³/亩。随灌水施肥在马铃薯生育期共施肥 4 次，包括 1 次基肥或种肥加 3 次追肥。施肥量采用测土推荐施肥总量，施肥方式采用分基肥、开花期追肥和块茎膨大期追肥的方式。施肥总量按高、中、低不同肥力地块施用 N 6.0～18.0kg/亩、$P_2O_5$ 8.5～14.5kg/亩、$K_2O$ 2.3～3.3kg/亩，施肥方式按基肥 40%，开花初期随灌水追肥 20%，开花末期随灌水追肥 20%，膨大期追肥 20%。基肥的肥料品种以粒肥为主，其中氮肥选用尿素或磷酸二胺，磷钾肥选用磷酸二胺或氯化钾或硫酸钾；追肥的肥料品种以速溶性肥和液体肥为主，其中氮肥选用尿素，磷肥选用工业磷酸或聚磷酸铵，钾肥选用硝酸钾或氯化钾。

配套农艺措施包括适宜品种、栽培方式、中耕除草、病虫害防控等，其中品种以夏波蒂和康尼贝克为主栽品种。配套栽培技术以一带双行、起垄覆膜种植模式为主，大行距 90～110cm，播期旋耕 15～20cm，播种起垄宽度 40～50cm，起垄高度 25～30cm，种植密度 3500～3800 株/亩，播前用 70%甲基托布津可湿性粉剂加滑石粉拌种，生育期喷施了 70% 克露、64%杀毒矾、80% 大生 m - 45 等药剂防治各种病虫害。

表 6 - 20　　　　　　　马铃薯膜下滴灌水肥一体化关键技术及指标

| 物候期 | 推荐灌水量/(m³/亩) | | 分次施肥/% | 推荐施肥量/(kg/亩) | | |
|---|---|---|---|---|---|---|
| | 干旱年 | 一般年 | | N | $P_2O_5$ | $K_2O$ |
| 全生育期 | 122 | 160 | 100 | 6.0～18.0 | 8.5～14.5 | 7.5～12.8 |
| 播种期 | 10 | 12 | 40 | 2.5～7.0 | 3.5～6.0 | 3.0～5.0 |
| 出苗期 | — | — | — | — | — | — |
| 现蕾期 | 10 | 15 | 30 | 1.2～4.0 | 1.7～3.0 | 1.5～2.8 |
| 初花期 | 22 | 31 | 20 | 1.2～3.5 | 1.7～3.0 | 1.5～2.5 |
| 盛花—膨大期 | 73 | 89 | 10 | 1.1～3.5 | 1.6～2.5 | 1.5～2.5 |
| 收获期 | 7 | 13 | — | — | — | — |

注　施肥量应根据地块肥力高低程度在推荐幅度范围内进行调节，在采用高施肥量时，可适当降低氮肥、氮磷肥各 15%的施用量。

### 6.5.4　渠灌玉米水肥一体化集成技术

综合小区试验及三区对比示范结果，明确了渠灌玉米的水肥一体化关键技术及主要技术指标，见表6－21，包括灌溉制度、测土推荐施肥，随灌水施肥次数及其占施肥总量的比例等。其中灌溉制度采用生育期分4次灌水200～240m³/亩，播种前渠灌60～70m³/亩，大喇叭口期渠灌50～60m³/亩，抽雄吐丝期渠灌50～60m³/亩，灌浆期渠灌50～60m³/亩。随灌水在玉米生育期共施肥3次，包括1次基肥或种肥加2次追肥。施肥量采用测土推荐施肥总量，施肥方式采用分基肥、大喇叭口期追肥和灌浆期期追肥的方式。施肥总量按低、中、高不同肥力地块施用N 10.0～24.5kg/亩、$P_2O_5$ 8.8～15.4kg/亩、$K_2O$ 2.5～5.0kg/亩，施肥方式按基肥40％，大喇叭口期随灌水追肥30％，灌浆期随灌水追肥30％。基肥的肥料品种以粒肥为主，其中氮肥选用尿素或磷酸二铵，磷钾肥选用磷酸二铵或氯化钾或硫酸钾；追肥的肥料品种以速溶性肥和液体肥为主，其中氮肥选用尿素，磷肥选用工业磷酸或聚磷酸铵，钾肥选用硝酸钾或氯化钾。

**表6－21　　　　　　　　　　渠灌覆膜玉米水肥一体化关键技术及指标**

| 物候期 | 推荐灌水量/(m³/亩) | | 分次施肥/％ | 推荐施肥量/(kg/亩) | | |
| --- | --- | --- | --- | --- | --- | --- |
| | 干旱年 | 一般年 | | N | $P_2O_5$ | $K_2O$ |
| 全生育期 | 210～230 | 180～220 | 100 | 10.0～24.8 | 8.8～15.4 | 2.8～9.0 |
| 播种期 | 60～70 | 60～70 | 40 | 4.0～10.0 | 8.8～15.4 | 1.0～3.5 |
| 出苗期 | — | — | | — | — | — |
| 大喇叭口 | 50～60 | 45～50 | 30 | 3.0～7.5 | — | 1.0～3.0 |
| 抽雄期 | — | — | | — | — | — |
| 吐丝期 | 50～60 | 45～50 | 30 | 3.0～7.3 | — | 0.8～2.5 |
| 灌浆期 | 50～60 | 45～50 | | — | — | — |

配套农艺措施包括适宜品种、栽培方式、中耕除草、病虫害防控等，其中品种以KX3564、内单314为主栽品种，搭配登海605和先玉335等品种。栽培耕作措施主要包括宽覆膜优化模式与"一增四改"栽培技术，主要是改一膜两行为一膜四行种植，地膜宽度为170cm，配合秋季秸秆还田生物改土技术，实行机械化粉碎、破茬、深耕和耙压平整土地。在播后苗前选用50％乙草胺乳油100mL加75％宝收干悬浮剂药剂进行了封闭灭草，在生育期通过投撒颗粒剂，喷施虫螨克和5.6％阿维哒螨灵乳油防治玉米螟、红蜘蛛等病虫害。

## 6.6　本章小结

通过试验研究得出，大豆滴灌主栽品种应选用华疆7734，搭配品种选用北豆48等系列品种。玉米滴灌主栽品种应选用伟科702，搭配品种选用先玉335和农华101。马铃薯滴灌适宜当地的品种主要包括克星一号、费乌瑞特、夏波蒂和康尼贝克四大品种。渠灌玉米以KX3564和内单314作为当地的主栽品种，搭配品种应选择登海605和先玉335。

通过完善深耕深松蓄水平地、旋耕碎土破茬等土壤水库扩蓄增容技术指标，明确了适宜膜下滴灌大豆的深耕深松技术指标为25～35cm，旋耕12～15cm。通过完善大小行种植方式，明确了玉米大小行覆膜种植的技术指标，大行距80cm，小行距40cm，提出适宜膜下滴灌马铃薯的深耕35cm并浅旋15cm后起垄播种，明确了出苗率达到10％～20％时进行第一次中耕，苗高15～20cm时进行第二次中耕，顶部培土厚度4～6cm，使播种、耕作技术措施更加规范并适宜机械化作业。

对于大豆疫病防治，一是改善栽培条件，加强中耕管理，避免连作；二是化学防治，应用杀毒矾-M，用种子量0.4％闷种，也可用25％瑞毒霉按种子量0.3％拌种。对于大豆菌核病，主要用50％菌核净喷洒防治。

玉米主要是杂草防除与一病一虫，对于杂草防除，一般在播种后播种后至盖膜前在床面均匀喷洒除草剂，有效控制田间杂草。根据气候、土壤和轮作条件选用合适的除草剂和施用剂量。一般采用50％乙草胺乳油100～125mL或42％甲乙莠水悬浮剂150～200mL或40％异丙草莠水悬浮剂150～200mL进行封闭除草，注意对后茬作物产生影响。

关于马铃薯病害方面的预防，一是病毒病采用脱毒种薯预防；二是早晚疫病和地下害虫以预防为主，采用分期适时药剂防控，其他病害采用发生期药物防治措施。病虫害防控一般出苗后3～4周内植株封垄前完成第一次预防，以后根据植株发病情况每隔7～9天进行一次，前期以保护性药剂与内吸性药剂交替使用。后期两者混合使用，喷药总次数一般8～10次。

通过在阿荣旗、松山区、商都县和临河区开展大豆、玉米和马铃薯等农艺配套技术研究与示范，提出了适宜的作物品种、覆膜保墒技术、测土施肥技术、水肥一体化技术、栽培方式、中耕除草等栽培耕作技术和病虫草害防治技术等，为内蒙古自治区主要作物提高产量和品种提供了技术支撑。

# 第7章　农田残膜回收与农机配套技术研究与示范

## 7.1　农田残膜回收技术研究与示范

### 7.1.1　不同厚度地膜应用情况效果分析

#### 7.1.1.1　概述

随着实现农业现代化进程的不断推进，目前使用地膜已成为确保农业高产、稳产的重要手段。地膜覆盖是一项成熟的农业技术，保水、保肥、保湿，能有效延长作物的生长期，确保农作物产量的提高。然而，塑料属于高分子化合物，极难降解，既不受微生物侵蚀，也不能自行分解，其降解周期一般为 200～300 年，降解过程中还会溶出有毒物质，随着地膜栽培年限的延长，残留地膜若得不到及时回收，土壤中的残膜量不断增加，造成土壤结构破坏，阻碍作物根系对水肥的吸收和生长发育，降低土壤肥力水平，甚至引起地下水难以下渗、土壤次生盐碱化，最终导致土壤质量和作物产量下降。长此以往，必然给后人带来难以解决的污染危害，对农业可持续发展构成严重威胁。

#### 7.1.1.2　赤峰地区地膜覆盖技术应用现状

20 世纪末，赤峰地区引进地膜覆盖技术，增产、增收效果明显，在短短的十年间，已在赤峰地区多种作物上广泛应用。近五年来，地膜应用面积递增，呈现出由经济效益较高的玉米向大宗作物应用的趋势。地膜推广初期，因残膜对土壤、环境的影响不明显，小农作物产量得到了较大幅度的提高。随着地膜应用迅速发展，地膜的环境管理薄弱日异凸显。目前，广大农民尽管对地膜污染的危害有了一定的认识，但是由于只注重当前效益，长远观念不足，地膜回收率较低，成为制约该项技术推广、应用和农作物效益持续提高的障碍。只有正确解决这些问题才能促进该项技术的不断完善，促进赤峰地区高效农业的发展。

#### 7.1.1.3　残留地膜对环境的危害

1. 对土壤环境的危害

由于土壤残膜碎片改变土壤结构影响正常土壤渗透现象，造成土壤的通气性能降低，透水性能减弱，养分分布不均，影响土壤微生物活动和正常土壤结构形成，最终降低土壤的肥力水平。

残留在土壤中的地膜使土壤孔隙度下降，通透性降低，在一定程度上破坏农田土壤空气的正常循环和交换，进而影响到土壤微生物正常活动，土壤中的空气来源于近地大气层，经过微生物的改造，即土壤微生物呼吸过程及有机质分解过程消耗了 $O_2$ 而释放

$CO_2$。大量研究结果表明，当土壤中地膜残留量达到一定数量时会影响土壤微生物的活性和农作物自身的生长发育。

地膜在土壤耕作层和表层将阻碍土壤毛管水、降水和灌溉水的渗透，影响土壤的吸湿性，从而阻碍农田土壤水分的运动，导致水分移动速度减慢，水分渗透量减少。根据土壤中地膜残留量与水分下渗速度试验结果，当地膜残留量达到 $360kg/hm^2$ 时，水分下渗速度比对照慢 2/3。

2. 对农作物的危害

残膜使得土壤容重、孔隙度和通透性都变差后，造成土壤板结、地力下降，进而造成农作物种子发芽困难，阻碍根系生长发育，抑制农作物正常生长发育。农作物生长表现为出苗慢，出苗率低，根系扎得浅，根系不发达。同时，残膜在降解过程中所产生的有害物质，人为造成土壤污染，对农作物产生毒性，影响农产品的品质。由于其影响和破坏土壤理化性状，造成了作物根系发育困难，影响作物正常吸收水分和养分，致使产量下降。据调查，每亩土壤残膜达 3.9kg 时，玉米减产 11%～23%，小麦减产 9%～16%，蔬菜减产 14.6%～59.2%。

3. 对农村环境的影响

回收残膜的局限性，加上处理回收残膜不彻底，方法欠妥，部分清理出的残膜处理不当，造成"视觉污染"。据调查，赤峰各地区从农田中清理出的废旧地膜大多数弃于田边、地头、水渠、林带等，大风刮过后。残膜被吹挂在树枝、电线上，造成第二次污染，严重影响着农村环境。

4. 地膜带来的白色污染

地膜残留造成的"白色污染"正在成为我国农田面源污染的又一大社会公害。土壤地膜残留使农作物减产 10%～20%，地膜覆盖技术的增产效应正在递减。地面露头的残膜与牧草收在一起，牛羊误吃残膜后，阻隔食道影响消化，甚至死亡。所以要正确处理好废弃的地膜给大自然带来的危害是一项至关重要的问题。

### 7.1.1.4 赤峰地区地膜使用中存在的主要问题

1. 宣传力度不够

通过近几年农业环保知识的宣传，广大农民的环保意识观念虽比以前有所提高，但政府、农业部门、环保管理部门、新闻媒体、生产经营地膜的企业对地膜污染的危害性的宣传力度不够，以至于农民不能深层地了解到地膜塑料的危害性，农民回收地膜的意识还没有完全落实到行动上。

2. 地膜过薄

由于地膜生产企业为降低生产成本，追求更大的利润，而生产厚度过薄的地膜，把地膜做到 0.004mm 或 0.005mm 厚，比国标标准厚度低了近一半。地膜过薄，本身的强度低，人及动物踩踏后容易破碎。这种情况下的地膜达不到机械化回收的强度要求，从而限制了机械化回收技术的实施。

3. 法规体系不健全

目前，我国还没有制定有关地膜污染专门的法规，因而各个地区的政府及环保部门不能采取有效的措施来阻止和管理农民对地膜塑料的不合理的处理方法。大多数地区也没有或很少有专门回收废旧地膜再生产利用的加工点，不能满足回收需要。

4.污染面扩大，污染量增加

未来几年，全地区地膜使用量将继续保持快速发展态势，相应的残膜回收措施滞后，势必造成污染量增加。

#### 7.1.1.5 试验目的

试验地点位于赤峰市松山区当铺地满族乡南平房村项目示范区，在 2014 年试验示范的基础上，2015 年进行了玉米覆盖不同厚度地膜的对比试验，铺设 0.006mm、0.008mm、0.012mm、可降解膜四种不同厚度的地膜，并测定不同厚度地膜使用前和使用后的各项性能指标。通过对项目示范区残膜的监测、检验、试验，摸清农膜使用后的物理机械性能，与新膜的各项性能指标做比较，为残膜回收试验提供可靠数据，也为指导地膜污染防治提供依据。

#### 7.1.1.6 项目示范区气候特征

项目示范区位于赤峰市松山区。该区属于北温带半干旱大陆性季风气候区，年降水量 400mm 左右，无霜期 120~135 天。冬季漫长而寒冷，春季干旱多大风，夏季短促炎热、雨水集中，秋季短促、气温下降快、霜冻降临早。大部分地区年平均气温为 0~7℃，最冷月（1 月）平均气温为 -11℃ 左右，极端最低气温 -27℃；最热月（7 月）平均气温为 20~24℃。该地区年日照时数 2700~3100h。每当 5—9 月天空无云时，日照时数可长达 12~14h，日照百分率多数地区为 65%~70%。

#### 7.1.1.7 试验方法

以实地铺设定期监测为主，新膜与残膜物理、机械性能参数对比检验为辅，新膜人工加速老化性能试验为补充。

#### 7.1.1.8 检验项目

依照《聚乙烯吹塑农用地面覆盖薄膜》（GB/T 13735—1992），地膜的检验项目主要有宽度、厚度、拉伸负荷、断裂伸长率、直角撕裂负荷、人工加速老化性能等。人工加速老化性能是用实验箱模拟自然气候进行人工加速老化的试验，作为地膜实地监测、试验的补充，是不可或缺的部分。针对残膜回收，试验项目有如下几方面。

1.拉伸负荷、断裂伸长率检验

（1）检验依据：《塑料 薄膜拉伸性能试验方法》（GB 13022—1991）。

（2）检验设备。本次检验采用 WDW-02 微机控制电子万能试验机。该试验机主机与辅具的设计借鉴了国外的先进技术，外形美观，操作方便，性能稳定可靠。计算机系统通过控制器，经调速系统控制伺服电机转动，经减速系统减速后通过精密滚珠丝杠副带动移动横梁上升、下降，完成试样的拉伸、压缩、剥离、撕裂、弯曲、剪切等多种力学性能试验，无污染、噪声低，效率高，具有非常宽的调速范围，横梁移动距离长，在金属、非金属、复合材料及制品的力学性能试验方面，具有非常广阔的应用前景。适用于塑料薄膜、复合膜、软质包装材料、胶黏剂、胶黏带、不干胶、橡胶、纸张等产品的拉伸、剥离、撕裂、热封、黏合等性能测试。

该机采用调速精度高、性能稳定的伺服调速系统及伺服电机作为驱动系统，控制器作为控制系统核心，以 WINDOWS 为操作界面的控制与数据处理软件，实现试验力、试验力峰值、横梁位移、试验变形及试验曲线的屏幕显示，所有试验操作均可以通过鼠标在计算机上自动完成。良好的人性化设计使试验操作更为简便。该机可根据 GB、ISO、JIS、ASTM、DIN 及用户提供多种标准进行试验和数据处理，并且具有良好的扩展性。

（3）试样。

1）试样形状及尺寸。采用长方形试样，宽度 10～25mm，总长度不小于 150mm，标距至少为 50mm。本检验新膜试样为 15mm×150mm。

若残膜试样不完整、较碎，可制作检验试样。尽可能采集较大的地膜块，剪成规则的长方形块，把他们用胶带纸粘到未使用过的新地膜上（选择厚度高 2 级的新地膜，如检测 0.008mm 残膜时，用 0.012mm 以上的新地膜）。

2）试样制备。

a. 试样应沿样品宽度方向大约等间隔裁取。

b. 长方形试样可用冲刀冲制，也可用其他裁刀裁取。各种方法制得的试样应符合要求。试样边缘平滑无缺口。可用低倍放大镜检查缺口，舍去边缘有缺陷的试样。

c. 按试样尺寸要求准确画出标线，此标线应对试样不产生任何影响。

3）试样数量：试样按每个试验方向为一组，每组试样不少于 5 个。

（4）试验条件。

1）试样状态调节和试验的标准环境。按《塑料试样状态调节和试验的标准环境》（GB 2918—1998）中规定的标准环境正常偏差范围进行状态调节，时间不少于 4h，并在此环境下进行试验。

2）试验速度为 (500±50) mm/min。

（5）试验步骤。

1）将试样置于试验机的两夹具中，使试样纵轴与上夹、下夹具中心连线相重合，并且要松紧适宜，以防止试样滑脱和断裂在夹具内。夹具内应衬橡胶之类的弹性材料。

2）按规定速度，开动试验机进行试验。

3）试样断裂后，读取所需负荷及相应的标线间伸长值。若试样断裂在标线外的部位时，此试样作废，另取试样重作。

（6）结果的计算和表示。

1）拉伸负荷取试验结果的算术平均值。

2）断裂伸长率以 $\varepsilon_t(\%)$ 表示，按以下公式计算：

$$\varepsilon_t = \frac{L - L_0}{L_0} \times 100\% \tag{7-1}$$

式中：$L_0$ 为试样原始标线距离，mm；$L$ 为试样断裂时或屈服时标线间距离，mm。

（7）物理机械性能。

不加耐候剂地膜物理机械性能应符合表 7-1 中规定。

2. 直角撕裂负荷检验

（1）检验依据：《塑料直角撕裂性能试验方法》（QB/T 1130—1991）。

（2）原理：对标准试样施加拉伸负荷，使试样在直角口处撕裂，测定试样的撕裂负荷或撕裂强度。

表 7-1
地膜物理机械性能表

| 项 目 | 指 标 | | |
|---|---|---|---|
| | 优等品 | 一等品 | 合格品 |
| 拉伸负荷（纵向、横向）/N | ≥1.6 | ≥1.3 | |
| 断裂伸长率（纵向、横向）/% | ≥160 | ≥120 | |
| 直角撕裂负荷（纵向、横向）/N | ≥0.6 | ≥0.5 | |

（3）试验仪器。

1）符合《塑料 薄膜拉伸性能试验方法》（GB 13022—1991）要求并能满足试验速度要求的拉伸试验机。

2）符合《塑料薄膜和薄片厚度测定 机械测量法》（GB/T 6672—2001）要求的厚度测量仪器。

（4）试样。

1）试样的形状和尺寸如图 7-1 所示。

2）纵横方向的试样各不少于 5 个。在受到拉伸试验机量程限制的情况下允许采用叠合试样组进行试验，此时试样不少于 3 组，每组 5 片。单片试样和叠合试样组的测试结果不可比较。

3）以试样撕裂时的裂口扩展方向作为试样方向。

4）试样直角口处应无裂缝及伤痕。

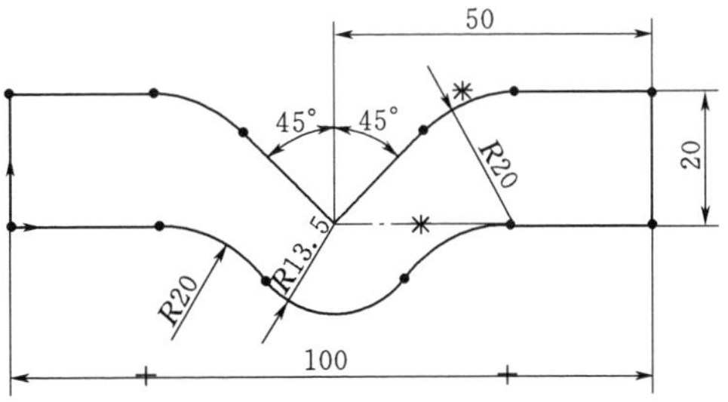

图 7-1 试样的形状和尺寸（单位：mm）

（5）试样的状态调节和试验的标准环境。按 GB 2918—1998 规定的标准环境正常偏差范围进行，状态调节时间至少 4h，并在同样条件下进行试验。

（6）试验步骤。

1）按 GB 6672—2001 测量试样或叠合试样组直角口处的厚度作为试样厚度。

2）将试样夹在试验机夹具上，夹入部分不大于 22mm，并使其受力方向与试样方向垂直。

3）在（200±20）mm/min 的试验速度下进行试验，记录试验过程中的最大负荷值。

（7）结果表示。

1）以试样撕裂过程中的最大负荷值作为直角撕裂负荷，单位为 N。

2）试验结果以所有试样直角撕裂负荷的算术平均值表示，试验结果的有效数字取二位或按产品标准规定。

3. 人工加速老化性能试验

人工加速老化性能试验作为实地监测、试验的补充部分。用氙灯老化试验机进行人工加速老化的试验，试验时间为 600h；6000W 氙灯连续照射，不加滤光片，样品与灯的距离为 500mm，黑板温度计温度为（63±3）℃，喷水周期为喷 12min，停 108min。

### 4. 氙灯老化试验机概述

老化检测是模拟产品在现实使用条件中涉及的各种因素对产品产生老化的情况进行相应条件加速实验的过程。

氙灯耐候试验箱是以长弧氙灯为光源，模拟和强化耐候性加速老化的试验设备，以快速获得近大气老化的试验结果。造成材料老化的主要因素是阳光和潮湿。耐候试验箱可以模拟由阳光、雨水和露水造成的危害。利用氙灯模拟阳光照射的效果，利用冷凝湿气模拟雨水和露水，被测材料放置在一定温度下的光照和潮气交替的循环程序中进行测试，用数天或数周的时间即可重现户外数月乃至数年出现的危害。

采用能模拟全阳光光谱的氙弧灯来再现不同环境下存在的破坏性光波，可以为科研、产品开发和质量控制提供相应的环境模拟和加速试验。

#### 7.1.1.9　试验数据

新膜检验数据见表 7-2，每月残膜检验数据见表 7-3～表 7-7。

表 7-2　　　　　　　　　　　　　　　新 膜 检 验 数 据 表

| 序号 | 检验项目 | 检验依据要求 | 膜　厚 | | | 可降解地膜 |
| --- | --- | --- | --- | --- | --- | --- |
| | | | 0.006mm | 0.008mm | 0.012mm | |
| 1 | 拉伸负荷/N | 纵向≥1.3 | 1.6 | 1.7 | 1.8 | 1.7 |
| | | 横向≥1.3 | 1.6 | 1.8 | 2.2 | 1.7 |
| 2 | 直角撕裂负荷/N | 纵向≥0.5 | 0.7 | 0.9 | 1.1 | 0.9 |
| | | 横向≥0.5 | 0.7 | 0.8 | 1.0 | 0.7 |
| 3 | 断裂伸长率/% | 纵向≥120 | 203 | 216 | 232 | 209 |
| | | 横向≥120 | 224 | 387 | 553 | 379 |

表 7-3　　　　　　　　　　　　　　　6 月地膜检验数据表

| 序号 | 检验项目 | 方向 | 膜　厚 | | | 可降解地膜 |
| --- | --- | --- | --- | --- | --- | --- |
| | | | 0.006mm | 0.008mm | 0.012mm | |
| 1 | 拉伸负荷/N | 纵向 | 1.5 | 1.6 | 1.8 | 1.4 |
| | | 横向 | 1.4 | 1.5 | 2.0 | 1.3 |
| 2 | 直角撕裂负荷/N | 纵向 | 0.6 | 0.8 | 1.0 | 0.8 |
| | | 横向 | 0.6 | 0.7 | 0.9 | 0.6 |
| 3 | 断裂伸长率/% | 纵向 | 192 | 210 | 225 | 179 |
| | | 横向 | 211 | 356 | 445 | 316 |

表 7-4　　　　　　　　　　　　　　　7 月地膜检验数据表

| 序号 | 检验项目 | 方向 | 膜　厚 | | | 可降解地膜 |
| --- | --- | --- | --- | --- | --- | --- |
| | | | 0.006mm | 0.008mm | 0.012mm | |
| 1 | 拉伸负荷/N | 纵向 | 1.2 | 1.4 | 1.6 | 0.8 |
| | | 横向 | 1.2 | 1.5 | 1.8 | 0.7 |

续表

| 序号 | 检验项目 | 方向 | 膜 厚 | | | 可降解地膜 |
|---|---|---|---|---|---|---|
| | | | 0.006mm | 0.008mm | 0.012mm | |
| 2 | 直角撕裂负荷/N | 纵向 | 0.4 | 0.5 | 0.8 | 0.5 |
| | | 横向 | 0.5 | 0.6 | 0.8 | 0.3 |
| 3 | 断裂伸长率/% | 纵向 | 160 | 198 | 218 | 104 |
| | | 横向 | 193 | 317 | 426 | 196 |

表 7 - 5         8 月地膜检验数据表

| 序号 | 检验项目 | 方向 | 膜 厚 | | |
|---|---|---|---|---|---|
| | | | 0.006mm | 0.008mm | 0.012mm |
| 1 | 拉伸负荷/N | 纵向 | 1.0 | 1.3 | 1.5 |
| | | 横向 | 1.1 | 1.4 | 1.6 |
| 2 | 直角撕裂负荷/N | 纵向 | 0.4 | 0.5 | 0.7 |
| | | 横向 | 0.3 | 0.5 | 0.7 |
| 3 | 断裂伸长率/% | 纵向 | 142 | 155 | 208 |
| | | 横向 | 168 | 261 | 384 |

表 7 - 6         9 月地膜检验数据表

| 序号 | 检验项目 | 方向 | 膜 厚 | | |
|---|---|---|---|---|---|
| | | | 0.006mm | 0.008mm | 0.012mm |
| 1 | 拉伸负荷/N | 纵向 | 0.8 | 1.1 | 1.4 |
| | | 横向 | 0.9 | 1.0 | 1.3 |
| 2 | 直角撕裂负荷/N | 纵向 | 0.3 | 0.4 | 0.6 |
| | | 横向 | 0.3 | 0.3 | 0.5 |
| 3 | 断裂伸长率/% | 纵向 | 123 | 135 | 196 |
| | | 横向 | 147 | 225 | 329 |

表 7 - 7         残 膜 检 验 数 据 表

| 序号 | 检验项目 | 方向 | 膜 厚 | | |
|---|---|---|---|---|---|
| | | | 0.006mm | 0.008mm | 0.012mm |
| 1 | 拉伸负荷/N | 纵向 | 0.6 | 0.9 | 1.2 |
| | | 横向 | 0.7 | 0.8 | 1.1 |
| 2 | 直角撕裂负荷/N | 纵向 | 0.2 | 0.3 | 0.5 |
| | | 横向 | 0.1 | 0.2 | 0.4 |
| 3 | 断裂伸长率/% | 纵向 | 115 | 128 | 178 |
| | | 横向 | 106 | 165 | 306 |

**注** 表中数据是在同一地块对不同厚度对应的新膜与残膜取样后，多次测量平均计算的结果。

地膜使用后在田间的破损程度与拉伸负荷、直角撕裂负荷、断裂伸长率等有关，它反映了地膜的耐老化程度。通过对地膜使用过程中的三项指标进行测定，从表7-3～表7-7中能看出，不同地膜由于厚度不同，使用前三项指标有一定差异，差异较小，但经过一个生长季的使用后，其拉伸负荷、直角撕裂负荷、断裂伸长率的下降幅度有明显差异，0.012mm厚地膜相对各项性能指标下降幅度都较小。

经田间检测，可降解地膜在大约覆膜40天后开始出现裂纹，60天后田间25％地膜出现细小裂纹，70天后地膜出现2～2.5cm裂纹，90天后地膜地膜出现均匀网状裂纹，无大块地膜存在，150天后地膜裂解为4cm×4cm以下碎片。

### 7.1.1.10 试验结论

项目试验地采用的复合降解地膜的强度和伸长率较差。降解地膜虽然可以减轻农民的劳动强度，降低生产成本，提高经济效益，减少环境污染，提高生态和社会效益，具有很好的市场前景和推广价值，但降解地膜的成本高于一般地膜2000～10000元/t，不完全降解反而不易回收。厚度为0.012mm的地膜，与0.006mm、0.008mm的相比，透明度好，增温、保墒性能强，价格稍贵一些，0.012mm厚的残膜，各项性能指标都大于0.006mm、0.008mm，便于田间回收，可减少地膜在土壤中的残留量，更有利于残膜回收。

综上所述，厚度为0.006mm、0.008mm的地膜老化速度快，易破碎，不易捡拾。0.012mm的地膜相对厚一些，利于残膜的回收，可提高地膜利用率，为促进内蒙古自治区农业发展，推动地膜回收再利用，消灭农田"白色污染"具有积极意义。充分考虑内蒙古气候特点和农业生产方式，兼顾农企利益、现实利益和长远利益，0.012mm的农膜厚度指标和物理机械性能，比较适合内蒙古自治区农田地膜使用和机械化回收。

### 7.1.1.11 建议

地膜回收能否留给后人一片净土？要解决地膜污染问题，须从国家、企业及农民等方面入手。

（1）不能只考虑或研究如何增加机械性能，而忽视地膜生产的标准化、法制化。国家相关部门应提高地膜厚度标准，将农用地膜厚度由0.006mm增至0.012mm以上，并严格要求地膜生产厂商按照国家相关规定生产标准厚度的农膜，并加大对地膜回收农机产品的购置补贴，为机械化回收地膜提供了有利支持。

（2）鼓励扶持企业进行地膜的回收利用再生产，建立一些地膜回收加工企业，将回收的地膜加工成滴灌带等产品，使地膜能得到回收利用，增加农民回收地膜的积极性；鼓励农机生产企业进行地膜回收装备的研发和生产，提供一种性能良好、可靠的地膜回收装备让农民使用。

（3）增强农民对废旧地膜环境和农作物生长危害的认识，指导农民使用厚度大、强度高的地膜覆盖作物并使用机械进行残膜捡拾，鼓励回收后的地膜再次利用。

（4）加速国内可降解地膜的研发与应用，以替代传统塑料地膜，在保证地膜保温保墒、除菌除草功效的同时，控制好地膜的降解特性（降解的时间、降解产物的污染性等），并尽可能降低成本。

## 7.1.2 农田残膜回收适宜机械与回收效果分析

### 7.1.2.1 概述

1. 试验依据

内蒙古自治区水利"十二五"重点科技示范项目《内蒙古新增四个千万亩节水灌溉工程科技支撑项目》子课题"地膜田间监测和残膜设备试验"和规范《残地膜回收机》（GB/T 25412—2010）。

2. 试验目的

（1）通过田间试验，检验 1FMJSC－80 型农田残膜捡拾机、1FMJ－1000 型耙齿式田间残膜捡拾机、横向搂齿式农田残膜回收机、指盘式农田残膜搂集机的田间残膜回收能力，对比分析四种机型残膜回收效率及优缺点。

（2）对不同厚度普通地膜（0.008mm、0.012mm 厚地膜）进行田间残膜回收率试验，测定残膜捡拾率及缠绕率，对比分析试验数据，得出不同厚度对残膜回收的影响程度。

（3）三种不同厚度地膜（0.008mm、0.012mm 厚地膜和可降解地膜）田间监测。通过测定残膜自然风化率，了解不同时间段内三种地膜的可降解程度。

3. 试验时间

时间为 2015 年 4 月 14—16 日；4 月 21—23 日。

4. 试验地点

试验地点为内蒙古赤峰市松山区当铺地满族乡南平房村和内蒙古呼和浩特市土默特左旗沙尔沁乡东水泉村。

5. 试验参与单位

单位有中国农业机械化科学研究院呼和浩特分院、赤峰市水利科学院和赤峰市农业局农机推广中心。

### 7.1.2.2 国内外残膜回收机研究现状

1. 国外残膜回收机具与装置研究现状

目前，国外地膜回收技术的应用还远远没有我国深入广泛。因为国外有雄厚的经济基础，在薄膜使用回收方面大多采用综合治理技术，如：①采用厚度、抗拉强度较大的塑料薄膜，一般厚度为 0.02～0.05mm，利于机械回收且可重复利用；②大量使用可降解、无毒害地膜，对环境没有太大影响。因此国外残膜的危害远没有中国严重。

欧洲一些国家与美国及日本等发达国家，在使用地膜覆盖种植上与中国有很大不同，实际应用的地膜厚度比中国要厚，从而回收时地膜具有较强的抗拉强度，因而国外的残膜回收机结构比较简单，一般由起膜铲和卷膜辊组成，工作时起膜铲将压膜土耕松，然后将残膜收卷到卷膜辊上，收下的膜清洗干净卷好，便于后续处理和重新使用。

2. 国内残膜回收机具研究现状

国内农田残膜回收机具主要分为两大类。

（1）苗期残膜回收机。此类机型多用在玉米、棉花等作物中耕作业时的起膜回收。由于地膜使用时间短，破损不严重，有利于残膜回收，残膜收起后，同时进行中耕作业。主

要的代表机型有新疆农科院研制的 MSM 系列棉花苗期残膜回收机、东北农大研制的
MS-2型玉米苗期收膜中耕联合作业机等。这些机具的共同特点是都采用卷膜轮卷膜方
式，结构简单、使用调整方便、伤苗率低，但需要人工参与卷膜、卸膜，费时费力。

（2）收获后残膜回收机。这类机型是针对作物收获后，即在耕地、整地或播种前的地
膜回收。目前，此类机型的研究较为广泛，如在新疆、甘肃、陕西、山西、内蒙古及中国
农业大学、东北农业大学等多地的科研机构都对此类机型进行了研究。其主要的捡拾结构
有五种：伸缩杆齿捡拾机构、弹齿式捡拾机构、铲式起茬滚筛收膜机构、轮齿式收膜机构
及齿链式收膜机构。目前，国内针对此五种捡拾结构，研制的残膜回收机具主要有：中国
农大开发的 1ZSM-Ⅱ型残膜回收机，新疆农科院研制的 QSM-Ⅱ型残膜回收机及 4JSM-
1800型秸秆切碎残膜回收联合作业机，新疆兵团研制的 4FS2 秸秆切碎残膜回收联合作业
机，新疆农机局研发的 QMB-1500 型后置式起膜回收机，内蒙古赤峰市农业局农机推广
站研发的 1FMJSC-80 型农田残膜捡拾机、SMJ-1 型地膜集条机、1FMJ-1000 型耙齿
式田间残膜捡拾机和横向搂齿式农田残膜回收机等。

3. 适宜示范区的农田残膜回收机型

试验主要针对作物收获后的地表残膜回收进行试验研究。结合内蒙古地区土壤条件、
种植模式及残膜回收机具实际应用情况，选定了捡拾结构不同的 4 类代表机型进行试验研
究。通过对这 4 类捡拾结构残膜回收效率试验验证，对比分析各类捡拾结构的优缺点。选
定的试验示范推广机型分别是 1FMJSC-80 型农田残膜捡拾机（铲式起茬滚筒收膜捡拾
机构）、指盘式农田残膜搂集机（旋转弹齿式捡拾机构）、1FMJ-1000 型耙齿式田间残膜
捡拾机（固定弹齿式捡拾机构）和横向搂齿式农田残膜回收机（伸缩杆齿捡拾机构）。

### 7.1.2.3  选定试验机型简述

1. 1FMJSC-80 型农田残膜捡拾机

农田残膜捡拾机的研制目的是为了解决农村玉米、高粱等农作物收割后留在地里的茬
子，尤其是覆膜地残留的塑料薄膜，通过翻地、旋耕无法彻底打碎和清除，对耕地造成污
染从而影响农作物生产。其结构由调节地轮、圆形割刀、输送钢辊、输送链、松土犁铧、
旋转筛、收集筐及传动装置组成。设备整机如图 7-2 所示。

2. 指盘式农田残膜搂集机

指盘式农田残膜搂集机主要由机架、
悬挂架、升降调节机构、指盘及指盘支架
等部分构成，结构简单，挂接方便。指盘
是搂集机的主要工作部件，由轮圈、弹齿
和轮毂等构成，通过曲拐轴与机架梁连
接。每台机器有 4 个指盘，指盘直径（按
弹齿端部计算）一般为 1.2~1.5m。曲拐
轴的一头装在指轮的轮毂内，另一端装在
机架梁上的轴承孔内。这样，指盘既能绕

图 7-2  1FMJSC-80 型农田残膜捡拾机

自身轴心旋转，又能绕机梁上的轴承孔摆动，随地面呈浮动状态。设备整机如图 7-3
所示。

3. 1FMJ-1000 型耙齿式田间残膜捡拾机

1FMJ-1000 型耙齿式田间残膜捡拾机主要由机架、驱动机构、传动机构、起膜机构、捡膜机构、拨膜机构和储膜箱等部件组成。其中，驱动机构由地轮、地轮轴、地轮升降滑块组成；传动机构由大小链轮、链条、换向齿轮组成；起膜机构由固定在机架后横梁上的一组弧形起膜器及附属其上的压膜弹簧组成；捡膜机构由一组换向齿轮、旋转拨膜器、链条、链轮组成。设备如图 7-4 所示。

图 7-3  指盘式农田残膜搂集机

图 7-4  1FMJ-1000 型耙齿式农间残膜捡拾机

4. 横向搂齿式农田残膜回收机

横向搂齿式农田残膜回收机主要由机架、地轮、传动系统、升降机构及搂集器等部分组成，其中搂集器是由搂齿梁、弹齿、齿托和除残膜杆组成。设备整体结构如图 7-5 所示。

### 7.1.2.4  田间试验及分析

1. 试验条件

田间农膜监测及 1FMJSC-80 型农田残膜捡拾机、指盘式农田残膜搂集机田间试验选定在内蒙古赤峰市松山区当铺地满族乡南平房村试验地进行，试验地块面积 9.9 亩，划分为三个试验区，铺设地膜厚度分别为 0.008mm、0.012mm 及可降解地膜三种；土壤质地为砂壤土，种植作物玉米，由旋耕播种铺膜施肥一体机完成铺放地膜，种植方式采用一膜双行，膜上玉米种植行距 400mm。

图 7-5  横向搂齿式农田残膜回收机

由于 1FMJ-1000 型耙齿式田间残膜捡拾机和横向搂齿式农田残膜回收机是在呼和浩特市生产制造，因此试验地选定在内蒙古呼和浩特市土默特左旗沙尔沁乡东水泉村试验地进行，试验地块面积 6 亩，划分为两个试验区，铺设地膜厚度分别为 0.008mm 和 0.012mm 两种；土壤质地为砂壤土，种植作物玉米，种植方式采用一膜双行，种植行距 400mm。

2. 试验方法

对上述已经划分好的五个试验区，在每块试验区内选定两个测区，每个测区面积要求长 100m、宽 4m。由机具进行残膜回收作业，测定机具的地膜拾净率及缠膜率。同时对大田农膜进行监测，测定地膜自然风化率。具体试验步骤如下：

（1）测区内测定点的确定。在每个测区内，采用"五点法"选定五个测定点，即从测区四个地角沿对角线，在 $\frac{1}{8} \sim \frac{1}{4}$ 对角线长度范围内随机确定四个测定点的位置，再加上该对角线的交点，作为残膜回收机作业前的五个测点，然后在作业前的五个测点附近但不重叠的区域再选定五个测点，作为作业后的五个测点。

（2）地表残膜捡净率的测定。分别将测区内作业前、后的各五个测试点上表层残膜分别取出，将地膜分别洗净、晒干、称重，按式（7-2）求得表层残膜捡净率，并求其平均值。

$$J=(1-w/w_0)\times100\%\qquad(7-2)$$

式中：$J$ 为捡净率，%；$w$ 为残膜回收作业后表层残地膜质量，g；$w_0$ 为残膜回收作业前表层残地膜质量，g。

（3）机具缠膜率的测定。将通过测区内时在机具回收的残膜与机具上缠绕的残膜收集，分别洗净、晒干、称重后，分别将测区内作业前、后的各五个测试点上表层残膜分别取出，将地膜分别洗净、晒干、称重，按式（7-3）求得机具缠膜率，并求其平均值。

$$C=[m_1/(m_1+m_2)]\times100\%\qquad(7-3)$$

式中：$C$ 为缠膜率，%；$m_1$ 为测区内机具上缠绕的残膜质量，g；$m_2$ 为测区内机具回收的残膜质量，g。

（4）地膜自然风化率的测定。地膜自然风化率测定方法与残膜拾净率测定方法相近，同样对测点采用五点法进行测量，将各测点残膜去尘土和水分后称其质量，求平均值，并按式（7-4）求得自然风化率。

$$F=(1-w_0/m_0)\times100\%\qquad(7-4)$$

式中：$F$ 为风化率，%；$w_0$ 为残膜回收作业前表层残地膜质量，g；$m_0$ 为地膜刚敷设完成后表层地膜质量，g。

3. 试验结果与分析

（1）两种厚度普通地膜（0.008mm 和 0.012mm 厚地膜）田间残膜回收试验对比。使用同一台残膜回收机 1FMJSC-80 型农田残膜捡拾机，对厚度分别为 0.008mm 和 0.012mm 的田间残膜进行回收作业，测定两种厚度地膜的拾净率及缠绕率，试验对比数据见表 7-8 和表 7-9。

试验结果表明：两种不同厚度分别

表 7-8　残膜拾净率测定对照表

| 试验编号 | 残膜拾净率/% | |
| --- | --- | --- |
| | 0.008mm 厚地膜 | 0.012mm 厚地膜 |
| 1 | 88.4 | 89.7 |
| 2 | 89.2 | 89.3 |
| 3 | 89.0 | 91.5 |
| 4 | 89.5 | 90.4 |
| 5 | 87.7 | 89.6 |
| 平均值 | 88.8 | 90.1 |

为 0.008mm 及 0.012mm 的地膜，机具的残膜拾净率最大值分别为 89.5％ 及 91.5％；平均值分别为 88.8％ 及 90.1％。数据呈现趋势为：随着地膜厚度越厚，残膜拾净率越高，残膜回收效果越好。根据试验过程中，残膜捡拾实际情况，分析影响地膜回收的主要原因如下：

1）残膜膜面破口的越大，膜齿不容易捡拾残膜，会导致残膜回收效率低下。

2）膜面上堆积的土块过多或者土壤板结，残膜回收效率越低。

3）地面平整度会影响设备运行平稳性，从而影响残膜回收效率。

表 7-9 残膜缠绕率测定表

| 地膜厚度/mm | 残膜质量/g | | 残膜缠绕率/％ |
| --- | --- | --- | --- |
| | 机器缠绕残膜 | 集膜箱内残膜 | |
| 0.008 | 16.4 | 712.4 | 2.30 |
| 0.012 | 9.8 | 452.6 | 2.17 |

试验结果表明：两种不同厚度分别为 0.008mm 及 0.012mm 地膜，机具 1FMJSC-80 型农田残膜捡拾机的缠膜率分别为 2.30％ 和 2.17％。数据表明，随着地膜厚度越厚，残膜缠绕率越低，机具出现故障的可能性减小，运行平稳性高。

通过上述两项试验数据分析得出：地膜厚度会直接影响地膜自身的塑性及抗拉强度，从而影响残膜膜面破口的大小及机具回收过程中地膜的破损情况，因此，会影响残膜的回收效率及机具运行稳定性。

（2）三种厚度地膜（0.008mm、0.012mm 厚地膜和可降解地膜）农膜风化监测数据对比。赤峰市水利科学院对试验区内三种厚度地膜（0.008mm、0.012mm 厚地膜和可降解地膜）进行了田间农膜降解程度（即农膜自然风化率）定期监测，监测时间间隔为 1 个月。通过汇总监测数据，分析得到三种厚度地膜降解程度随时间变化趋势，具体农膜随时间变化趋势图见图 7-6；表 7-10 为三种不同厚度地膜自然条件风化半年后测定的自然风化率对照表。

通过数据对比分析得出：经过半年的自然降解，三种地膜的自然风化率分别是：可降解地膜 64.2％、0.008mm 厚地膜 22.5％、0.012mm 厚地膜 19.8％。数据表明可降解地膜的自然风化率明显高于另外两种普通地膜。根据图 7-6 可以看出，随着时间的变化，

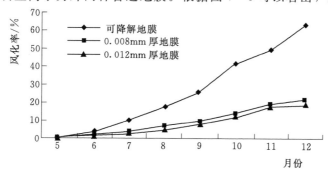

图 7-6 三种厚度地膜降解程度随时间变化趋势图

表 7 – 10　　　　　　　　　　自然风化率测定对照表（半年）

| 试验编号 | 自然风化率/% | | |
| --- | --- | --- | --- |
| | 0.008mm 厚地膜 | 0.012mm 厚地膜 | 可降解地膜 |
| 1 | 19.4 | 21.7 | 65.3 |
| 2 | 21.7 | 15.1 | 59.8 |
| 3 | 25.8 | 20.5 | 63.2 |
| 4 | 22.0 | 18.6 | 63.9 |
| 5 | 23.8 | 23.0 | 68.7 |
| 平均值 | 22.5 | 19.8 | 64.2 |

三种地膜的自然风化率整体呈现上升趋势。5—7 月，三种地膜的降解程度相差不大，均在 10% 以下；7—10 月，可降解地膜的风化率呈现明显的上升趋势，而另外两种普通地膜风化率上升不显著；10—11 月，三种地膜风化率均呈现出较快上升态势，降解程度变化显著；11—12 月，可降解地膜仍呈现较快的降解趋势，而另两种地膜风化率变化趋于平缓。

（3）四种机型农田残膜回收试验对比。本次试验主要对已选型的 1FMJSC – 80 型农田残膜捡拾机、指盘式农田残膜搂集机、1FMJ – 1000 型耙齿式田间残膜捡拾机和横向搂齿式农田残膜回收机四种机型进行了残膜回收及缠绕率的对比性能试验。试验数据见表 7 – 11。

表 7 – 11　　　　　　　　　　四种机型农田残膜回收对照表

| 机　　型 | 残膜拾净率/% | | 缠绕率/% | |
| --- | --- | --- | --- | --- |
| | 0.008mm 厚地膜 | 0.012mm 厚地膜 | 0.008mm 厚地膜 | 0.012mm 厚地膜 |
| 1FMJSC – 80 型农田残膜捡拾机 | 88.8 | 90.1 | 2.30 | 2.17 |
| 指盘式农田残膜搂集机 | 84.3 | 85.3 | 1.76 | 1.68 |
| 1FMJ – 1000 型耙齿式田间残膜捡拾机 | 84.1 | 85.8 | 2.84 | 2.59 |
| 横向搂齿式农田残膜回收机 | 78.9 | 80.3 | 1.31 | 1.06 |

分析数据可以得出：四种残膜回收机中，1FMJSC – 80 型农田残膜捡拾机的残膜回收效果最好。试验过程中，1FMJSC – 80 型农田残膜捡拾机可以将残膜及玉米根茬一起收集成堆，不仅将附着在玉米根茬上的残膜一并回收，提高残膜回收效率，同时又去除了地下的玉米根茬，减少了种植前再次旋耕，提高了生产效率。此设备也得到了现场观摩试验的当地农户的赞誉。但在试验过程中，也暴露出一些缺点，如：①旋耕刀两侧出现夹膜夹杆，影响机具运行平稳性。②残膜与根茬一并回收，机具需要较大配套动力等。相比之下，横向搂齿式农田残膜回收机的回收效果最差，对于 0.008mm 地膜的残膜捡拾率只有 78.9%，还不到 80%，同时弹簧搂齿易将地膜打击成碎片，给后期清理工作带来困难。但此机型的优势在于：不需要动力驱动，结构简单，使用调整方便，造价低廉。另外两种机型的回收效果适中，捡拾率均在 85% 左右。指盘式农田残膜搂集机的突出优点是将残膜搂集成条状，易于后续清理及回收，缺点是对弹簧搂齿的有较高的强度及弹性要求，造

价较高。1FMJ－1000 型耙齿式田间残膜捡拾机优势在于可以调整起膜高度，对地表及浅层残膜均可进行回收，缺点是：①易出现夹膜夹杆。②针对浅层残膜回收时，土块根茬多，造成壅土过大，壅土形成土包，给后期处理带来不便。

从机具缠绕的情况来看，1FMJSC－80 型农田残膜捡拾机及 1FMJ－1000 型耙齿式田间残膜捡拾机的缠绕率较低，四种机型的缠膜率均在 3％ 以下，都符合规定要求，不会影响机具运行的平稳及可靠性。除了指盘式农田残膜搂集机将残膜收集成条状外，其他三种机型均将残膜收集成堆状。

# 7.2 示范区农机推广应用情况

## 7.2.1 阿荣旗示范区

1. 调研基本情况

2012 年 3 月至 2015 年 7 月，中国农业机械化科学研究院呼和浩特分院多次对阿荣旗亚东镇六家子村进行了实地考察和调研。采取入户走访、听取汇报、座谈讨论等形式，就农业机械种类、数量、型号、产地、价格、农机推广使用、存在问题和建议等方面进行调研。

2. 调研结论

通过对阿荣旗农机具情况连续 5 年的实地考察和调研，经统计，阿荣旗亚东镇六家子村有动力机械、耕整地机械、播种机械、联合收获机械及其他机械共 270 多台。其中小型拖拉机、整地机械、播种机械几乎每户一套。截止到 2015 年调研前后为止，示范区农机上户率到 97％，农机化综合水平达到 98.8％。全旗机具保有量 32587 台，大中型拖拉机 24672 台、玉米联合收割机 712 台，农机总动力达到 668988kW，农业机械迈入了发展快车道。示范区农机保有量的增加，为农业机械化水平的提高创造了条件。特别是以购置农机补贴为重点，进一步提升农机装备水平，进一步推广农机技术，提高农机科技含量，加大大豆示范推广力度，制定的大豆生产技术标准广泛指导实际生产并大力提高农业机械化推广率。同时，强化农机队伍建设和管理职能，健全农机社会化服务体系，发挥农机购置补贴政策的引导作用，把购机补贴资金向农机大户和农机服务组织倾斜，引导、扶持农机大户和农机服务组织加快发展，成为开展农机社会化服务的主力军。

## 7.2.2 松山区示范区

1. 调研基本情况

通过 2012—2015 年多次赴内蒙古赤峰市松山区项目示范区进行实地考察和调研，在赤峰市农机推广中心的配合下，了解了当地农机的基本情况和使用情况。调研组对松山区当铺地满族乡南平房村典型膜下滴灌工程项目进行了调研，深入工程实地，采取与膜下滴灌工程使用单位负责人、滴灌系统管理人员和基层设备使用人员进行面对面座谈、交流等方式，对膜下滴灌工程机具设备的使用现状、管理方式、经济效益、发展中存在的问题等进行了详尽的了解，并在此基础上进行了分析和汇总。

2. 调研结论

近年来，松山区农业机械化发展成绩显著，主要呈现出以下特点。

(1) 综合农机化水平显著提高。各级政府认真落实国家农机发展政策，增加资金投入，引进适用机械，加强示范宣传，以玉米生产为重点，农机化水平逐年提高。

(2) 农机装备拥有量发展迅猛。到目前为止，赤峰松山区共补贴各类农业机械 1205 台套，受益农户 969 户。其中补贴动力机械 590 台，耕整地机械 190 台，玉米收获机械 84 台，种植施肥机械 269 台。通过农机购置补贴项目的推动，松山区新增农业机械总值 6332 万元，全区农牧业机械总值达到 51132 万元，总动力达到 667279kW，拖拉机保有量 8688 台，配套机具 17875 台套，配套比 1：2.06。

(3) 农机服务组织逐渐壮大。截至 2014 年末，松山区正式在工商部门注册成立的农机专业合作组织 37 家 (新增 5 家)，农机合作社社员发展到 230 户，从业人员 700 多人，合作社资产总额达到 5474 万元。目前全区农机户达到 18965 户，其中农机专业户 2186 户，农机大户 987 户。2014 年全区农机服务经济收入达到 31658 万元，实现利润 9548 万元。

(4) 大力推广农机实用新技术。良好地完成了玉米膜下滴灌播种机配套任务。共引进推广 10 个生产厂家生产的玉米膜下滴灌播种机机型，确保松山区 25.6 万亩玉米膜下滴灌任务的完成；完成了向日葵点播机、玉米精量播种机、深松机、深松联合整地机、免耕播种机、甜菜纸筒双行移栽机 6 种机型的推广任务。引进等离子种子处理和食用葵抗旱对比试验示范项目。在碱洼子园区建立"等离子体种子处理技术"试验田 50 亩。设立经"太空机"处理的种子和未处理种子两块试验田，监测对比试验田内作物各个生育期苗情长势、含水率、作物根系、作物产量等各项指标，为"等离子体种子处理技术"在赤峰市推广应用提供科学依据。在郎君哈拉园区设立"向日葵现代产业技术体系建设"试验田 20 亩。选择抗旱优质高产的向日葵品种 4 种，确定两种种植模式，即普通清种模式和覆膜大垄双行模式，同时应用向日葵精量播种机、覆膜点播机和中耕除草机等机械，对同一种植技术模式下不同品种进行抗旱效果、作业成本及经济效益分析，最终确定高效高产种植技术模式及相应的配套机具。

(5) 助农增收作用日益凸显。赤峰市松山区大力发展农机化生产，推广应用先进的农机技术并与农艺技术相融合。保护性耕作深松联合整地技术，不但保护环境、治理风沙源，而且疏松深层土壤，保护土壤结构和地面植被，提高天然降水渗入率，增加土壤含水率，减少水分流失 60%，减少土壤流失 80%。同时结合秸秆还田，增加土壤肥力，土壤有机质含量提高 0.03%，土壤中的速效氮、速效钾含量提高，能使作物根系发达，有效提高养分、防倒伏，提高产量 10% 以上。节约机械作业进地次数 3 次，节约成本 60 元；机械精量播种技术大面积应用，节约种子 40%（传统用种 2.5kg/亩，精少量用种 1.5kg/亩），节约种子 15 元/亩、节约间苗工时费 25 元/亩。覆膜节水，特别是全覆膜高效节水技术的应用，平均节水 40%，节约水费 24 元/亩。精量全覆膜玉米与半覆膜玉米相比，全覆膜双垄沟播栽培通过将"覆盖抑蒸、膜面集雨、垄沟种植"三项技术有机地融为一体，具有增商保墒效果显著、增温增光效果显著、改善土壤和作物群体机构等特点，较半覆膜提高单位产量 15%～20%，即增产 120～160kg/亩，增效 240 元/亩（最好地块可提高到180kg，增效300元/亩左右）；机械植保（中耕、除草、灭虫）机械作业节约成本20元/亩；机械收获节约成本50元/亩。

综合应用农机农艺技术，以松山区15万亩全覆膜玉米高产创建田为例，平均增产150kg/亩、增效240元/亩，节约成本195元/亩，总节约成本增效435元/亩。松山区机械化作业总面积215万亩，机械化增产5%、以玉米折合可增收13760万元，相当于增加20万亩玉米种植面积，可解放万名劳动力，被解放的劳动力每年每人可增加收入2万～3万元，总增收约2亿元。

## 7.2.3 商都示范区

1. 调研基本情况

2012年3月至2015年7月，中国农业机械化科学研究院呼和浩特分院共7次对商都县七台镇罗平店村示范区进行了实地考察和调研。调研采取与农机具使用单位负责人、管理人员和机具的实际使用人员等进行入户走访、听取汇报、面对面座谈、交流等方式，对示范区农机具的种类、数量、型号、产地、价格、使用现状、管理方式、经济效益、推广应用情况、使用中存在的问题等进行了详尽的了解，并在此基础上进行了分析和汇总。

2. 调研结论

通过对2011—2015年度商都示范区进行实地调研结果的对比分析，得出以下结论。

（1）从调研数据看出，商都示范区农机具种类主要包括拖拉机、耕地及整地机械、播种机械、滴灌设备、培土机、喷药机、杀秧机和收获机械等机具，通过多年的发展，已经基本实现农业生产重要环节的全程机械化。

（2）从调研数据可以得出，后一年度商都示范区农机具种类及数量都较前一年度有所提高且全程机械化水平相对较高，从农户的反馈信息也了解到农户对农机具应用的重视程度日益加深，用一句当地农户的话"从种到收都得用到机器"。

（3）对农户的调查得知，当地农户普遍都使用农机具，农机具推广率较高，农业机械化推广率基本达到100%，能实现"从耕到收"全程机械化程度，但整体机械化水平较低，部分机型还停留在较落后的水平。

## 7.2.4 临河示范区

1. 调研基本情况

调研目的：掌握近几年临河示范区双河镇进步村农机具推广应用现状，为进一步提高当地农用机械的全程化水平做准备。

2012年3月至2015年7月，中国农业机械化科学研究院呼和浩特分院7次对巴彦淖尔市临河区双河镇进步村示范区农机具推广应用情况进行了实地考察和调研。在当地村委会相关负责人的支持下，采取入户走访、听取汇报、座谈讨论等形式，就农业机械种类、数量、型号、产地、价格、农机推广使用、存在问题和建议等方面进行调研。在掌握了当地农用机具设备的基本使用情况的前提下，进行了分析和汇总。

2. 调研结论

通过对临河区双河镇示范地进行实地调研分析，并对 2011—2015 年度农机具应用调查情况进行对比分析，得出以下结论及建议。

（1）从调研数据可以得出，临河区双河镇示范地农机具种类主要包括拖拉机（动力输出设备）、耕地及整地机械、播种机械、收获及加工机械等，基本涵盖了农业生产几大重要环节的机械化。

（2）从调研数据可以得出，后一年度临河双河镇示范区农机具种类及数量都较前一年度有所提高，从农户的反馈信息也了解到农户对农机具应用的重视程度日益加深，用一句当地农户的话"从种到收都得用到机器"。

（3）结合不同农作物而言，机械化水平略有不同，如玉米机械化耕—种—收设备较完善，且全程机械化水平相对较高，而番茄机械化种植、番茄移栽及收获设备技术水平较低，番茄采摘机在临河地区尚没有。

（4）对农户的调查得知，当地农户普遍都使用农机具，农机具推广率较高，能达到92％左右，能实现"从耕到收"全程机械化程度。

## 7.2.5 锡林浩特示范区

1. 调研基本情况

2012 年 3 月至 2015 年 7 月，中国农业机械化科学研究院呼和浩特分院多次对锡林浩特示范区的沃原奶牛场、宝力根苏木罕尼乌拉嘎查典型牧户等地的农机具推广应用情况进行了实地考察和调研。课题组采取与农机具使用单位负责人、管理人员和机具的实际使用人员等进行入户走访、听取汇报、面对面座谈、交流等方式，对示范区农机具的种类、数量、型号、产地、价格、使用现状、管理方式、经济效益、推广应用情况、使用中存在的问题等进行了详尽的了解，并在此基础上进行了分析和汇总。

2. 调研结论

通过对锡林浩特示范区进行实地调研结果的对比分析，得出以下结论。

（1）从调研数据看出，锡林浩特示范区农机具种类主要包括拖拉机、耕地及整地机械、播种机械、喷灌机、打捆收获机械、搂草翻晒机械以及喷药、灭茬、撒肥等机具，已经实现农业生产重要环节的全程机械化。

（2）从调研数据可以得出，锡林浩特示范区农机具种类及数量逐年提高且全程机械化水平相对较高，从农户的反馈信息也了解到农户对农机具应用的重视程度日益加深，用一句当地农户的话"从种到收都得用到机器"。

（3）对农户的调查得知，当地农户普遍都使用农机具，农机具推广率较高，农业机械化推广率基本达到 100％，能实现"从耕到收"全程机械化程度，但整体机械化水平较低，部分机型还停留在较落后的水平。

## 7.2.6 鄂托克前旗示范区

1. 调研基本情况

2012 年 3 月至 2015 年 7 月，中国农业机械化科学研究院呼和浩特分院多次对鄂托克前旗昂素镇哈日根吐嘎查紫花苜蓿种收全程农机具推广应用情况进行了实地考察和调研。采取入户走访的形式，就农业机械种类、数量、型号、产地、农机推广使用、存在问题和建议等方面进行调研。在掌握了当地农用机具设备的基本使用情况的前提下，进行了分析和汇总。

2. 调研结论

通过对鄂托克前旗示范地进行实地调研分析，并对2011—2015年农机具应用调查情况进行对比分析，得出以下结论。

（1）从调研数据可以得出，鄂托克前旗双河镇昂素镇示范地苜蓿种收全程机械化种类主要包括拖拉机（动力输出设备）、耕地及整地机械、牧草播种机械、大型喷灌机械、搂草及摊晒机械、打捆及收获机械、加工机械等，基本涵盖了苜蓿生产所有重要环节的机械化，且机械化程度较高。

（2）从调研数据可以得出，示范区苜蓿生产农机具种类变化不大，数量上逐年有所提高。这说明苜蓿生产全程机械化水平在示范区已经推广应用得较好，已经涵盖了从种到收整个过程的大多机型，但针对整地、喷药环节的部分机械化水平较低。

（3）牧户对农机具的重视程度有所提高，结合农机补贴，购买力度加大。

（4）该示范地的选择基本上是当地有代表性的地方，具有以下特点：交通便利，土地面积连片平整，示范地有农业生产需要的基本机械设备，牧区牧户有多年农业生产的知识和经验，示范地有大多农业机械使用的人员，有较好的农机具维修条件，有先进的大型喷灌设备，水源有保证，电力供应充足，电压满足设备作业要求，土壤条件满足农业生产的要求，有无限通信网络，方便喷灌设备远程智能化的实现。

## 7.2.7 达拉特旗示范区

1. 调研基本情况

2012年3月至2015年7月，中国农业机械化科学研究院呼和浩特分院多次对内蒙古鄂尔多斯达拉特旗白泥井镇海勒素村当地现有农机具情况进行了详细的调研。采取入户走访的形式，就农业机械种类、数量、型号、产地、农机推广使用、存在问题和建议等方面进行调研。在掌握了当地农用机具设备的基本使用情况的前提下，进行了分析和汇总。

2. 调研结论

通过对达拉特旗示范地进行实地调研分析，并对2011—2015年农机具应用调查情况进行对比分析，得出以下结论。

（1）从调研数据可以得出，鄂尔多斯达拉特旗白泥井镇海勒素村示范地全程机械化种类主要包括拖拉机（动力输出设备）、耕地及整地机械、播种机械、喷灌机械、中耕机械、收获机械及其他配套机械等，基本涵盖了所有重要环节的机械化，且机械化程度较高。

（2）从调研数据可以得出，示范区农机具种类变化不大，数量上逐年有所提高。这说明全程机械化水平在示范区已经推广应用得较好，已经涵盖了从种到收整个过程的大多机型，但针对整地、喷药环节的部分机械化水平较低。

（3）通过对当地现有农机具和现有农艺的了解，在耕种饲料玉米时，除了边角地块的浇水是喷灌机浇不到的，需要人工补浇，其他农艺过程都可实现机械化。

（4）从现有机型可以看出，目前的全程机械化水平相比农业发达地区还不是很高，相比于内蒙古自治区范围内的其他地区全程机械化水平算比较高的。如果耕作面积继续扩大，可考虑逐年更换现有农机具，改用大型农机，这样可以大大提高生产和收获效率。

# 7.3 不同类型区喷滴灌设备适应性评价

## 7.3.1 阿荣旗示范区大豆膜下滴灌适应性评价

根据《喷灌机与膜下滴灌适应性评价规范》进行适应性评价。

1. 结论

示范试验证明大田滴灌技术是节水、节地、节能、节材、增产、增效的实用技术，应用前景广阔。因此，建议在我国粮食主产区推广滴灌节水技术种植粮食作物，促进粮食主产区粮食作物的稳产高产，确保国家粮食安全。

2. 建议

（1）滴灌条件下土壤、水分、肥料和作物间关系的作用机理，滴灌施肥条件下不同肥料养分在土壤中迁移及转化规律，滴灌施肥后对作物根系分布及根系吸收养分特性的影响方面的试验和研究需要进一步深入。

（2）建立施肥模型，制定适宜膜下滴灌施肥条件下的肥料品种，不同气候、土壤条件的大豆适宜的滴灌施肥技术（包括适宜的肥料种类、用量、比例、浓度、施用时期及频率等）。

（3）建立膜下滴灌大豆的施肥决策推荐支持系统，为阿荣旗大豆种植的可持续发展提供技术支持，同时也可为我国其他地区的节水农业发展提供参考。

## 7.3.2 松山区示范区玉米膜下滴灌适应性评价

根据《喷灌机与膜下滴灌适应性评价规范》进行适应性评价。

1. 结论

通过分析可以看出玉米膜下滴灌技术在生产中既节水又高效，同时可提高降雨的利用率。膜下滴灌平均用水量是传统灌溉方式的 12%；提高了肥料利用率，易溶肥料施肥，可利用滴灌随水滴到玉米根系土壤中，使肥料利用率从 30%～40% 提高到 50%～60%；最重要的是膜下滴灌增产效果明显，能够适时适量向玉米根部供水供肥，调节棵间温度与湿度；同时，地膜覆盖昼夜温差变化时，膜内结露，能改善玉米生长的微气候环境，从而为玉米生长提高良好的条件，因而增产增收效果显著。

2. 建议

做好膜下滴灌残膜的回收，减少土壤白色污染。

### 7.3.3  商都示范区马铃薯膜下滴灌适应性评价

根据《喷灌机与膜下滴灌适应性评价规范》进行适应性评价。由于该地区属于旱作农业区，水资源普遍缺乏，水土资源严重不协调，且节水灌溉比重较小，水资源利用效率低，导致农牧业生产抵御自然灾害的能力低下，长期处于低水平上。另外，近年来，由于受气候条件的变化和不合理灌溉制度的影响，加剧了该区域水资源的供需矛盾，大面积开展喷灌、膜下滴灌等高效节水灌溉制度的研究，提高农业水资源的高效利用，对于保障粮食安全生产，改善区域生态环境具有重要意义。经过大量试验研究证明，膜下滴灌技术是一项高效、节水的灌溉措施，从长远来看，膜下滴灌技术较喷灌以及传统灌溉方式更加适应于商都县这样的旱作缺水地区。

### 7.3.4  临河示范区番茄膜下滴灌适应性评价

根据《喷灌机与膜下滴灌适应性评价规范》进行适应性评价。

1. 结论

膜下滴灌栽培技术可以使作物根系层的水分条件始终处于最优状态，同时还能够使土壤保持良好的透气性，能够调节土壤的水、气、热条件，促使作物更好生长，提高产品品质；此外，膜下滴灌栽培能够改变农田生态环境，使作物病毒危害减轻。因此，膜下滴灌技术是实现增产、增值的有效途径，其经济效益显著。

（1）膜下滴灌生产与常规沟灌相比具有较好的经济效益。

（2）膜下滴灌生产的盈利能力较强。

（3）膜下滴灌与常规沟灌相比，在节水、省人工、增产增效方面同样具有明显的优势。

但是，由于黄河水水质的问题，滴灌在渠灌区的推广还面临着许多技术难题。此外，滴灌设备尚未列入临河政府补贴目录，成本较高，农民接受程度较低，制约着滴灌的推广。

2. 建议

（1）加快引黄滴灌水源中多级粒径泥沙处理的过滤设备及组合技术，引黄滴灌适应性灌水器、灌水器堵塞的适应性技术及专用滴灌带等技术难题的攻关。

（2）摆脱膜下滴灌节水不省钱、增产不增收的认识误区。

（3）加强对膜下滴灌生产的技术培训，实现科学栽培。

（4）加强膜下滴灌技术的田间管理，科学全面地掌握和应用膜下滴灌技术。

### 7.3.5  锡林浩特示范区青贮玉米牧草大型喷灌适应性评价

根据《喷灌机与膜下滴灌适应性评价规范》进行适应性评价。

1. 结论

锡林浩特市青贮玉米示范区，自引进大型时针式喷灌机组后，大量节约了用于农田灌溉的水资源以及劳动力，同时农田生产能力也得到了大幅度的提高，农民收入呈逐年增加的趋势。大型时针式喷灌设备适应性较强。

2. 建议

（1）大型喷灌机主战场大都集中在地区自然条件恶劣、干旱少雨、水资源严重短缺的地区，由于长期以来的干旱少雨，天然水资源已被超限度利用，导致生态环境急剧恶化。而目前正在使用的大型时针式喷灌机大多数抽取地下水进行灌溉，故在工程规划初期，除了进行简单的水资源需求平衡分析外，还应进行环境评估分析，实现时针式大型喷灌的可持续发展、高效利用、因地制宜。

（2）加强对农户的系统的技术培训，使其掌握时针式喷灌及的灌水与维护管理。

（3）完善购机补贴政策，支持国内大型喷灌机的产业化。

### 7.3.6  鄂托克前旗示范区牧草大型时针式喷灌适应性评价

依据《喷灌机与膜下滴灌适应性评价规范》对鄂托克前旗牧草大型时针式喷灌机适应性进行评价。

1. 结论

根据对鄂托克前旗的土壤状况、气候条件及大型时针式喷灌设备的先进性，分析了鄂托克前旗使用大型时针式喷灌后对当地的技术、经济、社会及环境方面的影响及效果，发现大型时针式喷灌设备符合鄂托克前期的市场需求及社会需求，是较为理想的农田灌溉方式。

2. 建议

时针式大型喷灌机体积庞大，结构复杂，结合了水利、机械、车辆、自动化、农作物、土壤学等众多学科技术。如果要使用时针式大型喷灌机真正为农户带来收益，就必须使大型时针式喷灌机与项目实施地水源、土壤、作物、地形、气候、经济等条件相适应，并要求农户参加技术培训，学好用好喷灌机。

## 7.4  示范区农牧业全程机械化配套技术模式

### 7.4.1  阿荣旗示范区

#### 7.4.1.1  农机监测内容与分析

1. 大豆种植设备

（1）设备型号：2BPQF-2气吸式精量覆膜点播机。

（2）设备产地：内蒙古赤峰市阿旗乌兰哈达农具厂。

（3）设备性能：该机可以一次完成平地、开沟、施肥、膜下滴灌、覆膜、膜上播种六种六道作业工序。如果安装上气吸精量点播装置，可实现膜上精量作业，也可以单独完成覆膜作业，该机可以播种玉米、花生、棉花（脱绒）、葵花等大粒种子。

（4）常见问题和解决办法。

1）地膜一边紧一边松。主要原因：地膜卷夹持后由于地垄中心不重合，机器倾斜行走，机组行驶偏斜和膜身本身缠绕不好等。解决办法：应调整或重新安装地膜，使其与地垄中心垂直，调整悬挂拉杆件使覆膜机架水平工作，保持机组行驶直线性选择适当规格的地膜卷。

2）地膜脱压。主要原因：地膜卷夹持不正，机组突然偏驶，地膜卷左右缠绕不齐。解决办法：重新夹持地膜卷使其与地垄中心对齐，保证地面卫生和土层细碎，保持机组直线行驶，更换合格地膜卷。

3）地膜卷边。主要原因：地膜过宽，培土圆盘距膜边太近或培土角度过大。解决办法：加大培土圆盘与膜边距离，减小培土圆盘的角度。

4）培土不足。主要原因：培土圆盘角度过小，土质过硬。解决办法：增大培土圆盘角度，提高整地质量。

5）膜西培土过宽，膜面采光面积过少。主要原因：挡土板调整离培土圆盘过远，挡土板调整过高和机组行驶速度过快。解决办法：减少培土圆盘角度，提高整地质量。

6）膜面两边纵向撕裂。目前有的地方覆膜作业的顺序是先覆膜后浇水，所以有的地块进行覆膜时因地太松软，机组行驶时整台机器下压造成膜面压力太大，所以造成整个长度的纵向膜边撕裂。解决办法：在覆膜机大裂后梁上适当厚度的垫片（一般为 2cm 左右）使其播种机大滚筒的两侧支臂压在垫片上，以便减轻膜边的压力。

2．大豆收获设备

（1）设备型号：约翰迪尔 1048 联合收割机。

（2）设备产地：约翰迪尔（佳木斯）农业机械有限公司。

（3）设备性能：约翰迪尔 1048 联合收割机是一种中型传统式联合收割机，该机综合 1000 系列技术优势，技术性能先进，动力储备充足，一机多用。与同类机型比较适应性更强，效率更高，使用更加可靠，其收获性能各项指标均高于同类产品，该机以收获大豆、小麦为主，配备相应功能部件后还可收获水稻、油菜、草籽等多种作物。喂入量 4kg/s，其效率是同类竞争机型的 130%，投资回报率高。还可配置与 1075 通用的滚筒减速器增加滚筒转速范围，降低大豆收获的破碎率，提高收获品质。尾筛的增加，大大改善了清选性能，降低损失率，增加收益。脱粒功能强，脱净率高；分离面积大，分离彻底；风力均匀，清选效果好。誉称"小 1075"。

（4）建议：①大中小型并举发展；②加大技术研发及培训力度；③重视产品质量的监管；④大力扶持和发展农机专业户。

### 7.4.1.2 阿荣旗示范区全程机械化配套

大豆生产全程机械化技术是应用一批先进适用的农机化技术优化组装配套，改变传统的大豆种植方式，进而提高大豆经济效益和机械化生产水平的一项综合生产实用技术。该技术模式显著提高玉米、大豆产量的同时，大大降低了生产成本，发展农业的生产规模。

阿荣旗示范区农牧业全程机械化配套技术模式主要内容包括机械耕整地技术、机械精量播种、机械深施肥技术、植物保护机械技术、机械收获技术等。

以农田水利基本建设为前提，以农业机械为载体，实行农机与农艺相结合，综合良种、精播、细管、深松、深施肥、病虫草害综合防治、收获技术，依据呼伦贝尔市岭东南地区农业生产特点和大豆种植技术应用情况，依据大豆产区机械装备状况，参照大豆机械化生产技术特点与农艺要求，制定大豆生产中种子与种子处理、轮作与耕整、施肥、播种、田间管理、收获等机械化配套技术模式。

#### 7.4.1.3 阿荣旗示范区全程机械化农机利用率

农机利用率指作物全程机械化中的各个环节所使用机械的比例的平均，即

农机利用率＝（拖拉机使用比例＋耕整地机械使用比例＋播种机械使用比例

＋灌溉机械使用比例＋中耕机械使用比例＋收获机械使用比例）/6

阿荣旗示范区全程机械化 2011—2015 年的农机利用率见表 7-12。

表 7-12　　　　　　　　　　　阿荣旗示范区全程机械化农机利用率

| 示范区 | 机械种类 | 不同年份机械使用比例/% | | | | |
|---|---|---|---|---|---|---|
| | | 2011 年 | 2012 年 | 2013 年 | 2014 年 | 2015 年 |
| 阿荣旗示范区 | 拖拉机 | 94 | 95 | 96 | 96 | 97 |
| | 耕整地机械 | 93 | 94 | 95 | 95 | 96 |
| | 播种机械 | 96 | 97 | 97 | 98 | 98 |
| | 喷、滴灌机械 | | 95 | 95 | 96 | 97 |
| | 中耕机械 | 93 | 94 | 95 | 97 | 98 |
| | 收获机械 | 93 | 95 | 95 | 96 | 97 |
| 农机利用率 | | 93.8 | 95 | 95.5 | 96.3 | 97.2 |

#### 7.4.1.4 阿荣旗示范区全程机械化农机推广率

自项目开始实施后，示范区全程机械化逐年不断完善，得到了很好的推广。阿荣旗示范区的农机推广率见表 7-13。

表 7-13　　　　　　　　　　　阿荣旗示范区全程机械化农机推广率

| 示范区 | 作物 | 农机设备推广率/% | | | | |
|---|---|---|---|---|---|---|
| | | 2011 年 | 2012 年 | 2013 年 | 2014 年 | 2015 年 |
| 阿荣旗示范区 | 大豆 | 81.8 | 88.6 | 97.4 | 97.5 | 97.5 |

#### 7.4.1.5 阿荣旗示范区全程机械化的效益

示范区作物全程机械化的种植，耕整地、播种、施肥、灌水、中耕、收获全程都机械化。由于机械作业均匀且精密，所以节省大量的种子费用、肥料费用、农药费用、农用水费用等，从而降低了示范区的生产成本。由于示范区实施全程机械化，节约了大量的劳动力和生产时间，进而提高了生产效率。自示范区实施全程机械化种植，且随着农机具逐年不断完善，示范区的机械化率不断提高。目前，阿荣旗示范区大豆的生产已经完全实现了全程机械化。该全程机械化技术模式的应用将进一步提高农业机械化技术装备水平，不但可以提高产量、降低成本，还可以提高大豆的销售价格，主打绿色品牌，提高产品市场竞争力。

### 7.4.2 松山区示范区

1. 农机监测内容与分析

（1）玉米种植设备。

1）设备型号：2BP-2 型滴灌覆膜（喷药）穴播机。

2）设备产地：赤峰大鹏农机。

3）设备性能：2BP-2型滴灌覆膜（喷药）穴播机是同8.8~11.0kW拖拉机配套使用的播种机具，主要适用于玉米、棉花、甜菜、花生、向日葵及籽瓜等穴播作物的铺膜播种作业，可一次完成平土整形、深施化肥、铺膜、膜上打孔、半精量穴播、膜边及种子带覆土等工序。作业效率相当于人工的40~50倍，可节约地膜7.5kg/hm²。与不覆膜栽培相比较，产量可提高30%~50%，采用该机作业可大幅提高东北、华北和西北等干旱、半干旱地区粮食与经济作物产量。

（2）玉米收获设备。

1）设备型号：牧神4YZB-7自走式玉米收割机。

2）设备产地：新疆机械研究院。

3）适用范围：牧神4YZB-7自走式不对行玉米收割机适用于收获行距300~750mm、地块横纵坡度不大于8°、籽粒含水率为15%~35%、秸秆湿度不大于60%、最低结穗离地表高度不低于35cm的种用和饲用的成熟玉米果穗。

4）性能特点：①不对行收获；②该机可选装多种割台，满足不同用户需求，一台主机可悬挂两种割台；③行走采用1000系列变速箱，操作方便、机动灵活；④独特的茎秆切碎还田装置，切碎质量高、消耗动力少；⑤采用大容积液压翻转果穗箱，能大大减少卸粮次数，提高生产效率；⑥电子监测系统采用液晶数字显示，体积小，精度及可靠性高；⑦籽粒、果穗损失率低，抖动筛可回收籽粒；⑧剥皮机使籽粒破碎少，苞叶剥净率高。

2．松山区示范区全程机械化配套

农牧业机械化在中国已进入快速发展时期，全程机械化实现又一次农业技术革命。大型联合收获机的应用加快了全程机械化步伐，使农机现代化步入黄金期，农机农艺融合为建设现代农业奠定基础，促进了农作物增收增效。

玉米生产全程机械化配套技术模式是在生产玉米的全部环节中，包括耕整地、播种、施肥、植保、中耕、收获、脱粒都使用机械作业。从松山示范区膜下滴灌工程特点来看，主要包括：机械深松式耕整地、机械精量播种、机械植保、机械深施肥、机械秸秆粉碎还田、机械收获和机械脱粒等环节，重点以耕、播、收作业为主，综合计算玉米生产全程机械化程度。目前，赤峰市松山示范区玉米的生产已经完全实现了全程机械化。

3．松山区示范区全程机械化农机利用率

农机利用率指作物全程机械化中的各个环节所使用机械的比例的平均，即

$$农机利用率＝(拖拉机使用比例＋耕整地机械使用比例＋播种机械使用比例$$
$$＋灌溉机械使用比例＋中耕机械使用比例＋收获机械使用比例)/6$$

松山区示范区全程机械化2011—2015年的农机利用率见表7-14。

4．松山区示范区全程机械化农机推广率

自项目开始实施后，示范区全程机械化逐年不断完善，得到了很好的推广。松山区示范区的农机推广率见表7-15。

表 7 - 14　　　　　　　　　松山区示范区全程机械化农机利用率

| 示范区 | 种类 | 机械使用比例/% | | | | |
| --- | --- | --- | --- | --- | --- | --- |
| | | 2011 年 | 2012 年 | 2013 年 | 2014 年 | 2015 年 |
| 赤峰市松山区示范区 | 拖拉机 | 98 | 99 | 99 | 99 | 99 |
| | 整地、耕地机械 | 97 | 98 | 98 | 98 | 98 |
| | 播种机械 | 96 | 97 | 98 | 98 | 98 |
| | 喷、滴灌机械 | — | 96 | 96 | 96 | 96 |
| | 中耕机械 | 95 | 95 | 95 | 96 | 96 |
| | 收获机械 | 98 | 98 | 98 | 98 | 98 |
| 农机利用率 | | 96.8 | 97.2 | 97.3 | 97.5 | 97.5 |

表 7 - 15　　　　　　　　　松山区示范区全程机械化农机推广率

| 示范区 | 作物 | 农机设备推广率/% | | | | |
| --- | --- | --- | --- | --- | --- | --- |
| | | 2011 年 | 2012 年 | 2013 年 | 2014 年 | 2015 年 |
| 赤峰市松山区示范区 | 玉米 | 85.7 | 90.8 | 92.3 | 93.2 | 93.5 |

5. 松山区示范区全程机械化的效益

示范区作物全程机械化种植，耕整地、播种、施肥、灌水、中耕、收获全程都已机械化。由于机械作业均匀且精密，所以节省大量的种子费用、肥料费用、农药费用、农用水费用等，从而降低了示范区的生产成本。由于示范区实施全程机械化，节约了大量的劳动力和生产时间，进而提高了生产效率。自示范区实施全程机械化种植，且随着农机具逐年不断完善，示范区的机械化率不断提高。示范区玉米生产全程机械化配套技术模式的推广，是在传统玉米种植技术基础上的变革和提升，在种植方式上是农机农艺的进一步结合，解决了玉米机收的瓶颈问题，将各项技术进行了组装配套，提高了农机化作业标准，实现了以玉米为主的种植业的提挡升级。该技术模式的推广，将会加快现代农业的建设步伐，促进农业增产、农民增收和农村经济的发展。

## 7.4.3　商都示范区

### 7.4.3.1　农机监测内容与分析

根据商都示范区配套的机械化工艺路线，即播前耕整地—开沟、施肥、播种、覆膜、铺滴灌带—水肥一体化灌溉、施肥—中耕培土—喷药除草—杀秧、机械化收获的要求，对从种到收全过程配套的相应农机具分阶段作出了使用性能、存在问题、解决办法及适应性等内容的跟踪监测和分析。

1. 耕整地阶段

耕整地的质量好坏，直接影响到播种质量、玉米生长和机械化收获。耕整地总的农业技术要求是：适时整地，精细平整，疏松土壤，上实下虚，清除杂草根茬，无坷垃土块，能起到增温保墒的效果。

在播前耕整地配套机具中，对天津振兴机械制造有限公司生产的1GQN-180型旋耕机进行了监测。该动力旋转耙是一款集碎土、平整土地功能为一体的优质、高效的整地机械。主要特点是碎土效果好，不破坏土壤上下结构，减少土壤水分流失，尤其解决了板结土壤整地难题。拥有高低可调的平土装置，使得作业后的土地，深浅均匀一致，平整度高。

在使用监测过程中，针对发现该机存在的问题，经过课题组和机具操作管理人员的共同分析研究后，准确的找出了原因所在，很好地解决了存在的问题。

通过对配套机具中具有代表性的1GQN-180型旋耕机的作业跟踪监测和分析得出，锡林浩特示范区现有配套耕整地机具使用性能良好，存在问题较少，故障排除容易，在当地具有很好的适应性和推广性。

2. 一体化播种阶段

示范区现有使用量最大的青岛洪珠农业机械公司生产的2CM-1/2型大垄双行覆膜马铃薯播种机适合各种土壤。并能达到各项农艺要求。可以铺设滴灌系统，达到节水、节能、提高产量的目的。种子深浅、起垄高低、行距和株距均可调节。一次性完成开沟、施肥、播种、起垄、喷除草剂、铺膜、铺设滴灌带。具有结构紧凑、机动性好、布局合理、工作平稳、适应性强、维修简单等特点。

通过对播种施肥覆膜敷设滴灌带一体化配套机具2CM-1/2型大垄双行覆膜马铃薯播种机的作业跟踪监测和分析得出，锡林浩特示范区现有配套播种机具使用性能很好，基本不存在使用上的疑难问题和故障，在示范区具有很高的利用率，非常适合当地的播种作业。

3. 中耕培土阶段

中耕培土是马铃薯田间管理的一项重要措施，不但有利于块茎的形成膨大，而且还可以增加结薯层次，避免块茎暴露地面见光变质。总之，通过合理中耕，可以有效地改变马铃薯生长发育所必需的土、肥、水、气等条件，从而为高产打下良好基础。

课题组对示范区拥有的MFT-2马铃薯中耕培土机进行了使用情况和性能指标的监测分析。该机主要由机架、变速箱、动力传动机构、抛土器、前松土铲、行走轮、防护罩机构等组成，可一次完成中耕除草、松土、培土三项作业，从而达到消除杂草、疏松土壤、蓄水保墒、破除土壤硬结和增加土壤透气性的目的。

通过对该中耕培土机的作业跟踪监测和分析得出，示范区现有该配套机具使用性能很好，基本不存在使用上的疑难问题和故障，在示范区具有很高的利用率，非常适合当地的中耕培土作业。

4. 喷药除草阶段

在示范区以及商都县地区，马铃薯田间杂草严重影响产量和效益。为提高药效、有效除草，高效的喷药除草设备就得到了广泛的应用。示范区先拥有一台现代农装生产的3880喷杆式喷药机，课题组在对该机器进行了使用状况和喷洒效果的监测和分析后得出，该机性能很好，操作方便，使用上基本没有故障出现，维护保养简单，喷雾幅度宽，药箱容积大，雾化均匀度高，施药精准，防治成本低，劳动强度低，作业效率高，很受广大农民的欢迎。

5. 收获阶段

用人工把马铃薯完整地从地里挖掘或收获出来，比起收获牧草或谷物作物要困难得多，所以花费的劳力和时间亦多。运用机械化机具收获马铃薯，不仅减轻了农民的劳动强度，提高了收获效率，而且还能减少收获过程中的各种损失。马铃薯最合适的收获期应是马铃薯植株生长停止，茎叶大部分枯黄时，这时块茎容易与匍匐茎分离，周皮变硬，干物重最大。

课题组重点对示范区现有的中机美诺 1804 型马铃薯杀秧机和山东产 4UM－2 型马铃薯挖掘机进行了设备的使用和性能监测。

通过对上述配套收获机具的作业跟踪监测和分析得出，在马铃薯机械化收获阶段，现有的机具完全能够满足需要，且所配机具性能良好，故障较少，操作维护方便，能够很好地完成收获作业。

### 7.4.3.2　商都示范区全程机械化配套

推广马铃薯全程机械化技术，是推进现代农业发展进程的重要举措，不仅可大幅度减轻农民的劳动强度，降低生产成本，解放劳动力，而且还可最大限度地为马铃薯生长创造最佳的生育条件，发挥良种、肥料等生产要素增产作用，具有显著提高马铃薯单产的工效。同时还将有效实现马铃薯种植的标准化、规模化，进而大幅度提高我国马铃薯的市场竞争力。马铃薯机械化生产技术的快速发展，还将带动包装、运输等行业的发展及农村剩余劳动力的有效转移，延长产业链，提高农业综合效益。

马铃薯生产全程机械化是指作物田间生产各环节全部采用机械化作业方式的一项以机械化为主导的高效生产技术，主要包括播前机械化耕整地、机械播种覆膜施肥、水肥一体化灌溉、机械中耕除草施药和机械化收获等。

### 7.4.3.3　商都示范区全程机械化农机利用率

农机利用率指作物全程机械化中的各个环节所使用机械的比例的平均，即

农机利用率＝(拖拉机使用比例＋耕整地机械使用比例＋播种机械使用比例

＋灌溉机械使用比例＋中耕机械使用比例＋收获机械使用比例)/6

商都示范区全程机械化 2011—2015 年的农机利用率见表 7－16。

表 7－16　　　　　　　　　商都示范区全程机械化农机利用率

| 示范区 | 种　类 | 机械使用比例/% | | | | |
| --- | --- | --- | --- | --- | --- | --- |
| | | 2011 年 | 2012 年 | 2013 年 | 2014 年 | 2015 年 |
| 商都示范区 | 拖拉机 | 95 | 96 | 97 | 98 | 99 |
| | 耕整地机械 | 94 | 95 | 95 | 96 | 97 |
| | 播种机械 | 93 | 95 | 95 | 96 | 97 |
| | 喷、滴灌机械 | — | 94 | 96 | 97 | 98 |
| | 中耕机械 | 93 | 95 | 96 | 96 | 97 |
| | 收获机械 | 95 | 96 | 97 | 97 | 98 |
| 农机利用率 | | 94 | 95.2 | 96 | 96.7 | 97.7 |

#### 7.4.3.4 商都示范区全程机械化农机推广率

自项目开始实施后，示范区全程机械化逐年不断完善，得到了很好的推广。商都示范区的农机推广率见表 7-17。

表 7-17　　　　　　　　　　商都示范区全程机械化农机推广率

| 示范区 | 作物 | 农机设备推广率/% | | | | |
|--------|------|--------|--------|--------|--------|--------|
| | | 2011 年 | 2012 年 | 2013 年 | 2014 年 | 2015 年 |
| 商都示范区 | 马铃薯 | 80.6 | 87.9 | 96.7 | 97.5 | 97.8 |

#### 7.4.3.5 商都示范区全程机械化的效益

示范区作物全程机械化种植，耕整地、播种、施肥、灌水、中耕、收获全程都已机械化。由于机械作业均匀且精密，所以节省大量的种子费用、肥料费用、农药费用、农用水费用等，从而降低了示范区的生产成本。由于示范区实施全程机械化，节约了大量的劳动力和生产时间，进而提高了生产效率。自示范区实施全程机械化种植，且随着农机具逐年不断完善，示范区的机械化率不断提高。随着马铃薯生产从种到收新技术、新装备的生产应用，对商都示范区以及全县的马铃薯全程机械化配套技术模式提出了更高的要求，落后的技术应该更新升级，老旧的机型应该改造换代，全新的农牧业全程机械化配套技术模式将加强马铃薯机械化示范园区的建设，强化引导和示范效应，促进商都马铃薯产业的快速发展，实现农业增效、农民增收的目标，彻底巩固商都的"中国马铃薯产业示范基地"称号。

### 7.4.4 临河示范区

#### 7.4.4.1 农机监测内容与分析

番茄作为临河的主要经济作物之一，由于近年受雨灾、销售价格下调等方面的影响，种植面积已从 2012 年的 5.2 万亩锐减到 2013 年的 4.6 万亩，加上 2013 年上半年气候异常、番茄疫病频发，据调查，2014 年番茄平均亩产量大约在 4.8t/亩左右，这就需要我们进一步完善临河地区番茄种植模式，提高全程机械化水平，加大管理力度，有效提高番茄种植的产量，使农户得以收益。

国外在番茄种植方面，采用先进的种植模式，已经实现"从种到收"全过程机械化，且机械化水平较高，而国内在番茄的机械化生产方面还处在一个较低的水平。由于国家支持及投入产出比高、推广速度快，番茄机械化移栽技术在我国新疆地区应用较多。番茄种植及采摘机械虽然已经有部分国有化，但与其他大田作物种植及收获机械相比，通用性差且价位较高，特别是番茄全自动采摘机还未能实现真正的国产化，所以现阶段国内的番茄全程机械化移栽、采摘技术还处在试验推广阶段，远不能适应产业发展需要。

作为临河项目示范区而言，番茄种植面积虽有 4.6 万亩，但全程机械化水平较低，番茄移栽和收获设备还处在试验阶段，相比之下，番茄耕地、整地设备比较普及。所以，下面主要针对番茄耕整地设备进行监测与分析。

临河市东临有"全国番茄产业第一县"之称的五原县，其土壤类型、环境因子等自然条件与五原地区都十分接近，在番茄机械化耕作方面，可以借鉴五原县已经成熟的番茄种植模式及配套农机具，进行监测、分析并加以改进，选配出适应临河地区的番茄耕作设备。

1. 临河示范区番茄种植耕地、整地设备方案及机型选定

通过对临河及五原地区的实际调研考察，并结合番茄种植特性、要求及现有机型特点，提出临河地区番茄耕地、整地作业流程为：平地—旋耕—开沟—起垄—覆膜—镇压，最终选定 3 种适应临河示范区番茄耕整配套农机具推广的选型方案。

（1）选型方案一：1PJ－4.0 型激光平地机进行平地—1LF－535 型液压翻转犁深松土壤—1GQN－230 型旋耕机进行切土、碎土—2BMGF－7/14 型免耕覆盖施肥播种机进行开沟、起垄、铺膜、镇压。

（2）选型方案二：1LF－535 型液压翻转犁深松土壤—1GQN－230 型旋耕机进行切土、碎土—2BMGF－7/14 型免耕覆盖施肥播种机进行开沟、起垄、铺膜、镇压。

（3）选型方案三：1PJ－4.0 型激光平地机进行平地—1ZLM－210 型耕整起垄铺膜联合作业机进行旋耕、开沟、起垄、铺膜、镇压。

最终结合临河示范区土壤条件及番茄种植要求，对上述三种方案进行试验及评定。采用三个方案进行耕整过的土地都能满足番茄种植要求，从耕整流程简化程度及高效率方面考虑，最终采用第三个方案实施，并进行下一步的深入监测。

2. 监测选定的耕地、整地机型

在临河示范区，1PJG－3.0 型激光平地机应用得较为广泛，且性能及可靠性都比较稳定。因此，主要对 1ZLM－210 型耕整起垄铺膜联合作业机进行了监测。监测内容主要包括设备起垄高度、宽度、垄间距、膜边覆土厚度等性能指标及设备运转可靠性等方面。监测方式为：对示范区地块划平均分成 4 个区，在每个区内随机找 3 个点进行数据测量，并将最终的共 12 个测量数据取平均值。通过设备运行状况监测，适当调整及改进机具，使设备能够适应临河地区番茄种植。

3. 监测数据分析及存在问题

通过对监测数据分析、监测数据平均值与实际要求技术指标进行对比，并结合设备在运行过程中出现的状况，将存在的问题归纳总结如下：

（1）从监测数据上看，垄面宽度各测量点数据的跳跃性较大，垄面成型一致性差。

（2）从监测数据统计上看，设备耕整过的土地基本满足番茄移栽要求，如垄面宽度、沟口宽度、膜边覆土宽度等，但起垄高度和实际要求还存在一些差距。

（3）在机器实际运行过程中，发现传动链易脱漏现象。

4. 解决方法

（1）通过对设备开沟器及覆土镇压轮相关参数进行分析后，最终对入土角度、入土深度、铲柄截面、镇压轮固定机架位置进行了适当的调整及改动，有效改善了垄面成型差、垄面高度低的问题。

（2）究其传动链易脱漏的原因，是传动链设置位置较低，且没有有效的防护装置，设备运行过程中，土块经常与传动链碰撞所致。适当提高传动链位置并加装传动链防护罩后，有效改善了传动链易脱漏问题。

### 7.4.4.2　临河示范区全程机械化配套

临河示范区番茄种植采用育苗移栽技术，育苗移栽、开沟起垄覆膜的栽培技术具有明显的增产增收作用，可有效提高地温，改善苗期根系生长环境，此外，还可有效改善土壤

结构和田间环境,减轻病虫害。针对番茄育苗移栽技术,提出番茄育苗移栽机械化种植技术路线是:开沟、起垄、施肥(施肥深松机)→铺膜、铺滴灌管(垄上铺膜机)→打药(打药机)→打孔、育苗移栽、镇压(移栽机)→收获(番茄采收机)。

临河区番茄育苗移栽全程机械化种植模式如下:

(1)采用 1GQN-230 型旋耕机或 1SZL-200 型深松整地机一次完成深松、地表灭茬、碎土作业,达到深层土壤疏松,表层土壤破碎。

(2)采用激光平地仪高精度平整土地,使耕作地块平整,保证后续开沟起垄作业顺利开展。

(3)采用 2BMGF-7/14 型免耕覆盖施肥播种机开沟起垄覆膜施肥一体机进行开沟、旋耕、起垄、施肥、覆膜,满足沟心距 150cm、垄宽 100cm 的番茄种植要求,且覆膜后保证受光面宽度为 60~70cm。

(4)移栽机移栽作业。膜内行距 30cm,交接行 120cm,移栽株距 37~40cm,理论保苗株数 33000~36000 株/hm²。部分地块采用机械打孔机打孔,膜内行距 30cm,孔距(株距)37cm,平均行距 68~75cm,理论保苗株数 37500~48000 株/hm²。

(5)采用 G89/93ms40 型番茄采收机收获。工作幅宽 150cm,实现色选率 70%~95%番茄种植。

### 7.4.4.3 临河示范区全程机械化农机利用率

农机利用率指作物全程机械化中的各个环节所使用机械的比例的平均,即

农机利用率=(拖拉机使用比例+耕整地机械使用比例+播种机械使用比例
+灌溉机械使用比例+中耕机械使用比例+收获机械使用比例)/6

临河示范区全程机械化 2011—2015 年的农机利用率见表 7-18。

表 7-18　　　　　　　　　　临河示范区全程机械化农机利用率

| 示范区 | 种　类 | 机械使用比例/% | | | | |
|---|---|---|---|---|---|---|
| | | 2011 年 | 2012 年 | 2013 年 | 2014 年 | 2015 年 |
| 临河示范区 | 拖拉机 | 94 | 95 | 95 | 96 | 97 |
| | 耕整地机械 | 93 | 94 | 95 | 96 | 96 |
| | 播种机械 | 95 | 96 | 96 | 97 | 98 |
| | 灌溉机械 | — | 95 | 95 | 96 | 96 |
| | 收获机械 | 95 | 96 | 96 | 96 | 97 |
| 农机利用率 | | 94.3 | 95.2 | 95.4 | 96.2 | 96.8 |

### 7.4.4.4 临河示范区全程机械化农机推广率

自项目开始实施后,示范区全程机械化逐年不断完善,得到了很好的推广。临河示范区的农机推广率如表 7-19 所示。

表 7-19　　　　　　　　　　商都示范区全程机械化农机推广率

| 示范区 | 作物 | 农机设备推广率/% | | | | |
|---|---|---|---|---|---|---|
| | | 2011 年 | 2012 年 | 2013 年 | 2014 年 | 2015 年 |
| 临河示范区 | 番茄 | 90.5 | 95.2 | 96.4 | 96.5 | 96.5 |

#### 7.4.4.5 临河示范区全程机械化的效益

示范区作物全程机械化种植，耕整地、播种、施肥、灌水、中耕、收获全程都已机械化。由于机械作业均匀且精密，所以节省大量的种子费用、肥料费用、农药费用、农用水费用等，从而降低了示范区的生产成本。由于示范区实施全程机械化，节约了大量的劳动力和生产时间，进而提高了生产效率。自示范区实施全程机械化种植，且随着农机具逐年不断完善，示范区的机械化率不断提高。全程机械化生产效率大幅提高，劳动力转移快速。近年随着先进的农机装备和农业机械化技术的应用，有效地减轻了农民的劳动强度，大幅度提高劳动生产率，节省了大量的农村劳动力，并且实现了农业生产效益的大幅度提升。

### 7.4.5 锡林浩特示范区

#### 7.4.5.1 农机监测内容与分析

1. 耕整地阶段

耕整地的质量好坏，直接影响到播种质量、玉米生长和机械化收获。耕整地总的农业技术要求是：适时整地，精细平整，疏松土壤，上实下虚，清除杂草根茬，无坷垃土块，能起到增温保墒的效果。

在播前耕整地配套机具中，对新疆机械研究院生产的 1BX-3 型动力旋转耙进行了监测。该动力旋转耙是一款集碎土、平整土地、镇压功能为一体的优质、高效的整地机械。其主要特点是立式高速旋转耙刀，碎土效果好，不破坏土壤上下结构，减少土壤水分流失，尤其解决了板结土壤整地难题。其拥有高低可调的平土装置，使得作业后的土地深浅均匀一致，平整度高。其独特的镇压装置，有效保证土壤上虚下实，保墒性好。

在使用监测过程中，针对该机存在的问题，经过课题组和机具操作管理人员的共同分析研究，准确找出了原因所在，很好地解决了存在的问题。

通过对配套机具中具有代表性的 1BX-3 型动力旋转耙的作业跟踪监测和分析得出，锡林浩特示范区现有配套耕整地机具使用性能良好，存在问题较少，故障排除容易，在当地具有很好的适应性和推广性。

2. 播种阶段

普遍使用的精密播种机按排种方式可分为机械式和气力式两种。示范区现有使用量最大的辽宁瓦房店生产的 2BQ-6 型气吸式播种机可以一次完成开沟、起垄、播种、施肥、覆土、镇压等作业，播深 40～100mm，行距 500～700mm，具有播种均匀、深浅一致、行距稳定、覆土良好、节省种子、工作效率高等特点。

在该机的使用监测过程中，除个别排种器不工作外，基本没发现别的问题和故障。个别排种器不工作的原因是个别排种盒内种子棚架或排种器口被杂物堵塞，在清理杂物之后，排种器均能够正常工作。

通过对播种配套机具中使用量最大的 2BQ-6 型气吸式播种机的作业跟踪监测和分析得出，锡林浩特示范区现有配套播种机具使用性能很好，基本不存在使用上的疑难问题和故障，在示范区具有很高的利用率，非常适合当地的播种作业。

3. 田间植保阶段

田间植保就是为全面提升农作物有害生物和外来检疫性有害生物的监测预警、综合治理与应急控制能力，提高农药和药械管理与安全使用能力，把病、虫、杂草、鼠等有害生物的危害降到最低程度的措施等。

课题组对示范区拥有的产于德国的阿玛松悬挂式喷药器进行了喷洒效果的监测，结果显示：该喷药器的喷洒效果很好，产生的雾粒直径很小，众所周知，农药雾粒小，防治效果就好；药箱容积大，减少加水加药次数；喷幅宽，效率高，既可整体喷洒，又能分段喷洒；喷洒均匀，施药精准；防治成本低，劳动强度低，工作效率高。

4. 收获阶段

青贮玉米的机械化收获机具是利用切割、喂入、压实、粉碎等机构，将含水量在65%～75%的鲜玉米秸秆进行快速切碎，并把切碎的秸秆抛到接料车中的机械，减少了工作环节和劳动强度。实行玉米青贮机械化具有效率高、成本低，能充分利用丰富的玉米秸秆资源，培肥地力，是发展和提高玉米秸秆综合利用的有效方法之一，具有较好的社会效益和经济效益。

牧草收获时，水分含量高达70%～80%。机械化收获应采用分段收获法，主要包括切割压扁放铺、搂草集条翻晒、捡拾收集打捆等作业环节。使用机械收获牧草，不仅可以提高劳动生产效率，做到适时收获，增加饲草储量，而且可以显著提高牧草的营养品质和获得较高的经济效益，是实现牧草产业化的有效措施。人工草场突出的问题是如何以最短的时间、最低的成本、最好的质量收割牧草。

课题组重点对示范区现有的中机美诺9265型自走式饲料收获机和中国农机院呼和浩特分院生产的人工草场割搂捆机械化集成收获机具进行了设备的使用监测。

9GBQ-3.0型切割压扁机是用来收获高产、多水分的种植牧草、天然牧草和芦苇、秸秆等作物。它可以同时完成切割、压扁、集拢铺条三种作业工序，其独特的设计能最大限度保护牧草的营养成分，使茎叶同步干燥，缩短田间晾晒时间。这样不仅可以减少在田间晾晒时的损失，还可缩短收获时间，为后续的捡拾压捆、压垛等收获作业准备好高质量的草条。

9LZ-6.0型指盘式搂草机能够对苜蓿、稻、麦、秸秆等进行搂集和翻晒作业，能够满足对饲草、秸秆的收获需求，并且很好地解决了饲草、秸秆在商品化生产中存在的干燥速度慢、散草打捆困难和草根容易捂烂的问题。该机作业性能好，生产效率高，适用面广，使用方便可靠，为我国提供了一种饲草、秸秆收获的关键设备。

9YFQ-1.9型跨行式方草捆压捆机与传统方捆机（侧牵引）相比具有如下特点：

（1）进口德国打结器和主要传动系统，整机性能稳定，成捆率高。

（2）整机具有对称纵轴线，行驶稳定性好，容易牵引，能适应在小块和不规则地块上作业。

（3）采用宽幅达1.95m的宽型低平弹齿滚筒式捡拾器，两侧配有仿形轮，不仅降低草条漏捡的损失，而且由于减少了干草捡拾时的提升高度，使草条很少紊乱，减少了花叶之间的揉搓脱落，这一点对苜蓿等易掉花的豆科牧草尤为重要。

（4）打捆室和穿针有足够高的离地间隙，在低畦地段作业，穿针不会碰地，因而取消了传统的穿针保护架。捡拾器配有仿形轮，可以在低洼不平的地段作业。

（5）草条从捡拾到形成草捆落地始终使牧草在机内沿直线运动，草条输送、打捆工艺合理，有利于提高活塞的往复频率，提高生产能力。

通过对上述配套收获机具的作业跟踪监测和分析得出，在青贮玉米和人工草场的收获阶段，现有的机具完全能够满足需要，且所配机具性能良好，故障较少，操作维护方便，能够很好地完成收获作业。

### 7.4.5.2 锡林浩特示范区全程机械化配套

玉米生产全程机械化作业技术是推进现代农业发展进程的重要举措。推广这项技术，不仅可大幅度减轻农民的劳动强度，降低生产成本，解放劳动力，而且还可最大限度地为玉米生长创造最佳的生育条件，发挥良种、肥料等生产要素增产作用，具有显著提高玉米单产的工效。同时还将有效实现玉米种植的标准化、规模化，进而大幅度提高我国玉米的市场竞争力。

农牧业生产全程机械化是指作物田间生产各环节，全部采用机械化作业方式的一项以机械化为主导的高效生产技术。主要包括机械化耕整地、机械播种施肥、水肥一体化灌溉、机械中耕除草施药和机械化收获等。

根据锡林浩特示范区配套的机械化工艺路线，即播前耕整地→精量播种→水肥一体化灌溉、施肥→喷药除草、田间植保→机械化收获的要求，对从种到收全过程配套的相应农机具分阶段作出了使用性能、存在问题、解决办法及适应性等内容的跟踪监测和分析。

### 7.4.5.3 锡林浩特示范区全程机械化农机利用率

农机利用率指作物全程机械化中的各个环节所使用机械的比例的平均，即

农机利用率＝（拖拉机使用比例＋耕整地机械使用比例＋播种机械使用比例
　　　　　　＋灌溉机械使用比例＋中耕机械使用比例＋收获机械使用比例）/6

锡林浩特示范区全程机械化 2011—2015 年的农机利用率见表 7-20。

表 7-20　　　　　　　锡林浩特示范区全程机械化农机利用率

| 示范区 | 种 类 | 机械使用比例/% | | | | |
|---|---|---|---|---|---|---|
| | | 2011 年 | 2012 年 | 2013 年 | 2014 年 | 2015 年 |
| 锡林浩特示范区 | 拖拉机 | 97 | 98 | 98 | 99 | 99 |
| | 耕整地机械 | 96 | 97 | 97 | 98 | 98 |
| | 播种机械 | 97 | 98 | 98 | 98 | 98 |
| | 喷、滴灌机械 | — | 97 | 97 | 98 | 98 |
| | 收获、打捆机械 | 94 | 96 | 96 | 97 | 98 |
| | 中耕机械 | 93 | 94 | 94 | 95 | 97 |
| 农机利用率 | | 96.6 | 96.7 | 96.7 | 97.5 | 98 |

### 7.4.5.4 锡林浩特示范区全程机械化农机推广率

自项目开始实施后，示范区全程机械化逐年不断完善，得到了很好的推广。锡林浩特

示范区的农机推广率见表 7-21。

表 7-21 锡林浩特示范区全程机械化农机推广率

| 示范区 | 作物 | 农机设备推广率/% | | | | |
|---|---|---|---|---|---|---|
| | | 2011 年 | 2012 年 | 2013 年 | 2014 年 | 2015 年 |
| 锡林浩特示范区 | 饲料玉米 | 82.5 | 84.3 | 87.1 | 88.9 | 90.2 |

### 7.4.5.5 锡林浩特示范区全程机械化的效益

示范区作物全程机械化的种植,耕整地、播种、施肥、灌水、中耕、收获全程都已机械化。由于机械作业均匀且精密,所以节省大量的种子费用、肥料费用、农药费用、农用水费用等,从而降低了示范区的生产成本。由于示范区实施全程机械化,节约了大量的劳动力和生产时间,进而提高了生产效率。自示范区实施全程机械化种植,且随着农机具逐年不断完善,示范区的机械化率不断提高。2013 年 7 月 29—30 日,"全区牧草收获机械化现场演示及舍饲养殖机械化展示会"在锡林浩特市毛登牧场 43 万亩饲草基地隆重举行。本次牧草收获机械化现场演示会的成功举办,标志着畜牧业机械化发展进入新的阶段,一批畜牧业机械新技术、新装备在草原畜牧业生产更多的生产环节中得到应用,与此同时,新技术、新装备的生产应用对锡林浩特示范区以及全市的农牧业全程机械化配套技术模式提出了更高的要求,落后的技术应该更新升级,老旧的机型应该改造换代,全新的农牧业全程机械化配套技术模式将促进现代畜牧业快速发展,实现牧业增效、牧民增收的目标。

## 7.4.6 鄂托克前旗示范区

### 7.4.6.1 农机监测内容与分析

该项目示范区内主要是以紫花苜蓿为研究作物,根据当地实际情况,结合紫花苜蓿大型喷灌设备节水技术,完成示范地水利、农艺、农机配套集成技术的推广,并使紫花苜蓿大型喷灌智能信息化的建设得以实现。其主要节水灌溉设备包括圆形喷灌机、卷盘式喷灌机。

1. 圆形喷灌机监测内容及数据统计

在项目区内,安装有圆形喷灌机远程数据采集及监测系统,结合电表、水表、土壤温湿度传感器、空气温湿度传感器、水井水位传感器及现场监测图片,实现了圆形喷灌机的数据监测,具体监测内容包括示范区供电电压、喷灌机运行时耗电量、灌水量、水压、水井水位、土壤温湿度及空气温湿度等数据。

通过对项目示范区内进行数据监测,可以更加准确地掌握项目区内圆形喷灌设备的圆形情况及灌溉土壤的数据情况,为设备运行稳定性及作物生长农艺要求提供基础数据。

2. 卷盘式喷灌机监测内容及分析

圆形喷灌机自身也存在一些缺点,如对于方形地块而言,地块的边角处灌溉不到,项目示范区内的卷盘式喷灌机是为了适当弥补圆形喷灌机的不足而配合使用的。

对 75-250TX 型卷盘式喷灌机的喷灌强度、喷头压力、喷射角度等参数进行了监测,监测方法依据《绞盘式喷灌机》(GB/T 21400.1—2008)"第 1 部分:运行特性及实验室和田间试验方法"中的规定。

75-250 TX 型卷盘式喷灌机采用水涡轮驱动,灵活性强,喷灌强度大,但需配备高压喷头。通过数据显示，其能耗较高且灌溉水的损失较大，并且作业时需要机行道，占用耕地较多。与圆形喷灌机相比，其节水、节能效果、自动化程度、灌溉均匀性及可控性等多个方面都较差。目前，其推广应用适应性差。

### 7.4.6.2 鄂托克前旗示范区全程机械化配套

根据当地调研资料，结合生产农艺要求，提出了针对示范区紫花苜蓿种植的农机具配套技术的模式方案。

（1）采用1SZL-3.0型深松整地联合作业机，进行切土、翻土、松土作业，以及对土壤进行碎土作业，同时耙组又可以对土壤进行充分的切碎和梳理，随后覆土圆盘对土壤进行平整、切碎和压实，并进一步细化碎土，最后镇压辊镇压地表面，从而形成地表平整、土壤细碎、上虚下实的理想种床。

1SZL-3.0型深松整地联合作业机，作业速度6～10km/h，深松深度25～35cm，生产率0.8～1.6hm²/h，运输间隙350mm，悬挂方式为三点悬挂。其能够进一步提高整地作业质量和作业效率，降低作业成本，增强机械整地作业的节本增效作用，形成良好的耕层构造，为农作物高产奠定了基础。

（2）采用2BMC-9苜蓿精量播种机，它是农牧业耕作工艺中的重要机具。该机外形尺寸为900mm×1800mm×990mm，整机净重250kg，配套最小动力不小于8.8～14.8/12～20kW/PS，工作行数为9行，行距最小为15cm，工作幅宽1350mm，作业速度4～6km/h，播种深度调节范围为15～60mm，排种量为0.4～6（苜蓿）kg/亩。它可广泛应用于各类型农牧业作物种子的播种作业。该机可以完成田间开沟、施肥、破茬、播种、覆土、镇压的联合作业。该机结构紧凑，生产效率高，作业成本低。

（3）刈割、收获。

苜蓿因其营养价值高，适口性好，是牛羊等草食家畜普遍喜食作物，所以在苜蓿收割时，确保苜蓿营养价值至关重要。苜蓿草传统收获工艺为割—搂—捆。

搂草机配套动力不小于≥25.74kW；外形尺寸4500mm×5800mm×1700mm；工作幅宽不大于6.0m（可调）；整机重量540kg；作业速度8～12km/h；生产率5.3～6.6hm²/h；草条宽度不大于1.25m；可靠性系数不小于98%；漏搂率不大于2%。

9YFQ-1.9方捆打捆机其打捆室横截面积为360mm×460mm，草捆长度为310～1300mm，草捆密度为120～180kg/m³；捡拾器外侧挡板间的宽度为2264mm，内侧挡板间的宽度为1928mm，弹齿杆数量3条弹齿112个，搅龙直径为外径280mm，仿形轮2个（每边一个）；喂入器结构型式为曲柄摇杆式，4个喂入叉，喂入室容积2851cm³；活塞工作速率（往复次数）100次/分，工作行程550mm；打捆机构（绳）打结器数量2个，捆绳箱容量6卷；配套拖拉机动力输出轴转速540r/min，功率29.42kW以上；打捆室外形尺寸（长×宽×高）为3300mm×2350mm×1725mm，重量为1.7t。

9YFS-2.0型三道捆绳方草捆捡拾压捆机，其捡拾器内侧幅宽1970mm；草捆尺寸（高×宽×长）为380mm×560mm×（350～1300）mm；成捆率为不小于98%；在牧草含水率为17%～23%的情况下草捆密度为130～230kg/m³；自带发动机功率为不大于50kW；系统电压为24V；外形尺寸（长×宽×高）为7250mm×2650mm×1750mm（带放草板）；整机重量为3800kg；生产能力为3～8t/h。

9GY-1.2圆捆机，其草捆直径为1200mm；草捆长度为1200mm；草捆重量为200～240kg；捡拾宽度为1587mm；前进速度为5km/h；动力输出轴转数为540r/min；机具重量为1800kg；配套动力为35马力以上的轮式拖拉机。

干燥加工是苜蓿产业精深加工主要方式之一，选择合适的苜蓿干燥工艺，是保证在苜蓿干燥时既能提高干燥效率，又能获得较高干燥品质的基础。传统的苜蓿干燥工艺有两种：一种是采用机械化收割后在田间晾晒一段时间后进行打捆或贮存，这种方法造成苜蓿大量花、叶损失，干物质损失25%～30%；另一种是采用机械化收割进行高温烘干，国内人工干燥牧草设备主要有转筒式饲草干燥机、93QH系列燃煤牧草干燥机组、93QH系列干燥机组、93QH-1000型燃油（气）牧草干燥机组，均采用燃油、燃煤和燃气作为主要能源，因此干燥后牧草的成本偏高，产业化比较困难，经济效益不明显。

因此，为了提高苜蓿草产品的质量和品质，在示范区安装了由中国农机院呼和浩特分院研究开发的苜蓿太阳能干燥设备，并对该设备进行了监测。

为了减少苜蓿草在田间晾晒时营养成分的损失，采用牧草湿法收获工艺。其基本技术原理是针对苜蓿草在干燥过程中营养物质的变化规律与损失特征，将牧草干燥的第一阶段放在田间进行，而第二阶段则采用太阳能草捆干燥成套设备完成。即将田间苜蓿收割后，苜蓿水分含量在30%～40%时进行打捆，把苜蓿草捆堆放在干燥箱上，用太阳能加热的空气从干燥箱底部吹入，苜蓿草捆的水分被加热的空气带走而干燥。经烘干的饲草，叶绿素和营养损失率低。

牧草湿法收获工艺是集割（压扁）、搂、捡拾运输（捡拾压捆）、干燥与贮存的收获工艺。这种收获工艺采用的作业机具主要有往复式割草机（切割压扁机）、旋转式搂草机、翻晒机、草捆捡拾压捆机、运输车和太阳能草捆干燥成套设备，机械化程度可达到95%以上。牧草湿法收获工艺过程是：刈割（切割压扁）、晾晒后搂成条、摊晒，然后在牧草含水率降至40%左右时利用捡拾压捆机进行打捆，并运输到指定地点进行干燥作业。其收获工艺路线如图7-7所示。

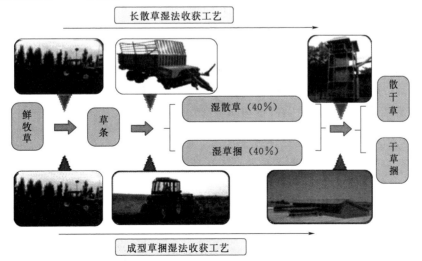

图7-7 湿法收获工艺路线图

### 7.4.6.3 鄂托克前旗示范区全程机械化农机利用率

农机利用率指作物全程机械化中的各个环节所使用机械的比例的平均，即

农机利用率＝(拖拉机使用比例＋耕整地机械使用比例＋播种机械使用比例

＋灌溉机械使用比例＋中耕机械使用比例＋收获机械使用比例)/6

鄂托克前旗示范区全程机械化 2011—2015 年的农机利用率见表 7-22。

表 7-22　　　　　　　　　鄂托克前旗示范区全程机械化农机利用率

| 示范区 | 种　类 | 机械使用比例/% | | | | |
| --- | --- | --- | --- | --- | --- | --- |
| | | 2011 年 | 2012 年 | 2013 年 | 2014 年 | 2015 年 |
| 鄂托克前旗示范区 | 拖拉机 | 94 | 95 | 96 | 97 | 98 |
| | 耕整地机械 | 93 | 94 | 95 | 95 | 96 |
| | 播种机械 | 96 | 97 | 98 | 98 | 98 |
| | 喷、滴灌机械 | — | 95 | 95 | 95 | 96 |
| | 牧草收获机械 | 95 | 96 | 97 | 98 | 98 |
| 农机利用率 | | 94.5 | 95.4 | 96.2 | 96.6 | 97.2 |

### 7.4.6.4 鄂托克前旗示范区全程机械化农机推广率

自项目开始实施后，示范区全程机械化逐年不断完善，得到了很好的推广。鄂托克前旗示范区的农机推广率见表 7-23。

表 7-23　　　　　　　　　鄂托克前旗示范区全程机械化农机推广率

| 示范区 | 作物 | 农机设备推广率/% | | | | |
| --- | --- | --- | --- | --- | --- | --- |
| | | 2011 年 | 2012 年 | 2013 年 | 2014 年 | 2015 年 |
| 鄂托克前旗示范区 | 紫花苜蓿 | 81.2 | 85.4 | 92.3 | 93.5 | 93.8 |

### 7.4.6.5 鄂托克前旗示范区全程机械化的效益

示范区作物全程机械化种植，耕整地、播种、施肥、灌水、中耕、收获全程都已机械化。由于机械作业均匀且精密，所以节省大量的种子费用、肥料费用、农药费用、农用水费用等，从而降低了示范区的生产成本。由于示范区实施全程机械化，节约了大量的劳动力和生产时间，进而提高了生产效率。自示范区实施全程机械化种植，且随着农机具逐年不断完善，示范区的机械化率不断提高。推广示范区全程机械化种植可以进一步提高农业机械化技术装备水平，丰富我国特色种植业和绿色种植工程，同时也可增加种植户的收入，使我国农业的壮大、经济的发展都迅速登上一个崭新的台阶，并且为农业发展作出积极贡献。

## 7.4.7 达拉特旗示范区

### 7.4.7.1 农机监测内容与分析

1. 示范区基本情况

达拉特旗大型喷灌项目核心区面积 3250 亩，种植的作物为玉米、苜蓿，由 18 台维蒙特大型时针式喷灌机进行农业生产灌溉。其中灌溉面积为 1000 亩时针式喷灌机 8 台，250

亩时针式喷灌机 10 台。

项目区现有灌溉用机井 650 眼。其中井深 110～130m 的深井 200 眼左右，30m 左右深井 450 眼左右。水源井配套水泵浅井多为 200QJ32 - 26、200QJ32 - 29，深井多为 200QJ32 - 136、200QJ40 - 104、200QJ50 - 104 等型号。项目示范区现有灌溉用机电井 36 眼，浅井进水量 30m³/h，深井出水量 40～50m³/h，浅井井深 30m，深井井深 110～130m。灌溉面积 1000 亩的时针式喷灌机在区域中心部位设有 100m³ 集水池，以保证喷灌机灌溉用水，灌溉面积 250 亩的时针式喷灌机由灌溉用机电井直接供给。农业灌溉用电 2012 年 6 月底以前为 0.395 元/(kW·h)，7 月以后至今为 0.237 元/(kW·h)。

**2. 苜蓿大型喷灌种植技术**

在畜牧业发达国家，牧草产业已经非常成熟，种植面积占天然草地面积的 10% 左右，草产品已经成为出口创汇产品，国际上牧草平均产量达 7500～10000kg/hm²。牧草品种主要为紫花苜蓿，还有一些禾本科牧草、燕麦等。美国是目前全球苜蓿产量最高的国家之一，通过优化种植区域、提高机械作业效率、更新灌溉技术、使用新品种、用新方法防治病虫害、提高肥料用量等一系列农业新技术，保证了苜蓿的单产数量和品质的不断提高。国际草产品品质优良，以美国苜蓿干草为例，平均粗蛋白含量为 16%～20%，一级品苜蓿草产品占到 70% 以上，牧草田间收获损失在 5% 以下，贮藏损失在 3%～5%。美国等苜蓿产业发达的国家从播种、田间杂草和病虫害防治、施肥、收割、打捆到储藏、运输都实行系统化的规划和管理，配备完善的灌溉、收割、打捆和打药设备。

紫花苜蓿是世界上最著名的优良牧草之一，也是我国栽培面积最大的一种牧草，有"牧草之王"之称。紫花苜蓿茎叶中含有丰富的蛋白质、矿物质、多种维生素及胡萝卜素，特别是叶片中含量更高。鲜嫩状态时，叶片重量占全株的 50% 左右，叶片中粗蛋白质含量比茎秆高 1～1.5 倍，粗纤维含量比茎秆少一半以上。在同等面积的土地上，紫花苜蓿的可消化总养料是禾本科牧草的 2 倍，可消化蛋白质是 2.5 倍，矿物质是 6 倍。紫花苜蓿的产草量因生长年限和自然条件不同而变化范围很大，播后 2～5 年的每亩鲜草产量一般在 3000～6000kg，干草产量 600～1200kg，在水热条件较好的地区每亩可产干草 800～1200kg。其再生性很强，刈割后能很快恢复生机，一般一年可刈割 3～4 次。

项目结合示范区自然条件，依据紫花苜蓿的生理特点，制定了科学的苜蓿机械化种植工艺，以获得高质量、高产量的苜蓿草产品。

**3. 监测内容**

项目主要针对玉米种植过程中的大型喷灌设备和苜蓿草太阳能干燥设备进行监测。监测内容包括国外大型喷灌和国内大型喷灌设备运行情况监测及性能监测和苜蓿太阳能干燥设备干燥性能监测两大内容。

**4. 喷灌均匀度监测**

分别对美国维蒙特圆形喷灌设备、中国农机院呼和浩特分院圆形喷灌设备的喷灌均匀度进行测试。测定方法：以圆形喷灌机的支轴为中心，沿半径方向每隔一定的距离，在同一点布置 3 个雨量盒，其平均值代表此点的喷灌水量。采用克里斯琴森（Christiensen）公式计算喷灌均匀度，因观测值是水深值，其均匀度计算公式为

$$C_u = 1 - \Delta h / h \qquad (7-5)$$

式中：$C_u$ 为喷灌均匀度系数，以小数表示；$\Delta h$ 为喷洒水深的平均离差，mm；$h$ 为喷洒水深平均值，mm。

根据现场观测数据，计算结果为：美国维蒙特圆形喷灌设备的喷灌均匀度平均为 0.849，中国农机院呼和浩特分院圆形喷灌设备的喷灌均匀度平均为 0.852。某次喷灌过后，中国农机院呼和浩特分院圆形喷灌设备喷灌区距中心支轴机井不同距离的喷灌水量见图 7－8。

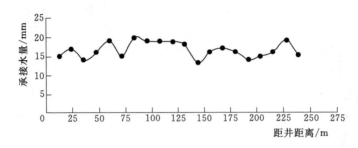

图 7－8 不同距离喷灌水量分布曲线

结论：从监测结果可以看出，通过远程监控系统，可以实现大型喷灌设备运行过程的管理与监控，实时掌握灌溉情况。通过比较，发现中国农机院呼和浩特分院研究开发的圆形喷灌机结构和性能都几乎接近或超过美国维蒙特圆形喷灌设备，具有良好的示范推广应用前景。

5. 苜蓿太阳能干燥设备

苜蓿具有很高的营养价值，有"牧草之王"的美誉。因此，为了提高苜蓿草产品的质量和品质，在达旗白泥井安装了由中国农机院呼和浩特分院研究开发的苜蓿太阳能干燥设备，并对该设备进行了监测。

（1）苜蓿干燥工艺。牧草湿法收获工艺的基本技术原理是针对苜蓿草在干燥过程中营养物质的变化规律与损失特征，将牧草干燥的第一阶段放在田间进行，而第二阶段则采用太阳能草捆干燥成套设备完成。即将田间苜蓿收割后，苜蓿水分含量在 30％～40％ 时进行打捆，把苜蓿草捆堆放在干燥箱上，用太阳能加热的空气从干燥箱底部吹入，苜蓿草捆的水分被加热的空气带走而干燥。经烘干的饲草，叶绿素和营养损失率低。

（2）苜蓿太阳能干燥设备。太阳能苜蓿干燥成套设备主要由太阳能空气集热器、送风系统、草捆干燥箱和控制系统组成。通过太阳能空气集热器将太阳能转换成热能，通过送风系统把热风输送到草捆干燥箱中，把干燥箱上整齐铺放的草捆进行干燥；控制系统可实现干燥过程自动化，可根据草捆的含水率情况，进行干燥时间长短的控制。

对该设备的监测选择在具有典型地理条件和牧草生长的达旗白泥井。该作业地段日照充足，苜蓿种植面积广，牲畜饲养饲喂具有一定规模，然而在苜蓿收获期降雨比较频繁，且收获期比较短，故急需大型的规模化饲草干燥设备。试验依据行业标准《太阳能饲草干燥设备》（JB/T 10906—2008）规定进行。从集热效率、干燥时间、草捆含水率、牧草的营养成分及损失率等方面对设备进行监测。

（3）设备空气集热器热效率的监测。对太阳能草捆干燥设备中太阳能空气集热器部分进行了性能监测，经测定，空气集热器集热效率为 0.51，太阳能采集效果显著，并起到良好的热空气的传导和保温作用。在试验期间，同一时间对大气温度和太阳能空气集热器出风口处空气温度进行了检测。试验结果表明，13—14时阳光辐射强度最大，通过太阳能空气集热器的空气温度可提高10℃，太阳能空气集热器的透光板、集热板、吸热涂层、保温层达到设计要求，集热板和吸热涂层的材质具有很好的热传导性和吸热性，保温层保温性能良好。

（4）草捆相对含水率的监测。随机取5个草捆样本，见表7-24，按下式进行初始含水率的计算：

$$H_c = \frac{G_{sc} - G_{gc}}{G_{sc}} \times 100\%$$  (7-6)

式中：$H_c$ 为草捆湿基含水率，%；$G_{sc}$ 为干燥前样本质量，g；$G_{gc}$ 干燥后样本质量，g。

实时含水率计算公式为

$$H_t = 100 + \frac{W_0}{W_t}(H_0 - 100)$$  (7-7)

式中：$H_t$ 为 $t$ 时刻的含水率；$H_0$ 为最初含水率；$W_t$ 为 $f$ 时刻的物料质量；$W_0$ 为起始物料质量。

表7-24　　　　　　　　　　　　原样本含水率测定

| 测定项 | 样本1 | 样本2 | 样本3 | 样本4 | 样本5 |
|---|---|---|---|---|---|
| 干燥前质量 $G_{sc}$/g | 50 | 50 | 50 | 50 | 50 |
| 干燥后质量 $G_{gc}$/g | 27.5 | 26.5 | 28 | 27.5 | 28 |
| 含水率 $H_c$/% | 45 | 47 | 44 | 45 | 44 |
| 平均含水率/% | 45 | | | | |

每次采样分别称量这5个草捆样本，记录实测数据见表7-25。

表7-25　　　　　　　　　　　　实　测　数　据

| 时间 $t$/h | 质量 /kg | | | | | 总质量 /kg | 平均含水率 /% |
|---|---|---|---|---|---|---|---|
| | 样本1 | 样本2 | 样本3 | 样本4 | 样本5 | | |
| 0 | 26 | 26.2 | 25.6 | 25.8 | 26 | 129.6 | 45 |
| 1 | 21.1 | 20.8 | 20.5 | 20.7 | 20.8 | 103.9 | 31.4 |
| 2 | 18.7 | 18.9 | 18.6 | 18.5 | 18.5 | 93.2 | 23.5 |
| 3 | 17.7 | 17.5 | 17.7 | 17.6 | 17.6 | 88.1 | 19.1 |
| 4 | 17.2 | 17 | 17.2 | 17.1 | 17.1 | 85.6 | 16.7 |

由表可以看出草捆的质量和含水率随时间的变化趋势。随着干燥的进行，草捆质量和含水率逐渐减小。干燥1h后，草捆的含水率降到30%以下。随着干燥速度逐渐缓慢下来，干燥速率趋于平缓，直到含水率降到17%以下。

（5）草捆干燥均匀性的监测。算出草捆样本1~5最终的含水率分别为16.2%、16.8%、17.1%、16.3%、17.0%。可以看出5个草捆样本干燥4h后，每个草捆的含水率基本都在17%以下，且相差不大，草捆内外部含水率趋于一致，说明太阳能草捆干燥设备对草捆干燥的均匀性良好。

（6）太阳能草捆干燥工艺与田间饲草干燥工艺对比监测。不同干燥工艺紫花苜蓿营养成分变化平均数据见表 7-26。

表 7-26　　　　　　　　　　紫花苜蓿营养成分　　　　　　　　　　%

| 草捆状态 | 粗蛋白 | 粗脂肪 | 粗纤维 | 粗灰分 | 无氮浸出物 | 钙 | 磷 | 胡萝卜素 |
|---|---|---|---|---|---|---|---|---|
| 鲜牧草原始样本 | 20.51 | 3.15 | 25.82 | 9.34 | 41.33 | 0.78 | 0.13 | 0.0163 |
| 田间干燥（雨淋） | 10.25 | 1.55 | 37.62 | 10.23 | 40.42 | 0.48 | 0.09 | 0.0025 |
| 田间干燥（非雨淋） | 15.38 | 2.32 | 33.72 | 10.32 | 38.31 | 0.62 | 0.11 | 0.0038 |
| 太阳能干燥（长散草） | 18.45 | 2.79 | 29.16 | 9.22 | 40.43 | 0.72 | 0.12 | 0.013 |
| 太阳能干燥（草捆） | 18.86 | 2.85 | 27.69 | 9.03 | 41.62 | 0.76 | 0.12 | 0.0135 |

另外，通过试验测得该设备每小时产量不小于 1t。田间干燥饲草由机械作业所导致的干物质总损失禾本科牧草一般为 3%～15%；豆科牧草如苜蓿损失率高达 25%～30%（主要是花和叶的损失）；太阳能草捆干燥饲草损失不大于 2%。从太阳能草捆干燥工艺与田间饲草干燥工艺对比试验可以看出，太阳能草捆干燥工艺与传统的田间干燥工艺相比，可减少干物质损失近 30%，饲草的有效营养成分如粗蛋白、粗脂肪等保存率由 50% 提高到 90% 以上，充分体现了太阳能草捆干燥工艺及设备的性能。

（7）结论。苜蓿太阳能干燥设备实地试验表明，该设备性能稳定，作业顺畅，无故障发生，具有干燥效率高、劳动强度低、操作及维修方便等优点。该设备能完全满足苜蓿等饲草的贮藏干燥要求，干燥贮藏后营养损失少，可达到良好的饲喂效果。

### 7.4.7.2　达拉特旗示范区全程机械化配套

达拉特旗白泥井示范区主要针对玉米种植，全程机械化种植模式流程是：（上一年）秸秆粉碎打捆运走（或全量覆盖还田）—平整土地—（本年）免（少）耕施肥精量播种—大型喷灌—化学除草（机械除草辅助）—机械喷施农药—联合收割机收获。具体操作流程如下：

1. 平整土地（上一年）

可根据实际情况选择耙地或浅旋等表土作业，对玉米根茬进行破碎处理，有利于播种作业。

（1）耙地。可用圆盘耙或弹齿耙进行，耙深 5～10cm，将粉碎后的秸秆部分混入土中，防止在冬休闲期大风将粉碎后的秸秆刮走或集堆，适用于沙土地，避免出现风积现象，耙后及时镇压、保墒。

（2）浅旋。采用旋耕机对地表进行小于 10cm 的旋耕处理，对平整地表、粉碎玉米根茬并将秸秆与土壤混合、除草等有很好的效果。

（3）浅松。应用浅松机镇压机作业，浅松铲作业深度地表下 5～8cm，同时镇压。此作业不破坏地表原生态，起到疏松土壤、打破板结、除草等功能。

2. 冬休闲

在秋冬休闲期，要禁止在大型喷灌运行保护性耕地中放牧，以防牲畜啃食作物残茬。

3. 免耕播种（本年）

（1）玉米播种应选用优良品种，种子净度不低于 98%，纯度不低于 97%，发芽率要求在 95％以上，并对种子进行精选和包衣处理（种子包衣对防虫害很重要）。

（2）玉米精量播种。亩播量 1.5～2kg，空穴率不大于 2％，重播率 8％以下。

（3）种子在播行内均匀分布，穴距误差值不超过规定穴距的 12％，粒距合格率 90％以上。

（4）玉米播深要求一致，深度误差绝对值不应超过规定播深的 20％，水浇地的播深不宜过深。播种同时覆土镇压，压力要一致。

（5）施肥量按当地玉米要求计算，播种时施肥应深施在种子下方 3～5cm。

（6）使用免耕播种机一次完成破茬开沟、播种、深施化肥、覆土和镇压作业；也可使用带状耕作播种机一次完成种床土壤处理、破茬、种床带耕作开沟、播种、施肥、覆土和镇压作业。

（7）玉米错开根茬播种，在前茬行间播种。

（8）玉米倒茬播种。

4. 杂草控制、田间管理

（1）在农艺及植保部门的指导下，调查地块杂草类别，有针对性地"对症下药"，确定除草剂配方和用量，避免过量用药产生药害副作用或欠量用药达不到治草效果。

（2）除草剂用一段时间后改变配方，以保证较好的除草效果。

（3）机械除草。保护性耕作主要是化学除草，但可根据不同杂草类型配合机械除草。采用浅松机在进行地表处理的同时，可完成除草。其效果好，成本低，减少除草剂的药害。

（4）使用雾化效果好的喷药机，药液施撒均匀，药效提高，灭草质量佳，节约药量。

（5）到作物关键生育期，可根据田间土壤含水量确定是否灌溉及用水量。

5. 收割

（1）留茬覆盖。采用联合收割机将玉米穗摘下收集，留 20～30cm 高茬，将玉米秆（切段）粉碎，用打捆机打成捆运走做饲草或其他用途。

（2）秸秆粉碎还田覆盖。玉米收割同时将秸秆粉碎。要求粉碎后的碎秸秆长度小于10cm，秸秆粉碎率大于 90％，粉碎后的秸秆应均匀抛撒覆盖地表，根茬高度小于 20cm。

### 7.4.7.3　达拉特旗示范区全程机械化农机利用率

农机利用率指作物全程机械化中的各个环节所使用机械的比例的平均，即

农机利用率＝（拖拉机使用比例＋耕整地机械使用比例＋播种机械使用比例

＋灌溉机械使用比例＋中耕机械使用比例＋收获机械使用比例）/6

达拉特旗示范区全程机械化 2011—2015 年的农机利用率见表 7-27。

表 7-27　　　　　　　　　达拉特旗示范区全程机械化农机利用率　　　　　　　　　　％

| 示范区 | 种类 | 机械使用比例 | | | | |
|---|---|---|---|---|---|---|
| | | 2011 年 | 2012 年 | 2013 年 | 2014 年 | 2015 年 |
| 达拉特旗示范区 | 拖拉机 | 84 | 84 | 91.8 | 96.0 | 97.4 |
| | 耕整地机械 | 83 | 85 | 92.1 | 95.5 | 98.1 |
| | 播种机械 | 86 | 86 | 91.8 | 95.8 | 97.6 |
| | 灌溉机械 | 84 | 86 | 91.5 | 95.8 | 97.1 |
| | 牧草收获机械 | 85 | 85 | 91.3 | 95.4 | 97.3 |
| 农机利用率 | | 84.6 | 85.2 | 91.7 | 95.7 | 97.5 |

农业综合机械化率逐年提高的原因是项目水肥一体化技术的采用和普及。在项目示范地基本配备了水肥一体化的设备。以往使用率不高的原因是设备每年拆卸，造成部分损坏。项目介入后，恢复了水肥一体化设备的功能，教会了农民正确地使用设备。另外，对含杂质多溶解度低的肥料采用大池溶解的方法，极大地提高了施肥加药的方便性，使水肥一体化技术得到进一步普及。在玉米收获方面主要是帮助农机大户联系购买性能好且有农机补贴的联合收获机，提高了收获环节的机械化率。农业综合机械化率没有达到100％的原因主要是圆形喷灌机在地角部位灌水和施肥不能机械化，还有的是在喷灌圈内有多家农户，他们种植的作物不同，灌水基本能统一，但施肥就很难统一。另外，示范地有些地块面积小，机收不方便，农民自己人工收获。项目示范地充分说明玉米种收全程机械化水平在示范区已经推广应用得较好，已经覆盖了从种到收整个过程。

### 7.4.7.4　达拉特旗示范区全程机械化农机推广率

自项目开始实施后，示范区全程机械化逐年不断完善，得到了很好的推广。达拉特旗示范区的农机推广率见表7-28。

表7-28　　　　　　　达拉特旗示范区全程机械化农机推广率

| 示范区 | 作物 | 农机设备推广率/% | | | | |
| --- | --- | --- | --- | --- | --- | --- |
| | | 2011年 | 2012年 | 2013年 | 2014年 | 2015年 |
| 达拉特旗示范区 | 玉米 | 86.6 | 87.3 | 93.6 | 95.5 | 96.7 |

### 7.4.7.5　达拉特旗示范区全程机械化的效益

通过示范区全程机械化种植的推广与应用，可以进一步提高农业机械化技术装备水平，丰富我国特色种植业和绿色种植工程。同时也可增加种植户的收入，从而使我国农业的壮大、经济的发展都迅速登上一个崭新的台阶，并且为农业发展作出积极贡献。

## 7.5　牧草大型喷灌信息化技术研发与应用

### 7.5.1　概述

鄂托克前旗牧草大型喷灌信息化技术研发与应用是内蒙古自治区水利厅"内蒙古新增四个千万亩节水灌溉工程科技支撑项目"的内容，信息化系统有两个子系统组成。

1.计算机远程土壤环境监控系统

该系统采用物联网技术，利用成熟的网络平台，将喷灌机现场的土壤湿度、温度、环境温度、环境湿度及图片定时传输到网络，用户在互联网上可通过网页浏览的方式，得到上述数据，用来了解分析特定条件下的土壤温湿度和灌溉制度的关系，从而为正确制定喷灌机的灌溉制度提供参考数据。系统技术参数有如下几方面。

（1）土壤湿度：沿深度三层分布，三只土壤湿度传感器。

（2）土壤温度：一只土壤温度传感器。

（3）环境湿度：一只环境湿度传感器。

（4）环境温度：一只环境温度传感器。

（5）日照：一只日照传感器图像采集器一只。

2. 喷灌机运行状态计算机远程监控系统

该系统对现场运行的大型喷灌机实现运行的全过程实时监控，同时通过 GPRS 和网络技术将现场数据及运行状态传输到中心机房的服务器中，可实时远程监控喷灌机的实时运行。同时，系统的短信控制模块，使用户能够通过短信方式，启停喷灌机的运行。

系统的供水采用了变频技术，用户可根据所需压力，调节变频器的输出，达到精确供水、节能的作用。

该系统实时监控大型喷灌机的运行状态，为制定喷灌制度、探讨喷灌机运行过程的精准的节水模式提供基础的运行数据。

## 7.5.2 总体方案设计和方案图

1. 计算机远程土壤环境监控系统

"农用通"为北京旗硕基业科技股份有限公司开发的农业物联网数据平台。利用软硬件设备，可以方便地组成适合大型喷灌机运行环境监测网络系统。通过网页，现场传感器的数据可以以曲线和数据表格的方式浏览、下载、存储。此系统可为制定不同地区的浇灌制度及指导农艺措施提供基础数据。

2. 喷灌机运行状态计算机远程监控系统

该系统由三部分组成，即基于用户的大型喷灌机短信启停及故障监控系统、喷灌机运行状态程监控系统和水源井恒压变频供水系统。

大型喷灌机短信启停及故障监控系统：如图 7-9 所示，该系统应用手机短信功能，在喷灌机控制系统中安装有短信控制器，通过安装在控制器内的 SIM 卡，用户可编辑短信命令，使控制器的继电器动作，从而实现启停喷灌机的目的。图 7-10 为短信控制器发回的喷灌机启停信息。

同时短信控制器的开关量输入端子，接入喷灌机的运行、故障、变频器运行、故障等开关量，通过短信的方式发给设定好的多个用户。

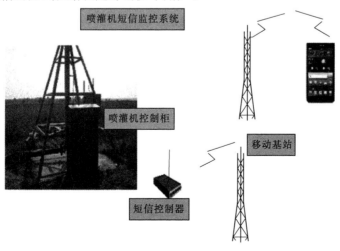

图 7-9 喷灌机短信启停及运行状态监控系统

图 7 - 10　短信控制器发回的喷灌机启停信息

喷灌机运行状态程监控系统：大型喷灌机高效、可靠的长期运行，环境数据和喷灌制度、农艺措施的合理制定都需要对喷灌机的工作状态进行长期监测，以期总结出可行的经验。

由于现在手机基站的覆盖范围扩大和网络技术的飞速发展，在野外试验现场一般都有较好的手机信号，用户可以用手机轻松地上网。这样就可以利用手机的 GPRS 数据传输功能，把现场数据轻而易举地传输到远离主控室的互联网上。通过互联网，只要采用合适的技术措施，就可把传输来的数据还原在和网络连接的计算机上。

喷灌机远程监控系统基于组态软件 MCGS 和 GPRS 无线数传块组成的远程数据采集监控系统包括现场传感器、数据采集模块、预装了 MCGS 嵌入版的触摸屏电脑、GPRS 无线数传块、上位计算机、MCGS 通用版组态软件和相应的应用软件。

### 7.5.3　试验

1. 试验条件

试验示范地选择在鄂托克前旗昂素镇哈日根图嘎查。示范区面积 2000 亩，核心区 500 亩，种植作物是紫花苜蓿、饲料玉米，示范区有时针式喷灌机 8 台。

（1）安装计算机远程土壤环境监控系统。将预先制作完成的计算机远程土壤环境监控系统的机柜安装固定在喷灌机中心支轴附近。系统采用光电和喷灌机电源供电，埋设供电电缆。在土壤中距离地表 10mm、20mm、40mm 三层埋设土壤水分传感器。在机柜上架设光电板和摄像头。

（2）安装喷灌机运行状态计算机远程监控系统。将预先制作完成的喷灌机运行状态计算机远程监控系统的两个机柜分别安装固定在喷灌机中心支轴附近和喷灌机中心支轴的支架上。将数据压力表和超声流量表以及机械式流量表安装在喷灌机中心支轴的主管路上。将主控断路器和电量表安装在喷灌机的电源上。将水位传感器放入喷灌机水泵 50m 的位置。喷灌机电源和水泵之间安装变频器，同时，将压力传感器的输出型号接入变频器的信号控制端，将压力变送器、流量变送器、电量变送器的型号接入主机柜。

2. 试验内容

（1）远程启停喷灌机：使用授权手机发送启动短信后，会收到喷灌机正常启动的短信。使用授权手机发出停止短信后，会收到喷灌机正常停止的短信。

（2）远程喷灌机环境空气和土壤的温湿度：在固定的网页上，可以查看到喷灌机环境空气和土壤的温湿度。

（3）远程喷灌机工作照片：在固定的网页上，可以查看到喷灌机中心支轴的照片。

（4）远程喷灌机水压、水位、流量、电量：远程控制系统将喷灌机水压、水位、流量、电量进行实时现场保存，将保存的数据以数据包的形式发给指定地址，远程计算机将数据以表格和图形的格式输出。

（5）水泵出水压力的自动控制：根据喷灌机工作水压要求，对调频器水压控制值进行人工设定，喷灌机工作时，水压维持在设定值附近，误差小于 0.01MPa。

# 7.6 本章小结

通过两种不同厚度的地膜回收试验表明，地膜厚度是机具残膜回收的一个重要影响因子。随着地膜厚度越厚，地膜自身韧性越强，残膜回收过程中，膜面破口越小，残膜拾净率越高。地膜的自然风化程度越大，膜面破损程度越大，会影响残膜回收的效率。呈现趋势：地膜风化率越大，膜面破口越大，残膜回收效率越低。缠膜率是影响设备运行稳定性的一个重要因子。试验数据表明：机具的缠膜率符合设备的设计要求，不会影响设备的残膜回收效率。通过对不同厚度地膜的田间监测，分析数据得出：半年内，可降解地膜的自然风化率远远大于普通地膜的自然风化率，且持续呈现上升趋势，田间地膜残留量显著减少，大大提高了田间生态效益。

通过开展不同厚度地膜的试验监测和不同回收机的残膜回收试验，得出 0.012mm 厚度的地膜最适合农田使用和机械回收，1FMJSC-80 型农田残膜捡拾机是残膜回收推荐机型，地表残膜拾净率大于 88%，设备残膜缠绕率小于 2.2%。

提出了 7 个不同节水类型区大型喷灌、膜下滴灌和渠灌条件下农业机械化工艺路线、配套机具、主要技术要求和全程机械化技术 7 套。项目实施后示范区农业机械化率达到 95% 以上，先进农机推广率 88% 以上，在耕种收三个环节机械化作业效率提高 35% 以上，机械化作业亩均成本降低 22% 以上。

实现了远程控制系统完成喷灌机的远程启停控制；远程控制系统能够完成喷灌机远程画面的传输；远程数据监测系统能够实现对喷灌机现场空气和土壤温湿度的监测；能够实现喷灌机远程的水压、水位、流量、电量的监测调频系统对喷灌机水泵进行自动水压控制和恒电流启动。

研制并示范了具有破土壤团粒结构、防土壤粘连功能的大豆条播机和穴播机，解决了东北地区土壤团粒结构好、黏性大造成播种困难的问题。条播机实现了多工序同时作业，排种量连续调节，开沟深度均匀，工作效率高；穴播机实现了多工序同时作业，防泥土黏结堵塞鸭嘴，播深均匀。

在达拉特旗首次示范湿法收获工艺，实现了苜蓿草含水率在 40% 左右的打捆收获，采用太阳能苜蓿草捆干燥设备，保证了苜蓿草捆在 24h 内，水分降低到 20% 以内，最大限度地保证了苜蓿草花叶，降低了收获造成的蛋白损失，保持了鲜草品质。

# 第8章　主要作物高效节水综合配套技术集成模式研究

所谓模式就是得到一种很好的实施范例且使人们可以照着做的样式，是前人积累的经验的抽象和升华，也是从整体上和本质上把握事物的构成要素、结构关系、功能、运作机制的简化形式。模式是一种指导，在一个良好的指导下，达到事半功倍的效果。技术集成模式就是有关技术的一种方法、方案。技术指标要注意其实用性、稳定性、经济性、兼容性、扩展性、前瞻性。综合节水技术集成模式要紧紧围绕节水、增产、高效的目标来制定。

## 8.1　模式的集成与初步总结

认真收集分析总结不同地区高效节水灌溉工程技术、高产高效节水农艺配套技术、农机化配套技术、先进实用的管理技术等已有单项成果和经验。通过进行筛选、系统归纳和组装配套，必要时进行现场测试和调查补充资料，分析总结当地先进节水增产生产经验，可形成本地区农业综合节水技术集成系列新成果，从而为综合节水技术集成模式的研究制定打好基础，提供技术支撑资料。通过水利、农业、农机、管理等技术集成，实现在灌溉单元内"统一整地、统一播种、统一灌水、统一施肥、统一病虫害防治"的管理，实现规范化、标准化作业，提高节水增产效益。

通过分析总结和系统归纳、组装配套，提出模式框架，也就是用框图的形式解决模式构成要素、结构关系、功能等，提出模式中的关键技术及主要定量化的技术指标与参数。研究筛选出在大型喷灌、膜下滴灌、地埋式滴灌和渠灌条件下适宜的灌水技术、农艺农机化配套技术、现代管理技术，进行优化组合与相互配套，形成统一的、规范化标准化的生产作业模式，建立统一的优化灌溉制度、水肥一体化和运行管理等关键技术，即喷灌技术＋农艺技术＋农机技术＋管理技术＝新模式图表。

### 8.1.1　岭东坡耕地大豆喷滴灌综合节水技术集成模式框图

在对当地现有节水灌溉成果进行分析总结和试验研究的基础上，根据节水灌溉制度、农艺、农机节水技术研究成果，并借鉴国内外已有研究成果，紧密结合阿荣旗示范区大豆、土壤、降雨等特性和条件等生产实际，初步总结集成岭东浅山丘陵区坡耕地大豆喷滴灌综合节水灌溉技术模式，以此为基础进行培训、推广、示范。

（1）通过以半固定式喷灌、滴灌为主的节水灌溉工程来提高水的利用率，实现工程节水。

（2）合理轮作、精细耕作、选用良种、配方施肥、应用化学除草来增加土壤蓄水能力、抑制土壤蒸发，充分利用降水、灌溉水和土壤水，提高水的使用效率、农业良种化率和配方平衡施肥率，实现农艺节水。

（3）采用机械耕作、精量播种、机械联合收割机配套机具，提高农业机械化效率。

（4）实行地下水资源与节水灌溉工程统一管理、有序开采，实现管理节水。

大豆喷滴灌综合节水灌溉技术集成模式框图如图8-1所示。

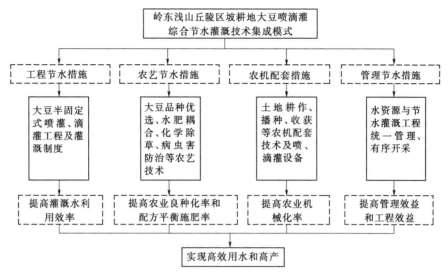

图8-1　大豆喷滴灌综合节水灌溉技术集成模式框图

## 8.1.2 赤峰玉米膜下滴灌技术集成模式框图

根据赤峰市松山区气候、地形地貌以及水文地质条件，以收集的典型工程模式、成功的经验和取得的试验研究成果为依据，从水利、农艺、农机、管理、政策等方面出发，初步总结提炼了具有区域特色的高效节水灌溉技术集成模式与示范内容，如图8-2所示。模式以节约水资源、提高产量、增加收入为主线，贯穿水利、农艺、农机、管理和政策体系到经济转化的全过程，把一系列技术创新与各项实用技术组合成一个有机整体，并针对不同类型地形组装构建各个环节子模式及其技术集成，辐射整个示范区和周边同类地区，取得了显著社会效益、生态效益和经济效益。通过调查研究当地现有滴灌工程选型配套及应用中存在的主要技术问题，优化不同类型区滴灌系统的配置方案，研究不同滴灌系统配置下的玉米种植（株行距、品种、施肥、植保等）、农机耕作及运行管理的综合配套技术模式，研究滴灌系统稳压技术，研究典型平地、坡耕地滴灌系统的优化设计方案，选择典型滴灌系统配置模式，进一步展示与其相适应的农机、农艺和管理等综合配套技术。

## 8.1.3 达拉特旗玉米大型喷灌综合节水灌溉技术集成模式框图

1. 集成模式原理

围绕大型机组式喷灌（指时针式和平移式喷灌）工程，将喷灌技术、农艺技术、农机技术、管理技术有机组合，形成新的"大型机组式喷灌现代农业综合节水技术集成模式"。在灌溉单元内通过统一整地、统一播种、统一灌水、统一施肥、统一病虫害防治的管理，实现规范化、标准化作业，提高节水增产效益。

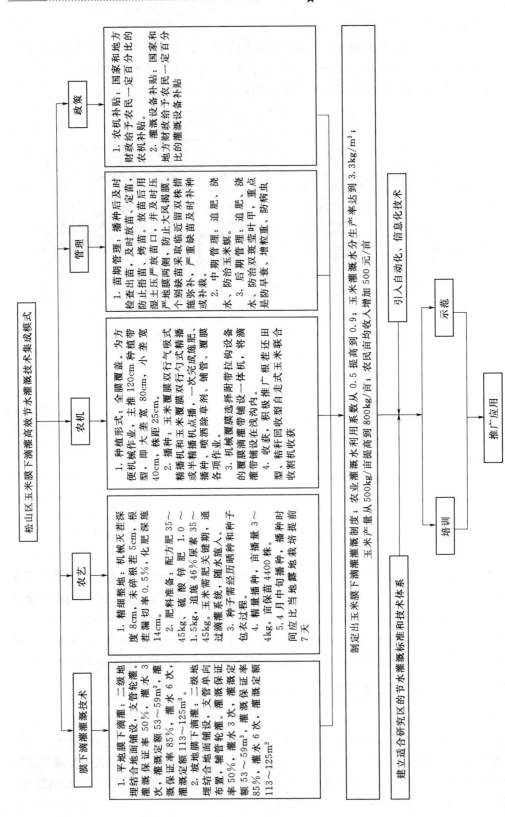

图 8-2 松山区玉米膜下滴灌技术集成模式与示范内容

2. 集成方法

研究筛选出在大型机组式喷灌条件下适宜的灌水技术、农艺农机化配套技术、现代管理技术，进行优化组合与相互配套，形成统一的、规范化标准化的生产作业模式（图8-3），即喷灌技术＋农艺技术＋农机技术＋管理技术＝新模式。

关键技术是建立优化灌溉制度、水肥一体化技术、统一运行管理技术。

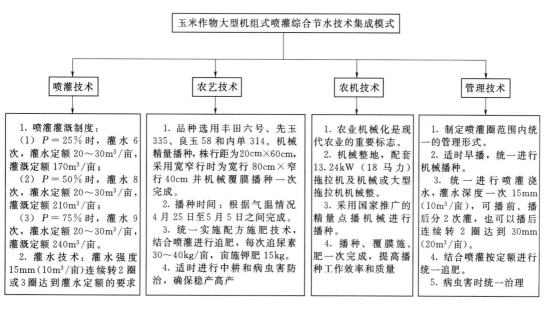

图 8-3　玉米大型喷灌综合节水技术集成模式体系

## 8.1.4　河套灌区节水改造技术集成总体模式的基本框架

以大幅度提高北方渠灌区——内蒙古河套灌区灌溉水利用率和经济效益为重点，组装集成田间节水灌溉、高效输配水、灌区用水管理、农田排水与再利用等技术，探索灌区的运行管理机制，建设适合北方渠灌区的节水改造技术集成模式。其中包括工程节水、田间节水、农艺节水、管理节水四种节水措施。北方渠灌区节水改造技术总体集成模式框图见图8-4。

## 8.1.5　紫花苜蓿大型喷灌综合节水灌溉技术集成模式框图

1. 集成模式原理

将时针式喷灌技术、农艺技术、农机技术、管理技术有机组合，形成"紫花苜蓿时针式喷灌综合节水技术集成模式"。在紫花苜蓿灌溉单元内通过统一整地、统一播种、统一灌水、统一施肥、统一病虫害防治的管理，实现规范化、标准化作业，提高节水增产效益。

2. 集成方法

研究筛选出在时针式喷灌条件下适宜的灌水技术参数、农艺农机化配套技术、管理技术，进行优化组合与相互配套，形成统一的、规范化标准化的作业模式，即时针式喷灌技

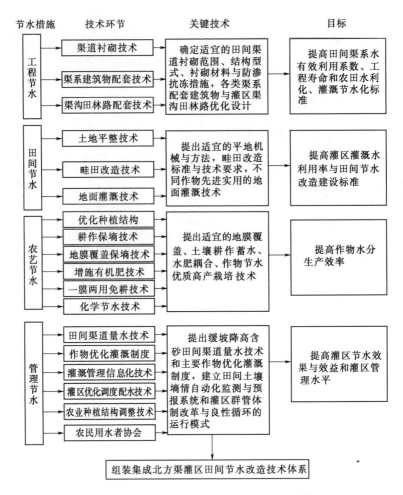

图 8-4　北方渠灌区节水改造技术集成总体模式

术＋农艺技术＋农机技术＋管理技术＝紫花苜蓿时针式喷灌综合技术集成模式。

紫花苜蓿大型时针式喷灌综合节水技术主要集成内容包括苜蓿灌水技术、农艺技术、农机技术和管理技术等。其中苜蓿灌水技术的主要参数包括喷灌灌水强度和灌溉制度；农艺技术主要包括苜蓿品种筛选、高产栽培技术和水肥一体化；农机技术包括苜蓿整地播种技术、刈割技术和搂草打捆技术等；管理技术主要包括设备运行维护、灌溉自动化和管理统一化。紫花苜蓿大型喷灌综合节水技术集成模式见图 8-5。

## 8.1.6　饲料玉米大型喷灌综合节水灌溉技术集成模式框图

1. 集成模式原理

将卷盘式喷灌技术、农艺技术、农机技术、管理技术有机组合，形成"饲料玉米卷盘式喷灌综合节水技术集成模式"。在饲料玉米灌溉单元内通过统一整地、统一播种、统一灌水、统一施肥、统一病虫害防治的管理，实现规范化、标准化作业，提高节水增产效益。

2. 集成方法

研究筛选出在卷盘式喷灌条件下适宜的灌水技术参数、农艺农机化配套技术、管理技

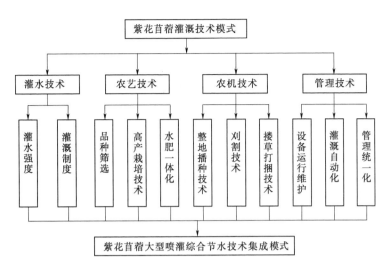

图 8-5 紫花苜蓿大型时针式喷灌综合节水技术集成模式图

术，进行优化组合与相互配套，形成统一的、规范化标准化的作业模式，即卷盘式喷灌技术＋农艺技术＋农机技术＋管理技术＝饲料玉米卷盘式喷灌综合技术集成模式。

饲料玉米卷盘式喷灌综合节水技术主要集成内容包括饲料玉米灌水技术、农艺技术、农机技术和管理技术等。其中饲料玉米灌水技术的主要参数包括喷灌灌水强度和灌溉制度；农艺技术主要包括饲料玉米品种筛选、高产栽培技术和水肥一体化；农机技术包括饲料玉米播种技术、收割技术和秸秆粉碎利用技术等；管理技术主要包括设备运行维护、灌溉自动化和管理统一化。饲料玉米大型喷灌综合节水技术集成模式见图 8-6。

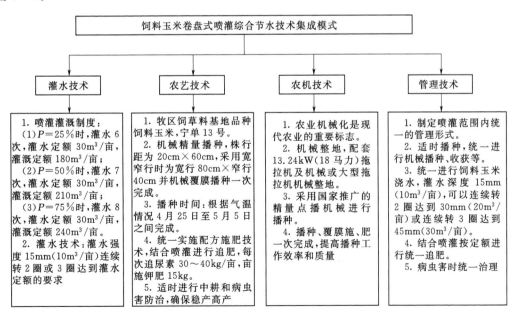

图 8-6 饲料玉米卷盘式喷灌综合节水技术集成模式图

### 8.1.7  青贮玉米时针式喷灌综合节水技术集成模式框图

青贮玉米大型时针式喷灌综合节水技术主要集成内容包括青贮玉米灌水技术、农艺技术、农机技术和管理技术等。其中青贮玉米灌水技术的主要参数包括喷灌灌水强度和灌溉制度；农艺技术主要包括青贮玉米品种筛选、高产栽培技术和水肥一体化；农机技术包括青贮玉米播种技术、刈割技术和搂草打捆技术等；管理技术主要包括设备运行维护、灌溉自动化和管理统一化。青贮玉米大型喷灌综合节水技术集成模式见图8-7。

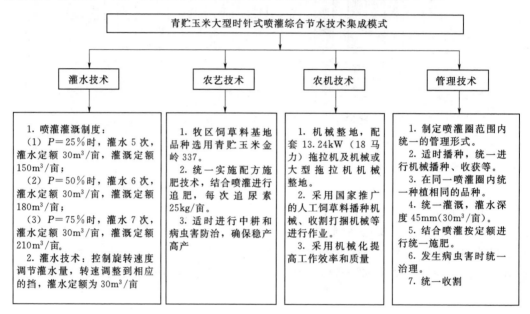

图8-7  青贮玉米大型时针式喷灌综合节水技术集成模式图

## 8.2  模式提出与技术指标

从2013年开始，项目组组织水利、农业、农机和管理单位开展了多项技术集成模式的编制工作，主要包括内蒙古黄河南岸地区玉米大型喷灌综合节水技术集成模式图、西辽河流域玉米膜下滴灌综合节水技术集成模式图、内蒙古中部阴山沿麓马铃薯膜下滴灌综合节水技术集成模式图、大兴安岭岭东南地区大豆半固定喷灌综合节水技术集成模式图、河套黄灌区春小麦综合节水技术集成模式图、河套黄灌区玉米宽覆膜高密度综合节水技术集成模式图、河套黄灌区覆膜向日葵综合节水技术集成模式图、河套黄灌区加工番茄沟灌综合节水技术集成模式图、毛乌素沙地紫花苜蓿中心支轴喷灌综合节水技术集成模式图、典型草原区青贮玉米中心支轴喷灌综合节水技术集成模式图、大兴安岭岭东南地区大豆膜下滴灌综合节水技术集成模式图、内蒙古中部阴山沿麓马铃薯中心支轴喷灌综合节水技术集成模式图、典型草原区典型牧户青贮玉米卷盘式喷灌综合节水技术集成模式图、内蒙古西辽河流域玉米地埋式滴灌综合节水技术集成模式图和"毛乌素沙地紫花苜蓿地埋式滴灌综合节水技术集成模式图"共15套推广应用系列综合节水技术集成模式图，见图8-8～图8-22。

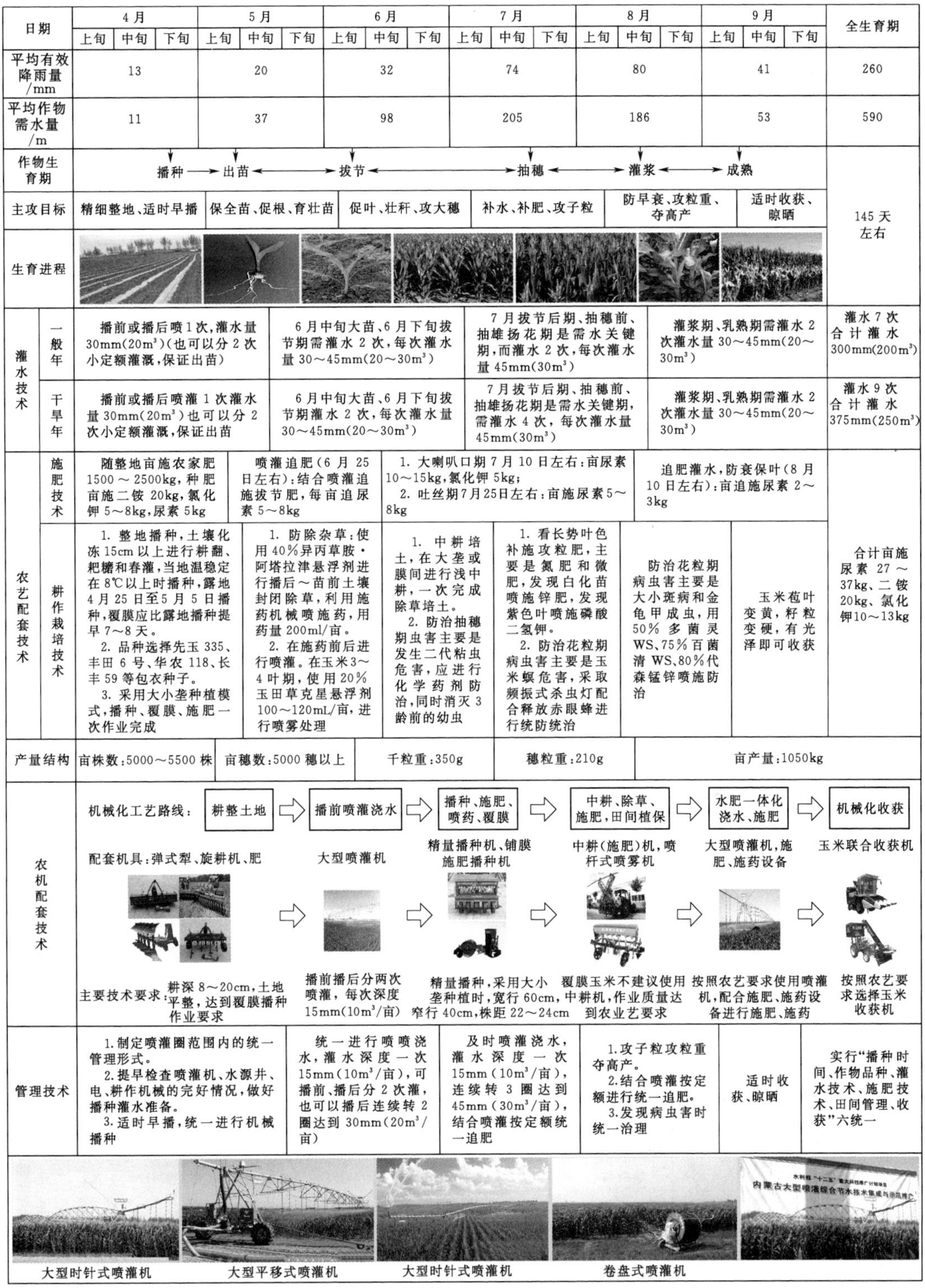

| 日期 | 4月 | | | 5月 | | | 6月 | | | 7月 | | | 8月 | | | 9月 | | | 全生育期 |
|---|---|---|---|---|---|---|---|---|---|---|---|---|---|---|---|---|---|---|---|
| | 上旬 | 中旬 | 下旬 | 上旬 | 中旬 | 下旬 | 上旬 | 中旬 | 下旬 | 上旬 | 中旬 | 下旬 | 上旬 | 中旬 | 下旬 | 上旬 | 中旬 | 下旬 | |
| 平均有效降雨量/mm | 13 | | | 20 | | | 32 | | | 74 | | | 80 | | | 41 | | | 260 |
| 平均作物需水量/m | 11 | | | 37 | | | 98 | | | 205 | | | 186 | | | 53 | | | 590 |

| 作物生育期 | 播种 → 出苗 → 拔节 ← 抽穗 → 灌浆 → 成熟 | | 145天左右 |
|---|---|---|---|
| 主攻目标 | 精细整地、适时早播 | 保全苗、促根、育壮苗 | 促叶、壮秆、攻大穗 | 补水、补肥、攻子粒 | 防早衰、攻粒重、夺高产 | 适时收获、晾晒 | |
| 生育进程 | | | |

| 灌水技术 | 一般年 | 播前或播后喷1次,灌水量30mm(20m³)(也可以分2次小定额灌溉,保证出苗) | 6月中旬大苗、6月下旬拔节期需灌水2次,每次灌水量30~45mm(20~30m³) | 7月拔节后期、抽穗前、抽雄扬花期是需水关键期,而灌水2次,每次灌水量45mm(30m³) | 灌浆期、乳熟期需灌水2次灌水量30~45mm(20~30m³) | | 灌水7次合计灌水300mm(200m³) |
| | 干旱年 | 播前或播后喷灌1次灌水量30mm(20m³)也可以分2次小定额灌溉出苗 | 6月中旬大苗、6月下旬拔节期需灌水2次,每次灌水量30~45mm(20~30m³) | 7月拔节后期、抽穗前、抽雄扬花期是需水关键期,需灌水4次,每次灌水量45mm(30m³) | 灌浆期、乳熟期需灌水2次灌水量30~45mm(20~30m³) | | 灌水9次合计灌水375mm(250m³) |

| 农艺配套技术 | 施肥技术 | 随整地亩施农家肥1500~2500kg,种肥亩施二铵20kg,氯化钾5~8kg,尿素5kg | 喷灌追肥(6月25日左右)结合喷灌追施拔节肥,每亩追肥素5~8kg | 1. 大喇叭口期7月10日左右:亩施尿素10~15kg,氯化钾5kg; 2. 吐丝期7月25日左右:亩施尿素5~8kg | 追肥灌水,防衰保叶(8月10日左右):亩追施尿素2~3kg | | 合计亩施尿素27~37kg,二铵20kg,氯化钾10~13kg |
| | 耕作栽培技术 | 1. 整地播种,土壤化冻15cm以上进行耕翻、耙耱和春耙,当地温稳定在8℃以上时播种,露地4月25日至5月5日播种,覆膜应比露地播种提前7~8天。 2. 品种选择先玉335、丰田6号、华农118、长丰59等包衣种子。 3. 采用大小垄种植模式,播种、覆膜、施肥一次作业完成 | 1. 防除杂草:使用40%异丙草胺·阿特拉津津悬浮剂在苗前土壤封闭除草,利用施药机械喷药,用药量200mL/亩。 2. 在施药前后进行喷灌。在玉米3~4叶期,使用20%玉田草克星悬浮剂100~120mL/亩,进行喷雾处理 | 1. 中耕培土,在大垄或膜间进行浅中耕,一次完成除草培土。 2. 防治抽穗期虫害主要是发生二代粘虫危害,应进行化学药剂防治,同时消灭3龄前的幼虫 | 1. 看长势叶色补施攻粒肥,主要是氮肥和微肥,发现白化植株喷施锌肥,发现紫色叶喷施磷酸二氢钾。 2. 防治花粒期病虫害主要是玉米螟危害,采取频振式杀虫灯配合释放赤眼蜂进行防统治 | 防治花粒期病虫害主要是大小斑病和金龟甲成虫,用50%多菌灵WS、75%百菌清WS、80%代森锰锌喷施防治 | 玉米苞叶变黄,籽粒变硬,有光泽即可收获 | |

| 产量结构 | 亩株数:5000~5500株 | 亩穗数:5000穗以上 | 千粒重:350g | 穗粒重:210g | | 亩产量:1050kg |

| 农机配套技术 | 机械化工艺路线: | 耕整土地 ⇒ 播前喷灌浇水 ⇒ 播种、施肥、喷药、覆膜 ⇒ 中耕、除草、施肥、田间植保 ⇒ 水肥一体化浇水、施肥 ⇒ 机械化收获 | | | | |
| | 配套机具: | 弹式犁、旋耕机、肥 | 大型喷灌机 | 精量播种机、铺膜施肥播种机 | 中耕(施肥)机、喷杆式喷雾机 | 大型喷灌机,施肥、施药设备 | 玉米联合收获机 |
| | 主要技术要求: | 耕深8~20cm,土地平整,达到覆膜种作业要求 | 播前播后分两次喷灌,每次深度15mm(10m³/亩) | 精量播种,采用大小垄种植时,宽行60cm、窄行40cm,株距22~24cm | 覆膜玉米不建议使用中耕机,中耕机质量达到农业艺要求 | 按照农艺要求使用喷灌机,配合施肥、施药设备进行施肥、施药 | 按照农艺要求选择玉米收获机 |

| 管理技术 | 1.制定喷灌圈范围内的统一管理形式。 2.提早检查喷灌机、水源井、电、耕作机械的完好情况,做好播前灌水准备。 3.适时早播,统一进行机械播种 | 统一进行喷喷浇水,灌水深度一次15mm(10m³/亩),可播前、播后分2次灌,播前可以播后连续转2圈达到30mm(20m³/亩) | 及时喷灌浇水,灌水深度一次15mm(10m³/亩),连续转3圈达到45mm(30m³/亩),结合喷灌按定额统一追肥 | 1.攻子粒攻粒重夺高产。 2.结合喷灌按定额进行统一追肥。 3.发现病虫害时统一治理 | 适时收获、晾晒 | 实行"播种时间、作物品种、灌水技术、施肥技术、田间管理、收获"六统一 |

大型时针式喷灌机　　大型平移式喷灌机　　大型时针式喷灌机　　卷盘式喷灌机

图8-8　内蒙古黄河南岸地区玉米大型喷灌综合节水技术集成模式图

| 日期 | 4 月 | | | 5 月 | | | 6 月 | | | 7 月 | | | 8 月 | | | 9 月 | | | 全生育期 |
|---|---|---|---|---|---|---|---|---|---|---|---|---|---|---|---|---|---|---|---|
| | 上旬 | 中旬 | 下旬 | 上旬 | 中旬 | 下旬 | 上旬 | 中旬 | 下旬 | 上旬 | 中旬 | 下旬 | 上旬 | 中旬 | 下旬 | 上旬 | 中旬 | 下旬 | |
| 平均有效降雨量 /mm | 7 | | | 36 | | | 62 | | | 109 | | | 75 | | | 33 | | | 322 |
| 平均作物需水量 /m | 8 | | | 45 | | | 82 | | | 139 | | | 114 | | | 28 | | | 416 |
| 作物生育期 | 播种 ───→ 出苗 ───→ 拔节 ───→ 抽穗 ───→ 灌浆 ───→ 成熟 | | | | | | | | | | | | | | | | | | |
| 主攻目标 | 精细整地、适时播种 | | | 保全苗、促根、育壮苗 | | | 促叶、壮秆 | | | 补水、补肥、攻大穗 | | | 防早衰、攻子粒、夺高产 | | | 适时收获、晾晒 | | | 135 天 |
| 生育进程 | | | | | | | | | | | | | | | | | | | |

灌水技术

**一般年**

| 播种后滴灌 1 次灌水量 18mm（12m³/亩）土壤湿度下限应为田间持水率的 60%，保证出苗 | 6 月下旬拔节盛期滴灌 1 次灌水量 24mm（16m³/亩）土壤湿度下限应为田间持水率的 65% | 7 月中旬至 8 月上旬抽穗扬花期是需水关键期滴灌 2 次，每次灌水量 24mm（16m³/亩）土壤湿度下限应为田间持水率的 70% | 8 月下旬乳熟期需滴灌 1 次灌水量 24mm（16m³/亩）土壤湿度下限应为田间持水率的 65% | 灌水 5 次合计灌水 114mm（76m³/亩） |
|---|---|---|---|---|

**干旱年**

| 播种后滴灌 1 次灌水量 18mm（12m³/亩）土壤湿度下限应为田间持水率的 60%，保证出苗 | 6 月中下旬拔节盛期滴灌 1 次灌水量 27mm（18m³/亩）土壤湿度下限应为田间持水率的 65% | 7 月上旬至 8 月中旬大喇叭口期、抽穗扬花期是需水关键期，滴灌 3 次，每次灌水量 27mm（18m³/亩）土壤湿度下限应为田间持水率的 70% | 灌浆期和乳熟期各滴灌 1 次灌水量 27mm（18m³/亩）土壤湿度下限应为田间持水率的 65% | 灌水 7 次合计灌水 180mm（120m³/亩） |
|---|---|---|---|---|

施肥技术

| 亩施农家肥 1000～2000kg 或秋季秸秆全部还田，亩基施尿素 5kg，磷酸二铵 15～20kg，氯化钾 5kg | 6 月中旬，结合灌溉追施拔节肥，每亩追尿素 10～15kg | 7 月上旬大喇叭口期亩追施尿素 5～10kg，硝酸钾 3～5kg，7 月下旬吐丝期亩追施尿素 5kg | 8 月中上旬亩追施尿素 5kg | 合计亩施尿素 30～35kg，二铵 15～20kg，氯化钾 5～10kg |
|---|---|---|---|---|

农艺配套技术 — 耕作栽培技术

| 1. 秋整地或早春顶凌耙磨，结合耕翻施有机肥，当 10cm 地温稳定在 6～8℃左右时适时播种，一般比直播田提前 7d 左右。2. 品种选择：郑单 958、三北 21、玉龙 6 号、金山 27、先玉 335 等包衣种子 | 1. 采用大小垄种植模式，大行距 80cm，小行距 40cm，株距 21～22cm，播种、铺设滴灌管、覆膜一次完成。密度 5000～5500 株/亩。2. 防除杂草：结合覆膜使用 40% 异丙草胺·阿特拉津悬浮剂进行苗前土壤封闭除草。3. 在玉米 3～4 叶期，使用 20% 玉田草克星悬浮剂 50～60mL/亩，进行膜间喷雾处理，防除杂草 | 1. 中耕培土，在大垄或膜间进行浅中耕，一次完成除草培土。2. 防治抽穗期虫害：主要是二代粘虫的危害，应进行化学药剂防治，同时消灭 3 龄前的幼虫 | 防治花粒期病虫害主要是大小螟危害，采取频振式杀虫灯配合释放赤眼蜂进行统防统治。红蜘蛛：灌浆中后期，在叶片背面喷洒杀虫剂，严重的隔 7～10 d 防 1 次，并交替用药 | 防治花粒期病虫害，主要是大小斑病和金龟甲防治，用 50% 多菌灵 WS、75% 百菌清 WS、80% 代森锰锌喷施防治。玉米苞叶变黄，籽粒变硬，有光泽即可收获 | 合计亩施尿素 30～35kg，二铵 15～20kg，氯化钾 5～10kg |
|---|---|---|---|---|---|

| 产量结构 | 亩播种数：5500～5500 株 保苗数：5000 株以上 | 亩穗数：5000 穗以上 | 千粒重：350g | 穗粒重：200g | 亩产量：1000kg |
|---|---|---|---|---|---|

农机配套技术

| 机械化工艺路线：耕整土地 ⇒ 铺滴灌带、覆膜、播种 ⇒ 中耕、除草、田间植保 ⇒ 水肥一体化浇水、施肥 ⇒ 机械化收获 |
|---|

| 配套机具：铧式犁、深松机、旋耕机、耙 | 铺滴灌带、膜、施肥播种机 | 中耕机、植保机械 | 滴灌设备 | 玉米联合收获机 |
|---|---|---|---|---|
| 主要技术要求：耕深 18～25cm，土地平整，达到覆膜播种作业要求 | 滴灌带工作长度单向布设不超过 65m | 中耕耕深度 80～150mm，按农艺要求选择喷雾机杀虫灯 | 按照农艺要求使用滴灌设备，配合施肥、施药 | 按农艺要求选择玉米收获机，设备适应行距 400～1200mm，摘穗高度＞60cm |

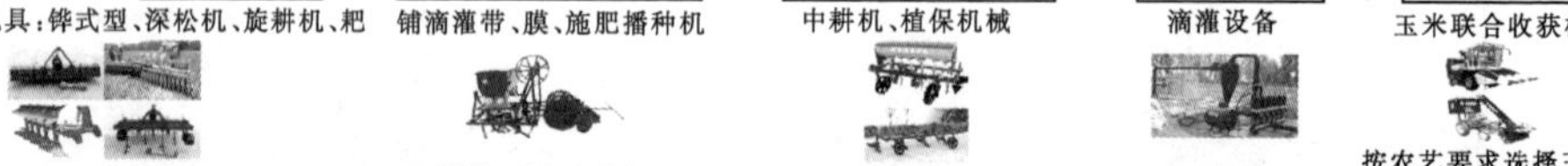

管理技术

| 1. 实现播种、施肥、铺膜、镇压、压土、施药一体化作业。覆膜时防止压土过多或压土不严实。2. 播种覆土 2～3cm，避免滴灌带与地膜直接接触而灼伤。3. 实现精量播种，及时放苗、补苗和定苗，保证收获穗在 5000 株/亩以上。4. 及时精量播种、除草，以避免杂草争水争肥 | 1. 连接地表支、铺、毛管及辅附设备，检查滴灌系统运行是否正常。2. 播种后滴灌一次，之后灌水时间视土壤墒情和玉米生长发育期而定，苗期宜干旱一些，有利于根系下扎，大喇叭口期、抽穗扬花期、灌浆前等需水关键期应及时灌水，及时大幅减产。3. 按轮灌组进行灌溉。当一个轮灌组灌水结束后，首先开启下一轮灌组的阀门，再关闭当前轮灌组阀门，必须做到"先开后关"，严禁"先关后开" | 1. 根据当地测土配方施肥方案，按"宜早勿迟"的原则及时追肥。2. 利用滴灌系统追肥，施肥器必须安装在水源与过滤器之间，且必须安装逆止阀，避免滴灌系统堵塞或水源污染。3. 选择养分浓度高、水溶性好，不易发生沉淀、腐蚀性小的肥料进行追施。施肥时先滴清水 0.5 小时后开始追肥，停水前 0.5 小时结束追肥 | 1. 采用白僵菌封垛、频振杀虫灯配合放飞赤眼蜂防治玉米螟虫害。2. 当双斑莹叶甲发生时，可选用 20% 氯戊菊酯乳油 1500 倍液或 2.5% 高效氯氟氰菊酯乳油 2000 倍液，于上午 10 点前、下午 5 时后进行喷雾，重点喷雄穗周围 | 1. 适时收获及时晾晒。2. 生育期结束后，对滴灌带进行清洗和维护，排空地埋管内余水，回收地表支、辅管及辅附设备，悬空存放于通风、避光处，防止回收、运输及存放过程中损坏 |
|---|---|---|---|---|

滴灌首部枢纽　　平地支管轮灌　　坡地辅管轮灌　　示范区坡地玉米长势

图 8-9　西辽河流域玉米膜下滴灌综合节水技术集成模式图

| 日期 | 5月 | | | 6月 | | | 7月 | | | 8月 | | | 9月 | | | 全生育期 |
|---|---|---|---|---|---|---|---|---|---|---|---|---|---|---|---|---|
| | 上旬 | 中旬 | 下旬 | 上旬 | 中旬 | 下旬 | 上旬 | 中旬 | 下旬 | 上旬 | 中旬 | 下旬 | 上旬 | 中旬 | 下旬 | |
| 平均有效降雨量/mm | 21 | | | 38 | | | 77 | | | 72 | | | 32 | | | 240 |
| 平均作物需水量/mm | 25 | | | 55 | | | 130 | | | 145 | | | 35 | | | 390 |

| 作物生育期 | 播种 ——→ 出苗 ——→ 现蕾 ——→ 块茎膨大(花期) ——→ 淀粉积累期 ——→ 成熟收获 | 克新一号生育期 90～100 天 紫花白生育期 95～105 天 费乌瑞特生育期 65～75 天 夏波蒂生育期 95～105 天 |
|---|---|---|

**外部形态示意图**

| 主攻目标 | 整地施肥,做好种薯处理 | 促进多生根、早出苗、出壮苗 | 促茎叶生长和葡萄茎生成 | 促块茎形成和块茎增重 | 促进淀粉积累 | 适时收获、晾晒 | |
|---|---|---|---|---|---|---|---|

| 灌水技术 | 一般年 | 播种后,滴灌1次,8～10m³/亩 | | 在出苗至现蕾期,滴灌2次,每次10m³/亩,灌溉灌水间隔为10天 | 在块茎形成期(花期),滴灌4次,每次15m³/亩,灌水间隔9天 | 在淀粉积累期(落花至枯黄期),滴灌2次,每次12m³/亩,收获前10天停止灌溉 | 滴灌9次,灌水量112～114m³/亩(168～171mm) |
|---|---|---|---|---|---|---|---|
| | 干旱年 | 播种后,滴灌1次,12m³/亩 | | 在出苗至现蕾期,滴灌2次,每次12m³/亩,灌溉灌水间隔为10天 | 在块茎形成期(花期),滴灌5次,每次15m³/亩,灌水间隔8天 | 在淀粉积累期(落花至枯黄期),滴灌2次,每次12m³/亩,收获前10天停止灌溉 | 滴灌10次,灌水量135m³/亩(202.5mm) |

| 农艺配套技术 | 施肥技术 | 结合耕翻亩施腐熟有机肥1000～2000kg播种时亩基施尿素5kg,磷酸二铵18～25kg,氯化钾8～10kg | 滴灌追肥(6月25日左右)结合滴灌追施块茎膨大肥,每亩追施钾5～10kg | 在马铃薯开花初期和盛期结合滴灌追施尿素2次(7月10日,7月25日),每次用量5～10kg/亩,追施硝酸钾1次3～5kg/亩(7月10日) | 8月上旬结合滴灌追施尿素5kg/亩,硝酸钾3～5kg/亩 | 80%的叶片枯萎根落后,割去地上部茎叶,6天后收获 | 合计亩施尿素30～40kg,二铵18～25kg,钾肥15～20kg |
|---|---|---|---|---|---|---|---|
| | 耕作栽培技术 | 1. 选择土层深厚、肥沃的沙壤土,地势平坦,集中连片,适合机械化作业前茬在禾谷类作物,忌重茬迎茬。2. 选用克新一号、费乌瑞特、大西洋、夏波蒂等脱毒种薯。3. 种薯播前20天左右出窖,剔除病烂薯块,放在15°以上室内,在散光下催芽,芽长0.5～1cm时进行切块,切块重不低于30g,严格切刀消毒,药剂拌种 | 适时播种,播期以5月5～20日为宜。采用施肥、播种、起垄、覆膜、铺设滴灌带联合机械作业,大小垄双行种植模式,大行距60cm,小行距30cm左右,株距30～35cm,播深8～10cm。密度控制在3500株/亩左右 | 中耕培土:第一次中耕结合放苗进行,此时主要除空垄里的杂草和放苗后主要是培土,防止马铃薯块茎外露变绿,防止杂草从苗孔外穿 | 第二次中耕在马铃薯封垄前进行,除防除空垄杂草外,主要是培土,防止马铃薯块茎外露变绿,影响品质 | 防治病虫害:田间发现叶片卷曲萎缩的植株时及时拔除病株深埋,防止病源扩散 | 1. 预防霜冻,选晴天,适时收获。2. 收获后的薯块,要严格去杂去劣去病,晾晒后入窖,严防薯块表皮碰伤 |

| 产量结构 | 亩株数:3500株 | 单株结薯数:4个 | 单薯重:200g | 产量:3500kg |
|---|---|---|---|---|

| 农机配套技术 | 机械化工艺路线: 耕整土地 ⇒ 开沟、施肥、播种、铺膜、滴灌带 ⇒ 水肥一体化 ⇒ 中耕培土 ⇒ 喷药、除草 ⇒ 杀秧 ⇒ 机械化收获 |
|---|---|

配套机具:

| 铧式犁、旋耕机、深松机、联合整地机 | 马铃薯铺滴管带铺膜播种机 | 滴灌设备、施肥施药设备 | 中耕培土机 | 喷雾机 | 马铃薯杀秧机 | 马铃薯挖掘机 马铃薯联合收获机 |
|---|---|---|---|---|---|---|
| 主要技术要求:铧式20～30cm,深松30～40cm平整土地平整,达到覆膜播种作业要求 | 精量播种,株距、行距按农艺要求进行种植 | 按照农艺要求使用膜下滴灌设备配合施肥、施药设备进行施肥、施药。 | 在苗期结合中期进行多次培土,作业质量达到农艺要求 | 按农艺要求选择使用高度和宽度可调,以适应不同地情况 | 除秧时,秧茬高度≤80mm,尽可能选用地面行走的高度和宽度可调,以适应不同地情况 | 按照农艺要求选择土豆收获机,挖掘深度达到25cm以上 |

| 管理技术 | 1. 播种前统一检查水源井、水泵、电、过滤器、施肥罐、阀门、仪表以及各类耕作机械的完好情况。2. 做好播种前各项物资选择和储备工作(种子、化肥、农药、滴管带、地膜)。3. 实时早播,适当加大播种密度,统一进行机械播种 | 1. 按照测土配方施肥和目标产量确定施肥量,追肥量,追肥时间。2. 按照生育期进行中耕、锄草和打药。3. 按照灌溉制度和土壤墒情确定灌水量和灌水次数 | 1. 水泵开机前,必须打开灌溉系统正常灌溉的2～3倍阀门。2. 开泵时,必须先打开下一个轮灌组,再关闭当前轮灌组。3. 系统运行时,严格控制压力表读数,使系统在设计压力下运行 | 1. 马铃薯滴灌追肥用尿素、硫酸钾、水溶性复合肥等易溶性肥料。2. 追肥时,加入的固体颗粒不得超过施肥罐容积的2/3。3. 在追肥时,先滴清水20min,选用木棍搅动,追肥完成后再滴清水30min,以防止管道堵塞。4. 每罐肥一般需要20min左右完成 | 1. 严格按照指定的灌溉制度和土壤墒情进行灌溉。2. 实时培土,打药、锄草促进马铃薯正常生长。3. 要做到"土地整理、播种、施肥、灌溉、田间管理和收获"六统一 | |
|---|---|---|---|---|---|---|

马铃薯膜下滴灌首部　　　马铃薯膜下滴灌　　　马铃薯膜下滴灌长势

**图 8-10　内蒙古中部阴山沿麓马铃薯膜下滴灌综合节水技术集成模式图**

| 日期 | 4月 上旬 | 中旬 | 下旬 | 5月 上旬 | 中旬 | 下旬 | 6月 上旬 | 中旬 | 下旬 | 7月 上旬 | 中旬 | 下旬 | 8月 上旬 | 中旬 | 下 旬 | 9月 上旬 | 中旬 | 下旬 | 全生育期 |
|---|---|---|---|---|---|---|---|---|---|---|---|---|---|---|---|---|---|---|---|
| 平均有效降雨量/mm | 0 | | | 26.2 | | | 61.9 | | | 111.6 | | | 61.4 | | | 17.3 | | | 278.4 |
| 平均作物需水量/m | 0 | | | 12.45 | | | 86.8 | | | 159.2 | | | 110.5 | | | 35.6 | | | 404.4 |
| 作物生育期 | 播前准备 | | | 播种～出苗 | | | 幼苗期 | | | 开花期 | | | 鼓粒期 | | | 成熟收获期 | | | |
| 外部形态示意图 | | | | | | | | | | | | | | | | | | | 生育期115～130天 |
| 主攻目标 | 整地施肥，种子处理 | | | 早出苗、出壮苗、多生根 | | | 保苗、促根、壮叶 | | | 补水、补肥、保花、保荚 | | | 防早衰、夺高产 | | | 不倒伏、不落粒、适时收获、晾晒 | | | |

## 灌水技术

| | 一般年 | 播种期（播种后）喷灌一次，15～20m³/亩（22.5～30mm） | 花期（7月上中旬）是需水关键期，需喷灌1次，25～30m³/亩（37.5～45mm） | 鼓粒期（8月中下旬）需喷灌1次，15～30m³/亩（22.5～30mm） | 喷灌3次，合计灌水55～70m³/亩（82.5～105mm） |
|---|---|---|---|---|---|
| | 干旱年 | 播种期（播种后）喷灌1次，15～20m³/亩（22.5～30mm） | 苗期（6月中旬）喷灌1次，15～20m³/亩（22.5～30mm） | 花期是需水关键期，喷灌1次，25～30m³/亩（37.5～45mm） | 鼓粒期（8月中下旬）喷灌1次，25～30m³/亩（37.5～45mm） | 喷灌4次，合计灌水80～100m³/亩（120～150mm） |

## 农艺配套技术

**施肥技术**：种肥深施，一般亩施尿素1.5～2.5kg，磷酸二铵10～15kg，氯化钾3～5kg，种肥分层，深度在种子下部5cm左右｜在大豆盛花期进行补灌追肥，结合喷灌追施磷酸二氢钾，用量0.5～1.5kg/亩｜8月上中旬结合喷灌施磷酸二氢钾0.5～1.5kg/亩

**耕作栽培技术**：

1.合理轮作：与其他作物进行轮作，不种重迎茬，减少病虫和杂草危害。
2.精细整地：每年应进行深耕深松，平整土地，播前耙耱磙碎土，保证苗全。
3.种子包衣：播前用35%多克福种衣剂进行种子包衣，药：种比为1：70，防治病虫害。

1.选用良种，推广蒙豆30、合农50、疆莫豆1号、豆科1号等115天左右的优质高产品种。
2.适时播种，当土温稳定在8℃时播种，一般在4月25日至5月10日。采用垄三、垄上三行窄沟密植、大垄高台等栽培技术、播深3～5cm，播量4～5kg

1.封闭灭草：播后苗前选用乙宝3kg/hm²、农草净2.5kg/hm²或乙草胺3kg/hm²，兑水450kg喷灌。覆膜播种要在播前和播后分别用药。
2.铲前趟一犁（蒙头土），起到防冻、灭草的作用。
3.在一对真叶时（约6月1日—5日）深中耕一次，第二对复叶展开（约6月15日—6月20日）进行第二次中耕，中耕要做到不压苗

1.中耕培土：始花期进行第三次中耕（约7月15日前），中耕时上土要大点，坐到苗少些，约3cm左右。
2.盛花期如有徒长、倒伏、搭荚落荚现象时，用三碘苯甲酸4～5g兑水25～30kg叶面喷雾

防治病虫害；及时药剂防治大豆霜霉病、灰斑病、菌核病和大豆根潜蝇、地老虎、草地螟等病虫害

1.收获期 大豆田地株叶子基本脱落，荚的色泽变成褐色，籽粒变硬，摇动植株听到响声即为收获期
2.收获时一般籽粒含水20%～25%后，若含水较高时要晾晒

合计亩施尿素1.5～2kg，磷酸二铵10～15kg，氯化钾3～5kg，磷酸二氢钾5kg

## 产量结构

| 亩株数：2.0万～2.3万株 | 单株粒数：55～65粒 | 百粒重：18～20g | 产量：230～250kg/亩 |
|---|---|---|---|

## 农机配套技术

机械化工艺路线：耕整土地 ⇒ 施肥、播种、覆膜 ⇒ 中耕除草 ⇒ 水肥一体化喷灌 ⇒ 机械化收获

配套机具：铧式犁、深松机、旋耕机、耙｜铺膜、施肥播种机｜机动喷雾器｜半固定式喷灌设备｜联合收割机、割晒机

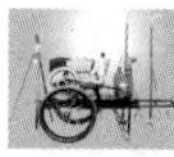

主要技术要求：深松整地深度30～40cm，耕层18～25cm，耕作完整，不留边地角，不重耕漏耕，适合播种｜播种深度镇压后4～5cm，播深一致、播种深度、行距、行内粒距、粒数符合农艺要求｜根据杂草种类，选除草剂，药量准确，喷施均匀，喷头与地面距离一致，在播种前或者出苗后喷施｜按照农艺要求使用半固定式喷灌设备，配合施肥、施药｜割茬高度为5～6cm，割台不掉杆，不掉荚，不掉豆粒；排草口不跑豆，豆秸中不带豆，粮仓中无杂物，不破损豆瓣，清选干净

## 管理技术

1.提早检查水源井、电、移动支管、竖管、喷头以及耕作机械的完好情况。
2.适时早播，统一进行机械播种

1.播种期用幼苗期根据当地气候与土壤条件遇旱时统一喷灌。
2.喷灌时严格按照半固定喷灌操作程序执行

1.花期、结荚期遇干旱统一喷灌，保证花荚期对水分一喷灌。
2.及时除草，开花期结合喷灌施肥或进行叶面施肥

1.结合喷灌定额进行追肥，攻籽粒、攻粒重，夺高产。
2.发现病虫害进行统一治理

适时收获、晾晒

实行"播种时间、作物品种、灌水技术、施肥技术、田间管理、收获"六统一

图 8-11　大兴安岭岭东南地区大豆半固定喷灌综合节水技术集成模式图

| 日期 | 3月（上旬、中旬、下旬） | 4月（上旬、中旬、下旬） | 5月（上旬、中旬、下旬） | 6月（上旬、中旬、下旬） | 7月（上旬、中旬、下旬） | 全生育期 |
|---|---|---|---|---|---|---|
| 平均有效降雨量/mm | 4.8 | 8.1 | 12.3 | 22.9 | 60.6 | 109 |
| 平均作物需水量/mm | 18 | 33 | 95 | 166 | 125 | 437 |
| 作物生育期 | 播种出苗 → | 三叶 → | 分蘖 → 拔节 → | 抽穗开花 → 灌浆 → | 成熟 | 90～95天 |
| 主攻目标 | 苗全、苗齐、苗匀、苗壮 | 保根、壮苗、穗多、穗大 | 调整个体与群体、营养与生长的关系 | 养根、防虫、增粒重 | 适时收获 | |
| 外部形态示意图 |  | | | | | |
| 灌水技术 | 上一年度10—11月秋浇，秋浇定额135～180mm（90～120m³/亩） | 5月上旬苗期灌水1次，灌水定额90mm(60m³/亩) | 5月中下旬分蘖拔节期灌水1次，灌水定额75～90mm(50～60m³/亩) | 6月中旬抽穗期灌水1次，灌水定额75～90mm(50～60m³/亩) | 7月上旬灌浆期灌水1次，灌水定额75～90mm(50～60m³/亩) | 生育期共灌水4次，灌溉定额315～360mm(210～240m³/亩) |
| 农艺配套技术——施肥技术 | 三年轮施1次有机肥，亩施农家肥2000～3000kg | 播种时每亩施磷酸二铵20～25kg、氯化钾5～7kg，采用分层随种施肥 | 三叶期（4月中旬），小麦3～4叶期，结合浇水亩追施尿素15～20kg | 拔节期（5月下旬），小麦7叶露尖时，结合灌水每亩追施尿素10～15kg | 抽穗至灌浆期喷施磷酸二氢钾1～2次，喷施浓度0.1～0.2% | 合计尿素25～35kg/亩、磷酸二铵20～25kg/亩、氯化钾5～7kg/亩。合计尿素25～35kg/亩、磷酸二铵20～25kg/亩、氯化钾5～7kg/亩 |
| 农艺配套技术——耕作栽培技术 | 1. 选用浇灌方便的地块，平整删除无盐碱斑块土地，秋深耕25cm以上，秋冬汇地，早春顶凌耙耱及时整地。<br>2. 选用良种：永良4号、农麦2号、巴丰5号等生育期90～95天的良种 | 1. 药剂拌种：100kg种子用2%戊唑醇干拌剂或湿拌剂100～150克。<br>2. 适时早播：表土解冻5～10cm时播种，一般在3月15～25日，播量按45万粒计算，行距10cm，播深3～5cm | 浇头水后(4～5叶期)用苯磺隆干燥悬浮剂(75%)每亩1克对水30kg或2,4～D丁脂30克对水30kg喷雾，杀灭双子叶杂草；用10%精恶唑禾草灵乳油每亩50～60mL对水30kg喷雾，防治野燕麦等单子叶杂草 | 小麦锈病、白粉病防治：抽穗前后防治，孕穗期病叶率达20%、扬花期倒三叶病叶率达10%时，每亩用20%三唑酮40克或25%三唑酮30克对水30～40kg喷雾 | 小麦蚜虫防治，抽穗期至灌浆期每亩用50%抗蚜威（辟蚜雾）可湿性粉剂10克对水30kg喷雾；小麦蜡熟末期及时进行机械收割，适时抢收 | |
| 产量结构 | 亩穗数50万穗 | 穗粒数24粒 | 千粒重40g | 产量480kg/亩 | | |

**农机配套技术**

传统机械化工艺路线：耕整土地 ⇨ 施肥播种 ⇨ 施肥 ⇨ 田间植保化学除草 ⇨ 机械化收获

配套机具：铧式犁、耙、深松机、激光平地机 ⇨ 精量施肥播种机 ⇨ 撒肥机 ⇨ 喷杆式喷雾机 ⇨ 小麦联合收获机

主要技术要求：耕深18～25cm，耕耙整地，达到小麦播种要求；按农艺要求的行距和株距选择设备，播种施肥覆土均匀；按照农艺要求选择适宜设备，每亩用药精确，撒肥均匀；根据用药量选择合理的操作方法，在无风天气作业；适时收获，实时观察排杂出口，减小收获损失

| 管理技术 | | | | |
|---|---|---|---|---|
| 1.为使出苗迅速，达到苗齐、苗匀、苗壮，应做好整地保墒、施足底肥、精选种子和适时播种。<br>2.小麦较耐连作，但不宜超过2年。<br>3.推广应用激光平地技术，每2～3年平地一次，可节水30%～50%；作物产量提高20%以上；肥料的利用率可提高到50%～70%。激光平地标准为相对高程的标准偏差值≤3cm | 追施分孽肥时，弱苗先施，旺苗后施，可用播种机将肥料播在行间3～5cm土层下，施肥后配合灌水 | 拔节期需要大量的水分与养分，合理灌水追肥，能促进幼穗分化，穗粒数增多，有利于增产。追施拔节肥、孕穗肥时，可撒施化肥，配合灌水 | 灌浆期注意雨天、大风天不浇水，防止小麦倒伏 | 小麦最适宜的收获阶段是蜡熟末期到完熟期；用联合收割机在小麦田中一次完成、收割、脱粒等工序 |

激光平地机

小麦间作长势

支渠混凝土板衬砌

农渠膨润土防水毯衬砌

信息化监测系统

图8-12　河套黄灌区春小麦综合节水技术集成模式图

| 日期 | 4月 上旬 中旬 下旬 | 5月 上旬 中旬 下旬 | 6月 上旬 中旬 下旬 | 7月 上旬 中旬 下旬 | 8月 上旬 中旬 下旬 | 9月 上旬 中旬 下旬 | 全生育期 |
|---|---|---|---|---|---|---|---|
| 平均有效降雨量/mm | 4 | 17 | 23 | 28 | 36 | 20 | 128 |
| 平均作物需水量/mm | 0 | 32 | 118 | 143 | 98 | 94 | 485 |
| 作物生育期 | 播种 | 出苗 | 拔节 | 抽雄 | 灌浆 | 成熟 | |

| 外部形态示意图  | | 135天左右 |
|---|---|---|

| 主攻目标 | 精细整地，适时早播 | 保全苗、促根、育壮苗早发 | 促叶、壮秆、攻大穗 | 补水、补肥、攻子粒 | 防早衰、攻粒重、夺高产 | 适时收获、晾晒 | |
|---|---|---|---|---|---|---|---|
| 灌水技术 | 上一年度10—11月秋浇，秋浇定额 135～180mm（90～120m³/亩） | 当土壤水分在60%以上时，可不浇水，有利于蹲苗 | 6月中旬大苗期灌溉1次，灌水量75～90mm（50～60m³/亩） | 7月上旬大喇叭口期灌溉1次，灌水量 75～90mm（50～60m³/亩） | 7月下旬至8月上旬抽雄吐丝期灌水1次，灌水量75～90mm（50～60m³/亩） | 8月下旬至9月上旬乳熟期灌水1次，灌水量60～75mm（40～50m³/亩） | 生育期共灌4次，灌水量285～345mm（190～230m³/亩） |

| 农艺配套技术 | 施肥技术 | 亩基施有机肥2000～3000kg，三年轮施一次；种肥亩施磷酸二铵25～30kg，氯化钾5～7kg | 追肥（6月下旬）结合灌溉追施拔节肥，亩追施尿素15～20kg | 大喇叭口期7月中旬：结合灌溉亩追施尿素15～20kg | 看长势叶色补施攻粒肥，主要是氮肥和微肥，发现白化苗喷施锌肥，发现紫色叶喷施磷酸二氢钾 | | 合计亩施尿素30～40kg、二铵25～30kg，氯化钾5～7kg |
|---|---|---|---|---|---|---|---|
| | 耕作栽培技术 | 1. 整地播种，土壤化冻10～15cm以上进行耕翻、耙糖和春灌，当地温稳定在8℃以上时播种，露地4月20～30日播种，覆膜应比露地播种提早7～8天。 2. 品种选择生育期130～135天的耐密型品种，如丹单314、KX3564、亨达988、巴单28、登海605等内密性品种。 3. 采用大小行种植模式，播种、覆膜、施肥一次作业完成。膜上小行距40cm，膜间大行距50cm，株距 24～27cm，密度5500～6000株/亩 | 1. 防除杂草：使用40%异丙草胺·阿塔拉津悬浮剂进行播前～苗前土壤封闭除草，利用施药机械喷施农药，用药量200mL/亩。 2. 在施药前后保持土壤湿润。在玉米3～5叶期，选用玉农思等药剂行间喷雾防除杂草 | 防治抽穗期虫害： 穗期是瘤黑粉病、丝黑穗病等，去除病株并深埋。 虫害重点防治玉米螟、双斑萤甲虫、粘虫等，选择对安全的菊酯类、有机磷杀虫剂等昆虫生长调节剂类杀虫剂喷雾 | 防治病虫害：防治病虫害，采取频振式杀虫灯配合释放赤眼蜂进行统防统治。 红蜘蛛：灌浆中后期在叶片背面喷洒杀虫剂，严重的隔7～10天防1次，并交替用药 | 防治花粒期病虫害主要是大斑病和金龟甲成虫，用50%多菌灵WS、75%百菌清WS、80%代森锰锌喷施防治 | 玉米苞叶变黄，籽粒变硬，有光泽即可收获 | |

| 产量结构 | 亩保株数：5500株 | 穗粒数：500粒 | 百粒重：365g | 亩产量：1003kg |
|---|---|---|---|---|

| 农机配套技术 | 机械化工艺路线：耕整土地 ⟹ 宽覆膜、播种、施肥 ⟹ 化学喷药涂草 ⟹ 机械化收获 |
|---|---|
| | 配套机具：激光平地仪、旋耕机、铧式犁、耙    精量播种施肥覆膜一体化    喷杆式喷雾机    玉米联合收获机 |
| | |
| | 主要技术要求：土地平整，旋耕深度18～25cm，达到覆膜播种作业要求    要求地膜170cm、厚度0.008mm，单种场4行    按农艺要求无风天气使用    按照农艺要求选择玉米收获机 |

| 管理技术 | 1. 精细整地，适时早播。 2. 采用机械播种，施肥、覆膜、播种、覆土一次性完成。 3. 推广应用激光平地技术，每2～3年平地一次，作物产量提高20%以上；肥料的利用率可提高到50%～70%。 4. 推广条田、格田建设，扩大田块 | 1. 覆膜条件下在玉米出苗时，要进行人工辅助出苗，如有缺苗就近留双株。 2. 注意严防水淹，苗期适当蹲苗。 3. 玉米出苗后三叶间苗五叶定苗，多留5%的计划苗，以利多次拔弱株，提高整齐度 | 1. 玉米小喇叭口期（8～9叶展开叶）或大喇叭口期（12～13叶展开叶）防治红蜘蛛、玉米螟等虫害，及时喷洒杀虫剂。 2. 结合灌溉追施尿素 | 1. 玉米花粒期主要防治第3代玉米螟，及时喷洒杀虫剂。 2. 根据降雨情况，选定灌水次数。 3. 结合灌溉追施尿素 | 实行"播种时间、作物品种、灌水技术、施肥技术、田间管理、收获"六统一 |
|---|---|---|---|---|---|

激光平地技术    玉米宽覆膜栽培技术    农渠预制混凝土U型槽衬砌    农渠现浇混凝土U型槽衬砌    田间渠道量水自动化监测

图8-13 河套黄灌区玉米宽覆膜高密度综合节水技术集成模式图

| 日期 | 4月 | | | 5月 | | | 6月 | | | 7月 | | | 8月 | | | 9月 | | | 全生育期 |
|---|---|---|---|---|---|---|---|---|---|---|---|---|---|---|---|---|---|---|---|
| | 上旬 | 中旬 | 下旬 | 上旬 | 中旬 | 下旬 | 上旬 | 中旬 | 下旬 | 上旬 | 中旬 | 下旬 | 上旬 | 中旬 | 下旬 | 上旬 | 中旬 | 下旬 | |
| 平均有效降雨量/mm | 4 | | | 17 | | | 23 | | | 28 | | | 36 | | | 20 | | | 128 |
| 平均作物需水量/mm | 0 | | | 12 | | | 70 | | | 140 | | | 120 | | | 10 | | | 352 |

| 作物生育期 | 播前准备 ——→ 播种 → 出苗 —— 现蕾 ——→ 开花 ——→ 成熟 | 生育期100天左右 |
|---|---|---|
| 外部形态示意图 | | |
| 主攻目标 | 整地施肥,种子处理 / 保苗、促根、壮叶 / 早锄、深锄、适时培土,追肥、灌水、保粒数 / 促进授粉,保粒重 / 防病虫害,防倒伏 / 适时收获、晾晒 | |

| 灌水技术 | 上一年度10—12月秋浇,秋浇定额135～180mm(90～120m³/亩) | 6月中下旬现苗期灌水1次,灌水定额90～105mm(60～70m³/亩) | 7月中旬开花期灌水1次,灌水定额90～105mm(60～70m³/亩) | 生育期灌水2次,灌溉定额180～210mm(120～140m³/亩) |
|---|---|---|---|---|

| 农艺配套技术 | 施肥技术 | 亩基施农家肥2000～3000kg,3年轮施1次。覆膜时基施尿素3～5kg/亩,二铵15～20kg/亩,氯化钾7～10kg/亩,配合硼肥1kg/亩 | 现蕾期追施尿素1次,每亩追15～20kg | | 合计亩施尿素18～25kg、二铵15～20kg、氯化钾7～10kg |
|---|---|---|---|---|---|
| | 栽培技术 | 1. 合理轮作:合理轮作是向日葵高产稳产的前提,能减少病虫和杂草危害。 2. 精细整地:精细整地是保证苗全、苗齐、苗壮的基础 | 1. 选用良种:优选SH306、LD5009、TP1121、T1123、3638C等。 2. 适时晚播,5月底～6月初播种。 3. 采用宽窄行覆膜播种,膜宽70cm,宽行80cm,窄行40cm,食葵株距40～50cm,亩株数2500～2800株,花葵株距35～40cm,亩株数2900～3100株,播深2～3cm | 中耕培土:9～10叶是用耘锄耘地,培土5～8cm | 防止病虫害: 菌核病:用50%多菌灵每亩100g;或用40%纹枯利每亩60～70g等在蕾前或盛花期喷洒在花盘上。 黄萎病:20%萎锈灵乳油400倍液灌根。 向日葵螟:采用晚播、性诱导剂和杀虫灯等措施综合防治 | 当植株茎叶变黄,中下部叶片为淡黄色,花盘背面为黄褐色,舌状花干枯或脱落,果皮坚硬,即可收获 | |

| 产量结构 | 亩盘数:3000盘 | 单盘粒数:750粒 | 千粒重:135g/1000粒 | 亩产量:303kg |
|---|---|---|---|---|

| 农机配套技术 | 机械化工艺路线: 耕整土地 ⇒ 施肥、播种、覆膜 ⇒ 田间植保、除草、防病虫害 ⇒ 机械化或人工收获 |
|---|---|
| | 配套机具: 铧式犁、耙、深松机、激光平地机 / 气吸式覆膜精量播种机 / 喷杆式喷雾机 / 小麦联合收获机 油葵割台 油葵收获 + 人工收获花葵 花葵收获 |
| | |
| | 主要技术要求: 耕深18～25cm,土地平整,达到覆膜播种作业要求 / 穿窄行播种宽行80cm 窄行40cm,摆深2～3cm 株距30～35cm / 按农艺要求进行植保作业 / 采用小麦联合收获机更换为油葵割台,收获油葵,采用人工收获花葵 |

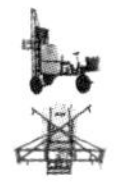

| 管理技术 | 1. 合理轮作。 2. 精细整地。 3. 推广应用激光平地技术,每2～3年平地一次,可节水30%～50%;作物产量提高20%以上,肥料的利用率可提高到50%～70%。激光平地标准为相对高程的标准偏差值≤3cm。 4. 推广条田、格田建设,扩大田块 | 1. 视不同水文年型降雨情况与长势情况,结合灌水追肥。 2. 及时补栽或补种,移栽时要带土、坐水 | 现蕾～开花是对水分和养分的敏感期,注重水分与养分的供应 | 开花期如果不严重干旱,尽量不灌水,因为这时湿度大会加重病害的发生。灌浆期灌水能促进子粒饱满和油分积累的作用 | 适时收获、晾晒 | 实行"播种时间、作物品种、灌水技术、施肥技术、田间管理、收获"六统一 |
|---|---|---|---|---|---|---|

分干渠膜袋混凝土渠道衬砌　斗渠固化板衬砌渠道　斗渠梯形断面弧形渠底　田间渠系建筑物

图8-14　河套黄灌区覆膜向日葵综合节水技术集成模式图

| 日期 | 4月 | | | 5月 | | | 6月 | | | 7月 | | | 8月 | | | 9月 | | | 全生育期 |
|---|---|---|---|---|---|---|---|---|---|---|---|---|---|---|---|---|---|---|---|
| | 上旬 | 中旬 | 下旬 | 上旬 | 中旬 | 下旬 | 上旬 | 中旬 | 下旬 | 上旬 | 中旬 | 下旬 | 上旬 | 中旬 | 下旬 | 上旬 | 中旬 | 下旬 | |
| 平均有效降雨量/mm | 4 | | | 17 | | | 23 | | | 28 | | | 36 | | | 20 | | | 128 |
| 平均作物需水量/mm | 24 | | | 92 | | | 217 | | | 75 | | | | | | | | | 408 |
| 作物生育期 | 苗期 | | | 开花期 | | | 坐果期 | | | | | | 红熟期 | | | 拉秧 | | | 生育期100天左右 |
| 外部形态示意图 | | | | | | | | | | | | | | | | | | | |
| 主攻目标 | 浸种催芽,适时播种、育壮苗 | | | 蹲苗、炼苗,适时移栽 | | | 补水、补肥、攻多开花、多结果 | | | 防早衰、功果大、夺高产 | | | | | | 适时收获、交送 | | | |
| 灌水技术 | 5月中旬利用机械或人工开沟起垄,开沟尺寸垄宽60~70cm,沟上口宽40cm,沟深25cm左右,沟长一般不超过100m,沟的坡度一般为2~5/1000,之后进行番茄移栽 | | | 移栽之后要及时充分的灌水,灌水定额75m³(50m³/亩)灌水过程中要注意水不可漫过垄背,根据毛渠的流量确定同时灌水沟的数量,入沟流量一般为0.85L/s | | | 6月上旬灌水1次,灌水定额45mm(30m³/亩) | | | 6月底或7月初灌水1次,灌水定额52.5mm(35m³/亩) | | | 7月底灌水1次,灌水定额37.5mm(25m³/亩) | | | 8月初根据土壤墒情适当灌水1次,灌水定额不宜大于37.5mm(25m³/亩左右) | | | 生育期共灌水4次,灌溉定额172.5mm(115m³/亩) |
| 农艺配套技术 — 施肥技术 | 苗床施肥:土壤、砂子和羊粪各1/3,每百千克基质混合圭拌入二铵30~50g,尿素30~50g,磷酸钾10~20g,45叶时喷施尿素0.5kg+磷酸二氢钾80~100g兑水30kg喷施 | | | 移栽期基肥:亩施有机肥3000~5000kg,二铵20~30kg/亩,硫酸钾5kg/亩 | | | 第一盘果坐果后,结合开沟追施磷钾10~15kg,硫酸钾3kg/亩 | | | 盛果期,追施尿素10~15kg/亩、硫酸钾3kg/亩,根外追肥:磷酸二氢钾30~50g兑水30kg喷雾 | | | | | | 合计亩施尿素20~30kg,二铵20~25kg,硫酸钾8kg |
| 农艺配套技术 — 耕作栽培技术 | 选用抗病品种:目前品种有屯河8号(立原8号、亚心8号)、石番15号、石红206号(直立型)、Q020(直立型)、中晚熟杂交种石番—27号、屯河48号等。育苗:3月下旬准备苗床,4月上旬出苗,两叶一心时(4月末)分苗,营养钵育苗,4~5叶时(5月初)移栽 | | | 选地、整地起垄:选择交通便利、地势平坦、灌排方便,严格轮作倒茬,前茬非茄果类的耕地。利用机械进行开沟起垄覆膜,配置:90cm膜,行距大行80cm,小行40cm,株距25~30cm,理论密度3000~3500株/亩。移栽期:晚霜结束后开始移栽,一般在4月末至5月初 | | | 中耕松土:移栽定植合墒后可用机械中耕松土。一般在灌水或地老虎危害,及时中耕,防止苗期立枯病。培育壮苗,防止苗期1~3次,最后一次中耕深度要达18~20cm | | | 1.控制蚜源:利用黄板诱杀蚜虫有翅蚜。选择性强的低毒化学农药,防治蚜虫。2.苗期防治地老虎危害,及时中耕,防止苗期立枯病。3.培育壮苗,防止早疫病的发生。4.防止裂果病、日灼病、早疫病、细菌斑点病和绵疫病的发生。5.摆放糖浆瓶诱杀地老虎越冬代成虫 | | | 果实达到全红色后进行采收,采下的果实要及时交送 | | | |
| 产量构成 | 亩株数:3500株 | | | | | | 单株产量:2.5kg | | | | | | 亩产量:8750kg | | | | | | |
| 农机配套技术 — 机械化工艺路线 | 耕整土地 ⇒ | | | 开沟起垄、覆膜、施底肥 ⇒ | | | 番茄移栽 ⇒ | | | 中耕、除草、施药、施肥 ⇒ | | | | | | 机械化采摘 | | | |
| 农机配套技术 — 配套机具 | 铧式犁、深松机、激光平地仪、旋耕机 | | | 起垄施肥覆膜机 | | | 番茄移栽机 | | | 喷杆式喷雾机、中耕机 | | | | | | 番茄采收机 | | | |
| | | | | | | | | | | | | | | | | | | | |
| 农机配套技术 — 主要技术要求 | 土地平整,耕深18~25cm,达到覆膜播种作业要求 | | | 要求设备起垄沟口宽40cm,沟深30cm,垄面宽100cm | | | 保证行距50~85cm,株距37~43cm,移栽深度5~13cm | | | 中耕深度达到18cm左右,覆膜番茄不建议使用中耕按农艺要求进行植保作业 | | | | | | 在番茄果实适宜的采摘期内进行采摘 | | | |
| 管理技术 | 制定番茄的统一管理计划,在移苗前要进行整地,一般2~3年进行激光平地1次,确保土地平整,适时利用机械进行开沟起垄 | | | 番茄移栽时间一般为5月中旬,移栽的株距要达到45cm左右,行距60cm左右 | | | 番茄移栽之后要及时灌水而且要充分(50m³/亩),之后的各生育期要根据番茄需水量和外界条件进行灌溉 | | | 抓好生育期管理,包括中耕除草,蓄水保墒、必要时要搭架绑蔓,整枝打权、去掉老叶、通风透光,加强防治病虫害 | | | 适时采摘,西红柿成熟有绿熟、变色、成熟、完熟4个时期。贮存保鲜可在绿熟期采收。运输出售可在变色期(果实的1/3变红)采收,就地出售或自食应在成熟即果实1/3以上变红时采摘 | | | |
| | 玻璃钢渠道衬砌 | | | 竹塑渠道衬砌 | | | 番茄起垄沟灌 | | | 番茄长势情况 | | | | | | | | | |

图8-15 河套黄灌区加工番茄沟灌综合节水技术集成模式图

| 日期 | 4月 上旬 | 中旬 | 下旬 | 5月 上旬 | 中旬 | 下旬 | 6月 上旬 | 中旬 | 下旬 | 7月 上旬 | 中旬 | 下旬 | 8月 上旬 | 中旬 | 下旬 | 9月 上旬 | 中旬 | 下旬 | 全生育期 |
|---|---|---|---|---|---|---|---|---|---|---|---|---|---|---|---|---|---|---|---|
| 多年平均有效降雨量/mm | 12.4 | | | 13.5 | | | 47.0 | | | 52.3 | | | 24.2 | | | 21.5 | | | 171.0 |
| 平均作物需水量/mm | 25.7 | | | 68.2 | | | 101.0 | | | 110.5 | | | 85.5 | | | 71.0 | | | 461.9 |

**作物生育期：** 返青→拔节→分枝→开花（第一茬）｜返青→拔节→分枝→开花（第二茬）｜返青→拔节→分枝→开花（第三茬）

**主攻目标：**
- 返青期：适时灌返青水，保证苜蓿返青率
- 拔节期：适时追肥、喷药，防病虫害，促进苜蓿拔节
- 分枝期：需水关键期，保证土壤适宜含水率，促进叶大、秆壮，提高干物质产量
- 开花期：初花期刈割，保证适口性和品质
- 170天左右

**生育进程：**

苗期返青期 ▷▷ 拔节期 ▷▷ 分枝期 ▷▷ 开花期

**灌水技术：**

| | 一般年 | 干旱年 |
|---|---|---|
| | 4月中旬苜蓿第一茬返青期灌水1次，灌水量45mm（30m³）(也可以分2次小定额灌溉，保证返青) | 4月中旬苜蓿第一茬返青期灌水1次，灌水量45mm（30m³）；5月上旬分枝期灌水1次，灌水量45mm（30m³） |
| | 5月中旬苜蓿第一茬分枝期灌水1次，5月下旬开花期灌水1次，灌水量均为45mm（30m³） | 5月中旬苜蓿第一茬分枝期灌水1次，灌水量45mm（30m³） |
| | 6月中旬第二茬返青期灌水1次，7月中旬分枝期灌水1次，灌水量均为45mm（30m³） | 6月中旬第二茬返青期灌水1次，6月下旬拔节期灌水1次，7月中旬分枝期灌水1次，灌水量均为45mm（30m³） |
| | 8月上旬第三茬返青期灌水1次，灌水量45mm（30m³），9月上旬分枝期灌水1次，灌水量45mm（30m³） | 8月上旬第三茬返青期灌水1次，灌水量45mm（30m³），9月上旬分枝期灌水1次，灌水量45mm（30m³） |
| 全生育期 | 灌水7次，合计灌水315mm（210m³） | 灌水9次，合计灌水405mm（270m³） |

**农艺配套技术**

施肥技术：
- 采用播种机深施二铵5～10kg/亩，结合喷灌追施硝酸钾3～5kg/亩
- 采用播种机深施二铵5～10kg/亩
- 结合喷灌追施硝酸钾3～5kg/亩
- 第一茬收割后（6月中旬）采用播种机深施二胺5～10kg/亩，追施硝酸钾3～5kg/亩
- 第二茬收割后及时采用播种机深施二铵5～10kg/亩，9月中旬追施硝酸钾3～5kg/亩
- 全年合计：N 3～5kg/亩，$P_2O_5$ 7～14kg/亩，$K_2O$ 4～6kg/亩

病虫害防治技术：
- 苜蓿可以从5～8月全年播种，早播当年可以收割1茬，晚播保证冬季越冬即可。亩播量0.75～1.5kg，播种深度1.5～2.5cm，采用条播，行距15～30cm
- 苜蓿的主要病害有苜蓿锈病，可用代森锰锌0.20kg/hm²防治锈病。苜蓿的主要虫害有苜蓿叶象虫、苜蓿蚜虫等。苜蓿叶象虫一般一年发生一代或两代，第一代幼虫盛期为5月下旬至6月上旬，可用50%二嗪农每亩150～200克，80%西维因可湿性粉剂每亩100克进行药物防治。（注意：使用化学药物防治后，半月内不可放牧或刈割晒制干草）
- 苜蓿锈病可用代森锰锌0.20kg/hm²喷雾防治，此期主要虫害有苜蓿蚜虫，可用40%乐果乳油1000～1500倍液进行化学防治（注意：使用化学药物防治后，半月内不可放牧或刈割晒制干草）
- 苜蓿锈病可用代森锰锌0.20千克/公顷，喷雾防治，此期虫害主要为苜蓿蚜虫，可用40%乐果乳油1000～1500倍液进行化学防治（注意：使用化学药物防治后，半月内不可放牧或刈割晒制干草）

**农机配套技术**

机械化工艺路线：耕整土地 ⇒ 播前喷灌浇水 ⇒ 播种、施肥 ⇒ 水肥一体化 ⇒ 收割、搂草 ⇒ 打捆

配套机具：铧式犁、深松机、旋耕机、耙 ⇒ 大型喷灌机 ⇒ 牧草精量播种机 ⇒ 大型喷灌机、加药设备 ⇒ 切割压扁机和指盘搂草机 ⇒ 拾取打捆机

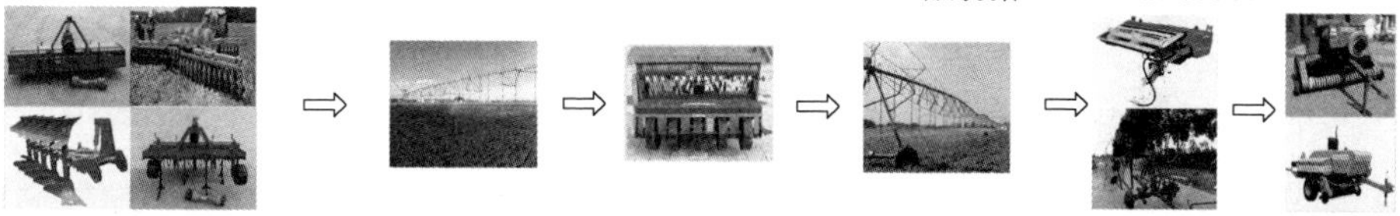

主要技术要求：
- 耕深18～20cm，土地平整，达到播种作业要求
- 播前播后分两次喷灌，根据土壤墒情确定喷灌水量
- 精量播种，采用大小垄种植，宽行60cm，窄行40cm
- 选可溶性肥料、药剂，在整数圈内喷施
- 晴天刈割，在田间晾晒，用搂草机翻晒集条
- 苜蓿含水率20%以下时，进行打捆作业

**管理技术：**
1. 制定喷灌范围内的统一管理形式，包括灌水和喷药。
2. 提早检查喷灌机、水源井、电、耕作机械的完好情况，做好灌水准备。

1. 统一进行喷灌浇水，每圈灌水深度15mm（10m³/亩），连续转3圈达到45mm（30m³/亩）。
2. 返青期可连续转2圈，灌水达到30mm（20m³/亩）。

1. 苜蓿每次刈割后不要立即灌水，3～5天后灌水较好。
2. 刈割后第1次灌水不要追肥，第2次灌水时结合喷灌按定额统一追肥。

1. 苜蓿刈割应选在初花期，此时刈割的适口性最好、品质最高。
2. 苜蓿刈割留茬高度以5～7厘米为宜。

1. 苜蓿刈割后应均匀摊开，翻晒1～2次，含水量降至25%时（可折断）打捆。
2. 打捆重量30～40kg/捆；草块密度500～900kg/m³

维蒙特中心支轴式喷灌苜蓿 ｜ 中心支轴式喷灌苜蓿 ｜ 紫花苜蓿长势

图 8-16 毛乌素沙地紫花苜蓿中心支轴式喷灌综合节水技术集成模式图

| 日期 | 5 月 | | | 6 月 | | | 7 月 | | | 8 月 | | | 全生育期 |
|---|---|---|---|---|---|---|---|---|---|---|---|---|---|
| | 上旬 | 中旬 | 下旬 | 上旬 | 中旬 | 下旬 | 上旬 | 中旬 | 下旬 | 上旬 | 中旬 | 下旬 | |
| 平均有效降雨量/mm | 23.2 | | | 45.0 | | | 89.0 | | | 70.2 | | | 227.4 |
| 平均作物需水量/mm | 20 | | | 95 | | | 201 | | | 183 | | | 499 |
| 作物生育期 | | | 播种 → 出苗 | | | | 拔节 | | | 抽雄吐丝 → 收割 | | | 105 天左右 |
| 主攻目标 | 精细整地、适时早播 | | 保全苗、促根、育壮苗 | | | 促叶、壮秆 | | | 防早衰、夺高产 | | 适时收获、青贮 | | |
| 生育进程 | | | | | | | | | | | | | |

| | | | | | |
|---|---|---|---|---|---|
| 灌水技术 | 一般年 | 播后喷灌 1 次,灌水量 30mm(20m³),保证出苗 | 6 月中旬大苗、6 月下旬拔节期需灌水 2 次,每次节间水量 30～45mm(20～30m³) | 7 月拔节后期、吐丝期,抽穗前后是需水关键期,需灌水 2 次,每次灌水量 45mm(30m³) | 8 月抽雄扬花期是需水关键期,需灌水 2 次,每次灌水量 30～45mm(20～30m³) | 灌水 7 次,合计灌水 270mm(180m³) |
| | 干旱年 | 播后喷灌 1 次,灌水量 30mm(20m³),保证出苗 | 6 月中旬大苗、6 月下旬拔节期需灌水 2 次,每次节间水量 30～45mm(20～30m³) | 7 月拔节后期、吐丝期,抽穗前后是需水关键期,需灌水 3 次,每次灌水量 45mm(30m³) | 8 月抽雄扬花期是需水关键期,需灌水 2 次,每次灌水量 45mm(30m³) | 灌水 8 次,合计灌水 345mm(230m³) |
| 农艺配套技术 | 施肥技术 | 亩基施有机肥 1500～2000kg,种肥磷酸二铵 15～20kg,氯化钾 7～10kg | 追肥(6 月下旬):结合喷灌追施拔节肥,每亩追尿素 15～20kg | 发现白化苗喷施锌肥,发现紫色叶喷施磷酸二氢钾;大喇叭口期 7 月中旬:结合喷灌亩追施尿素 15～20kg | | 合计亩施尿素 30～40kg、二铵 15～20kg,氯化钾 5～10kg |
| | 耕作栽培技术 | 1. 适时整地播种,土壤化冻 15cm 以上时耕翻、耙糖,当地温稳定在 8℃ 以上时播种,播种时间 5 月 23～28 日。2. 品种选择龙单 38、双宝青贮、中北 410 包衣种子。3. 采用 40cm 和 60cm 大小行种植模式,播种、覆膜、施肥一次作业完成 | 1. 防除杂草:使用 40%异丙草胺·阿塔拉津悬浮剂进行播后—苗前封闭除草,利用施药机械喷施药,用药量 200mL/亩。2. 在施药前后进行喷灌。在玉米 3～5 叶期,选用玉农思等药剂间喷灌防除杂草。3. 如果来年倒茬,不宜化学除草 | 1. 中耕培土,在垄间进行浅中耕,一次完成除草培土。2. 防治抽穗期虫害主要是二代粘虫危害,应进行化学药剂防治同时消灭 3 龄前的幼虫 | 1. 发现白化苗喷施锌肥,发现紫色叶喷施磷酸二氢钾。2. 防治花粒期虫害主要是玉米螟危害,采取频振式杀虫灯配合释放赤眼蜂进行统防统治 | 主要是大小斑病和金龟子成虫,用 50%多菌灵 WS、75%百菌清 WS、80%代森锰锌喷施防治 | 玉米扬花后半个月后,即可进行收获青贮。一般 8 月下旬至 9 月初,收获关键期是在霜冻前 |
| 产量结构 | 亩株数:6000～6500 株 | | 行距:60cm | | 株距:15～18cm | | 单株重:1.5～1.7kg | | 亩产量:10000kg | | |

| 农机配套技术 | 机械化工艺路线 | 播前耕整地 ⇨ 玉米精量播种 ⇨ 喷灌机灌水 ⇨ 生长期喷药除草、田间植保 ⇨ 水肥一体化喷灌、施肥 ⇨ 机械化收获 |
|---|---|---|
| | 配套机具 | 铧式犁、旋耕机、深松机、耙 ⇨ 玉米精量播种机 ⇨ 中心支轴式喷灌机 ⇨ 喷雾机、喷药机 ⇨ 喷灌设备、注肥设备 ⇨ 青饲玉米收获机 |
| | 主要技术要求 | 玉米秸秆灭茬、整地、耙地,耕深 18～25cm,土地平整,达到播种机播种作业要求 ⇨ 一次完成开沟、起垄、播种、施肥、覆土、镇压等作业,播深 40～100mm,行距 500～700mm ⇨ 喷灌按照灌溉制度要求进行灌水 ⇨ 喷雾机按照农艺要求进行定制喷药 ⇨ 喷灌机按照农艺要求进行定额水肥一体化施肥 ⇨ 按照农艺要求选择玉米收获机,割茬高度≤15cm,切段长度 15～40mm 等 |
| 管理技术 | 1. 制定喷灌圈范围内的统一管理形式。2. 提早检查喷灌机、水源井、电、耕作机械的完好情况,做好播种灌水准备。3. 适时早播,统一进行机械播种 | 统一进行喷灌浇水,灌水深度一次 15mm(10m³/亩)。可播前、播后分 2 次灌,也可以播后连续转 2 圈达到 30mm(20m³/亩) | 及时喷灌浇水,灌水深度一次 15mm(10m³/亩),连续转 3 圈达到 45mm(30m³/亩)。结合喷灌按施肥定额统一追肥 | 1. 促叶、壮秆夺高产。2. 结合喷灌按施肥定额进行统一追肥。3. 发现病虫害时统一治理 | 适时收获、青贮 | 实行"播种时间、作物品种、灌水技术、施肥技术、田间管理、收获"六统一 |

图 8-17　典型草原区青贮玉米中心支轴式喷灌综合节水技术集成模式图

| 日期 | 5月 | | | 6月 | | | 7月 | | | 8月 | | | 9月 | | | 全生育期 |
|---|---|---|---|---|---|---|---|---|---|---|---|---|---|---|---|---|
| | 上旬 | 中旬 | 下旬 | 上旬 | 中旬 | 下旬 | 上旬 | 中旬 | 下旬 | 上旬 | 中旬 | 下旬 | 上旬 | 中旬 | 下旬 | |
| 平均有效降雨量/mm | 26.2 | | | 81.9 | | | 135.6 | | | 91.4 | | | 17.3 | | | 352.4 |
| 平均作物需水量/m | 36 | | | 78 | | | 143 | | | 109 | | | 52 | | | 418 |

作物生育期：播前准备→播种→幼苗期→分枝期→开花期→结荚鼓粒期→成熟收获期

外部形态示意图（全生育期）：生育期 115~130天

**主攻目标**

| 整地施肥，种子处理 | 早出苗、出壮苗、多生根 | 保苗、促根、壮叶 | 补水、补肥、保花、保荚 | 防早衰、夺高产 | 不倒伏、不落粒、适时收获、晾晒 |
|---|---|---|---|---|---|

**灌水技术**

一般年：
- 播种期（5月下旬至6月上旬）需滴灌1次8m³/亩（12mm）
- 花荚期（7月中下旬）是需水关键期，需滴灌2次，10m³/亩（18mm）
- 鼓粒期（8月上中旬）需滴灌2次，10m³/亩（15mm）
- 滴灌4次，合计灌水48m³/亩（72mm）

干旱年：
- 播种期（5月下旬至6月上旬）需滴灌1次，8m³/亩（12mm）
- 苗期（6月中旬）需滴灌1次，10m³/亩（15mm）
- 花荚期（7月中下旬）需滴灌2次，12m³/亩（18mm）
- 鼓粒期（8月上中旬）需滴灌2次，10m³/亩（15mm）
- 滴灌7次，合计灌水62m³/亩（93mm）

**农艺配套技术**

施肥技术：
- 种肥随播种施用，深度在种子下部5cm左右，一般每亩施磷酸二氢铵10~15kg
- 追肥在大豆分枝期和盛花期随滴灌进行，分枝期追肥一般每亩施用尿素2.0~2.5kg，氯化钾2.0~2.5kg，钼酸铵1kg，盛花期施用尿素1.0~1.5kg，氯化钾1.0~2.0kg
- 灌浆期视缺肥症状随滴管追施磷酸二氢钾，一般每亩用量1.0~1.5kg

耕作栽培技术：
1. 选地整地：选择玉米等非豆科前茬地块，避免重迎茬，应进行深耕深松，平整土地，播种前耙糖碎土，保证苗点。
2. 适时播种：土温稳定在8℃以上，在5月15~25日。采用铺膜双行精播机械精量高速，一次作业完成播种、覆膜、施肥、喷洒除草剂和铺滴管带，播深4~5cm，亩播量4~5kg

1. 选用良种：一般比不覆膜播种提早5天，选用生育期115天左右的中熟品种，包括蒙豆30、合农50、疆莫豆1号、登科1号等优质高产品种。
2. 种子包衣：播前用35%多克福种衣剂进行种子包衣，药种比为1:70

1. 封闭灭草：播种时随覆膜在膜下进行封闭除草，选用乙宝0.2kg/亩或乙草胺0.2kg/亩，兑水30kg喷施。
2. 膜间中耕：在一对真叶时（约6月1~5日）中耕一次，第二对复叶展开（6月15~20日）进行第二次中耕

中期管理：盛花期如有徒长、倒伏、捂花落荚现象时，用三碘苯甲酸4~5g兑水25~30kg叶面喷雾

病虫害防治：食心虫在3龄幼虫前用2.5%溴氰菊酯乳油进行喷洒。大豆菌核病：用50%菌核净0.1kg/亩加水配成1000~2000倍喷洒

收获：植株叶子基本脱落，茎的色泽变成褐色，粒变硬，手摇植株听到响声即为收获期

合计亩施尿素3.0~4.5kg、磷酸二氢铵10~15kg、氯化钾3.0~4.5kg、磷酸二氢钾1.0~1.5kg

**产量结构**

亩株数：1.8万~2.0万株，单株粒数：50~65粒，百粒重：18~20kg，产量：150~200kg/亩

**农机配套技术**

机械化工艺路线：耕整土地 ⇒ 铺滴灌带、播种 ⇒ 打药 ⇒ 中耕 ⇒ 水肥一体化 ⇒ 机械化收获

配套机具：深松机、旋耕机、耙、铺滴灌带、膜、施肥播种机、机载喷雾器、滴灌设备、施肥设备、联合收获机、割晒机

主要技术要求：耕作深度16~20cm，深时27~40cm，耕深均匀，土地平整，达到播种机作业

播种深度4~5cm，不漏播重播，镇压适度；滴管带、膜、播种量、行距、行内粒距、播深、粒数符合农艺要求

利用机载喷雾器喷施化学除草剂，在播后苗前进行封闭除草。机车行走速度均匀，不漏喷、不重喷

中耕深浅一致，根据垄形走直，不扭摆，不压垄，不伤苗，行间杂草要除净，表土要松碎

滴灌设备应能满足灌溉区所需水量的要求；施肥设备应及时定量地把水肥溶液输送到输水管道

割茬高度5~6cm，地头边缘收割干净，总损失率小于2%

**管理技术**

1. 提早检查水源井、电、地埋管道以及耕作机械的完好情况。
2. 宜采用厚度0.008mm以上地膜，膜侧压实避免大风刮起地膜，出现漏风及时用土压实。
3. 组装滴灌首部设备检查滴灌系统稳定性，出现问题及时解决

1. 苗期滴灌应选气温相对较高时进行（有条件可先将水晒热）防止地温回降。
2. 水泵出水压力和流量必须满足滴灌系统设计要求，压力或流量变幅较大的滴灌系统，应选配变频调速设备。
3. 连接地表管件试运行，检查干、支管及滴管带连接情况，确保无漏水、堵水情况

1. 利用滴灌自身特点施肥，少量多次。
2. 轮灌当一个轮灌组滴灌结束时，先开启下一个轮灌组的各级阀门，再关闭当前轮灌组的阀门

1. 结合灌溉定额进行追肥，攻粒重，攻粒数，夺高产。
2. 施肥罐下游应设置过滤器，上游应设置防回流装置，避免肥液中的杂质堵塞滴水器和肥（药）液污染水源

采用机械联合收割应在大豆叶片全部落净时进行，人工收获应在落叶达90%时适时收获、晾晒。田间滴灌带及残膜回收，滴落设备及时整理维护

实行"播种时间、作物品种、灌水技术、施肥、田间管理、收获"六统一

图8-18 大兴安岭岭东南地区大豆膜下滴灌综合节水技术集成模式图

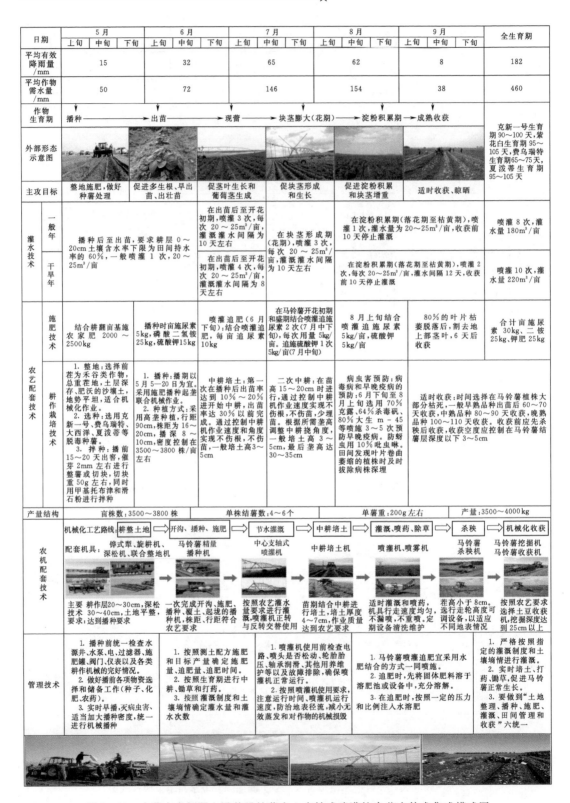

| 日期 | | 5月 | | | 6月 | | | 7月 | | | 8月 | | | 9月 | | | 全生育期 |
|---|---|---|---|---|---|---|---|---|---|---|---|---|---|---|---|---|---|
| | | 上旬 | 中旬 | 下旬 | 上旬 | 中旬 | 下旬 | 上旬 | 中旬 | 下旬 | 上旬 | 中旬 | 下旬 | 上旬 | 中旬 | 下旬 | |
| 平均有效降雨量/mm | | 15 | | | 32 | | | 65 | | | 62 | | | 8 | | | 182 |
| 平均作物需水量/mm | | 50 | | | 72 | | | 146 | | | 154 | | | 38 | | | 460 |
| 作物生育期 | | 播种————出苗————现蕾————块茎膨大（花期）————淀粉积累期————成熟收获 | | | | | | | | | | | | | | | 克新一号生育期90～100天，紫花白生育期95～105天，费乌瑞特生育期65～75天，夏波蒂生育期95～105天 |
| 主攻目标 | | 整地施肥，做好种薯处理 | | | 促进多生根、早出苗、出壮苗 | | | 促茎叶生长和葡萄茎生成 | | | 促块茎形成和生长 | | | 促进淀粉积累和块茎增重 | | | 适时收获、晾晒 |

**灌水技术**

| 一般年 | 播种后自出苗，要求耕层0～20cm土壤含水率下限为田间持水率的60%，一般喷灌1次，20～25m³/亩 | 在出苗后至开花初期，喷灌3次，每次20～25m³/亩，灌溉灌水间隔为10天左右 | 在块茎形成期（花期）喷灌3次，每次20～25m³/亩，灌溉灌水间隔为10天左右 | 在淀粉积累期（落花期至枯黄期），喷灌1次，灌水量为20～25m³/亩，收获前10天停止灌溉 | 喷灌8次，灌水量180m³/亩 |
|---|---|---|---|---|---|
| 干旱年 | | 在出苗后至开花初期，喷灌4次，每次20～25m³/亩，灌溉灌水间隔为8天左右 | | 在淀粉积累期（落花期至枯黄期），喷灌2次，每次20～25m³/亩，灌水间隔12天，收获前10天停止灌溉 | 喷灌10次，灌水量220m³/亩 |

| 施肥技术 | 结合耕翻亩基施农家肥2000～2500kg | 播种时亩施尿素5kg，磷酸二氢铵25kg，硫酸钾15kg | 喷灌追肥（6月下旬）结合喷灌追肥，每亩追尿素10kg | 在马铃薯开花初期和盛期结合喷灌追施肥2次（7月中下旬），每次用量5kg/亩。追施磷酸钾1次5kg/亩（7月中旬） | 8月上旬结合喷灌追施尿素5kg/亩、硫酸钾5kg/亩 | 80%的叶片枯萎脱落后，割去地上部茎叶，6天后收获 | 合计亩施尿素30kg、二铵25kg，钾肥25kg |
|---|---|---|---|---|---|---|---|

**农艺配套技术**

| 耕作栽培技术 | 1. 整地：选择前茬为禾谷类作物，总重茬地，土层深厚、肥沃的沙壤土，地势平坦，适合机械化作业。2. 选种：选用克新一号、费乌瑞特、大西洋、夏波蒂等脱毒种薯。3. 拌种：播前15～20天出窖，催芽2mm左右进行整薯或切块，切块重50g左右，同时用甲基托布津和滑石粉进行拌种。 | 1. 播种：播期以5月5～20日为宜，采用施肥播种起垄联合作业。2. 种植方式：采用高垄栽种，行距90cm，株距为16～20cm，播深8～10cm，密度控制在3500～3800株/亩左右。 | 中耕培土：第一次在播种后出苗率达到10%～20%进行中耕，出苗率达30%以上完成。通过控制中耕作业速度和角度实现不伤根，少埋苗。根据所需垄高调整中耕挖角度，一般培土高3～5cm，最后垄高达30～35cm | 二次中耕：在苗高15～20cm时进行中耕，通过控制机作业速度实现不伤苗、不埋苗。一般培土高3～5cm | 病虫害预防：病毒病和早晚疫病的预防7月至8月上旬选用70%喷雾，64%杀毒矾、80%大生m-45等喷施3～5次预防早晚疫病。防蚜虫用10%吡虫啉。田间发现叶片卷曲萎缩的植株时及时拔除病株深埋 | 适时收获：时间选择在马铃薯植株大部分枯死，一般早熟品种出苗后60～70天收获，中熟品种80～90天收获，晚熟品种100～110天收获。收获前应先杀秧后收获，收获空度应控制在马铃薯结薯层深度以下3～5cm |
|---|---|---|---|---|---|---|

| 产量结构 | | 亩株数：3500～3800株 | | | 单株结薯数：4～6个 | | | 单薯重：200g左右 | | | | | | 产量：3500～4000kg | | | |
|---|---|---|---|---|---|---|---|---|---|---|---|---|---|---|---|---|---|

**农机配套技术**

机械化工艺路线：耕整土地 ⇒ 开沟、播种、施肥 ⇒ 节水灌溉 ⇒ 中耕培土 ⇒ 灌溉、喷药、除草 ⇒ 杀秧 ⇒ 机械化收获

| 配套机具 | 铧式犁、旋耕机、深松机、联合整地机 | 马铃薯精量播种机 | 中心支轴式喷灌机 | 中耕培土机 | 喷灌机、喷雾机 | 马铃薯杀秧机 | 马铃薯挖掘机、马铃薯收获机 |
|---|---|---|---|---|---|---|---|
| | 主要耕作层20～30cm，深松技术30～40cm，土地平整，要求：达到播种要求 | 一次完成开沟、施肥、播种、覆土、起垄的播种，株距、行距符合农艺要求 | 按照农艺灌水量具体实行灌溉，喷灌机正转与反转交替使用 | 苗期结合中耕进行培土，培土厚度4～7cm，作业质量达到农艺要求 | 适时灌溉和喷药，机具行走速度均匀，不漏喷，不重喷。定期设备清洗维护 | 茬高小于8cm，进行走轮高度可调设备，以适应不同地表情况 | 按照农艺要求选择土豆收获机，挖掘深度达到25cm以上 |

| 管理技术 | 1. 播种前统一检查水源井、水泵、电、过滤器、施肥罐、阀门、仪表以及各类耕作机械的完好情况。2. 做好播种前各项物资选择和储备工作（种子、化肥、农药）。3. 实时早播，灭病虫害，适当加大播种密度，统一进行机械播种。 | 1. 按照测土配方肥和目标产量确定施肥量、追肥量、追肥时间。2. 按照农艺要求进行中耕、锄草和打药。3. 按照灌溉制度和土壤墒情确定灌水量和灌水次数 | 1. 喷灌机使用前检查电路、喷头是否松动、轮胎气压、轴承润滑，其他用养维护等以及故障排除，确保喷灌机正常运行。2. 马铃薯喷灌追肥宜采用水肥结合的方式一同喷施。3. 按喷灌机使用要求，注意运行时间、喷灌机运行速度，防治地表径流，减小无效蒸发和对作物的机械损毁 | | 1. 马铃薯喷灌追肥宜采用水肥结合的方式一同喷施。2. 追肥时，先将固体肥料溶于溶肥池或设备中，充分溶解。3. 在追肥时，按照一定的压力和比例注入水溶肥 | | 1. 严格按照指定的灌溉制度和土壤墒情进行灌溉。2. 实时整土、打药、锄草，促进马铃薯正常生长。3. 要做到"土地整理、播种、施肥、灌溉、田间管理和收获"六统一 |
|---|---|---|---|---|---|---|---|

图8-19 内蒙古中部阴山沿麓马铃薯中心支轴式喷灌综合节水技术集成模式图

| 日期 | 5月 | | | 6月 | | | 7月 | | | 8月 | | | 全生育期 |
|---|---|---|---|---|---|---|---|---|---|---|---|---|---|
| | 上旬 | 中旬 | 下旬 | 上旬 | 中旬 | 下旬 | 上旬 | 中旬 | 下旬 | 上旬 | 中旬 | 下旬 | |
| 平均有效降雨量/mm | 23.2 | | | 45.0 | | | 89.0 | | | 70.2 | | | 227.4 |
| 平均作物需水量/mm | 20 | | | 95 | | | 201 | | | 183 | | | 499 |
| 作物生育期 | 播种 → 出苗 → 拔节 → 抽雄 吐丝 → 收割 | | | | | | | | | | | | 105天左右 |
| 主攻目标 | 精细整地适时早播 | | | 保全苗、中根、育壮苗 | | | 促叶、壮秆 | | 防早衰、夺高产 | 适时收获、青贮 | | | |
| 生育进程 | | | | | | | | | | | | | |

| 灌水技术 | 一般年 | 播后喷灌1次，灌水量30mm（20m³/亩）保证出苗 | 6月中旬大苗、6月下旬拔节期，需灌水1~2次，每次灌水量30~45mm（20~30m³/亩） | 7月拔节后期、吐丝期、抽穗前后是需水关键期，需灌水2次，每次灌水量45mm（30m³/亩） | 8月抽雄扬花期是需水关键期，需灌水1~2次，每次灌水量30~45mm（20~30m³/亩） | 灌水5~7次最大灌水270mm（180m³/亩） |
|---|---|---|---|---|---|---|
| | 干旱年 | 播后喷灌1次，灌水量30mm（20m³/亩），保证出苗 | 6月中旬大苗、6月下旬拔节期，需灌水1~2次，每次灌水量30~45mm（20~30m³/亩） | 7月拔节后期、吐丝期、抽穗前后是需水关键期，需灌水3次，每次灌水量45mm（30m³/亩） | 8月抽雄扬花期是需水关键期，需灌水1~2次，每次灌水量45mm（30m³/亩） | 灌水6~8次最大灌水345mm（230m³/亩） |

| 农艺配套技术 | 施肥技术 | 基肥：一般施用有机肥1500~2000kg。种肥：随播种施二铵15~20kg，氯化钾7~10kg | 追肥：6月下旬配合喷灌追施拔节肥，每亩追施尿素15~20kg | 追肥：大喇叭口期7月15日左右亩追施尿素15~20kg | | 合计亩施尿素30~40kg，二铵15~20kg，氯化钾7~10kg |
|---|---|---|---|---|---|---|
| | 耕作栽培技术 | 1. 整地播种：土壤化冻15cm以上进行耕翻、耙耱，当地温稳定在8℃以上时播种，播种时间5月23—28日。2. 品种选择：龙单38、双宝青贮等包衣种子。3. 种植方式：采用60cm等行距垄种植模式，播种、覆膜、镇压一次作业完成。4. 防除杂草：用40%异丙草胺·阿特拉津悬浮剂进行播种至苗前土壤封闭除草 | 1. 中耕除草：在玉米3~5叶期，选用无公害药剂行间喷雾防除杂草。施药前后需进行喷灌。2. 中耕培土：在拔节期垄间进行浅中耕，一次完成除草培土。3. 补充施肥：发现白化苗喷施锌肥，发现紫色叶喷施磷酸二氢钾 | 防治抽穗期虫害：主要是二代粘虫危害，同时进行化学药剂防治，同时消灭3龄前的幼虫 | 防治花粒期病虫害主要是玉米螟危害，采取频振式杀虫灯配合释放赤眼蜂进行防统治。其次是大小斑病和金龟甲成虫，用50%多菌灵湿性拌种剂、75%百菌清湿性拌种剂、80%代森锰锌喷施防治 | 收获时间一般是8月20日至9月初。玉米扬花半个月后即可进行收获青贮 |

| 产量结构 | 亩株数：5500~6000株 | 行距：60cm | 株距：15~18cm | 平均单株重：1.0~1.1kg | 亩产量：6000kg |
|---|---|---|---|---|---|

农机配套技术

机械化工艺路线：耕整土地 ⇒ 播种 ⇒ 节水灌溉 ⇒ 田间植保 ⇒ 节水灌溉、施肥 ⇒ 机械化收获

配套机具：铧式犁、旋耕机、深松机、耙 | 玉米量时播种机 | 卷盘喷灌机 | 喷雾机、喷药机 | 卷盘喷灌机、撒肥机 | 青饲玉米收获机

主要技术要点：耕作层耕深16~20cm，深耕时27~40cm，耕深均匀，土地平整，达到播种机作业要求 | 一次完成开沟、起垄、播种、施肥、覆土、镇压等作业，播深4~10cm，行距50~70cm | 根据土壤墒情确定喷灌水量进行喷灌，工作时，防止PE管弯绕错位 | 按农艺要求适时灌溉和进行喷灌，机具行走速度均匀，不漏喷，不重喷。定期设备清洗维护 | 根据土壤墒情确定喷灌水量适时进行喷灌；根据农艺要求和作物长势确定施肥量 | 按照农艺要求选择青饲玉米收获机，割茬高度≤15cm，切段长度1.5~4.0cm

| 管理技术 | 1. 制定喷灌圈范围内的统一管理形式。2. 提早检查喷灌机、水源井、电、耕作机械的完好情况，做好播前灌水准备。3. 适时早播，统一进行机械播种 | 1. 统一进行喷灌浇水，灌水深度一次15mm（10m³/亩）。2. 调整喷枪行走速度来控制灌水，按要求达到30mm（20m³/亩）或45mm（30m³/亩） | 结合喷灌，按施肥定额统一追肥 | 1. 促叶、壮秆夺高产。2. 结合喷灌按施肥定额进行统一追肥。3. 发现病虫害时统一治理 | 适时收获、青贮 | 实行"播种时间、作物品种、灌水技术、施肥技术、田间管理、收获"六统一 |
|---|---|---|---|---|---|---|

图 8-20 典型草原区典型牧户青贮玉米卷盘式喷灌综合节水技术集成模式图

| 日期 | 4月 上旬 | 4月 中旬 | 4月 下旬 | 5月 上旬 | 5月 中旬 | 5月 下旬 | 6月 上旬 | 6月 中旬 | 6月 下旬 | 7月 上旬 | 7月 中旬 | 7月 下旬 | 8月 上旬 | 8月 中旬 | 8月 下旬 | 9月 上旬 | 9月 中旬 | 9月 下旬 | 全生育期 |
|---|---|---|---|---|---|---|---|---|---|---|---|---|---|---|---|---|---|---|---|
| 平均有效降雨量/mm | 7 | | | 36 | | | 62 | | | 109 | | | 75 | | | 33 | | | 322 |
| 平均作物需水量/mm | 8 | | | 52 | | | 89 | | | 157 | | | 132 | | | 36 | | | 474 |

| 作物生育期 | 播种 → 出苗 → 拔节 → 抽穗 → 灌浆 → 成熟 | | |
|---|---|---|---|
| 主攻目标 | 精细整地,适时播种 | 保全苗、促根、育壮苗 | 促叶、壮秆 | 补水、补肥、攻大穗 | 防早衰、攻子粒、夺高产 | 适时收获、晾晒 | 135 天 |

生育进程

| | | 一般年 | 播种后滴灌1次灌水量37.5mm(30m³/亩)土壤湿度下限应为田间持水率的60%,保证出苗 | 6月下旬至7月初,拔节盛期滴灌1次灌水量37.5mm(25m³/亩)土壤湿度下限应为田间持水率的65% | 7月上旬至8月上旬抽穗扬花期是需水关键期滴灌1次,每次灌水量37.5mm(25m³/亩)土壤湿度下限应为田间持水率的70% | 8月下旬灌浆乳熟期需滴灌1次灌水量37.5mm(25m³/亩)土壤湿度下限应为田间持水率的65% | 灌水4次 合计灌水157.5mm(105m³/亩) |
|---|---|---|---|---|---|---|---|
| 灌水技术 | | 干旱年 | 播种后滴灌1次灌水量45mm(30m³/亩)土壤湿度下限应为田间持水率的60%,保证出苗 | 6月下旬至7月初,拔节盛期滴灌1次灌水量37.5mm(25m³/亩)土壤湿度下限应为田间持水率的65% | 7月上旬至8月上旬抽穗扬花期是需水关键期滴灌2次,每次灌水量37.5mm(25m³/亩)土壤湿度下限应为田间持水率的70% | 8月中旬之后,灌浆期和乳熟期各滴灌1次灌水量37.5mm(25m³/亩)土壤湿度下限应为田间持水率的65% | 灌水6次 合计灌水232.5mm(155m³/亩) |

| 农艺配套技术 | 施肥技术 | 亩施农家肥1000~2000kg或秋季秸秆全部还田,亩基施尿素5kg,磷酸二氢铵1520kg,氯化钾5kg | 6月中旬,结合灌溉追施拔节肥,每亩追尿素10~15kg | 7月上旬大喇叭口期追施尿素5~10kg,硝酸钾3~5kg,7月下旬吐丝期亩追施尿素5kg | 8月中上旬亩追施尿素5kg | | 合计亩施尿素30~35kg,二铵15~20kg,氯化钾5~10kg |
|---|---|---|---|---|---|---|---|
| | 耕作栽培技术 | 1.为了保墒,最好春季耕翻、耙磨、播种连续进行,结合整地埋施有机肥,注意耕翻深度,避免耕断地埋滴灌带。当10cm地温稳定在6~8℃左右可适时播种,一般比直播早提前7天左右。 2.品种选择:郑单958、三北21、玉龙6号、金山27、先玉335等包衣种子 | 1.采用大小垄种植模式,大行距80cm,小行距40cm,株距21~22cm,施肥、播种、覆膜一次完成,地埋滴灌带在小垄中间,密度5000~5500株/亩。 2.防除杂草:结合覆膜使用40%异丙草胺·阿塔拉津悬浮剂进行苗前土壤封闭除草。 3.在玉米3~4叶期,使用20%玉田草克星悬浮剂50~60ml/亩,进行膜间喷雾除草。 | 1.中耕培土,在大垄或垄间进行浅中耕,一次完成除草培土。 2.防治抽穗期虫害主要是发生二代粘虫危害,应进行化学药剂防治,同时消灭3龄前的幼虫。 | 防治花粒期病虫害主要是玉米螟危害,采用频振式杀虫灯配合释放赤眼蜂进行统防统治、红蜘蛛在叶片背面喷洒杀螨剂,严重的隔7~10天防1次,并交替用药 | 防治花粒期病虫害主要是大小斑病和金龟甲成虫,用50%多菌灵WS、75%百菌清WS、80%代森锰锌喷施防治 | 玉米苞叶变黄,籽粒变硬,有光泽即可收获 | |

| 产量结构 | 亩播种数:5000~5500株 保苗数:5000株以上 | 亩穗数:5000穗以上 | 千粒重:350g | 穗粒重:200g | 亩产量:1000kg |
|---|---|---|---|---|---|

| 农机配套技术 | 机械化工艺路线: 配套机具: 主要技术要求 | 耕整土地 铧式犁、深松机、旋耕机、耙 耕深18~25cm,土地平整,达到覆膜播种作业要求 | 覆膜、播种 覆膜、施肥播种机 地膜应敷设在地下滴灌带正上方 | 中耕、除草、田间植保 中耕机、植保机械 中耕深度80mm~150mm,根据农艺要求选择喷雾机杀虫灯 | 水肥一体化浇水、施肥 滴灌设备 按照农艺要求使用滴灌设备,配合施肥、施药 | 机械化收获 玉米联合收获机 按农艺要求选择玉米收获机,设备适应行距400~1200mm,拾穗高度大于60cm |
|---|---|---|---|---|---|---|

| 管理技术 | 1.实现播种、施肥、铺膜、压土、施药一体化作业。覆膜播种防止压土过多或压土不严实。 2.实现精量播种,有时放宽苗和定苗,保证收获穗数在5000株/亩以上。 3.及时中耕、除草,以避免杂草与水争肥 | 1.连接地表辅附设备,检查滴灌系统运行是否正常。 2.播种后滴灌一次。之后灌水时间视土壤墒情和玉米生长发育时期而定。苗期适当干旱一些,有利于根系下扎,大喇叭口期、抽穗扬花期、灌浆前等需水关键期应及时灌水,避免大幅减产。 3.按轮灌组进行灌溉,当一个轮灌组灌水结束后,首先开启下一个轮灌组的阀门,再关闭当前轮灌组阀门,必须做到"先开后关",严禁"先关后开" | 1.根据当地测土方施肥方案,按"宜早勿迟"的原则及时追肥。 2.利用滴灌系统追肥,施肥器必须安装在水源与过滤器之间,且与水源间必须安装逆止阀,避免滴灌系统堵塞或水源污染。 3.选择养分浓度高、水溶性好、不易发生沉淀,腐蚀性小的肥料进行追施。施肥时,先滴清水0.5小时开始追肥,停水前0.5小时结束追肥 | 1.采用白僵菌封垛、频振杀虫灯配合放飞赤眼蜂防治玉米螟虫害。 2.用双蓥莹叶甲发生时,可选用20%氰戊菊酯乳油1500倍液或2.5%高效氯氰菊酯乳油2000倍液,先滴清水0.5小时后开始喷雾,上午10时前,下午5时后进行喷雾,重点喷雌穗周围 | 1.适时收获、及时晾晒。 2.生育期结束后,对滴灌系统及时进行清洗和维护,排空地埋管内余水,回收地表支、辅管和辅助设备,悬空存放于通风、避光处,防止回收、运输及存放过程中损坏 |
|---|---|---|---|---|---|

| 地埋式滴灌首部枢纽 | 地埋滴灌带布设机械 | 毛管联接 | 示范区玉米长势 | 试验布设 |
|---|---|---|---|---|

图 8-21　内蒙古西辽河流域玉米地埋式滴灌综合节水技术集成模式图

| 日期 | 4月 | | | 5月 | | | 6月 | | | 7月 | | | 8月 | | | 9月 | | | 全生育期 |
|---|---|---|---|---|---|---|---|---|---|---|---|---|---|---|---|---|---|---|---|
| | 上旬 | 中旬 | 下旬 | 上旬 | 中旬 | 下旬 | 上旬 | 中旬 | 下旬 | 上旬 | 中旬 | 下旬 | 上旬 | 中旬 | 下旬 | 上旬 | 中旬 | 下旬 | |
| 平均有效降雨量/mm | 12.4 | | | 13.5 | | | 47.0 | | | 52.3 | | | 24.2 | | | 21.5 | | | 171.0 |
| 平均作物需水量/mm | 23.3 | | | 59.4 | | | 82.6 | | | 97.7 | | | 81.6 | | | 64.9 | | | 409.5 |

| 作物生育期 | 返青 拔节 分枝 开花 第一茬 | 返青 拔节 分枝 开花 第二茬 | 返青 拔节 分枝 开花 第三茬 | |
|---|---|---|---|---|
| 主攻目标 | 返青期:适时灌返青水,保证苜蓿返青率 / 拔节期:适时追肥、喷药,防病虫害,促进苜蓿拔节 | 分枝期:需水关键期,保证土壤适宜含水率,促进叶大、秆壮,提高干物质产量 | 开花期:初花期刈割,保证适口性和品质 | 170天左右 |

生育进程：

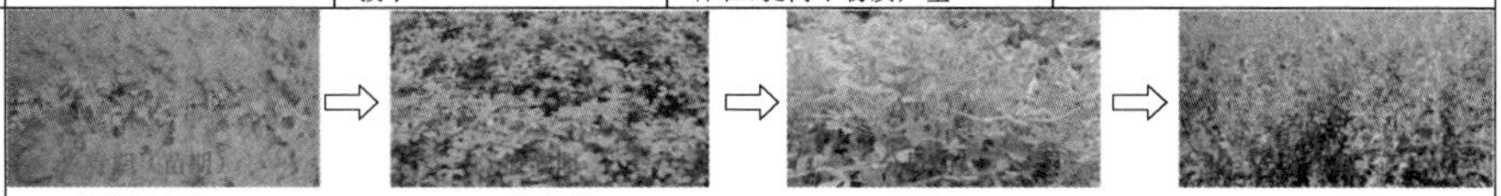

苗期返青期     拔节期     分枝期     开花期

| | | 第一列 | 第二列 | 第三列 | 右列 |
|---|---|---|---|---|---|
| 灌水技术 | 一般年 | 4月苜蓿第一茬返青期灌水1次,5月苜蓿第一茬灌水2次,灌水量均为20mm | 6月苜蓿第二茬灌水2次,7月苜蓿第二茬灌水2次,灌水量均为20mm | 8月苜蓿第三茬灌水3次,9月苜蓿第三茬灌水2次,灌水量20mm | 灌水12次合计灌水240mm(160m³) |
| | 干旱年 | 4月中旬苜蓿第一茬返青期灌水1次,5月苜蓿第一茬灌水3次,灌水量均为20mm | 6月苜蓿第二茬灌水3次,7月苜蓿第二茬灌水4次,灌水量均为20mm | 8月苜蓿第三茬灌水3次,9月苜蓿第三茬灌水2次,灌水量20mm | 灌水16次合计灌水320mm(210m³) |
| 农艺配套技术 | 施肥技术 | 5月苜蓿第一茬结合滴灌季硝酸钾3～5kg/亩 | 7月苜蓿第二茬结合滴灌追施硝酸钾3～5kg/亩 | 9月苜蓿第三茬结合滴灌追施硝酸钾3～5kg/亩 | 全年合计:施硝酸钾9～15kg/亩 |
| | 病虫害防治技术 | 苜蓿可以从5—8月全年播种,早播当年可以刈割1茬,晚播保证冬季越冬即可。亩播量1.0～1.5kg,播种深度1.5～2.5cm,采用条播,行距15～20cm | 苜蓿的主要病害有苜蓿锈病;苜蓿的主要虫害有苜蓿叶象虫、苜蓿蚜虫等 | 苜蓿锈病可用代森锰锌0.20千克/公顷喷雾防治;苜蓿叶象虫可用50％二嗪农每亩150～200克,80％西维因可湿性粉剂每亩100克进行药物防治;苜蓿蚜虫可用40％乐果乳油1000～1500倍液进行化学防治。(注意:使用化学药物防治后,半月内不可放牧或刈割晒制干草) | |

农机配套技术

机械化工艺路线: 耕整土地 ⇒ 播种、铺管 ⇒ 水肥一体化 ⇒ 收割、搂草 ⇒ 打捆

配套机具:铧式犁、深松机、旋耕机、耙   牧草播种铺管一体机   滴灌施肥设备   切割压扁机和指盘搂草机   捡拾打捆机

主要技术要求: 
- 耕深18～20cm,土地平整,达到播种作业要求
- 播种铺管一体化,苜蓿播种行距15～20cm;铺管间距30～60cm
- 按照农艺要求使用滴灌设备施肥
- 晴天刈割,在田间晾晒,用搂草机翻晒集条
- 苜蓿含水率20％以下时,进行打捆作业

| 管理技术 | | | | |
|---|---|---|---|---|
| 1.实现苜蓿播种、铺管、施肥一体化;滴灌带埋深10～15cm为宜。2.提早检查水源井、滴灌首部和耕作机械的完好情况,做好灌水准备 | 1.苜蓿每次刈割后不要立即灌水,3～5天后灌水较好。2.刈割后第1次灌水不要追肥,第2次灌水时结合滴灌按定额统一追肥 | 1.苜蓿刈割应选在初花期,此时苜蓿的适口性最好,品质最高。2.苜蓿刈割留茬高度以5～7厘米为宜 | 1.苜蓿刈割后应均匀摊开,翻晒1～2次,含水量降至25％时(可折断)打捆。2.打捆重量30～40kg/捆;草块密度500～900kg/m³ | |

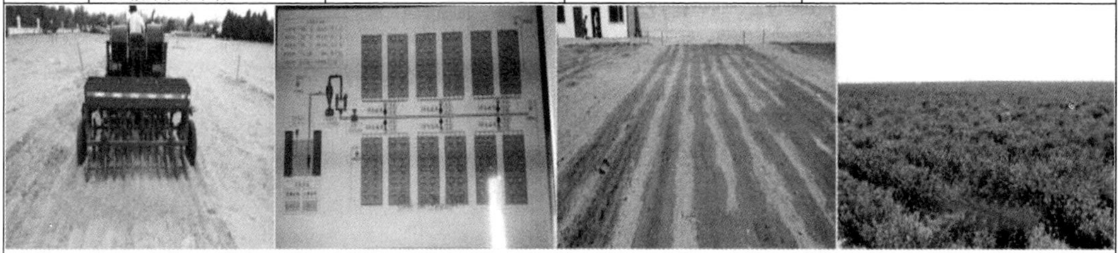

播种铺管一体化     灌水管埋     灌水均匀性     紫花苜蓿长势

图8-22 毛乌素沙地紫花苜蓿地埋式滴灌综合节水技术集成模式图

该系列模式图对内蒙古自治区不同类型地区大型喷灌、膜下滴灌与渠灌条件下主要作物生产过程中的节水灌溉、农艺、农机配套、管理等先进适用技术进行了有机整合，通过技术集成创新，并在不同类型示范区进行了推广应用。"模式图"基于"需求牵引、应用至上、模式集成、易于推广"的原则，与内蒙古区域农牧业生产实践紧密结合，与农牧民生产需求相适应，并对不同生产条件下的作物灌溉制度、农艺与农机配套技术、管理技术等各关键环节进行了翔实描述和规范，图文并茂、结构清晰、简明实用，按照模式图进行操作，可以指导基层技术人员与广大农民合理把握农时、科学种植和灌水施肥、提高水肥利用效率和作物产量，对提高全社会对高效节水灌溉技术的认识和应用具有重要现实意义。另外，对于加快建立节水、农技、农机综合技术集成推广体系，充分发挥科技支撑作用，并对推动自治区新增"四个千万亩"节水灌溉工程顺利实施，破解黄河流域水制约难题，缓解资源性、工程性、结构性缺水矛盾，实现水资源可持续利用和工业化、城镇化、农牧业现代化协调发展具有重要意义。

## 8.3 本章小结

项目在大量试验研究的基础上，编制完成了 15 套高效节水综合配套技术集成模式图，针对不同区域、不同水源、不同作物将工程、田间、农艺、农机和管理等综合节水配套技术进行了凝练与总结。该模式图图文并茂、结构清晰、简明实用，具有新颖性和创新性，实现了水利、农艺、农机和管理技术集成创新，填补了国内空白。

# 第9章　高效节水灌溉工程效益分析

高效节水灌溉工程效益分析采用的方法主要依据由中国农业科学院农业经济所提出的"农业科研成果经济效益计算办法"和四川农业科学院提出的"农业科技工作的经济评价方法"。该两种计算方法已由农业部推荐各地使用，具有广泛性和实用性。另外还参照了《农业经济学》和《水利经济学》为理论依据进行经济效益分析。

示范区效益分析的具体指标主要是节水率、新增产量、新增收入、作物水分生产率、投入产出比5项，此外还包括社会效益和生态环境效益。主要从示范区节水灌溉工程计划与完成情况、工程经费预算与完成情况、新增总产量、新增总收入、新增总产值、总收入和投入产出比等经济技术指标，对示范区取得的经济效益、节水效益、社会效益等进行了分析，并对采用水肥一体化技术取得的经济效益和农机全程化机械率等进行了分析。效益分析成果将为内蒙古自治区节水灌溉工程建设和发展提供决策依据，对于提高节水灌溉工程建设和管理水平、促进内蒙古自治区节水灌溉技术推广应用具有重要意义。

## 9.1　大豆膜下滴灌示范区节水灌溉工程效益分析

### 9.1.1　节水灌溉工程折旧费

阿荣旗示范区大豆膜下滴灌工程投资为724元/亩，大豆膜下滴灌工程的折旧费计算见表9-1。

表9-1　　　　　　　　　折旧费计算表（膜下滴灌）

| 灌溉类型 | 固定资产投资名称 | 投资/（元/亩） | 折旧年限/年 | 折旧费/（元/亩） |
|---|---|---|---|---|
| 膜下滴灌 | 首部水源枢纽 | 420 | 10 | 42 |
| | 干管 | 164 | 20 | 8.2 |
| | 支管 | 48 | 5 | 9.6 |
| | 控制管件 | 92 | 5 | 18.4 |
| 合　　计 | | 724 | | 78.2 |

### 9.1.2　节水灌溉工程年运行费

本数据主要来源于示范区监测和当地的调研，包括膜下滴灌大豆种植及收获投入（包括农业机械联合作业费、种子成本费、农药成本费、农膜成本费、田间管理人工费及收获成本费）、施肥投入、电费、水费、管理费、维修费、滴灌带更新费等。

（1）农业机械联合作业费：秋整地、春起垄、深施肥、覆膜、播种、收获、清残膜，每亩共需 90 元（随油价升降可能有波动）。

（2）种子成本费：按每亩需种子 2kg，按 30.00 元/kg 计算，约为 60 元/亩。

（3）农药成本费：需投入农药 0.25kg/亩，按 56.00 元/kg 计算，共计 7 元/亩。

（4）农膜成本费：需投入地膜 3kg/亩，按 26.00 元/kg 计算，共计 39 元/亩（宽度为 90cm，厚度为 0.007～0.008mm）。

（5）田间管理人工费：主要包括放苗、除草、收地面管道等，由于滴灌为局部灌溉，田简杂草较少，故取 1 亩地需要 0.4 个人工，人工费按 120 元/d 计，得田间管理费为 48 元/亩。

（6）收获成本费：人工收获，费用为 150 元/亩。

（7）施肥投入：按测土配方施肥计算，每亩施氮肥 1.8kg、$P_2O_5$ 肥 6.4kg、$K_2O$ 肥 1.2kg，按 3.5 元/kg 计算。合计施肥 9.4kg/亩，亩施肥投入 32.9 元/亩。

（8）电费：2014 年（一般年）膜下滴灌共灌水 6 次，共计 70m³/亩；节水灌溉工程实施后使用的潜水泵为 22kW（200QJ50-91），出水量 50m³/h。2014 年膜下滴灌全年每亩共使用电量 30.8kW·h，2014 年阿荣旗示范区农业电价 0.76 元/(kW·h)，电费为 23.4 元/亩。

（9）水费：水作为一种资源，具有商品价值，但该示范区尚无水费征收。

（10）管理费：主要是灌溉人员的工资、灌水机构运转费，根据具体情况计算确定。阿荣旗示范区均为农户独立经营，无管理费用。

（11）维修费：按工程设施投资的 2% 进行估算，大豆膜下滴灌示范区工程维修费估算为 7.88 元/(年·亩)，示范区每年总维修费为 4.728 万元。

（12）滴灌带更新费：根据工程实际情况为 170 元/亩。

### 9.1.3　经济效益分析

1. 新增总产量

根据实验点数据以及对示范区农户的调查数据计算可得示范区新增总产量 91.88 万 kg。

在高效节水灌溉工程实施前采用原始的土渠输配水，面积为 9000 亩；2012 年高效节水灌溉工程实施后，示范区面积达到 9000 亩，种植作物为大豆，其中膜下滴灌面积 6000 亩，半固定式喷灌面积 2600 亩，时针式喷灌面积 400 亩。

根据实验点数据以及对示范区农户的调查数据可知高效节水灌溉工程实施前产量约 135kg/亩，2012 年、2013 年大豆产量均为 165kg/亩，2014 年膜下滴灌大豆产量 270.4kg/亩，半固定式喷灌大豆产量 250.3kg/亩，时针式喷灌大豆产量 225.8kg/亩。

$$新增总产量＝项目实施区单位面积增产量×有效使用面积$$
$$＝102.08×9000＝91.88（万 kg/年）$$
$$项目实施区单位面积增产量＝控制试验点亩均增产量×缩值系数$$
$$＝127.6×0.8＝102.1（kg/亩）$$
$$控制试验点亩均增产量＝新成果使用后的单产－对照的单产$$

$$= [(270.4-135)\times 6000+(250.3-135)\times 2600$$
$$+(225.8-135)\times 400]\div 9000$$
$$=127.6(\text{kg}/\dot{\text{H}})$$

说明：①基础数据的取值要以控制试验点的数据为基础，以大面积多点调查的数据为比较，计算项目实施区单位面积增产量。缩值系数为 0.5~0.8，一般取 0.75~0.8；②新成果使用后的单产为 2012—2014 年节水灌溉工程实施后平均产量，对照产量为节水灌溉工程实施前产量。

新增总产量见表 9-2。

表 9-2 　　　　　　　　　　　　　　　　新 增 总 产 量

| 年份 | 灌溉形式 | 面积 /亩 | 亩产量 /(kg/亩) | 单价 /元 | 亩收入 /(元/亩) | 控制实验点亩均增产量 /(kg/亩) | 缩值系数 | 项目实施区单位面积增产量 /(kg/亩) | 新增总产量 /万 kg |
|---|---|---|---|---|---|---|---|---|---|
| 2010 | 旱地 | 9000 | 135 | 5 | 675 | — | — | — | — |
| 2014 | 大豆膜下滴灌 | 6000 | 270.4 | 5 | 1352 | 135.4 | 0.8 | 108.32 | 64.992 |
| | 大豆半固定式喷灌 | 2600 | 250.3 | 5 | 1251.5 | 115.3 | 0.8 | 92.24 | 23.9824 |
| | 大豆时针式喷灌 | 400 | 225.8 | 5 | 1129 | 90.8 | 0.8 | 72.64 | 2.9056 |
| | 平均 | | | | | 127.6 | 0.8 | 102.08 | 91.88 |

**2. 新增总收入**

根据实验点数据以及对示范区农户的调查数据计算可得示范区新增总收入 298.06 万元。

$$新增总收入=新增总产值-新增生产成本$$
$$=574.25-(615.22-339.03)$$
$$=574.25-276.19=298.06(万元)$$
$$新增总产值=(新成果单位面积产值-对照产量)\times 有效使用面积$$
$$=\{[(270.4\times 6000+250.3\times 2600+225.8\times 400)\div 9000]$$
$$\times 5-(135\times 5)\}\times 9000$$
$$=(262.6\times 5-135\times 5)\times 9000=574.25(万元)$$

说明：大豆收购按照市场价 5.0 元/kg 计算。

新增总收入见表 9-3。

**3. 亩新增收入**

根据实验点数据以及对示范区农户的调查数据计算可得示范区亩新增收入 298.98 元。

$$亩新增收入=亩新增总产值-亩新增生产成本$$
$$=638.06-339.08=298.98(元)$$
$$亩新增总产值=(亩新成果单位面积产值-亩对照单位面积产值)$$
$$=1313.06-675=638.06(元)$$

表9-3                                                            新 增 总 收 入

| 年份 | 灌溉形式 | 面积/亩 | 亩产量/(kg/亩) | 单价/元 | 亩均增产量/(kg/亩) | 亩均增产值/(元/亩) | 新增总产值/万元 | 总成本/万元 | 新增总成本/万元 | 新增总收入/万元 |
|---|---|---|---|---|---|---|---|---|---|---|
| 2010 | 旱地 | 9000 | 135 | 5 | — | — | — | 339.03 | — | — |
| 2014 | 膜下滴灌 | 6000 | 270.4 | 5 | 135.4 | 677 | 406.2 | 423.828 | | |
| | 半固定式喷灌 | 2600 | 250.3 | 5 | 115.3 | 576.5 | 149.89 | 151.229 | | |
| | 时针式喷灌 | 400 | 225.8 | 5 | 90.8 | 454 | 18.16 | 28.018 | | |
| | 平均 | | | 5 | 127.6 | 638.06 | 574.25 | 615.22 | 276.19 | 298.06 |

4. 总收入

根据实验点数据以及对示范区农户的调查数据计算可得示范区总收入1181.75万元。

$$总收入＝亩均收入×实际有效面积$$
$$＝1313.06×9000÷10000＝1181.75（万元）$$

5. 投入产出比

根据实验点数据以及对示范区农户的调查数据计算可得示范区投入产出比为1：1.47。

$$投入产出比＝总投入资金（国家、地方、农民）÷总产值＝803.56÷1181.71＝1：1.47$$

### 9.1.4 节水效益分析

节水效益是节水灌溉与管道灌溉相比节约出来的水量，它是节水灌溉所追求的主要目标之一，不同的技术措施，节水效果差异较大。因此，从节水率、灌溉水分生产率这2个指标进行分析节水效益。

项目区实施运行后，项目区灌溉地全部改善成高效节水灌溉地，农业基础设施配套基本完善，可以使水资源得到更合理的利用，灌溉效益提高较明显，可缩短灌溉周期，既节约了水资源，又降低了农业生产成本。

说明：2010年以前如采用低压管道灌溉，平均灌溉定额为160m³/亩；2013年（一般年）高效节水灌溉工程实施后，灌溉定额为84m³/亩。

（1）节水率。项目区实施运行后，膜下滴灌节水率达47.5%。

$$节水率＝\frac{管道灌溉用水量－滴灌用水量}{管道灌溉用水量}×100\%  \quad (9-1)$$
$$（160-84）÷160×100\%＝47.5\%$$

（2）灌溉水分生产率。项目区实施运行后，膜下滴灌灌溉水分生产率平均达3.13kg/m³，比原来的管道灌溉提高177%。

$$灌溉水分生产率＝总产量÷灌水量  \quad (9-2)$$

平均灌溉水分生产率为

$$2364700÷756000＝3.13kg/m³$$

阿荣旗示范区节水效益见表9-4。

表9-4                              阿荣旗示范区节水效益

| 实施阶段 | 灌溉面积 | 示范区用水量/m³ | 节水量/m³ | 节水率/% | 总产量/kg | 灌溉水分生产率/(kg/m³) | 灌溉水分生产率提高/% |
|---|---|---|---|---|---|---|---|
| 实施前（管灌） | 9000亩 | 1440000 | 0 | 0 | 1485000 | 1.03 | — |
| 实施后（喷滴灌） | 9000亩 | 756000 | 684000 | 47.5 | 2364700 | 3.13 | 177 |

# 9.2 玉米膜下滴灌示范区节水灌溉工程效益分析

## 9.2.1 示范区年运行费用计算

1. 示范区年耗电量及费用

2011年采用低压管道灌溉，面积为3100亩，2012年高效节水灌溉工程（膜下滴灌）实施后，示范区面积达到5080亩。滴灌工程实施后，2012—2015年4年间分别比原管灌面积多耗电2.1万kW·h、2.1万kW·h、6.1万kW·h和6.1万kW·h，电费多1.5万元、1.5万元、11.3万元和11.3万元。如果为了方便对比工程实施前后的效果，2011年低压管道灌溉面积也按5080亩计算，则全年的用电量为49.2万kW·h，分别比2012—2015年四年滴灌的用电量多17.1万kW·h、17.1万kW·h、3.1万kW·h和3.1万kW·h，电费多12万元、12万元、2.2万元和2.2万元，见表9-5。

表9-5                         玉米管灌和膜下滴灌的耗电对比

| 年份 | 灌溉形式 | 面积/亩 | 灌水次数 | 亩耗电量/(度/亩) | 亩节电量/(度/亩) | 亩电费/(元/亩) | 亩节电费/(元/亩) | 总耗电量/万kW·h | 总电费/元 | 实际总节电费/万元 |
|---|---|---|---|---|---|---|---|---|---|---|
| 2011 | 管灌 | 3100 | 3.5 | 97.05 | — | 67.94 | — | 30.0 | 21.0 | |
| | 旱地 | 1980 | 3.5 | 97.05 | | 67.94 | | 19.2 | 13.5 | |
| 2012 | 滴灌 | 5080 | 5 | 63.25 | 33.8 | 44.28 | 23.66 | 32.1 | 22.5 | -1.5 |
| 2013 | 滴灌 | 5080 | 5 | 63.25 | 33.8 | 44.28 | 23.66 | 32.1 | 22.5 | -1.5 |
| 2014 | 滴灌 | 5080 | 7 | 90.75 | 6.3 | 63.53 | 4.41 | 46.1 | 32.3 | -11.3 |
| 2015 | 滴灌 | 5080 | 7 | 90.75 | 6.3 | 63.53 | 4.41 | 46.1 | 32.3 | -11.3 |

注 表中电费为0.7元/(kW·h)，不计水井管理人员费。

2. 示范区年灌溉用水量及费用

滴灌工程实施后，原管灌面积（3100亩）灌水量分别比2012年和2013年两年滴灌的灌水量多13.1万m³，比2014年和2015年两年滴灌灌水量少7.3万m³，灌溉费用分别比4年滴灌少16.8万元、16.8万元、46.2万元和46.2万元。如果为了方便对比，2011年低压管道灌溉面积也按5080亩计算，则2011年全年的灌溉用水量为98万m³，灌溉费用为83.6万元。4年滴灌玉米的节水量分别为51.3万m³、51.3万m³、30.9万m³

和 30.9 万 m³。管灌玉米的灌溉水费分别比 2012 年和 2013 年滴灌多 15.8 万元，比 2014 年和 2015 年滴灌少 13.6 万元，见表 9 - 6。

表 9 - 6　　　　　　　　示范区玉米管灌和膜下滴灌的灌溉用水量及费用对比

| 年份 | 灌溉形式 | 面积/亩 | 灌水次数 | 亩灌溉水量/(m³/亩) | 亩节水量/(m³/亩) | 亩灌溉费/(元/亩) | 亩节水费/(元/亩) | 总灌水量/万 m³ | 总灌溉费/万元 | 实际总节水费/万元 |
|---|---|---|---|---|---|---|---|---|---|---|
| 2011 | 管灌 | 3100 | 3.5 | 193 | — | 164.6 | — | 59.8 | 51.0 | — |
| | 旱地 | 1980 | 3.5 | 193 | — | 164.6 | — | 38.2 | 32.6 | — |
| 2012 | 滴灌 | 5080 | 5 | 92 | 101 | 133.4 | 31.2 | 46.7 | 67.8 | −16.8 |
| 2013 | 滴灌 | 5080 | 5 | 92 | 101 | 133.4 | 31.2 | 46.7 | 67.8 | −16.8 |
| 2014 | 滴灌 | 5080 | 7 | 132 | 61 | 191.4 | −26.8 | 67.1 | 97.2 | −46.2 |
| 2015 | 滴灌 | 5080 | 7 | 132 | 61 | 191.4 | −26.8 | 67.1 | 97.2 | −46.2 |

3. 示范区年肥料用量及费用

2011 年以前，管灌玉米的亩施肥量为 65kg/亩，亩投资 202.3 元/亩，旱地玉米的亩施肥料为 60kg/亩，亩投资 172 元/亩。2012 年以后，滴灌玉米的亩施肥料为 56.5kg/亩，亩投资 156.2 元/亩。与管灌玉米相比，滴灌玉米亩均节肥 8.5kg/亩，亩均节约施肥费用为 46.1 元/亩。2011 年以前，管灌地和旱地（共 5080 亩）的施肥总量为 32.1 万 kg，施肥总投入 96.8 万元，比滴灌玉米多施肥 34000kg，多投入 17.5 万元，见表 9 - 7。

表 9 - 7　　　　　　　　示范区玉米管灌和膜下滴灌肥料量及费用对比

| 年份 | 灌溉形式 | 面积/亩 | 亩施肥量/(kg/亩) | 亩节肥量/(kg/亩) | 亩施肥费/(元/亩) | 亩节肥费/(元/亩) | 总施肥量/万 kg | 总施肥费/万元 | 总节肥费/万元 |
|---|---|---|---|---|---|---|---|---|---|
| 2011 | 管灌 | 3100 | 65 | — | 202.3 | — | 20.2 | 62.7 | — |
| | 旱地 | 1980 | 60 | — | 172 | — | 11.9 | 34.1 | — |
| 2012 | 滴灌 | 5080 | 56.5 | 8.5 | 156.2 | 46.1 | 28.7 | 79.3 | 17.5 |
| 2013 | 滴灌 | 5080 | 56.5 | 8.5 | 156.2 | 46.1 | 28.7 | 79.3 | 17.5 |
| 2014 | 滴灌 | 5080 | 56.5 | 8.5 | 156.2 | 46.1 | 28.7 | 79.3 | 17.5 |
| 2015 | 滴灌 | 5080 | 56.5 | 8.5 | 156.2 | 46.1 | 28.7 | 79.3 | 17.5 |

4. 示范区年运行费用

年运行费用包括玉米种植、收获、施肥、灌溉及田间管理费用及节水灌溉工程年折旧费。

低压管道灌溉工程的年折旧费为 34.3 元/亩，玉米膜下滴灌工程的年折旧费（包括工程的折旧费和地表管道投资）为 170.1 元/亩。管灌玉米年均总投入 762.7 元/亩，旱地 480.8 元/亩。滴灌玉米年投入的变化主要受灌水次数的影响，2012 年和 2013 年接近平水年，灌水 5 次，年均投入为 839.2 元/亩，比管灌玉米多投入 76.5 元/亩，比旱地多投入 358.4 元/亩；2014 年和 2015 年为干旱年，灌水 7 次，年投入 897.2 元/亩，比管灌玉米多投入 134.5 元/亩，比旱地多投入 416.4 元/亩。2011 年以前，示范区 5080 亩玉米地的总投入为331.6万元，2012年滴灌溉工程实施后的总投入为426.3万～455.8万元，见表9-8。

表9-8　　　　　　　　示范区玉米管灌和膜下滴灌年投入对比

| 年份 | 灌溉形式 | 面积/亩 | 灌溉工程年折旧费/(元/亩) | 玉米种植及收获费/(元/亩) | 亩施肥费/(元/亩) | 亩灌溉费/(元/亩) | 亩投入/(元/亩) | 总投入/万元 |
|---|---|---|---|---|---|---|---|---|
| 2011 | 管灌 | 3100 | 34.3 | 361.5 | 202.3 | 164.6 | 762.7 | 236.4 |
|  | 旱地 | 1980 | — | 308.8 | 172 | — | 480.8 | 95.2 |
| 2012 | 滴灌 | 5080 | 170.1 | 379.5 | 156.2 | 133.4 | 839.2 | 426.3 |
| 2013 | 滴灌 | 5080 | 170.1 | 379.5 | 156.2 | 133.4 | 839.2 | 426.3 |
| 2014 | 滴灌 | 5080 | 170.1 | 379.5 | 156.2 | 191.4 | 897.2 | 455.8 |
| 2015 | 滴灌 | 5080 | 170.1 | 379.5 | 156.2 | 191.4 | 897.2 | 455.8 |

注　表中滴灌工程年折旧费包括毛管、支管及铺管等地面管道、管件的年更换费用。

## 9.2.2　示范区玉米年产量及收入

玉米年收入主要是指玉米生产收入。玉米价格按2011年的市场价格1.9元/kg计算，滴灌玉米产量数据来源于实测，管灌玉米产量来源于实地调研。

滴灌工程实施后，2012—2014年3年间的滴灌亩产量比2011年以前管灌产量增加64kg/亩、125kg/亩、205kg/亩，比旱地增加320kg/亩、381kg/亩、461kg/亩。2011年以前，示范区5080亩管灌玉米和旱地玉米的总产量为297.7万kg，总产值为565.9万元。滴灌工程实施后，2012—2014年的5080亩滴灌玉米总产量和总产值分别增加了83.3万kg、114.3万kg、154.9万kg和158.0万元、216.9万元、294.1万元，见表9-9。

表9-9　　　　　　　　示范区玉米管灌和膜下滴灌年投入对比

| 年份 | 灌溉形式 | 面积/亩 | 亩产量/(kg/亩) | 亩收入/(元/亩) | 总产量/万kg | 总产值/万元 | 总增产量/万kg | 总产量增值/万元 |
|---|---|---|---|---|---|---|---|---|
| 2011 | 管灌 | 3100 | 686 | 1303.4 | 212.6 | 404.1 | — | — |
|  | 旱地 | 1980 | 430 | 817 | 85.1 | 161.8 | — | — |
| 2012 | 滴灌 | 5080 | 750 | 1425.0 | 381.0 | 723.9 | 83.3 | 158.0 |
| 2013 | 滴灌 | 5080 | 811 | 1540.9 | 412.0 | 782.8 | 114.3 | 216.9 |
| 2014 | 滴灌 | 5080 | 891 | 1692.9 | 452.6 | 860.0 | 154.9 | 294.1 |

滴灌产量和产值有逐年增加的趋势。产生这一趋势的原因可能是，2012年5月滴灌工程才完工，2012年和2013年，尤其2012年，对滴灌玉米的生产管理特性不太了解，仍沿用管灌或传统地面的模式，且滴灌玉米的试验点选在了原来的旱地上，土壤肥力也较低，因此产量较低。

### 9.2.3  经济效益分析

**1. 新增总产量**

2011 年采用低压管道灌溉，面积为 3100 亩，旱地为 1980 亩。2012 年高效节水灌溉工程（膜下滴灌）实施后，示范区面积达到 5080 亩。为了方便工程实施前后的对比，统一采用 5080 亩，2011 年低压管道灌溉面积 3100 亩，1980 亩按照旱地计算。

根据实验点数据以及对示范区农户的调查数据可知旱地产量约 430kg/亩，管道灌溉为 686kg/亩，2012—2014 年滴灌玉米产量分别为 750kg/亩、811kg/亩、891kg/亩。

说明：①基础数据的取值以控制试验点的数据为基础，以大面积多点调查的数据为比较，计算项目实施区单位面积增产量。缩值系数为 0.5～0.8，一般取 0.75～0.8；②新成果使用后的单产为 2012—2014 年节水灌溉工程实施后平均产量，对照产量为 2011 年节水灌溉工程实施前产量。

$$滴灌玉米平均产量＝项目实施区单位面积产量÷测产年限 \qquad (9-3)$$
$$(750＋811＋891)÷3＝817(kg/亩)$$
$$控制试验点亩增产量＝新成果使用后的单产－对照的单产 \qquad (9-4)$$
$$817－686＝131(kg/亩)，\quad 817－430＝387(kg/亩)$$
$$控制试验点亩均增产量＝面积加权平均值 \qquad (9-5)$$
$$(131×3100＋387×1980)÷5080＝230.78(kg/亩)$$
$$项目实施区单位面积增产量＝控制试验点亩均增产量×缩值系数 \qquad (9-6)$$
$$230.78×0.8＝184.62(kg/亩)$$
$$新增总产量＝项目实施区单位面积增产量×有效使用面积 \qquad (9-7)$$
$$184.62×5080＝93.79(万 kg)$$

**2. 新增总收入**

根据实验点数据以及对示范区农户的调查数据计逄可得示范区新增总收入为 129.54 万元。

说明：①玉米收购按照按 2011 年市场价 1.9 元/kg 计算；②2011 年采用低压管道灌溉，面积为 3100 亩，亩均投入 762 元/亩，旱地 1980 亩，亩投入 480.8 元/亩；2012 年高效节水灌溉工程（膜下滴灌）实施后，示范区面积达到 5080 亩，亩均投入按 2012—2014 年 3 年的面积加权平均值计算，为 858.5 元/亩。

$$新增总产值＝(新成果单位面积产值－对照产值)×有效使用面积 \qquad (9-8)$$
$$[817×1.9－(686＋430)÷2×1.9]×5080＝2499868(元)$$
$$新增亩生产成本＝控制试验点亩均成本－对照亩平均成本 \qquad (9-9)$$
$$(839.2×2＋897.2)÷3－(762＋480.8)÷2＝237.1(元/亩)$$
$$新增总收入＝新增总产值－新增生产成本 \qquad (9-10)$$
$$2499868－237.1×5080＝129.54(万元)$$

**3. 亩新增收入**

根据实验点数据以及对示范区农户的调查数据计算可得示范区亩新增收入 255 元/亩。

$$亩新增总产值＝亩新成果单位面积产值－亩对照单位面积产值$$
$$817×1.9－(686＋430)÷2×1.9＝492.1(元/亩)$$
$$亩新增收入＝亩新增总产值－亩新增生产成本 \tag{9-11}$$
$$492.1－237.1＝255(元/亩)$$

4. 总收入

根据实验点数据以及对示范区农户的调查数据计算可得示范区总收入788.57万元。

$$总收入＝亩均收入×实际有效面积 \tag{9-12}$$
$$817×1.9×5080＝7885684(元)$$

5. 投入产出比

根据实验点数据以及对示范区农户的调查数据计算可得示范区投入产出比为1∶1.8。

$$投入产出比＝总投入资金(国家、地方、农民)÷总产值 \tag{9-13}$$
$$437.4÷788.9＝1∶1.8$$

$$总产值＝(1425.0＋1540.9＋1692.9)÷3×5080＝7888901(元)$$

## 9.2.4 节水效益分析

节水效益是节水灌溉与管道灌溉相比节约出来的水量，它是节水灌溉所追求的主要目标之一，不同的技术措施，节水效果差异较大。因此，从节水率、灌溉水分生产率、作物水分生产率这3个指标进行分析节水效益。

项目区实施运行后，项目区管道灌溉地全部改建成膜下滴灌地，农业基础设施配套基本完善，可以使水资源得到更合理的利用，灌溉效益提高较明显，可缩短灌溉周期，既节约了水资源，又降低了农业生产成本。

松山区示范区节水效益见表9-10。

表9-10 松山区示范区节水效益

| 年份 | 用水量/万 $m^3$ | 节水量/$m^3$ | 节水率/% | 总产量/万 kg | 耗水量/mm | 灌溉水分生产率/(kg/$m^3$) | 灌溉水分生产率提高/% | 作物水分生产率/(g/$m^3$) | 作物水分生产率提高/% |
|---|---|---|---|---|---|---|---|---|---|
| 2011 | 59.8 | 0 | 0 | 212.6 | 523.3 | 3.55 | — | 1.97 | — |
| 2012 | 28.5 | 31.3 | 52.3 | 232.5 | 454.3 | 8.16 | 129 | 2.48 | 25.9 |
| 2013 | 28.5 | 31.3 | 52.3 | 251.4 | 440.6 | 8.82 | 148 | 2.76 | 40.1 |
| 2014 | 40.9 | 18.9 | 31.6 | 276.2 | 452.7 | 6.75 | 90 | 2.95 | 49.7 |

**注** 表中2011—2014年的灌溉面积均按3100亩计。

说明：2011年以前采用低压管道灌溉，平均灌溉定额为193$m^3$/亩；2012年（平水年）高效节水灌溉工程（膜下滴灌）实施后，滴灌灌溉定额为92$m^3$/亩；2013年（一般年）滴灌灌溉定额为92$m^3$/亩，2014年（干旱年）滴灌灌溉定额为132$m^3$/亩；为了方便工程实施前后的对比，2011—2014年示范区面积统一采用3100亩。

1. 节水率

项目区实施运行后，膜下滴灌节水率达45.4%。

$$节水率=\frac{管道灌溉用水量-滴灌用水量}{管道灌溉用水量}\times100\%\tag{9-14}$$

$$[193-(92+92+132)\div3]\div193\times100\%=45.4\%$$

2. 灌溉水分生产率

项目区实施运行后，膜下滴灌灌溉水分生产率平均达 7.76kg/m³，比原来的管道灌溉提高 119%。

$$灌溉水分生产率=总产量\div灌水量\tag{9-15}$$

平均灌溉水分生产率为

$$[(232.5+251.4+276.2)\div3]\div[(28.5+28.5+40.9)\div3]=7.76(\text{kg/m}^3)$$

3. 作物水分生产率

根据实验点数据以及对示范区的调查数据，2011 年以前管灌玉米的平均耗水量为 523.3mm，2012—2014 年滴灌玉米的耗水量分别为 454.3mm、440.6mm 和 452.7mm，计算可得项目区实施运行后，膜下滴灌玉米水分生产率平均达 2.73kg/m³，比原来的管道灌溉提高 38.6%。

$$作物水分生产率=总产量\div作物耗水量\tag{9-16}$$

平均作物水分生产率为

$$(2.48+2.76+2.95)\div3=2.73(\text{kg/m}^3)$$

# 9.3 马铃薯膜下滴灌示范区节水灌溉工程效益分析

## 9.3.1 示范区年运行费用计算

1. 示范区年耗电量及费用

2011 年采用低压管道灌溉，面积为 500 亩；2012 年高效节水灌溉工程（膜下滴灌）实施后，示范区面积达到 2057 亩。滴灌工程实施后，2012—2015 年四年间分别比原管灌多耗电 1.1 万 kW·h、2.4 万 kW·h、3.3 万 kW·h 和 3.7 万 kW·h，电费多 2.5 万元、5.7 万元、7.9 万元和 8.9 万元。如果为了方便对比工程实施前后的效果，2011 年低压管道灌溉面积也按 2057 亩计算且按同一水文年型分析，则全年的用电量为 42.8 万 kW·h，比平水年 2013 年四年滴灌的用电量多 8.6 万 kW·h，节电率 20%。马铃薯地面灌溉和膜下滴灌的耗电对比见表 9-11。

表 9-11　　　　马铃薯地面灌溉和膜下滴灌的耗电对比

| 年份 | 灌溉形式 | 面积/亩 | 灌水次数 | 亩耗电量/(kW·h/亩) | 亩节电量/(度/亩) | 亩电费/(元/亩) | 亩节电费/(元/亩) | 总耗电量/(kW·h) | 总电费/元 | 实际总节电费/元 |
|---|---|---|---|---|---|---|---|---|---|---|
| 2011（平水年） | 管灌 | 500 | 6 | 208 | — | 49.92 | — | 104000 | 24960 | — |
| | 旱地 | 1557 | 0 | — | — | — | — | 0 | 0 | — |
| 2012（丰水年） | 滴灌 | 2057 | 5 | 103 | 105 | 24.72 | 25.2 | 211871 | 50849 | —25889 |

续表

| 年份 | 灌溉形式 | 面积/亩 | 灌水次数 | 亩耗电量/(kW·h/亩) | 亩节电量/(度/亩) | 亩电费/(元/亩) | 亩节电费/(元/亩) | 总耗电量/(kW·h) | 总电费/元 | 实际总节电费/元 |
|---|---|---|---|---|---|---|---|---|---|---|
| 2013（平水年） | 滴灌 | 2057 | 8 | 166 | 42 | 39.84 | 10.08 | 341462 | 81951 | −56991 |
| 2014（干旱年） | 滴灌 | 2057 | 10 | 210 | −2 | 50.4 | −0.48 | 431970 | 103673 | −78713 |
| 2015（干旱年） | 滴灌 | 2057 | 11 | 230 | −22 | 55.2 | −5.28 | 473110 | 113546 | −88586 |

**注** 表中电费为 0.24 元/(kW·h)，不计水井管理人员费。

2. 示范区年灌溉用水量及费用

2011 年采用低压管道灌溉，面积为 500 亩；2012 年高效节水灌溉工程（膜下滴灌）实施后，示范区面积达到 2057 亩。滴灌工程实施后，2012—2015 年 4 年间分别比原管灌马铃薯多耗水 259mm、266mm、261mm 和 264mm。如果为了方便对比工程实施前后的效果，2011 年低压管道灌溉面积也按 2057 亩计算且按同一水文年型分析，则全年的灌水量为 49.37 万 m³，比平水年 2013 年滴灌的用水量多 28.80 万 m³，节水率 58.33%。示范区马铃薯管灌和膜下滴灌的灌溉用水量对比见表 9-12。

**表 9-12** 示范区马铃薯管灌和膜下滴灌的灌溉用水量对比

| 年份 | 灌溉形式 | 面积/亩 | 灌水次数 | 亩灌溉水量/(m³/亩) | 亩节水量/(m³/亩) | 总灌水量/万 m³ | 耗水量/mm | 节水量/mm |
|---|---|---|---|---|---|---|---|---|
| 2011（平水年） | 管灌 | 500 | 6 | 240 | — | 12 | 621 | — |
|  | 旱地 | 1557 | 0 | 0 | — | 0 | 230 | — |
| 2012（丰水年） | 滴灌 | 2057 | 5 | 75 | 165 | 15 | 362 | 259 |
| 2013（平水年） | 滴灌 | 2057 | 8 | 100 | 140 | 21 | 355 | 266 |
| 2014（干旱年） | 滴灌 | 2057 | 10 | 150 | 90 | 31 | 360 | 261 |
| 2015（干旱年） | 滴灌 | 2057 | 11 | 160 | 80 | 33 | 357 | 264 |

3. 示范区年肥料用量及费用

2011 年以前，管灌马铃薯的亩施肥量为 60kg/亩，亩投资 200 元/亩，旱地马铃薯的亩施肥料为 50kg/亩，亩投资 50 元/亩。2012 年以后，滴灌马铃薯的亩施肥料为 120kg/亩，亩投资 350 元/亩。其中在滴灌马铃薯中，20% 的肥料为基施，80% 为追施，同时增加了钾肥的施用以及测土配方与水肥一体化的应用。在传统的地面灌溉中，马铃薯的肥料全部为基施，肥料随水流失现象较为严重，肥料利用效率难以体现且作物产量受养分制约。而在旱地中基本上以碳铵为主，氮肥肥料利用效率小于 15%，比地面灌溉肥料利用效率还低。

4. 示范区年运行费用

年运行费用包括马铃薯种植、中耕、灌溉、追肥、打药、收获及田间管理费用及节水灌溉工程年折旧费。

低压管道灌溉工程的年折旧费为38.1元/亩，马铃薯膜下滴灌工程的年折旧费（包括工程的折旧费和地表管道投资）为165.8元/亩。管灌马铃薯年均总投入938元/亩，旱地470元/亩。滴灌马铃薯年投入的变化主要受灌水次数的影响，2013年接近平水年，灌水8次，年均投入为1491元/亩，比管灌玉米多投入553元/亩，比旱地多投入1021元/亩；2014年和2015年为干旱年，灌水10～11次，年投入1500元/亩，比管灌马铃薯多投入560元/亩，比旱地多投入1030元/亩。2011年以前，示范区2057亩马铃薯的总投入为120万元，2012年滴灌溉工程实施后的总投入为306万～309万元，见表9－13。

表9－13　　　　　　　　　示范区马铃薯管灌和膜下滴灌年投入对比

| 年份 | 灌溉形式 | 面积/亩 | 灌溉工程年折旧费/(元/亩) | 农资成本/(元/亩) | 农机费/(元/亩) | 人工及管理费/(元/亩) | 电费元/亩 | 亩总投入/(元/亩) | 总投入/万元 |
|---|---|---|---|---|---|---|---|---|---|
| 2011（平水年） | 管灌 | 500 | 38.1 | 530 | 120 | 200 | 50 | 938 | 469050 |
| | 旱地 | 1557 | — | 260 | 90 | 120 | 0 | 470 | 731790 |
| 2012（丰水年） | 滴灌 | 2057 | 165.8 | 745 | 240 | 300 | 25 | 1476 | 3035721 |
| 2013（平水年） | 滴灌 | 2057 | 165.8 | 745 | 240 | 300 | 40 | 1491 | 3066576 |
| 2014（干旱年） | 滴灌 | 2057 | 165.8 | 745 | 240 | 300 | 50 | 1501 | 3087146 |
| 2015（干旱年） | 滴灌 | 2057 | 165.8 | 745 | 240 | 300 | 55 | 1506 | 3097431 |

注　表中滴灌工程年折旧费包括毛管、支管及铺管等地面管道、管件的年更换费用。

## 9.3.2　示范区马铃薯年产量及收入

这里主要是指马铃薯生产收入，马铃薯价格按2011—2015年的市场价格1.2元/kg计算，滴灌、旱地、管灌马铃薯产量数据来源于实测。

滴灌工程实施后，2012—2014年3年间的滴灌亩产量比2011年以前管灌产量增加1075kg/亩、917kg/亩、1006kg/亩、1211kg/亩，比旱地增加1934kg/亩、1776kg/亩、1865kg/亩、2070kg/亩。2011年以前，示范区2057亩管灌和旱地马铃薯的总产量为282.34万kg，总产值为338.8万元。滴灌工程实施后，2012—2014年的2057亩滴灌马铃薯总产量和总产值分别增加了511.0万kg、464.2万kg、490.6万kg、551.3万kg和613.2万元、557.1万元、588.7万元、661.6万元。示范区马铃薯年产出对比见表9－14。

由于2012年为丰水年，全生育期灌水5次，相比地面灌溉还少1次，加之工程实施后第一次应用，土壤结构和土壤肥力较高，因此产量较高。在2013—2015年虽然马铃薯种植重茬，但由于实施了新技术滴灌产量仍然出现了增长的趋势。

表 9-14 示范区马铃薯年产出对比

| 年份 | 灌溉形式 | 面积/亩 | 亩产量/(kg/亩) | 亩收入/(元/亩) | 总产量/万kg | 总产值/万元 | 总增产量/万kg | 总产量增值/万元 |
|---|---|---|---|---|---|---|---|---|
| 2011（平水年） | 管灌 | 500 | 1794 | 2152.80 | 107.64 | 129.17 | — | — |
| | 旱地 | 1557 | 935 | 1122.00 | 174.70 | 209.63 | — | — |
| 2012（丰水年） | 滴灌 | 2057 | 2869 | 3442.80 | 708.18 | 849.82 | 511.0 | 613.2 |
| 2013（平水年） | 滴灌 | 2057 | 2711 | 3253.20 | 669.18 | 803.02 | 464.2 | 557.1 |
| 2014（干旱年） | 滴灌 | 2057 | 2800 | 3360.00 | 691.15 | 829.38 | 490.6 | 588.7 |
| 2015（干旱年） | 滴灌 | 2057 | 3005 | 3606.00 | 741.75 | 890.11 | 551.3 | 661.6 |

## 9.3.3 经济效益分析

1. 新增总产量

2011 年采用地面灌溉，面积为 500 亩；2012 年高效节水灌溉工程（膜下滴灌）实施后，示范区面积达到 2057 亩。以下分析均按照示范区实施膜下滴灌后折合亩计算。根据对示范区农户的调查数据可知传统地面灌溉产量约 1700kg/亩，2012 年、2013 年、2014 年滴灌马铃薯产量分别为 2800kg/亩、2600kg/亩、2700kg/亩。

$$新增总产量 = 项目实施区单位面积增产量 \times 有效使用面积$$

$$= 1000 \times 1000 = 1000000 (kg)$$

$$项目实施区单位面积增产量 = 控制试验点亩均增产量 \times 缩值系数$$

$$1000 \times 0.8 = 800 (kg/亩)$$

$$控制试验点亩均增产量 = 新成果使用后的单产 - 对照的单产$$

$$2700 - 1700 = 1000 (kg/亩)$$

说明：①基础数据的取值要以控制试验点的数据为基础，以大面积多点调查的数据为比较，计算项目实施区单位面积增产量。缩值系数为 0.5~0.8，一般取 0.75~0.8；②新成果使用后的单产为 2012—2014 年节水灌溉工程实施后平均产量，对照产量为 2011 年节水灌溉工程实施前产量。

2. 新增总收入

根据对示范区农户的调查数据计算可得示范区新增总收入 63.1 万元。

$$新增总收入 = 新增总产值 - 新增生产成本 = 130 - 66.9 = 63.1 (万元)$$

$$新增总产值 = (新成果单位面积产值 - 对照产值) \times 有效使用面积$$

$$= (2700 - 1700) \times 1000 = 1000000 (kg)$$

说明：①马铃薯收购按照市场价 1.3 元/kg 计算；②2011 年采用低压管道灌溉，面积为 500 亩，亩均投入 850 元左右；2012 年高效节水灌溉工程（膜下滴灌）实施后，示范区面积达到 1000 亩，亩均投入 1513 元左右。

3. 亩新增收入

根据对示范区农户的调查数据计算可得示范区亩新增收入 637 元。

$$亩新增收入=亩新增总产值-亩新增生产成本=1997-1360=637（元）$$
$$亩新增总产值=亩新成果单位面积产值-亩对照单位面积产值$$
$$=3510-2210=1300（元）$$

4. 总收入

根据对示范区农户的调查数据计算可得示范区总收入 351 万元。

$$总收入=亩均收入×实际有效面积=3510×1000=351（万元）$$

5. 投入产出比

根据对示范区农户的调查数据计算可得示范区投入产出比为 0.68。

$$投入产出比=总投入资金（国家、地方、农民）÷总产值=（894.33+1513）÷3510=0.68$$

商都示范区种植业增收情况见表 9-15。

表 9-15　　　　　　　　　　　商都示范区种植业增收情况

| 实施阶段 | 年份 | 种植作物 | 节水形式 | 产量/(kg/亩) | 单价/(元/kg) | 增产量/(kg/亩) | 收益/(元/亩) | 增收/(元/亩) |
|---|---|---|---|---|---|---|---|---|
| 实施前 | 2011 | 马铃薯 | 管道灌溉 | 1700 | 1.3 | — | 1360 | — |
| 实施后 | 2012 | | 膜下滴灌 | 2800 | | 1100 | 2127 | 767 |
| | 2013 | | 膜下滴灌 | 2600 | | 900 | 1867 | 507 |
| | 2014 | | 膜下滴灌 | 2700 | | 1000 | 1997 | 637 |

## 9.3.4　节水效益分析

节水效益是节水灌溉与管道灌溉相比节约出来的水量，它是节水灌溉所追求的主要目标之一，不同的技术措施，节水效果差异较大。因此，从节水率、灌溉水分生产率这两个指标进行分析节水效益。

项目区实施运行后，项目区管道灌溉地全部改善成膜下滴灌地，农业基础设施配套基本完善，可以使水资源得到更合理的利用，灌溉效益提高较明显，可缩短灌溉周期，既节约了水资源，又降低了农业生产成本。

1. 节水率

项目区实施运行后，膜下滴灌节水率达 57%。

$$节水率=\frac{管道灌溉用水量-滴灌用水量}{管道灌溉用水量}×100\%$$
$$=（280-120）÷280×100\%=57\%$$

2. 作物水分生产率

项目区实施运行后，膜下滴灌水分生产率达 10.67kg/m³，比原来的管道灌溉提高 96%。

商都示范区节水效益见表 9-16。

表 9-16　　　　　　　　　商都示范区节水效益

| 实施<br>阶段 | 灌溉面积<br>（1000 亩） | 示范区<br>用水量<br>/万 m³ | 节水量<br>/m³ | 节水率<br>/% | 总产量<br>/万 kg | 水分生产率<br>/(kg/m³) | 水分生产<br>率提高<br>/% |
|---|---|---|---|---|---|---|---|
| 实施前 | 2011 年 | 26 | 0 | 0 | 170 | 5.19 | — |
| 实施后 | 2012 年 | 9 | 17 | 65 | 280 | 9.67 | 86.32 |
|  | 2013 年 | 10 | 16 | 62 | 260 | 9.88 | 90.37 |
|  | 2014 年 | 13 | 13 | 50 | 270 | 10.66 | 105.39 |

说明：2011 年（一般年）采用低压管道灌溉，灌溉定额为 260m³/亩；2012 年（丰水年）高效节水灌溉工程（膜下滴灌）实施后，滴灌灌溉定额为 90m³/亩；2013 年（一般年）滴灌灌溉定额为 100m³/亩，2014 年（干旱年）滴灌灌溉定额为 130m³/亩。为了方便工程实施前后的对比，2011—2014 年示范区面积统一采用 1000 亩。

# 9.4　青贮玉米大型喷灌示范区节水灌溉工程效益分析

## 9.4.1　年运行费用估算

节水灌溉工程年运行费用包括折旧费和年运行费。折旧费是节水灌溉工程在有效使用期内，每年应分摊的投资额。可按照平均年限法来计算，即

$$折旧费 = \frac{固定资产投资}{折旧年限}$$

有效使用期长，则折旧费低，使用期短则折旧费高。有效使用期按工程和设备的经济寿命及其他因素综合确定。

年运行费包括能耗费、维修费、管理费、水资源费、种子费等。现逐项计算如下。

1. 能耗费

能耗费主要取决于实际用水情况，年际间波动较大。示范区的能耗费主要是指电力的消耗。锡林浩特示范区农业电价 0.61 元/(kW·h)。

项目实施后能耗为锡林浩特市沃原奶牛场 143.4 元/亩，白音锡勒牧场宝力根苏木 143.00 元/亩，罕尼乌拉嘎查 142.10 元/亩（未计拖拉机使用费）。

项目区 2011 年灌溉定额约 80m³/亩，2012 年灌溉定额约 90m³/亩，2013 年灌溉定额约 120m³/亩，2014 年灌溉定额约 140m³/亩，2015 年灌溉定额约 130m³/亩，示范区灌溉施用潜水泵为 200QJ32-91/7（13kW）。

2. 维修费

维修费按工程设施投资的 3% 进行估算。推广区锡林浩特市沃原奶牛场维修费估算为 31.02 元/亩，白音锡勒牧场宝力根苏木维修费估算为 31.02 元/亩，罕尼乌拉嘎查维修费

估算为 27.87 元/亩。

**3. 管理费**

管理费主要是灌溉人员的工资、灌水机构运转费，根据具体情况计算确定。推广区锡林浩特市沃原奶牛场主要是管理人员的工资、厂部管理机构运转费，估算为 30 元/亩，白音锡勒牧场宝力根苏木及罕尼乌拉嘎查管理费主要为土地承包费用估算为 3.00 元/亩。

**4. 水资源费**

项目区灌溉用水为地下水，不收取水资源费，水价在电费、维修费、人工费中体现。

**5. 种子费**

根据调查资料，3 个推广区种植品种均为青贮玉米各推广区使用种子品种较复杂，未统一选用，播种时有不同品种种子混播现象。据调查推广区使用种子品种有双宝青贮、农丰 1 号、农丰 2 号、改良冀承单 3 号等。播种密度为 5500～6500 株/亩。

推广区锡林浩特市沃原奶牛场青贮玉米种子费为 62.70 元/亩，白音锡勒牧场宝力根苏木青贮玉米种子费为 64.74 元/亩，罕尼乌拉嘎查青贮玉米种子费为 67.93 元/亩。

**6. 肥料、农药费**

根据调查资料，3 个推广中锡林浩特市沃原奶牛场、白音锡勒牧场宝力根苏木推广区由于同奶牛养殖企业签订供销合同，种植无公害青贮，不施用化肥、农药，其肥料为农家肥和复合微生物肥料（缓控释）。罕尼乌拉嘎查青贮饲草料地为牧户自种自用使用部分尿素、二胺。

肥料费用为锡林浩特市沃原奶牛场 292.5 元/亩，白音锡勒牧场宝力根苏木推广区 299.7 元/亩。罕尼乌拉嘎查推广区为 278.5 元/亩。罕尼乌拉嘎查牧户使用部分农药，据调查 150 元/亩。

**7. 机耕、机收、人工费**

锡林浩特市沃原奶牛场为国营大型牧场，白音锡勒牧场宝力根苏木推广区为集团经营，其机械化程度高，人工使用较少，基本实现机械化种植。宝力根苏木罕尼乌拉嘎查推广区为联户个体经营，部分使用机械，需人工劳作部分基本不需要雇佣劳动力。机耕、机收、人工费用统计见表 9-17。

表 9-17　　　　机耕、机收、人工费用统计

| 推广区 | 面积/亩 | 翻地费/(元/亩) | 播种费/(元/亩) | 中耕除草费/(元/亩) | 收割费/(元/亩) | 拖拉机费（灌溉）/(元/亩) | 合计 | |
|---|---|---|---|---|---|---|---|---|
| | | | | | | | 万元 | 元/亩 |
| 锡林浩特市万亩基地 | 10000 | 45 | 50 | 40 | 120 | — | 255 | 255 |
| 白音锡勒牧场 | 4000 | 50 | 50 | 40 | 120 | | 104 | 260 |
| 宝力根苏木罕尼乌拉嘎查 | 1000 | 30 | 50 | 20 | 80 | 26.4 | 20.64 | 206.4 |

**8. 折旧费**

项目区折旧年限按照 10 年计算，折旧费计算见表 9-18。

表 9 – 18　　　　　　　　折 旧 费 计 算

| 项　　目 | 面积/亩 | 喷灌形式 | 投资/万元 | 折旧年限/年 | 折旧费 | |
|---|---|---|---|---|---|---|
| | | | | | 万元 | 元/亩 |
| 沃原奶牛场示范区 | 10000 | 中心支轴式喷灌机 | 1034.00 | 10 | 103.4 | 103.4 |
| 白音锡勒牧场示范区 | 4000 | 中心支轴式喷灌机 | 413.60 | 10 | 41.36 | 103.4 |
| 宝力根苏木罕尼乌拉嘎查示范区 | 1000 | 卷盘式喷灌机 | 92.90 | 10 | 9.29 | 92.9 |
| 合计 | 15000 | | 1540.50 | | | |

## 9.4.2　经济效益分析

分别对锡林浩特市沃原奶牛场推广区、白音锡勒牧场宝力根苏木推广区、罕尼乌拉嘎查推广区进行效益分析，对以下指标进行比较。

1. 新增总产量

（1）新增总产量。

新增总产量＝项目实施区单位面积增产量×有效使用面积

锡林浩特市万亩基地：

$$1648.72kg/亩×10000 亩＝16487200kg＝1648.72 万 kg$$

白音锡勒牧场：

$$1182.96kg/亩×4000 亩＝4731840kg＝473.18 万 kg$$

宝力根苏木罕尼乌拉嘎查：

$$1269.12kg/亩×1000 亩＝1269120kg＝126.91 万 kg$$

（2）项目实施区单位面积增产量。

项目实施区单位面积增产量＝控制试验点亩均增产量×缩值系数

锡林浩特市万亩基地：

$$2060.9kg/亩×0.8＝1648.72kg/亩$$

白音锡勒牧场：

$$1478.7kg/亩×0.8＝1182.96kg/亩$$

宝力根苏木罕尼乌拉嘎查：

$$1586.4kg/亩×0.8＝1269.12kg/亩$$

（3）控制试验点亩均增产量。

控制试验点亩均增产量＝新成果使用后的单产－对照的单产

锡林浩特市万亩基地：

$$4052.7kg/亩－1991.8kg/亩＝2060.90kg/亩$$

白音锡勒牧场：

$$3600kg/亩－2121.3kg/亩＝1478.70kg/亩$$

宝力根苏木罕尼乌拉嘎查：

$$4000 \text{kg/亩} - 2413.60 \text{kg/亩} = 1586.40 \text{kg/亩}$$

说明：①基础数据的取值要以控制试验点的数据为基础，以大面积多点调查的数据为比较，计算项目实施区单位面积增产量。缩值系数为0.5~0.8，一般取0.75~0.8。②新成果使用后的单产为2012—2014年节水灌溉工程实施后平均产量，对照产量为2011年产量。

2. 单位面积（亩）新增收入

（1）单位面积（亩）新增收入

单位面积（亩）新增收入＝单位面积（亩）新增产值－单位面积（亩）新增生产成本

锡林浩特市万亩基地：

$$1154.104 \text{元/亩} - (918.02 \text{元/亩} - 1000.05 \text{元/亩}) = 1236.13 \text{元/亩}$$

白音锡勒牧场：

$$828.072 \text{元/亩} - (904.91 \text{元/亩} - 987.71 \text{元/亩}) = 910.87 \text{元/亩}$$

宝力根苏木罕尼乌拉嘎查：

$$602.832 \text{元/亩} - (968.7 \text{元/亩} - 904.82 \text{元/亩}) = 538.95 \text{元/亩}$$

（2）单位面积新增产值。

单位面积（亩）新增产值＝项目实施后单位（亩）面积产值－亩对照单位面积产值

锡林浩特市万亩基地：

$$4052.7 \text{kg/亩} \times 0.56 \text{元/kg} - 1991.8 \text{kg/亩} \times 0.56 \text{元/kg} = 1154.10 \text{元/亩}$$

白音锡勒牧场：

$$3600 \text{kg/亩} \times 0.56 \text{元/kg} - 2121.3 \text{kg/亩} \times 0.56 \text{元/kg} = 828.07 \text{元/亩}$$

宝力根苏木罕尼乌拉嘎查：

$$4000 \text{kg/亩} \times 0.38 \text{元/kg} - 2413.6 \text{kg/亩} \times 0.38 \text{元/kg} = 602.83 \text{元/亩}$$

3. 新增总收入

根据实验点数据以及对示范区的调查数据与对照区、项目推广前分别计算可得示范区新增总收入。

（1）新增总收入。

$$新增总收入 = 新增总产值 - 新增生产成本$$

锡林浩特市万亩基地：

$$11541040 \text{元} - (918.02 \text{元/亩} - 1000.05 \text{元/亩}) \times 10000 \text{亩} = 12361340 \text{元} = 1236.13 \text{万元}$$

白音锡勒牧场：

$$3312288 \text{元} - (904.91 \text{元/亩} - 987.71 \text{元/亩}) \times 4000 \text{亩} = 3643488 \text{元} = 364.34 \text{万元}$$

宝力根苏木罕尼乌拉嘎查：

$$602832 \text{元} - (968.7 \text{元/亩} - 904.82 \text{元/亩}) \times 1000 \text{亩} = 538952 \text{元} = 53.89 \text{万元}$$

（2）新增总产值。

$$新增总产值 = (单位面积新增产值 - 对照田单位面积产值) \times 有效使用面积$$

锡林浩特市万亩基地：

$$(4052.7\text{kg}/亩×0.56\ 元/\text{kg}-1991.8\text{kg}/亩×0.56\ 元/\text{kg})×10000\ 亩$$
$$=11541040\ 元=1154.10\ 万元$$

白音锡勒牧场：

$$(3600\text{kg}/亩×0.56\ 元/\text{kg}-2121.3\text{kg}/亩×0.56\ 元/\text{kg})×4000\ 亩$$
$$=3312288\ 元=331.23\ 万元$$

宝力根苏木罕尼乌拉嘎查：

$$(4000\text{kg}/亩×0.38\ 元/\text{kg}-2413.6\text{kg}/亩×0.38\ 元/\text{kg})×1000\ 亩$$
$$=602832\ 元=60.28\ 万元$$

（3）新增总成本。

新增总成本＝（单位面积成本－对照田单位面积成本）×有效使用面积

锡林浩特市万亩基地：

$$(918.02\ 元/亩-1000.05\ 元/亩)×10000\ 亩=-820300\ 元=-82.03\ 万元$$

白音锡勒牧场：

$$(904.91\ 元/亩-987.71\ 元/亩)×4000\ 亩=-331200\ 元=-33.12\ 万元$$

宝力根苏木罕尼乌拉嘎查：

$$(968.7\ 元/亩-904.82\ 元/亩)×1000\ 亩=63880\ 元=6.39\ 万元$$

4. 总收入

总收入＝项目实施后单位面积收入×实际有效面积

锡林浩特市万亩基地：

$$(4052.7\text{kg}/亩×0.56\ 元/\text{kg}-918.02\ 元/亩)×10000\ 亩=13514920\ 元=1351.49\ 万元$$

白音锡勒牧场：

$$(3600\text{kg}/亩×0.56\ 元/\text{kg}-904.91\ 元/亩)×4000\ 亩=4444360\ 元=444.43\ 万元$$

宝力根苏木罕尼乌拉嘎查：

$$(4000\text{kg}/亩×0.38\ 元/\text{kg}-968.7\ 元/亩)×1000\ 亩=551300\ 元=55.13\ 万元$$

5. 工程投资收益率

根据实验点数据以及对示范区农户的调查数据计算可得示范区工程投资收益率。

工程投资收益率＝总收入÷工程总投资

根据实验点数据以及对示范区农户的调查数据计算可得示范区投入产出比。

投入产出比＝投资总额÷项目寿命期(项目正常运行年限)新增总产值

锡林浩特市万亩基地：

$$(1034\ 元/亩×10000\ 亩)÷13514920\ 元=0.77$$

白音锡勒牧场：

$$(413.6\ 元/亩×10000\ 亩)÷4444360\ 元=0.93$$

宝力根苏木罕尼乌拉嘎查：

$$（92.9\,元/亩×10000\,亩）÷551300\,元＝1.69$$

## 9.4.3 节水效益分析

节水效益是节水灌溉与管道灌溉相比节约出来的水量，它是节水灌溉所追求的主要目标之一，不同的技术措施，节水效果差异较大。因此，灌溉水分生产率这两个指标进行分析节水效益。

项目区实施运行后，农业基础设施配套基本完善，可以使水资源得到更合理的利用，灌溉效益提高较明显，可缩短灌溉周期，既节约了水资源，又降低了农业生产成本。

1. 灌溉水生产效率

作物灌溉水生产效率是指单位灌溉水量下的作物产出量，计算公式为

$$W_g=Y/I \tag{9-17}$$

式中：$W_g$ 为作物灌溉水生产效率，$kg/m^3$；$Y$ 为作物产量，$kg/亩$；$I$ 为单位面积灌溉用水量（毛灌溉定额），$m^3/亩$。

2. 作物水分生产率

作物水分生产率指作物消耗单位水量的产出，其值等于作物产量与作物净耗水量的比值，计算公式为

$$W_c=Y/(I+P-\Delta W) \quad 或 \quad W_c=Y/ET \tag{9-18}$$

式中：$W_c$ 为作物水分生产率，$kg/m^3$；$Y$ 为作物产量，$kg/亩$；$I$ 为净灌溉水量，$m^3/亩$；$P$ 为有效降水量，$m^3/亩$；$\Delta W$ 为相应时段内的土壤贮水变化量，$mm$；$ET$ 为蒸发蒸腾量，$m^3/亩$。

作物水分生产率见表 9-19～表 9-21。

表 9-19　　　　　　　　2013 年作物水分生产率、灌溉水生产效率

| 处理方式 | 有效降水量/mm | 灌水量/mm | 土壤贮水变化量/mm | 耗水量/mm | 产量/(kg/亩) | 作物水分生产率/(kg/m³) | 灌溉水生产效率/(kg/m³) |
|---|---|---|---|---|---|---|---|
| 处理 1 | 175.18 | 60.0 | −57.66 | 292.8 | 1548 | 7.93 | 38.68 |
| 处理 2 | 175.18 | 120.0 | −79.26 | 374.4 | 3079 | 12.33 | 38.47 |
| 处理 3 | 175.18 | 180.0 | −81.18 | 436.4 | 3781 | 13.00 | 31.49 |
| 处理 4 | 175.18 | 240.0 | −77.46 | 492.6 | 3690 | 11.24 | 23.05 |

表 9-20　　　　　　　　2014 年作物水分生产率、灌溉水生产效率

| 处理方式 | 有效降水量/mm | 灌水量/mm | 土壤贮水变化量（mm） | 耗水量/mm | 产量/(kg/亩) | 作物水分生产率/(kg/m³) | 灌溉水生产效率/(kg/m³) |
|---|---|---|---|---|---|---|---|
| 处理 1 | 128.81 | 75.0 | −40.26 | 244.1 | 1982 | 12.18 | 39.62 |
| 处理 2 | 128.81 | 150.0 | −64.74 | 343.6 | 3525.6 | 15.39 | 35.24 |
| 处理 3 | 128.81 | 225.0 | −29.28 | 383.1 | 3718.4 | 14.56 | 24.78 |
| 处理 4 | 128.81 | 300.0 | −49.74 | 478.6 | 3709.7 | 11.63 | 18.54 |

表 9-21　　　　　　　　　　2015 年作物水分生产率、灌溉水生产效率

| 处理方式 | 有效降水量/mm | 灌水量/mm | 土壤贮水变化量/mm | 耗水量/mm | 产量/(kg/亩) | 水分生产率/(kg/m³) | 灌溉水生产效率/(kg/m³) |
|---|---|---|---|---|---|---|---|
| 处理 1 | 129.81 | 75 | −133.93 | 338.7 | 2125 | 9.41 | 42.50 |
| 处理 2 | 129.81 | 150 | −119.09 | 398.9 | 3594.8 | 13.52 | 35.95 |
| 处理 3 | 129.81 | 225 | −81.42 | 436.2 | 3752.5 | 12.90 | 25.02 |
| 处理 4 | 129.81 | 300 | −82.4 | 512.2 | 3710 | 10.86 | 18.55 |

# 9.5　紫花苜蓿和饲料玉米大型喷灌示范区节水灌溉效益分析

## 9.5.1　示范区年运行费用计算

示范区高效节水灌溉工程效益分析中的年运行投入包括两部分，即节水工程建设投资的折旧费和牧草种植及田间管理等的费用；收入主要包括牧草产量和价格等。数据主要来源于试验示范研究中的实测数据和当地的调查。

1. 节水灌溉工程折旧取值及年投资

根据《水利建设项目经济评价规范》（SL 72—2013）中的规定，固定资产折旧费按水利工程固定资产分类折旧年限计算，建筑工程 20 年，喷灌机 20 年，机电设备 10 年，经计算示范区折旧费 49.64 万元，平均每亩 49.06 元，见表 9-22。

表 9-22　　　　　　　　　　固定资产使用年限和折旧费

| 项　　目 | 投资/万元 | 使用年限/年 | 折旧费/万元 |
|---|---|---|---|
| 建筑工程 | 89.34 | 20 | 4.47 |
| 喷灌机 | 794.15 | 20 | 39.71 |
| 机电设备 | 109.20 | 10 | 5.46 |
| 总计 | | | 49.64 |

2. 能耗费

能耗费取决于实际用水情况，年际间波动较大。示范区的能耗费主要是指电力的消耗。2011—2012 年鄂托克前旗示范区农业电价 0.58 元/(kW·h)，2011—2012 年鄂托克前旗示范区农业电价 0.58 元/(kW·h)，根据实际运行情况，2011—2014 年鄂托克前旗示范区节水灌溉工程能耗费用见表 9-23，2011 年能耗费为 50.42 万元，亩平均 49.84 元；2012—2014 年年平均能耗费为 48.41 万元，亩平均 47.85 元。

3. 维修费

维修费按工程设施投资的 3% 进行估算，示范区工程维修费估算为 29.44 元/(年·亩)，示范区每年总维修费为 29.78 万元。

4. 管理费

管理费主要是灌溉人员的工资、灌水机构运转费，根据具体情况计算确定。鄂托克前

旗示范区均为牧户独立经营，无管理费用。

表 9-23　　　　　　　　　　鄂托克前旗示范区能耗费用

| 年份 | 灌溉类型 | 农业用电价 /[元/(kW·h)] | 中心支轴式喷灌 | | 年平均能耗费 /万元 |
| | | | 耗电量 /万 kW·h | 费用 /万元 | |
| --- | --- | --- | --- | --- | --- |
| 2011 | 中心支轴式喷灌 | 0.58 | 86.93 | 50.42 | 50.42 |
| 2012 | 中心支轴式喷灌 | 0.58 | 76.50 | 44.37 | 48.41 |
| 2013 | 中心支轴式喷灌 | 0.58 | 83.46 | 48.41 | |
| 2014 | 中心支轴式喷灌 | 0.58 | 90.41 | 52.44 | |

5. 水费

水作为一种资源，具有商品价值，但该示范区尚无水费征收。

6. 其他费用

其他费用包括种子、肥料、农药、机耕、机收和人工费用等，见表 9-24。2011 年其他费用亩平均为 410.0 元；2012—2014 年其他费用亩平均为 363.3 元。

表 9-24　　　　　　　　　　鄂托克前旗示范区其他费统计表

| 年份 | 灌溉类型 | 其他费用/[元/(年·亩)] | | | | 合 计 /[元/(年·亩)] |
| | | 种子 | 化肥 | 农药 | 用工 | |
| --- | --- | --- | --- | --- | --- | --- |
| 2011 | 中心支轴式喷灌 | 30 | 130 | 20 | 230 | 410.0 |
| 2012 | 中心支轴式喷灌 | 30 | 110 | 20 | 210 | 363.3 |
| 2013 | 中心支轴式喷灌 | 30 | 110 | 20 | 200 | |
| 2014 | 中心支轴式喷灌 | 30 | 110 | 20 | 200 | |

综合上述几项，示范区工程 2011 年运行费用为 489.3 元/亩，2012—2014 年运行费用为 440.6 元/亩。

## 9.5.2 经济效益分析

1. 新增总产量

工程实施前采用低压管道灌溉；工程实施后采用中心支轴式喷灌，示范区面积为 10116 亩。根据调查数据工程实施前紫花苜蓿产量 512.7kg/亩，饲料玉米产量 452.5kg/亩；工程实施后 2012 年、2013 年、2014 年紫花苜蓿产量分别为 610.4kg/亩、624.8kg/亩、616.7kg/亩；饲料玉米产量分别为 519.7kg/亩、535.0kg/亩、532.9kg/亩。根据牧户调查数据计算得出示范区新增总产量 83.4 万 kg，其中紫花苜蓿 21.9 万 kg，饲料玉米 61.5 万 kg，项目实施区单产为 2012—2014 年节水灌溉工程实施后平均产量，对照产量为节水灌溉工程实施前产量，见表 9-25 和表 9-26。

2. 新增总收入

新增总产值计算公式为

新增总产值＝(新成果单位面积产值－对照产值)×有效使用面积

表 9 - 25 紫花苜蓿增产量

| 实施阶段 | | 种植作物 | 节水形式 | 产量 /(kg/亩) | 单价 /(元/kg) | 增产量 /(kg/亩) |
|---|---|---|---|---|---|---|
| 实施前 | | 紫花苜蓿 | 低压管道 | 512.7 | 1.4 | — |
| 实施后 | 2012 年 | 紫花苜蓿 | 中心支轴式喷灌 | 610.4 | 1.9 | 97.7 |
| | 2013 年 | 紫花苜蓿 | 中心支轴式喷灌 | 624.8 | 2.1 | 112.1 |
| | 2014 年 | 紫花苜蓿 | 中心支轴式喷灌 | 616.7 | 1.6 | 104.0 |
| | 2012—2014 年 年平均 | 紫花苜蓿 | 中心支轴式喷灌 | 617.3 | 1.9 | 21.9 |

表 9 - 26 饲料玉米增产量

| 实施阶段 | | 种植作物 | 节水形式 | 产量 /(kg/亩) | 单价 /(元/kg) | 增产量 /(kg/亩) |
|---|---|---|---|---|---|---|
| 实施前 | | 饲料玉米 | 低压管道 | 452.5 | 1.98 | — |
| 实施后 | 2012 年 | 饲料玉米 | 中心支轴式喷灌 | 519.7 | 2.14 | 67.2 |
| | 2013 年 | 饲料玉米 | 中心支轴式喷灌 | 535.0 | 2.10 | 82.5 |
| | 2014 年 | 饲料玉米 | 中心支轴式喷灌 | 532.9 | 2.18 | 80.4 |
| | 2012—2014 年 年平均 | 饲料玉米 | 中心支轴式喷灌 | 529.2 | 2.1 | 61.5 |

计算得出示范区新增总产值 280.8 万元，新成果单位面积产值为 2012—2014 年节水灌溉工程实施后平均产值，对照产值为节水灌溉工程实施前产值。

新增总收入计算公式为

$$新增总收入＝新增总产值－新增生产成本$$

计算得出示范区新增总收入 280.44 万元。

紫花苜蓿、饲料玉米的收益计算分别见表 9 - 27 和表 9 - 28。

表 9 - 27 紫花苜蓿收益计算

| 实施阶段 | | 种植作物 | 节水形式 | 产量 /(kg/亩) | 单价 /(元/kg) | 增产量 /(kg/亩) | 收益 /(元/亩) | 增收 /(元/亩) |
|---|---|---|---|---|---|---|---|---|
| 实施前 | | 紫花苜蓿 | 低压管道 | 512.7 | 1.4 | — | 717.78 | — |
| 实施后 | 2012 年 | 紫花苜蓿 | 中心支轴式喷灌 | 610.4 | 1.9 | 97.7 | 1159.76 | 185.63 |
| | 2013 年 | 紫花苜蓿 | 中心支轴式喷灌 | 624.8 | 2.1 | 112.1 | 1312.08 | 235.41 |
| | 2014 年 | 紫花苜蓿 | 中心支轴式喷灌 | 616.7 | 1.6 | 104 | 986.72 | 166.4 |

表 9 - 28 饲 料 玉 米 收 益 计 算

| 实施<br>阶段 | | 种植<br>作物 | 节水<br>形式 | 产量<br>/(kg/亩) | 单价<br>/(元/kg) | 增产量<br>/(kg/亩) | 收益<br>/(元/亩) | 增收<br>/(元/亩) |
|---|---|---|---|---|---|---|---|---|
| 实施前 | | 饲料玉米 | 低压管道 | 452.5 | 1.98 | — | — | — |
| 实施后 | 2012 年 | 饲料玉米 | 中心支轴<br>喷灌 | 519.7 | 2.14 | 67.2 | 1112.16 | 143.81 |
| | 2013 年 | 饲料玉米 | 中心支轴<br>喷灌 | 535.0 | 2.10 | 82.5 | 1123.50 | 173.25 |
| | 2014 年 | 饲料玉米 | 中心支轴<br>喷灌 | 532.9 | 2.18 | 80.4 | 1161.72 | 175.27 |

**3. 亩新增收入**

计算得出示范区紫花苜蓿亩新增总产值 31.5 元，计算得出示范区饲料玉米亩新增总产值 236.5 元，亩新成果单位面积产值为 2012—2014 年节水灌溉工程实施后平均产值，亩对照单位面积产值为节水灌溉工程实施前产值。

亩新增收入计算公式为

$$亩新增收入＝亩新增总产值－亩新增生产成本$$

得出示范区紫花苜蓿亩新增收入 434.7 元，饲料玉米亩新增收入 236.2 元。

**4. 总收入**

总收入计算公式为

$$总收入＝亩均收入×实际有效面积$$

计算得出示范区总收入 1149.87 万元。

**5. 投入产出比**

计算得出示范区投入产出比为 1∶1.16。

### 9.5.3 节水效益分析

节水效益是节水灌溉与传统灌溉相比节约出来的水量，它是节水灌溉所追求的主要目标之一，不同的技术措施，节水效果差异较大。因此，从节水率、水分生产率这两个指标进行分析节水效益，计算公式为

$$节水率＝\frac{地面灌用水量－滴灌（喷灌）用水量}{地面灌用水量}×100\% \tag{9-19}$$

$$水分生率＝\frac{总产量}{耗水量}×100\% \tag{9-20}$$

项目实施前，鄂托克前旗哈日根图示范区采用低压管道灌溉，一般年份紫花苜蓿灌水量为 240m³/亩，2012—2014 年哈日根图示范区采用中心支轴式喷灌，种植作物为紫花苜蓿，种植面积 2094 亩；项目实施后的 2012 年（降雨频率 24.2%）示范区亩灌水量由 240m³ 降低到中心支轴式喷灌的 160m³，亩节水量为 80m³，节水率达到 33.3%，总节水量为 16.75 万 m³；项目实施后的 2013 年（降雨频率 41.8%）哈日根图示范区亩灌水量由低压管道灌溉的 240m³ 降低到中心支轴式喷灌的 190m³，亩节水量为 50m³，节水率达到

20.8%，总节水量为 10.47 万 m³；2014 年（降雨频率 59.6%）灌溉示范区亩灌水量由低压管道灌溉的 240m³ 降低到中心支轴式喷灌的 210m³，亩节水量为 30m³，节水率达到 12.5%，总节水量为 6.28 万 m³。

项目实施前，鄂托克前旗糜地梁嘎查示范区采用低压管道灌溉，一般年份饲料玉米灌水量为 250m³/亩，2012—2014 年糜地梁嘎查示范区采用中心支轴式喷灌，种植作物为饲料玉米，种植面积 8022 亩；项目实施后的 2012 年（降雨频率 24.2%）示范区亩灌水量由 250m³ 降低到中心支轴式喷灌的 150m³，亩节水量为 100m³，节水率达到 40.0%，总节水量为 80.22 万 m³；项目实施后的 2013 年（降雨频率 41.8%）糜地梁嘎查示范区亩灌水量由低压管道灌溉的 250m³ 降低到中心支轴式喷灌的 180m³，亩节水量为 70m³，节水率达到 24.0%，总节水量为 48.13 万 m³；2014 年（降雨频率 59.6%）灌溉示范区亩灌水量由低压管道灌溉的 250m³ 降低到中心支轴式喷灌的 190m³，亩节水量为 60m³，节水率达到 20.0%，总节水量为 40.11 万 m³。由此可见，项目的实施减少了灌溉用水量，灌溉水利用率得到较大提高，节水效果显著。

计算得出鄂托克前旗示范区的节水效益见表 9-29。2012 年、2013 年和 2014 年的节水量分别达到 96.97 万 m³、58.60 万 m³ 和 46.39 万 m³；2012 年、2013 年和 2014 年的水分生产率分别达到 3.54kg/m³、2.91kg/m³ 和 2.72kg/m³。

表 9-29 　　　　　　　　　　　鄂托克前旗示范区节水效益

| 实施阶段 | | 示范区用水量 /万 m³ | 节水量 /m³ | 节水率 /% | 总产量 /万 kg | 作物水分生产率 /(kg/m³) | 水分生产率提高 /% |
|---|---|---|---|---|---|---|---|
| 实施前 | | 250.81 | — | — | 470.35 | 1.88 | — |
| 实施后 | 2012 年 | 153.83 | 96.97 | 38.66 | 544.72 | 3.54 | 88.81 |
| | 2013 年 | 192.20 | 58.60 | 23.37 | 560.01 | 2.91 | 55.36 |
| | 2014 年 | 204.41 | 46.39 | 18.50 | 556.63 | 2.72 | 45.20 |

# 9.6　本章小结

阿荣旗示范区节水灌溉工程的年运行费用为 579.03 元/亩，高效节水灌溉工程实施后，新增总产量 91.88 万 kg，新增总收入 326.74 万元，亩新增收入 363.05 元，总收入 1181.75 万元，节水率达 47.5%，灌溉水分生产率达 3.13kg/m³。

松山区玉米膜下滴灌示范区实施高效节水灌溉工程后，新增总产量达到 93.79 万 kg，新增总收入 129.54 万元，亩新增收入 255 元，膜下滴灌节水率达到 45.5%，作物水分生产率达到 2.73kg/m³，比低压管道灌溉提高了 38.6%。

商都县马铃薯膜下滴灌示范区实施高效节水灌溉工程后，新增总产量达到 100 万 kg，新增总收入 63.7 万元，亩新增收入 637 元，节水率达到 59%，作物水分生产率达到 10.07kg/m³。

锡林浩特青贮玉米大型喷灌示范区实施高效节水灌溉工程后，新增总产量达到

1648.72 万 kg，新增总收入 1236.13 万元，亩新增收入 1236.13 元，作物水分生产率达到 15.39kg/m³。

　　鄂托克前旗牧草大型喷灌示范区实施高效节水灌溉工程后，新增总产量 83.4 万 kg，其中紫花苜蓿 21.9 万 kg，饲料玉米 61.5 万 kg。新增总产值 280.8 万元，紫花苜蓿亩新增收入 434.7 元，饲料玉米亩新增收入 236.2 元。节水率达到 33.3%，作物水分生产率达到 3.54kg/m³。

# 第 10 章　内蒙古自治区农牧业节水配套政策研究

## 10.1　内蒙古自治区农牧业节水配套政策研究

基于节水灌溉工程实施中政策支持的必要性，内蒙古自治区在开展内蒙古新增"四个千万亩"节水灌溉工程科技支撑项目的同时，专题安排开展内蒙古农牧业节水灌溉政策研究。受内蒙古自治区水利厅委托，由内蒙古自治区政府研究室牵头，2011—2013 年，组织 7 个相关单位和部门组成调查研究课题组，就发展节水灌溉需要的政策支持问题，赴先进地区开展实地调查研究，结合有关资料分析，形成了调查研究报告，为内蒙古自治区节水灌溉的持续健康发展提供必要的政策参考依据。

### 10.1.1　开展节水灌溉政策研究的必要性分析

节水灌溉工程是发展现代农牧业的有效载体，也是水利、农机、农技、农艺等现代设施与技术的综合集成，项目建设本身不仅仅是设施与投入的简单累加，更是对传统农牧业生产方式的一场变革，不仅需要符合实际的配套技术，更需要有切实可行的政策支撑。从自治区的实际情况来看，由于内蒙古自治区东西横跨 2400 多 km，水资源空间分布极不平衡，即使为同一地区，地貌类型、作物品种、农艺方式也不同，具体采取什么样的节水方式、群众对节水灌溉的接受程度也有很大差别，这就需要有相应针对性的差别化政策引导。节水灌溉工程是一项复杂的系统工程，在实际节水灌溉方式的选择和科学布设实施中涉及水利、耕作、农机、农艺、材料等多种技术，各部门多种技术综合配套实施才会取得最优效果，这就需要政府出台有关政策，整合协调部门力量合力推动节水灌溉工程。实施节水灌溉工程是为了科学利用水资源应对用水矛盾、提高农牧业生产效益而实施的，需要在社会生产实践中产生显著的经济社会和生态效益，特别是在农牧民生产经济效益上得到体现，需要政府研究制定系列引导激励政策，调动农牧民接受高效节水灌溉技术，转变生产经营方式的积极性和主动性。节水灌溉技术从 20 世纪 80 年代最初引入我国后由于投入成本较高，当时被称作"贵族农业"，时至今日相对于农牧业有限的收益，节水灌溉的成本仍然偏高，完全由农牧民投入还有一定的难度。目前我们还处于农牧业转型升级的过渡阶段，政府如何以政策来调整对节水材料生产服务企业、农牧民、农牧民经济合作组织等相关利益主体的利益，研究制定适度的补贴激励政策将直接有利于企业降低生产成本、群众受益增加，推动节水灌溉工程的普及和成果巩固。

### 10.1.2　阻碍内蒙古自治区节水灌溉政策实施的主要因素

（1）思想认识不到位。一是水危机和节水意识淡薄。多数地区尤其是在水资源条件较好的灌区，相当一部分干部群众认为水资源"取之不尽、用之不竭、取用无偿"，缺乏保护水资源、水环境和节约用水的责任和意识，并不因为水资源是不可替代的有限资源而加以珍惜。二是在长期"以需定供"的水资源管理中，多数地方政府和干部群众重开源轻节流，重经济效益轻生态效益和社会效益，对节水本身认识不足，采用和推广节水灌溉技术积极性不高，难以形成节约用水、合理用水的社会风气。三是理论认识有偏差。节水灌溉只看技术含量，重视高新节水技术，而忽视那些技术实用性强、效益较高的"土"技术；只注重工程节水，忽视农艺节水，将节水农业等同于工程节水农业。事实上节水灌溉技术应包括农艺、工程和管理技术，是一项复杂的系统工程，是综合利用各种节水灌溉措施的技术集成。

（2）节水灌溉投入机制不健全。由于目前还没有建立起有效的投入保障机制，多数地方投入严重不足，节水灌溉发展十分缓慢。据有关部门估算，发展喷灌需投资 1.35 万～1.65 万元/hm²，微灌需投资 1.5 万～1.8 万元/hm²，管灌需投资 3750～4800 元/hm²，渠道防渗需投资 3750～5400 元/hm²，如此大额投入的工程老百姓是难以承受的。

（3）农牧业生产经营体制改革滞后。在现行农业经营体制下，农村牧区土地实行家庭承包责任制，土地分户承包、分户经营，户均耕地面积小，土地条块分割严重，不利于规模化推广节水灌溉技术。以户为单元的分散型农业生产经营组织化程度低，与田间高效节水技术所要求的规模化生产、集约化经营管理很不适应，阻碍了新技术的推广和规模效益的发挥。

（4）管理体制和政策法规不完善。一些地方水资源和灌区管理体制没有理顺，水务工作管理混乱，存在"城乡分割、职责交叉、多头治水"等弊端，在水资源与供水管理环节上权责不明、政企不分，严重影响了节水灌溉技术的推广。一些灌区没有经营管理自主权，收入主要依靠收取水费，为了自身增加收入保运转，鼓励用户多用水，偏离了节约用水的目标。有些地方热衷于节水工程项目的争取和工程建设，不重视工程建后管理，缺乏规范化、市场化运行机制，管理人员短缺，专项运行维护资金不到位，致使很多工程使用寿命受到严重影响。

（5）节水灌溉激励和约束机制不健全。没有建立起从上而下严格的农业用水"总量控制、定额管理"制度，既缺乏科学的用水量测手段，又没有可依据的灌溉用水定额指标，对水管单位和用水农牧户用水行为没有制度约束。政府没有建立起发展节水灌溉考评机制，节水灌溉工作进展情况与节水指标完成情况没有列入各级地方政府考核内容。特别是在农业效益比较低，对 GDP 的贡献率不断下降的情况下，发展节水灌溉农业很难引起地方政府的高度重视。

（6）高效节水灌溉相关配套技术有待进一步研究。从各地节水工程实施的情况看，目前土地平整机械、滴灌带制造等配套技术还不够成熟，在实践中存在土地平整不到位、滴灌带灼伤等问题，滴灌带及连接器材料需要年年更换等问题，既费工又费料，直接提高了节水灌溉推广的成本，影响农牧民接受新技术的积极性。

### 10.1.3　促进内蒙古自治区节水灌溉发展的政策措施

#### 1. 近期需要完善的政策措施

（1）研究制定农牧业高效节水的补偿机制。由于每年田间管线更新投入约 200 元，完全由农牧民投入还不现实，赤峰等地已出现膜下滴灌工程面积巩固难的问题。要围绕农牧民用水户节水灌溉设施设备投入成本补偿和灌区管理单位运行维护费用补贴等两个关键问题，建立财政补偿机制。将节水灌溉机械设备和管材、管件等全部纳入农机具购置补贴范围。建议分粮食作物、经济作物两个标准对滴灌带更新进行补贴。采取政府适度补贴的方式，鼓励设备生产企业进行废旧滴灌带、管件、地膜等回收。要完善对节水设备生产企业的优惠政策。制定高效节水灌溉产品减免增值税和降低进出口关税等的优惠政策。加大对高效节水灌溉生产企业高新技术改造投入，鼓励企业进行技术改造。

（2）完善节水技术推广和服务体系。各级水利部门成立水利技术推广机构，参与制定水利科技推广的有关政策和规划，组织开展自治区水利科技成果引进、推广转化活动，强调教学、研究、延伸服务一体化。负责水利科技信息的收集、整理、发布；面向社会和行业开展节水灌溉科技示范、技术培训和宣传。每年从水利建设基金、农田水利建设、水土流失防治费、水资源费等有关水利建设资金中按一定比例切块，作为水利科技推广专项资金。鼓励和扶持在乡村建立节水灌溉社会化服务组织，及时解决农牧民在节水灌溉工程建设和运行管理过程中出现的问题。鼓励农牧民节水灌溉技术服务型合作社发展，以利于充分调动社员力量，提高自我服务能力。

（3）制定节水灌溉监督考评办法。按照《自治区新增"四个千万亩"节水灌溉工程实施办法》的标准要求，建立节水灌溉工程项目合规性审核、水资源论证、取水许可、达标验收四项制度的监督考核机制。内蒙古自治区水行政主管部门每年要组织力量对各盟市在实施节水灌溉工程中落实《自治区新增"四个千万亩"节水灌溉工程实施办法》的情况实行严格的考核评估，盟市水行政主管部门也要对所辖旗县实施相应内容的考核评估，根据两级考核情况，内蒙古自治区采取"以奖代补"的形式对优秀盟市、旗县进行奖励补助，鼓励先进。

2. 远期需要完善的政策措施

（1）开展水权的界定，建立强制性节水机制。建议自治区在水权理论的指导下兼顾原有水资源分配协议，建立最严格的水资源定额管理制度，在水资源合理配置的前提条件下，统筹考虑生产用水、生活用水和生态用水的比例，重新划分流域、地区、行业部门用水户的水资源使用权。按照"总量控制，定额管理"的工作思路，分解和明确地区、旗县、乡镇、村、农牧户的农牧业用水总量和单位面积的用水定额。内蒙古自治区 2003 年制定了行业用水定额标准，现已不适应新形势下节水工作的要求，需要进行修订和完善，为实行强制性节水提供依据。

（2）完善水管体制改革，调动管理单位的积极性。应赋予自治区直属灌区水管单位基本合理的经营管理自主权，即自主行使水量调配的水权，独立核算、自负盈亏的财权和工程管理权，使灌区管理单位真正成为按企业化管理且能够自我发展的经济实体。恢复乡镇水利服务站建制，通过项目倾斜扶持，将基层水利服务机构建设作为水利工程项目立项的约束条件，推行"先建机制后建工程"，将乡镇水利工作站、农牧民用水户协会等基层服务组织建设情况与水利项目安排挂钩，对运作良好的地区给予项目倾斜。对于已经建成的小型水利节水工程，通过股份合作、公开拍卖、联户承包和合作租赁等多种方式进行产权制度改革，明确管护主体，提高运行效率。积极推行农牧民合作参与节水灌溉管理，通过用水合作社参与经营节水灌溉工程管理，提高水利管理的组织程度。

（3）推进水价改革，发挥市场调控作用。要强化灌溉用水计量，建立并完善农业用水计量体系和社会监督体系，充分利用信息技术等先进手段，加快实行按方计量，让群众用明白水，交明白钱。坚决取缔按亩收费、搭车收费等不合理的收费现象，努力改变水费征收率低的现状，尽快扭转喝"大锅水"的不合理局面。要建立农牧业节水水价成本补偿和激励机制，对由于节水使水费收取低于供水成本的建立财政补偿机制，以鼓励节水灌溉技术的推广应用。将农牧业水费补贴与节约用水结合起来，如同粮食补贴一样直接发放在农牧民手中。

（4）整合相关资金，加大节水灌溉投入力度。在中央完善财政转移支付制度，大幅度减少、合并中央对地方专项转移支付项目，增加一般性转移支付规模和比例的背景下，自治区应进一步整合水利、发改、扶贫、农牧、国土部门涉及水利建设的专项资金用于节水灌溉工程建设，按照节水灌溉总体规划，集中捆绑使用，目标分解，统一验收，发挥资金的规模效益。积极争取国家农贷资金等政策性贷款的支持，开辟新的农牧业节水发展资金渠道，将从城市生活和工业用水的新增收水费中提取或附加 10％用于将农牧业节水的标准提高到 15％。

（5）鼓励土地集中经营，适应高效节水灌溉发展。建议自治区出台鼓励土地流转、土地集中经营等方面的有关政策和办法，如鼓励新型农牧业合作社、专业种植大户、家庭农牧场等新型经营主体发展，培育新型农牧业经营体系，以适应高效节水灌溉技术的规模化推广应用，推动现代农牧业发展。

## 10.2 内蒙古自治区农牧业水价综合改革政策研究

党的十八届三中全会对深化资源性产品价格改革作出重大部署，要求探索资源有偿使用制度，逐步降低资源消耗强度。水资源作为影响经济社会可持续发展的战略性资源，应在资源性产品价格改革上先行先试，将水价改革提到更加突出位置。习近平总书记就保障国家水安全讲话中突出强调了农业水价问题，指出农业是用水大户，也是潜力所在，更是水价改革的难点，要敢于碰一些禁区，拓宽思路，通过精准补贴等办法，既提高农业水价，促进农业节水，又总体不增加农民负担。为此，内蒙古自治区在开展内蒙古新增"四个千万亩"节水灌溉工程科技支撑项目的同时，2014 年专题安排开展内蒙古农业水价综合改革政策研究。受自治区水利厅委托，由自治区政府研究室牵头，组织相关单位和部门组成课题组，广泛收集了国内外水价改革方面的成果资料，深入区内外灌区开展实地调查研究，经过反复研究讨论和专家意见征询等程序，形成了调查总报告和若干调研分报告，为内蒙古自治区全面推动农业水价改革提供决策参考。

水价改革是一项复杂的系统工程，就内蒙古自治区目前来看改革只能说刚刚起步，各地复杂很不平衡，要全面深入推进水价改革需要科学设计建立起严格有序的水价调节机制，同时应以相关的配套措施作要的支撑。调查研究认为，河灌区和井灌区灌溉方式不同，内蒙古自治区农业水价改革的基本思路相同，但建立水价调节机制的路径应分区域有所差别。

1. 河灌区水价调节机制的建立路径

（1）确权到户。根据国家分配用水指标，科学核定农业灌溉用水总量，按灌溉面积将水资源使用权逐级分解到乡镇、村、农户，由旗县水利局发放水权证，实行限额使用。探索和建立水权交换机制，允许农户水权在一定范围内实施交换。

（2）核定终端水价。由上级水行政主管部门代表地方政府定期监审核定水管单位供水成本，按照国管水价加群管水价为终端水价的定价方法，综合测算确定用水户计划内水费基准价格。

（3）实施财政适度补贴。按照中央"逐步建立类似于粮食直补的财政补贴农民农业灌溉的长效机制"精神，争取国家水价综合改革资金支持，建立水价补贴机制，将补贴资金以节水奖励形式发放到户，使农牧民不会因水价改革而增加负担。

（4）实施累进制价格收费。对超出用水定额（确权水量）的农户累进加价收取水资源费作为节水基金，由用水协会统一管理，主要用来工程维护和对限额内节约用水农户实施返还奖励。

（5）建立水利基金。农业节水基金主要用于节水工程建设、维修、技术推广、水权回收以及对节水农民实施奖励。水利基金的资金来源主要是政府投入的发展资金、从水综合费中适当提取大型水利设施维修费、从享受国家水利工程配套补贴的公司、大户、合作社经营的土地纯收益中提取大型水利设施维修费、对超出定额用水量农户收取的费用。

（6）探索建立水权交易平台。应选择几个农民用水者协会作为试点，鼓励用水协会会员内部之间开展水权交易，水利主管部门协助农民用水者协会制定水权定价机制、交易机制、流程设计、交易结果认定和权益保障等制度，通过实践逐步完善这些制度，为今后建立乡镇、旗县、盟市三级水权交易平台乃至进入国家的水权交易所进行公开挂牌交易打基础。

2. 井灌区水价改革路径

（1）核定水权。按照区域水资源可利用量，科学核定农牧业灌溉用水总量。按灌溉面积将水权逐级分解到乡镇、村、农牧户，由旗县水利局发放水权证。

（2）建设智能灌溉管理系统。采取公开招标的方式，引进国内先进的农田灌溉信息管理系统，在试点县建立旗县水资源信息管理中心，重点乡镇建立水资源信息化管理平台，在农田灌溉机井建设智能井房，配置远程智能用水计量设施，实时、准确监测机井用水量、用电量、土壤墒情、用户信息、种植情况等各项信息，并将计量数据通过智能灌溉管理系统传输到试点旗县水利局监控中心。

（3）科学核定农业终端水价。对农业终端供水成本进行全面分析测算，包括电费、维修费、管理费和其他费用，试点旗县要提出农业终端供水价格改革方案，报至自治区水利厅、物价局。为减少农民灌溉水费的负担，工程折旧费由政府进行补贴。

（4）实施阶梯计价。为进一步鼓励节水、遏制浪费，对超出定额用水的加收阶梯水费。内蒙古自治区试点旗县可以参考河北张北县农业水价改革的做法，结合本地实际确定具体的收费标准。农民用水超过定额20%以内的，超出部分每吨加收0.12元；超过定额20%～40%的，超出部分每吨加收0.16元；超过定额40%以上的，超出部分每吨加收0.24元。

（5）建立精准补贴机制。"精准补贴"主要体现在两方面：一方面在补贴对象上，突出针对性和指向性，而不是普惠性，重点对促进节水的农民用水合作组织或用水户给予奖补，其中采取节水措施与否是评判能否获得补助的关键；另一方面在补贴用途上，重点是用于灌排工程运行维护，补贴运行维护费用，在一定程度上分担农业供水成本，确保工程良性运行。精准补贴资金可通过优化调整农业补贴增量资金，以及建立由维修养护财政补助资金、水权转让收入、超定额加价收入、非农业供水利润等构成的节水奖励基金获得。

（6）建立水权交易平台。水权交易平台可以逐级逐步设立，首先在乡镇苏木设立水权交易平台、水权交易大厅，逐步在旗县、盟市建设水权交易平台。同时，政府水利部门要加强水权交易规则的研究制定工作，包括《水权交易流程》《水权交易的审批规则》《水权交易的定价机制》《水权交易登记制度》《水权交易中心交易规则》《水权流转纠纷调解办法》《水权交易成交审核办法》《水权结算交易资金操作办法》《水权交易中止和终结操作细则》《水权交易信息发布办法》。

3. 推动农业水价综合改革的若干配套措施

（1）加强水资源行政管理。树立法律权威刚性约束意识，加强《中华人民共和国水法》执法力度，杜绝地方领导行政干预，实施最严格水资源总量控制和定额管理，依法规范机井建设审批管理，对不符合取用地下水条件的申请，坚决不予批准。加大水行政执法力度，坚决查处无证、无资质、无序取用地下水等水事违法行为，为水价改革提供前提性基础保障。

（2）推进末级渠系产权制度改革。一是要按照"谁投资、谁收益、谁所有"的原则，积极推进农田末级渠系产权确权工作，末级渠系由社会投资人或农民出资建设的，明确其产权归出资人所有；末级渠系由政府建设的，明确其产权归农民所有，由规范化建设的农民用水合作组织代为行使出资人的权利和义务，并由地方政府颁发相应末级渠系产权证书，切实使出资人或农民真正成为末级渠系的产权主体和管理运营主体，实现责权利统一。二是积极探索群管水利工程管理模式。针对不同类型工程特点、性质和实际情况，采取村集体管理、合作组织管理、政府购买服务委托管理、承包农户管理等形式对国管之外的水利设施实施统一经营管理，以便盘活水利资产，充分发挥工程应有效益。

（3）完善用水计量征收体系。一是在骨干工程和末级渠系合理设置计量点，渠灌区国有水利工程单位与用水合作组织之间必须设置用水计量点，根据实际投入情况，逐步配套安装计量设施到田头，实现用水计量到户。二是规范末级渠系水价秩序，实行以供定需，定额灌溉，超用加价，节约转让，充分发挥市场机制促进农业节水的重要作用。在对灌区国有水利工程供水价格和末级渠系水价调查的基础上，核定农业用水定额、农业供水成本、农民水费承受能力，推行终端水价制度。三是规范水费计收。水管单位、末级渠系经营者、农户之间要签订供用水合同，明确供水服务内容，根据当地灌溉用水特点，规定水费计收程序和办法建立健全水费使用管理制度。水管单位和农业末级渠系经营者要制定具体的水费使用管理制度，强化成本约束机制，加强水费支出管理，严格控制水费支出范围。末级渠系水费要全额用于末级渠系的运行管理和维修养护，任何单位和个人不得截留、挪用。四是要完善监督管理机制。农业末级渠系水费计收实行公示制，水管单位和农业末级渠系经营者应采取公示栏、公示牌等多种方式，及时向农民用水户公示水量、水价、水费收入和支出等有关信息，接受监督。加强对农业末级渠系水价、水量和水费计收情况的管理，价格主管部门要依法查处乱收费、搭车收费等价格违法行为。

（4）扶持农民用水合作组织规范发展。进一步推进农民用水者协会（合作组织）的标准化、规范化建设，尽可能地将工程维修养护、用水组织、水费计收等与末级渠系有关的用水事务交由组织起来的农民自己管理，真正把农民用水者协会（合作组织）培育成末级渠系的产权主体、改造主体和管理运营主体。同时，积极探索依托农民专业合作社开展农业用水服务等新型农民用水合作组织运作模式，宜"会"则"会"，将服务拓展到农业生产全过程。引导家庭农场、专业大户等新型农业经营主体加入或创办农民用水者协会（合作组织），发挥带头作用，通过实现农业规模效益，逐步提高农民用水者协会（合作组织）专业化程度，提升工程管护水平，并带动社会资本投入农田水利工程建设和管理。

（5）推进水利工程管理体制改革。从理顺外部管理体制和水管单位内部管理体制两个方面进行改革。外部管理体制主要是进一步明晰划分各级水行政主管部门的职责和权利，内部管理体制则主要是对水管单位内部实施人事、财务、分配等项改革，在水管单位公益型、经营型和准公益型三类不同性质界定清楚的前提下，推动水管单位与主管部门理顺关系和去行政化，依法由政府承担的行政职能不得交由水管单位承担。探索建立水管单位法人治理结构，推进有条件的水管单位转为企业或社会组织。逐步加快政社分开，推进水利行业社团承接职能、明确权利、依法自治、发挥作用。严格控制水管单位用人规模。根据水管单位承担的任务和收益状况，划分水管单位类别和性质，严格定编定岗。实行水利工程运行管理和维修养护分离，分离后的维修养护人员、准公益性水管单位中从事经营性资产运营和其他经营活动的人员，不再核定编制。各水管单位应根据国务院水行政主管部门和财政部门的《水利工程管理单位定岗标准》，在批准的编制总额内合理定岗，一方面要坚决压缩非生产人员和超编人员；另一方面按照定编、定员、定责、定岗、定薪的要求，吸收文化水平高，具有专业知识的优秀人才充实水管单位力量。

（6）稳步推进农业节水工程建设。一是实施大中型灌区节水改造工程。优先安排通辽、赤峰、巴彦淖尔等粮食主产区和乌兰察布等严重缺水地区的灌区续建配套与节水改造，着力解决工程不配套、渠（沟）系建筑物老化、渗漏损失大、计量设施不全、管理手段落后等问题。二是实施高效节水灌溉技术规模化推广工程。以内蒙古自治区新增"四个千万亩"节水灌溉工程覆盖地区为重点，选择农业生产急需、发展条件好、农民积极性高的地区，集工程、农艺、农机和管理等措施于一体，建设一批高效节水灌溉技术规模化推广工程，为周边农户开展技术咨询和培训，让实用节水技术进村入户到人，努力做到节水效果明显、经济效益显著、示范作用较大。三是实施农业节水技术创新工程。建立企业、用水户广泛参与、产学研相结合的农业节水技术创新和推广机制。注重引进、消化和吸收国内外先进节水技术，集成和再创新形成适应我区不同地区的农业节水模式。加强小麦、玉米、马铃薯等主要粮食作物高效用水基础科学研究，开展节水灌溉技术标准、灌溉制度、新产品与新技术研发和综合节水技术集成模式等方面的联合攻关，力争在喷灌、微灌关键设备和低成本大口径管材及生产工艺等方面实现新突破。四是建立节水工程巩固机制。理顺灌区管理体制。在渠灌区，可按照企业化管理模式，运用市场机制，自主经营，独立核算，形成管理与服务相结合的非盈利经济实体，还可引入世界银行推荐的水资源管理体制模式，建立经济自主灌排管理机构。在井灌区，可以采取集体统管、联户使用、以井划片、联户承包相结合的方式，建立灌溉公司，旗县、苏木乡、嘎查村或个人成立集体所有或股份制的灌溉服务公司。

（7）建立财政补贴奖励机制。在近年来财政收入下降，财政收支矛盾突出的情况下，水价改革补贴应从"补贴从哪来、补贴到哪去、怎么补贴"方面建立农业用水财政精准补贴奖励机制。一是要解决"钱从哪来的问题"。要多管齐下筹措补贴资金，探索从工业用水收取费用后设专项资金补贴农业用水，或借助农作物良种补贴、种粮农民直接补贴和农资综合补贴等三项补贴合并为农业支持保护补贴的契机，争取将农业水价综合改革补贴纳入范围之中。同时统筹安排公共财政预算、水利规费收入、政府性基金（包括从土地出让收益中计提的农田水利建设资金）等筹集农业用水改革补贴。推广和应用政府与社会资本合作模式（PPP），建立政府与社会资本合作农业综合水价改革项目库，面向社会公开招投标，明确建设资金的一定比例用于设立水价改革奖励基金，积极引导社会资金投入农业用水综合改革。二是解决"补贴到哪去"的问题。要用于对农民的直接补贴，特别是对提高农业水价后从事粮食生产的农民用水合作组织、新型农业经营主体、用水户给予补贴；要用于建立节水奖励基金，对采取节水措施、调整生产模式促进农业节水农民用水合作组织或用水户给予奖补；要考虑我国水管单位多是公益性单位，或多或少承担一定的公共职能，应落实灌排工程运行维护费财政补助政策；要用于促进农业水价改革的间接补贴，支持完善排灌工程体系、配套供水计量设施，适当补助由工程产权所有者或受益者承担的小型农田水利工程管护经费。三是解决"怎么补贴"的问题。要实施精准补贴，可在科学核定农业供水成本的前提下，实施国有水利工程农业供水阶梯水价，即根据农业灌溉定额管理、计量收费的原则，由政府和农户共同承担农业灌溉供水费用。国有水利工程农业供水分为定额内水价和超定额水价，按照实际供水到户亩灌水量，定额内水费由国家或地方财政承担，超定额实施阶梯水价由农户承担。

（8）加强对农业水价综合改革的组织保障。一是要加强组织领导。各级应成立由水利、农牧、发改、民政、物价、工商、电力等部门组成的推进农业水价综合改革领导小组，建立联席会议制度，统筹协调推进日常工作，制定具体工作推进实施方案，量化细化责任分工，实事求是地排出时间表和路线图，确保改革的各项工作有序开展。二是要加大宣传力度。要充分利用报纸、广播、电视、网络、手机等传媒，通过专访座谈、开设专题版块等形式，加大对农业综合水价改革的宣传力度，形成全社会关心、关注、支持农业综合水价改革发展的良好氛围。要着重宣传农业水价综合改革在服务农业发展中取得的新成就、新经验，树立一批先进组织和个人。通过印制宣传单和协会手册、制作专题片、举办成果展览等方式，扩大宣传的覆盖面，充分调动用水户的参与积极性。三是要加强调查研究，加大对农业综合水价改革的调查研究力度，对一些重点问题开展专题研究，及时发现和解决遇到的新情况新问题。四是开展示范创建。要加强示范引领，择优选择部分地区作为农业综合水价改革试点，发挥试点地区的引领带动作用，并及时总结经验，提炼创新模式，加大推广力度。五是建立奖惩机制。建立农业水价综合改革与水利项目安排挂钩制度，农田水利建设项目安排上向水价改革力度大、进展快、效果好的旗县（区）倾斜，把农业水价综合改革作为农田水利建设项目的重要组成部分，同步安排，同步实施，同步验收。

## 10.3 本章小结

通过对内蒙古自治区节水灌溉现状的分析，得出内蒙古自治区发展节水灌溉的主要问题有：农牧业灌溉用水比重大、用水效率低；节水灌溉发展滞后、标准偏低；农牧业灌溉用水失衡、部分区域地下水超采严重；灌溉工程老化失修严重、水利基础保障作用较弱等。

内蒙古自治区发展节水灌溉较为成熟的模式有阴山北麓旱作农业节水灌溉模式、高原与平原过渡区灌溉模式、干旱草原牧区节水灌溉模式、平原河套灌区节水灌溉模式、典型草原牧区节水灌溉模式等，总结出发展节水灌溉的重要举措，并进行了效益分析。提出了河灌区水价调节机制的建立路径主要为确权到户、核定终端水价、实施财政适度补贴、实施累进制价格收费、建立水利基金与探索建立水权交易平台。提出了井灌区水价改革路径主要为核定水权、建设智能灌溉管理系统、科学核定农业终端水价、实施阶梯计价、建立精准补贴机制与建立水权交易平台。提出了推动农业水价综合改革的配套措施，主要有：加强水资源行政管理，推进末级渠系产权制度改革，完善用水计量征收体系，扶持农民用水合作组织规范发展，推进水利工程管理体制改革，稳步推进农业节水工程建设，建立财政补贴奖励机制，以及加强对农业水价综合改革的组织保障。

# 第11章 高效节水灌溉技术推广应用情况

项目取得的系列研究成果，有效支撑了内蒙古自治区农牧业高效节水灌溉的发展。"十二五"期间，全区完成节水灌溉面积 2118 万亩，其中新增高效节水灌溉面积 1218 万亩，新增年节水能力 12 亿 $m^3$。2013 年全区农田灌溉用水量为 115.63 亿 $m^3$，较项目实施前 2010 年农田灌溉用水量 127.1 亿 $m^3$ 减少 11.47 亿 $m^3$，农田灌溉用水量占全区经济社会用水量的比例由 69.9% 降低到 63.1%，降低了 6.8 个百分点，取得了显著的节水增产和社会与生态环境效益，为内蒙古自治区经济社会发展提供了水资源保障，2010—2014年自治区总用水量与农田灌溉用水量见表 11-1。

表 11-1 2010—2014 年内蒙古自治区总用水量与农田灌溉用水量统计表

| 年份 | 总用水量/亿 $m^3$ | 农田灌溉用水量/亿 $m^3$ | 所占比例/% |
|------|------|------|------|
| 2010 | 181.9 | 127.1 | 69.9 |
| 2011 | 184.7 | 126.6 | 68.5 |
| 2012 | 184.35 | 119.08 | 64.6 |
| 2013 | 183.22 | 115.63 | 63.1 |
| 2014 | 182.01 | 118.8 | 65.3 |

## 11.1 膜下滴灌技术推广应用情况

近年来赤峰市膜下滴灌高效节水灌溉工程技术得到了快速发展，2010 年 6 月，赤峰市人民政府办公厅下发了《关于印发赤峰市 500 万亩玉米膜下滴灌工程实施方案的通知》，确定了赤峰市 2011—2015 年每年在全市发展 100 万亩膜下滴灌玉米工程。为加快玉米膜下滴灌工程实施，赤峰市积极发展专业合作社，统一组织开展膜下滴灌机械化作业，做到了"五统一"，即统一规划地块、统一播种时间、统一种子化肥农药、统一调动机车、统一收费标准，并鼓励和推动土地向专业合作社流转，努力走玉米膜下滴灌规模化发展之路。2011—2015 年，赤峰市累计推广玉米、谷子和甜菜膜下滴灌面积 500 万亩，其中坡地推广面积 200 万亩，平地推广面积 300 万亩。据赤峰市调查测算，采用膜下滴灌玉米亩均产量为 900~1000kg，与地面管灌相比，膜下滴灌玉米每亩增产在 150kg 以上，比管灌节水 100~120$m^3$/亩，节水率为 40%~60%，土地利用率提高了近 6%，玉米膜下滴灌技术实现了机械化种植、灌水施肥一体化，减少了中耕、除草、间苗、开沟打堰输水等工序，降低了病虫草害的发生，提高了作物产量和质量。

乌兰察布市以薯业发展为重点，结合东北地区节水增粮行动工程建设，加快了马铃薯膜下滴灌技术推广应用。2009 年 10 月，乌兰察布市政府下发了《乌兰察布市 20 万亩机械化膜下滴灌项目实施方案》，市委市政府 2009 年开始大规模推广灌溉定额远小于喷灌的膜下滴灌，2010 年发展膜下滴灌 32.91 万亩，2011 年新发展膜下滴灌 49 万亩。2012—2014 年，乌兰察布市累计推广马铃薯膜下滴灌面积 111.1 万亩，膜下滴灌技术实现了机械化种植、灌水施肥一体化，减少了中耕、除草、间苗、开沟打埂输水等工序，降低了病虫草害的发生，提高了作物产量和质量。据调查测算，马铃薯膜下滴灌亩灌水量为 $110\sim130m^3$，与低压管灌比较，亩节水 $80m^3$，累计节水量 2.6 亿 $m^3$，马铃薯膜下滴灌亩增产量 1000kg，亩均增收 1200 元左右。累计新增马铃薯产量 33.33 亿 kg，累计新增效益 16.67 亿元，效益显著。

2012 年，由内蒙古自治区水利科学研究院承担的"内蒙古新增四个千万亩节水灌溉工程科技支撑"项目，遵循"需求牵引、应用至上"的原则，采取水利、农业、农机、地方联合攻关，通过两年多的试验与示范，围绕赤峰玉米、商都马铃薯和阿荣旗大豆开展了膜下滴灌灌溉制度试验，得出了不同水文年型条件下玉米、马铃薯和大豆膜下滴灌优化灌溉制度，适宜膜下滴灌的农艺农机配套技术，膜下滴灌系统运行管护技术，玉米、大豆、马铃薯膜下滴灌综合节水技术集成模式等，并已在生产实际中进行了推广应用，为农牧业种植区建立了可看、可学、可借鉴推广的示范样板，对内蒙古自治区高效节水灌溉发展起到了科技支撑作用。

# 11.2　大型喷灌技术推广应用情况

鄂尔多斯市围绕现代农业和现代畜牧业示范基地建设，采用工业反哺农业措施，截至 2014 年，全市已购置大型喷灌机 6647 台，设备总投资 10 亿元，发展大田作物与饲草料地喷灌面积 118 万亩，已建成现代草原畜牧业示范户 1170 户，农区种植管理模式主要有企业承包模式、大户承包模式和村集体管理模式，牧区种植管理模式主要有单个牧户运行管理模式和联户运行管理模式。通过实地调查，与常规地面灌溉比较，大型喷灌亩节水 $70m^3$，年累计节水量 4.1 亿 $m^3$，新增粮食产量 7080 万 kg，新增效益 1.35 亿元，农牧业综合生产能力提高，全市农牧区人均可支配收入 13439 元，取得了显著的经济效益、社会效益和生态环境效益。

阿鲁科尔沁旗位于内蒙古赤峰市东北部，是赤峰市面向东北地区的前沿和重要交通枢纽。总土地面积为 1.4 万 $km^2$，现有草牧场面积为 1447 万亩，耕地面积 198 万亩，其中有效灌溉面积 99.42 万亩，节水灌溉面积达到 156.78 万亩，其中人工种草 80 万亩，有农灌井 3792 眼，配套农灌井 3184 眼。2008 年 5 月，由旗水利局牵头的第一个 500 亩高效节水灌溉紫花苜蓿草地项目试验成功，为此全旗高效节水优质牧草产业发展迈出了第一步。阿鲁科尔沁旗近年来大力发展紫花苜蓿大型喷灌，截至 2014 年，全旗优质牧草基地累计投入建设资金 18 亿元，已配备大型时针式喷灌机设备 1100 台/套，草业机械数量 4600 台/套，优质牧草种植面积达到 80 万亩。亩生产优质紫花苜蓿 1000kg，亩均纯收入 1500 元，实现牧民人均增收 1 万元以上。牧草种植的模式主要有企业独资建设模式、企业与牧户联合建设模式、牧户与牧户联合建设模式和牧户独资建设模式。通过建成多处施肥作业站，采用水肥一体化技术，提高了肥料利用率和作物产量。通过规模化的经营和管理，实现了资源的高效利用和牧民的增产增收，推动阿鲁科尔沁走上了高效节水优质牧草产业之路。

由内蒙古自治区水利科学研究院承担的国家"十二五"重大水利推广项目"内蒙古大型喷灌综合节水技术集成与示范推广"项目，经三年的试验与示范，取得的玉米、紫花苜蓿和饲料玉米大型喷灌优化灌溉制度、农艺与农机配套技术、水肥一体化技术、综合节水技术集成模式等成果，为内蒙古自治区大型喷灌工程规划设计、工程建设和运行管理提供了科学依据、示范样板与技术支撑。

## 11.3　大型灌区节水改造技术推广应用情况

黄河内蒙古河套灌区位于内蒙古自治区西部巴彦淖尔市境内，是我国三个特大型灌区之一，也是亚洲最大的一首制渠灌区，是国家和自治区重要的粮、糖、油生产基地。内蒙古河套灌区总土地面积 1679.31 万亩，引黄灌溉面积 861 万亩，年引黄河水量约 50 亿 $m^3$。灌区水利工程包括灌溉和排水两大系统，近年来，国家加大了灌区农田水利工程建设的投入，截至 2015 年，灌区续建配套与节水改造工程投资 26.25 亿元，完成支渠以上骨干渠道衬砌长度 403km，配套改造各类建筑物 3284 座，初步形成了功能完备的灌排工程体系，灌区节水改造和用水管理体制改革步伐明显加快，灌溉用水效率不断提高。经 1998—2015 年 18 年灌区续建配套与节水改造工程建设，灌区灌溉水利用系数由建设前的 0.375 提高到 0.415，亩灌溉定额由 580m³ 降低到 540m³，灌区引黄水量由 52 亿 m³ 降低到 47 亿 m³，年节水量 5 亿 m³。河套灌区粮食产量由 1998 年节水改造前的 16.7 亿 kg 增加到 2014 年的 33.3 亿 kg，灌区农民人均纯收入由 1998 年的 2270 元增加到 2015 年的 1.3 万元。

赤峰市山湾子水库灌区位于敖汉旗的东北部，横跨西辽河支流老哈河、叫来河、孟克河三条流域，由 1 处大型灌区山湾子灌区和 3 处中型灌区小山灌区、东他拉灌区、山嘴灌区组成。山湾子水库灌区设计灌溉面积达到 49.9 万亩，有效灌溉面积 42.67 万亩。现有中型水库 3 座，有拦河引水枢纽工程 3 座，山湾子灌区总干渠 1 条，干渠 3 条，支渠 19 条，支渠以上建筑物 315 座。截至 2010 年，国家累计下达投资计划 11672 万元，累计完成投资 8822 万元，其中国家投资 8438 万元，地方配套 384 万元。完成建设内容包括：渠首改造工程 1 座，扬水站改造工程 2 座；完成建筑物配套改造 71 座；完成渠道整治 77.33km；完成渠道防渗衬砌 46.051km；渠道险段护砌 0.359km，防风固沙林带建设 69.794km，新建信息化工程 4 处。

## 11.4　本章小结

项目取得的系列研究成果，有效支撑了自治区农牧业高效节水灌溉的发展。据统计，"十二五"期间，全区累计推广节水灌溉面积 2118 万亩，其中高效节水灌溉面积 1631 万亩，为内蒙古自治区高效节水灌溉发展提供了科学依据、示范样板和技术支撑。

# 参 考 文 献

［1］ 程满金，马兰忠，郭富强，等. 内蒙古黄河南岸玉米大型喷灌综合节水技术集成模式研究［J］. 内蒙古水利，2014（3）：7-9.

［2］ 程满金，申利刚，等. 大型灌区节水改造工程技术试验与实践［M］. 北京：中国水利水电出版社，2010.

［3］ 郭富强，程满金，马兰忠，等. 内蒙古黄河南岸玉米大型喷灌制度试验研究［J］. 灌溉排水学报，2015（5）.

［4］ 程满金，郭富强，等. 内蒙古自治区高效节水灌溉工程技术研究与应用综述［C］. 中国水利学会2014年学术年会论文集，2014：560-563.

［5］ 程满金，郭富强，高文慧，等. 内蒙古自治区农牧业高效节水灌溉工程技术研究［J］. 黑龙江水利，2015（3）：6-10.

［6］ 程满金，郭富强，王向东，等. 内蒙古膜下滴灌与大型喷灌高效节水灌溉技术研究与应用［C］. 第九届全国微灌大会论文汇编，2015：16-20.

［7］ 程满金，申利刚，步丰湖，等. 聚苯乙烯保温板在衬砌渠道防冻胀中的应用研究［J］. 灌溉排水学报，2011（5）：22-27.

［8］ 程满金，步丰湖，王俊英，等. 膨润土防水毯新材料在衬砌渠道中的应用研究［J］. 节水灌溉，2010（5）：46-49.

［9］ 程满金，步丰湖，王俊英，等. 土壤固化剂新材料在衬砌渠道中的应用研究［J］. 节水灌溉，2010（4）：33-36.

［10］ 李彬，妥德宝，程满金，等. 内蒙古西辽河流域春玉米水肥一体化技术应用研究［J］. 节水灌溉，2015（9）：1-5.

［11］ 郭富强，程满金，张智丽，等. 内蒙古巴彦淖尔市双河示范区激光平地应用效果评价［J］. 灌溉排水学报，2015（8）.

［12］ 李彬，妥德宝，程满金，等. 水肥一体化条件下内蒙古优势作物水肥利用效率及产量分析［J］. 水资源与水工程学报，2015（8）：1-7.

［13］ 内蒙古自治区水利科学研究院，内蒙古河套灌区管理总局，临河区水务局，等. 内蒙古河套灌区节水改造工程综合节水技术试验与示范研究成果报告，2012.

［14］ 内蒙古自治区水利科学研究院，内蒙古河套灌区管理总局，内蒙古农业大学，等. 北方渠灌区节水改造技术集成与示范成果报告，2010.

［15］ 内蒙古自治区水利科学研究院，水利部牧区水利科学研究所，内蒙古自治区农牧业科学院，等. 内蒙古大型喷灌综合节水技术集成与示范推广成果报告，2014.